Gmelin Handbuch der Anorganischen Chemie

Achte völlig neu bearbeitete Auflage

8th Edition

Metall-Organische Verbindungen im Gmelin Handbuch

Organometallic Compounds in the Gmelin Handbook

Die folgende Aufstellung gibt eine Anleitung, in welchen Bänden diese Verbindungen behandelt wurden bzw. sich Hinweise befinden:

The following listing indicates in which volumes these compounds are discussed or are referred to:

Ag	„Silber" B 5
Bi	Bismut-Organische Verbindungen (Erg.-Werk, Bd. 47).
Co	Kobalt-Organische Verbindungen 1 (Erg.-Werk, Bd. 5) und 2 (Erg.-Werk, Bd. 6) sowie „Kobalt" Erg.-Bd. A, B 1 und B 2
Cr	Chrom-Organische Verbindungen (Erg.-Werk, Bd. 3)
Fe	Eisen-Organische Verbindungen A 1 (Erg.-Werk, Bd. 14), A 2 (Erg.-Werk, Bd. 49), A 3 (Erg.-Werk, Bd. 50), A 6 (Erg.-Werk, Bd. 41), B 1 (Erg.-Werk, Bd. 36), B 2 (1978) und „Eisen" B
Hf	Hafnium-Organische Verbindungen (Erg.-Werk, Bd. 11)
Nb	„Niob" B 4
Ni	Nickel-Organische Verbindungen 1 (Erg.-Werk, Bd. 16), 2 (Erg.-Werk, Bd. 17), Register (Erg.-Werk, Bd. 18) und „Nickel" B 3 und C
Np, Pu	Transurane C (Erg.-Werk, Bd. 4)
Pt	„Platin" C und D
Ru	„Ruthenium" Erg.-Bd.
Sn	Zinn-Organische Verbindungen 1 (Erg.-Werk, Bd. 26), 2 (Erg.-Werk, Bd. 29), 3 (Erg.-Werk, Bd. 30), 4 (Erg.-Werk, Bd. 35) und 5 (1978) (vorliegender Band)
Ta	„Tantal" B 2
Ti	Titan-Organische Verbindungen (Erg.-Werk, Bd. 10)
V	Vanadium-Organische Verbindungen (Erg.-Werk, Bd. 2) und „Vanadium" B
Zr	Zirkonium-Organische Verbindungen (Erg.-Werk, Bd. 10)

Gmelin Handbuch der Anorganischen Chemie

BEGRÜNDET VON Leopold Gmelin

Achte völlig neu bearbeitete Auflage

ACHTE AUFLAGE begonnen im Auftrage der Deutschen Chemischen Gesellschaft
von R. J. Meyer
E. H. E. Pietsch und A. Kotowski

fortgeführt von
Margot Becke-Goehring

HERAUSGEGEBEN VOM Gmelin-Institut für Anorganische Chemie
der Max-Planck-Gesellschaft zur Förderung der Wissenschaften

Springer-Verlag
Berlin · Heidelberg · New York 1978

Gmelin Handbuch der Anorganischen Chemie

Achte völlig neu bearbeitete Auflage

8th Edition

Zinn-Organische Verbindungen

Teil 5

Organozinnfluoride. Triorganozinnchloride

mit 3 Figuren

von **Herbert Schumann** und **Ingeborg Schumann**

BEARBEITER DIESES BANDES (AUTHORS) — Herbert Schumann, Ingeborg Schumann
Technische Universität Berlin

FORMELREGISTER (FORMULA INDEX) — Ursula Hettwer, Gmelin-Institut, Frankfurt am Main

REDAKTEUR DIESES BANDES (EDITOR) — Hubert Bitterer, Gmelin-Institut, Frankfurt am Main

Springer-Verlag
Berlin · Heidelberg · New York 1978

ENGLISCHE FASSUNG DER STICHWÖRTER NEBEN DEM TEXT:
ENGLISH HEADINGS ON THE MARGINS OF THE TEXT:

E. LELL, LINZ, ÖSTERREICH

DIE LITERATUR IST FÜR DIE FLUORIDE VOLLSTÄNDIG BIS ENDE 1975, FÜR DIE CHLORIDE BIS ENDE 1976 AUSGEWERTET

LITERATURE CLOSING DATE: COMPLETELY UP TO THE END OF 1975 FOR THE FLUORIDES AND TO THE END OF 1976 FOR THE CHLORIDES

Die vierte bis siebente Auflage dieses Werkes erschien im Verlag von Carl Winter's Universitätsbuchhandlung in Heidelberg

Library of Congress Catalog Card Number: Agr 25-1383

ISBN 3-540-93362-X Springer-Verlag, Berlin · Heidelberg · New York
ISBN 0-387-93362-X Springer-Verlag, New York · Heidelberg · Berlin

LN-Druck Lübeck

Vorwort

Innerhalb der Serie „Zinn-Organische Verbindungen" im Rahmen des Ergänzungswerkes zur 8. Auflage des Gmelin Handbuches sind in den bisher erschienenen vier Lieferungen (Bände 26, 29, 30 und 35 des Ergänzungswerkes) die einkernigen Zinntetraorganyle und die einkernigen Organozinnhydride behandelt worden. Damit wird die bis Ende 1973 erschienene Literatur über Organozinnverbindungen nach Abschnitt 1.1 der Gliederung (s. Vorwort zu Teil 1) und die bis Ende 1974 erschienene Literatur nach Abschnitt 1.2 erfaßt.

Mit dem vorliegenden Teil beginnt die Behandlung der einkernigen Organozinnhalogenide und Organozinnpseudohalogenide. Dieses Kapitel 1.3 wird aus insgesamt drei Lieferungen bestehen. Die vorliegende erste Teillieferung enthält die einkernigen Organozinnfluoride, wobei die bis Ende 1975 erschienene Literatur ausgewertet wurde, und einen Teil der einkernigen Organozinnchloride, nämlich die Verbindungen der Typen R_3SnCl, $R_2R'SnCl$ und $RR'R''SnCl$, mit einer Erfassung der Literatur bis Ende 1976.

Der Behandlung der einzelnen Verbindungen vorangestellt ist eine Auflistung von Büchern, Monographien und Review-Artikeln sowie von speziellen Arbeiten, die sich mit Organozinnhalogeniden unter zusammenfassenden Gesichtspunkten und auch bezüglich spezieller Aspekte befassen. Ferner wurde in diesem Band die Allgemeine Literatur über Organozinnverbindungen in ihrer Gesamtheit, die im Erg.-Werk Bd. 26 bis Ende 1973 aufgeführt wurde, ergänzt um die bis Ende 1976 erschienenen Bücher, Monographien, Review-Artikel und speziellen Publikationen.

Auch an dieser Stelle möchten wir wieder Frau Prof. Dr. Dr. E. h. M. Becke und ihren Mitarbeitern im Gmelin-Institut für die ausgesprochen angenehme Zusammenarbeit danken, ebenso wie Herrn Dr. H. Bitterer für die verständnisvolle Hilfe bei der Redaktion. Weiterhin gilt unser Dank Frau E. Redlinger für die sorgfältige Führung und Bearbeitung der Literaturkartei sowie den Mitarbeiterinnen und Mitarbeitern der Abteilung Chemie der Universitätsbibliothek der Technischen Universität Berlin für ihre Hilfe bei der Beschaffung der Literatur.

Berlin-Lichtenrade, Palmsonntag 1978

Herbert Schumann
Ingeborg Schumann

Preface

Four volumes of the New Supplement Series (Volumes 26, 29, 30, and 35) have treated organotin compounds. The Preface of Part 1 gives the overall plan for the series "Organotin Compounds". So far Chapter 1.1 Mononuclear Tin Tetraorganyls with the literature published to the end of 1973 and Chapter 1.2 Mononuclear Organotin Hydrides with the literature published to the end of 1974 have been issued.

The present volume is the first of three volumes on Chapter 1.3 Mononuclear Organotin Halides and Pseudohalides. The volume contains the mononuclear organotin fluorides with the literature through 1975 and part of the mononuclear organotin chlorides with the literature evaluated through 1976. The chlorides in this volume are restricted to the types R_3SnCl, $R_2R'SnCl$, and $RR'R''SnCl$.

Before the description of individual compounds starts, there is a list of books, monographs, reviews, and special articles. These publications cover general aspects of organotin halide chemistry and in some cases specific aspects. In addition the general literature for organotin compounds presented in the New Supplement Series Volume 26 is brought up to the end of 1976.

Also on this occasion we would like to repeat our thanks to Professor Becke and her co-workers at the Gmelin Institute for the excellent cooperation. We wish to thank Dr. H. Bitterer for his symphathetic assistance in editing. Furthermore our thanks are due to Mrs. E. Redlinger for the meticulous handling of the literature index as well as to the members of the chemistry department of the library of the Technische Universität Berlin for their assistance in procuring the literature.

Berlin-Lichtenrade, Palm Sunday 1978

Herbert Schumann
Ingeborg Schumann

Aus dem Vorwort zu Teil 1:

Die metallorganische Chemie — oder besser Organoelementchemie — hat in der zweiten Hälfte unseres Jahrhunderts ständig an Bedeutung gewonnen. Innerhalb dieses Forschungsgebietes nimmt die Organozinnchemie heute eine sehr wichtige Stellung ein. Obgleich die erste Organozinnverbindung, nämlich Diäthylzinnjodid, bereits 1849 von Frankland dargestellt wurde, vergingen 100 Jahre bis zum Beginn einer stürmischen Entwicklung dieser Organozinnchemie. Als vornehmliche Ursache für diesen Fortschritt ist die Erkenntnis der großen Anwendungsbreite dieser Verbindungen in Industrie, Technik und Landwirtschaft anzusehen. Von den vielfältigen Verwendungsmöglichkeiten von Organozinnverbindungen sei an dieser Stelle nur kurz auf die durch sie bewirkte Stabilisierung von PVC gegen Lichteinwirkung und deren Anwendung als Fungizide hingewiesen. Das immer stärker werdende Interesse an diesen Verbindungen — bis 1935 erschienen etwa 200 Publikationen, bis 1960 etwa 1000, bis 1970 etwa 5000 und nun jährlich gegen 1000 — rechtfertigt die Herausgabe einer zusammenfassenden Rückschau über das bisher erarbeitete Wissen auf diesem Teilgebiet der Chemie.

Die Serie enthält nur Verbindungen, in denen an Sn mindestens ein organischer Rest über C gebunden ist. Organozinnverbindungen, wie beispielsweise $Sn[P(C_6H_5)_2]_4$, werden hier nicht behandelt. Auch Cyanide gelten als anorganische Zinnverbindungen. Die Gliederung erfolgt nach folgendem Schema:

1 Verbindungen, die ein Sn-Atom enthalten — Einkernige Verbindungen
2 Zweikernige Verbindungen
3 Dreikernige Verbindungen
4 Vierkernige Verbindungen
5 Fünfkernige Verbindungen
6 Mehrkernige oligomere Verbindungen
7 Mehrkernige polymere Verbindungen

Die Untergliederung innerhalb jeden Hauptproduktes richtet sich nicht nach dem Gmelin-System, sondern ist abhängig von der Bindung:

–.1 Verbindungen mit 4 Sn-C-Bindungen
–.2 Verbindungen mit Sn-H-Bindungen
–.3 Verbindungen mit Sn-Halogen-Bindungen
–.4 Verbindungen mit Bindungen zu den Elementen der VI. Gruppe
–.5 Verbindungen mit Bindungen zu Elementen der V. Gruppe
–.6 Verbindungen mit Bindungen zu Elementen der IV. Gruppe
–.7 Verbindungen mit Bindungen zu Elementen der III. Gruppe
–.8 Verbindungen mit Bindungen zu Elementen der II. Gruppe
–.9 Verbindungen mit Bindungen zu Elementen der I. Gruppe
–.10 Verbindungen mit Bindungen zu Nebengruppenmetallen
–.11 Komplexverbindungen mit Koordination am Sn
–.12 Sonstige Verbindungen

Innerhalb dieser Gliederung gilt das Prinzip der letzten Stelle. Dieses wird nur dann durchbrochen, wenn die Gründe der Übersicht das notwendig erscheinen lassen. Verbindungen, die nach neueren Untersuchungen entgegen der bisherigen Meinung assoziiert sind, erscheinen an der Stelle der kleinsten Einheit. So wird das polymere $(CH_3)_2SnF_2$ bei den einkernigen Organozinnfluoriden behandelt.

Die Nomenklatur der Verbindungen lehnt sich an die Richtlinien der IUPAC an. Die Kohlenwasserstoffreste werden nur speziell gekennzeichnet, wenn es sich um verzweigte oder cyclische Isomere von n-Alkylresten handelt.

Bei der Synthese von Verbindungen werden nur dann Mengenangaben gemacht, wenn sie stark von den durch die Stöchiometrie geforderten Mengen abweichen.

Intensitätsangaben bei den IR-Spektren erfolgen in Anlehnung an deutsche Abkürzungen. Es bedeuten: st = stark, m = mittel, s = schwach, Sch = Schulter.

Die chemische Verschiebung in den NMR-Spektren ist wie in den Originalen als δ, τ oder $\Delta\nu$ angegeben; eine Umrechnung wurde nicht vorgenommen. Soweit nichts anderes vermerkt, ist bei der ^{1}H-NMR-Spektroskopie die Spektrometerfrequenz (bei der Angabe der chemischen Verschiebung in Hz) stets 60 MHz und die Bezugssubstanz Tetramethylsilan (TMS). Positives Vorzeichen von δ oder $\Delta\nu$ bedeutet stets, daß die Verschiebung gegenüber der Bezugssubstanz nach der Seite der höheren Feldstärke des äußeren Feldes erfolgt ist.

Bei der Auswertung der Literatur wurde Vollständigkeit angestrebt. Jedoch konnten Publikationen, die nicht oder unkenntlich in den Chemical Abstracts referiert wurden, naturgemäß nicht berücksichtigt werden. Auf eine lückenlose Auswertung der sehr umfangreichen Patentliteratur wurde verzichtet; in der Regel wurden hierbei nur die in den Chemical Abstracts referierten Tatsachen bearbeitet.

From the Preface of Part 1:

The significance of organometallic chemistry has increased considerably during recent years and within this area organotin chemistry reigns as one of the most important branches. The first organotin species, i.e., diethyltin diiodide, was prepared by Frankland in 1849; however, a lively development of organotin chemistry began only about one century later, primarily due to the potential application of such compounds in industry, technology, and agriculture. For example, organotin compounds tend to stabilize PVC toward photolytic attack and are active fungicides. The steadily increasing interest—about 200 publications until 1935, about 1000 until 1960, 5000 until 1970, and at present about 1000 annually—justifies a compilation of the available data in this area of chemistry.

The present series encompasses only compounds containing at least one tin-to-carbon bond; species such as $Sn[P(C_6H_5)_2]_4$ will not be considered and cyanides are viewed as inorganic tin derivatives. The material is grouped as follows:

1 Compounds containing only one tin atom (=mononuclear compounds)
2 Dinuclear compounds
3 Trinuclear compounds
4 Fournuclear compounds
5 Fivenuclear compounds
6 Polynuclear oligomeric compounds
7 Polynuclear polymeric compounds

Within each group of compounds the material is arranged in dependency of the substituents rather than by following the usual Gmelin System, i.e.:

–.1 Compounds containing four Sn-C bonds
–.2 Compounds containing Sn-H bonds
–.3 Compounds containing Sn-halogen bonds
–.4 Compounds containing bonds to main group six elements
–.5 Compounds containing bonds to main group five elements
–.6 Compounds containing bonds to main group four elements
–.7 Compounds containing bonds to main group three elements
–.8 Compounds containing bonds to main group two elements
–.9 Compounds containing bonds to main group one elements
–.10 Compounds containing bonds to transition metals
–.11 Complex compounds containing coordinated Sn
–.12 Other species

Within this arrangements the principle of the last position is usually adhered though is sometimes overruled in order to maintain the clarity of the presentation. Those compounds that—based on most recent studies and in contrast to earlier reports—are associated are delt with in the form of their smallest known entity. For example, polymeric $(CH_3)_2SnF_2$ is discussed with the mononuclear organotin fluorides.

As a rule the nomenclature as recommended by IUPAC is used; those hydrocarbon groups that are branched or cyclic isomers of n-alkyl moieties are specifically identified.

Quantity data on preparations are specified only in those cases where a considerable deviation from the normal stoichiometry exists.

Intensity abbreviations for IR spectra are: st = strong, m = medium, s = weak, Sch = shoulder.

As in original publications the chemical shift in NMR spectroscopy has been cited as δ, τ or $\Delta\nu$; no conversions have been made. Nothing contrary being stated, the spectrometer frequency (for chemical shifts measured in Hz) in ^{1}H-NMR-spectroscopy is always 60 MHz, the reference standard tetramethylsilane (TMS). Positive signs of δ or $\Delta\nu$ generally mean a high field shift as compared to the standard.

The literature coverage was attempted to be as complete as feasible but those publications that are not or not clearly abstracted by C.A. are not considered nor are all of the voluminous patent data. As a rule from patent data only those facts as presented in C.A. are fully reflected.

Inhaltsverzeichnis

(Table of Contents see page V)

Seite

Table of Contents

(Inhaltsverzeichnis s. S. I)

Page

Zinn-Organische Verbindungen

1.3 Organozinnhalogenide

Organotin Halides

Neben den Zinntetraorganylen gehören die Organozinnhalogenide zur wichtigsten Klasse innerhalb der Zinnorganyle. So war auch die erste bekannte zinnorganische Verbindung, das 1849 von Frankland beschriebene Diäthylzinndijodid, ein Organozinnhalogenid. Die Hauptbedeutung dieser Verbindungen besteht darin, daß sie sowohl im Laboratoriumsmaßstab als auch in der Technik die wesentlichen Schlüsselsubstanzen darstellen zur Synthese nahezu aller Verbindungsklassen aus dem Bereich der Zinnorganyle.

Zur Darstellung dieser Verbindungen eignet sich die Alkylierung oder Arylierung von Zinntetrahalogeniden mit Grignard-Reagenzien. In technischen Verfahren wird als Alkylierungsmittel jedoch Aluminiumalkyl verwendet. Weitere wichtige Verfahren sind die Reaktionen von Zinntetraorganylen mit Halogenen, die hauptsächlich von Kocheshkov bearbeiteten Komproportionierungsreaktionen zwischen Zinntetrahalogeniden und Tetraorganozinnverbindungen sowie die direkte Synthese aus Zinn und Alkyl- oder Arylhalogeniden.

Die aliphatischen Organozinnhalogenide sind meistens farblose, in Lösung monomere Flüssigkeiten. Die aromatisch substituierten Derivate sind dagegen bei Zimmertemperatur meist kristallin. Ganz allgemein stellen die Organozinnfluoride meist unlösliche polymere Festkörper dar. Besonders auffallend ist der intensive, unangenehm stechende Geruch der Organozinnhalogenide mit niederen aliphatischen Resten.

Organozinnhalogenide sind die wichtigsten Ausgangsmaterialien zur Synthese vielfältiger anderer Organozinnderivate. Die kovalente Bindung zwischen Zinn und dem Halogen ist nach $Sn^{\delta+}X^{\delta-}$ polarisiert. Diese Polarität kann durch das Lösungsmittel und die Art des Reaktionspartners beeinflußt werden. Es sind sowohl polare als auch radikalische Reaktionen möglich. Auch eine Dissoziation unter Bildung von Triorganozinn- oder Diorganozinnkationen ist möglich. Die allgemein große Reaktionsfähigkeit dieser Zinn-Halogen-Bindung erlaubt es, ausgehend von den Organozinnhalogeniden, fast alle übrigen zinnorganischen Verbindungen darzustellen. Hierbei werden sowohl im wissenschaftlichen Versuch als auch in der Technik die Halogene durch andere negative Atomgruppen, durch rein kovalent gebundene Reste und auch durch positiv geladene oder polarisierte Atome und Gruppen ersetzt.

Allgemeine Literatur

General Literature

Vgl. die Vorbemerkungen in Erg.-Werk, Bd. 26 „Zinn-Organische Verbindungen" 1, S. 1.

Allgemeine Literatur über Organozinnverbindungen in ihrer Gesamtheit, wie beispielsweise Monographien und Review-Artikel, die sich nicht nur mit einer speziellen Klasse von Organozinnverbindungen befassen, sowie Jahresübersichten über diese Verbindungen und auch spezielle übergreifende Veröffentlichungen sind bis Ende 1973 in Erg.-Werk, Bd. 26 „Zinn-Organische Verbindungen" 1 enthalten. In Ergänzung dazu sind bis Ende 1976 erschienen:

Metallorganische Verbindungen

Organometallic Compounds

R. E. Banks, Per- and Poly-fluorinated Aliphatic Derivatives of the Main Group Elements, Fluorocarbon Relat. Chem. **2** [1974] 178/289.

K. Itoh, Synthetic Chemistry Using Metallic Compounds. Synthetic Reactions Using the Affinity Between Elements and Heteroatoms, Yuki Kinzoku Kagobutsu O Mochiiru Goseihanno **1** [1974] 79/149; C.A. **83** [1975] Nr. 164259.

D. S. Matteson, Organometallic Chemistry Series. Organometallic Reaction Mechanisms of the Nontransition Elements, New York 1974.

J. M. Swan, D. S. C. Black, Organometallics in Organic Synthesis, London 1974.

T. Tanaka, Fluxional Molecules, Kagaku No Ryoiki **28** [1974] 963/73.

G. J. M. van der Kerk, Historical Development of Organometallic and Coordination Chemistry, Chem. Weekblad **70** [1974] 13/7.

G. J. M. van der Kerk, Implicaties van de nieuwe organometall en coördinatiochemie, Chem. Weekblad **70** [1974] 23/6.

K. Smith, Organometallic Chemistry. Main Group Elements, Ann. Rept. Progr. Chem. [Chem. Soc. London] B **71** [1974/75] 195/213.

F. A. Cotton, Stereochemical Nonrigidity in Organometallic Compounds, Dyn. Nucl. Magn. Resonance Spectrosc. **1975** 377/440.

N. Hagihara, M. Kumada, R. Okawara, Handbook of Organometallic Compounds, London 1975.

K. Itoh, Y. Ishii, Functional Group Transformation with Typical Metallorganic Compounds, Kagaku [Kyoto] **30** [1975] 926/31.

I. Kritskaya, Allyl Derivatives of Metals and Related Compounds, Metody Elementoorg. Khim. Tipy Metalloorg. Soedin. Perekhodnykh Met. **2** [1975] 734/908.

C. B. Milne, A. N. Wright, Aliphatic Organometallic and Organometalloidal Compounds, Rodd's Chem. Carbon Compound, 2nd Ed. **1** Pt. A-B [1975] 151/236.

H. Schmidbaur, Metallorganische Verbindungen, Naturwissenschaften **62** [1975] 372/8.

W. J. Settinieri, L. D. McKeever, Electrolytic Synthesis and Reactions of Organometallic Compounds, Tech. Chem. [N.Y.] **5** Pt. 2 [1975] 397/558.

J. D. Smith, D. R. M. Walton, Organometallic Chemistry of the Main Group Elements. Guide to the Literature, Advan. Organometal. Chem. **13** [1975] 453/542.

K. Smith, Organometallic Chemistry of the Main Group Elements, Ann. Rept. Progr. Chem. [Chem. Soc. London] B **72** [1975] 136/49.

J. S. Thayer, Organometallic Chemistry. A Historical Perspective, Advan. Organometal. Chem. **13** [1975] 1/45.

D. J. Cardin, K. R. Dixon, Organometallic Compounds, Ann. Rept. Progr. Chem. [Chem. Soc. London] A **72** [1975/76] 179/220.

E. W. Abel, F. G. A. Stone, A Review of the Literature Published during 1975, Organometal. Chem. **5** [1976].

S. N. Danilov, Chemistry of Organometallic Compounds (Elements of Groups III–V), Leningrad 1976.

A. Hudson, Organometallic Radicals, Electron Spin Resonance **4** [1976] 248/55.

I. Matsuda, K. Itoh, Formation of Heterocyclic Skeletons with Typical Element Organometallic Compounds, Yuki Gosei Kagaku Kyokai Shi **34** [1976] 948/57.

V. I. Popov, Organometallic and Heteroorganic Compounds, Kiev 1976, 160 S.

N. G. Connelly, Organometallic Compounds Containing Metal-Metal Bonds, Organometal. Chem. **5** [1976] 176/204.

S. G. Mairanovskii, Polarography of Organoelementary Compounds of Non-Transition Elements, Usp. Khim. **45** [1976] 604/39; Russ. Chem. Rev. **45** [1976] 298/317.

A. K. Prokofev, Intramolecular Coordination in Organic Derivatives of Non-Transition Elements, Usp. Khim. **45** [1976] 1028/76; Russ. Chem. Rev. **45** [1976] 519/43.

Organometallic Compounds of Main Group IV Elements

Metallorganische Verbindungen der Elemente der IV. Hauptgruppe

R. D. Joyner, Germanium, Tin, and Lead, Ann. Rept. Inorg. Gen. Syn. **2** [1973/74] 44/55.

G. J. M. van der Kerk, Some Aspects of Organogermanium and Tin-Chemistry, Ann. N.Y. Acad. Sci. **239** [1974] 244/61.

R. D. Joyner, Germanium, Tin, and Lead, Ann. Rept. Inorg. Gen. Syn. **3** [1974/75] 55/65.

D. A. Armitage, Group IV. The Silicon Group, Organometal. Chem. **3** [1975] 103/61.

P. G. Harrison, Tin and Lead, MTP [Med. Tech. Publ. Co.] Int. Rev. Sci. Inorg. Chem. Ser. Two **2** [1975] 85/121.

R. D. Joyner, Germanium, Tin, and Lead, Ann. Rept. Inorg. Gen. Syn. **4** [1975/76] 46/53.

M. Devaud, Electrochemical Behaviour of Organometallic Compounds of Group IV in Various Media, Rev. Silicon Germanium Tin Lead Compounds **2** [1976] 87/113.

D. A. Armitage, Group IV. The Silicon Group, Organometal. Chem. **5** [1976] 111/56.

Zinnorganische Verbindungen

Organotin Compounds

H. Niemann, Produktion and Use of Organometallic Compounds, Particularly those Containing Aluminum and Tin, Inform. Chim. **119** [1973] 119/24; C.A. **81** [1974] Nr. 105597.

I. Choi, S. Kwon, Synthesis and Structure of Organic Tin Compounds, Hwahak Kwa Hwahak Kongop **17** [1974] 104/12; C.A. **83** [1975] Nr. 28870.

P. G. Harrison, Tin. Annual Survey Covering the Year 1973, J. Organometal. Chem. **79** [1974] 17/174.

H. Shinkawa, K. Kadaka, Organotin Compounds, Kagaku To Kogyo [Osaka] **49** [1975] 81/9.

M. Gielen, C. Hoogzand, S. Simon, Y. Tondeur, I. van den Eynde, M. van de Steen, The Optical Stability of Organotin Compounds, Advan. Chem. Ser. **157** [1976] 249/57.

P. G. Harrison, Tin. Annual Survey Covering the Year 1974, J. Organometal. Chem. **109** [1976] 241/362.

H. G. Kuivila, Synthetic and Mechanistic Aspects of Organostannylanionoin Chemistry, Advan. Chem. Ser. **157** [1976] 41/56.

M. Pereyre, J. C. Pommier, The Applications of Organotin Reagents in Organic Synthesis. Recent Advances, in: D. Seyferth, New Applications of Organometallic Reagents in Organic Synthesis, Amsterdam 1976.

G. J. M. van der Kerk, Organotin Chemistry. Past, Present and Future, Advan. Chem. Ser. **157** [1976] 1/25.

J. J. Zuckerman, Organotin Compounds. New Chemistry and Applications, Advan. Chem. Ser. **157** [1976] 299 S.

Physikalische Eigenschaften

Physical Properties

Struktur und Bindung

B. Beagly, Electron Diffraction. Structure Determinations. Organometallic and Inorganic Compounds, Mol. Struct. Diffr. Methods **1** [1973] 111/59.

N. G. Bokii, V. E. Shklover, Yu. I. Struchkov, Structural Chemistry of Organic Derivatives of Non-transition Elements. Structural Chemistry of Silicon, Germanium, Tin, and Lead Organic Compounds, Itogi Nauki Tekhn. Kristallokhim. **10** [1974] 94/148.

M. B. Hursthouse, Carbon, Silicon, Germanium, Tin, and Lead, Mol. Struct. Diffr. Methods **3** [1975] 450/80.

L. Manojlovic-Muir, K. W. Muir, Diffraction Studies of Organometallic Compounds, Organometal. Chem. **3** [1975] 417/62.

L. Manojlovic-Muir, K. W. Muir, Diffraction Studies of Organometallic Compounds, Organometal. Chem. **4** [1975] 425/71.

P. J. Smith, Structural Organotin Chemistry. A Bibliography of Organotin X-Ray Crystal Structures, Tin Res. Institute, Publ. 484 [1975].

H. C. Stynes, X-Ray Bibliography, Coord. Chem. Rev. **15** [1975] 93/105.

H. C. Stynes, X-Ray Bibliography, Coord. Chem. Rev. **16** [1975] 341/53.

H. C. Stynes, X-Ray Bibliography, Coord. Chem. Rev. **17** [1975] 317/42.

H. C. Stynes, X-Ray Bibliography, Coord. Chem. Rev. **17** [1975] 343/57.

H. C. Stynes, X-Ray Bibliography, Coord. Chem. Rev. **18** [1976] 273/7.

H. C. Stynes, X-Ray Bibliography, Coord. Chem. Rev. **18** [1976] 279/91.

M. B. Hursthouse, Carbon, Silicon, Germanium, Tin, and Lead, Mol. Struct. Diffr. Methods **4** [1976] 379/92.

UV-, IR-, Raman- und Mikrowellenspektren

N. N. Greenwood, Spectrosc. Prop. Inorg. Organometal. Compounds **6** [1973] 663 S.

D. M. Adams, Vibrational Spectra of Small Symmetric Species and of Single Crystals, Spectrosc. Prop. Inorg. Organometal. Compounds **7** [1974] 208/54.

J. H. Carpenter, Microwave Spectroscopy, Spectrosc. Prop. Inorg. Organometal. Compounds **7** [1974] 188/207.

T. R. Crompton, Chemical Analysis of Organometallic Compounds, Bd. 3, Elements of Group IV B, London 1974, S. 13/98.

N. N. Greenwood, Spectrosc. Prop. Inorg. Organometal. Compounds **7** [1974] 699 S.

S. R. Stobart, Characteristic Vibrational Frequencies of Compounds Containing Main-Group Elements, Spectrosc. Prop. Inorg. Organometal. Compounds **7** [1974] 255/319.

N. N. Greenwood, E. J. Ross, Index of Vibrational Spectra of Inorganic and Organometallic Compounds, Bd. 2, 1961 bis 1963, London 1975.

Magnetische Resonanz

R. R. Dean, Neue Verfahren für Zinn. Magnetische Kernresonanzspektroskopie, Zinn Verwendung Nr. 99 [1974] 12/3.

J. H. Carpenter, Nuclear Quadrupole Resonance Spectroscopy, Spectrosc. Prop. Inorg. Organometal. Compounds **7** [1974] 167/87.

B. E. Mann, Nuclear Magnetic Resonance Spectroscopy, Spectrosc. Prop. Inorg. Organometal. Compounds **7** [1974] 1/166.

H. Zimmer, D. C. Lankin, Kernmagnetische Resonanz von anderen Kernen als ^{1}H, Method. Chim. **1974** 359/89.

J. P. Jesson, E. L. Muetterties, Dynamic Molecular Processes in Inorganic and Organometallic Compounds, Dyn. Nucl. Magn. Resonance Spectrosc. **1975** 253/316.

B. E. Mann, Nuclear Magnetic Resonance Spectroscopy, Spectrosc. Prop. Inorg. Organometal. Compounds **8** [1975] 1/177.

Mössbauer-Spektroskopie

R. Greatrex, Mössbauer Spectroscopy, Spectrosc. Prop. Inorg. Organometal. Compounds **7** [1974] 522/656.

J. N. R. Ruddick, A Review of ^{119}Sn Mössbauer Data Published in the Period 1970—1974, Rev. Silicon Germanium Tin Lead Compounds **2** [1976] 115/22.

N. N. Greenwood, Spectrosc. Prop. Inorg. Organometal. Compounds **9** [1976] 544 S.

Sonstige Physikalische Eigenschaften

Q. D. Chue, I. I. Baburina, Molecular Polarizability of Heteroorganic Compounds Containing Silicon and Tin, Zh. Fiz. Khim. **47** [1973] 2171; C.A. **79** [1973] Nr. 136321.

L. Mettes, P. Zuman, W. J. Scott, B. H. Campbell, A. M. Kardos, Electrochemical Data, Bd. 1, Organic, Organometallic, and Biochemical Substances, Tl. A, New York 1974.

F. Glockling, Main Group Organometallic and Metal-Metal Bonded Compounds, Mass Spectrom. Met. Compounds **1975** 87/103.

B. Majee, Interpretation of the Properties of Organo Derivatives of Silicon, Germanium, Tin, and Lead by the Del Re Method, Rev. Silicon Germanium Tin Lead Compounds **2** [1975] 5/80.

T. R. Spalting, Organometallic, Coordination, and Inorganic Compounds, Mass Spectrom. **3** [1975] 143/223.

G. Pilcher, Thermochemistry of Organometallic Compounds Containing Metal-Carbon Linkages, Intern. Rev. Sci. Phys. Chem. Ser. Two **1975** 45/80.

Y. Limouzin, J. C. Maire, Photoelectron Spectroscopy as a Tool in Organotin Chemistry, Advan. Chem. Ser. **157** [1976] 227/48.

Analyse

Analysis

K. Imaeda, T. Kuriki, Oxygen Determination by Carrier Gas Method. Determination of Oxygen in Inorganic and Organic Tin Compounds by Using a Carrier Gas Containing Hydrogen, Bunseki Kagaku **23** [1974] 47/52.

D. J. Pietrzyk, Organic Polarography, Anal. Chem. **46** [1974] R52/R73.

L. C. Thomas, The Identification of Functional Groups in Organophosphorus Compounds, London – New York – San Francisco 1974.

M. Geissler, B. Schiffel, C. Kuhnhardt, Inversvoltametrische Bestimmung von Blei und Cadmium in zinnorganischen Verbindungen mit einer rotierenden Glaskohlenstoffelektrode, Z. Chem. [Leipzig] **15** [1975] 408/9.

N. E. Gelman, Einige Aspekte der Elementaranalyse der metallorganischen Verbindungen, Pure Appl. Chem. **44** [1975] 493/507.

M. V. Moshkovskaya, V. D. Nefedov, N. G. Molchanova, V. E. Zhuravlev, Separation of a Series of Butyl Compounds of Tin on Silufol, Tr. Estestvennonauchn. Inst. Perm. Univ. **13** [1975] 210/3; C.A. **86** [1977] Nr. 121468.

S. E. Kataeva, E. S. Sofris, Thin Layer Chromatographic Determination of Organotin Stabilizers in Biological Materials, Gig. Tr. Prof. Zabol. **1976** 55/6.

Toxikologie und biozide Anwendungen

Toxicology and Biocidal Use

L. Fishbein, Mutagens and Potential Mutagens in the Biosphere. Metals. Mercury, Lead, Cadmium, and Tin, Sci. Total. Environ. **2** [1974] 341/71.

R. G. Wulf, Studies on the Mechanisms of Toxicity of Organotin Compounds, Diss. Univ. of Missouri 1973, 135S.; Diss. Abstr. Intern. B **35** [1974] 1820/1.

V. T. Mazaev, Toxicological Characteristics of Organotin Compounds, V Sb. Gigien. Nauka-profilakt. Zdravookhr. (Sb. Nauchn. Tr. 1-i Mosk. Med. In-t) **1975** 20/4; C.A. **85** [1976] Nr. 154736.

M. Miyake, S. Fujita, Toxicity of Organotin Chemicals Added as Stabilizers and their Uses as Pesticides, Kagaku To Kogyo [Osaka] **49** [1975] 90/7; C.A. **83** [1975] Nr. 91696.

A. I. Putintsev, Organoleptic Properties of Fish Meat and of Solutions of Organotin Compounds, Olovoorgan. Soedin. I Zhiznennye Protsessy Gidrobiontov **1975** 238/40.

N. S. Stroganov, Analysis of the Action of Organotin Compounds on Hydrobionts, Olovoorgan. Soedin. I Zhiznennye Protsessy Gidrobiontov **1975** 241/59.

W. N. Aldridge, The Influence of Organotin Compounds on Mitochondrial Functions, Advan. Chem. Ser. **157** [1976] 186/96.

M. H. Gitlitz, Organotins in Agriculture, Advan. Chem. Ser. **157** [1976] 167/76.

L. Majlathova, Acute Oral Toxicity of some Organotin Compounds in Mice, Cesk. Hyg. **21** [1976] 191/7.

M. J. Selwyn, Triorganotin Compounds as Ionophores and Inhibitors of Ion Translocating ATPases, Advan. Chem. Ser. **157** [1976] 204/26.

Uses

Verwendung

G. J. M. van der Kerk, Organotin Compounds, Conf. Tin Consumption [Pap.], London 1972, S. 181/97.

H. Niemann, Production and Use of Organometallic Compounds, Particularly those Containing Aluminium and Tin, Inform. Chim. **119** [1973] 119/24.

D. E. Gilbert, E. J. Dyckman, J. A. Montemarano, Organotin Polymers for Mitigating Ship's Hull Frictional Resistance, Proc. 2nd Symp. Fluid-Solid-Surf. Interact. **1974** 169/78; C.A. **86** [1977] 6412.

V. Z. Annenkova, A. K. Khaliullin, L. G. Bugun, R. G. Mirskov, M. L. Kamkina, Yu. T. Pliskanovskii, Polymerization of Alkyl Vinyl Ethers in the Presence of Complex Organotin Catalysts, Nek. Vopr. Khim. Rasplavl. Solei Prod. Destr. Sapropelitov **1974** 119/25.

S. K. Choi, Synthesis, Structure, and Uses of Organotin Compounds. Uses of Organotin Compounds, Hwahak Kwa Hwahak Kongop **17** [1974] 272/80; C.A. **83** [1975] Nr. 44056.

K. Isogawa, Stabilizers, En Bi To Porima **14** Nr. 4 [1974] 8/16; C.A. **81** [1974] Nr. 38164.

L. D. Sirak, F. A. Lutsenko, T. L. Shkorbatova, Use of Electrochemical Methods for the Detoxication of Waste Waters Containing Organotin Compounds, Vodosnabzh. Kanaliz. Gigrotekhn. Sooruzheniya Nr. 17 [1974] 72/4; C.A. **82** [1975] Nr. 34748.

R. R. Dean, Zinn-Verbindungen in der Farbenindustrie, Zinn Verwendung Nr. 104 [1975] 3/5.

T. Iida, Physical Mechanism of PVC Stabilization, Kagaku Kogyo **26** [1975] 390/9; C.A. **83** [1975] Nr. 44057.

E. Kawamata, Y. Kitamura, Tin and Carbon Complex Film Resistors, Oyo Butsuri **44** [1975] 38/49; C.A. **83** [1975] Nr. 89219.

V. P. Malinskaya, K. S. Minsker, Effect of the Nature of Metal-containing Compounds on the Thermal Stability of Poly(vinylchloride)-based Compositions, Plast. Massy **1975** Nr. 4, S. 51/3.

P. Smith, L. Smith, Organotin Compounds and Applications, Chem. Brit. **11** [1975] 208/12.

G. J. M. van der Kerk, Derzeitiger Stand der Anwendungen von Organozinnverbindungen, Chemiker-Ztg. **99** [1975] 26/32.

V. G. K. Das, C. K. Cheong, Organozinnverbindungen. Ein neuer Horizont für Malaysias Chemische Industrie, Zinn Verwendung Nr. 108 [1976] 5/6.

R. R. Dean, Ein neuer Organozinnstabilisator für PVC, Zinn Verwendung Nr. 107 [1976] 1/2.

I. Ehlert, M. Pantke, Ein Reflexionsmeßverfahren zur Bewertung der Wirksamkeit von Fungiziden in Dispersionsanstrichstoffen, Farbe Lack **82** [1976] 297/300.

I. M. Karazhaev, Effect of Organotin Compounds on Heat Resistance of the Poly(vinylchloride) Film of a Leather Substitute, Sb. Nauchn. Tr. Leningrad In-t Sov. Torgovli **1976** 106/8; C.A. **86** [1977] Nr. 73632.

D. Lanigan, E. L. Weinberg, The Use of Estertin Stabilizers in PVC, Advan. Chem. Ser. **157** [1976] 134/54.

T. W. Lapp, Study on Chemical Substances from Information Concerning the Manufacture, Distribution, Use, Disposal, Alternatives, and Magnitude of Exposure to the Environment and Man. The Manufacture and Use of Selected Alkyltin Compounds, U.S. NTIS PB-251819 [1976] 129 S.; C.A. **85** [1976] Nr. 181943.

V. S. Pudov, Degradation and Stabilization of Poly(vinylchloride), Plast. Massy **1976** Nr. 2, S. 18/22.

V. Ya. Shlyapintokh, Photodegradation and Light Stabilization of Polymers, Plast. Massy **1976** Nr. 2, S. 47/51.

O. A. Shustova, G. P. Gladyshev, The Mechanisms of the Stabilization of Thermostable Polymers, Usp. Khim. **45** [1976] 1695/724; Russ. Chem. Rev. **45** [1976] 865/82.

D. Sweitser, L. Klumper, PVC-Stabilisatoren, Kunststoffe **66** [1976] 667/9.

H. E. Teno, Additives for Plastics – Heat Stabilizers for PVC, SPE [Soc. Plast. Eng.] J. **32** [1976] 21/4.

Darstellung und Reaktionen von Organozinnhalogeniden

Preparation and Reactions of Organotin Halides

T. Harada, On the Metallo-organic Compounds. Molecular Compounds of Alkyltin Halides, Sci. Papers Inst. Phys. Chem. Res. [Tokyo] **38** [1940/41] 146/66.

J. G. A. Luijten, G. J. M. van der Kerk, A Survey of the Chemistry and Applications of Organotin Compounds, Tin Research Institute, Greenford 1952.

R. G. Jones, H. Gilman, Methods of Preparation of Organometallic Compounds, Chem. Rev. **54** [1954] 835/90.

H. Grohn, R. Paudert, Zu einigen mechanochemischen Reaktionen von Metallen mit organischen Verbindungen, Angew. Chem. **73** [1961] 716.

D. Seyferth, Vinyl Compounds of Metals, Progr. Inorg. Chem. **3** [1962] 129/280.

I. R. Beattie, The Acceptor Properties of Quadripositive Silicon, Germanium, Tin, and Lead, Quart. Rev. [London] **17** [1963] 382/405.

W. P. Neumann, Neues aus der Chemie der Organozinnverbindungen, Angew. Chem. **75** [1963] 225/35.

K. C. Bass, Homolytic Decomposition of Organometallic Compounds, Lab. Pract. **14** [1965] 145/52.

M. Gielen, N. Sprecher, Coordination of Group IV B Metals at the Atomic Level. Participation of d Orbitals in the Reactivity of Organometallic Compounds, Organometal. Chem. Rev. **1** [1966] 455/89.

O. A. Homberg, Sterically Hindered Group IV A Organometallics and Related Compounds, Diss. Univ. of Cincinnatti, Cincinnatti 1966; Diss. Abstr. **26** [1966] 5036.

K. N. Korotaevskii, E. N. Lysenko, Z. S. Smolyan, L. M. Monastyrskii, L. V. Armenskaya, Electrochemical Preparation of Organotin Compounds, Zh. Obshch. Khim. **36** [1966] 167; J. Gen. Chem. USSR **36** [1966] 177.

H. C. Clark, Organometallic Cations, in: E. A. V. Ebsworth, New Pathways in Inorganic Chemistry, Cambridge 1968.

T. Hayashi, S. Kikkawa, S. Matsuda, J. Uchimura, Direct Synthesis of β-Amido Organotin Compounds, Technol. Rept. Osaka Univ. **18** [1968] 233/45.

R. Blackburn, A. Kabi, Ionizing Radiations and Organometallic Compounds, Radiation Res. Rev. **2** [1969] 103/30.

W. P. Neumann, Substituent Exchange Equilibria on Germanium, Tin, and Lead, Ann. N.Y. Acad. Sci. **159** [1969] 56/72.

S. Sakai, K. Itoh, Y. Ishii, Addition Reactions of the Group IV Organometallic Compounds. Their Synthetic Applications, Yuki Gosei Kagaku Kyokai Shi **28** [1970] 1109/26.

D. Seyferth, Divalent Carbon Insertions into Group IV Hydrides and Halides, Pure Appl. Chem. **23** [1970] 391/412.

V. I. Stanko, O. Yu. Okhlobystin, G. A. Anorova, I. P. Beletskaya, Oxydative Halogenation of Organometallic Compounds, Zh. Obshch. Khim. **40** [1970] 2767; J. Gen. Chem. USSR **40** [1970] 2768.

N. R. Gotthofer, N. Pillier, The Preparation of Organotin Halides, Bibliographic Study, Garches, Frankreich 1971.

N. Iwamoto, A. Ninagawa, H. Matsuda, S. Matsuda, Reactions and Utilization of Higher Alkene Oxides. Reaction of 1,2-Epoxyoctane with Organotin Halides, Kogyo Kagaku Zasshi **74** [1971] 1400/4.

G. P. van der Kelen, E. V. van den Berghe, L. Verdonck, Organotin Halides, in: A. K. Sawyer, Organotin Compounds, Bd. 1, New York 1971, S. 81/151.

I. R. Chipperfield, Linear Free Energy Relations in Inorganic Chemistry, Advan. Linear Free Energy Relat. **1972** 321/68.

H. C. Clark, R. J. Puddephatt, Synthesis and Properties of the Sn-Halogen Bond, in: A. G. MacDiarmid, Organometallic Compounds of the Group IV Elements, Bd. 2, Tl. 2, New York 1972, S. 71/147.

Yu. V. Miretskii, I. V. Vereshchinskii, N. E. Nikolaev, E. A. Ryabov, Radiation Chemical Synthesis of Organotin Compounds and Prospects for its Industrial Use, Radiats. Khim. Vses. Nauchno Tekhn. Konf. 20 [Dvadtsat] Let Proizvod. Primen. Izot. Istochnikov Yad. Izluch. Nar. Khoz SSSR [Dokl.] 1968 [1972], S. 99/108.

M. D. Morris, Organometallic Electrochemistry, Electroanal. Chem. **7** [1974] 79/160.

K. P. Butin, V. N. Shishkin, I. P. Beletskaya, O. A. Reutov, Equilibria of Redistribution Reactions in Group IVB Organometallic Compounds, J. Organometal. Chem. **93** [1975] 139/71.

A. I. Ioffe, A. I. Dyachenko, O. M. Nefedov, Mechanism of Reactions of Organometallic Compounds with Organic Halides, Izv. Akad. Nauk SSSR Ser. Khim. **1975** 1902/6; Bull. Acad. Sci. USSR Div. Chem. Sci. **1975** 1789/92.

Physical Properties of Organotin Halides

Physikalische Eigenschaften von Organozinnhalogeniden

Struktur und Bindung

C. A. Kraus, The Radical Theory in Modern Chemistry, J. Am. Chem. Soc. **46** [1924] 2196/204.

A. N. Nesmeyanov, K. A. Kocheshkov, The Sequence of "Electronegativity" of Organic Radicals, Uch. Zap. Mosk. Univ. **3** [1934] 283/9.

R. Okawara, Chemical Structure of Organotin Compounds, Nippon Kagaku Zasshi **86** [1965] 543/59.

R. Okawara, M. Wada, Structural Aspects of Organotin Compounds, Advan. Organometal. Chem. **5** [1967] 137/67.

F. B. Nijesen, I Composti Organo-Stannici nelle Pitture Antinegatitive, Ind. Vernice [Milan] **22** [1968] 3/7.

C. F. Shaw, A. L. Allred, Nonbonded Interactions in Organometallic Compounds of Group IVB, Organometal. Chem. Rev. A **5** [1970] 95/142.

M. D. Medvedeva, Differential Thermal Analysis of the Reaction of Phosphorus(III) Acid Esters with Alkylhalostannanes, Sb. Aspir. Rab. Kazan. Univ. Khim. Geogr. Geol. **1971** 16/24.

D. F. van de Vondel, G. P. van der Kelen, Dipole Moments of Methylgermanium Fluorides, J. Organometal. Chem. **55** [1973] 85/7.

B. Y. K. Ho, J. J. Zuckerman, Structural Organotin Chemistry, J. Organometal. Chem. **49** [1973] 1/84.

G. M. Bancroft, I. Adams, H. Lampe, T. K. Sham, Linewith and Line Shapes in Solid State ESCA Studies. Electric Field Gradient Broadening of Sn 3d Lines, Chem. Phys. Letters **32** [1975] 173/7.

UV-, IR-, Raman- und Mikrowellenspektren

R. Okawara, M. Sakiyama, Infrared Spectra of Organic Si, Ge, Sn, and Pb Compounds, Kagaku No Ryoiki Zokan **31** [1958] 127/64.

H. Kriegsmann, Spektroskopische Arbeiten über silicium- und zinnorganische Verbindungen sowie über Bandenintensitäten, Abhandl. Deut. Akad. Wiss. Berlin Kl. Math. Phys. Tech. **1962** Nr. 3, S. 11/4.

B. G. Ramsay, Electronic Transitions in Organometalloids, New York 1969.

A. N. Egorochkin, S. Ya. Khorshev, N. S. Vyazankin, Infrared Spectra of Biheteroorganic Compounds and $d\pi$-$p\pi$-Interaction, Dokl. Akad. Nauk SSSR **185** [1969] 353/4; Dokl. Chem. Proc. Acad. Sci. USSR **184/189** [1969] 193/4.

T. Tanaka, Vibrational Spectra of Organotin and Organolead Compounds, Organometal. Chem. Rev. A **5** [1970] 1/51.

K. Licht, P. Reich, Literature Data for IR, Raman, NMR-Spectroscopy of Si, Ge, Sn, Pb Organic Compounds, Berlin 1971.

Magnetische Resonanz

E. V. van den Berghe, G. P. van der Kelen, Study of the Chemical Bond in Methyltin Halide-Pyridine Complexes by PMR Spectroscopy, J. Organometal. Chem. **11** [1968] 479/85.

L. Verdonck, G. P. van der Kelen, Z. Eeckhaut, Comparative PMR Study of Methyl-, Ethyl- and Halogenomethyltin Halides, J. Organometal. Chem. **11** [1968] 487/90.

W. B. Harrison, Studies in the Chemistry of the Group IV Organometallic Radicals and Ions, Diss. Univ. of Georgia, Athens 1971; Diss. Abstr. Intern. B **32** [1972] 5105.

K. Licht, P. Reich, Literature Data for IR, Raman, NMR-Spectroscopy of Si, Ge, Sn, Pb Organic Compounds, Berlin 1971.

D. Griller, K. U. Ingold, On the Conformation of β-Substituted Ethyl Radicals, J. Am. Chem. Soc. **96** [1974] 6715/20.

B. E. Mann, ^{13}C-NMR Chemical Shifts and Coupling Constants of Organometallic Compounds, Advan. Organometal. Chem. **12** [1974] 135/213.

V. S. Petrosyan, O. A. Reutov, Study of the Structure and Complexation of Organic and Inorganic Derivatives of Metals by Means of NMR Spectroscopy of Heavy Nuclei, Pure Appl. Chem. **37** [1974] 147/59.

V. K. Voronov, E. S. Domnina, V. I. Glukhikh, Yu. N. Ivlev, G. G. Skvortsova, M. G. Voronkov, Carbon-13 NMR of 1-Vinyl- and 1-Ethylimidazole Complexes with Triethyl-Group IVB Element Halides, Fiz. Mat. Metody Koord. Khim., Tezisy Dokl. 5th Vses. Soveshch., Kishinev 1974, S. 95.

Yu. Kh. Puskar, T. A. Saluvere, E. T. Lippmaa, A. B. Permin, V. S. Petrosyan, Spin-Lattice Relaxation of ^{119}Sn and ^{13}C Nuclei in Organotin Compounds, Dokl. Akad. Nauk SSSR **220** [1975] 112/5; Dokl. Chem. Proc. Acad. Sci. USSR **220/225** [1975] 19/21.

G. Singh, Proton and Carbon-13 NMR Study of Group IVB ($^{117,119}Sn$, ^{207}Pb) and Mercury (^{199}Hg) Organometallics, J. Organometal. Chem. **99** [1975] 251/62.

Mössbauer-Spektroskopie

V. I. Goldanskii, E. F. Makarov, R. A. Stukan, T. N. Sumarokova, V. A. Trukhtanov, V. V. Khrapov, The Mössbauer Effect in Compounds of Tin with Coordination Number Six, Dokl. Akad. Nauk SSSR **156** [1964] 400/3; Dokl. Phys. Chem. Proc. Acad. Sci. USSR **154/159** [1964] 474/7.

V. I. Goldanskii, V. V. Khrapov, O. Yu. Okhlobystin, V. Ya. Rochev, ^{119}Sn. Metal Organic Compounds, in: V. I. Goldanskii, R. H. Herber, Chemical Application of Mössbauer Spectroscopy, New York 1968, S. 336/76.

V. I. Goldanskii, V. V. Khrapov, R. A. Stukan, Application of the Mössbauer Effect in the Study of Organometallic Compounds, Organometal. Chem. Rev. A **4** [1969] 225/61.

T. C. Gibb, Determination of the Sign of the Quadrupole Coupling Constant, e^2qQ, in Tin Compounds by Mössbauer Spectroscopy, J. Chem. Soc. A **1970** 2503/6.

T. C. Gibb, Applications of Mössbauer Spectroscopy to Organometallic Chemistry, in: W. O. George, Spectroscopic Methods in Organometallic Chemistry, London 1970, S. 33/60.

R. V. Parish, R. H. Platt, Studies in Mössbauer Spectroscopy. An Analysis of the Isomer Shifts of Substituted Organotin(IV) Compounds, Inorg. Chim. Acta **4** [1970] 589/92.

P. J. Smith, Mössbauer Parameters of Organotin Compounds, Organometal. Chem. Rev. A **5** [1970] 373/402.

J. J. Zuckerman, Application of ^{119m}Sn Mössbauer Spectroscopy to the Study of Organotin Compounds, Advan. Organometal. Chem. **9** [1970] 21/134.

R. H. Herber, On the Current Status of Mössbauer Spectroscopy Standards, Mössbauer Eff. Methodol. Proc. Symp. **6** [1970/71] 3/15.

R. Barbieri, L. Pellerito, N. Bertazzi, G. C. Stocco, Mössbauer Spectroscopy of Mono-organotin(IV) Derivatives, Inorg. Chim. Acta **11** [1974] 173/83.

N. W. G. Debye, M. Linzer, Correlation of Nuclear Quadrupole Resonance and ^{119m}Sn Mössbauer Spectral Parameters, J. Chem. Phys. **61** [1974] 4770/6.

G. M. Bancroft, K. D. Butler, Partial Quadrupole Splittings in Four Coordinate Sn^{IV} Compounds and Six Coordinate Fe^{II} Compounds. The Effect of Distortions, Inorg. Chim. Acta **15** [1975] 57/65.

Analysis of Organotin Halides

Analyse von Organozinnhalogeniden

K. Matsuda, S. Matsuda, Determination of Halogens in Alkyltin Halides by High Frequency Titration, Kogyo Kagaku Zasshi **64** [1961] 539/40.

G. Gras, J. Castel, A Test of the New Codex Polarographic Determination of Tin Originating from Plastics Used in Conditioning Injection Solutions, Trav. Soc. Pharm. Montpellier **25** [1966] 178/84.

T. R. Spalting, The Application of Mass Spectroscopy to Organometallic Chemistry, in: W. O. George, Spectroscopic Methods in Organometallic Chemistry, London 1970, S. 95/133.

V. E. Zhuravlev, N. G. Mokhanova, V. I. Krauzova, Separation of Phenyl Derivatives of Tin Compounds on Loose Silica Gel and Alumina Layers, Tr. Estestvennonauchn. Inst. Perm. Univ. **13** [1972] 153/7.

H. Woggon, D. Jehle, Zur inversionsvoltametrischen Bestimmung von bioziden Organozinnverbindungen, Nahrung **17** [1973] 739/48.

Physiological Action of Organotin Halides

Physiologische Wirkung von Organozinnhalogeniden

J. M. Barnes, H. B. Stoner, Toxicology of Tin Compounds, Pharmacol. Rev. **11** [1959] 211/31.

W. N. Aldridge, J. E. Cremer, C. J. Threefall, Trialkylleads and Oxidative Phosphorylation. A Study of the Action of Trialkylleads upon Rat Liver Mitochondria and Rat Brain Cortex Slices, Biochem. Pharmacol. **11** [1962] 835/46.

R. Torack, J. Gordon, J. Prokop, Pathobiology of Acute Triethyltin Intoxication, Intern. Rev. Neurobiol. **12** [1970] 45/86.

D. Knorr, Tin-Resorption, Peroral Toxicity and Maximum Admissable Concentration in Foods, Lebensm. Wiss. Technol. **8** [1975] 51/6.

Uses of Organotin Halides

Verwendung von Organozinnhalogeniden

C. J. Evans, Organotin-Based Antifouling Systems, J. Oil Colour Chemists' Assoc. **58** [1975] 160/8.

1.3.1 Organozinnfluoride

Organotin Fluorides

Die Organozinnfluoride genießen unter den Organozinnhalogeniden eine Sonderstellung. Die Akzeptorfähigkeit des Zinns bei gleichzeitiger Anwesenheit eines starken Donatorliganden führt hier zur Ausbildung von Koordinationspolymeren über eine Erweiterung der Koordinationszahl am zentralen Zinnatom von ursprünglich 4 auf 5 oder gar 6. Organozinnfluoride sind somit in der Regel hochschmelzende Festkörper, die sich in den gebräuchlichen organischen Lösungsmitteln nicht oder nur sehr schlecht lösen. Sie bilden allerdings mit anorganischen Fluoriden leicht lösliche Komplexaddukte. Diese Schwerlöslichkeit der Organozinnfluoride wird in der Technik zur Abtrennung von Organozinnhalogeniden von Zinntetraorganylen ausgenutzt, nachdem man die Organozinnhalogenide aus den Gemischen in die schwerlöslichen Organozinnfluoride umgewandelt hat.

Zur Synthese von Organozinnfluoriden werden gewöhnlich die leicht zugänglichen Organozinnchloride oder -bromide mit wäßriger KF-Lösung in Alkohol umgesetzt.

Organozinnfluoride sind im allgemeinen geruchlose, farblose kristalline Verbindungen, die in einigen Fällen als Schädlingsbekämpfungsmittel und Holzschutzmittel Verwendung finden.

Allgemeine Literatur

General Literature

Darstellung und Reaktionen

Preparation and Reactions

D. Seyferth, The Preparation of Organometallic and Organometalloidal Compounds by the Diazoalkane Method, Chem. Rev. **55** [1955] 1155/75.

D. W. A. Sharp, J. Thorley, A. Mohammed, Inorganic and Organic Onium Salts, U.S. Dept. Com. Office Tech. Serv. AD-404027 [1962].

H. C. Clark, Perfluoroalkyl Derivatives of the Elements, Advan. Fluorine Chem. **3** [1963] 19/62.

C. Tamborski, Perfluoroorganometallic Compounds, Trans. N.Y. Acad. Sci. [2] **28** [1966] 601/10.

E. L. Muetterties, R. A. Schunn, Pentacoordination, Quart. Rev. [London] **20** [1966] 245/99.

I. Ruidisch, H. Schmidbaur, H. Schumann, Organoelement Halides of Germanium, Tin, and Lead, in: V. Gutmann, Halogen Chemistry, Bd. 2, London 1967, S. 233/349.

M. J. Bruce, F. G. A. Stone, Fluorocarbon Complexes of Transition Metals, Preparative Inorg. Reactions **4** [1968] 177/235.

H. Schmidbaur, Isoelectronic Species in the Organophosphorus, Organosilicon, and Organoaluminum Series, Advan. Organometal. Chem. **9** [1970] 259/359.

S. C. Cohen, A. G. Massey, Polyfluoroaromatic Derivatives of Metals and Metalloids, Advan. Fluorine Chem. **6** [1970] 83/285.

W. T. Reichle, Preparation, Physical Properties, and Reactions of Sigma-Bonded Organometallic Compounds, in: M. Tsutsui, Characterization of Organometallic Compounds, Bd. 2, New York 1971, S. 653/826.

S. F. Zhilsov, O. N. Druzhkov, Reactions of Organic Derivatives of the Elements with Polyhalogenomethanes, Usp. Khim. **40** [1971] 226/53; Russ. Chem. Rev. **40** [1971] 126/41.

W. R. Cullen, Fluoroalicyclic Derivatives of Metals and Metalloids, Advan. Inorg. Chem. Radiochem. **15** [1972] 323/74.

P. Dunn, D. Oldfield, Reactions of Organotin Compounds under Gamma Irradiation, DSL-TN-298 [1973]; C.A. **80** [1974] Nr. 126716.

Yu. M. Tyurin, V. K. Goncharuk, Galvanostatic Study of the Reaction Kinetics of Trialkylchlorotin Reduction Products in an Adsorption Layer, Nov. Elektrokhim. Org. Soedin. Tezisy Dokl. 8th Vses. Soveshch. Elektrokhim. Org. Soedin., Riga 1973, S. 90/1.

D. Seyferth, Organometallic Compounds as Precursors for Fluorinated Carbenes, Carbenes **2** [1975] 101/58.

Physical Properties

Physikalische Eigenschaften

Struktur und Bindung

R. Okawara, M. Wada, Structural Aspects of Organotin Compounds, Advan. Organometal. Chem. **5** [1967] 137/67.

N. G. Bokii, Yu. T. Struchkov, Structural Chemistry of Organic Compounds of the Nontransition Elements of Group IV (Si, Ge, Sn, Pb), Zh. Strukt. Khim. **9** [1968] 722/65; J. Struct. Chem. [USSR] **9** [1968] 633/72.

N. C. Baenziger, The Determination of Organometallic Structures by X-Ray Diffraction, in: M. Tsutsui, Characterization of Organometallic Compounds, Bd. 1, New York 1969, S. 213/76.

Y. K. Ho, J. J. Zuckerman, Structural Organotin Chemistry, J. Organometal. Chem. **49** [1973] 1/84.

UV-, IR-, Raman- und Mikrowellenspektren

R. A. Cummins, P. Dunn, The Infrared Spectra of Organotin Compounds, Australia Commonwealth Dept. of Supply Defence Std. Lab. Rept. Nr. 266 [1963].

D. H. Lohmann, The IR-Spectra of Ethyltin Compounds in the Region 2-45 μ, J. Organometal. Chem. **4** [1965] 382/91.

D. M. Adams, Metal-Ligand and Related Vibrations, London 1967.

D. Bodiot, Spectres d'absorptions infra-rouge des composés organométalliques de l'étain ou de plomb, Rev. Chim. Minerale **4** [1967] 957/75.

K. Nakamoto, Characterization of Organometallic Compounds by IR-Spectroscopy, in: M. Tsutsui, Characterization of Organometallic Compounds, Bd. 1, New York 1969, S. 73/135.

Magnetische Resonanz

J. Lorberth, H. Vahrenkamp, Die ^{1}H-NMR-Spektren der Organohalogenstannane, J. Organometal. Chem. **11** [1968] 111/24.

R. A. Jackson, Group IVb Radical Reactions, Advan. Free-Radical Chem. **3** [1969] 231/88.

Mössbauer-Spektroskopie

R. H. Herber, H. A. Stöckler, W. T. Reichle, Systematics of Mössbauer Isomer Shifts of Organotin Compounds, J. Chem. Phys. **42** [1965] 2447/52.

H. Sano, Nuclear γ-Ray Resonance, Mössbauer Effect, Kagaku No Ryoiki **19** [1965] 809/20.

R. H. Herber, Mössbauer Parameters for Metal-Organic (Fe, Sn) Compounds, Tech. Rept. Ser. Intern. At. Energy Agency Nr. 50 [1966] 121/33.

J. J. Zuckerman, Chemical Significance of Mössbauer Spectral Parameters Sn^{119m} Isomer Shift and Percentage Ionic Character of Tin Bonds, J. Inorg. Nucl. Chem. **29** [1967] 2191/202.

J. J. Spijkerman, The Mössbauer Chemical Shift in Tin Chemistry, Advan. Chem. Ser. **68** [1967] 105/12.

R. H. Herber, Chemical Aspects of Mössbauer Spectroscopy, Progr. Inorg. Chem. **8** [1967] 1/41.

V. I. Goldanskii, V. V. Khrapov, O. Yu. Okhlobystin, V. Ya. Rochev, ^{119}Sn. Metal Organic Compounds, in: V. I. Goldanskii, R. H. Herber, Chemical Application of Mössbauer Spectroscopy, New York 1968, S. 336/76.

V. Kotkhekar, V. S. Shpinel, Isomer Shifts and Quadrupole Splitting in Organotin Compounds, Zh. Strukt. Khim. **10** [1969] 37/42.

V. S. Shpinel, S. E. Gukasyan, Isomer Shifts and Quadrupole Splittings in the Compounds of Atoms with 5s 5p Valence Electrons (^{119}Sn, ^{121}Sb, ^{125}Te, ^{127}J, ^{129}Xe, ^{131}Xe), Proc. Conf. Appl. Mössbauer Eff., Tihany, Hung., 1969 [1971], S. 41/52.

R. H. Herber, Mössbauer Spectroscopy of Organometallics. Lattice Dynamics and Structure of Butyltin Compounds, J. Chem. Phys. **54** [1971] 3755/60.

N. N. Greenwood, Anwendung der Mössbauer-Spektroskopie auf Probleme der Festkörperchemie, Angew. Chem. **83** [1971] 746/55.

B. A. Goodman, N. N. Greenwood, The Determination of the Sign of the Quadrupole Interaction in Some Organotin(IV) Compounds, J. Chem. Soc. A **1971** 1862/5.

W. M. Reiff, Magnetically Perturbed Mössbauer Spectra of Iron and Tin Coordination Compounds, Coord. Chem. Rev. **10** [1973] 37/77.

J. N. R. Ruddick, J. R. Sams, Interpretation of Isomer Shift-Quadrupolsplitting Correlations for Pentacoordinate Trimethyltin Complexes, Chem. Phys. Letters **28** [1974] 548/51.

Analyse

Analysis

G. Costa, Comportamento polarografico e coulombometrico di alcuni composti organostannici, Gazz. Chim. Ital. **80** [1950] 42/61.

H. Matsuda, S. Matsuda, Gas Chromatography of Organotin Compounds, Kogyo Kagaku Zasshi **63** [1960] 1960/4.

Physiologische Wirkung

Physiological Action

K. B. Kerr, A. W. Walde, The Anthelminthic Activity of Tetravalent Tin Compounds, Exptl. Parasitol. **5** [1956] 560/70.

M. S. Blum, J. J. Pratt, Relationships between Structure and Insecticital Activity of Some Organotin Compounds, J. Econ. Entomol. **53** [1960] 445/8.

A. A. Balandin, L. G. Gindin, Kinetics of Antibacterial Reactions. Effect of Some Organotin Compounds on Pathogenic Bacteria, Biofizika **10** [1965] 986/92.

E. Czerwinska, Z. Eckstein, Z. Ejmocki, R. Kowalik, Correlation between Chemical Structure and Fungicidal Activity of Some Organotin Derivatives, Bull. Acad. Polon. Sci. Ser. Sci. Chim. **15** [1967] 335/9.

Verwendung

Uses

E. E. Kenaga, Triphenyltin Compounds as Insect Reproduction Inhibitors, J. Econ. Entomol. **58** [1965] 4/8.

A. Bokranz, H. Plum, Technische Herstellung und Verwendung von Organozinnverbindungen, Fortschr. Chem. Forsch. **16** [1971] 365/403.

R. J. Vizgirda, Organotin Antifoulants, Paint Varnish Prod. **62** [1972] 25/8.

C. J. Evans, P. J. Smith, Organotin-Based Antifouling Systems, J. Oil Colour Chemists' Assoc. **58** [1975] 160/8.

1.3.1.1 Triorganozinnfluoride

Triorganotin Fluorides

1.3.1.1.1 Triorganozinnfluoride des Typs R_3SnF

Triorganotin Fluorides of the R_3SnF Type

1.3.1.1.1.1 Trimethylzinnfluorid $(CH_3)_3SnF$

Trimethyltin Fluoride

1.3.1.1.1.1.1 Bildung und Darstellung

Formation. Preparation

Trimethylzinnfluorid wird am einfachsten durch Umsetzung von Trimethylzinnhalogeniden mit Alkalifluoriden gewonnen. So entsteht die Verbindung beim Eingießen von $(CH_3)_3SnBr$, gelöst in Äthanol, in eine Lösung von neutralem KF in Wasser sofort als schneeweißer, feinkristalliner dicker Brei [1]. $(CH_3)_3SnF$ entsteht analog aus $(CH_3)_3SnCl$ und NaF [2], aus $(CH_3)_3SnCl$ und KF [3], aus $(CH_3)_3SnBr$ und $AgPF_6$ in flüssigem SO_2 [4], aus $(CH_3)_3SnCl$ und HF bei 25°C in CCl_3F im Verlauf von 2h. Bei Verwendung von wäßriger HF-Lösung können 100% Ausbeute an $(CH_3)_3SnF$ erzielt werden [5]. — Die Methode eignet sich auch zur Synthese von markiertem $(CH_3)_3SnF$. So gewinnt man $(^{14}CH_3)_3SnF$ aus $(^{14}CH_3)_3SnJ$ und KF in Wasser-Äthanol [6] und $(CH_3)_3{}^{113}SnF$ aus $(CH_3)_3{}^{113}SnBr$ und KF bei 100°C [7].

Ein weiteres Darstellungsverfahren für $(CH_3)_3SnF$ ist die Reaktion zwischen $(CH_3)_3SnOH$ und HF [8]. Auch $Sn(CH_3)_4$ ist als Ausgangsmaterial verwendet worden. So reagiert Tetramethylzinn mit HF bei Zimmertemperatur unter Bildung von $(CH_3)_3SnF$. Mit wäßriger HF-Lösung werden dabei 11% Ausbeute erzielt, während bei 130°C nach 4h mit wasserfreiem HF im 142fachen Überschuß 78% Ausbeute an $(CH_3)_3SnF$ neben 21% $(CH_3)_2SnF_2$ erhalten werden [5]. Auch die Umsetzung von $Sn(CH_3)_4$ mit PF_5 [9] oder mit CF_3J und Quecksilber bei 100°C im Bombenrohr unter UV-Bestrahlung eignet sich zur Synthese von $(CH_3)_3SnF$. Hohe Ausbeuten an $(CH_3)_3SnF$ werden auch erzielt, wenn als Ausgangsmaterial $(CH_3)_3SnN(CH_3)_2$ verwendet wird. Bei diesen Synthesen, die in der Regel bei Zimmertemperatur durchgeführt werden, sind folgende Ausbeuten mit den angegebenen Reaktionspartnern erzielt worden: C_6F_6 (Petroläther, 2h Rückfluß) 88% [11], $CF_2{=}CClF$ (Dec-1-en, 0°C) 76% [11], CF_3CHFCF_3 (Bombenrohr) 100% [12], C_6F_5CN (Petroläther, 0°C) 98% [13], C_6F_5Br (Petroläther, 2h Rückfluß) 91% [13], $(CF_3)_2NH$ (Petroläther, 0°C) 92% [11], $BF_3 \cdot (C_2H_5)_2O$ 86% [11], PF_3 (Petroläther) 32% [11], AsF_3 (Diäthyläther) 85% [11], SbF_3 (Benzol, 12h 25°C) 75% [11], TiF_4 (Benzol) 90% [11]. Bei der Reaktion zwischen $(CH_3)_3SnP(C_6H_5)_2$ und AsF_3 in Diäthyläther wird ebenfalls $(CH_3)_3SnF$ in 87% Ausbeute gebildet [11].

$(CH_3)_3SnF$ entsteht bei der Umsetzung verschiedener Trimethylzinnverbindungen mit fluorhaltigen Verbindungen. So reagiert $(CH_3)_3SnH$ mit $CH_2{=}CHF$ unter UV-Bestrahlung im Bombenrohr [14], mit $(CH_3)_3SiCF{=}CF_2$ [15], mit $(CH_3)_2Si(CF{=}CF_2)_2$ [15], mit $(CH_3)_3GeCF{=}CF_2$ bei 55°C [16], mit $(CH_3)_3SnCF{=}CF_2$ bei 25°C unter UV-Bestrahlung [16, 17], mit $(CH_3)_2Sn(CF{=}CF_2)_2$ bei 25°C im Bombenrohr unter UV-Bestrahlung [17] und mit $(CO)_5ReCF{=}CF_2$ unter Bildung von $(CH_3)_3SnF$ in Ausbeuten bis zu 100% [14]. Bei der Reaktion von $(CH_3)_3SnOH$ mit $[(CH_3)_4Sb]F$ wird $(CH_3)_3SnF$ neben $[(CH_3)_4Sb]OH$ erhalten [18]. NSF_3 reagiert bei −70°C unter N_2 mit $[(CH_3)_3Sn]_2O$ unter Bildung von $(CH_3)_3SnF$ neben $(CH_3)_3SnNSOF_2$ [19]. $[(CH_3)_3Sn]_3N$ reagiert in Diäthyläther im Verlauf von 2h mit tetramerem oder pentamerem NPF_2 unter Bildung von $(CH_3)_3SnF$ [20], ebenso wie $[(CH_3)_3Sn]_3P$ mit $HP(CF_3)_2$ oder $(CH_3)_3SnPH_2$ mit H_2PCF_3 bei Zimmertemperatur [21]. Neben anderen Verbindungen entsteht Trimethylzinnfluorid bei der Umsetzung von $[(CH_3)_3Sn]_2$ mit $CF_2{=}CF_2$ bei 75°C unter UV-Bestrahlung [22] sowie von $(CH_3)_3SnSn(C_6H_5)_3$ mit GeF_2 bei 130°C [23]. Fluorkohlenwasserstoffe reagieren mit Trimethylstannyl-Übergangsmetallverbindungen unter Spaltung der Zinn-Metall-Bindung und Bildung von $(CH_3)_3SnF$ neben zahlreichen anderen Produkten. So entsteht Trimethylzinnfluorid aus $(CH_3)_3SnMn(CO)_5$ und $CF_2{=}CF_2$ im Einschlußrohr bei 50°C unter UV-Bestrahlung in 55%iger Ausbeute [24]. Mit $CF_2{=}CHF$ werden entsprechend 100% Ausbeute erzielt, mit $CF_2{=}CClF$ dagegen nur 9% [24]. Analog reagiert $(CH_3)_3SnMn(CO)_5$ mit $CF_2{=}CFCF{=}CF_2$ [25] und anderen Fluoralkanen [26]. Auch $(CH_3)_3SnFe(CO)_2C_5H_5$ reagiert mit Fluoralkanen unter UV-Bestrahlung [26]. Mit CF_3J erfolgt im gleichen Reagenz als Lösungsmittel Reaktion entweder im Verlauf von 7h bei 60°C oder nach 2h bei Zimmertemperatur unter UV-Bestrahlung unter Bildung von $(CH_3)_3SnF$ neben anderen Produkten [27]. $(CH_3)_3SnCo(CO)_4$ reagiert sowohl mit CF_3J als auch mit $CF_2{=}CF_2$ oder $CF_2{=}CHF$ unter verschiedenen Bedingungen. Dabei entsteht $(CH_3)_3SnF$ in Ausbeuten von 47 bis 77% [28, 29].

$(CH_3)_3SnCF_3$ zerfällt leicht unter Bildung von $(CH_3)_3SnF$ und CF_2. Das konnte bei den unter Abfangen des Carbens CF_2 ablaufenden Reaktionen mit C_6H_5COOH [30], $HC{\equiv}CCF_3$ [31], $(CH_3)_3GeC{\equiv}CC_2F_5$ [32], $(CH_3)_3SnC{\equiv}CCF_3$ [31], $(CH_3)_2Sn(C{\equiv}CCF_3)_2$ [31] und PF_5 [33] gezeigt werden. $(CH_3)_3SnF$ tritt auch als Zerfallsprodukt verschiedener fluorhaltiger Trimethylzinnverbindungen auf. So wurde die Verbindung gefunden nach 48stündigem Stehenlassen von $(CH_3)_3SnCH_2CHF_2$ bei Zimmertemperatur [14], beim Erhitzen von $(CH_3)_3SnCF(CHF_2)Ge(CH_3)_3$ oder $(CH_3)_3SnCF_2CHFGe(CH_3)_3$ auf 55°C [16], beim Erhitzen von $(CH_3)_3SnCF(CF_3)_2$ auf 150°C [34] und bei Stehenlassen von $(CH_3)_3Sn\underline{CFCF_2CF_2CHF}$ bei 20°C über 10 Tage [35].

Analyse. Untersuchungen zur Anionenaustausch-Papierchromatographie und Elektrophorese s. bei [6].

Literatur:

[1] E. Krause (Ber. Deut. Chem. Ges. **51** [1918] 1447/56). — [2] W. K. Johnson (J. Org. Chem. **25** [1960] 2253/4). — [3] W. K. Johnson, Monsanto Chemical Co. (U.S.P. 3036103 [1959/62]; C.A. **57** [1962] 13802). — [4] H. C. Clark, R. J. O'Brien (Inorg. Chem. **2** [1963] 1020/2). — [5] L. E. Levchuk, J. R. Sams, F. Aubke (Inorg. Chem. **11** [1972] 43/50).

[6] A. Cassol, L. Magon, R. Barbieri (J. Chromatog. **19** [1965] 57/63). — [7] A. Cassol, L. Magon (Gazz. Chim. Ital. **96** [1966] 1752/63). — [8] R. Okawara, D. E. Webster, E. G. Rochow (J. Am. Chem. Soc. **82** [1960] 3287/90). — [9] P. M. Treichel, R. A. Goodrich (Inorg. Chem. **4** [1965] 1424/8). — [10] H. D. Kaesz, J. R. Phillips, F. G. A. Stone (J. Am. Chem. Soc. **82** [1960] 6228/32).

[11] T. A. George, M. F. Lappert (J. Chem. Soc. A **1969** 992/6). — [12] T. Chivers, B. David (J. Organometal. Chem. **10** [1967] P35/P36). — [13] G. Chandra, A. D. Jenkins, M. F. Lappert, R. C. Srivastava (J. Chem. Soc. A **1970** 2550/8). — [14] M. Akhtar, H. C. Clark (Can. J. Chem. **47** [1969] 3753/8). — [15] M. Akhtar, H. C. Clark (Can. J. Chem. **46** [1968] 633/42).

[16] M. Akhtar, H. C. Clark (Can. J. Chem. **46** [1968] 2165/73). — [17] A. D. Beveridge, H. C. Clark, J. T. Kwon (Can. J. Chem. **44** [1966] 179/89). — [18] H. Schmidbaur, J. Weidlein, K. H. Mitschke (Chem. Ber. **102** [1969] 4136/46). — [19] R. Höfer, O. Glemser (Z. Naturforsch. **27b** [1972] 1106/7). — [20] H. W. Roesky, E. Janßen (Chem. Ber. **108** [1975] 2531/5).

[21] S. Ansari, J. Grobe (Z. Naturforsch. **30b** [1975] 523/30). — [22] H. C. Clark, J. D. Cotton, J. H. Tsai (Can. J. Chem. **44** [1966] 903/17). — [23] P. Riviere, J. Satge, A. Boy (J. Organometal. Chem. **96** [1975] 25/40). — [24] H. C. Clark, J. H. Tsai (Inorg. Chem. **5** [1966] 1407/15). — [25] M. Green, N. Mayne, F. G. A. Stone (Chem. Commun. **1966** 755).

[26] R. E. J. Bichler, M. R. Booth, H. C. Clark (J. Organometal. Chem. **24** [1970] 145/58). — [27] R. E. J. Bichler, H. C. Clark, B. K. Hunter, A. T. Rake (J. Organometal. Chem. **69** [1974] 367/76). — [28] A. D. Beveridge, H. C. Clark (J. Organometal. Chem. **11** [1968] 601/14). — [29] A. D. Beveridge, H. C. Clark (Inorg. Nucl. Chem. Letters **3** [1967] 95/7). — [30] D. Seyferth, H. Dertouzos, R. Suzuki, J. Y. P. Mui (J. Org. Chem. **32** [1967] 2980/4).

[31] W. R. Cullen, M. C. Waldman (Inorg. Nucl. Chem. Letters **4** [1968] 205/7). — [32] W. R. Cullen, M. C. Waldman (Inorg. Nucl. Chem. Letters **6** [1970] 205/7). — [33] J. Jander, D. Börner, U. Engelhardt (Liebigs Ann. Chem. **726** [1969] 19/24). — [34] W. R. Cullen, J. R. Sams, M. C. Waldman (Inorg. Chem. **9** [1970] 1682/6). — [35] W. R. Cullen, G. E. Styan (J. Organometal. Chem. **6** [1966] 633/44).

1.3.1.1.1.1.2 Struktur. Spektren

Structure. Spectra

Struktur. $(CH_3)_3SnF$ kristallisiert rhombisch in Form sehr feiner farbloser Nadeln mit den Gitterkonstanten $a = 4.32 \pm 0.01$, $b = 10.85 \pm 0.02$, $c = 12.84 \pm 0.02$ Å; Z = 4. Raumgruppe D_{2h}^{16}-Pmcn (Nr. 62). Die kristallographische Dichte beträgt 2.017 g/cm^3, die experimentell bestimmte Dichte 2.01 g/cm^3. Die Strukturuntersuchung (Atomparameter und Strukturfaktoren s. im Original) zeigt Ketten von $(CH_3)_3$Sn-Gruppen und F-Atomen entlang der a-Achse mit nur schwachen van der Waals-Wechselwirkungen zwischen den einzelnen Ketten. Aus der dreidimensionalen Elektronendichteverteilung können zwei Möglichkeiten für die Anordnung der nichtlinearen Sn-F-Sn-F-Ketten abgeleitet werden, von denen die eine Möglichkeit eine planare Anordnung der $(CH_3)_3$Sn-Gruppen zeigt (s. **Fig. 1**, S. 16) [1, 2]. Vergleiche der Bindungswinkel um das Sn-Zentralatom und der Bindungsabstände im Molekül mit berechneten Werten unter Verwendung eines stereochemischen Models, wobei auch andere Organozinnhalogenide in die Diskussion einbezogen werden, s. bei [3]. Erörterungen des kooperativen Tunneleffekts in Trimethylzinnfluoridkristallen s. bei [4, 5].

Im einzelnen werden folgende Abstände und Bindungswinkel angegeben: Sn-C ≈ 2.1 Å [2], Sn-F ≈ 2.1 Å, Sn···F = 2.2 bis 2.6 Å [2] bzw. 2.67 Å (berechnet) [3], Winkel C-Sn-C = 120° [2] und 119.7° (berechnet) [3], Winkel C-Sn-F = 90° [2] und 93.2° (berechnet) [3].

Kernmagnetische Resonanzspektren. Das ^{1}H-NMR-Spektrum von $(CH_3)_3SnF$ wurde in gesättigter methanolischer Lösung aufgenommen. Dabei wurde δCH_3 zu −0.45 ppm und $J(^1HC^{117}Sn)$ zu 66.1 Hz sowie $J(^1HC^{119}Sn)$ zu 69.0 Hz bestimmt [6, 7]. In Hexamethylphosphorsäuretriamid wird $J(^1HC^{117/119}Sn)$ zu 69.3 bzw. 72.6 Hz gefunden [39]. Vergleiche mit den ^{1}H-NMR-Daten entsprechender Organosilicium-, Organogermanium- und Organobleihalogenide s. bei [6]. Mit Hilfe von NMR-Untersuchungen wurden die Molekülbewegungen im festen Zustand bis zu 77 K untersucht. Die Trimethylzinngruppe rotiert um die Kettenachse bei hohen Temperaturen. Die Tatsache, daß sogar bei 77 K eine relativ frei rotierende Trimethylzinngruppe angenommen werden kann, spricht für parallel angeordnete planare Trimethylzinneinheiten [8].

Fig. 1

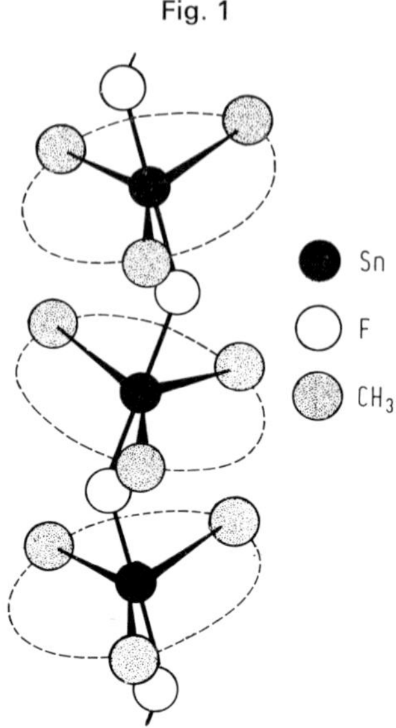

Wahrscheinliche Struktur von $(CH_3)_3SnF$.

Mössbauer-Spektrum. Im Mössbauer-Spektrum werden für die Isomerieverschiebung δ(in mm/s) folgende Werte gefunden: −0.82 [9], −0.85 [10], −0.92 [11], −0.79 in Heptan [12], −0.75 in Pyridin [12], −0.80 in Dimethylformamid [12], −0.80 in Dimethylsulfoxid [12] gegen α-Sn; −0.68 ± 0.02 gegen Mg_2Sn [13]; 1.18 [14], 1.182 [15], 1.20 [16], 1.24 [16, 17], 1.26 [16, 18], 1.27 [18], 1.35 [19] gegen SnO_2; 1.35 ± 0.08 [20], 1.36 [21] gegen $BaSnO_3$. Die Quadrupolaufspaltung Δ (in mm/s) beträgt: 3.466 [15], 3.47 [14], 3.60 [16], 3.70 [12], 3.72 ± 0.02 [13], 3.77 [16, 17, 22], 3.80 [21], 3.82 [23], 3.86 [9], 3.90 [18], 3.93 ± 0.08 [20], 3.97 [19], 4.01 [18], 4.03 in Heptan [10], 3.25 in Pyridin [12], 3.35 in Dimethylformamid [12], 3.35 in Dimethylsulfoxid [12].

Vergleiche der Mössbauer-spektroskopischen Daten mit denen anderer Trimethylzinnderivate s. bei [23]. Vergleiche des Mössbauer-Spektrums von $(CH_3)_3SnF$ mit denen anderer Zinnverbindungen einschließlich Legierungen s. bei [26]. Die Größe der Quadrupolaufspaltung spricht klar für eine intermolekulare Assoziation mit Koordinationszahl 5 am Zinn [23]. Der partiale Anteil des F-Atoms an der Quadrupolaufspaltung wird zu 0.74 mm/s angegeben [22]. Zur Berechnung der Elektronendichte am Sn-Kern und zur Beteiligung der 5s-, 5p- und 5d-Orbitale s. [11, 24]. Vergleich der Ladungsverteilung in $(CH_3)_3SnF$, berechnet mit Hilfe der modifizierten CNDO-Methode, mit der in anderen Organozinnverbindungen s. bei [25]. Korrelationen der Isomerieverschiebung und der Quadrupolaufspaltung mit der Elektronegativität der Substituenten am Zinn s. bei [27]. Eingehende Untersuchungen über die Asymmetrie der Dubletts (Goldanskii-Karyagin-Effekt) im Mössbauer-Spektrum von $(CH_3)_3SnF$ und in anderen Organozinnhalogeniden s. bei [28 bis 32]. Untersuchungen über die Beziehungen zwischen der Temperaturabhängigkeit der Mössbauer-Spektren und dem langwelligen Bereich der Schwingungsspektren aus Laser-Raman-Spektren, wobei Aussagen über die Schwingungen im Kristall möglich sind, s. bei [33, 34].

Schwingungsspektren. Die gemessenen und zugeordneten IR- und Raman-Spektren von $(CH_3)_3SnF$ sind in Tabelle 1 zusammengestellt. Eine Abbildung des IR-Spektrums zwischen 3000 und 650 cm^{-1} ist außerdem bei [8] zu finden. Daneben werden folgende Bandenlagen (in cm^{-1}) angegeben: 555 st, 782 st, 1194 m, 1216 s, 1412 s (IR-Spektrum in Nujol) [8]; 335 st, 555 st, 780 st (IR) und 521 st, 559 (Raman) [18]. Die νSnF-Schwingung wird bei 349 und 366 cm^{-1} im festen Zustand und bei 588 cm^{-1} in der Dampfphase gefunden [36, 37].

Tabelle 1
IR- und Raman-Spektren von $(CH_3)_3SnF$.

Zuordnung	ν in cm^{-1} IR (fest) [35]	IR (fest) [21]	Raman (fest) [35]	Raman (fest) [21]	Raman (1%ige Lösung in H_2O) [35]
$\delta_{as}SnC_3$		120 st			
δ_sSnC_3		145 st		146 m	
δC_3SnF		156 st			
$\delta F\cdots SnF$		193 st 276 Sch 320 s		196 s	
νSnF		349 st 366 s		363 bis 368 s	
ν_sSnC_3	519 s	519 Sch	519 st	521 st	522 m
$\nu_{as}SnC_3$	556 st	555 st	556 m	557 m	558 s
ρCH_3	787 st 1080 s 1200 m	783 st 1190 m			
δ_sCH_3	1220 s	1211 s	1204 m	1211 m	1214 s
$\delta_{as}CH_3$	1415 s	1406 s		1400 s	
ν_sCH_3	2930 m	2923 m	2920 m	2926 m	2926 s
$\nu_{as}CH_3$	3008 m 3140 s	2996 m	2992 s	2998 s	2998 s

Die IR- und Raman-Spektren wurden nach Korrelation mit Mössbauer-spektroskopischen Daten [21, 32, 33, 34], mit Strukturdaten aus Röntgenbeugungsmessungen [4, 38] und mit Massenspektren [13, 21] bezüglich der Strukturparameter von $(CH_3)_3SnF$ in verschiedenen Aggregatzuständen diskutiert. Die νSnF, die im festen Zustand bei 349 cm^{-1} gefunden wird, verschiebt sich bei der Aufnahme der Verbindung im Gaszustand um 239 cm^{-1} nach 588 cm^{-1}. Daraus folgt eindeutig, daß im festen Zustand starke zwischenmolekulare Wechselwirkungen vorliegen. Die Assoziation erfolgt über Sn···F-Sn-Brücken, wie die deutliche Strukturierung der νSnF bei 350 cm^{-1} zeigt, was auf unterschiedliche Stärke der Sn-F-Bindungen zurückgeführt wird. Die Bande bei 193 cm^{-1} wird einer Deformationsschwingung der F···Sn-F-Brücke zugeordnet. Durch die Bildung dieser Brücken wird die $(CH_3)_3Sn$-Gruppierung stark aufgeweitet. Die schwache Schulter bei 519 cm^{-1} im IR-Spektrum der festen Verbindung und bei 521 cm^{-1} im Raman-Spektrum spricht allerdings gegen eine völlig planare Anordnung der $(CH_3)_3Sn$-Gruppe [21]. An anderer Stelle wird das Auftreten von zwei Banden bei 559.6 und 554.8 cm^{-1} als Beweis für die Nichtexistenz einer wahren trigonal-bipyramidalen Symmetrie mit planarer Trimethylzinngruppe mit angesehen [32].

Über abgeschätzte Kraftkonstanten wurde die Dissoziationsenergie der Sn-C-Bindung in $(CH_3)_3SnF$ zu 54 kcal/mol berechnet, die Dissoziationsenergie der Sn-F-Bindung zu etwa 60 kcal/mol. Das IR-Spektrum von $(CH_3)_3SnF$ im festen Zustand zeigt eine sehr breite Bande mit einem Maximum bei etwa 350 cm^{-1}. Bei entsprechend großer Auflösung sind andeutungsweise zwei Maxima bei etwa 340 und 360 cm^{-1} zu erkennen, die die Überlagerung von zwei Banden vermuten lassen. Die aus diesen Maxima zu errechnenden Bindungsdissoziationsenergien betragen etwa 24 und 28 kcal/mol. Unter Berücksichtigung eines Korrekturfaktors wird eine Wechselwirkungsenergie von etwa 44 kcal/mol und eine Bindungsdissoziationsenergie im festen Zustand von etwa 52 kcal/mol errechnet. Auch damit wird die Annahme starker intermolekularer Wechselwirkungen zwischen den $(CH_3)_3SnF$-Molekülen bestätigt [37].

Massenspektrum. Im Massenspektrum von $(CH_3)_3SnF$ wird als Signal mit der höchsten Masse das für das Molekül-Ion gefunden. Dimere und höhere Molekül-Ionen treten nicht auf. Das Fragment, das die stärkste Intensität eines Signals erzeugt ist das Ion $(CH_3)_2SnF^+$ [21, 40].

Literatur:

[1] H. C. Clark, R. J. O'Brien, J. Trotter (Proc. Chem. Soc. **1963** 85). — [2] H. C. Clark, R.J. O'Brien, J. Trotter (J. Chem. Soc. **1964** 2332/6). — [3] R. F. Zahrobsky (J. Solid State Chem. **8** [1973] 101/8). — [4] S. P. Ionov, G. V. Ionova (Zh. Fiz. Khim. **46** [1972] 845/50; Russ. J. Phys. Chem. **46** [1972] 489/92). — [5] G. V. Ionova, S. P. Ionov (Dokl. Akad. Nauk SSSR **208** [1973] 128/30; Dokl. Phys. Chem. Proc. Acad. Sci. USSR **208/213** [1973] 12/4).

[6] J. Lorberth, H. Vahrenkamp (J. Organometal. Chem. **11** [1968] 111/24). — [7] J. Lorberth (J. Organometal. Chem. **17** [1969] 151/4). — [8] S. E. Ulrich, B. A. Dunell (J. Chem. Soc. Faraday Trans. II **68** [1972] 680/5). — [9] R. V. Parish, R. H. Platt (Chem. Commun. **1968** 1118/20). — [10] M. Cordey-Hayes (Tech. Rept. Ser. Intern. At. Energy Agency Nr. 50 [1966] 156/63).

[11] M. L. Unland, J. H. Letcher (J. Chem. Phys. **49** [1968] 2706/12). — [12] V. I. Goldanskii, V. Ya. Rochev, V. V. Khrapov, D. N. Kravtsov, E. M. Rokhlina (Dokl. Akad. Nauk SSSR **191** [1970] 134/7; Dokl. Phys. Chem. Proc. Acad. Sci. USSR **190/195** [1970] 213/6). — [13] J. K. Lees, P. A. Flinn (J. Chem. Phys. **48** [1968] 882/9). — [14] R. H. Herber, H. A. Stöckler (Tech. Rept. Ser. Intern. At. Energy Agency Nr. 50 [1966] 110/20). — [15] R. H. Herber, H. A. Stöckler, W. T. Reichle (J. Chem. Phys. **42** [1965] 2447/52).

[16] P. J. Smith (Organometal. Chem. Rev. A **5** [1970] 373/402). — [17] B. Gassenheimer, R. H. Herber (Inorg. Chem. **8** [1969] 1120/5). — [18] L. E. Levchuk, J. R. Sams, F. Aubke (Inorg. Chem. **11** [1972] 43/50). — [19] J. Devooght, M. Gielen, S. Lejeune (J. Organometal. Chem. **21** [1970] 333/43). — [20] J. J. Zuckerman (Advan. Organometal. Chem. **9** [1970] 21/134).

[21] K. Licht, H. Geissler, P. Koehler, K. Hottmann, H. Schnorr, H. Kriegsmann (Z. Anorg. Allgem. Chem. **385** [1971] 271/88). — [22] R. C. Poller, J. N. R. Ruddick (J. Organometal. Chem. **39** [1972] 121/8). — [23] R. H. Platt (J. Organometal. Chem. **24** [1970] C23/C25). — [24] N. N. Greenwood, P. G. Perkins, D. H. Wall (Symp. Faraday Soc. Nr. 1 [1967/68] 51/9). — [25] P. G. Perkins, D. H. Wall (J. Chem. Soc. A **1971** 3620/3).

[26] P. A. Flinn (Advan. Chem. Ser. **68** [1967] 21/33). — [27] V. Kotkhekar, V. S. Shpinel (Zh. Strukt. Khim. **10** [1969] 37/42). — [28] V. Ya. Rochev, V. I. Goldanskii, R. A. Stukan (Proc. Conf. Appl. Mössbauer Eff., Tihany, Ung., 1969 [1971], S. 227/34 nach C.A. **75** [1971] Nr. 27943). — [29] H. A. Stöckler, H. Sano (Chem. Commun. **1969** 954/5). — [30] H. A. Stöckler, H. Sano (Chem. Phys. Letters **2** [1968] 448/50).

[31] H. A. Stöckler, H. Sano (Phys. Rev. [2] **165** [1968] 406/7). — [32] R. H. Herber, S. Chandra (J. Chem. Phys. **54** [1971] 1847/51). — [33] Y. Hazony, R. H. Herber (Mössbauer Eff. Methodol. Proc. Symp. **8** [1973] 107/26). — [34] R. H. Herber, J. Fischer, Y. Hazony (J. Chem. Phys. **58** [1973] 5185/7). — [35] H. Kriegsmann, S. Pischtschan (Z. Anorg. Allgem. Chem. **308** [1961] 212/25).

[36] K. Licht, H. Geissler, P. Koehler, K. Möller (Z. Chem. [Leipzig] **11** [1971] 272/3). — [37] K. Licht, P. Koehler, H. Kriegsmann (Z. Anorg. Allgem. Chem. **415** [1975] 31/42). — [38] K. Yasuda, Y. Kawasaki, N. Kasai, T. Tanaka (Bull. Chem. Soc. Japan **38** [1965] 1216/8). — [39] M. Gielen, G. Mayence (J. Organometal. Chem. **12** [1968] 363/8). — [40] M. Gielen, G. Mayence (J. Organometal. Chem. **46** [1972] 281/8).

Physical Properties

1.3.1.1.1.1.3 Physikalische Eigenschaften

$(CH_3)_3SnF$ ist eine farblose, kristalline Verbindung, für die folgende Schmelzpunkte angegeben werden: >320°C [1], 375°C [2, 3]. Daneben werden aber auch Temperaturen von 368°C [3], 360 bis 375°C [4] und 375°C [5, 6] als Zersetzungspunkte der ungeschmolzenen Verbindung genannt. Im Vakuum sublimiert die Verbindung oberhalb 300°C [7].

$(CH_3)_3SnF$ ist in nahezu allen Lösungsmitteln sehr schwer löslich. Folgende Angaben über die Löslichkeit sind in der Literatur zu finden: In 100 ml Wasser lösen sich 850 mg $(CH_3)_3SnF$, in 100 ml Benzol 50 mg [8]. Bei 31.2°C lösen sich in 100 g Benzol 60 mg der Verbindung, in 100 g Wasser 846 mg, in 100 g Äthanol 1.08 g und in 100 g Methanol 2.45 g [4].

Aus der diamagnetischen Suszeptibilität wurde χ_{Sn} zu -45.0×10^{-6} cm³/mol abgeleitet [9].

Literatur:

[1] W. R. Cullen, G. E. Styan (J. Organometal. Chem. **6** [1966] 633/44). — [2] W. K. Johnson (J. Org. Chem. **25** [1960] 2253/4). — [3] K. Licht, H. Geissler, P. Koehler, K. Hottmann, H. Schnorr, H. Kriegsmann (Z. Anorg. Allgem. Chem. **385** [1971] 271/88). — [4] E. Krause (Ber. Deut. Chem. Ges. **51** [1918] 1447/56). — [5] H. Kriegsmann, S. Pischtschan (Z. Anorg. Allgem. Chem. **308** [1961] 212/25).

[6] R. J. H. Clark, A. G. Davies, R. J. Puddephatt (J. Am. Chem. Soc. **90** [1968] 6923/7). — [7] J. Lorberth (J. Organometal. Chem. **17** [1969] 151/4). — [8] H. Ballczo, H. Schiffner (Z. Anal. Chem. **152** [1956] 3/18). — [9] I. Kadomtzeff (Compt. Rend. **230** [1950] 536/7).

1.3.1.1.1.1.4 Chemisches Verhalten

Chemical Reactions

$(CH_3)_3SnF$ reagiert in wäßriger, $NaClO_4$-haltiger Lösung mit Fluoriden unter Bildung von Komplexen. Potentiometrisch kann $(CH_3)_3SnF_2^-$ nachgewiesen werden. Stabilitätskonstanten verschiedener Ionen s. im Original [1, 2, 3].

$(CH_3)_3SnF$ reagiert mit BF_3-Ätherat beim Rückflußkochen in Diäthyläther unter Bildung von $(CH_3)_3SnBF_4$ [4]. Mit $Ga(CH_3)_3$ bzw. dessen Ätherat entsteht in Diäthyläther $Sn(CH_3)_4$ neben $(CH_3)_2GaF$, mit $Ga(C_2H_5)_3$-Ätherat entsprechend $(CH_3)_3SnC_2H_5$ neben $(C_2H_5)_2GaF$ [5, 6]. $(CH_3)_3SnF$ reagiert mit $Sb(CH_3)_5$ in Diäthyläther nach 6 h bei Zimmertemperatur unter Bildung von $Sn(CH_3)_4$ neben $(CH_3)_4SbF$ [7].

Literatur:

[1] A. Cassol, L. Magon (Gazz. Chim. Ital. **96** [1966] 1724/33). — [2] A. Cassol, L. Magon (Gazz. Chim. Ital. **96** [1966] 1752/63). — [3] A. Cassol, L. Magon, R. Barbieri (Inorg. Nucl. Chem. Letters **3** [1967] 25/9). — [4] J. Lorberth (J. Organometal. Chem. **17** [1969] 151/4). — [5] H. Schmidbaur, H. F. Klein, K. Eigelmeier (Angew. Chem. **79** [1967] 821/2).

[6] H. Schmidbaur, J. Weidlein, H. F. Klein, K. Eiglmeier (Chem. Ber. **101** [1968] 2268/77). — [7] H. Schmidbaur, J. Weidlein, K. H. Mitschke (Chem. Ber. **102** [1969] 4136/46).

1.3.1.1.1.2 Triäthylzinnfluorid $(C_2H_5)_3SnF$

Triethyltin Fluoride

1.3.1.1.1.2.1 Bildung und Darstellung

Formation. Preparation

Triäthylzinnfluorid entsteht beim Schütteln von $(C_2H_5)_3SnBr$, gelöst in Alkohol, mit der eineinhalbfachen Menge von KF, gelöst in Wasser [1], bei der Reaktion von $(C_2H_5)_3SnCl$ mit KF in Äthanol [2] oder von $(C_2H_5)_3SnCl$ mit NaF [3]. Durch Umsetzung von $Sn(C_2H_5)_4$ mit PF_5 entsteht $(C_2H_5)_3SnF$ in etwa 50%iger Ausbeute neben $C_2H_5PF_4$ [4]. Die Verbindung entsteht neben $Sn(C_2H_5)_4$ auch bei der Reaktion von $SnCl_4$ mit C_2H_5MgJ in Isooctan nach 1.5 h Rückflußkochen und anschließendem Versetzen mit KF [5] sowie bei der Reaktion von $[(C_2H_5)_3Sn]_2O$ mit $(C_6H_5)_2SiF_2$ oder $(C_3H_7)_3GeF$ [6]. Ferner wird $(C_2H_5)_3SnF$ erhalten bei der Reaktion von AgF mit $(C_2H_5)_3SnCl$, $(C_2H_5)_3SnCN$, $(C_2H_5)_3SnNCS$, $(C_2H_5)_3SnNCO$, $[(C_2H_5)_3Sn]_2O$, $(C_2H_5)_3SnOOCCH_3$, jeweils ohne Verwendung eines Lösungsmittels bei Zimmertemperatur oder unter Rückflußkochen, mit $(C_2H_5)_3SnSCH_3$, $[(C_2H_5)_3Sn]_2S$, $(C_2H_5)_3SnJ$, $(C_2H_5)_3SnBr$ in Xylol unter Rückflußkochen und bei der Reaktion von $[(C_2H_5)_3Sn]_2O$ mit HF [7] sowie nach 20stündigem Rühren von $(C_2H_5)_3SnOCH_3$ und $(CH_3)(C_6H_5)(1\text{-}C_{10}H_7)SiF$ in Hexan bei Zimmertemperatur in 60%iger Ausbeute [10].

Über Untersuchungen zur Polarographie von $(C_2H_5)_3SnF$ s. [2, 8, 9].

Literatur:

[1] E. Krause (Ber. Deut. Chem. Ges. **51** [1918] 1447/56). — [2] G. Costa (Gazz. Chim. Ital. **80** [1950] 42/62). — [3] W. K. Johnson (J. Org. Chem. **25** [1960] 2253/4). — [4] P. M. Treichel, R. A. Goodrich (Inorg. Chem. **4** [1965] 1424/8). — [5] L. I. Zakharkin, O. Yu. Okhlobystin, B. N. Strunin (Izv. Akad. Nauk SSSR Otd. Khim. Nauk **1962** 2002/8 nach C.A. **58** [1963] 9131).

[6] H. H. Anderson (J. Org. Chem. **19** [1954] 1766/9). — [7] H. H. Anderson, J. A. Vasta (J. Org. Chem. **19** [1954] 1300/5). — [8] M. Devaud (J. Chim. Phys. **63** [1966] 1335/45). — [9] M. Devaud, E. Laviron (Rev. Chim. Minerale **5** [1968] 427/58). — [10] V. A. Chauzov, Yu. I. Baukov (Zh. Obshch. Khim. **45** [1975] 1032/6; J. Gen. Chem. USSR **45** [1975] 1018/22).

Spectra

1.3.1.1.1.2.2 Spektren

Kernmagnetische Resonanzspektren. Das ^{1}H-NMR-Spektrum von $(C_2H_5)_3SnF$ wurde in Methanol aufgenommen. Folgende Verschiebungswerte und Kopplungskonstanten wurden gefunden: $\delta CH_2 = -1.13$ ppm, $J(^1HC^{117}Sn) = 58.0$ Hz, $J(^1HC^{119}Sn) = 60.7$ Hz, $\delta CH_3 = -1.30$ ppm, $J(^1HCC^{117}Sn) = 91.5$ Hz, $J(^1HCC^{119}Sn) = 95.8$ Hz, $J(^1HCC^1H) = 7.8$ Hz. Vergleich dieser Parameter mit den entsprechenden Werten einer großen Zahl anderer Organozinnhalogenide und Diskussion der Bindungsverhältnisse anhand dieser Daten s. im Original [1, 2].

Mössbauer-Spektrum. Im Mössbauer-Spektrum werden für die Isomerieverschiebung δ (in mm/s) folgende Werte gefunden: −0.75 [3], −0.64 [4], −0.67 in Pyridin [4], −0.67 in Dimethylformamid [4], −0.65 in Dimethylsulfoxid [4] gegen α-Sn; 1.35 [5], 1.41 [6], 1.47 ± 0.05 [7, 8, 9] gegen SnO_2; 1.46 [10] gegen $BaSnO_3$. Die Quadrupolaufspaltung Δ (in mm/s) beträgt: 3.50 [3, 5], 3.72 ± 0.05 [8], 3.82 [6], 3.83 [10], 3.99 [9], 4.00 [7], 3.95 [4], 3.90 in Pyridin [4], 3.90 in Dimethylformamid [4], 3.95 in Dimethylsulfoxid [4].

Schwingungsspektren. Die gemessenen und zugeordneten IR- und Raman-Spektren von $(C_2H_5)_3SnF$ sind in Tabelle 2 zusammengestellt. Eine Abbildung des IR-Spektrums ist bei [11] zu finden. Daneben werden folgende Banden (in cm^{-1}) zugeordnet: 671 st (ρSnC_2H_5), 526 st ($\nu_{as}SnC_3$), 345 st (δSnF), 274 m (ρSnCC) [12]. Die νSnF-Schwingung wird bei 348 und 366 cm^{-1} im festen Zustand und bei 578 cm^{-1} im Gaszustand gefunden [13]. Vergleichende Diskussion bezüglich der Bindungsverhältnisse s. bei [14].

Massenspektrum. Im Massenspektrum von $(C_2H_5)_3SnF$ erscheint als intensivstes Fragment das Ion $(C_2H_5)_2SnF^+$. Diskussion der Fragmentierung mit Angabe eines möglichen Fragmentierungsschemas s. im Original [10, 15, 16].

Tabelle 2
IR- und Raman-Spektren von $(C_2H_5)_3SnF$.

Zuordnung	ν in cm^{-1} IR (fest) [10]	Raman (fest) [10]
δ_sSnC_3	99 m	90 Sch
$\delta_{as}SnC_3$	147 s	144 s
δC_3SnF		169 s
δF···SnF	200 s	
δF···SnF	220 m	
δSnCC		253 s
δSnCC	276 m	273 s

Tabelle 2 (Fortsetzung)

Zuordnung	ν in cm^{-1} IR (fest) [10]	Raman (fest) [10]
$\nu_{as}SnF$	348 st, breit	
$\nu_{as}SnF$	366 s	363 s
ν_sSnC_3	497 st	489 st
$\nu_{as}SnC_3$	531 st	528 m
ρCH_2	676 st	
ρCH_3	953 m	
ρCH_3	967 m	968 s
νCC	1011 st	1014 s
νCC	1021 Sch	
ωCH_2	1197 m	1198 m
τCH_2	1237 m	
		1332 s
δ_sCH_3	1379 st	1375 s
δCH_2	1424 st	1421 s
$\delta_{as}CH_3$	1464 st	1459 s 1538 s 1598 s
ν_sCH_3	2874 st	2867 m
ν_sCH_2	2923 st	2914 m
$\nu_{as}CH_3$		2931 m
$\nu_{as}CH_3$	2951 st	2948 m
ν_sCH_2	2971 st	2970 s

Literatur:

[1] J. Lorberth, H. Vahrenkamp (J. Organometal. Chem. **11** [1968] 111/24). — [2] J. Lorberth (J. Organometal. Chem. **17** [1969] 151/4). — [3] V. I. Goldanskii, V. V. Khrapov, O. Yu. Okhlobystin, V. Ya. Rochev (in: V. I. Goldanskii, R. H. Herber, Chemical Applications of Mössbauer Spectroscopy, New York 1968, S. 336/76). — [4] V. I. Goldanskii, V. Ya. Rochev, V. V. Khrapov, D. N. Kravtsov, E. M. Rokhlina (Dokl. Akad. Nauk SSSR **191** [1970] 134/7; Dokl. Phys. Chem. Proc. Acad. Sci. USSR **190/195** [1970] 213/6). — [5] P. J. Smith (Organometal. Chem. Rev. A **5** [1970] 373/402).

[6] R. V. Parish, R. H. Platt (Inorg. Chim. Acta **4** [1970] 65/72). — [7] B. Gassenheimer, R. H. Herber (Inorg. Chem. **8** [1969] 1120/5). — [8] J. J. Zuckerman (Advan. Organometal. Chem. **9** [1970] 21/134). — [9] J. Devooght, M. Gielen, S. Lejeune (J. Organometal. Chem. **21** [1970] 333/43). — [10] K. Licht, H. Geissler, P. Koehler, K. Hottmann, H. Schnorr, H. Kriegsmann (Z. Anorg. Allgem. Chem. **385** [1971] 271/88).

[11] R. A. Cummins, P. Dunn (Australia Commonwealth Dept. Supply Defence Std. Lab. Rept. Nr. 266 [1963] 106 S.). — [12] D. H. Lohmann (J. Organometal. Chem. **4** [1965] 382/91). — [13] K. Licht, H. Geissler, P. Koehler, K. Möller (Z. Chem. [Leipzig] **11** [1971] 272/3). — [14] K. Licht, P. Koehler, H. Kriegsmann (Z. Anorg. Allgem. Chem. **415** [1975] 31/42). — [15] M. Gielen, G. Mayence (J. Organometal. Chem. **12** [1968] 363/8).

[16] J. L. Occolowitz (Tetrahedron Letters **1966** 5291/7).

Physical Properties

1.3.1.1.1.2.3 Physikalische Eigenschaften

$(C_2H_5)_3SnF$ kristallisiert als farblose Verbindung, für die folgende Schmelzpunkte angegeben werden: 293°C [1], 297 bis 298°C [2], 302°C [3, 4, 5]. Als Sublimationstemperatur werden gefunden: 180°C [3] und 300°C [6].

In 100 g Lösungsmittel lösen sich die folgenden Mengen von $(C_2H_5)_3SnF$: 180 bis 182 mg in Wasser [3, 7], 4.39 g in Methanol [3], 2.2 g in Äthanol [3] und 30 bis 34 mg in Benzol [3, 7].

Literatur:

[1] L. I. Zakharkin, O. Yu. Okhlobystin, B. N. Strunin (Izv. Akad. Nauk SSSR Otd. Khim. Nauk **1962** 2002/8 nach C.A. **58** [1963] 9131). — [2] W. K. Johnson (J. Org. Chem. **25** [1960] 2253/4). — [3] E. Krause (Ber. Deut. Chem. Ges. **51** [1918] 1447/56). — [4] H. H. Anderson (J. Org. Chem. **19** [1954] 1766/9). — [5] K. Licht, H. Geissler, P. Koehler, K. Hottmann, H. Schnorr, H. Kriegsmann (Z. Anorg. Allgem. Chem. **385** [1971] 271/88).

[6] J. Lorberth (J. Organometal. Chem. **17** [1969] 151/4). — [7] H. Ballczo, H. Schiffner (Z. Anal. Chem. **152** [1956] 3/18).

Chemical Reactions

1.3.1.1.1.2.4 Chemisches Verhalten

$(C_2H_5)_3SnF$ reagiert mit J_2 unter Spaltung einer Sn-C-Bindung und Bildung von $(C_2H_5)_2SnFJ$. Kinetik dieser Reaktion s. im Original [1]. $(C_2H_5)_3SnF$ reagiert mit BF_3-Ätherat beim Rückflußkochen in Diäthyläther unter Bildung von $(C_2H_5)_3SnBF_4$ [2]. Mit $Ga(C_2H_5)_3 \cdot (C_2H_5)_2O$ wird in Diäthyläther $Sn(C_2H_5)_4$ neben $(C_2H_5)_2GaF$ erhalten [3], mit $In(C_2H_5)_3$ entsteht in Tetrahydrofuran nach einem Tag bei Zimmertemperatur ebenfalls $Sn(C_2H_5)_4$ neben $(C_2H_5)_2InF$ [4]. $(C_2H_5)_2AlH$ reagiert ohne Verwendung eines Lösungsmittels mit $(C_2H_5)_3SnF$ unter Bildung von $(C_2H_5)_3SnH$ [5]. Mit C_3H_7MgCl wird in Diäthyläther nach 30 min Rückflußkochen $(C_2H_5)_3SnC_3H_7$ gebildet [6]. $(C_2H_5)_3GeOSO_2C_2H_5$ spaltet die Sn-F-Bindung in $(C_2H_5)_3SnF$ unter Bildung von $(C_2H_5)_3SnOSO_2C_2H_5$ in etwa 86%iger Ausbeute [7].

Literatur:

[1] E. A. Flood, L. Horvitz (J. Am. Chem. Soc. **55** [1933] 2534/9). — [2] J. Lorberth (J. Organometal. Chem. **17** [1969] 151/4). — [3] H. Schmidbaur, J. Weidlein, H. F. Klein, K. Eiglmeier (Chem. Ber. **101** [1968] 2268/77). — [4] T. Maeda, H. Tada, K. Yasuda, R. Okawara (J. Organometal. Chem. **27** [1971] 13/8). — [5] W. P. Neumann, H. Niermann (Liebigs Ann. Chem. **653** [1962] 164/72).

[6] E. Krause (Ber. Deut. Chem. Ges. **51** [1918] 1447/56). — [7] H. H. Anderson (Inorg. Chem. **3** [1964] 910/2).

Uses

1.3.1.1.1.2.5 Verwendung

Triäthylzinnfluorid kann als Mottenschutzmittel verwendet werden, E. Hartmann, M. Hardtmann, P. Kümmel, I. G. Farbenindustrie A.-G. (U.S.P. 1744633 [1930]; C.A. **1930** 1524).

Tripropyltin Fluoride

1.3.1.1.1.3 Tripropylzinnfluorid $(C_3H_7)_3SnF$

Tripropylzinnfluorid wird durch Umsetzung von Tripropylzinnchlorid, -bromid oder -jodid mit KF in wäßrigem Alkohol bei Zimmertemperatur oder mit NaF erhalten [1, 2, 3]. Weitere Synthesemöglichkeiten bestehen in der Reaktion von $[(C_3H_7)_3Sn]_2O$ mit H_2SiF_6 in Wasser [4], von $(C_3H_7)_3SnH$ mit BF_3 in Diäthyläther, wobei nach fünfstündigem Rückflußkochen 27% Ausbeute erzielt werden [5], und in der zwölfstündigen Umsetzung von $Hg(C_3H_7)_2$ mit SnF_2 in Ligroin unter Ar bei 90 bis 95°C [6].

Im Mössbauer-Spektrum wird ein Dublett gefunden mit einer Isomerieverschiebung von $\delta =$ 1.44 mm/s [7], 1.47 mm/s [8] gegen SnO_2 und 1.47 mm/s gegen $BaSnO_3$ [9]. Die Quadrupolaufspaltung beträgt 3.84 [9], 3.96 [7] bzw. 4.05 mm/s [8]. Die zugeordneten IR- und Raman-Spektren sind in Tabelle 3 zusammengestellt. Daneben wird die Bande für νSnF im festen Zustand bei 340 und 364 cm^{-1}, im Gaszustand bei 574 cm^{-1} gefunden [10]. Vergleichende Untersuchungen bezüglich der Bindungs- und Strukturverhältnisse s. bei [11]. Aus dem Massenspektrum von $(C_3H_7)_3SnF$, das im Zusammenhang mit den Spektren anderer Organozinnhalogenide hauptsächlich in bezug auf die Struktur der Verbindung diskutiert wird, wird wie bei den Triorganozinnfluoriden mit niedereren Alkylgruppen ebenfalls Pentakoordination am Zinn angenommen [9, 13].

Die farblose kristalline Verbindung schmilzt bei 226 bis 228°C [5], >250°C [4], 275°C [1], 324 bis 325°C [6]. In 100 g Wasser lösen sich bei Zimmertemperatur 20 mg $(C_3H_7)_3SnF$ [1, 12], in 100 g Methanol 4.26 g [1], in 100 g Äthanol 2.73 g [1] und in 100 g Benzol 118 bis 120 mg [1, 12].

Tabelle 3
IR- und Raman-Spektren von $(C_3H_7)_3SnF$.

Zuordnung	ν in cm^{-1} IR (fest) [9]	Raman (fest) [9]
δ_sSnC_3 }	{ 131 s	
$\delta_{as}SnC_3$ }	{ 138 s	
δC_3SnF }	{ 145 s	144 s
δF···SnF	184 s	170 s
δF···SnF	193 s	
δSnCC	236 s	217 Sch
δCCC		284 m
νSnF	{ 308 s	
	320 Sch	
	340 st, breit	
	364 s	361 s
δCCC	382 s	395 s
$\nu_s + \nu_{as}SnC_3$	{ 498 Sch	
	511 m	511 m
	525 Sch	
	554 s	
$\nu_s + \nu_{as}SnC_3$	{ 596 Sch	596 st
	609 st	
$\rho CH_2(C)$	671 st	
$\rho CH_2(C)$	707 st	
$\rho CH_2(Sn)$	796 s	797 s
ρCH_3	890 s	890 s
ρCH_3	996 st	
νCC(C)	1025 s	1029 m
νCC(Sn)	1067 st	1073 m
$\omega CH_2(Sn)$	1164 s	1171 st
$\tau CH_2(Sn)$	1185 s	
$\omega CH_2(Sn)$	1192 s	1192 m
	1209 s	1229 s
$\tau CH_2(C)$	1279 s	1286 s
	1301 s	1306 s
	1325 Sch	
$\omega CH_2(C)$	1332 st	1332 m
δ_sCH_3	1373 st	
δCH_2	{ 1418 m	1423 s
	1423 Sch	
$\delta_{as}CH_3$	{ 1457 st	1456 m
	1450 Sch	
		1494 s
		1546 s
	2721 s	
	2780 s	2797 s
	2814 s	2818 s
	2861 Sch	
ν_sCH_3	2867 st	2867 m
ν_sCH_2	2911 st	2909 m
$\nu_{as}CH_3$	2926 st	2930 m
$\nu_{as}CH_2$	2955 st	2958 m

Beim Test von $(C_3H_7)_3SnF$ als Fungizid [14] wird eine Konzentration an $(C_3H_7)_3SnF$ von 0.0005 Gew.-% festgestellt, die das Wachstum der Pilze Fusarium culmorum, Alternaria tenuis, Rhizoctonia solani und Penicillium sp. vollständig verhindert. Der unangenehme Geruch der Verbindung und die Eigenschaft, Kopfschmerzen hervorzurufen, sprechen jedoch gegen eine Anwendung der Verbindung als Fungizid [15]. Eine Konzentration von 100 ppm an $(C_3H_7)_3SnF$ sterilisiert 17.3% einer Testmenge an Stubenfliegen [16].

Tripropylzinnfluorid wird als fäulnishemmender Stoff [17] und als antiseptischer Schutz von nichtmetallischen Oberflächen verwendet [18]. Außerdem wird die Verbindung als Zuschlagstoff für zugfeste Polymere eingesetzt. Eingehende Untersuchung darüber anhand von Viskositätsmessungen s. im Original [19].

Literatur:

[1] E. Krause (Ber. Deut. Chem. Ges. **51** [1918] 1447/56). — [2] J. C. Maire (Ann. Chim. [Paris] [13] **6** [1961] 969/1026). — [3] C. Costa (Gazz. Chim. Ital. **80** [1950] 42/62). — [4] K. Maruo, Y. Furutaka, Daikin Kogyo Co., Ltd. (Japan. P. 66-21021 [1964/66]; C.A. **66** [1967] Nr. 46486). — [5] J. G. Noltes, G. J. M. van der Kerk (Functionally Substituted Organotin Compounds, Tin Research Institute, Greenford 1958, S. 1/128).

[6] M. Malnar (Acta Pharm. Jugoslav. **18** [1968] 65/9). — [7] B. Gassenheimer, R. H. Herber (Inorg. Chem. **8** [1969] 1120/5). — [8] J. Devooght, M. Gielen, S. Lejeune (J. Organometal. Chem. **21** [1970] 333/43). — [9] K. Licht, H. Geissler, P. Koehler, K. Hottmann, H. Schnorr, H. Kriegsmann (Z. Anorg. Allgem. Chem. **385** [1971] 271/88). — [10] K. Licht, H. Geissler, P. Koehler, K. Möller (Z. Chem. [Leipzig] **11** [1971] 272/3).

[11] K. Licht, P. Koehler, H. Kriegsmann (Z. Anorg. Allgem. Chem. **415** [1975] 31/42). — [12] H. Ballczo, H. Schiffner (Z. Anal. Chem. **152** [1956] 3/18). — [13] M. Gielen, G. Mayence (J. Organometal. Chem. **12** [1968] 363/8). — [14] E. Czerwińska, Z. Eckstein, Z. Ejmocki, K. Kaniewska-Porwisiak, R. Kowalik, T. Wiśniewski (Polimery **13** [1968] 355/60). — [15] E. Czerwińska, Z. Eckstein, Z. Ejmocki, R. Kowalik (Bull. Acad. Polon. Sci. Ser. Sci. Chim. **15** [1967] 335/9).

[16] S. Byrdy, Z. Ejmocki, Z. Eckstein (Bull. Acad. Polon. Sci. Ser. Sci. Biol. **18** [1970] 15/9). — [17] E. Baumgärtel, H. Schwerdtmann, D. Standhuss, J. Teich (D.P. [DDR] 84911 [1970/71]; C.A. **78** [1973] Nr. 112941). — [18] N. N. Melnikov, N. N. Ivanova, I. L. Vladimirova (UdSSR P. 125325 [1960]; C.A. **1960** 12472). — [19] A. P. Evans (J. Appl. Polymer Sci. **18** [1974] 1919/25).

Triisopropyltin Fluoride

1.3.1.1.1.4 Triisopropylzinnfluorid $(i\text{-}C_3H_7)_3SnF$

$(i\text{-}C_3H_7)_3SnF$ entsteht bei der Umsetzung von $(i\text{-}C_3H_7)_3SnBr$ mit NaF in wäßrigem Äthanol [1]. Die Verbindung sublimiert bei 156°C [2]. Im Massenspektrum erscheint als stärkstes Signal ein Peak für das Ion $i\text{-}C_3H_7Sn^+$ [3]. Zur Kinetik der Äthanolyse mit Diskussion der reaktionskinetischen Parameter s. [1].

Literatur:

[1] S. C. Chan, F. T. Wong (Z. Anorg. Allgem. Chem. **384** [1971] 89/96). — [2] M. Lesbre, A. Blaizot (Bull. Soc. Chim. France **1955** 12). — [3] M. Gielen, M. de Clercq (J. Organometal. Chem. **47** [1973] 351/7).

Tributyltin Fluoride

1.3.1.1.1.5 Tributylzinnfluorid $(C_4H_9)_3SnF$

Formation. Preparation

1.3.1.1.1.5.1 Bildung und Darstellung

Tributylzinnfluorid wird am einfachsten erhalten durch Umsetzung von $[(C_4H_9)_3Sn]_2O$ mit KF in Wasser [1] oder mit HF bei 80°C [2]. Außerdem wird $(C_4H_9)_3SnF$ synthetisiert durch Reaktion von $[(C_4H_9)_3Sn]_2O$ mit H_2SiF_6 in Wasser [3], von $(C_4H_9)_3SnOCH_3$ mit $(CH_3)_3SiF$ [4], von $Sn(C_4H_9)_4$ mit SF_4 [5] und von $Hg(C_4H_9)_2$ mit SnF_2 in Ligroin bei 16stündigem Rückflußkochen [6]. Bei der exothermen Reaktion von $(C_4H_9)_3SnH$ mit GeF_2 in Dioxan wird $(C_4H_9)_3SnF$ in 59%iger Ausbeute erhalten [7]. Die Verbindung wird auch bei der thermischen Zersetzung von $(C_4H_9)_2FSnOSnCl(C_4H_9)_2$ in 80%iger und von $(C_4H_9)_2FSnOSnBr(C_4H_9)_2$ in 70% Ausbeute gewonnen [8].

$(C_4H_9)_3SnF$ entsteht bei der Reaktion von $(C_4H_9)_3SnH$ mit $(C_4H_9)_2SnF_2$ oder $(C_4H_9)_2SnHF$ bei Zimmertemperatur [9] und bei der Umsetzung von $(C_4H_9)_3SnBr$ mit $C_6H_5HgCF_3$ und Cycloocten [10]. Außerdem wird die Verbindung gebildet bei der Einwirkung von γ-Strahlung auf eine Mischung von $Sn(C_4H_9)_4$ und C_6F_5H oder von $[(C_4H_9)_3Sn]_2$ und C_6F_5H, im letzten Fall in 10.6%iger Ausbeute [11], sowie bei der Reaktion von Tetrafluorhydrochinon mit $(C_4H_9)_3SnCl$ oder $[(C_4H_9)_3Sn]_2O$ in Hexan-Wasser bei Zimmertemperatur bzw. ohne Lösungsmittel bei 130°C [12].

Die ^{14}C-markierte Verbindung wird aus ^{14}C-markiertem Tributylzinnchlorid durch Umsetzung mit NaF erhalten [14].

Zur Analyse von $(C_4H_9)_3SnF$ und anderen Organozinnverbindungen auf komplexometrischem Wege über eine Rücktitrationsmethode s. [13].

Literatur:

[1] T. Katsumura (Nippon Kagaku Zasshi **83** [1962] 724/6; C.A. **59** [1963] 5184). — [2] B. Mathiasch (Z. Anorg. Allgem. Chem. **403** [1974] 225/30). — [3] K. Maruo, Y. Furutaka, Daikin Kogyo Co., Ltd. (Japan.P. 66-21 021 [1964/66]; C.A. **66** [1967] Nr. 46486). — [4] D. A. Armitage, A. Tarassoli (Inorg. Nucl. Chem. Letters **9** [1973] 1225/7). — [5] D. H. Brown, A. Mohammed, D. W. A. Sharp (Spectrochim. Acta **21** [1965] 1013/4).

[6] M. Malnar (Acta Pharm. Jugoslav. **18** [1968] 65/9). — [7] P. Riviere, J. Satge, A. Boy (J. Organometal. Chem. **96** [1975] 25/40). — [8] H. Mori, H. Matsuda, S. Matsuda (Kogyo Kagaku Zasshi **73** [1970] 1010/3 nach C. A. **73** [1970] Nr. 87984). — [9] A. K. Sawyer, J. E. Brown (J. Organometal. Chem. **5** [1966] 438/45). — [10] D. Seyferth, S. P. Hopper (J. Org. Chem. **37** [1972] 4070/5).

[11] P. Dunn, D. Oldfield (J. Organometal. Chem. **54** [1973] C11/C12). — [12] P. Dunn, D. Oldfield (J. Organometal. Chem. **23** [1970] 459/60). — [13] J. Kragten (Talanta **22** [1975] 505/10). — [14] D. Klötzer (ZfK-294 [1975] 98/9).

1.3.1.1.1.5.2 Spektren

Spectra

Kernmagnetische Resonanzspektren. Das ^1H-NMR-Spektrum zeigt in gesättigter methanolischer Lösung für die Protonen der Methylgruppe ein Signal bei −1.03 ppm [1].

Mössbauer-Spektrum. Im Mössbauer-Spektrum werden für die Isomerieverschiebung δ (in mm/s) folgende Werte gefunden: 1.31 [2], 1.37 [3], 1.40 [4], 1.48 [5] gegen SnO_2; 1.40 [6], 1.47 [7] gegen $BaSnO_3$. Die Quadrupolaufspaltung Δ (in mm/s) beträgt: 3.67 [4], 3.70 [2], 3.71 [6], 3.74 [5], 3.75 [3], 3.85 [7]. Aus diesen Daten wird auf eine linear polymere Struktur geschlossen [6].

Schwingungsspektren. Die gemessenen und zugeordneten IR- und Raman-Spektren von $(C_4H_9)_3SnF$ sind in Tabelle 4 zusammengestellt. Eine Abbildung des IR-Spektrums ist bei [9] zu finden. Außerdem werden für die νSnF folgende Banden (in cm^{-1}) gefunden: 330 [10], 350 und 364 im festen Zustand [11], 573 im Gaszustand [11, 12]. Über die Diskussion der Stärke der Sn-C-Bindung in Organozinnhalogeniden unter besonderer Berücksichtigung der Organozinnfluoride s. [8]. Diskussionen der Bindungsverhältnisse im Vergleich mit anderen Organozinnhalogeniden s. bei [12].

Massenspektrum. Angabe des Massenspektrums von $(C_4H_9)_3SnF$ mit Interpretation des Zerfallschemas im Zusammenhang mit den entsprechenden Daten anderer Organozinnhalogenide s. bei [7, 13]. Aus massenspektroskopischen und schwingungsspektroskopischen Daten geht hervor, daß in Butylzinnhalogeniden die Stärke der Sn-C-Bindung von der Art und Anzahl der gebundenen Halogenatome abhängig ist. Bei Einführung von Halogenen werden die verbleibenden Sn-C-Bindungen gefestigt. Dieser Effekt ist bei den Fluoriden am größten [8].

Tabelle 4
IR- und Raman-Spektren von $(C_4H_9)_3SnF$.

Zuordnung	IR (fest) [7]	IR (fest) [8]	Raman (fest) [7]
	ν in cm^{-1}		
			83 s
δ_sSnC_3, $\delta_{as}SnC_3$, δC_3SnF	123 s		124 s
	129 s		
	136 s		
	146 s		145 s
δC_4H_9Sn	179 s		167 s
$\delta F\cdots SnF$	194 m		
δC_4H_9Sn	238 s		245 s
	271 s		265 s
	289 m		290 s
νSnF	320 st		
	350 st		348 s
	364 m		389 s
δC_4H_9Sn	407 st		
	412 st		410 s
	456 m		458 s
	485 m		
$\nu_s + \nu_{as}SnC_3$	513 m	512 st	512 m
	527 Sch	525 st	
		533 m	
	563 s	570	
		584	
$\delta_s + \nu_{as}SnC_3$	598 Sch	599 st	596 m
	615 st	613 st	609 m
ρCH_2Sn		670 st	
ρCH_2	674 st	673 st	670 s
ρCH_2	694 st	697 st	
ρCH_2	746 s		
	770 s		
	846 s		850 s
ρCH_3, νCC	868 m		866 s
			876 m
			891 s
	962 m		970 s
	1001 s		
	1022 s		
	1050 s		1054 s
	1078 st		1085 s
wCH_2, τCH_2	1156 m		1159 m
	1182 m		1189 s
	1195 s		
	1256 m		1262 s
	1292 m		1295 s
	1341 m		1337 s
	1359 s		
δ_sCH_3	1377 st		1380 s

Tabelle 4 (Fortsetzung)

Zuordnung	ν in cm^{-1} IR (fest) [7]	IR (fest) [8]	Raman (fest) [7]
δCH_2	1419 m		1425 s
$\delta_{as}CH_3$	1465 st		1453 m
	2728 s		
			2784 s
	2820 Sch		2815 s
νCH	2856 st		2856 m
	2873 st		2873 m
			2893 m
			2909 m
	2923 st		2935 m
	2958 st		2962 m

Literatur:

[1] J. Lorberth (J. Organometal. Chem. **17** [1969] 151/4). — [2] J. Devooght, M. Gielen, S. Lejeune (J. Organometal. Chem. **21** [1970] 333/43). — [3] B. Gassenheimer, R. H. Herber (Inorg. Chem. **8** [1969] 1120/5). — [4] R. V. Parish, R. H. Platt (Inorg. Chim. Acta **4** [1970] 65/72). — [5] P. J. Smith (Organometal. Chem. Rev. A **5** [1970] 373/402).

[6] H. A. Stöckler, H. Sano (Phys. Letters A **25** [1967] 550/1). — [7] K. Licht, H. Geissler, P. Koehler, K. Hottmann, H. Schnorr, H. Kriegsmann (Z. Anorg. Allgem. Chem. **385** [1971] 271/88). — [8] B. Mathiasch (Z. Anorg. Allgem. Chem. **403** [1974] 225/30). — [9] R. A. Cummins, P. Dunn (Australia Commonwealth Dept. Supply Defence Std. Lab. Rept. Nr. 266 [1963] 106 S.). — [10] D. H. Brown, A. Mohammed, D. W. A. Sharp (Spectrochim. Acta **21** [1965] 1013/4).

[11] K. Licht, H. Geissler, P. Koehler, K. Möller (Z. Chem. [Leipzig] **11** [1971] 272/3). — [12] K. Licht, P. Koehler, H. Kriegsmann (Z. Anorg. Allgem. Chem. **415** [1975] 31/42). — [13] M. Gielen, G. Mayence (J. Organometal. Chem. **12** [1968] 363/8).

1.3.1.1.1.5.3 Physikalische Eigenschaften

Physical Properties

Für die farblose kristalline Verbindung werden folgende Schmelzpunkte angegeben: 215°C [1], 250°C [2, 3], 255°C (unter Zersetzung) [4], 341 bis 342°C [5]. Die Verbindung kann bei etwa 200°C sublimiert werden [2].

Löslichkeit: In Meerwasser lösen sich weniger als 1 ppm, in Äthanol weniger als 7 g/l, in Toluol weniger als 7 g/l [6], in Pentan mehr als 2000 ppm, in Hexan mehr als 2000 ppm, in Heptan 1183 ppm, in Octan 488 ppm, in Methylcyclopentan mehr als 2000 ppm, in Cyclohexan mehr als 2000 ppm, in Dekalin 375 ppm, in Cyclohexen mehr als 2000 ppm, in Tetralin 709 ppm und in Benzol 685 ppm [7].

$(C_4H_9)_3SnF$ zeigt bei einer Konzentration von 0.1% in Hexan in einem Kapillar-Rheometer bei einer Reynolds-Zahl von 25000 eine Verringerung des Strömungswiderstands von 75%. Auch der Strömungswiderstand von Polyisobutylen wird um 72 bzw. 69% herabgesetzt, wenn 0.01 bzw. 0.1% an $(C_4H_9)_3SnF$ zugesetzt werden. Diese Wirkung wird auf die Bildung linearer Polymerer mit Sn-F-Ketten unter Ausbildung von pentakoordiniertem Sn zurückgeführt [7]. Weitere Untersuchungen der Viskosität von Lösungen von $(C_4H_9)_3SnF$ in nichtpolaren organischen Lösungsmitteln s. bei [8].

Literatur:

[1] P. Riviere, J. Satge, A. Boy (J. Organometal. Chem. **96** [1975] 25/40). — [2] J. Lorberth (J. Organometal. Chem. **17** [1969] 151/4). — [3] K. Maruo, Y. Furutaka, Daikin Kogyo Co., Ltd. (Japan.P. 66-21 021 [1964/66]; C.A. **66** [1967] Nr. 46486). — [4] K. Licht, H. Geissler, P. Koehler, K. Hottmann, H. Schnorr, H. Kriegsmann (Z. Anorg. Allgem. Chem. **385** [1971] 271/88). — [5] M. Malnar (Acta Pharm. Jugoslav. **18** [1968] 65/9).

[6] F. B. Nijesen (Ind. Vernice [Milan] **22** [1968] 3/7). — [7] A. P. Evans (J. Appl. Polymer Sci. **18** [1974] 1919/25). — [8] P. Dunn, D. Oldfield (J. Macromol. Sci. Chem. **4** [1970] 1157/68).

Chemical Reactions

1.3.1.1.1.5.4 Chemisches Verhalten

$(C_4H_9)_3SnF$ reagiert mit HCl unter Bildung von $(C_4H_9)_3SnCl$ [1]. Mit $BF_3 \cdot (C_2H_5)_2O$ wird beim Rückflußkochen in Diäthyläther $(C_4H_9)_3SnBF_4$ gebildet [2]. Mit $(C_2H_5)_3SiBr$ entsteht in exothermer Reaktion $(C_2H_5)_3SiF$ neben $(C_4H_9)_3SnBr$ [3]. $(C_4H_9)_3SnF$ reagiert mit $Mg(C_4H_9)_2$ in Tetrahydrofuran bei Zimmertemperatur unter Bildung von $Sn(C_4H_9)_4$ neben C_4H_9MgF, mit $Mg(C_6H_5)_2$ in Tetrahydrofuran beim viertägigen Rückflußkochen unter Bildung von C_6H_5MgF [4]. Mit Eriochromschwarz T bildet $(C_4H_9)_3SnF$ eine farbige Verbindung [5].

Literatur:

[1] T. Katsumura (Nippon Kagaku Zasshi **83** [1962] 724/6 nach C.A. **59** [1963] 5184). — [2] J. Lorberth (J. Organometal. Chem. **17** [1969] 151/4). — [3] D. A. Armitage, A. Tarassoli (Inorg. Chem. **14** [1975] 1210/1). — [4] E. C. Ashby, J. Nackashi (J. Organometal. Chem. **72** [1974] 11/20). — [5] N. Maslennikova (Tr. po Khim. i Khim. Tekhnol. **1974** Nr. 3, S. 50/1 nach C.A. **83** [1975] Nr. 157558).

Physiological Action

1.3.1.1.1.5.5 Physiologische Wirkung

Die physiologische Wirkung von $(C_4H_9)_3SnF$ wurde vor allem im Hinblick auf seine Anwendbarkeit als Schädlingsbekämpfungsmittel untersucht. So führt die örtliche Hautapplikation bei Mäusen zu Entzündungen und Organvergrößerung [1]. Die akute orale LD_{50} bei Ratten beträgt 200 mg $(C_4H_9)_3SnF$ für 1 kg Körpergewicht [2, 3], die akute dermale LD_{50} bei Kaninchen beträgt 680 mg/kg [3]. In einer Untersuchung der subakuten dermalen Toxizität an Kaninchen wurde festgestellt, daß eine Dosis von 68 mg/kg giftig war, während 14 mg/kg keine Giftwirkung zeigten. Die dreimal in der Woche erfolgende dermale Anwendung von 15 mg $(C_4H_9)_3SnF$, gelöst in Propylenglykol, auf weiße Mäuse zeigte nach sechs Monaten bei 10% der Tiere hyperplastische Hautveränderungen [3]. Zur Analyse von $(C_4H_9)_3SnF$ in Geweben durch colorimetrische Bestimmung des grünen Reaktionsproduktes mit Silicomolybdänsäure s. [4].

Wenn Polyvinylchlorid zwischen 1 und 2% an $(C_4H_9)_3SnF$ enthält, wird das Wachstum verschiedener Mikroorganismen gehemmt. Untersucht wurde die Wachstumshemmung von Sterigmatocystis nigra, Aspergillus amstelodami, Aspergillus flavus, Paecilomyces varioti, Trichoderma viride, Stachybotrys atra, Chaetomium globosum, Myrothecium verrucaria, Memnoniella echinata, Acrostalagmus koningi, Neurospora sitophila, Penicillium luteum mit $(C_4H_9)_3SnF$ und anderen Organozinnverbindungen [5]. Aspergillus terreus, Rhizopus nigricans, Absidia regnieri, Aspergillus flavus, Aspergillus fumigatus, Penicillium luteum und Paecilomyces varioti sind vergleichsweise resistent gegenüber $(C_4H_9)_3SnF$ [6]. Eine Konzentration von 0.001% an $(C_4H_9)_3SnF$ verhindert vollständig das Wachstum von Fusarium culmorum, Alternaria tenius und Rhizoctonia solani [7]. Eine Konzentration von 100 ppm an $(C_4H_9)_3SnF$ sterilisiert 65.7% einer Testmenge an Stubenfliegen [8].

Literatur:

[1] S. Nakayama, Y. Nagano, K. Aoyagi, H. Ohbayashi (Rodo Eisei **15** Nr. 10 [1974] 6/24 nach C.A. **82** [1975] Nr. 93741). — [2] F. B. Nijesen (Ind. Vernice [Milan] **22** [1968] 3/7). — [3] A. W. Sheldon (J. Paint Technol. **47** [1975] 54/8). — [4] A. B. Russell (Analyst **84** [1959] 712/6). — [5] E. Czerwińska, Z. Eckstein, Z. Ejmocki, K. Kaniewska-Porwisiak, R. Kowalik, T. Wiśniewski (Polimery **13** [1968] 355/60).

[6] H. Iwamoto, M. Kikuchi (Hakko Kyokaishi **22** [1964] 218/22 nach C.A. **63** [1965] 18706). — [7] E. Czerwińska, Z. Eckstein, Z. Ejmocki, R. Kowalik (Bull. Acad. Polon. Sci. Ser. Sci. Chim. **15** [1967] 335/9). — [8] S. Byrdy, Z. Ejmocki, Z. Eckstein (Bull. Acad. Polon. Sci. Ser. Sci. Biol. **18** [1970] 15/9).

1.3.1.1.1.5.6 Verwendung

Uses

$(C_4H_9)_3SnF$ wird als Fungizid in Mischung mit der zehnfachen Menge an γ-Hexachlorcyclohexan [1], in Pasten [2] und auf Cellulose [3], als Insektizid [4], als Herbizid für Reis [5] und als Algizid [5] angewandt. Die Hemmung des Algenwachstums an bemalten Gebäudewänden wurde in tropischen Gegenden, wie z. B. in Guam, getestet [6]. Außerdem dient die Verbindung als antiseptischer Schutz von nichtmetallischen Oberflächen [7] und als Zuschlagstoff zu Polyäthylen zur Verhinderung des Fraßes durch Nagetiere [8]. Das Hauptanwendungsgebiet von Tributylzinnfluorid liegt auf dem Sektor der Fäulnishemmung vor allem von Schiffen und Unterwasserbauten [9 bis 21, 25].

$(C_4H_9)_3SnF$ wird im Gemisch mit $Al(C_2H_5)_3$ und Nickeloctanoat als Katalysator zur Polymerisation von Butadien [22, 23] und im Gemisch mit Estern von Phosphorsäuren zur Polymerisation von Alkylenoxiden angewendet [24].

Literatur:

[1] N. M. Melnikov, E. I. Andreeva, K. D. Shvetsova-Shilovskaya, S. N. Ivanova, A. V. Skalozubova (Khim. Prom. **1961** 690/2 nach C.A. **57** [1962] 5067). — [2] H. Ando, M. Yoshida, M. Tanaka, Yoshitomi Pharmaceutical Co., Ltd. (Japan.P. 73-38847 [1970/73]; C.A. **81** [1974] Nr. 59316). — [3] K. Shimizu, K. Yuki, T. Nagami, T. Okamoto, Toray Industries Inc. (Japan.P. 72-50867 [1964/72]; C.A. **79** [1973] Nr. 137998). — [4] K. Maruo, Y. Furutaka, Daikin Kogyo Co., Ltd. (Japan.P. 66-21021 [1964/66]; C.A. **66** [1967] Nr. 46486). — [5] F. Arndt, H. Plum, Schering A.G. (Deut. Offenlegungsschrift 2419208 [1974/75]; C.A. **84** [1976] Nr. 39718).

[6] R. W. Drisko, J. B. Crilly (J. Paint Technol. **46** [1974] 48/55). — [7] N. N. Melnikov, N. N. Ivanova, I. L. Vladimirova (UdSSR P. 125325 [1960]; C.A. **1960** 12472). — [8] S. Kaplin, M. en T. Billiton Chemische Industrie N.V. (Deut. Offenlegungsschrift 1915822 [1968/69]; C.A. **72** [1970] Nr. 80486). — [9] E. J. Dyckman, J. A. Montemarano, E. C. Fischer (Naval Eng. J. **85** Nr. 6 [1973] 33/7). — [10] E. J. Dyckman, J. A. Montemarano (Am. Paint J. **58** [1973] 66/7, 70/4 nach C.A. **79** [1973] Nr. 127436).

[11] R. J. Vizgirda, N. J. Rahway (Paint Varnish Prod. **62** [1972] 25/8). — [12] A. W. Sheldon (J. Paint Technol. **47** [1975] 54/8). — [13] I. Kageyama, N. Miyamura, Osaka Kinzoku Kogyo Co., Ltd. (B.P. 917629 [1961/63]; C.A. **58** [1963] 9332). — [14] S. H. Morgan, Plastic Molders Supply Co., Inc. (Deut. Offenlegungsschrift 1941849 [1968/70]; C.A. **72** [1970] Nr. 134285). — [15] A. Freiman, M and T International N.V. (Deut. Offenlegungsschrift 2222971 [1971/72]; C.A. **78** [1973] Nr. 45177).

[16] H. Plum, M. v. Haaren, Schering A.G. (Deut. Offenlegungsschrift 2252538 [1972/74]; C.A. **81** [1974] Nr. 64839). — [17] S. Murayama, S. Sato, Y. Ohama, M. Noro, Tokyo Electric Power Co., Inc. (Japan.P. 70-26438 [1966/70]; C.A. **74** [1971] Nr. 143400). — [18] K. Hashimoto, H. Kurono, Nihon Nohyaku Co., Ltd. (Japan. Kokai 74-36825 [1972/74]; C.A. **83** [1975] Nr. 54615). — [19] S. Kitani, I. Ohhata, T. Ninomiya, Yokohama Rubber Co., Ltd. (Japan.P. 75-38154 [1972/75]; C.A. **85** [1976] Nr. 64972). — [20] M. T. Conger, T. A. Evans, L. A. Gordon, Goodyear Tire and Rubber Co. (U.S.P. 3792000 [1971/74]; C.A. **80** [1974] Nr. 147032).

[21] R. W. Beers, Esso Research and Engineering Co. (U.S.P. 3801534 [1969/74]; C.A. **81** [1974] Nr. 39097). — [22] M. C. Throckmorton, Goodyear Tire and Rubber Co. (F.P. 1584923 [1967/70]; C.A. **73** [1970] Nr. 110699). — [23] M. C. Throckmorton, Goodyear Tire and Rubber Co. (U.S.P. 3528953 [1967/70]). — [24] T. Nakata, K. Kawamata, Osaka Soda Co., Ltd. (Deut. Offenlegungsschrift 1941690 [1968/70]; C.A. **72** [1970] Nr. 133372). — [25] V. J. D. Rascio, J. J. Caprari, B. del Amo, R. D. Ingeniero (LEMIT [Lab. Ensayo Mater. Invest. Tecnol.] Anales Ser. 2 **1975** 125/59).

Triisobutyltin Fluoride

1.3.1.1.1.6 Triisobutylzinnfluorid $(i\text{-}C_4H_9)_3SnF$

$(i\text{-}C_4H_9)_3SnF$ entsteht bei der Umsetzung von Triisobutylzinnchlorid, -bromid oder -jodid, gelöst in Alkohol, mit der eineinhalbfachen Menge an KF, gelöst in Wasser, beim Schütteln in Form eines farblosen Feststoffes, der im geschlossenen Rohr bei 244°C schmilzt [1].

Im Mössbauer-Spektrum wird ein Dublett gefunden mit einer Isomerieverschiebung von $\delta = 1.47 \pm 0.05$ mm/s gegen SnO_2 [2, 3, 4] und einer Quadrupolaufspaltung $\Delta = 3.60 \pm 0.05$ mm/s [4] bzw. 3.82 mm/s [2, 3].

Bei 31.6°C lösen sich 12 mg $(i\text{-}C_4H_9)_3SnF$ in 100 g Wasser [1, 5], 614 mg in 100 g Methanol [1], 414 mg in 100 g Äthanol [1] und 100 mg in 100 g Benzol [1, 5].

Im Massenspektrum von $(i\text{-}C_4H_9)_3SnF$ erscheint als intensivstes Signal das für das Bruchstück $(i\text{-}C_4H_9)_2SnF^+$, gefolgt von dem Ion $i\text{-}C_4H_9Sn^+$, das 75% der Intensität des intensivsten Signals zeigt. Das Fragmentierungsschema wird im Vergleich mit den massenspektroskopischen Daten anderer Organozinnhalogenide diskutiert [6].

Literatur:

[1] E. Krause (Ber. Deut. Chem. Ges. **51** [1918] 1447/56). — [2] B. Gassenheimer, R. H. Herber (Inorg. Chem. **8** [1969] 1120/5). — [3] J. Devooght, M. Gielen, S. Lejeune (J. Organometal. Chem. **21** [1970] 333/43). — [4] J. J. Zuckerman (Advan. Organometal. Chem. **9** [1970] 21/134). — [5] H. Ballczo, H. Schiffner (Z. Anal. Chem. **152** [1956] 3/18).

[6] M. Gielen, G. Mayence (J. Organometal. Chem. **12** [1968] 363/8).

Triphenyltin Fluoride

1.3.1.1.1.7 Triphenylzinnfluorid $(C_6H_5)_3SnF$

Formation. Preparation

1.3.1.1.1.7.1 Bildung und Darstellung

Triphenylzinnfluorid entsteht bei der Umsetzung von Triphenylzinnchlorid mit wäßriger Flußsäure [1], mit überschüssigem NaF in Wasser [2], mit KF in wäßrigem Äthanol in der Siedehitze [3, 4], mit NH_4F in Äthanol [5], mit fluoridhaltigen Mineralien [6]. Auf die gleiche Weise entsteht die Verbindung bei der Extraktion von Fluorid mit $(C_6H_5)_3SnCl$ [7] sowie bei der Reaktion zwischen NaF und $(C_6H_5)_3SnCl \cdot OP[N(CH_3)_2]_3$ in Aceton [2]. Bei der Reaktion von $(C_6H_5)_3SnNO_3$ mit einem Überschuß an NaF werden in Äthanol 100% Ausbeute an $(C_6H_5)_3SnF$ erzielt [8]. $Sn(C_6H_5)_4$ reagiert im Bombenrohr mit BF_3 bei 140°C innerhalb von 40 h, mit PF_5 bei 135°C innerhalb von 20 h, mit SiF_4 bei 140°C innerhalb von 48 h und mit SF_4 bei 115°C innerhalb von 18 h unter Bildung von $(C_6H_5)_3SnF$ [9]. $[(C_6H_5)_3Sn]_2O$ bildet mit H_2SiF_6 in Wasser ebenfalls $(C_6H_5)_3SnF$ [10]. Sowohl $CF_2{=}CF_2$ als auch $CHF{=}CF_2$ spalten in Aceton bei 90°C im Bombenrohr $(C_6H_5)_3SnCo(CO)_4$ unter Bildung von Co-F-Verbindungen. Dabei wird im ersten Fall nach 48 h eine Ausbeute an $(C_6H_5)_3SnF$ von 80% erhalten, im zweiten Fall nach 36 h von 70% [11, 12].

Zur Analyse von $(C_6H_5)_3SnF$, gelöst in Seewasser, aus Antifoulinganstrichen s. [13].

Literatur:

[1] D. H. Brown, A. Mohammed, D. W. A. Sharp (Spectrochim. Acta **21** [1965] 1013/4). — [2] K. A. Elegbede, R. A. N. McLean (J. Organometal. Chem. **69** [1974] 405/11). — [3] E. Krause, R. Becker (Ber. Deut. Chem. Ges. **53** [1920] 173/91). — [4] H. Kriegsmann, H. Geissler (Z. Anorg. Allgem. Chem. **323** [1963] 170/89). — [5] P. Dunn, T. Norris (Australia Commonwealth Dept. Supply Defence Std. Lab. Rept. Nr. 269 [1964] 21 S.; C.A. **61** [1964] 3134).

[6] H. Ballczo, H. Schiffner (Z. Anal. Chem. **152** [1956] 3/18). — [7] M. Benmalek, H. Chermette, C. Martelet, D. Sandino, J. Tousset (J. Inorg. Nucl. Chem. **36** [1974] 1359/63). — [8] T. N. Srivastava, S. K. Tandon (Indian J. Chem. **3** [1965] 535/6). — [9] D. W. A. Sharp, J. M. Winfield (J. Chem. Soc. **1965** 2278/9). — [10] K. Maruo, Y. Furutaka, Daikin Kogyo Co., Ltd. (Japan.P. 66-21021 [1964/66]; C.A. **66** [1967] Nr. 46486).

[11] A. D. Beveridge, H. C. Clark (J. Organometal. Chem. **11** [1968] 601/14). — [12] A. D. Beveridge, H. C. Clark (Inorg. Nucl. Chem. Letters **3** [1967] 95/7). — [13] E. Mor, A. M. Beccaria, G. Poggi (Ann. Chim. [Rome] **63** [1973] 173/80).

1.3.1.1.1.7.2 Spektren

Spectra

Magnetische Resonanzspektren. Das zweite Moment des ^1H-NMR-Spektrums von $(C_6H_5)_3SnF$ wurde zwischen 77 und 530 K gemessen. Spin-Gitter-Relaxationszeiten wurden durch Puls-Spektroskopie über den gleichen Temperaturbereich erhalten. Die Ergebnisse dieser Messungen und die der entsprechenden Verbindungen Triphenylzinnchlorid, -bromid und -hydroxid werden in bezug auf drei mögliche molekulare Bewegungen diskutiert: Eine 180°-Reorientierung der Phenylgruppen um ihre Sn-C-Achsen, andere Reorientierungen der Phenylgruppen um die Sn-C-Bindungen und eine C_3-Reorientierung der $(C_6H_5)_3Sn$-Gruppe. Die experimentellen Ergebnisse stimmen am besten mit einer möglicherweise vierfachen Reorientierung von Phenylgruppen über die Sn-C-Bindung überein [1].

Mössbauer-Spektrum. Im Mössbauer-Spektrum werden für die Isomerieverschiebung δ (in mm/s) folgende Werte gefunden: −0.81 [2], −0.85 [3], −0.79 [4], −0.75 in Pyridin [4], −0.80 in Dimethylformamid und in Dimethylsulfoxid [4] gegen α-Sn; 1.173 [5, 6], 1.18 [7, 8], 1.25 [9, 10, 11] gegen SnO_2; 1.32 [12] gegen $BaSnO_3$. Die Quadrupolaufspaltung Δ (in mm/s) beträgt: 3.340 [6], 3.45 [3, 11], 3.53 [9, 10], 3.62 [7, 8, 12], 3.90 [2], 3.95 [4], 3.90 in Pyridin und in Dimethylformamid [4], 3.95 in Dimethylsulfoxid [4]. Die Quadrupolkopplungskonstante besitzt ein negatives Vorzeichen [7], was für eine intermolekulare Assoziation mit Koordinationszahl 5 am Sn-Atom spricht, wie sie auch bei den anderen Triorganozinnfluoriden gefunden wird [7, 9, 13, 14]. Aus LCAO-Berechnungen an Organozinnhalogeniden werden lineare Korrelationen zwischen der Isomerieverschiebung oder den Quadrupolaufspaltungen und der Elektronegativität der Substituenten gefunden [13]. Weitere Vergleiche der Mössbauer-spektroskopischen Daten von $(C_6H_5)_3SnF$ mit denen von $Sn(C_6H_5)_4$ und Triphenylzinnchlorid, -bromid und -jodid s. bei [14]. Über die Ableitung eines substituentenabhängigen Parameters L, der eine lineare Beziehung zur Taftschen σ-Konstanten zeigt, s. [9].

Schwingungsspektren. Die IR-Spektren von festem $(C_6H_5)_3SnF$ (Abbildungen des Spektrums s. bei [15, 16]) und das Raman-Spektrum sind mit den Zuordnungen in Tabelle 5 aufgeführt [12, 17, 18]. Ältere Zuordnungen der gleichen Autoren s. bei [16, 19]. Die Bande für die νSnF im festen Zustand wurde ferner bei 350 [20], bei 360 und 377 cm^{-1} [21], im Gaszustand bei 555 cm^{-1} aufgefunden. Die letzte Zuordnung ist unsicher, da sich die Verbindung beim Verdampfen teilweise zersetzt [22]. Trotzdem wird dieser große Unterschied in der Lage der νSnF ($\nu_{gas} - \nu_{fest}$ = 158 cm^{-1}) darauf zurückgeführt, daß $(C_6H_5)_3SnF$ im Gaszustand monomer vorliegt und somit die Bande bei 555 cm^{-1} einer isolierten νSnF-Schwingung zukommt, während im festen Zustand Koordinationspolymere mit fünfbindigem Zinn vorliegen [12].

Massenspektrum. Das Massenspektrum von $(C_6H_5)_3SnF$ wird im Vergleich mit den Massenspektren anderer Organozinn- und Organobleiverbindungen diskutiert. Beim Zerfall unter Abspaltung von HF wird bei einer Massenzahl von M/e = 331 ein metastabiler Peak für das Ion $Sn(C_6H_5)_2C_6H_4^{+\cdot}$ gefunden [23].

Tabelle 5

IR- und Raman-Spektren von $(C_6H_5)_3SnF$.

Zuordnung	ν in cm^{-1} IR (fest) [12]	IR (fest) [17, 18]	Raman (fest) [12]
			77 m
Phenyl, x-sensitiv	120 s 144 s	 145 m	
Phenyl, x-sensitiv	175 s 198 st	174 m 190 st	 183 s
δF···SnF	216 m 227 Sch	214 st	211 s
δRing, x-sensitiv	284 st	283 st	278 s
νSnF	350 Sch 377 st	 371 st	 367 s
δCH, out of plane, x-sensitiv	456 st 485 s		
δRing in plane	618 s		619 s
Ringpulsation, x-sensitiv	664 s		656 m
δRing, out of plane	698 st	695 st	701 s
δCH, out of plane	725 st 733 st	725 st 735 st	 731 s
	760 Sch		
			858 s
δCH, out of plane	918 s		921 s
δCH, out of plane		967 s	943 s
δCH, out of plane	988 s	978 s	
δRing, in plane	998 m 1003 s	997 m	1000 st
δCH, in plane	1023 m	1020 m	1026 s
δCH, in plane	1066 s		
Phenyl, x-sensitiv	1082 st	1075 st	1081 s
δCH, in plane	1160 s	1145 s	1161 s
δCH, in plane	1192 s	1185 s	1195 s
δCH, in plane	1264 s 1308 s	1255 s 1300 s	1266 s
νCC	1337 s 1380 s	1328 s	1336 s
			1399 s
νCC	1432 st 1486 m	1424 st 1479 m	 1484 s 1544 s 1570 m 1581 m 1607 s 1674 s
νCH	2993 s 3010 s 3024 s		 3010 s 3027 s

Tabelle 5 (Fortsetzung)

Zuordnung	ν in cm⁻¹ IR (fest) [12]	IR (fest) [17, 18]	Raman (fest) [12]
νCH	3046 m		
	3055 m		3051 m
	3069		
	3079 m		
	3141 s		3139 s
			3159 s

Literatur:

[1] B. A. Dunell, S. E. Ulrich (J. Chem. Soc. Faraday Trans. I **1973** 377/87). — [2] M. Cordey-Hayes (J. Inorg. Nucl. Chem. **26** [1964] 2306/8). — [3] V. I. Goldanskii, V. V. Khrapov, O. Yu. Okhlobystin, V. Ya. Rochev (in: V. I. Goldanskii, R. H. Herber, Chemical Application of Mössbauer Spectroscopy, New York 1968, S. 336/76). — [4] V. I. Goldanskii, V. Ya. Rochev, V. V. Khrapov, D. N. Kravtsov, E. M. Rokhlina (Dokl. Akad. Nauk SSSR **191** [1970] 134/7; Dokl. Phys. Chem. Proc. Acad. Sci. USSR **190/195** [1970] 213/6). — [5] R. H. Herber, H. A. Stöckler (Chem. Effects Nucl. Transform. Proc. Symp., Wien 1964 [1965], Bd. 2, S. 403/18 nach C.A. **63** [1965] 9326).

[6] R. H. Herber, H. A. Stöckler, W. T. Reichle (J. Chem. Phys. **42** [1965] 2447/52). — [7] B. A. Goodman, N. N. Greenwood (J. Chem. Soc. A **1971** 1862/5). — [8] B. Gassenheimer, R. H. Herber (Inorg. Chem. **8** [1969] 1120/5). — [9] R. V. Parish, R. H. Platt (Inorg. Chim. Acta **4** [1970] 65/72). — [10] R. V. Parish, R. H. Platt (Chem. Commun. **1968** 1118/20).

[11] P. J. Smith (Organometal. Chem. Rev. A **5** [1970] 373/402). — [12] K. Licht, H. Geissler, P. Koehler, K. Hottmann, H. Schnorr, H. Kriegsmann (Z. Anorg. Allgem. Chem. **385** [1971] 271/88). — [13] V. Kotkhekar, V. S. Shpinel (Zh. Strukt. Khim. **10** [1969] 37/42). — [14] V. I. Goldanskii, G. M. Gorodinskii, S. V. Karyagin, L. A. Korytko, L. M. Krizhanskii, E. F. Makarov, I. P. Suzdalev, V. V. Khrapov (Dokl. Akad. Nauk SSSR **147** [1962] 127/30; Proc. Acad. Sci. USSR Phys. Chem. Sect. **142/147** [1962] 766/8). — [15] R. A. Cummins, P. Dunn (Australia Commonwealth Dept. Supply Defence Std. Lab. Rept. Nr. 266 [1963] 106 S.).

[16] H. Kriegsmann, H. Geissler (Z. Anorg. Allgem. Chem. **323** [1963] 170/89). — [17] J. R. May, W. R. McWhinnie, R. C. Poller (Spectrochim. Acta A **27** [1971] 969/74). — [18] R. C. Poller (J. Inorg. Nucl. Chem. **24** [1962] 593/600). — [19] R. C. Poller (Spectrochim. Acta **22** [1966] 935/9). — [20] D. H. Brown, A. Mohammed, D. W. A. Sharp (Spectrochim. Acta **21** [1965] 1013/4).

[21] K. Licht, H. Geissler, P. Koehler, K. Möller (Z. Chem. [Leipzig] **11** [1971] 272/3). — [22] K. Licht, P. Koehler, H. Kriegsmann (Z. Anorg. Allgem. Chem. **415** [1975] 31/42). — [23] D. B. Chambers, F. Glockling, M. Weston (J. Chem. Soc. A **1967** 1759/69).

1.3.1.1.1.7.3 Physikalische Eigenschaften

Physical Properties

Für die farblose kristalline Verbindung werden folgende Schmelzpunkte angegeben: 218 bis 219°C [1], >250°C [2], 340°C unter Zersetzung [3], 340 bis 357°C unter Zersetzung [11], 357°C [4, 5, 6] unter Bildung einer braunen Flüssigkeit [6], >360°C [7]. Bei der thermogravimetrischen Analyse wurde gefunden, daß die Verbindung nur bis 158°C stabil ist [8].

Folgende Löslichkeiten werden für das in Wasser, Diäthyläther und kaltem Äthanol sehr schwer lösliche $(C_6H_5)_3SnF$ [6] angegeben: Hexan, Cyclohexan und Benzol <100 ppm, Dekalin 424 ppm, Tetralin 374 ppm [9].

Aus den ESCA-Spektren werden folgende Elektronenenergien erhalten: Sn 4d = 26.2 eV, Sn $3d_{5/2}$ = 487.1 eV [10]. Aus Leitfähigkeitsmessungen in Dimethylformamid geht hervor, daß die Verbindung nicht in Ionen dissoziiert [11]. Untersuchungen zur charakteristischen Debye-Temperatur s. bei [12, 13].

Literatur:

[1] P. Dunn, T. Norris (Australia Commonwealth Dept. Supply Defence Std. Lab. Rept. Nr. 269 [1964] 21 S. nach C.A. **61** [1964] 3134). — [2] K. Maruo, Y. Furutaka, Daikin Kogyo Co., Ltd. (Japan.P. 66-21021 [1964/66]; C.A. **66** [1967] Nr. 46486). — [3] H. Kriegsmann, H. Geissler (Z. Anorg. Allgem. Chem. **323** [1963] 170/89). — [4] H. Ballczo, H. Schiffner (Z. Anal. Chem. **152** [1956] 3/18). — [5] K. Licht, H. Geissler, P. Koehler, K. Hottmann, H. Schnorr, H. Kriegsmann (Z. Anorg. Allgem. Chem. **385** [1971] 271/88).

[6] E. Krause, R. Becker (Ber. Deut. Chem. Ges. **53** [1920] 173/91). — [7] R. C. Poller (J. Inorg. Nucl. Chem. **24** [1962] 593/600). — [8] T. Dupuis, C. Duval (Anal. Chim. Acta **4** [1950] 615/22). — [9] A. P. Evans (J. Appl. Polymer Sci. **18** [1974] 1919/25). — [10] S. Hoste, H. Willemen, D. van de Vondel, G. P. van der Kelen (J. Electron. Spectrosc. Relat. Phenomena **5** [1974] 227/35).

[11] A. B. Thomas, E. G. Rochow (J. Am. Chem. Soc. **79** [1957] 1843/8). — [12] H. A. Stöckler, H. Sano (Chem. Commun. **1969** 954/5). — [13] H. A. Stöckler, H. Sano (Chem. Phys. Letters **2** [1968] 448/50).

Chemical Reactions

1.3.1.1.1.7.4 Chemisches Verhalten

Bei der polarographischen Reduktion von $(C_6H_5)_3SnF$ in 80%igem Äthanol entsteht $(C_6H_5)_3SnSn(C_6H_5)_3$ [1]. $(C_6H_5)_3SnF$ reagiert mit J_2 in Dibromäthan bei 88°C unter Bildung von $(C_6H_5)_2SnFJ$. Zur Kinetik dieser Reaktion s. Original [2].

Literatur:

[1] A. Vanachayangkul, M. D. Morris (Anal. Letters **1** [1967/68] 885/90). — [2] E. A. Flood, L. Horvitz (J. Am. Chem. Soc. **55** [1933] 2534/9).

Physiological Action

1.3.1.1.1.7.5 Physiologische Wirkung

Die physiologische Wirkung von $(C_6H_5)_3SnF$ wurde gegenüber verschiedenen Organismen untersucht. Die akute orale LD_{50} beträgt bei Ratten 1170 mg/kg Körpergewicht, die akute dermale LD_{50} beträgt bei Kaninchen 1 bis 3 g/kg Körpergewicht [1] (zur Analyse von $(C_6H_5)_3SnF$ in Geweben durch colorimetrische Bestimmung des grünen Reaktionsproduktes mit Silicomolybdänsäure s. [2]). Bei Schnecken Biomphalaria glabrata beträgt die LC_{50} 0.01 bis 0.55 ppm. Die Erholungszeit beträgt 168 h [3]. Bei Sterilisierungsexperimenten an Stubenfliegen wurde festgestellt, daß eine Konzentration von 100 ppm an $(C_6H_5)_3SnF$ 53.0% einer Testmenge an Fliegen sterilisiert [4]. Die ungefähre LD_{95} beträgt gegenüber erwachsenen Stubenfliegen 1000 ppm und bei einer Konzentration von 62 ppm im Medium wird die Vermehrung von 95% einer Testmenge an Fliegen verhindert [5]. Bei Sterilisationsversuchen an Kartoffelblattläusen hat sich gezeigt, daß mit $(C_6H_5)_3SnF$ nicht so gute Wirkungen zu erzielen sind wie mit $(C_6H_5)_3SnOH$ [6]. Gegenüber Spinnmilben besitzt Triphenylzinnfluorid nur 94% der Toxizität von Parathion [7].

Ein Gehalt zwischen 1 und 2% an $(C_6H_5)_3SnF$ in Polyvinylchlorid hemmt das Wachstum von Mikroorganismen, wie an den Beispielen Sterigmatocystis nigra, Aspergillus amstelodami, Aspergillus flavus, Paecilomyces varioti, Trichoderma viride, Stachybotrys atra, Chaetomium globosum, Myrothecium verrucaria, Memnoniella echinata, Acrostalagmus koningi, Neurospora sitophila, Penicillium luteum gezeigt wurde [8]. Aspergillus terreus, Rhizopus nigricans, Absidia regnieri, Aspergillus flavus, Aspergillus fumigatus, Penicillium luteum und Paecilomyces varioti sind vergleichsweise resistent gegenüber $(C_6H_5)_3SnF$ [9]. Eine Konzentration von 0.001 Gew.-% an $(C_6H_5)_3SnF$ in einem Kulturmedium verhindert vollständig das Wachstum von Staphylococcus aureus, während die Konzentration, die die gleiche Wirkung bei Escherichia coli erzielt, 0.01% und die bei Bacillus subtilis 0.0001% beträgt [10].

Literatur:

[1] A. W. Sheldon (J. Paint Technol. **47** [1975] 54/8). — [2] A. B. Russell (Analyst **84** [1959] 712/6). — [3] H. S. Hopf, J. Duncan, J. S. S. Beesley, D. J. Webley, R. F. Sturrock (Bull. World Health Organ. **36** [1967] 955/61). — [4] S. Byrdy, Z. Ejmocki, Z. Eckstein (Bull. Acad. Polon. Sci. Ser. Sci. Biol. **18** [1970] 15/9). — [5] E. E. Kenaga (J. Econ. Entomol. **58** [1965] 4/8).

[6] S. S. Chawla, J. M. Perron, M. Cloutier (Phytoprotection **55** [1974] 43/5). — [7] C. A. Horne, Shell Oil Comp. (U.S.P. 3657451 [1970/71]). — [8] E. Czerwińska, Z. Eckstein, Z. Ejmocki, K. Kaniewska-Porwisiak, R. Kowalik, T. Wiśniewski (Polimery **13** [1968] 355/60). — [9] H. Iwamoto, M. Kikuchi (Hakko Kyokaishi **22** [1964] 218/22 nach C.A. **63** [1965] 18706). — [10] E. Czerwińska, Z. Eckstein, Z. Ejmocki, R. Kowalik (Bull. Acad. Polon. Sci. Ser. Sci. Chim. **15** [1967] 335/9).

1.3.1.1.1.7.6 Verwendung

Uses

$(C_6H_5)_3SnF$ wird als Insektizid [1], als Biozid in Polymeren [2] und als Fungizid verwendet [3]. Das Hauptanwendungsgebiet der Verbindung liegt auf dem Sektor der Antifoulingmittel, vor allem als fäulnishemmender Zuschlag zu Farben für Anstriche von Schiffen und Unterwasserbauten [4 bis 7].

Literatur:

[1] K. Maruo, Y. Furutaka, Daikin Kogyo Co., Ltd. (Japan.P. 66-21021 [1964/66]; C.A. **66** [1967] Nr. 46486). — [2] N. F. Cardarelli, H. F. Neff, B. F. Goodrich Co. (F. Demande 2011769 [1968/70]; C.A. **73** [1970] Nr. 99851). — [3] H. Iwamoto, M. Kikuchi (Hakko Kyokaishi **22** [1964] 218/22 nach C.A. **63** [1965] 18706). — [4] A. W. Sheldon (J. Paint Technol. **47** [1975] 54/8). — [5] C. B. Beiter, L. E. Hafner, M. and T. International B.V. (Deut. Offenlegungsschrift 2420133 [1974]; C.A. **82** [1975] Nr. 113263).

[6] S. H. Morgan, Plastic Molders Supply Co., Inc. (Deut. Offenlegungsschrift 1941849 [1968/70]; C.A. **72** [1970] Nr. 134285). — [7] V. J. D. Rascio, J. J. Caprari, B. del Amo, R. D. Ingeniero (LEMIT [Lab. Ensayo Mater. Invest. Tecnol.] Anales Ser. 2 **1975** 125/59).

1.3.1.1.1.8 Weitere Triorganozinnfluoride R_3SnF

Other Triorganotin Fluorides R_3SnF

Darstellung und Eigenschaften weiterer Verbindungen vom Typ R_3SnF sind in Tabelle 6 auf S. 36/7 aufgeführt.

Weitere Angaben zu den in der Tabelle aufgeführten Verbindungen (laufende Nummern mit Stern):

$(i\text{-}C_5H_{11})_3SnF$ (Tabelle **6**, Nr. **3**). Bei 31.3°C lösen sich 3 mg der Verbindung in 100 ml Wasser [3, 5], 1.22 g in 100 g Methanol [3], 1.03 g in 100 g Äthanol [3], 967 mg in 100 g Benzol [3] und 970 mg in 100 ml Benzol [5]. Die Isomerieverschiebung δ im Mössbauer-Spektrum beträgt −0.76 mm/s gegen α-Sn [6] bzw. 1.34 mm/s gegen SnO_2 [7]. Die Quadrupolaufspaltung Δ beträgt 3.77 mm/s [6, 7].

$(C_6H_{13})_3SnF$ (Tabelle **6**, Nr. **4**). In 100 ml Wasser lösen sich 1.3 mg der Substanz, in 100 ml Benzol dagegen 1.18 g [5].

$(NCCH_2CH_2)_3SnF$ (Tabelle **6**, Nr. **6**). Im Mössbauer-Spektrum der Verbindung erscheint ein asymmetrisches Dublett [10]. Die Isomerieverschiebung δ beträgt 1.35 ± 0.10 mm/s gegen SnO_2. Die Quadrupolaufspaltung Δ wird zu 3.50 ± 0.10 mm/s gefunden [11]. Lineare Korrelationen der Isomerieverschiebung und der Quadrupolaufspaltung mit der Elektronegativität der Substituenten bei verschiedenen Organozinnverbindungen einschließlich $(NCCH_2CH_2)_3SnF$ s. bei [12].

Tabelle 6

Darstellung und Eigenschaften der Verbindungen R_3SnF.

Nr.	Verbindung R_3SnF	Darstellung	Reaktionsbedingungen Eigenschaften	Ausbeute in %	Lit.
1	$(t\text{-}C_4H_9)_3SnF$	$(t\text{-}C_4H_9)_3SnCl + KF$	Äther-Wasser; Prismen, Zersetzungspunkt 257°C	—	[1]
2	$(C_5H_{11})_3SnF$	$Hg(C_5H_{11})_2 + SnF_2$	Ligroin, 22h Rückfluß; Zersetzungspunkt 376 bis 378°C	—	[2]
3*	$(i\text{-}C_5H_{11})_3SnF$	$(i\text{-}C_5H_{11})_3SnX + KF$ (X = Cl, Br, J)	Schütteln in Alkohol; t_f = 288°C	—	[3]
		$SnCl_4 + i\text{-}C_5H_{11}MgBr + KF$	Heptan und Methanol-Wasser, 3.5h Rückfluß; t_f = 280.5°C	82	[4]
4*	$(C_6H_{13})_3SnF$	$(C_6H_{13})_3SnBr + F^-$	Alkohol-Aceton-Wasser	—	[5]
		$Hg(C_6H_{13})_2 + SnF_2$	Ligroin, Rückfluß; Zersetzungspunkt 389 bis 399°C	—	[2]
5	$[(CH_3)_3CCH_2CH_2]_3SnF$	$[(CH_3)_3CCH_2CH_2]_3SnBr + KF$	Äthanol-Äther; t_f = 333 bis 336°C	—	[8]
6*	$(NCCH_2CH_2)_3SnF$	$Sn(CH_2CH_2CN)_4 + F_2$	5 bis 7°C, 0.5h; t_f = 218 bis 221°C	45.8	[9]
7*	$(C_6H_5CH_2)_3SnF$	$(C_6H_5CH_2)_3SnCl + KF$	Äther, Schütteln; farblose Kristalle	—	[13]
		$(C_6H_5CH_2)_3SnOH + HF$	t_f = 242°C	—	[13]
8*	$[C_6H_5(CH_2)_3]_3SnF$	$[C_6H_5(CH_2)_3]_3SnCl + KF$	Methanol, 0.5h Rückfluß; t_f = 209 bis 211°C	84	[16]
9*	$[C_6H_5C(CH_3)_2CH_2]_3SnF$	$[C_6H_5C(CH_3)_2CH_2]_3SnCl + KF$	Methanol, 0.5h Rückfluß; t_f = 98.5 bis 99.5°C	86.6	[16]
		$[C_6H_5C(CH_3)_2CH_2]_3SnOH + HF$	Äthanol; t_f = 98 bis 100°C	—	[17]
10	$(p\text{-}(CH_3)_3CC_6H_4CH_2)_3SnF$	—	Mössbauer-Spektrum	—	[12]
11	$(o\text{-}ClC_6H_4CH_2)_3SnF$	$(o\text{-}ClC_6H_4CH_2)_3SnCl + F^-$	Äther; t_f = 186 bis 187°C	—	[27]
12	$[(CH_3)_3SiCH_2]_3SnF$	$\{[(CH_3)_3SiCH_2]_3Sn\}_2Hg + Hg[C(CF_3)_3]_2$	THF, 15 min 20°C; t_f = 125 bis 126°C	74.5	[28]
		oder $Hg[CF(CF_3)_2]_2$	THF, 15 min −20°C; t_f = 124 bis 125°C	83	[29]

Tabelle 6 (Fortsetzung)

Nr.	Verbindung R_3SnF	Darstellung	Reaktionsbedingungen Eigenschaften	Ausbeute in %	Lit.
13	$(c\text{-}C_3H_5)_3SnF$	$(c\text{-}C_3H_5)_3SnJ + KF$	Methanol-Wasser; Sublimation bei 175°C/760 Torr	95	[30, 31]
14*	$(c\text{-}C_6H_{11})_3SnF$	$(c\text{-}C_6H_{11})_3SnBr + KF$	Äthanol-Wasser, Rückfluß;	—	[32]
		$(c\text{-}C_6H_{11})_3SnOH + HF$	Zersetzungspunkt 305°C	—	
15	$(CH_2{=}CH)_3SnF$	$(CH_2{=}CH)_3SnBr + NaF$	$t_f > 300$°C	—	[36]
		$Sn(CH{=}CH_2)_4 + SnCl_4 + NaF$	1.5 h 205°C; unrein	—	[37]
16*	$(o\text{-}CH_3C_6H_4)_3SnF$	$(o\text{-}CH_3C_6H_4)_3SnOH + HF$	$CHCl_3$ oder THF; $t_f = 245$°C	93	[38]
17	$(m\text{-}CH_3C_6H_4)_3SnF$	$[(m\text{-}CH_3C_6H_4)_3Sn]_2O + HF$	Benzol-Petroläther; $t_f = 300$°C	—	[40]
18	$(p\text{-}CH_3C_6H_4)_3SnF$	$(p\text{-}CH_3C_6H_4)_3SnBr + KF$	Äthanol-Wasser, Rückfluß; $t_f = 305$°C	—	[41]
			löst sich in H_2O leichter als $(C_6H_5)_3SnF$	—	[5]
19	$[2,4\text{-}(CH_3)_2C_6H_3]_3SnF$	$R_3SnX + KF$ (X = Cl, Br, J)	Äthanol-Wasser; $t_f = 209$°C	—	[41]
			löst sich in H_2O leichter als $(C_6H_5)_3SnF$	—	[5]
20	$[2,5\text{-}(CH_3)_2C_6H_3]_3SnF$	$R_3SnX + KF$ (X = Cl, Br, J)	Äthanol-Wasser; $t_f = 247$°C	—	[41]
21	$(p\text{-}CH_3OC_6H_4)_3SnF$	$SnCl_4 + p\text{-}CH_3OC_6H_4MgBr + KF$	neben $Sn(C_6H_4\text{-}p\text{-}OCH_3)_4$; $t_f = 239$°C (Zersetzung)	—	[42]
			löst sich in H_2O leichter als $(C_6H_5)_3SnF$	—	[5]
22	$(p\text{-}ClC_6H_4)_3SnF$	$(p\text{-}ClC_6H_4)_3SnBr + KF$	Diäthyläther-Äthanol-Wasser; t_f liegt höher als t_s von H_2SO_4	—	[42]
			Fungizid in Wollfarben	—	[43]
23	$(p\text{-}BrC_6H_4)_3SnF$	—	schlecht löslich in Wasser	—	[5]
24	$(C_6F_5)_3SnF$	$Sn(C_6F_5)_4 + SF_4$	Autoklav, 22 h 130°C; $t_f = 300$°C (Zersetzung)	—	[43]
			Mössbauer-Spektrum	—	[12]
			IR: $\nu SnF = 328\ cm^{-1}$	—	[44]
25*	$(C_6H_5CH_2CH_2)_3SnF$	—	Miktizid	—	[45]
26*	$[C_6H_5CH(CH_3)CH_2]_3SnF$	—	Miktizid	—	[45]

$(C_6H_5CH_2)_3SnF$ (Tabelle **6**, Nr. **7**). Im Mössbauer-Spektrum der Verbindung wurde bei Verwendung von $BaSnO_3$ als Quelle und von $(C_6H_5CH_2)_3SnF$ als Absorber bei der Temperatur des flüssigen Stickstoffs eine Isomerieverschiebung von $\delta = 1.57$ mm/s und eine Quadrupolaufspaltung von $\Delta = 3.73$ mm/s gemessen, bei Verwendung von $(C_6H_5CH_2)_3SnF$ als Quelle bei der gleichen Temperatur und von $BaSnO_3$ als Absorber betragen die Werte -1.62 ± 0.02 und 3.50 ± 0.04 mm/s [14]. 100 mg der Verbindung/kg Körpergewicht zeigen mindestens 60% Wirksamkeit in der Beseitigung von Raillietina cesticillus und Ascaridia galli bei Hühnern [15]. Im Vergleich zu Parathion besitzt $(C_6H_5CH_2)_3SnF$ gegenüber Spinnmilben keine Wirksamkeit [45].

$[C_6H_5C(CH_3)_2CH_2]_3SnF$ (Tabelle **6**, Nr. **9**). Das ^{1}H-NMR-Spektrum der Verbindung zeigt in CCl_4 ein Singulett für die Protonen der CH_3-Gruppen bei -1.22 ppm und ein Dublett für die Protonen der CH_2-Gruppe bei -0.948 ppm mit den Kopplungskonstanten $J(^1HCSn) = 52.4$ Hz und $J(^1HCSn^{19}F) = 3.9$ Hz [17]. Aus Doppelresonanzuntersuchungen werden die Kopplungskonstanten $J(^1HC^{119}Sn)$ zu $\pm 50.5 \pm 1$ Hz und $J(^1HCSn^{19}F)$ zu $\pm 5.0 \pm 0.2$ Hz erhalten [19]. Die Kopplungskonstante $J(^{119}Sn^{19}F)$ beträgt in konzentrierter Lösung von $CDCl_3$ 2298 Hz [18] bzw. $\pm 2298 \pm 2$ Hz [19]. Die chemische Verschiebung im Sn-NMR-Spektrum beträgt $\delta^{119}Sn = -139$ ppm [20]. Die Isomerieverschiebung im Mössbauer-Spektrum wurde zu $\delta = 1.332$ mm/s gegen SnO_2 gemessen, die Quadrupolaufspaltung Δ beträgt 2.787 mm/s [17, 21, 22, 23]. Berechnet wurde die Quadrupolaufspaltung zu -2.74 mm/s [25]. Eine Korrelation der Quadrupolaufspaltung mit stereochemischen Effekten s. bei [24]. Berechnungen der Orbitalpopulation aus Mössbauer-spektroskopischen Daten s. bei [26]. Ein Toxizitätstest im Vergleich zu Parathion gegenüber Spinnmilben ergab eine Wirksamkeit von 515% [45].

$(c\text{-}C_6H_{11})_3SnF$ (Tabelle **6**, Nr. **14**). In Hexan, Cyclohexan oder Dekalin lösen sich weniger als 100 ppm der Verbindung [33]. Die Isomerieverschiebung im Mössbauer-Spektrum beträgt $\delta = 1.56$ mm/s gegen SnO_2, die Quadrupolaufspaltung $\Delta = 3.96$ mm/s [34, 35].

$(o\text{-}CH_3C_6H_4)_3SnF$ (Tabelle **6**, Nr. **16**). In gesättigter Lösung in $CDCl_3$ wird für die Protonen der Methylgruppe ein Singulett bei -2.45 ppm mit einer Kopplungskonstanten $J(^1HCCCSn) = 6.7$ Hz gefunden [39]. Das IR-Spektrum der Verbindung in KBr ist in Tabelle 7 wiedergegeben [38].

$(C_6H_5CH_2CH_2)_3SnF$ (Tabelle **6**, Nr. **25**), **$(C_6H_5CH_2CH_2CH_2)_3SnF$** (Tabelle **6**, Nr. **8**) und **$[C_6H_5CH(CH_3)CH_2]_3SnF$** (Tabelle **6**, Nr. **26**). Ein Toxizitätstest im Vergleich mit Parathion gegenüber Spinnmilben ergab eine Wirksamkeit von 50% für Verbindung Nr. 25 und von 130% für Verbindung Nr. 26. Die Verbindung Nr. 8 ist dagegen im Vergleich zu Parathion nicht toxisch gegen Spinnmilben [45].

Tabelle 7
IR-Spektrum von $(o\text{-}CH_3C_6H_4)_3SnF$.

Zuordnung	ν in cm^{-1}
$\nu_{as}CH$	3021 st
ν_sCH	2937 st
νC=C	1576 st
$\delta_{as}CCH_3$ und νC=C	1469 st 1439 st
δ_sCCH_3	1383 st
δCCH_3	1280 m
δCH, in plane	1266 st 1203 st 1152 m 1117 st 1052 m 1032 m
Ringschwingung	946 s
ρCH_3	878 s 798 st
δCH, out of plane	754 st

Literatur:

[1] E. Krause, K. Weinberg (Ber. Deut. Chem. Ges. **63** [1930] 381/5). — [2] M. Malnar (Acta Pharm. Jugoslav. **18** [1968] 65/9). — [3] E. Krause (Ber. Deut. Chem. Ges. **51** [1918] 1447/56). — [4] L. I. Zakharkin, O. Yu. Okhlobystin, B. N. Strunin (Izv. Akad. Nauk SSSR Otd. Khim. Nauk **1962** 2002/8 nach C.A. **58** [1963] 9131). — [5] H. Ballczo, H. Schiffner (Z. Anal. Chem. **152** [1956] 3/18).

[6] V. I. Goldanskii, V. V. Khrapov, O. Yu. Okhlobystin, V. Ya. Rochev (in: V. I. Goldanskii, R. H. Herber, Chemical Application of Mössbauer Spectroscopy, New York 1968, S. 336/76). — [7] P. J. Smith (Organometal. Chem. Rev. A **5** [1970] 373/402). — [8] H. Zimmer, A. Bayless, W. Christopfel (J. Organometal. Chem. **14** [1968] 222/4). — [9] L. V. Kaabak, A. P. Tomilov (Zh. Obshch. Khim. **33** [1963] 2808/10; J. Gen. Chem. USSR **33** [1963] 2734). — [10] V. S. Shpinel, A. Yu. Aleksandrov, G. K. Ryasnyi, O. Yu. Okhlobystin (Zh. Eksperim. i Teor. Fiz. **48** [1965] 69/71; Soviet Phys.-JETP **21** [1965] 47/8).

[11] A. Yu. Aleksandrov, N. N. Delyagin, K. P. Mitrofanov, L. S. Polak, V. S. Shpinel (Dokl. Akad. Nauk SSSR **148** [1963] 126/8; Dokl. Phys. Chem. Proc. Acad. Sci. USSR **148/153** [1963] 1/3). — [12] V. Kotkhekar, V. S. Shpinel (Zh. Strukt. Khim. **10** [1969] 37/42). — [13] E. Krause, O. Schlöttig (Ber. Deut. Chem. Ges. **63** [1930] 1381/7). — [14] B. Mahieu, Y. Llabador (J. Phys. [Paris] **35** [1974] Suppl. Nr. 12, S. C6-329/C6-333). — [15] K. B. Kerr, A. W. Walde (Exptl. Parasitol. **5** [1956] 560/70).

[16] H. Zimmer, O. A. Homberg, M. Jaywant (J. Org. Chem. **31** [1966] 3857/60). — [17] W. T. Reichle (Inorg. Chem. **5** [1966] 87/91). — [18] M. Barnard, P. J. Smith, R. F. M. White (J. Organometal. Chem. **77** [1974] 189/97). — [19] W. McFarlane, R. J. Wood (Chem. Commun. **1969** 262). — [20] W. McFarlane, R. J. Wood (J. Organometal. Chem. **40** [1972] C17/C20).

[21] J. J. Zuckerman (J. Inorg. Nucl. Chem. **29** [1967] 2191/202). — [22] R. H. Herber, H. A. Stöckler, W. T. Reichle (J. Chem. Phys. **42** [1965] 2447/52). — [23] R. H. Herber, H. A. Stöckler (Trans. N.Y. Acad. Sci. [2] **26** [1964] 929/33). — [24] M. G. Clark, A. G. Maddock, R. H. Platt (J. Chem. Soc. Dalton Trans. **1972** 281/90). — [25] G. M. Bancroft, K. D. Butler (Inorg. Chim. Acta **15** [1975] 57/65).

[26] M. L. Maddox, S. L. Stafford, H. D. Kaesz (Advan. Organometal. Chem. **3** [1965] 1/179). — [27] G. Bähr, G. Zoche (Chem. Ber. **88** [1955] 1450/5). — [28] O. A. Kruglaya, G. S. Kalinina, B. I. Petrov, N. S. Vyazankin (J. Organometal. Chem. **46** [1972] 51/8). — [29] B. I. Petrov, O. A. Kruglaya, G. S. Kalinina, N. S. Vyazankin, B. I. Martynov, S. R. Sterlin, B. L. Dyatkin (Izv. Akad. Nauk SSSR Ser. Khim. **1973** 189/91; Bull. Acad. Sci. USSR Div. Chem. Sci. **1973** 196/8). — [30] D. Seyferth, H. M. Cohen (Inorg. Chem. **2** [1963] 652/3).

[31] D. Seyferth, Dow Chemical Co. (U.S.P. 3347888 [1963/67]; C.A. **68** [1968] Nr. 59726). — [32] E. Krause, R. Pohland (Ber. Deut. Chem. Ges. **57** [1924] 532/45). — [33] A. P. Evans (J. Appl. Polymer Sci. **18** [1974] 1919/25). — [34] R. H. Platt (J. Organometal. Chem. **24** [1970] C23/C25). — [35] A. G. Maddock, R. H. Platt (J. Chem. Soc. A **1971** 1191/5).

[36] D. Seyferth (J. Am. Chem. Soc. **79** [1957] 2133/6). — [37] D. Seyferth, F. G. A. Stone (J. Am. Chem. Soc. **79** [1957] 515/7). — [38] T. N. Srivastava, S. N. Bhattacharya (Z. Anorg. Allgem. Chem. **344** [1966] 102/6). — [39] M. Donadille, M. A. Delmas, J. C. Maire, T. M. Srivastava (J. Organometal. Chem. **15** [1968] 244/6). — [40] T. N. Srivastava, R. Rupainwar (Indian J. Chem. **9** [1971] 1411/2).

[41] E. Krause, R. Becker (Ber. Deut. Chem. Ges. **53** [1920] 173/91). — [42] E. Krause, K. Weinberg (Ber. Deut. Chem. Ges. **62** [1929] 2235/41). — [43] D. W. A. Sharp, J. M. Winfield (J. Chem. Soc. **1965** 2278/9). — [44] D. H. Brown, A. Mohammed, D. W. A. Sharp (Spectrochim. Acta **21** [1965] 1013/4). — [45] C. A. Horne, Shell Oil Comp. (U.S.P. 3657451 [1970/71]).

1.3.1.1.2 Triorganozinnfluoride des Typs $R_2R'SnF$

Triorganotin Fluorides of the $R_2R'SnF$ Type

Darstellung und Eigenschaften von Triorganozinnfluoriden des Typs $R_2R'SnF$ sind in Tabelle 8 auf S. 40 aufgeführt.

Weitere Angaben zu den in der Tabelle aufgeführten Verbindungen (laufende Nummern mit Stern) s. S. 41.

Tabelle 8
Darstellung und Eigenschaften der Verbindungen $R_2R'SnF$.

Nr.	Verbindung $R_2R'SnF$	Darstellung	Reaktionsbedingungen Eigenschaften	Ausbeute in %	Lit.
1	$(CH_3)_2(CH_2J)SnF$	$(CH_3)_2(CH_2J)SnJ + NaF$	Zersetzungspunkt 290°C	—	[1]
2*	$(C_2H_5)_2(C_3H_7)SnF$	$(C_2H_5)_2(C_3H_7)SnBr + KF$	$CHCl_3$-H_2O; $t_f = 271$ °C	—	[2]
3*	$(C_2H_5)_2(t\text{-}C_4H_9)SnF$	$(C_2H_5)_2SnCl_2 + t\text{-}C_4H_9MgCl + KF$	—	—	[3]
4	$(C_4H_9)_2(c\text{-}C_6H_{11})SnF$	$(C_4H_9)_2(c\text{-}C_6H_{11})SnCl + KF \cdot 2\,H_2O$	Methanol-Wasser, 2 h Rückfluß; $t_f = 270$ bis 272°C	94	[4, 11]
5	$(i\text{-}C_4H_9)_2(HOCH_2CH_2CH_2)SnF$	$(i\text{-}C_4H_9)_2SnCl_2 + CH_2{=}CHCH_2OH + (i\text{-}C_4H_9)_2SnH_2 + KF$	1 h 50°C, AIBN; Zersetzungspunkt 220°C	90	[5]
6	$(t\text{-}C_4H_9)_2(C_2H_5)SnF$	—	gut löslich in Wasser	—	[3]
7	$(c\text{-}C_6H_{11})_2(C_4H_9)SnF$	$(c\text{-}C_6H_{11})_2(C_4H_9)SnCl + KF \cdot 2\,H_2O$	Methanol-Wasser, 1 h Rückfluß	98.8	[4, 11]
8*	$(CH_2{=}CH)_2(C_6H_5)SnF$	$(CH_2{=}CH)_2Sn(C_6H_5)_2 + HBr + NaF$	$t_f > 300$°C	—	[6]
9	$(C_6H_5)_2(CH_2Br)SnF$	$(C_6H_5)_2SnBr_2 + CH_2{=}N_2 + NaF$	Diäthyläther, −5°C; $t_f > 260$°C	—	[1]
10	$(C_6H_5)_2(NCCH_2CH_2CH_2)SnF$	$(C_6H_5)_3Sn(CH_2)_3CN + J_2 + KF$	Diäthyläther, 1 h Rückfluß; Zersetzungspunkt 280°C	44	[8, 9]
11	$(C_6H_5)_2(CH_2{=}CH)SnF$	$(C_6H_5)_2Sn(CH{=}CH_2)_2 + J_2 + NaF$	Diäthyläther, 15 h Rückfluß; $t_f > 300$°C	77	[6]
12	$(C_6H_5)_2(CF_2{=}CF)SnF$	$[(C_6H_5)_2Sn]_2 + C_2F_4$	CCl_4, 72 h UV-Bestrahlung; $t_f = 128$°C	—	[10]

$(C_2H_5)_2(C_3H_7)SnF$ (Tabelle **8**, Nr. **2**). Von der Verbindung lösen sich bei 31.0°C 120 mg in 100 g Wasser, 6.93 g in 100 g Methanol, 3.78 g in 100 g Äthanol und 50 mg in 100 g Benzol [2].

$(C_2H_5)_2(t\text{-}C_4H_9)SnF$ (Tabelle **8**, Nr. **3**). Zur Polarographie der Verbindung s. [3]. Bei der elektrolytischen Reduktion mit einer Hg-Kathode bei pH = 4.5 wird $[(C_2H_5)_2(t\text{-}C_4H_9)Sn]_2$ gebildet [3].

$(CH_2{=}CH)_2(C_6H_5)SnF$ (Tabelle **8**, Nr. **8**). Gegenüber Stubenfliegen beträgt die LD_{50} mehr als 500×10^{-10} mol/Fliege. 10% einer bestimmten Menge an Fliegen verenden bei Anwendung von 12×10^{-6} g der Verbindung [7].

Literatur:

[1] D. Seyferth, E. G. Rochow (J. Am. Chem. Soc. **77** [1955] 1302/4). — [2] E. Krause (Ber. Deut. Chem. Ges. **51** [1918] 1447/56). — [3] M. Devaud, M. C. Langlois (Bull. Soc. Chim. France **1974** 2759/62). — [4] M. and T. International N.V. (F. Demande 2179552 [1972/73]; C.A. **80** [1974] Nr. 108671). — [5] W. P. Neumann, J. A. Pedain, Studiengesellschaft Kohle m.b.H. (D.P. 1214237 [1964/66]; C.A. **65** [1966] 5490).

[6] D. Seyferth (J. Am. Chem. Soc. **79** [1957] 2133/6). — [7] M. S. Blum, J. J. Pratt (J. Econ. Entomol. **53** [1960] 445/8). — [8] J. G. Noltes, G. J. M. van der Kerk (Functionally Substituted Organotin Compounds, Tin Research Institute, Greenford 1958, S. 1/128). — [9] G. J. M. van der Kerk, J. G. Noltes (J. Appl. Chem. [London] **9** [1959] 179/85). — [10] M. A. Beg, H. C. Clark (Chem. Ind. [London] **1962** 140).

[11] G. H. Reifenberg, M. H. Gitlitz, M. and T. Chemicals Inc. (U.S.P. 3789057 [1971/74]).

1.3.1.1.3 Triorganozinnfluoride des Typs RR'R''SnF

Triorganotin Fluorides of the RR'R''SnF Type

$(CH_3)(C_6H_5)[C_6H_5C(CH_3)_2CH_2]SnF$

Die optisch aktive Verbindung $(CH_3)(C_6H_5)[C_6H_5C(CH_3)_2CH_2]SnF$ entsteht in einer Vierstufenreaktion ausgehend von $(C_6H_5)_3SnCH_2C(CH_3)_2C_6H_5$. Im ersten Reaktionsschritt wird in Diäthyläther $(C_6H_5)_2[C_6H_5C(CH_3)_2CH_2]SnJ$ dargestellt, das mit CH_3MgJ in Diäthyläther unter Bildung von $(CH_3)[C_6H_5C(CH_3)_2CH_2]Sn(C_6H_5)_2$ reagiert. Diese Verbindung wird in Diäthyläther mit einer 0.2molaren Lösung von J_2 in Diäthyläther titriert, wobei $(CH_3)(C_6H_5)[C_6H_5C(CH_3)_2CH_2]SnJ$ gebildet wird, das in Äthanol-Wasser bei 100°C und anschließend über Nacht bei Zimmertemperatur mit NaF unter Bildung des Fluorides umgesetzt wird. Die weiße kristalline Verbindung schmilzt unzersetzt bei 152.2°C. Sie reagiert mit $(C_6H_5)_3SnCl$ unter Bildung des entsprechenden Chlorids. Die gleiche Verbindung entsteht auch bei der Reaktion des Fluorides mit $(CH_3)_3SiCl$, G. J. D. Peddle, G. Redl (J. Organometal. Chem. **23** [1970] 461/3).

$(C_4H_9)(C_6H_5CH_2)(C_6H_5)SnF$

Die in farblosen Nadeln kristallisierende Verbindung entsteht bei der Umsetzung von $(C_4H_9)(C_6H_5CH_2)(C_6H_5)SnOH$ mit KF in Äthanol-Essigsäure. Schmelzpunkt 218°C, F. B. Kipping (J. Chem. Soc. **131** [1928] 2365/73).

1.3.1.2 Diorganozinndifluoride

Diorganotin Difluorides

1.3.1.2.1 Diorganozinndifluoride des Typs R_2SnF_2

Diorganotin Difluorides of the R_2SnF_2 Type

1.3.1.2.1.1 Dimethylzinndifluorid $(CH_3)_2SnF_2$

Dimethyltin Difluoride

1.3.1.2.1.1.1 Bildung und Darstellung

Formation. Preparation

Dimethylzinndifluorid entsteht bei der Zugabe einer wäßrigen Lösung von KF zu einer Lösung von $(CH_3)_2SnJ_2$ in warmem Alkohol [1, 2] sowie bei der Reaktion von $(CH_3)_2SnCl_2$ mit wasserfreiem HF im großen Überschuß bei maximal 130°C oder auch mit wäßriger Fluorwasserstoffsäure bei Normalbedingungen [3]. Wäßriges HF reagiert auch mit polymerem $[(CH_3)_2SnO]_n$ leicht unter Bildung von $(CH_3)_2SnF_2$ [3, 4, 5], während bei der Reaktion zwischen $Sn(CH_3)_4$ und wasserfreiem HF bei einem Molverhältnis von 1:142 und 4h bei maximal 130°C eine Ausbeute von 21% $(CH_3)_2SnF_2$ neben 78% $(CH_3)_3SnF$ erzielt wird [3]. Eine weitere Synthesemethode ist die Umsetzung von $Hg(CH_3)_2$ mit SnF_2 in Ligroin unter 18stündigem Rückflußkochen [6].

Die Fluorierung von $(CH_3)_2SnCl_2$ unter Bildung von $(CH_3)_2SnF_2$ gelingt ebenfalls leicht mit AgF, Ag_2SiF_6 und $AgBF_4$ in Wasser sowie mit $AgPF_6$ und $AgAsF_6$ in flüssigem SO_2 [7]. Außerdem entsteht $(CH_3)_2SnF_2$ bei der Umsetzung von $(CH_3)_2Sn(ClO_4)_2$ mit NaF neben anderen Methylzinnfluorid-Komplexen [8].

$(CH_3)_2SnF_2$ entsteht auch durch Fluorierung von $(CH_3)_2SnH_2$ mit $CH_2{=}CF_2$ im Bombenrohr bei 25°C [9], mit $(CH_3)_3SiCF{=}CF_2$ unter UV-Bestrahlung bei 25°C [10], mit $(CH_3)_2Si(CF{=}CF_2)_2$ bei 55°C nach 8h in 79%iger Ausbeute oder unter UV-Bestrahlung bei 25°C nach 30 min in 41%iger Ausbeute [10], mit $(CH_3)_3GeCF{=}CF_2$ unter UV-Bestrahlung bei 25°C [11], mit $(CH_3)_2Ge(CF{=}CF_2)_2$ bei 55°C [11], mit $(CO)_5ReCF{=}CF_2$ in Benzol unter UV-Bestrahlung bei 25°C innerhalb von 48h in 17%iger Ausbeute neben $(CO)_5ReCF{=}CHF$ und $(CO)_5ReCH{=}CF_2$ [12], durch Fluorierung von $(CH_3)_3SnH$ mit $(CH_3)_2Sn(CF{=}CF_2)_2$ im Bombenrohr nach 17h bei 70°C und 24h bei Zimmertemperatur [13]. Außerdem wird $(CH_3)_2SnF_2$ aus dimerem 5,5-Dimethyl-1,3λ^4,2,4,5-dithiadiazastannol (I) bei der Reaktion mit COF_2 erhalten [14].

I

Zur Papierchromatographie, Elektrophorese und Polarographie von $(CH_3)_2SnF_2$ s. [2, 8].

Literatur:

[1] E. Krause (Ber. Deut. Chem. Ges. **51** [1918] 1447/56). — [2] A. Cassol, L. Magon, R. Barbieri (J. Chromatog. **19** [1965] 57/63). — [3] L. E. Levchuk, J. R. Sams, F. Aubke (Inorg. Chem. **11** [1972] 43/50). — [4] V. B. Ramos, R. S. Tobias (Inorg. Chem. **11** [1972] 2451/7). — [5] C. W. Hobbs, R. S. Tobias (Inorg. Chem. **9** [1970] 1037/44).

[6] M. Malnar (Acta Pharm. Jugoslav. **18** [1968] 117/9 nach C.A. **73** [1970] Nr. 87979). — [7] H. C. Clark, R. G. Goel (J. Organometal. Chem. **7** [1967] 263/72). — [8] A. Cassol, R. Portanova (Gazz. Chim. Ital. **96** [1966] 1734/51). — [9] H. C. Clark, S. G. Furnival, J. T. Kwon (Can. J. Chem. **41** [1963] 2889/97). — [10] M. Akhtar, H. C. Clark (Can. J. Chem. **46** [1968] 633/42).

[11] M. Akhtar, H. C. Clark (Can. J. Chem. **46** [1968] 2165/73). — [12] M. Akhtar, H. C. Clark (Can. J. Chem. **47** [1969] 3753/8). — [13] A. D. Beveridge, H. C. Clark, J. T. Kwon (Can. J. Chem. **44** [1966] 179/89). — [14] H. W. Roesky, E. Wehner (Angew. Chem. **87** [1975] 521/2).

Structure. Spectra

1.3.1.2.1.1.2 Struktur. Spektren

Struktur. $(CH_3)_2SnF_2$ bildet tetragonale Kristalle der Raumgruppe D_{4h}^{17}-I4/mmm (Nr. 139) mit den Gitterkonstanten a = 4.24, c = 14.16 Å; Z = 2. Das Kristallgitter wird aufgebaut aus einem zweidimensionalen Netzwerk von Sn-Atomen und verbrückenden F-Atomen mit CH_3-Gruppen oberhalb und unterhalb der Ebene, die die oktaedrische Koordination am Zinn ergänzen (s. **Fig. 2**). Die Abstände betragen d(Sn-C) = 2.08 ± 0.01 Å und d(Sn-F) = 2.12 ± 0.01 Å. Die Struktur entspricht der von SnF_4, nur sind die einzelnen Schichten im $(CH_3)_2SnF_2$ wesentlich lockerer aufeinander gepackt, als Folge der größeren van der Waals-Radien der CH_3-Gruppen im Vergleich zu den F-Atomen im SnF_4 [1]. Diese Parameter werden durch Raman-Spektren an $(CH_3)_2SnF_2$-Einkristallen bestätigt [2]. Neutronenbeugungsuntersuchungen zeigen eine niedrige Rotationsbarriere der CH_3-Gruppen im festen Zustand, was auf geringe Wechselwirkungen mit anderen CH_3-Gruppen und anderen Atomen im Gitter hinweist [3]. Vergleiche der Bindungswinkel am Zinn und der Bindungsabstände im Molekül mit berechneten Werten unter Verwendung eines stereochemischen Modells und unter Einbeziehung der Parameter anderer Organozinnhalogenide und Organozinnpseudohalogenide s. bei [4].

Fig. 2

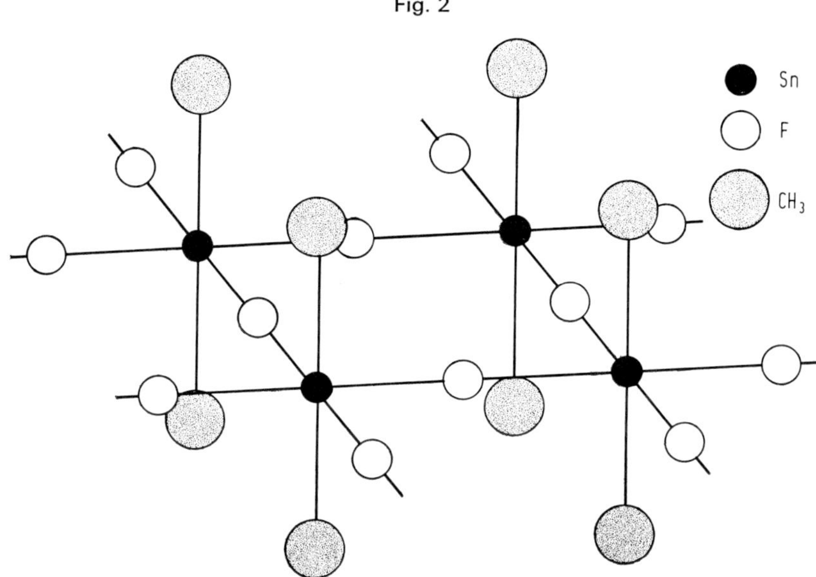

Kristallstruktur von $(CH_3)_2SnF_2$.

Kernmagnetische Resonanzspektren. Das ^1H-NMR-Spektrum einer gesättigten methanolischen Lösung von $(CH_3)_2SnF_2$ zeigt ein Singulett bei $\delta = -0.75$ ppm mit $J(^1HC^{117}Sn) = 80.2$ Hz und $J(^1HC^{119}Sn) = 84.1$ Hz [5, 6].

Mössbauer-Spektrum. Im Mössbauer-Spektrum von $(CH_3)_2SnF_2$ werden für die Isomerieverschiebung δ und die Quadrupolaufspaltung Δ folgende Werte (in mm/s) angegeben: 1.20 bzw. 4.47 bei 298 K [7], 1.23 bzw. 4.52 bei 80 K [7, 8], 1.24 bzw. 4.11 [9], 1.31 bzw. 4.11 [24], 1.31 bzw. 4.12 [10], 1.33 bzw. 4.38 [11] gegen SnO_2; 1.33 bzw. 4.54 bei 294 K [12, 13], 1.34 bzw. 4.65 bei 78 K [12, 13, 14], 1.37 bzw. 4.75 bei 9 K [12, 13] gegen $BaSnO_3$; $\Delta = 4.12$ [15] und $+4.12$ (berechnet) [16]. Das Mössbauer-Spektrum belegt die oktaedrische Struktur mit Koordinationszahl 6 am Sn-Atom. Zur Diskussion des Goldanskii-Karyagin-Effektes (temperaturabhängige Asymmetrie in der Intensität der beiden Signale des Mössbauer-Spektrums) s. [12, 17]. Vergleiche der Ladungsverteilung in $(CH_3)_2SnF_2$, berechnet mit Hilfe einer modifizierten CNDO-Methode, s. bei [18]. $(CH_3)_2SnF_2$ wird als Standardsubstanz für Mössbauer-Untersuchungen vorgeschlagen [19, 20].

Schwingungsspektren. Das IR- und das Raman-Spektrum von $(CH_3)_2SnF_2$ zwischen 3200 und 200 cm^{-1} ist in Tabelle 9 zusammengestellt [21, 22]. Abbildungen der Spektren s. bei [21]. Außerdem wurden im IR-Spektrum folgende Zuordnungen getroffen: $\rho CH_3 = 788$ st, $\nu_{as}SnC_2 = 598$ st, $\nu SnF = 360$ st, im Raman-Spektrum: $\nu_s SnC_2 = 536$ cm^{-1} [7]. Die Raman-Spektren von relativ großen Einkristallen der Verbindung zeigen fünf Banden bei 144, 531, 1210, 2928 und 3021 cm^{-1}, von denen die drei höheren Frequenzen inneren Schwingungen der Methylgruppen zuzuordnen sind. Intensitäts- und Polarisationsmessungen an den Banden bei 144 und 531 cm^{-1} s. im Original [23, 24].

Tabelle 9

IR- und Raman-Spektren von $(CH_3)_2SnF_2$.

Zuordnung	ν in cm^{-1} IR [21]	Raman [21]	IR bzw. Raman [22] 300 K	120 K
δFSnF, out of plane				78 s
δFSnF, out of plane			84 m	87 m
δCSnF		140	145 m	147 m
δCSnF			148 st	145 st
$SnCH_3$, Torsion				218 m
δFSnF, in plane			263 m	264 m
ν_aSnF_2	360 st		365 st	365 st
ν_sSnC_2		532 st	533 st	534 st
ν_aSnC_2	598 m		597 m	
ρCH_3Sn	785 st			
δ_sCH_3	1209 m	1211 m		
$\delta_{as}CH_3$	1410 s			
ν_sCH_3	2932 m	2928 m		
$\nu_{as}CH_3$	3020 s	3019 s		

Literatur:

[1] E. O. Schlemper, W. C. Hamilton (Inorg. Chem. **5** [1966] 995/8). — [2] V. B. Ramos, R. S. Tobias (Inorg. Chem. **11** [1972] 2451/7). — [3] J. J. Rush, W. C. Hamilton (Inorg. Chem. **5** [1966] 2238/9). — [4] R. F. Zahrobsky (J. Solid State Chem. **8** [1973] 101/8). — [5] J. Lorberth (J. Organometal. Chem. **17** [1969] 151/4).

[6] J. Lorberth, H. Vahrenkamp (J. Organometal. Chem. **11** [1968] 111/24). — [7] L. E. Levchuk, J. R. Sams, F. Aubke (Inorg. Chem. **11** [1972] 43/50). — [8] P. A. Yeats, J. R. Sams, F. Aubke (Inorg. Chem. **11** [1972] 2634/41). — [9] A. G. Davies, L. Smith, P. J. Smith (J. Organometal. Chem. **23** [1970] 135/42). — [10] P. J. Smith (Organometal. Chem. Rev. A **5** [1970] 373/402).

[11] T. K. Sham, G. M. Bancroft (Inorg. Chem. **14** [1975] 2281/3). — [12] R. H. Herber, S. Chandra (J. Chem. Phys. **52** [1970] 6045/8). — [13] R. H. Herber, S. Chandra (Proc. Conf. Appl. Mössbauer Eff., Tihany, Ung., 1969 [1971], S. 253/60; C.A. **75** [1971] Nr. 56328). — [14] B. A. Goodman, N. N. Greenwood (J. Chem. Soc. A **1971** 1862/5). — [15] R. V. Parish, R. H. Platt (J. Chem. Soc. A **1969** 2145/50).

[16] M. G. Clark, A. G. Maddock, R. H. Platt (J. Chem. Soc. Dalton Trans. **1972** 281/90). — [17] V. Ya. Rochev, V. I. Goldanskii, R. A. Stukan (Proc. Conf. Appl. Mössbauer Eff., Tihany, Ung., 1969 [1971], S. 227/34; C.A. **75** [1971] Nr. 27943). — [18] P. G. Perkins, D. H. Wall (J. Chem. Soc. A **1971** 3620/3). — [19] R. H. Herber (Mössbauer Eff. Methodol. Proc. Symp. **6** [1970/71] 3/15). — [20] E. O. Kazimir (Diss. Fordham Univ., Bronx, N.Y., 1970, 209 S.; Diss. Abstr. Intern. B **31** [1970] 2522).

[21] C. W. Hobbs, R. S. Tobias (Inorg. Chem. **9** [1970] 1037/44). — [22] M. Goldstein, W. D. Unsworth (J. Chem. Soc. A **1971** 2121/3). — [23] V. B. Ramos (Diss. Univ. of Minnesota, Minneapolis, Minn., 1972, 340 S.; Diss. Abstr. Intern. B **33** [1972] 102). — [24] A. G. Davies, H. J. Milledge, D. C. Puxley, P. J. Smith (J. Chem. Soc. A **1970** 2862/6).

1.3.1.2.1.1.3 Physikalische Eigenschaften

Physical Properties

Für $(CH_3)_2SnF_2$ wird als Schmelzpunkt ein Wert von 243 bis 245°C angegeben [1]. Außerdem wird beschrieben, daß die Verbindung oberhalb 360°C schmilzt [2] und sich oberhalb 360°C zersetzt [3, 4].

In 100 g Methanol lösen sich 0.33 g $(CH_3)_2SnF_2$ bei 30.7°C, in 100 g Äthanol 81 mg und in 100 g Wasser 4.66 g der Verbindung bei der gleichen Temperatur [4].

Literatur:

[1] M. Malnar (Acta Pharm. Jugoslav. **18** [1968] 117/9 nach C.A. **73** [1970] Nr. 87979). — [2] J. Lorberth (J. Organometal. Chem. **17** [1969] 151/4). — [3] R. J. H. Clark, A. G. Davies, R. J. Puddephatt (J. Am. Chem. Soc. **90** [1968] 6923/7). — [4] E. Krause (Ber. Deut. Chem. Ges. **51** [1918] 1447/56).

1.3.1.2.1.1.4 Chemisches Verhalten

Chemical Reactions

$(CH_3)_2SnF_2$ zerfällt bei der Pyrolyse an Luft unter Bildung von SnO. Dabei bilden sich auf hochfeuerfestem Material leitende SnO-Filme [1]. Mit KF reagiert die Verbindung in Wasser unter Bildung von $K_2[(CH_3)_2SnF_4] \cdot 2H_2O$, das im Vakuum oder durch P_4O_{10} zu $K_2[(CH_3)_2SnF_4]$ entwässert werden kann [2, 3]. Mit NH_4F wird $NH_4[(CH_3)_2SnF_3]$ neben $(NH_4)_2[(CH_3)_2SnF_4]$ erhalten [2]. Mischt man $(CH_3)_2SnF_2$ mit $(CH_3)_2SiCl_2$ bei −50°C, so kann nach wenigen Minuten im NMR-Spektrum bei Zimmertemperatur die Bildung von $(CH_3)_2SiF_2$ und von $(CH_3)_2SnCl_2$ nachgewiesen werden [4]. Bei der Reaktion mit Thalliumverbindungen tritt Methylierung des Thalliums ein. So entsteht mit $Tl(OOCCH_3)_3$ in Gegenwart von NaCN in Wasser $CH_3Tl(CN)OOCCH_3$. Unter speziellen Bedingungen kann auch die Bildung von $[(CH_3)_2Tl]^+$-Ionen nachgewiesen werden [5]. Über Stabilitätskonstanten von Komplexen des $(CH_3)_2SnF_2$ in wäßriger Lösung s. [6].

Literatur:

[1] F. H. Gillery, PPG Industries, Inc. (U.S.P. 3677814 [1968/72]; C.A. **77** [1972] Nr. 119788). — [2] C. J. Wilkins, H. M. Haendler (J. Chem. Soc. **1965** 3174/9). — [3] C. W. Hobbs, R. S. Tobias (Inorg. Chem. **9** [1970] 1037/44). — [4] S. C. Pace, J. G. Riess (J. Organometal. Chem. **76** [1974] 325/38). — [5] T. Fukumoto, H. Kurosawa, R. Okawara (J. Organometal. Chem. **22** [1970] 627/9).

[6] A. Cassol, L. Magon, R. Barbieri (Inorg. Nucl. Chem. Letters **3** [1967] 25/9).

1.3.1.2.1.2 Diäthylzinndifluorid $(C_2H_5)_2SnF_2$

Diethyltin Difluoride

Diäthylzinndifluorid entsteht bei der Umsetzung von $(C_2H_5)_2SnCl_2$ mit wäßriger Flußsäure [1] oder mit NaF in Methanol [2], bei der Reaktion von $(C_2H_5)_2SnBr_2$ mit KF in wäßrigem Alkohol [3] oder aus $(C_2H_5)_2Sn(ClO_4)_2$ und NaF in wäßriger Lösung bei 25°C [4]. Außerdem entsteht die Verbindung aus polymerem $[(C_2H_5)_2SnO]_n$ und HF [5], aus $(C_2H_5)_2Sn(OC_2H_5)_2$ und CH_3COF in Diäthyläther bei Zimmertemperatur in 85%iger Ausbeute [6] und aus $Hg(C_2H_5)_2$ und SnF_2 in Ligroin bei 23stündigem Rückflußkochen [7].

Das ^1H-NMR-Spektrum der in Methanol gelösten Verbindung zeigt Signale mit folgenden Parametern: $\delta CH_2 = -1.50$ ppm, $J(^1HCC^1H) = 7.2$ Hz, $\delta CH_3 = -1.33$ ppm, $J(^1HCC^{117}Sn) = 132.5$ Hz, $J(^1HCC^{119}Sn) = 138.0$ Hz [8, 9]. Ein ^{119}Sn-NMR-Spektrum konnte wegen Unlöslichkeit der Verbindung nicht aufgenommen werden [10]. Im Mössbauer-Spektrum erscheint ein Dublettsignal mit einer Isomerieverschiebung $\delta = 1.40$ mm/s [1], 1.42 mm/s [11, 13] bzw. 1.55 mm/s [10], jeweils gegen SnO_2, und einer Quadrupolaufspaltung $\Delta = 4.27$ mm/s [11, 13] bzw. 4.43 mm/s [1]. Abbildung des IR-Spektrums zwischen 400 und 1300 cm^{-1} s. bei [2]. Folgende Zuordnungen der IR-Frequenzen (in cm^{-1}) wurden getroffen: $\nu SnC = 560$ und 507, $\rho CH_2 = 694$, $\nu SnF = 445$ [2], $\rho CH_2 = 685$ st, $\nu SnF = 557$ st, $\nu_{as}SnC_2 = 504$ st, $\delta SnF = 345$ st, $\rho SnCC = 286$ m [12].

Für die farblose, kristalline Verbindung werden folgende Schmelzpunkte angegeben: 110°C [2], 272 bis 273°C [7], 285 bis 290°C unter Sublimieren [8], 287 bis 290°C [3], 310 bis 320°C [13].

Bei 30.8°C lösen sich 2.03 g $(C_2H_5)_2SnF_2$ in 100 g Wasser, 2.64 g in 100 g Methanol, 0.45 g in 100 g Äthanol und 47 mg in 100 g Benzol [3].

$(C_2H_5)_2SnF_2$ reagiert mit Fluorid-Ionen unter Bildung von $[(C_2H_5)_2SnF_3]^-$-Ionen [4] bzw. unter Bildung von $[(C_2H_5)_2SnF_4]^{2-}$ (beschrieben als $(C_2H_5)_2SnF_2 \cdot 2\,KF$) [3]. Mit $BF_3 \cdot (C_2H_5)_2O$ bildet $(C_2H_5)_2SnF_2$ beim Rückflußkochen in 80- bis 95%iger Ausbeute $(C_2H_5)_2Sn(BF_4)_2$ [8]. Mit $(C_2H_5)_2Sn(OC_2H_5)_2$ entsteht in Äthanol $(C_2H_5)_2Sn(F)OC_2H_5$ [2].

Literatur:

[1] L. E. Levchuk, J. R. Sams, F. Aubke (Inorg. Chem. **11** [1972] 43/50). — [2] Yu. V. Kokunov, Yu. A. Buslaev (Zh. Neorgan. Khim. **15** [1970] 280/1; Russ. J. Inorg. Chem. **15** [1970] 147/8). — [3] E. Krause (Ber. Deut. Chem. Ges. **51** [1918] 1447/56). — [4] F. Magno, G. Bontempelli, G. A. Mazzocchin, G. Pilloni (J. Organometal. Chem. **67** [1974] 33/42). — [5] A. Cahours (Liebigs Ann. Chem. **114** [1860] 354/83).

[6] A. Y. Yakubovich, S. P. Makarov, V. A. Ginsburg (Zh. Obshch. Khim. **28** [1958] 1036/8 nach C.A. **1958** 17094). — [7] M. Malnar (Acta Pharm. Jugoslav. **18** [1968] 117/9 nach C.A. **73** [1970] Nr. 87979). — [8] J. Lorberth (J. Organometal. Chem. **17** [1969] 151/4). — [9] J. Lorberth, H. Vahrenkamp (J. Organometal. Chem. **11** [1968] 111/24). — [10] Y. Limouzin, J. C. Maire (J. Organometal. Chem. **32** [1974] 99/102).

[11] P. J. Smith (Organometal. Chem. Rev. A **5** [1970] 373/402). — [12] D. H. Lohmann (J. Organometal. Chem. **4** [1965] 382/91). — [13] A. G. Davies, H. J. Milledge, D. C. Puxley, P. J. Smith (J. Chem. Soc. A **1970** 2862/6).

Dipropyltin Difluoride

1.3.1.2.1.3 Dipropylzinndifluorid $(C_3H_7)_2SnF_2$

$(C_3H_7)_2SnF_2$ wird bei der Reaktion zwischen $(C_3H_7)_2SnCl_2$ und wäßriger Flußsäure [1] oder NaF gebildet [2]. Dipropylzinndichlorid, -bromid oder -jodid reagiert mit KF in wäßrigem Alkohol beim Schütteln unter Bildung von $(C_3H_7)_2SnF_2$ [3]. Außerdem entsteht die Verbindung bei der Umsetzung von $Sn(C_3H_7)_4$ mit SnF_4 [4] und beim 25stündigen Rückflußkochen von $Hg(C_3H_7)_2$ mit SnF_2 in Ligroin [5]. Bereits 1879 wurde erwähnt, daß $(C_3H_7)_2SnF_2$ aus $[(C_3H_7)_2SnO]_n$ und HF erhältlich ist [8].

Im Mössbauer-Spektrum von $(C_3H_7)_2SnF_2$ wird ein Dublett beobachtet mit einer Isomerieverschiebung $\delta = 1.38$ mm/s [1] bzw. 1.45 mm/s [6, 9] gegen SnO_2 und einer Quadrupolaufspaltung $\Delta = 4.33$ mm/s [6], 4.36 mm/s [9] bzw. 4.40 mm/s [1]. Im IR-Spektrum wird für die νSnF-Schwingung eine Bande bei 330 [4] und bei 349 cm^{-1} [7] zugeordnet. Das Raman-Spektrum zeigt folgende Banden (in cm^{-1}): 608 st, 283 m, 253 st, 200 s, 182 m, 138 m, das IR-Spektrum folgende Absorptionen: 680 st, 632 s, 600 m, 400 st, 376 Sch, 349 st, 292 s, 238 s, 210 m, 165 m, 145 s [7].

Für $(C_3H_7)_2SnF_2$ wird im geschlossenen Rohr ein Schmelzpunkt von 205°C angegeben [3]. Außerdem wird ein Schmelzpunkt von 262 bis 270°C [9] und von 302 bis 304°C gefunden [5].

Bei 32°C lösen sich 0.22 g $(C_3H_7)_2SnF_2$ in 100 g Wasser, 1.91 g in 100 g Methanol und 0.93 g in 100 g Äthanol [3].

Literatur:

[1] L. E. Levchuk, J. R. Sams, F. Aubke (Inorg. Chem. **11** [1972] 43/50). — [2] J. C. Maire (Ann. Chim. [Paris] [13] **6** [1961] 969/1026). — [3] E. Krause (Ber. Deut. Chem. Ges. **51** [1918] 1447/56). — [4] D. H. Brown, A. Mohammed, D. W. A. Sharp (Spectrochim. Acta **21** [1965] 1013/4). — [5] M. Malnar (Acta Pharm. Jugoslav. **18** [1968] 117/9 nach C.A. **73** [1970] Nr. 87979).

[6] P. J. Smith (Organometal. Chem. Rev. A **5** [1970] 373/402). — [7] M. Goldstein, W. D. Unsworth (J. Chem. Soc. A **1971** 2121/3). — [8] A. Cahours, E. Demarcay (Compt. Rend. **88** [1879] 1112/7). — [9] A. G. Davies, H. J. Milledge, D. C. Puxley, P. J. Smith (J. Chem. Soc. A **1970** 2862/6).

1.3.1.2.1.4 Dibutylzinndifluorid $(C_4H_9)_2SnF_2$

Dibutyltin Difluoride

$(C_4H_9)_2SnF_2$ wird bei der Umsetzung von $(C_4H_9)_2SnCl_2$ mit wäßriger Flußsäure [1], mit KF in wäßrigem Äthanol [2] oder von $(C_4H_9)_2Sn(ClO_4)_2$ mit Fluorid-Ionen in wäßriger Lösung gebildet [3]. Es entsteht auch aus $[(C_4H_9)_2SnO]_n$ und HF bei 80°C [4], aus $[(C_4H_9)_2SnO]_n$ und H_2SiF_6 in Wasser [5] sowie aus $Hg(C_4H_9)_2$ und SnF_2 bei 28stündigem Rückflußkochen in Ligroin [6]. In sehr geringer Ausbeute wird $(C_4H_9)_2SnF_2$ bei der Einwirkung von γ-Strahlung auf $Sn(C_4H_9)_4$ in Hexan und C_6HF_5 erhalten [7].

Im ^1H-NMR-Spektrum der in Methanol gelösten Verbindung erscheint für die CH_3-Gruppe ein Signal bei −0.95 ppm mit $J(^1HCCCC^{117}Sn) = 96.0$ Hz und $J(^1HCCCC^{119}Sn) = 99.0$ Hz [8]. Im Mössbauer-Spektrum werden für die Isomerieverschiebung δ (in mm/s) folgende Werte gefunden: −0.60 gegen α-Sn [9], 1.33 gegen $BaSnO_3$ [10], 1.40 [11, 21], 1.42 [1] und 1.45 ± 0.15 gegen SnO_2 [12]. Die Quadrupolaufspaltung Δ (in mm/s) beträgt 3.90 ± 0.2 [9, 11, 12], 4.21 [10], 4.40 [11, 21] und 4.48 [1]. Aus den Mössbauer-Daten geht eine quasi-oktaedrische Koordination um das Sn-Atom hervor. Durch verbrückende F-Atome wird wie bei $(CH_3)_2SnF_2$ (s. S. 42) ein zweidimensionales Netzwerk gebildet, während die trans-ständigen C_4H_9-Gruppen auf den lokal vierzähligen Rotationsachsen durch das Sn-Atom liegen [10]. Korrelationen der Isomerieverschiebung und der Quadrupolaufspaltung mit der Elektronegativität der Substituenten am Sn-Atom im Vergleich mit anderen Organozinnverbindungen s. bei [13]. — Die IR-Frequenzen der Verbindung — eine Abbildung des Spektrums von $(C_4H_9)_2SnF_2$ ist bei [14] zu finden — sind in Tabelle 10 zusammengestellt [4]. Weitere Angaben zum IR-Spektrum von $(C_4H_9)_2SnF_2$ (in cm^{-1}): 676 s, 603 m, 585 Sch, 445 s, 352 st(νSnF), 299 m, 264 s, 235 s, 142 m. Raman-Spektrum: 620 Sch, 600 st, 392 s, 228 s, 136 m [15]. Aus dem Vergleich der νSnC-Bande mit den Banden anderer Butylzinnhalogenide werden Betrachtungen über die relative Stärke der Sn-C-Bindung in Butylzinnhalogeniden angestellt. Bei Einführung von Halogenen in Organozinnverbindungen SnR_4 wird die Sn-C-Bindung gefestigt. Da dieser Effekt bei den Butylzinnfluoriden am stärksten ist, wird die unterschiedliche Elektronegativität von Substituenten für diese Verstärkung verantwortlich gemacht [4]. Zum Massenspektrum s. [4].

Tabelle 10
IR-Spektrum von $(C_4H_9)_2SnF_2$.

Zuordnung	ν in cm^{-1}	Zuordnung	ν in cm^{-1}
ρCH_2	688 st	$\nu_{as}SnC$, gauche	612 st
ρCH_2Sn	671 m	ν_sSnC, trans	518 m
$\nu_{as}SnC$, trans	645 st	ν_sSnC, gauche	502 st

Für $(C_4H_9)_2SnF_2$ werden folgende Schmelzpunkte angegeben: 155 bis 158°C [8], 156 bis 157°C [21], 157 bis 160°C (aus Äthanol) [2] und 339 bis 341°C [6].

Die Verbindung reagiert mit Fluorid-Ionen in Wasser unter Bildung von $[(C_4H_9)_2SnF_3]^-$-Anionen [3], mit $BF_3 \cdot (C_2H_5)_2O$ beim Rückflußkochen in Diäthyläther unter Bildung von $(C_4H_9)_2Sn(BF_4)_2$ in 80- bis 95%iger Ausbeute [8]. Bei der Reaktion mit $(C_4H_9)_3SnH$ bei Zimmertemperatur tritt Komproportionierung ein unter Bildung von $(C_4H_9)_3SnF$ und $(C_4H_9)_2SnHF$ [16], ebenso mit $(C_4H_9)_2SnH_2$, wobei $(C_4H_9)_2SnHF$ gebildet wird [17]. Mit $[(C_4H_9)_2SnS]_3$ reagiert $(C_4H_9)_2SnF_2$ unter Bildung von $[(C_4H_9)_2FSn]_2S$ in 75%iger Ausbeute [18].

Die anthelmintische Aktivität der Verbindung wurde an Hühnern untersucht. 26 bis 50 mg der Verbindung/kg Körpergewicht zeigen mindestens 60% Wirksamkeit in der Beseitigung von Raillietina cesticillus, wenn $(C_4H_9)_2SnF_2$ dem Hühnerfutter beigegeben wird. Bei Anwendung einer einzelnen oralen Gabe sind im gleichen Fall wie auch bei der Beseitigung von Ascaridia galli 200 mg/kg Körpergewicht nötig [19].

$(C_4H_9)_2SnF_2$ wird als Fungizid [5] und als Stabilisator für PVC verwendet [20].

Literatur:

[1] L. E. Levchuk, J. R. Sams, F. Aubke (Inorg. Chem. **11** [1972] 43/50). — [2] D. L. Alleston, A. G. Davies (J. Chem. Soc. **1962** 2050/4). — [3] F. Magno, G. Bontempelli, G. A. Mazzocchin,

G. Pilloni (J. Organometal. Chem. **67** [1974] 33/42). — [4] B. Mathiasch (Z. Anorg. Allgem. Chem. **403** [1974] 225/30). — [5] K. Maruo, Y. Furutaka, Daikin Kogyo Co., Ltd. (Japan.P. 66-21021 [1964/66]; C.A. **66** [1967] Nr. 46486).

[6] M. Malnar (Acta Pharm. Jugoslav. **18** [1968] 117/9 nach C.A. **73** [1970] Nr. 87979). — [7] P. Dunn, D. Oldfield (J. Organometal. Chem. **54** [1973] C11/C12). — [8] J. Lorberth (J. Organometal. Chem. **17** [1969] 151/4). — [9] V. I. Goldanskii, V. V. Khrapov, O. Yu. Okhlobystin, V. Ya. Rochev (in: V. I. Goldanskii, R. H. Herber, Chemical Application of Mössbauer Spectroscopy, New York 1968, S. 336/76). — [10] R. H. Herber (J. Chem. Phys. **54** [1971] 3755/60).

[11] P. J. Smith (Organometal. Chem. Rev. A **5** [1970] 373/402). — [12] Yu. A. Aleksandrov, N. N. Delyagin, K. P. Mitrofanov, L. S. Polak, V. S. Spinel (Zh. Eksperim. i Teor. Fiz. **43** [1962] 1242/7; Soviet Phys.-JETP **16** [1963] 879/82). — [13] V. Kotkhekar, V. S. Shpinel (Zh. Strukt. Khim. **10** [1969] 37/42). — [14] R. A. Cummins, P. Dunn (Australia Commonwealth Dept. Supply Defence Std. Lab. Rept. Nr. 266 [1963] 106 S.). — [15] M. Goldstein, W. D. Unsworth (J. Chem. Soc. A **1971** 2121/3).

[16] A. K. Sawyer, J. E. Brown (J. Organometal. Chem. **5** [1966] 438/45). — [17] A. K. Sawyer, J. E. Brown, E. L. Hanson (J. Organometal. Chem. **3** [1965] 464/71). — [18] A. G. Davies, P. G. Harrison (J. Chem. Soc. C **1970** 2035/8). — [19] K. B. Kerr, A. W. Walde (Exptl. Parasitol. **5** [1956] 560/70). — [20] Koninklijke Industrieele Maatschappij Noury en van der Lande N.V. (Neth. Appl. 66-15781 [1966/68]; C.A. **69** [1968] Nr. 44398; B.P. 1169770; F.P. 1542351).

[21] A. G. Davies, H. J. Milledge, D. C. Puxley, P. J. Smith (J. Chem. Soc. A **1970** 2862/6).

Diphenyltin Difluoride

1.3.1.2.1.5 Diphenylzinndifluorid $(C_6H_5)_2SnF_2$

$(C_6H_5)_2SnF_2$ wird bei der Umsetzung von $(C_6H_5)_2SnCl_2$ mit KF in wäßrigem Äthanol gebildet [1]. Außerdem entsteht die Verbindung aus polymerem „Diphenylzinn" $[(C_6H_5)_2Sn]_n$ und Br_2 in $CHCl_3$ und nachfolgender Umsetzung des nicht isolierten $(C_6H_5)_2SnBr_2$ mit KF in wäßrig-äthanolischer Lösung [1], aus $(C_6H_5)_2BrBF_4$ und elementarem Zinn in Aceton neben $[(C_6H_5)_2SnF]_2$ [2] und vermutlich bei der Extraktion von Fluorid-Ionen mit $(C_6H_5)_2SnCl_2$ [3].

Die Isomerieverschiebung δ im Mössbauer-Spektrum beträgt 1.28 mm/s gegen SnO_2, die Quadrupolaufspaltung $\Delta = 3.43$ mm/s [4, 7]. Eine Abbildung des IR-Spektrums ist bei [5] zu finden.

Die farblose, kristalline Verbindung schmilzt erst bei 340°C [7] bzw. oberhalb 360°C. Die Verbindung löst sich nur wenig in Äthanol und Benzol [1].

Bei der Photolyse von $(C_6H_5)_2SnF_2$ in Benzol in Gegenwart von 0.06 M Phenyl-t-butylnitron können ESR-spektroskopisch Phenylradikale nachgewiesen werden. Nach zweistündiger Bestrahlung treten noch weitere ESR-Banden auf, die auf ein „Spin-Addukt" von $(C_6H_5)_2SnF$ an das Nitron zurückzuführen sein sollen [6].

Literatur:

[1] E. Krause, R. Becker (Ber. Deut. Chem. Ges. **53** [1920] 173/91). — [2] A. N. Nesmeyanov, T. P. Tolstaya, L. S. Isaeva (Dokl. Akad. Nauk SSSR **125** [1959] 330/3 nach C.A. **1959** 19927). — [3] M. Benmalek, H. Chermette, C. Martelet, D. Sandino, J. Tousset (J. Inorg. Nucl. Chem. **36** [1974] 1359/63). — [4] P. J. Smith (Organometal. Chem. Rev. A **5** [1970] 373/402). — [5] R. A. Cummins, P. Dunn (Australia Commonwealth Dept. Supply Defence Std. Lab. Rept. Nr. 266 [1963] 106 S.).

[6] E. G. Janzen, B. J. Blackburn (J. Am. Chem. Soc. **91** [1969] 4481/90). — [7] A. G. Davies, H. J. Milledge, D. C. Puxley, P. J. Smith (J. Chem. Soc. A **1970** 2862/6).

Other Diorganotin Difluorides of the R_2SnF_2 Type

1.3.1.2.1.6 Weitere Diorganozinndifluoride des Typs R_2SnF_2

Darstellung und Eigenschaften weiterer Verbindungen vom Typ R_2SnF_2 sind in Tabelle 11 auf S. 49 aufgeführt.

Tabelle 11
Darstellung und Eigenschaften der Verbindungen R_2SnF_2.

Nr.	Verbindung R_2SnF_2	Darstellung	Reaktionsbedingungen Eigenschaften	Lit.
1	$(i\text{-}C_3H_7)_2SnF_2$	$[(i\text{-}C_3H_7)_2SnO]_n + HF$	$t_f = 120$ bis 125°C	[1]
2	$(i\text{-}C_4H_9)_2SnF_2$	—	reagiert mit $(i\text{-}C_4H_9)_2SnH_2$ und $CH_2{=}CHCH_2OH$ unter Bildung von $(i\text{-}C_4H_9)_2(HOCH_2CH_2CH_2)SnF$	[2]
3	$(t\text{-}C_4H_9)_2SnF_2$	$(t\text{-}C_4H_9)_2SnBr_2 + KF$	$C_2H_5OH\text{-}H_2O$; prismatische Kristalle, Zersetzungspunkt 254°C	[3]
4	$(C_5H_{11})_2SnF_2$	$Hg(C_5H_{11})_2 + SnF_2$	Ligroin, 32 h Rückfluß; $t_f = 378$ bis 379°C	[4]
5	$(t\text{-}C_5H_{11})_2SnF_2$	$(t\text{-}C_5H_{11})_2SnCl_2 + KF$	$C_2H_5OH\text{-}H_2O$; Prismen, Zersetzungspunkt 229°C	[3]
6	$(C_6H_{13})_2SnF_2$	$Hg(C_6H_{13})_2 + SnF_2$	Ligroin, 38 h Rückfluß; $t_f = 416$ bis 418°C	[4]
7*	$(C_8H_{17})_2SnF_2$	$(C_8H_{17})_2SnCl_2 + HF$	Wasser $t_f = 125$ bis 127°C	[5] [6]
8	$(C_{12}H_{25})_2SnF_2$	—	Stabilisator für PVC	[7]
9*	$(C_6H_5CH_2)_2SnF_2$	—	Fungizid	[8]
10	$(c\text{-}C_6H_{11})_2SnF_2$	$(c\text{-}C_6H_{11})_2SnX_2 + KF$ ($X = Cl, Br$)	$C_2H_5OH\text{-}H_2O$; $t_f = 278$°C	[9]
11	$(CH_2{=}CH)_2SnF_2$	$CH_2{=}CHMgCl + SnF_4$	THF, Methylmorpholin; Stabilisator	[10, 11]
12*	$(CH_2{=}CHCH_2)_2SnF_2$	—	—	[12]

Weitere Angaben zu den in der Tabelle aufgeführten Verbindungen (laufende Nummern mit Stern):

$(C_8H_{17})_2SnF_2$ (Tabelle **11**, Nr. **7**). Die Isomerieverschiebung im Mössbauer-Spektrum beträgt $\delta = 1.42$ mm/s [5] bzw. 1.45 mm/s [6, 13], jeweils gegen SnO_2, die Quadrupolaufspaltung $\Delta =$ 4.31 mm/s [6, 13] bzw. 4.50 mm/s [5]. Im IR-Spektrum von $(C_8H_{17})_2SnF_2$ (Abbildung des Spektrums im Bereich zwischen 4000 und 500 cm^{-1} s. im Original) können für die νSnF-Schwingung keine Banden zugeordnet werden [14]. $(C_8H_{17})_2SnF_2$ wird in Verbindung mit $[(C_8H_{17})_2SnS]_3$ als Stabilisator für PVC eingesetzt [7].

$(C_6H_5CH_2)_2SnF_2$ (Tabelle **11**, Nr. **9**). Für die Verbindung wird in der Literatur kein direktes Darstellungsverfahren beschrieben. Bei Untersuchungen der anthelmintischen Aktivität an Hühnern wurde gefunden, daß 100 mg der Verbindung/kg Körpergewicht mindestens 60% Wirksamkeit in der Beseitigung von Raillietina cesticillus bei oraler Verabreichung zeigen [8].

$(CH_2{=}CHCH_2)_2SnF_2$ (Tabelle **11**, Nr. **12**). Die Verbindung reagiert mit $Na_2Ir(CO)(CH_3C_5H_4)$ unter Bildung von $(CH_2{=}CHCH_2)_2Sn[Ir(CO)(CH_3C_5H_4)]$ [12].

Literatur:

[1] A. Cahours, E. Demarcay (Compt. Rend. **88** [1879] 1112/7). — [2] W. P. Neumann, J. A. Pedain, Studiengesellschaft Kohle m.b.H. (D.P. 1214237 [1964/66]; C.A. **65** [1966] 5490). — [3] E. Krause, K. Weinberg (Ber. Deut. Chem. Ges. **63** [1930] 381/5). — [4] M. Malnar (Acta Pharm. Jugoslav. **18** [1968] 117/9 nach C.A. **73** [1970] Nr. 87979). — [5] L. E. Levchuk, J. R. Sams, F. Aubke (Inorg. Chem. **11** [1972] 43/50).

[6] A. G. Davies, H. J. Milledge, D. C. Puxley, P. J. Smith (J. Chem. Soc. A **1970** 2862/6). — [7] Koninklijke Industrieele Maatschappij Noury en van der Lande N.V. (Neth. Appl. 66-15781 [1966/68]; C.A. **69** [1968] Nr. 44398; B.P. 1169770; F.P. 1542351). — [8] K. B. Kerr, A. W. Walde (Exptl. Parasitol. **5** [1956] 560/70). — [9] E. Krause, R. Pohland (Ber. Deut. Chem. Ges. **57** [1924] 532/45). — [10] H. E. Ramsden, Metal & Thermit Corp. (U.S.P. 2873287 [1959]; C.A. **1959** 13108).

[11] H. E. Ramsden, Metal & Thermit Corp. (U.S.P. 2965 661 [1960]; C.A. **1961** 6377). — [12] R. D. Gorsich, Ethyl Corp. (U.S.P. 3069449 [1961/62]; C.A. **58** [1963] 10241). — [13] P. J. Smith (Organometal. Chem. Rev. A **5** [1970] 373/402). — [14] R. A. Cummins, P. Dunn (Australia Commonwealth Dept. Supply Defence Std. Lab. Rept. Nr. 266 [1963] 106 S).

Diorganotin Difluorides of the $RR'SnF_2$ Type

1.3.1.2.2 Diorganozinndifluoride des Typs $RR'SnF_2$

$(C_2H_5)(C_6H_5)SnF_2$

Die Verbindung entsteht bei der Umsetzung von $(C_2H_5)(C_6H_5)SnCl_2$ mit KF in wäßrigem Äthanol in 95%iger Ausbeute in Form farbloser Kristalle, die sich nach Umkristallisation aus Äthanol oberhalb 300°C zersetzen. Die Verbindung löst sich gut in kaltem Dimethylformamid, heißem Äthanol und Cyclohexanon, mäßig in heißem Xylol und praktisch nicht in den anderen gebräuchlichen organischen Lösungsmitteln [1]. Bei der Reaktion mit $(CH_3)_3SiJ$ wird $(C_2H_5)(C_6H_5)SnJ_2$ gebildet, mit $(CH_3)_3SiOCH_3$ entsprechend $(C_2H_5)(C_6H_5)Sn(OCH_3)_2$ [2].

$(C_4H_9)(C_6H_5)SnF_2$

Die Verbindung bildet sich bei der Reaktion zwischen $(C_4H_9)(C_6H_5)SnCl_2$ und KF in wäßrigem Äthanol in 98.4%iger Ausbeute in Form farbloser Kristalle, die sich oberhalb 250°C zersetzen. Die Löslichkeit entspricht der von $(C_2H_5)(C_6H_5)SnF_2$ (s. oben) [1]. Bei der Umsetzung mit $(CH_3)_3SiJ$ wird $(C_4H_9)(C_6H_5)SnJ_2$ gebildet, mit $(CH_3)_3SiOOCCH_3$ entsprechend $(C_4H_9)(C_6H_5)Sn(OOCCH_3)_2$ [2].

Literatur:

[1] L. S. Melnichenko, N. N. Zemlyanskii, K. A. Kocheshkov (Dokl. Akad. Nauk SSSR **190** [1970] 597/9 nach C.A. **72** [1970] Nr. 111594). — [2] L. S. Melnichenko, N. N. Zemlyanskii, N. D. Kolosova, K. A. Kocheshkov (Dokl. Akad. Nauk SSSR **200** [1971] 346/7; Dokl. Chem. Proc. Acad. Sci. USSR **196/201** [1971] 775/6).

1.3.1.3 Monoorganozinntrifluoride des Typs $RSnF_3$

Mono-organotin Trifluorides of the $RSnF_3$ Type

CH_3SnF_3

Methylzinntrifluorid entsteht bei der Umsetzung vom Methylzinntrichlorid mit wasserfreier Flußsäure im Molverhältnis 1:55 nach 18h bei 130°C in Form eines weißen Pulvers, das sich zwischen 321 und 327°C zersetzt [1]. Die Verbindung kann außerdem aus CH_3SnCl_3 und AgF in Wasser [2] und aus CH_3SnX_3 (X = Acyl) und konzentriertem HF in Benzol gewonnen werden [3].

Im Mössbauer-Spektrum von CH_3SnF_3 erscheint ein Dublettsignal mit einer Isomerieverschiebung von $\delta = 0.74$ mm/s bei 298 K [1] bzw. 0.76 mm/s bei 80 K [1, 4] gegen SnO_2 und einer Quadrupol-aufspaltung $\Delta = 3.24$ mm/s [1, 4]. Das IR- und das Raman-Spektrum der Verbindung sind in Tabelle 12 zusammengestellt. Weitere Banden wurden bei 2944, 2905, 2886, 1415 und 1212 cm^{-1} beobachtet [1]. Zur Papierchromatographie und Elektrophorese von CH_3SnF_3 s. [2].

Tabelle 12
IR- und Raman-Spektrum von CH_3SnF_3.

Zuordnung	ν in cm^{-1} IR (in Nujol)	ν in cm^{-1} Raman (fest)
$\rho SnCH_3$	822 st	
νSnF_t	646 st 629 st	644 st
νSnC	548 st 535 st	544 st
νSnF_b	425 st	
δSnF_t	328 m 322 m	
δSnC	287 m 278 m	

Die Verbindung ist polymer. Der Aufbau der Verbindung wird entsprechend der von $(CH_3)_2SnF_2$ aus oktaedrischen Molekülen mit Sn-F-Sn-Brücken unter Ausbildung eines planaren Netzwerks angenommen. Auf diese Weise ist zwischen zwei verschiedenen F-Atomen zu unterscheiden, brückenbildenden F_b und terminalen F_t. Bei der Reaktion von CH_3SnF_3 mit Fluorid-Ionen entstehen Komplexe mit den Ionen CH_3SnF^{2+}, $CH_3SnF_2^+$, $CH_3SnF_4^-$ und $CH_3SnF_5^{2-}$ [5, 6].

$C_2H_5SnF_3$

Äthylzinntrifluorid wird bei der Reaktion zwischen Äthylzinntrichlorid und Natriumhexanoat in Benzol beim Rückflußkochen und nachfolgendem Versetzen mit wäßriger Flußsäure bei Zimmer-temperatur erhalten. Bei zweistündiger Behandlung der beiden ersten Reaktanten in Benzol und einstündigem Rühren der intermediär gebildeten Verbindung mit Flußsäure werden 92.7% Ausbeute an Endprodukt erzielt [7]. Außerdem entsteht die Verbindung aus $Hg(C_2H_5)_2$ und SnF_2 in Ligroin beim Rückflußkochen unter N_2 nach 10h [8]. Das Produkt löst sich in Wasser, Methanol und Äthanol [7]. Als Zersetzungspunkt werden >260°C [7] und 269 bis 272°C angegeben [8]. Aus Diffraktometerdaten, die jedoch nicht zur Berechnung von Abständen und Bindungswinkeln herangezogen wurden, und aus IR-spektroskopischen Daten wird auf eine polymere Struktur der Verbindung mit hexakoordiniertem Zinn geschlossen. Folgende IR-Banden (in cm^{-1}) wurden zugeordnet: $\delta SnC = 752$ st, $\nu SnC = 690$ st, $\nu_{as}SnF = 553$ m, νSnF (Brücke) = 480 st. Daneben werden Banden bei 736 m, 615 s und 400 Sch cm^{-1} gefunden [7].

$C_3H_7SnF_3$

Propylzinntrifluorid wird dargestellt durch Umsetzung von $Hg(C_3H_7)_2$ mit SnF_2 in Ligroin unter N_2-Atmosphäre bei 20stündigem Rückflußkochen. Die Verbindung schmilzt zwischen 296 und 299°C unter Zersetzung [8].

$C_4H_9SnF_3$

Die Darstellung der Verbindung erfolgt durch Umsetzung von $C_4H_9SnCl_3$ mit KF in Aceton [9] oder von $Hg(C_4H_9)_2$ mit SnF_2 in Ligroin unter N_2 bei 24stündigem Rückflußkochen [8]. Außerdem entsteht $C_4H_9SnF_3$ in 95%iger Ausbeute, wenn man erst $C_4H_9SnCl_3$ mit $(C_4H_9)(C_2H_5)CHCOONa$

2h in Benzol unter Rückfluß erhitzt, und anschließend das dabei entstehende Reaktionsprodukt mit wäßriger Flußsäure bei Zimmertemperatur versetzt [7]. Die weißen Kristalle sind unlöslich in Wasser; sie lösen sich jedoch in Methanol und Äthanol [7]. Als Zersetzungspunkt werden angegeben: >250°C [7] und 337 bis 338°C [8]. Das IR-Spektrum ist in Tabelle 13 zusammengestellt [7, 9]. Aus Diffraktometerdaten, die allerdings nicht zur Berechnung von Molekülparametern herangezogen wurden, und aus den IR-spektroskopischen Daten wird auf eine polymere Struktur mit Koordinationszahl 6 am Zinn und F-Brücken geschlossen [7]. Zur Diskussion der Stabilität der Sn-C-Bindung im Vergleich mit verschiedenen Butylzinnhalogeniden unter Zugrundelegung der IR-Spektren und von massenspektroskopischen Daten s. [9].

Tabelle 13
IR-Spektren von $C_4H_9SnF_3$.

	ν in cm^{-1}	
Zuordnung	IR [7]	IR [9]
δSnC	742 st	
ρCH_2		692 m
ρCH_2Sn		671 m
νSnC	681 m 618 m	613 m

	ν in cm^{-1}	
Zuordnung	IR [7]	IR [9]
ν_{as}SnF	553 m	
νSnC_g		550 st
νSnF (Brücke)	480 st 400 Sch 390 st	

$C_5H_{11}SnF_3$

Amylzinntrifluorid wird dargestellt durch Reaktion von $Hg(C_5H_{11})_2$ mit SnF_2 in Ligroin bei 26stündigem Rückflußkochen im Vakuum. Die Verbindung schmilzt zwischen 394 und 396°C unter Zersetzung [8].

$C_6H_{13}SnF_3$

Die Darstellung der Verbindung erfolgt durch Reaktion von $Hg(C_6H_{13})_2$ mit SnF_2 in Ligroin bei 26stündigem Behandeln im Vakuum bei 80 bis 85°C. Die weiße Verbindung schmilzt zwischen 425 und 427°C unter Zersetzung [8].

$C_{12}H_{25}SnF_3$

Für die Verbindung wird kein Darstellungsverfahren beschrieben. Dodezylzinntrifluorid reagiert mit $Rb_2Rh(CO)C_5H_3(CH_3)_2$ unter Bildung von $(C_{12}H_{25})FSn[Rh(CO)C_5H_3(CH_3)_2]$ [11].

$CH_2{=}CHSnF_3$

Vinylzinntrifluorid wird in 90%iger Ausbeute erhalten, wenn man in erster Stufe aus $CH_2{=}CHSnCl_3$ und $C_5H_{11}COONa$ in Benzol bei zweistündigem Rückflußkochen $CH_2{=}CHSn(OOCC_5H_{11})_3$ darstellt und diese nicht aus der Reaktionslösung isolierte Verbindung bei Zimmertemperatur mit HF in Wasser umsetzt. Das erhaltene weiße Pulver löst sich in Wasser, Methanol und Äthanol. Der Schmelzpunkt liegt oberhalb von 200°C. Aus Diffraktometerdaten und aus dem IR-Spektrum wird auf Koordinationszahl 6 am Zinn geschlossen. Folgende IR-Banden (in cm^{-1}) werden zugeordnet: δSnC = 740 st, νSnC ≈ 600 st, breit, ν_{as}SnF = 560 Sch, breit, νSnF(Brücke) = 485 s, breit [7].

$C_6H_5SnF_3$

Phenylzinntrifluorid entsteht bei der Umsetzung von Phenylzinntrichlorid mit AgF in Wasser [2] oder in 85%iger Ausbeute bei der Reaktion zwischen $C_6H_5SnCl_3$ und $C_5H_{11}COONa$ in Benzol nach zweistündigem Rückflußkochen und anschließendem Versetzen mit HF in Wasser bei Zimmertemperatur. Das weiße Pulver löst sich in Wasser, Methanol und Äthanol. Der Zersetzungspunkt liegt oberhalb 220°C. Diffraktometerdaten und das IR-Spektrum sprechen für eine polymere Struktur mit Koordinationszahl 6 am Zinn [7]. Im IR-Spektrum werden folgende Banden zugeordnet (in cm^{-1}): νSnC = 663 s, ν_{as}SnF = 565 st, breit, νSnF (Brücke) = 490 st, breit. Außerdem werden zwei Banden bei 450 m und 438 m gefunden [7]. Zum IR-Spektrum im Bereich zwischen 4000 und 500 cm^{-1} s. auch [10]. Über die Papierchromatographie und die Elektrophorese von $C_6H_5SnF_3$ s. [2].

Literatur:

[1] L. E. Levchuk, J. R. Sams, F. Aubke (Inorg. Chem. **11** [1972] 43/50). — [2] A. Cassol, L. Magon, R. Barbieri (J. Chromatog. **19** [1965] 57/63). — [3] V. F. Mironov, T. T. Kuzmina, L. V. Makhalikina, V. I. Shiryaev (UdSSR P. 374320 [1971/73]; C.A. **79** [1973] Nr. 53577). — [4] P. A. Yeats, J. R. Sams, F. Aubke (Inorg. Chem. **11** [1972] 2634/41). — [5] A. Cassol, L. Magon, R. Barbieri (Inorg. Nucl. Chem. Letters **3** [1967] 25/9).

[6] A. Cassol (Gazz. Chim. Ital. **96** [1966] 1764/74). — [7] V. I. Shiryaev, L. V. Makhalkina, T. T. Kuzmina, V. D. Krylov, V. G. Osipov, V. F. Mironov (Zh. Obshch. Khim. **43** [1973] 2232/5; J. Gen. Chem. USSR **43** [1973] 2223/6). — [8] M. Malnar (Bull. Sci. Conseil Acad. RPF Yougoslavie A **19** [1974] 65 nach C.A. **81** [1974] Nr. 49767). — [9] B. Mathiasch (Z. Anorg. Allgem. Chem. **403** [1974] 225/30). — [10] R. A. Cummins, P. Dunn (Australia Commonwealth Dept. Supply Defence Std. Lab. Rept. Nr. 266 [1963] 106 S.).

[11] R. D. Gorsich, Ethyl Corp. (U.S.P. 3069449 [1961/62]; C.A. **58** [1963] 10241).

1.3.1.4 Organozinnfluoride des Typs R_2SnHF

Organotin Fluorides of the R_2SnHF Type

$(C_4H_9)_2SnHF$

Die Verbindung entsteht bei der Komproportionierung von $(C_4H_9)_2SnH_2$ mit $(C_4H_9)_2SnF_2$ bereits beim Verreiben bei Zimmertemperatur [1] oder auch aus $(C_4H_9)_3SnH$ und $(C_4H_9)_2SnF_2$ bei Zimmertemperatur [2]. Im ^{1}H-NMR-Spektrum wird für das an Sn gebundene H-Atom eine chemische Verschiebung von $\delta = -7.56$ ppm gefunden [1, 2, 3]. Die νSnH erscheint im IR-Spektrum bei 1875 cm^{-1} [1, 2, 3]. Vergleiche dieser spektroskopischen Daten mit denen anderer Diorganozinnhydridhalogenide s. bei [3]. Für $(C_4H_9)_2SnHF$ wird eine Taftsche σ-Konstante von 3.30 errechnet [3]. $(C_4H_9)_2SnHF$ zerfällt bei 100°C nach 20 min unter Bildung von H_2 neben $(C_4H_9)_2SnFSnF(C_4H_9)_2$ [1]. Die Verbindung reagiert mit $(C_4H_9)_3SnH$ bei Zimmertemperatur unter Bildung von $(C_4H_9)_3SnF$ und $(C_4H_9)_2SnH_2$ [2].

Literatur:

[1] A. K. Sawyer, J. E. Brown, E. L. Hanson (J. Organometal. Chem. **3** [1965] 464/71). — [2] A. K. Sawyer, J. E. Brown (J. Organometal. Chem. **5** [1966] 438/45). — [3] K. Kawakami, T. Saito, R. Okawara (J. Organometal. Chem. **8** [1967] 377/81).

Organotin Chlorides

1.3.2 Organozinnchloride

Unter den Organozinnhalogeniden stellen die Organozinnchloride die wesentlichen Ausgangsmaterialien zur Synthese funktionell substituierter Organozinnverbindungen dar. Von dieser Verbindungsklasse sind aus diesem Grunde auch eine Vielzahl von Derivaten mit einem, zwei oder drei Chloratomen synthetisiert oder als Zwischenprodukt bei der Darstellung anderer Organozinnverbindungen erhalten worden. Diese Organozinnchloride der Typen R_3SnCl, R_2SnCl_2 und $RSnCl_3$ stellen, je nach Art und Anzahl der organischen Reste, meist farblose Flüssigkeiten oder Feststoffe dar, die sich in den gängigen organischen Lösungsmitteln und teilweise auch in Wasser gut lösen. Eine Assoziierung wie bei den analogen Organozinnfluoriden wird nur in Einzelfällen beobachtet. Durch Koordination mit Basen werden jedoch von fast allen Organozinnchloriden auch stabile Addukte mit Koordinationszahl 5 oder auch 6 am Zinn gebildet.

Die wesentlichen Synthesemethoden bestehen in der Halogenierung von Zinntetraorganylen mit Chlor, Chlorwasserstoff, Metall- oder Alkylchloriden sowie vor allen Dingen in der Komproportionierung nach Kocheshkov, ausgehend von Zinntetraorganylen und Zinntetrachlorid. Die direkte Synthese aus Zinn und Alkyl- oder Arylchloriden verläuft nicht so glatt wie bei der Rochow-Synthese der Alkylchlorsilane. Trotzdem ist dieses Verfahren, teilweise mit einigen Abänderungen, zur Synthese technisch wichtiger Organozinnchloride von Bedeutung.

General Literature

Allgemeine Literatur

Preparation and Reactions

Darstellung und Reaktionen

M. Lesbre, Sur les composés organiques de l'étain, Bull. Soc. Chim. France [5] **2** [1935] 1189/200.

F. Fairbrother, B. Wright, The Ionization of Triphenylmethyl Bromide by Stannic Bromide, J. Chem. Soc. **1949** 1056/61.

A. Ya. Yakubovich, V. A. Ginsburg, The Diazo Method of Synthesis of Heteroorganic Compounds of the Aliphatic Series, Usp. Khim. **20** [1951] 734/58.

R. G. Jones, H. Gilman, Methods of Preparation of Organometallic Compounds, Chem. Rev. **54** [1954] 835/90.

E. A. Lancaster, Recent Developments in Organotin Chemistry, Can. Chem. Process. **38** Nr. 12 [1954] 29/30.

D. Seyferth, The Preparation of Organometallic and Organometalloidal Compounds by the Diazoalkane Method, Chem. Rev. **55** [1955] 1155/75.

C. R. Cramer, Industrielle Herstellung von Organozinn-Verbindungen, Zinn Verwendung Nr. 46 [1959] 7/10.

F. C. Leavitt, L. U. Matternas, Poly(lithiostyrene), J. Polymer Sci. **45** [1960] 249/50.

O. A. Reutov, Zum Bildungsmechanismus der Metall-Kohlenstoff-Bindung und über die Reaktionsfähigkeit metallorganischer Verbindungen der Schwermetalle, Angew. Chem. **72** [1960] 198/208.

K. Ziegler, Organo-Aluminum Compounds, in: H. Zeiss, Organometallic Chemistry, New York 1960, S. 194/269.

D. Seyferth, Vinyl Compounds of Metals, Progr. Inorg. Chem. **3** [1962] 129/280.

C. Thies, Inorganic Condensation Reactions. Stannosiloxane Formation, Diss. Univ. of Michigan 1962, 107 S.; Diss. Abstr. **23** [1962] 1193.

Kh. Kh. Khakimov, The Trans Effect Rule, Zh. Neorgan. Khim. **8** [1963] 1165/7; Russ. J. Inorg. Chem. **8** [1963] 504/5.

W. P. Neumann, Neues aus der Chemie der Organozinnverbindungen, Angew. Chem. **75** [1963] 225/35.

J. M. Birmingham, Synthesis of Cyclopentadienyl Metal Compounds, Advan. Organometal. Chem. **2** [1964] 365/413.

A. H. Frye, R. W. Horst, The Preparation of Certain Radioactively Tagged Organotin Compounds, Intern. J. Appl. Radiation Isotopes **15** [1964] 169/74.

W. P. Neumann, Die Hydrostannierung ungesättigter Verbindungen, Angew. Chem. **76** [1964] 849/59.

P. M. Treichel, F. G. A. Stone, Fluorocarbon Derivatives of Metals, Advan. Organometal. Chem. **1** [1964] 143/220.

N. J. Friswell, B. G. Gowenlock, Inorganic Hydrogen- and Alkylcontaining Free Radicals. Group II, III, and IV, Advan. Free-Radical Chem. **1** [1965] 39/75.

M. M. McGrady, Synthesis and Structure of Non-Tetrahedral Dialkyltin (IV) Compounds, Diss. Univ. of Minnesota, Minneapolis 1965, 152 S.; Diss. Abstr. **26** [1965] 76/7.

R. D. Chambers, T. Chivers, Pentafluorophenyl-Metal Compounds, Organometal. Chem. Rev. **1** [1966] 279/304.

H. Gilman, W. H. Atwell, F. K. Cartledge, Catenated Organic Compounds of Silicon, Germanium, Tin, and Lead, Advan. Organometal. Chem. **4** [1966] 1/94.

S. Matsuda, S. Kikkawa, Organotin Compounds Having Functional Groups, Yuki Gosei Kagaku Kyokai Shi **24** [1966] 281/92.

K. Mödritzer, Redistribution Reactions of Organometallic Compounds of Silicon, Germanium, Tin, and Lead, Organometal. Chem. Rev. **1** [1966] 179/278.

K. Niedenzu, Synthesis of Organohaloboranes, Organometal. Chem. Rev. **1** [1966] 305/29.

E. G. Rochow, The Direct Synthesis of Organometallic Compounds, J. Chem. Educ. **43** [1966] 58.

G. Tagliavini, P. Zanella, M. Fiorani, Penta-Coordination of Organotin Complexes in Nonaqueous Solvents, Coord. Chem. Rev. **1** [1966] 249/54.

N. S. Vyazankin, O. A. Kruglaya, Homolytic Reactions of Organometallic Compounds in Liquid Phase, Tr. po Khim. i Khim. Tekhnol. **1966** Nr. 1, S. 3/16.

R. D. Chambers, T. Chivers, Pentafluorophenyl-Metal Compounds, Usp. Khim. **36** [1967] 1117/39.

M. F. Lappert, B. Prokai, Insertion Reactions of Compounds of Metals and Metalloids Involving Unsaturated Substrates, Advan. Organometal. Chem. **5** [1967] 225/319.

I. Ruidisch, H. Schmidbaur, H. Schumann, Organoelement Halides of Germanium, Tin, and Lead, in: V. Gutmann, Halogen Chemistry, Bd. 2, London 1967, S. 233/349.

V. I. Bregadze, O. Yu. Okhlobystin, Organoelementary Derivatives of Barenes, (Carboranes-10), Usp. Khim. **37** [1968] 353/79; Russ. Chem. Rev. **37** [1968] 173/84.

V. F. Mironov, T. K. Gar, Trichlorgermane Chemistry, Organometal. Chem. Rev. **3** [1968] 311/21.

K. Mödritzer, Redistribution Equilibria of Organometallic Compounds, Advan. Organometal. Chem. **6** [1968] 171/271.

A. Turco, S. Bresadola, Heteropolymers Containing Boron and Group IVB Elements in the Main Chain, Corsi Semin. Chim. Nr. 8 [1968] 156/8.

R. Belloli, Resolution and Stereochemistry of Asymetric Silicon, Germanium, Tin, and Lead Compounds, J. Chem. Educ. **46** [1969] 640/4.

V. I. Bregadze, O. Yu. Okhlobystin, Organoelement Derivatives of Barenes (Carboranes-10), Organometal. Chem. Rev. A **4** [1969] 345/77.

R. A. Jackson, Group IVb Radical Reactions, Advan. Free-Radical. Chem. **3** [1969] 231/88.

W. P. Neumann, Substituent Exchange Equilibria on Germanium, Tin, and Lead, Ann. N.Y. Acad. Sci. **159** [1969] 56/72.

G. H. Reifenberg, Industrial Applications of the Redistribution Reaction, Ann. N.Y. Acad. Sci. **159** [1969] 120/30.

Yu. M. Tyurin, V. N. Flerov, Z. A. Nikitina, Mechanism of the Electroreduction of Dialkyltin Dichlorides on a Mercury Drop Electrode, Elektrokhimiya **5** [1969] 903/5.

Yu. A. Alexandrov, Oxydation of Organic Derivatives of Non-Transition Elements of Group IV (other than Carbon) by Ozone, Organometal. Chem. Rev. A **6** [1970] 209/26.

T. Chivers, Chlorocarbon and Bromocarbon Derivatives of Metals and Metalloids, Organometal. Chem. Rev. A **6** [1970] 1/64.

A. D. Cohen, Coordination Chemistry of the Dimethyltin Moiety, Diss. City Univ. of New York, New York 1970; Diss. Abstr. Intern. B **31** [1970] 1799.

S. C. Cohen, A. G. Massey, Polyfluoroaromatic Derivatives of Metals and Metalloids, Advan. Fluorine Chem. **6** [1970] 83/285.

A. G. Lee, The Thermodynamics of Redistribution Reactions, Organometal. Chem. Rev. A **6** [1970] 139/51.

D. Seyferth, Divalent Carbon Insertions into Group IV Hydrides and Halides, Pure Appl. Chem. **23** [1970] 391/412.

K. U. Ingold, B. P. Roberts, Free-Radical Substitution Reactions, New York 1971.

W. T. Reichle, Preparation, Physical Properties and Reactions of Sigma-Bonded Organometallic Compounds, in: M. Tsutsui, Characterization of Organometallic Compounds, Bd. 2, New York 1971, S. 653/826.

Yu. M. Tyurin, V. N. Flerov, V. K. Goncharuk, Electroreduction of Organic Compounds of Group IV Elements. Nature of Limiting Currents of Sn, Ge, and Si Compounds in Various Solvents, Zh. Obshch. Khim. **41** [1971] 494/502; J. Gen. Chem. USSR **41** [1971] 490/6.

G. Vitzthum, E. Lindner, Sulfinato-Komplexe, Angew. Chem. **83** [1971] 315/27.

C. H. Yoder, J. J. Zuckerman, Heterocyclic Compounds of the Group IV Elements, Preparative Inorg. Reactions **6** [1971] 81/155.

S. F. Zhilsov, O. N. Druzhkov, Reactions of Organic Derivatives of the Elements with Polyhalogenomethanes, Usp. Khim. **40** [1971] 226/53; Russ. Chem. Rev. **40** [1971] 126/41.

A. G. Davies, B. P. Roberts, Bimolecular Homolytic Substitution at a Metal Center, Accounts Chem. Res. **5** [1972] 387/92.

R. E. Dessy, L. A. Bares, Organometallic Electrochemistry, Accounts Chem. Res. **5** [1972] 415/21.

R. Gsel, Synthesis and Physical Properties of some Monohalogen Derivatives of Stannane and Methylstannane. Comparative Study of Direct and Across-Space $(p \rightarrow d)_\pi$ Bonding Interactions in some Selected Group IV Compounds, Diss. Univ. of Maryland, Maryland 1972; Diss. Abstr. Intern. B **33** [1972] 617.

J. Nasielski, Two Aspects of Penta-Coordination in Organometallic Chemistry, Pure Appl. Chem. **30** [1972] 449/62.

J. G. Noltes, Application des réactifs de Grignard a la préparation des organométaux et organométalloides, Bull. Soc. Chim. France **1972** 2151/60.

I. Omae, Organometallic Intramolecular-Coordination Compounds Containing Carbonyl Groups, Rev. Silicon Germanium Tin Lead Compounds **1** [1972] 59/96.

D. J. Peterson, α-Neutral Heteroatom-Substituted Organometallic Compounds, Organometal. Chem. Rev. A **7** [1972] 295/358.

G. A. Razuvaev, V. A. Shushunov, V. A. Dodonov, T. G. Brilkina, Reactions of Organometallic Compounds with Organic Peroxides, Org. Peroxides **3** [1972] 141/270.

O. A. Reutov, O. A. Ptitsyna, Onium Compounds in the Synthesis of Organometallic Compounds, Organometal. Reactions **4** [1972] 73/162.

D. V. Stynes, Diastereotopic Nonequivalence in Asymmetric Tin Compounds. Inversion and Halogen Exchange and Permethylphosphacyclopolysilanes, Diss. Northwestern Univ. 1972, 106 S.; Diss. Abstr. Intern. B **33** [1972] 2519.

V. I. Shiryaev, V. V. Yankov, A. F. Gladchenko, V. F. Mironov, Reactions of Tin(II) Dihalides with α-Halomethylsilanes, Nov. Khim. Karbenov Mater. 1st Vses. Soveshch. Khim. Karbenov Ikh. Analogov, Moscow 1972 [1973], S. 249/51.

J. Buckle, P. G. Harrison, Ylid Complexes of Organotin and -lead Halides, J. Organometal. Chem. **49** [1973] C17/C18.

O. A. Reutov, The Mechanisms of the Substitution Reactions of Non-Transition Metal Organometallic Compounds, J. Organometal. Chem. **100** [1975] 219/35.

V. S. Petrosyan, N. S. Yashina, O. A. Reutov, Methyltin Halides and their Molecular Complexes, Advan. Organometal. Chem. **14** [1976] 63/96.

A. G. Davies, Homolytic Reactions Involving Organotin Radicals, Advan. Chem. Ser. **157** [1976] 26/40.

Physikalische Eigenschaften

Physical Properties

Struktur und Bindung

C. A. Kraus, On the Nature of the Free Radicals, Rec. Trav. Chim. **42** [1923] 588/93.

C. P. Smyth, The Polarities of Covalent Bonds, J. Am. Chem. Soc. **60** [1938] 183/9.

C. P. Smyth, Induction, Resonance and Dipole Moment, J. Am. Chem. Soc. **63** [1941] 57/66.

C. P. Smyth, Dipole Moment and Bond Character in Organometallico Compounds, J. Org. Chem. **6** [1941] 421/6.

G. Costa, Comportamento polarografico e coulombometrico di alcuni composti organostannici, Gazz. Chim. Ital. **80** [1950] 42/61.

R. West, E. G. Rochow, A System of Bond Refractories for Tin Compounds, J. Am. Chem. Soc. **74** [1952] 2490/1.

A. I. Vogel, W. T. Cresswell, J. Leicester, Bond Refractories for Tin, Silicon, Lead, Germanium, and Mercury Compounds, J. Phys. Chem. **58** [1954] 174/7.

M. K. Saikina, Polarographic Study of some Organometallic Compounds, Uch. Zap. Kazan. Gos. Univ. **116** Nr. 2 [1956] 129/86.

R. J. Gillespie, R. S. Nyholm, Inorganic Stereochemistry, Quart. Rev. [London] **11** [1957] 339/81.

P. Bothorel, Molecular Anisotropy and Orientation of the Phenyl Rings in Polyphenyl Compounds, Ann. Chim. [Paris] [13] **4** [1959] 669/712.

E. G. Claeys, G. P. van der Kelen, Z. Eeckhaut, Higasi's Method for the Determination of Electric Dipole Moments, Bull. Soc. Chim. Belges **70** [1961] 462/7.

I. P. Goldshtein, E. N. Guryanova, E. D. Delinskaya, K. A. Kocheshkov, Dipole Moments of Organotin Chlorides and their Complexforming Power, Dokl. Akad. Nauk SSSR **136** [1961] 1079/81; Proc. Acad. Sci. USSR Chem. Sect. **136/141** [1961] 173/5.

R. Sayre, Molar Refraction. The Extension of the Eisenlohr-Denbigh System of Correlation to Liquid Organotin Compounds, J. Chem. Eng. Data **6** [1961] 560/4.

E. W. Abel, R. P. Bush, C. R. Jenkins, T. Zobel, Diamagnetic Susceptibility of Organometallic and Organometalloid Compounds. Homologous Series of Si, Ge, and Sn, Trans. Faraday Soc. **60** [1964] 1214/9.

H. A. Skinner, The Strengths of Metal to Carbon Bonds, Advan. Organometal. Chem. **2** [1964] 49/114.

J. Lorberth, H. Nöth, Dipolmomente einiger Organozinnchloride, Chem. Ber. **98** [1965] 969/76.

R. E. Dessy, W. Kitching, T. Chivers, Organometallic Electrochemistry. Derivatives of the Group IV Elements, J. Am. Chem. Soc. **88** [1966] 453/9.

E. L. Muetterties, R. A. Schunn, Pentacoordination, Quart. Rev. [London] **20** [1966] 245/99.

R. Okawara, M. Wada, Structural Aspects of Organotin Compounds, Advan. Organometal. Chem. **5** [1967] 137/67.

N. G. Bokii, Yu. T. Struchkov, Structural Chemistry of Organic Compounds of the Nontransition Elements of Group IV (Si, Ge, Sn, Pb), Zh. Strukt. Khim. **9** [1968] 722/65; J. Struct. Chem. [USSR] **9** [1968] 633/72.

H. H. Huang, K. M. Hui, K. K. Chiu, Organotin Compounds. π-Bonding and the Electric Dipole Moments of some Organotin Chlorides, J. Organometal. Chem. **11** [1968] 515/24.

J. J. Pohl, Molrefraktionen elementorganischer Verbindungen. Die Refraktionen der Sn-C-Bindung, Monatsh. Chem. **99** [1968] 1705/12.

V. A. Bork, P. I. Selivokhin, Polarographic Study of Mono-, Di-, and Triethyltin Chlorides to Determine their Quantitative Presence in Mixtures, Tr. Mosk. Khim. Tekhnol. Inst. Nr. 62 [1969] 249/52.

J. M. Angelelli, J. C. Maire, Y. Vignollet, Interaction entre le noyau aromatique et les orbitales d du métal dans les dérives organiques du quatrième groupe liaison $p_\pi \rightarrow d_\pi$, Ann. Fac. Sci. Marseille A **43** [1970] 47/61.

B. Y. K. Ho, J. J. Zuckerman, Structural Organotin Chemistry, J. Organometal. Chem. **49** [1973] 1/84.

V. F. Volkov, N. K. Rudnevskii, Study of the Nature of Element-Halide Chemical Bonds in Mono- and Trimethyl Chlorides of Carbon, Silicon, Germanium, and Tin by Gas Phase Radiospectroscopy, Tr. po Khim. i Khim. Tekhnol. **1975** 3/5.

A. Flamini, E. Semprini, F. Stefani, S. Sorriso, G. Cardaci, He(I)-Photoelectron Spectra and Semiempirical Molecular-Orbital Calculations on Methylmetal Halides of Group 4 A Elements, J. Chem. Soc. Dalton Trans. **1976** 731/4.

UV-, IR-, Raman- und Mikrowellenspektren

R. Okawara, D. E. Webster, E. G. Rochow, The Infrared Spectra of the Methylacetoxysilanes and some Methyltin Carboxylates, and the Configuration of the Trimethyltin and the Dimethyltin Cations, PB 148174 [1959]; C.A. **56** [1962] 11088.

W. F. Edgell, P. W. Moore, C. H. Ward, Vibrations of Larger Molecules. General Methods. Application to the Methyl Derivatives of Tin Tetrachloride, TID-15200 [1962] 119 S.

N. A. Chumaevskii, Schwingungsspektren von metallorganischen Verbindungen der IV. Hauptgruppe, Usp. Khim. **32** [1963] 1152/75.

R. A. Cummins, P. Dunn, The Infrared Spectra of Organotin Compounds, Australia Commonwealth Dept. Supply Defense Std. Lab. Rept. Nr. 266 [1963].

R. J. H. Clark, Low Frequency Infrared Spectra of Inorganic Complexes, Record Chem. Progr. [Kresge-Hooker Sci. Lib.] **26** [1965] 269/82.

D. H. Lohmann, The IR-Spectra of Ethyltin Compounds in the Region 2-45μ, J. Organometal. Chem. **4** [1965] 382/91.

T. L. Brown, J. C. Puckett, Correlation of the C-H-Stretching Force Constant with the Nuclear ^{13}C-H-Coupling Constant, J. Chem. Phys. **44** [1966] 2238/43.

D. M. Adams, Metal-Ligand and Related Vibrations, London 1967.

D. Bodiot, Spectres d'absorption infra-rouge des composés organométalliques de l'étain ou de plomb, Rev. Chim. Minerale **4** [1967] 957/75.

K. Nakamoto, Characterization of Organometallic Compounds by IR-Spectroscopy, in: M. Tsutsui, Characterization of Organometallic Compounds, Bd. 1, New York 1969, S. 73/135.

B. G. Ramsay, Electronic Transitions in Organometalloids, New York 1969.

E. G. Ermakova, T. L. Krasnova, A. M. Mosin, M. I. Onoprienko, E. A. Chernyshev, M. T. Shpak, Ultraviolet Absorption Spectra of Benzyl Compounds Containing Group IVb Elements, Ukr. Fiz. Zh. **16** [1971] 900/8.

J. R. Ferraro, Low Frequency Vibrations of Inorganic and Coordination Compounds, New York 1971.

G. Ng, Infrared and Nuclear Magnetic Resonance Studies of Parasubstituted Phenyltin Chlorides, Diss. City Univ. of New York, New York 1971, 133 S.; Diss. Abstr. Intern. B **32** [1971] 3240.

Magnetische Resonanz

M. P. Brown, D. E. Webster, Nuclear Magnetic Resonance Studies of some Methyl Derivatives of the Group IVB Elements, PB 148174 [1959] 6 S.

M. P. Brown, D. E. Webster, NMR-Studies of some Methyl Derivatives of the Group IVb Elements, J. Phys. Chem. **64** [1960] 698/9.

W. Brügel, T. Ankel, F. Krückenberg, Das Kernresonanzspektrum der Vinylgruppe, Z. Elektrochem. **64** [1960] 1121/55.

M. L. Maddox, S. L. Stafford, H. D. Kaesz, Applications of NMR to the Study of Organometallic Compounds, Advan. Organometal. Chem. **3** [1965] 1/179.

T. L. Brown, J. C. Puckett, Correlation of the C-H-Stretching Force Constant with the Nuclear ^{13}C-H-Coupling Constant, J. Chem. Phys. **44** [1966] 2238/43.

J. Lorberth, H. Vahrenkamp, Die ^{1}H-NMR-Spektren der Alkylhalogenstannane, J. Organometal. Chem. **11** [1968] 111/24.

G. J. D. Peddle, G. Redl, Molecular Asymmetry and Magnetic Nonequivalence in Organometallic Compounds. Rapid Inversion of an Asymmetric Organotin Chloride, Chem. Commun. **1968** 626/7.

G. K. Semin, E. V. Bryuchova, Correlation of Nuclear Quadrupole Resonance Frequencies with σ_I and σ_c, the Taft-Hammett Parameters for the Series of Tetrahedral Molecules of Group IVb and Quinquevalent Phosphorus, Chem. Commun. **1968** 605/6.

N. S. Ham, T. Mole, The Application of NMR to Organometallic Exchange Reactions, Progr. Nucl. Magn. Resonance Spectrosc. **4** [1969] 91/192.

G. J. D. Peddle, G. Redl, The Determination of the Stereochemical Stability of Organotin Compounds by NMR, J. Am. Chem. Soc. **92** [1970] 365/9.

L. A. Fedorov, E. I. Fedin, Spin-Spin Interaction Constants and Certain Properties of Organotin Compounds, Izv. Akad. Nauk SSSR Ser. Khim. **1971** 787/94; Bull. Acad. Sci. USSR Div. Chem. Sci. **1971** 705/10.

R. G. Kidd, Nuclear Magnetic Resonance Spectroscopy of Organometallic Compounds, in: M. Tsutsui, Characterization of Organometallic Compounds, Bd. 2, New York 1971, S. 373/437.

G. Ng, Infrared and Nuclear Magnetic Resonance Studies of Parasubstituted Phenyltin Chlorides, Diss. City Univ. of New York, New York 1971, 133 S.; Diss. Abstr. Intern. B **32** [1971] 3240.

D. F. van de Vondel, H. Willemen, G. P. van der Kelen, NQR Spectra of some Group IVb Organometallic Halides, J. Organometal Chem. **63** [1973] 205/11.

D. E. Axelson, S. A. Kandil, C. E. Holloway, Additivity Parameters for Organotin ^{13}C Chemical Shifts, Can. J. Chem. **52** [1974] 2968/73.

V. N. Torocheshnikov, A. P. Tupciauskas, Yu. A. Ustynyuk, A ^{119}Sn-NMR Study of Tin Derivatives of Cyclopentadiene, J. Organometal. Chem. **81** [1974] 351/6.

Mössbauer-Spektroskopie

V. A. Bryukhanov, V. I. Goldanskii, N. N. Delyagin, L. A. Korytko, E. F. Makarov, I. P. Suzdalev, V. S. Shpinel, Peculiarities of Mössbauer Spectra of Organic Compounds of Tin and the Role of the Nearest Chemical Bonds in the Mössbauer Effect, Zh. Experim. i Teor. Fiz. **43** [1962] 448/52; Soviet Phys.-JETP **16** [1963] 321/3.

R. H. Herber, H. A. Stöckler, W. T. Reichle, Systematics of Mössbauer Isomer Shifts of Organotin Compounds, J. Chem. Phys. **42** [1965] 2447/52.

H. Sano, Nuclear γ-Ray Resonance. Mössbauer Effect, Kagaku No Ryoiki **19** [1965] 809/20; C.A. **68** [1968] Nr. 91248.

R. H. Herber, Mössbauer Parameters for Metal-Organic (Fe, Sn) Compounds, Tech. Rept. Ser. Intern. At. Energy Agency Nr. 50 [1966] 121/33.

V. I. Goldanskii, Zur Gamma-Resonanzspektroskopie (Mössbauer-Spektroskopie) in der Chemie, Angew. Chem. **79** [1967] 844/58.

R. H. Herber, Chemical Aspects of Mössbauer Spectroscopy, Progr. Inorg. Chem. **8** [1967] 1/41.

J. J. Spijkerman, The Mössbauer Chemical Shift in Tin Chemistry, Advan. Chem. Ser. **68** [1967] 105/12.

J. J. Zuckerman, Chemical Significance of Mössbauer Spectral Parameters. Sn^{119m} Isomer Shift and Percentage Ionic Character of Tin Bonds, J. Inorg. Nucl. Chem. **29** [1967] 2191/202.

V. I. Goldanskii, V. V. Khrapov, O. Yu. Okhlobystin, V. Ya. Rochev, ^{119}Sn. Metal Organic Compounds, in: V. I. Goldanskii, R. H. Herber, Chemical Application of Mössbauer Spectroscopy, New York 1968, S. 336/76.

R. H. Herber, Characterization of Organometallic Compounds by Mössbauer Spectroscopy, in: M. Tsutsui, Characterization of Organometallic Compounds, Bd. 1, New York 1969, S. 315/40.

V. Kotkhekar, V. S. Shpinel, Isomer Shifts and Quadrupole Splitting in Organotin Compounds, Zh. Strukt. Khim. **10** [1969] 37/42.

D. E. Williams, C. W. Kocher, Orbital Population and π-Backbonding in some Organohalostannanes. The Interpretation of Tin Mössbauer and Ligand NQR Data, J. Chem. Phys. **52** [1970] 1480/8.

N. G. W. Debye, Sn^{119m} Mössbauer Studies of Organotins, Diss. Cornell Univ. 1970; Diss. Abstr. Intern. B **31** [1971] 7165/6.

A. G. Beaumont, New Techniques for Tin. Mössbauer, Zinn Verwendung Nr. 89 [1971] 9.

B. A. Goodman, N. N. Greenwood, The Determination of the Sign of the Quadrupole Interaction in some Organotin(IV) Compounds, J. Chem. Soc. A **1971** 1862/5.

N. N. Greenwood, Anwendung der Mössbauer-Spektroskopie auf Probleme der Festkörperchemie, Angew. Chem. **83** [1971] 746/55.

R. H. Herber, Mössbauer Spectroscopy of Organometallics. Lattice Dynamics and Structure of Butyltin Compounds, J. Chem. Phys. **54** [1971] 3755/60.

D. E. Williams, C. W. Kocher, Reply to Orbital Population Derived from Mössbauer Spectra of Organotin Halides, J. Chem. Phys. **55** [1971] 1491/2.

V. S. Shpinel, S. E. Gukasyan, Isomer Shifts and Quadrupole Splittings in the Compounds of Atoms with 5s, 5p Valence Electrons (^{119}Sn, ^{121}Sb, ^{125}Te, ^{127}J, ^{129}Xe, ^{131}Xe), Proc. Conf. Appl. Mössbauer Eff., Tihany, Hung., 1969 [1971], S. 41/52.

G. M. Bancroft, K. D. Butler, E. T. Libbey, Ratios of Quadrupole Splittings. Determination of Quadrupole Parameters for Ruthenium-99 and Tin-119, J. Chem. Soc. Dalton Trans. **1972** 2643/6.

N. Watanabe, E. Niki, The Mössbauer Effect in Ethyltin Halide and Related Compounds, Bull. Chem. Soc. Japan **45** [1972] 1/4.

G. M. Bancroft, Partial Quadrupole Splittings in Inorganic Chemistry, Coord. Chem. Rev. **11** [1973] 247/62.

R. Gupta, B. Majee, Studies on Organotin Compounds Using the Del Re Method. Mössbauer Spectra of Organotin Compounds, J. Organometal. Chem. **49** [1973] 203/11.

W. M. Reiff, Magnetically Perturbed Mössbauer Spectra of Iron and Tin Coordination Compounds, Coord. Chem. Rev. **10** [1973] 37/77.

J. N. R. Ruddick, J. R. Sams, Interpretation of Isomer Shift-Quadrupol Splitting Correlations for Pentacoordinate Trimethyltin Complexes, Chem. Phys. Letters **28** [1974] 548/51.

Analyse

F. C. Siebert, W. R. Kirner, Microdetermination of Carbon and Hydrogen in Compounds Containing Arsenic, Antimony, Tin, Bismuth, and Phosphorus, Ind. Eng. Chem. Anal. Ed. **8** [1936] 353/5.

D. Colaitis, M. Lesbre, Dosage du carbon et de l'hydrogène en semimicroanalyse dans les composés organiques de l'étain, Bull. Soc. Chim. France **1952** 1069/72.

J. W. Price, Die Analyse von Organozinnverbindungen, Zinn Verwendung Nr. 41 [1957] 5/7.

J. W. Price, The Analysis of Organotin Compounds, Paint Manuf. **28** [1958] 147/50.

M. Farnsworth, J. Pekola, Determination of Tin in Inorganic and Organic Compounds and Mixtures, Anal. Chem. **31** [1959] 410/4.

H. Matsuda, S. Matsuda, Gas Chromatography of Organotin Compounds, Kogyo Kagaku Zasshi **63** [1960] 1960/4.

K. Bürger, Zur Analytik von Organozinnverbindungen, Z. Lebensm. Untersuch. Forsch. **114** [1961] 1/10.

J. Franc, M. Wurst, V. Moudry, Chromatographie organischer Verbindungen. Trennung organischer Zinnverbindungen durch Papier- und Gaschromatographie, Collection Czech. Chem. Commun. **26** [1961] 1313/9.

J. Gasparic, A. Cee, Identifizierung organischer Verbindungen. Trennung und Identifizierung organischer Zinnverbindungen mittels Papierchromatographie, J. Chromatog. **8** [1962] 393/8.

K. Bürger, Dünnschichtchromatographische Arbeitsweisen zum Nachweis, zur Kennzeichnung und zur Trennung von Spuren mono-, di-, tri- und nullvalenter Organozinnverbindungen, Z. Anal. Chem. **192** [1963] 280/6.

D. F. Heath, Determination of Residues in Plants and Mammals, Radiat. Radioisotop. Appl. Insects Agr. Proc. Symp., Athens 1963, S. 185/93.

G. Neubert, Zur Analytik von Organozinnstabilisatoren, Z. Anal. Chem. **203** [1964] 265/72.

A. P. Kreshkov, E. A. Kuchkarev, Spectrographic Determination of Germanium, Tin, and Lead in Metallorganic Compounds, Zavodsk. Lab. **32** [1966] 558/9.

V. V. Brazhnikov, A. A. Makhina, K. I. Sakodynskii, Gas-Chromatographic Separation of Organometallic Compounds. Analysis of Chlorine-Containing Organogermanium and Organotin Compounds, Gazov. Khromatogr. **1967** Nr. 7, S. 106/12; C.A. **71** [1969] Nr. 67182.

H. Huber, J. Wimmer, Dünnschichtchromatographische Bestimmung von Gleitmittel- und Stabilisator-Zusätzen in PVC-Mischungen, Kunststoffe **58** [1968] 786/8.

V. A. Bork, P. I. Selivokhin, Polarographic Study of Mono-, Di-, and Triethyltin Chlorides to Determine their Quantitative Presence in Mixtures, Tr. Mosk. Khim. Tekhnol. Inst. Nr. 62 [1969] 249/52.

A. J. Bowd, D. T. Burns, A. G. Fogg, Analytical Aspects of Organo-P, As, Sb, S, Se, Te, and Sn(IV) (Onium) Cations, Talanta **16** [1969] 719/31.

K. Figge, Dünnschichtchromatographie von n-Alkylzinn-Verbindungen auf silamisiertem Kieselgel, J. Chromatog. **39** [1969] 84/7.

B. Herold, K. H. Droego, Quantitative Analyse von Alkylzinnverbindungen, Z. Anal. Chem. **245** [1969] 295/9.

Y. Jitsu, N. Kudo, K. Sato, T. Teshima, Determination of Organotin Compounds by Gas Chromatography, Bunseki Kagaku **18** [1969] 169/75; C.A. **70** [1969] Nr. 120924.

V. S. Sastri, C. L. Chakrabarti, D. E. Willis, Effect of Metal-Oxygen Bond on the Sensitivity of Atomic-Absorption Spectroscopic Technique, Can. J. Chem. **47** [1969] 587/96.

H. Wieczorek, Die quantitative Bestimmung von Organozinnverbindungen über die Quercetinchelate, Deut. Lebensm. Rundschau **65** [1969] 74/8.

H. Akagi, R. Takeshita, Y. Sakagami, Separation and Detection of Inorganic Tin and Organotin Compounds by Thin Layer Chromatography, Koshu Einseiin Kenkyu Hokogu **19** [1970] 185/92.

L. Haasova, M. Pribyl, Bestimmung von Dialkylzinngruppen in Dibutyl- und Dioctylzinnverbindungen, Z. Anal. Chem. **249** [1970] 35/8.

T. L. Shkorbatova, D. A. Kochkin, L. D. Sirak, T. V. Khavalits, Polarographic Determination of Trialkyl-Substituted Organotin Compounds, Zh. Analit. Khim. **26** [1971] 1521/6.

D. Simpson, B. R. Currell, The Determination of Certain Antioxidants, Ultraviolet Absorbers and Stabilizers in Plastics Formulations by Thin Layer Chromatography, Analyst **96** [1971] 515/21.

H. Akagi, M. Fujita, Y. Sakagami, Thin Layer Chromatography of Inorganotin and Organotin Compounds in Foods, Shokuhin Eiseigaku Zasshi **13** [1972] 85/8; C.A. **77** [1972] Nr. 124877.

R. Rautschke, O. Heinrich, Lösungsspektralanalyse von Organozinn-Verbindungen in organischen Lösungsmitteln, Spectrochim. Acta B **27** [1972] 143/8.

K. D. Freitag, R. Bock, Analyse von Gemischen aus Tri-, Di- und Monophenylzinnverbindungen und anorganischem Zinn(IV), Z. Anal. Chem. **270** [1974] 337/46.

F. Vernon, The Fluorimetric Determination of Triphenyltin Compounds, Anal. Chim. Acta **71** [1974] 192/5.

J. Koch, K. Figge, Zur Analytik von Alkylzinnstabilisatoren, J. Chromatog. **109** [1975] 89/100.

I. L. Marr, Microanalytical Determination of Tin in Organotin Compounds, Talanta **22** [1975] 387/94.

G. Neubert, H. O. Wirth, Zur Analytik von Organozinnstabilisatoren, Z. Anal. Chem. **273** [1975] 19/23.

Physiologische Wirkung

G. J. M. van der Kerk, J. G. A. Luijten, Investigations on Organotin Compounds. The Biocidal Properties of Organotin Compounds, J. Appl. Chem. [London] **4** [1954] 314/9.

J. G. A. Luijten, De biocide eigenschappen van organische tinverbindungen, TNO Nieuws **10** [1955] 179/83.

K. B. Kerr, A. W. Walde, The Anthelmintic Activity of Tetravalent Tin Compounds, Exptl. Parasitol. **5** [1956] 560/70.

P. N. Magee, H. B. Stoner, J. M. Barnes, The Experimental Production of Edema in the Central Nervous System of the Rat by Triethyltin Compounds, J. Pathol. Bacteriol. **73** [1957] 107/24.

M. S. Blum, J. J. Pratt, Relationships between Structure and Insecticidal Activity of some Organotin Compounds, J. Econ. Entomol. **53** [1960] 445/8.

K. Härtel, Triphenyltin Compounds. A New Fungicidal Group of Active Substances — their Biological Properties and their Application to Agriculture, Agr. Vet. Chem. **3** [1962] 19/24.

A. A. Balandin, L. G. Gindin, Kinetics of Antibacterial Reactions. Effect of some Organotin Compounds on Pathogenic Bacteria, Biofizika **10** [1965] 986/92; C.A. **64** [1966] 7299.

E. E. Kenaga, Triphenyltin Compounds as Insect Reproduction Inhibitors, J. Econ. Entomol. **58** [1965] 4/8.

E. Czerwinska, Z. Eckstein, Z. Ejmocki, R. Kowalik, Correlation between Chemical Structure and Fungicidal Activity of some Organotin Derivatives, Bull. Acad. Polon. Sci. Ser. Sci. Chim. **15** [1967] 335/9.

O. R. Klimmer, Die Anwendung von Organozinn-Verbindungen in experimentell-toxikologischer Sicht, Arzneimittel-Forsch. **19** [1969] 934/9.

M. Stockdale, A. P. Dawson, M. J. Selwyn, Effects of Trialkyltin and Triphenyltin Compounds on Mitochondrial Respiration, Eur. J. Biochem. **15** [1970] 342/51.

N. S. Stroganov, V. G. Khobotev, L. V. Kolosova, Relation of the Chemical Composition of Organometallic Compounds to their Toxicity to Aquatic Organisms, Vopr. Vod. Toksikol. **1970** 66/74.

N. N. Melnikov, Wirkung verschiedener Zinnorganyle auf Organismen, in: F. A. Gunther, J. D. Gunther, Chemistry of Pesticides, New York 1971, S. 297/302.

S. Nakazawa, Pathology of Brain Edema, No To Hattatsu **3** [1971] 587/602; C.A. **76** [1972] Nr. 70764.

J. G. A. Lujiten, O. R. Klimmer, Eine toxikologische Würdigung der Organozinnverbindungen, Tin Research Institute, Greenford 1974.

Verwendung

P. Senechal, Application des sels minéraux de l'étain en chimie organique, Chim. Ind. [Paris] **76** [1956] 1299/304.

G. J. M. van der Kerk, J. G. A. Luijten, Développements récents dans la recherche des composés organiques de l'étain, Ind. Chim. Belge **21** [1956] 567/78.

C. R. Gloskey, Organotin Compounds, Ind. Eng. Chem. **49** [1957] 47A/49A.

H. J. Hueck, J. G. A. Luijten, Organotin Compounds as Textile Preservatives, J. Soc. Dyers Colourists **74** [1958] 476/80.

W. R. Lewis, Organotin Compounds as Fungicides, Chem. Prod. **21** [1958] 431/2.

G. J. M. van der Kerk, J. G. A. Luijten, J. G. Noltes, Neue Ergebnisse der Organozinn-Forschung, Angew. Chem. **70** [1958] 298/306.

H. E. Hirschland, C. K. Banks, Organotin Compounds, Advan. Chem. Ser. **23** [1959] 204/11.

W. R. Lewis, E. S. Hedges, Applications of Organotin Compounds, Advan. Chem. Ser. **23** [1959] 190/203.

G. J. M. van der Kerk, Tien Jaar Organotin-Onderzoek, Chem. Weekblad **56** [1960] 339/49.

J. Salquain, Les fongicides organo-stanniques, Teintex **26** [1961] 615/29.

M. Panaitescu, E. Paltin, Degradation and Stabilization of PVC. The Synthesis of certain Organotin Derivatives, Rev. Chim. [Bucharest] **13** [1962] 724/8.

G. J. M. van der Kerk, J. G. A. Luijten, J. C. van Egmond, J. G. Noltes, Fortschritte auf dem Organozinngebiet, Chimia [Aarau] **16** [1962] 36/42.

K. R. S. Ascher, S. Nissim, Organotin Compounds and their Potential Use in Insect Control, World Rev. Pest. Control **3** [1964] 188/211.

A. H. Frye, R. W. Horst, M. A. Paliobagis, The Chemistry of PVC-Stabilization. Organotin Stabilizers having Radioactively Tagged Tin Atoms, J. Polymer Sci. A **2** [1964] 1785/99.

K. R. S. Ascher, S. Nissim, Einsatz von Organozinnverbindungen bei der Schädlingsbekämpfung, Zinn Verwendung Nr. 66 [1965] 1/5.

A. Ross, Industrial Applications of Organotin Compounds, Ann. N.Y. Acad. Sci. **125** [1965] 107/23.

L. Chalmers, The Chemistry and Application of Organotin Compounds, Mfg. Chem. Aerosol News **38** [1967] 37/41.

Y. Oki, Application of Organotin Compounds in Plastics, Yuki Gosei Kagaku Kyokai Shi **26** [1968] 688/98.

P. Schicke, K. R. Appel, L. Schröder, Neue Zinnkomplexverbindungen als Pflanzenschutz-Fungicide, Pflanzenschutzberichte **38** [1968] 189/202.

R. G. Strong, D. E. Sbur, Evaluation of Insecticides for Control of Stired-Product Insects, J. Econ. Entomol. **61** [1968] 1034/41.

G. J. M. van der Kerk, J. G. A. Luijten, Zur Chemie und zu den Anwendungsmöglichkeiten von Organozinn-Verbindungen, Arzneimittel-Forsch. **19** [1969] 932/4.

G. J. M. van der Kerk, J. G. A. Luijten, J. G. Noltes, H. M. J. C. Creemers, Anwendungs- und Forschungsaspekte der Organozinnchemie, Chimia [Aarau] **23** [1969] 313/22.

W. C. H. Yen, Quantitative and Qualitative Study of the Migration of Organotin Stabilizers from Polyvinyl Chloride to Liquid Foods, Diss. Rutgers Univ. 1970; Diss. Abstr. Intern. B **31** [1970] 1343/4.

A. Bokranz, H. Plum, Technische Herstellung und Verwendung von Organozinnverbindungen, Fortschr. Chem. Forsch. **16** [1971] 365/403.

S. Kozima, T. Hitomi, Chemistry of Organotin Compounds, Its Recent Advances and Prospects, Yuki Gosei Kagaku Kyokai Shi **32** [1974] 102/27.

M. H. Gitlitz, Organotins in Agriculture, Advan. Chem. Ser. **157** [1976] 167/76.

1.3.2.1 Triorganozinnchloride

Triorganotin Chlorides

1.3.2.1.1 Triorganozinnchloride des Typs R_3SnCl

Triorganotin Chlorides of the R_3SnCl Type

1.3.2.1.1.1 Trimethylzinnchlorid $(CH_3)_3SnCl$

Trimethyltin Chloride

1.3.2.1.1.1.1 Bildung und Darstellung

Formation. Preparation

Die Synthese von Trimethylzinnchlorid erfolgt am einfachsten unter Verwendung von Zinntetramethyl als zinnorganischer Ausgangssubstanz. So entsteht $(CH_3)_3SnCl$ bei der Spaltung von $Sn(CH_3)_4$ mit gasförmigem Chlorwasserstoff nach vierstündigem Einleiten von HCl unter Verwendung von $CHCl_3$ als Lösungsmittel in 70%iger Ausbeute [1, 2], bei der Reaktion von $Sn(CH_3)_4$ mit $CHCl_3$ unter UV-Bestrahlung nach 120 h in 9.5%iger Ausbeute [3] und bei der 35stündigen UV-Bestrahlung in CCl_4 in 39%iger Ausbeute neben geringen Mengen an $(CH_3)_2SnCl_2$ und Kohlenwasserstoffen [3]. CH_3COCl spaltet in Gegenwart von $AlCl_3$ Zinntetramethyl bei Zimmertemperatur unter Bildung von $(CH_3)_3SnCl$ in 70%iger Ausbeute [4]. Die gleiche Ausbeute wird bei der Reaktion zwischen $Sn(CH_3)_4$ und $HgCl_2$ in absolutem Äthanol erzielt [2]. Eine entsprechende Synthesemethode bedient sich der Spaltung von $[(CH_3)_3Sn]_2$ mit Cl_2 oder $HgCl_2$ [5].

Bequeme Methoden zur Synthese von $(CH_3)_3SnCl$ stellen auch verschiedene Komproportionierungsreaktionen dar. So entsteht die Verbindung in praktisch 100%iger Ausbeute beim Erhitzen von $SnCl_4$ mit der dreifachen Menge an $Sn(CH_3)_4$ [6 bis 11]. Entsprechend entsteht $(CH_3)_3SnCl$ bei der Reaktion zwischen $Sn(CH_3)_4$ und $(CH_3)_2SnCl_2$ [6, 12], neben $(CH_3)_2SnCl_2$ bei der Reaktion zwischen $Sn(CH_3)_4$ und CH_3SnCl_3 [6] sowie neben verschiedenen gemischt substituierten Organzinnchloriden bei den Reaktionen zwischen $Sn(CH_3)_4$ und i-$C_4H_9SnCl_3$ (54% Ausbeute), $C_4H_9SnCl_3$ (59%), $C_6H_5SnCl_3$ (99%), $C_2H_5(C_4H_9)SnCl_2$ (91%) und $CH_3(C_4H_9)SnCl_2$ (96%) [13]. $(CH_3)_3SnCl$ entsteht auch bei der Komproportionierung zwischen $(CH_3)_2Sn(C_4H_9)_2$ und $(CH_3)_2SnCl_2$ bei 140 bis 215 °C neben $CH_3(C_4H_9)_2SnCl$ [16], zwischen $(C_4H_9)_3SnCH_3$ und CH_3SnCl_3 bei 140 °C neben $(C_4H_9)_3SnCl$ [16]. $Sn(CH_3)_4$ reagiert auch mit $SiCl_4$ unter Bildung von $(CH_3)_3SnCl$. Daneben werden allerdings keine Methylchlorsilane gebildet, sondern CH_3Cl und Siliciumchloride Si_nCl_{2n+2} [6]. Umgekehrt wird $(CH_3)_3SnCl$ in 86%iger Ausbeute bei der Reaktion zwischen $Si(CH_3)_4$ und $SnCl_4$ in Isopentan in Gegenwart von $AlCl_3$ erhalten [108]. Mit $GeCl_4$ bildet $Sn(CH_3)_4$ unter dem Einfluß von γ-Strahlung $(CH_3)_3SnCl$ neben CH_3GeCl_3. Die Mischung ist nur gaschromatographisch zu trennen [14, 15]. Mit Methylgermaniumchloriden $(CH_3)_nGeCl_{4-n}$ tritt Komproportionierung ein unter Bildung von $(CH_3)_3SnCl$ und Methylgermaniumchloriden $(CH_3)_{n+1}GeCl_{3-n}$ [6]. In quantitativer Ausbeute entsteht $(CH_3)_3SnCl$ bei der Reaktion zwischen $SnCl_4$ und $Pb(CH_3)_4$ in Toluol nach 2 h bei Zimmertemperatur und 5 h bei 100 °C [17].

Die Alkylierung von $SnCl_4$ gelingt auch mit Aluminiumorganylen. So entsteht $(CH_3)_3SnCl$ in 30%iger Ausbeute neben viel $Sn(CH_3)_4$ bei der Reaktion zwischen $SnCl_4$ und $Al(CH_3)_3$ in Diäthyläther [18]. Technische Verfahren bedienen sich der Reaktion zwischen $(CH_3)_2SnCl_2$ und $Al(CH_3)_3$ in Isooctan unter N_2-Atmosphäre und Rückflußkochen [19] sowie zwischen $(CH_3)_2SnCl_2$ und $(CH_3)_3Al_2Cl_3$ in Diäthyläther. Hier werden nach 30 min bei Zimmertemperatur 69% Ausbeute erzielt [20].

Von großem technischen Interesse ist die direkte Synthese von $(CH_3)_3SnCl$ aus Zinn und Methylchlorid. Die Verbindung entsteht dabei mit $(CH_3)_2SnCl_2$ und CH_3SnCl_3 als Nebenprodukten bei Temperaturen zwischen 100 und 300 °C im Autoklaven unter Verwendung verschiedener Katalysatoren. Verfahren werden beschrieben mit Alkalijodiden als Katalysator im Autoklaven bei 100 °C [21], mit CH_3J und $N(C_2H_5)_3$ im Bombenrohr bei 175 °C [22 bis 27], mit $[(C_4H_9)_3NCH_3]Cl$ bei 210 °C [28], mit Zn und $[(C_4H_9)_4P]J$ bei 150 bis 160 °C (37% Ausbeute) [29], mit J_2, $FeCl_3$ und $P(C_4H_9)_3$ bei 180 °C [30], mit $[(CH_3)_2N]_3PO$ als Lösungsmittel und NaJ als Katalysator in 4% Ausbeute [106] und mit $SnCl_4$ und R_3PCl_2 als Katalysator [31]. Besonders interessant sind Variationen dieser direkten Synthese. So bildet sich $(CH_3)_3SnCl$ in 54.5%iger Ausbeute bei der Reaktion von flüssigem Zinn mit KCl, $SnCl_2$ und CH_3Cl bei 300 °C im Verlauf von 4 h [32, 33] und bei der Umsetzung von CH_3Cl mit SnO-Cu bei 300 °C [34].

$(CH_3)_3SnCl$ entsteht außerdem bei vielen Reaktionen von zinnorganischen Verbindungen. Unter anderem wird es bei der Zersetzung chlorhaltiger zinnorganischer Verbindungen erhalten. So zerfällt $(CH_3)_3SnCH_2\overline{CHCCl_2CH}CH_3$ bei 90 °C unter Bildung von $(CH_3)_3SnCl$ [35], ebenso wie $(CH_3)_2ClSn(CH_2)_4SnCl(CH_3)_2$ [36]. $(CH_3)_3SnCCl_3$ zerfällt unter Bildung von $(CH_3)_3SnCl$ und CCl_2, das durch Addition an Cyclohexen abgefangen wird [37]. Schließlich wird $(CH_3)_3SnCl$ bei der UV-Bestrahlung von $(CH_3)_3SnCH_2CH_2COCH_3$ und auch von $(CH_3)_3Sn(CH_2)_3COCH_3$ in CCl_4 erhalten [38].

Zinn-Element-Bindungen in Trimethylzinn-Derivaten werden von chlorhaltigen Verbindungen in der Regel unter Bildung von $(CH_3)_3SnCl$ gespalten. So entsteht $(CH_3)_3SnCl$ bei der Spaltung von $Sn(CH_3)_4$ mit $(C_5H_5)Fe[C_5H_4B(CH_3)Cl]$ oder mit $(CO)_3MnC_5H_4B(CH_3)Cl$ [39]. Bei der Umsetzung von $Sn(CH_3)_4$ mit $HGeCl_3$ wird $(CH_3)_3SnCl$ in 57%iger Ausbeute entwickelt. Bei Verwendung von Diäthyläther steigt die Ausbeute auf 70% an [40]. Zinntetramethyl wird von $HgCl_2$ in Dimethylsulfoxid [41] und anderen Lösungsmitteln [42, 43] unter Bildung von $(CH_3)_3SnCl$ gespalten. Kinetik dieser Reaktionen s. in den Originalen [41, 42, 43]. Die Spaltung von $Sn(CH_3)_4$ erfolgt auch mit CH_3HgCl in Methanol [44]. Trimethylzinnchlorid bildet sich auch bei der Spaltung von $Sn(CH_3)_4$ mit $AuCl_3$ [45], mit $TiCl_4$ [46], mit $NbCl_5$ oder $TaCl_5$ bei −35 °C [47], mit WCl_6 [48].

Cl_2 reagiert mit $(CH_3)_3SnCCl_3$ unter Bildung von $(CH_3)_3SnCl$ [49]. Sn-C-Bindungen werden in $(CH_3)_3SnCH_2COCH_3$ [50] und in $(CH_3)_3SnCH(CH_3)CH{=}CH_2$ von HCl unter Bildung von $(CH_3)_3SnCl$ gespalten. Auch aus $(CH_3)_3SnCH_2CH{=}CH_2$ und verschiedenen Alkylchloriden RCl entsteht im Bombenrohr bei 80 °C Trimethylzinnchlorid [52]. NOCl reagiert mit Verbindungen vom Typ $(CH_3)_3SnC_6H_4X$ in $CHCl_3$ bei −20 °C unter Bildung von $(CH_3)_3SnCl$ neben XC_6H_4NO [53], ebenso wie p-$RC_6H_4SO_2Cl$ mit R = H, CH_3, $(CH_3)_3Si$ und C_6H_5 unter Bildung von p-$RC_6H_4SO_2C_6H_4X$ [54] und wie $CH_3SO_2Cl \cdot AlCl_3$ unter Bildung von $CH_3SO_2C_6H_4X$ neben $(CH_3)_3SnCl$ [54]. $(CH_3)_3SnCH{=}CH_2$ bildet in $CDCl_3$ mit Verbindungen vom Typ RSCl ebenfalls $(CH_3)_3SnCl$ [55]. $(CH_3)_3SnC{\equiv}CC_6H_5$ steht mit $(C_6H_5)_3SnCl$ im Gleichgewicht unter Bildung von $(CH_3)_3SnCl$ neben $(C_6H_5)_3SnC{\equiv}CC_6H_5$ [56], ebenso wie $(CH_3)_3SnC{\equiv}CC{\equiv}CSn(CH_3)_3$ mit $(C_6H_5)_3SnCl$, $(C_6H_{11})_3SnCl$, (p-$CH_3C_6H_4)_3SnCl$ oder (p-$ClC_6H_4)_3SnCl$ unter Bildung von $(CH_3)_3SnCl$ und den entsprechenden

Verbindungen $R_3SnC{\equiv}CC{\equiv}CSnR_3$ [112]. Die Kinetik der Spaltungsreaktionen von $(CH_3)_3SnR$ mit $R = CH_2{=}CH$, $CH_2{=}CHCH_2$, C_6H_5 und C_6F_5 mit $HgCl_2$ wurde in Methanol [43] und Dimethylsulfoxid [42] untersucht. In allen Fällen wird dabei $(CH_3)_3SnCl$ neben RHgCl festgestellt. Eine entsprechende Reaktion läuft zwischen $(CH_3)_3SnCH{=}CH_2$ und $CH_2{=}CHHgCl$ in Methanol bei 35°C ab [44]. $(CH_3)_3SnCl$ entsteht bei der Umsetzung von $(CH_3)_3SnCH_2CH{=}CH_2$ mit CCl_4 bei 80°C in Gegenwart von AIBN oder mit $CH_2{=}CHCH_2Cl$ unter UV-Bestrahlung [111] sowie von c-$C_8H_{12}PtCl_2$ mit Verbindungen vom Typ $(CH_3)_3SnR$ (R = substituierte Phenyle) [57].

$[(CH_3)_3Sn]_2$ reagiert mit $CF_2{=}CClF$ bei 90°C bei UV-Bestrahlung unter Bildung von $(CH_3)_3SnCl$ neben anderen Produkten [58]. Mit $(CH_2{=}CH)_3SnCl$ [59] und $(CH_3)_3PbCl$ tritt ebenfalls Spaltung der Sn-Sn-Bindung unter Bildung von $(CH_3)_3SnCl$ ein [60]. Die Kinetik dieser Reaktionen wurde NMR-spektroskopisch bei Zimmertemperatur studiert [59, 60]. Auch von N-Chlorsuccinimid [61] und von HCl wird Hexamethyldistannan unter Bildung von Trimethylzinnchlorid gespalten [45]. An Übergangsmetallhalogeniden seien $AuCl_3$ [45], $HgCl_2$ [62], CH_3HgCl [62, 63], $CH_2{=}CHHgCl$ [44], $ClCH{=}CHHgCl$ [44] und WCl_6 [64, 65] genannt, die $[(CH_3)_3Sn]_2$ bei unterschiedlichen Bedingungen unter Bildung von $(CH_3)_3SnCl$ spalten.

$(CH_3)_3SnH$ wird von HCl in Wasser [66] und von t-C_4H_9HgCl in Benzol bei 0°C unter Bildung von $(CH_3)_3SnCl$ angegriffen [67]. $(CH_3)_3SnNa$ reagiert mit CCl_4 in Tetraglyme unter Bildung von $(CH_3)_3SnCl$ in 56%iger Ausbeute [68]. $(CH_3)_3SnCCl_3$ bildet mit $(C_4H_9)_3SnH$ bei Zimmertemperatur in 25%iger Ausbeute, mit $LiAlH_4$ in Diäthyläther in 3%iger Ausbeute $(CH_3)_3SnCl$ [49]. Außerdem entsteht die Verbindung aus den Trimethylzinnverbindungen $(CH_3)_3SnR$ bei der Umsetzung mit $(CH_3)_2SnCl_2$, beispielsweise aus $(CH_3)_3SnC_8H_{17}$ bei 160°C in 95%iger Ausbeute [110]. $[Cl(CH_3)_2Sn]_2O$, $Cl(CH_3)_2SnOSn(CH_3)_2OC_6H_5$ und $Cl(CH_3)_2SnOSn(CH_3)_2OH$ zerfallen beim Erhitzen unter Bildung von $(CH_3)_3SnCl$ und verschiedenen anderen Verbindungen [69]. Aus $(CH_3)_3SnO$-i-C_3H_7 und $BrCCl_3$ entsteht $(CH_3)_3SnCl$ bei UV-Bestrahlung [70], aus polymerem $[(CH_3)_2SnO]_n$ und $ClCH_2CH_2OOCC_5H_{11}$ beim Erhitzen auf 250°C [71]. $(CH_3)_3SnOH$ wird von Chlorwasserstoff unter Bildung von $(CH_3)_3SnCl$ und H_2O neutralisiert [109]. Von entsprechenden Bildungsreaktionen für Trimethylzinnchlorid, die von Organozinnsulfiden ausgehen, seien erwähnt die Umsetzung von $(CH_3)_3SnSCH_3$ mit $HgCl_2$ [72], von $(CH_3)_3SnSC_4H_9$ mit BCl_3 bzw. K_2PtCl_4 [72], von $(CH_3)_3SnSC_6H_5$ mit PCl_3 [73] und anderen Nichtmetalltrichloriden [72], von $(CH_3)_3SnSC(CH_3){=}NC_6H_5$ mit $C_5H_5Mo(CO)_3Cl$ oder $[Rh(CO)_2Cl]_2$ [74], von $[(CH_3)_3Sn]_2S$ mit $SbCl_3$ [72], $HgCl_2$ [72], $C_5H_5Mo(CO)_3Cl$ [75] oder $(CO)_5ReCl$ [75], von $[(CO)_5ReSSn(CH_3)_3]_2$ mit $(CO)_5ReCl$ in Dimethoxyäthan [75] und von $[(CO)_4MnSSn(CH_3)_3]_2$ mit $C_5H_5Fe(CO)_2Cl$ in Benzol [75]. Analog entsteht $(CH_3)_3SnCl$ aus $(CH_3)_3SnSeC_6H_5$ und $(CO)_5ReCl$ [76, 77].

$(CH_3)_3SnN_3$ [78] und $(CH_3)_3SnN(CH_3)_2$ [79] werden von HCl unter Bildung von $(CH_3)_3SnCl$ gespalten. Im letzteren Fall werden in Diäthyläther als Lösungsmittel 89.7% Ausbeute erzielt [79]. Analog entsteht die Verbindung aus $(CH_3)_3SnN(CH_3)_2$ mit BCl_3 bei −78°C in Petroläther in 80%iger Ausbeute [80], mit NH_2Cl in Diäthyläther unter Kühlung [107], mit $(CH_3)_3SiCl$ in Diäthyläther in 84%iger Ausbeute [80]. Bildung von $(CH_3)_3SnCl$ erfolgt aus $[(CH_3)_3Sn]_3N$ und $[(CH_3)_2ClSiO]_n$ sowie aus $[(CH_3)_3Sn]_2NPF{=}NPF_2{=}XPF_2{=}N$ (X = N oder $NPF_2{=}N$) und $([(CH_3)_2SiCl]_2O)_2Si(CH_3)_2$ [81]. Ferner entsteht $(CH_3)_3SnCl$ durch Spaltung der Sn-N-Bindung in $(CH_3)_3SnN{=}C(CF_3)_2$ mit $ClRh[P(C_6H_5)_3]_2CN(C_6H_4CH_3)CH_2CH_2NC_6H_4CH_3$ beim Rückflußkochen in Benzol [82] und bei der Reaktion zwischen $[(CH_3)_3SnN)_2{=}C$ mit 12 verschiedenen Verbindungen RCOCl und RSO_2Cl in Tetrahydrofuran [83]. Während bei der beschriebenen Reaktion zwischen $(CH_3)_3SnPO(OCH_3)_2$ und HCl oder Cl_2 wohl in Wirklichkeit $(CH_3)_3SnOPO(OCH_3)_2$ als Ausgangsmaterial zur Bildung von $(CH_3)_3SnCl$ vorgelegen haben dürfte [84], wird bei der Bildung von $(CH_3)_3SnCl$ aus $[(CH_3)_3Sn]_2P(C_6H_5)W(CO)_5$ und $(CH_3)_2PCl$ bzw. $(CH_3)_2AsCl$ tatsächlich eine Sn-P-Bindung gespalten [85].

$(CH_3)_3SnMn(CO)_5$ reagiert in CCl_4 mit JCl [86], in Pentan im Bombenrohr unter UV-Bestrahlung mit $CF_2{=}CClF$ (45% Ausbeute) [87], in Tetrahydrofuran mit $HgCl_2$, CH_3HgCl oder C_6H_5HgCl bei Zimmertemperatur [88] jeweils unter Bildung von $(CH_3)_3SnCl$. Analog reagieren $(CH_3)_3SnMo(CO)_3C_5H_5$ mit JCl [86], mit Cl_2 in Pentan [89], mit CH_3HgCl [90] und $(CH_3)_3SnW(CO)_3C_5H_5$ mit CH_3HgCl [90]. $(CH_3)_3SnCl$ bildet sich unter anderem durch Spaltung der Sn-Fe-Bindungen von $(CH_3)_3SnFe(CO)_2C_5H_5$ mit Cl_2 in CCl_4 und Pentan [89], mit HCl in CH_2Cl_2 [89], mit JCl in Cyclohexan [89], mit CH_3HgCl und C_6H_5HgCl [91] und von $(CH_3)_2Sn[Fe(CO)_2C_5H_5]_2$ mit CH_3HgCl [91].

Analyse. Über ein Verfahren zur Lösungsspektralanalyse von Zinn in zinnorganischen Verbindungen und speziell in Trimethylzinnchlorid s. [92]. Zur Abtrennung von $(CH_3)_3SnCl$ von anderen zinnorganischen und metallorganischen Verbindungen mit Hilfe der Papierchromatographie s. [93, 94], mit Hilfe der Dünnschichtchromatographie s. [95, 96], mit Hilfe der Säulenchromatographie s. [97, 98] und mit Hilfe der Gaschromatographie s. [16, 99, 100, 101]. Zur amperometrischen Titration in Mischungen von $(CH_3)_3SnCl$ mit $(CH_3)_2SnCl_2$ s. [102].

$(CH_3)_3SnCl$ kann aus wäßrigen Lösungen mit $CaCl_2$ ausgesalzen werden [103].

Thermodynamische Daten der Bildung. Bildungsenthalpie ΔH° in kcal/mol bei der Bildung der gasförmigen Verbindung aus den Elementen unter Standardbedingungen: $\Delta H^\circ_{298} = -46.4$ [9, 78]. Für die Bildung der flüssigen Verbindung aus den Elementen werden folgende Werte angegeben: $\Delta H^\circ_{298} = -50.9 \pm 2.5$ [104], -53.0 ± 3 [10, 105]. Bildungsenthalpie der festen Verbindung: $\Delta H^\circ_{298} = -58.4 \pm 1.2$ [9].

Literatur:

[1] G. Barbieri, R. Benassi (Atti Soc. Nat. Mat. Modena **105** [1974] 39/46). — [2] Z. M. Manulkin (Zh. Obshch. Khim. **16** [1946] 235/42; C.A. **1947** 90). — [3] G. A. Razuvaev, N. S. Vyazankin, E. N. Gladyshev, I. A. Borodavko (Zh. Obshch. Khim. **32** [1962] 2154/60). — [4] H. Sakurai, K. Tominaga, T. Watanabe, M. Kumada (Tetrahedron Letters **1966** 5493/7). — [5] C. A. Kraus, W. V. Sessions (J. Am. Chem. Soc. **47** [1925] 2361/8).

[6] D. Grant, J. R. van Wazer (J. Organometal. Chem. **4** [1965] 229/36). — [7] M. G. Voronkov, L. A. Zhagata (Zh. Obshch. Khim. **41** [1971] 1776/9; J. Gen. Chem. USSR **41** [1971] 1784/6).— [8] P. Taimsalu, J. L. Wood (Spectrochim. Acta **20** [1964] 1043/51). — [9] J. C. Baldwin, M. F. Lappert, J. B. Pedley, J. S. Poland (J. Chem. Soc. Dalton Trans. **1972** 1943/7). — [10] W. F. Stack, G. A. Nash, H. A. Skinner (Trans. Faraday Soc. **61** [1965] 2122/5).

[11] B. G. Kushlefsky, M and T Chemicals Inc. (U.S.P. 3389158 [1963/68]; C.A. **69** [1968] Nr. 77499). — [12] G. Plazzogna, S. Bresadola, G. Tagliavini (Inorg. Chim. Acta **2** [1968] 333/6). — [13] H. G. Kuivila, R. Sommer, D. C. Green (J. Org. Chem. **33** [1968] 1119/22). — [14] V. V. Brazhnikov, K. I. Sakodynskii (J. Chromatog. **38** [1968] 244/9). — [15] K. A. Kocheshkov, A. A. Makhina, N. N. Zemlyanskii, E. M. Panov (Izv. Akad. Nauk SSSR Ser. Khim. **1969** 1381/2; Bull. Acad. Sci. USSR Div. Chem. Sci. **1969** 1282/3).

[16] V. A. Chernoplekova, N. N. Zemlyanskii, N. D. Kolosova, K. A. Kocheshkov (Izv. Akad. Nauk SSSR Ser. Khim. **1975** 2803/5; Bull. Acad. Sci. USSR Div. Chem. Sci. **1975** 2691/3). — [17] Cosan Chemical Corp. (Japan. Kokai 74-126628 [1973/74]; C.A. **85** [1976] Nr. 5885). — [18] K. Ziegler, W. P. Neumann (D.P. 1164407 [1959/64]; C.A. **60** [1964] 15910). — [19] W. K. Johnson, Monsanto Chemical Co. (U.S.P. 3036103 [1959/62]; C.A. **57** [1962] 13802). — [20] W. K. Johnson (J. Org. Chem. **25** [1960] 2253/4).

[21] K. Yajima, T. Kawai, Sankyo Organic Chemicals Co., Ltd. (Japan. Kokai 76-82231 [1975/76]; C.A. **86** [1977] Nr. 29942). — [22] Nitto Chemical Industry Co., Ltd. (Belg.P. 646676 [1963/65]). — [23] Nitto Chemical Industry Co., Ltd. (F.P. 1393779 [1963/65]; C.A. **63** [1965] 9985). — [24] Nitto Chemical Industry Co., Ltd. (D.P. 1240081 [1963/65]). — [25] Nitto Chemical Industry Co., Ltd. (D.P. 1274580 [1963/65]).

[26] Nitto Chemical Industry Co., Ltd. (B.P. 1053996 [1963/65]). — [27] Nitto Chemical Industry Co., Ltd. (Nd.P. 64-04649 [1963/65]). — [28] R. C. Witman, T. G. Kugele, Cincinnati Milacron Chemicals, Inc. (Ö.P. 327943 [1974/76]; C.A. **85** [1976] Nr. 33187). — [29] E. T. Jones, Albright and Wilson Ltd. (Deut. Offenlegungsschrift 2601497 [1975/76]; C.A. **85** [1976] Nr. 160323). — [30] H. W. Jung, R. Maul, H. W. Wehner, CIBA-Geigy Marienberg G.m.b.H. (Deut. Offenlegungsschrift 2225322 [1972/73]; C.A. **80** [1974] Nr. 83247).

[31] H. W. Wehner, R. Maul, H. W. Jung, CIBA-Geigy A.G. (Deut. Offenlegungsschrift 2445308 [1973/75]; C.A. **83** [1975] Nr. 59050). — [32] W. Sundermeyer, W. Verbeck (Angew. Chem. **78** [1966] 107/12). — [33] W. Sundermeyer, W. Verbeck, T. Goldschmidt A.G. (D.P. 1239687 [1965/67]; C.A. **68** [1968] Nr. 2989). — [34] A. C. Smith, E. G. Rochow (J. Am. Chem. Soc. **75** [1953] 4105/6). — [35] D. Seyferth, T. F. Jula (J. Am. Chem. Soc. **90** [1968] 2938/43).

[36] E. J. Bulten, H. A. Budding (J. Organometal. Chem. **110** [1976] 167/74). — [37] K. Itoh, M. Fukui, Y. Ishii (Tetrahedron Letters **1968** 3867/70). — [38] H. G. Kuivila, K. H. Tsai, P. L. Maxfield (J. Am. Chem. Soc. **92** [1970] 6696/7). — [39] T. Renk, W. Ruf, W. Siebert (J. Organometal. Chem. **120** [1976] 1/25). — [40] V. F. Mironov, A. L. Kravchenko (Zh. Obshch. Khim. **34** [1964] 1356/7; J. Gen. Chem. USSR **34** [1964] 1359).

[41] I. P. Beletskaya, A. N. Kashin, A. T. Malkhasyan, O. A. Reutov (Zh. Org. Khim. **9** [1973] 1089/98; J. Org. Chem. [USSR] **9** [1973] 1119/26). — [42] M. H. Abraham, P. L. Grellier (J. Chem. Soc. Perkin Trans. II **1975** 623/8). — [43] A. N. Kashin, I. P. Beletskaya, A. T. Malkhasyan, O. A. Reutov (Zh. Org. Khim. **9** [1973] 1098/101; J. Org. Chem. [USSR] **9** [1973] 1127/9). — [44] D. C. McWilliam, P. R. Wells (J. Organometal. Chem. **85** [1975] 335/46). — [45] G. Tagliavini, U. Belluco, G. Pilloni (Ric. Sci. Rend. A [2] **33** [1963] 889/96).

[46] Y. Takami (Kogyo Kagaku Zasshi **65** [1962] 229/33). — [47] C. Santini-Scampucci, J. G. Riess (J. Chem. Soc. Dalton Trans. **1973** 2436/40). — [48] P. B. van Dam, M. C. Mittelmeijer, C. Boelhouwer (Fette Seifen Anstrichmittel **76** [1974] 264/6). — [49] A. G. Davies, T. N. Mitchell (J. Chem. Soc. C **1969** 1896/901). — [50] S. V. Ponomarev, I. F. Lutsenko (Zh. Obshch. Khim. **34** [1964] 3450/3 nach C.A. **62** [1965] 2787).

[51] J. A. Verdone, J. A. Mangravite, N. M. Scarpa, H. G. Kuivila (J. Am. Chem. Soc. **97** [1975] 843/9). — [52] M. Kosugi, K. Kurino, K. Takayama, T. Migita (J. Organometal. Chem. **56** [1973] C11/C13). — [53] E. H. Bartlett, C. Eaborn, D. R. M. Walton (J. Chem. Soc. C **1970** 1717/8). — [54] S. N. Bhattacharya, C. Eaborn, D. R. M. Walton (J. Chem. Soc. C **1969** 1367/9). — [55] J. L. Wardell (J. Chem. Soc. Dalton Trans. **1975** 1786/93).

[56] A. S. Peregudov, L. A. Fedorov, D. N. Kravtsov, E. M. Rokhlina (Zh. Obshch. Khim. **42** [1972] 2194/9; J. Gen. Chem. USSR **42** [1972] 2190/4). — [57] C. Eaborn, K. Odell, A. Pidcock (J. Organometal. Chem. **96** [1975] C38/C40). — [58] H. C. Clark, J. D. Cotton, J. H. Tsai (Can. J. Chem. **44** [1966] 903/17). — [59] D. C. McWilliam, P. R. Wells (J. Organometal. Chem. **85** [1975] 165/72). — [60] D. P. Arnold, P. R. Wells (J. Organometal. Chem. **108** [1976] 345/52).

[61] P. M. Digiacomo, H. G. Kuivila (J. Organometal. Chem. **63** [1973] 251/67). — [62] D. C. McWilliam, P. R. Wells (J. Organometal. Chem. **85** [1975] 335/46). — [63] D. C. McWilliam, P. R. Wells (J. Organometal. Chem. **85** [1975] 347/55). — [64] V. F. Traven, V. N. Karelskii, V. F. Donyagina, E. D. Babich, V. M. Vdovin, B. I. Stepanov (Izv. Akad. Nauk SSSR Ser. Khim. **1975** 1681; Bull. Acad. Sci. USSR Div. Chem. Sci. **1975** 1575). — [65] V. F. Traven, V. N. Karelskii, V. F. Donyagina, E. D. Babich, B. I. Stepanov, V. M. Vdovin, N. S. Nametkin (Dokl. Akad. Nauk SSSR **224** [1975] 837/40; Dokl. Chem. Proc. Acad. Sci. USSR **220/225** [1975] 587/90).

[66] C. A. Kraus, W. N. Greer (J. Am. Chem. Soc. **44** [1922] 2629/33). — [67] U. Blaukat, W. P. Neumann (J. Organometal. Chem. **49** [1973] 323/32). — [68] H. G. Kuivila, F. V. di Stefano (J. Organometal. Chem. **122** [1976] 171/86). — [69] H. Mori, H. Matsuda, S. Matsuda (Kogyo Kagaku Zasshi **73** [1970] 1010/3 nach C.A. **73** [1970] Nr. 87984). — [70] J. C. Pommier, D. Chevolleau (J. Organometal. Chem. **74** [1974] 405/16).

[71] Y. Yamaji, K. Ninomiya, H. Matsuda, S. Matsuda (Kogyo Kagaku Zasshi **74** [1971] 1181/4). — [72] E. W. Abel, D. B. Brady, B. C. Crosse (J. Organometal. Chem. **5** [1966] 260/2). — [73] E. W. Abel, D. B. Brady (J. Chem. Soc. **1965** 1192/7). — [74] E. W. Abel, I. D. H. Towle (J. Organometal. Chem. **122** [1976] 253/60). — [75] H. Vahrenkamp (Chem. Ber. **103** [1970] 3580/90).

[76] E. W. Abel, B. C. Crosse, G. V. Hutson (Chem. Ind. [London] **1966** 238). — [77] E. W. Abel, B. C. Crosse, G. V. Hutson (J. Chem. Soc. A **1967** 2014/7). — [78] S. O. Adeosun (Inorg. Nucl. Chem. Letters **12** [1976] 301/5). — [79] K. Jones, M. F. Lappert (J. Organometal. Chem. **3** [1965] 295/307). — [80] T. A. George, M. F. Lappert (J. Chem. Soc. A **1969** 992/6).

[81] H. W. Roesky, B. Kuhtz (Chem. Ber. **109** [1976] 3958/63). — [82] M. J. Doyle, M. F. Lappert, G. M. McLaughlin, J. McMeeking (J. Chem. Soc. Dalton Trans. **1974** 1494/501). — [83] E. J. Kupchik, D. K. Parikh (Syn. Reactiv. Inorg. Metal-Org. Chem. **6** [1976] 345/56). — [84] B. A. Arbuzov, A. N. Pudovic (Zh. Obshch. Khim. **17** [1947] 2158/65 nach C.A. **1948** 4522). — [85] H. Vahrenkamp (Chem. Ber. **105** [1972] 3574/86).

[86] J. R. Chipperfield, J. Ford, A. C. Hayter, D. J. Lee, D. E. Webster (J. Chem. Soc. Dalton Trans. **1976** 1024/8). — [87] H. C. Clark, J. H. Tsai (Inorg. Chem. **5** [1966] 1407/15). — [88] R. A. Burnham, F. Glockling, S. R. Stobart (J. Chem. Soc. Dalton Trans. **1972** 1991/4). — [89] R. E. J. Bichler, H. C. Clark, B. K. Hunter, A. T. Rake (J. Organometal. Chem. **69** [1974] 367/76). — [90] R. M. G. Roberts (J. Organometal. Chem. **40** [1972] 359/66).

[91] R. M. G. Roberts (J. Organometal. Chem. **74** [1973] 359/66). — [92] R. Rautschke, O. Heinrich (Spectrochim. Acta B **27** [1972] 143/8). — [93] D. J. Williams, J. W. Price (Analyst **85** [1960] 579/82). — [94] D. J. Williams, J. W. Price (Analyst **89** [1964] 220/2). — [95] J. Koch, K. Figge (J. Chromatog. **109** [1975] 89/100).

[96] A. Vastagh (Z. Anal. Chem. **279** [1976] 366). — [97] K. Figge, W. D. Bieber (J. Chromatog. **109** [1975] 418/21). — [98] W. D. Bieber, J. Koch, K. Figge (Plaste Kautschuk **23** [1976] 355/6). — [99] V. V. Brazhnikov, K. I. Sakodynskii (J. Chromatog. **66** [1972] 361/4). — [100] V. V. Brazhnikov, K. I. Sakodynskii (Zh. Prikl. Khim. **43** [1970] 2247/53; J. Appl. Chem. USSR **43** [1970] 2268/73).

[101] W. A. Aue, H. H. Hill (J. Chromatog. **70** [1972] 158/61). — [102] G. Plazzogna, G. Pilloni (Anal. Chim. Acta **37** [1967] 260/6). — [103] W. A. Larkin, J. W. Bouchoux, M and T Chemicals Inc. (U.S.P. 3931264 [1974/76]; C.A. **84** [1976] Nr. 105773). — [104] J. D. Cox, G. Pilcher (Thermochemistry of Organic and Organometallic Compounds, London – New York 1970). — [105] G. A. Nash, H. A. Skinner, W. F. Stack (Trans. Faraday Soc. **61** [1965] 640/8).

[106] F. Verbeek, E. J. Bulten, J. W. G. van den Hurk, Commer S.r.l. (Neth. Appl.P. 75-15247 [1974/76]; C.A. **86** [1977] Nr. 55586). — [107] R. E. Highsmith, H. H. Sisler (Inorg. Chem. **8** [1969] 1029/32). — [108] M. Wick, W. Deinhammer, A. Macri, Consortium für Elektrochemische Industrie G.m.b.H. (Deut. Offenlegungsschrift 2514459 [1975/76]; C.A. **86** [1977] Nr. 90030). — [109] T. Harada (Sci. Papers Inst. Phys. Chem. Res. [Tokyo] **36** [1939] 504/8). — [110] H. W. Wehner, H. G. Köstler, Ciba-Geigy A.G. (Deut. Offenlegungsschrift 2608698 [1975/76]; C.A. **86** [1977] Nr. 72884).

[111] J. Grignon, C. Servens, M. Pereyre (J. Organometal. Chem. **96** [1975] 225/35). — [112] H. Hartmann, B. Karbstein, W. Reiss (Naturwissenschaften **52** [1965] 59).

Structure. The Molecule. Spectra

1.3.2.1.1.1.2 Struktur. Molekül. Spektren

Structure

1.3.2.1.1.1.2.1 Struktur

$(CH_3)_3SnCl$ kristallisiert in Form farbloser Nadeln. Mit Hilfe von Elektronenbeugungsuntersuchungen wurden folgende Strukturparameter bestimmt: Abstand Sn-C = 2.19 ± 0.03 Å, Abstand Sn-Cl = 2.37 ± 0.03 Å, Winkel Cl-Sn-Cl = 108° ± 4° [1]. In einer jüngeren Arbeit wird angegeben: Abstand Sn-C = 2.106 ± 0.006 Å, Abstand Sn-Cl = 2.351 ± 0.007 Å, Abstand C-H = 1.125 ± 0.015 Å, Winkel C-Sn-C = 114.9° ± 1.6°, Winkel C-Sn-Cl = 103.2° ± 0.6°, Winkel Sn-C-H = 113.4° ± 1.4° [2]. Vergleiche von Strukturdaten metallorganischer Verbindungen, wobei für $(CH_3)_3SnCl$ eine Bindungslänge Sn-Cl von 2.37 Å zugrunde gelegt wird, s. bei [3]. Aus dem Mikrowellenspektrum (Strichdiagramm s. bei [4]) kann die Symmetrie C_{3v} bestätigt werden [4]. Vergleiche der Bindungswinkel um das Sn-Zentralatom und der Bindungsabstände im Molekül mit berechneten Werten unter Verwendung eines stereochemischen Models, wobei auch andere Organozinnhalogenide in die Diskussion einbezogen werden, s. bei [5].

Literatur:

[1] H. A. Skinner, L. E. Sutton (Trans. Faraday Soc. **40** [1944] 164/85). — [2] B. Beagley, K. McAloon, J. M. Freeman (Acta Cryst. B **30** [1974] 444/9). — [3] A. F. Wells (J. Chem. Soc. **1949** 55/67). — [4] V. F. Volkov, N. N. Vyshinskii, N. K. Rudnevskii (Izv. Akad. Nauk SSSR Ser. Fiz. **26** [1962] 1282/5; Bull. Acad. Sci. USSR Phys. Ser. **26** [1962] 1300/2). — [5] R. F. Zahrobsky (J. Solid State Chem. **8** [1973] 101/8).

1.3.2.1.1.1.2.2 Molekül

The Molecule

Für das Dipolmoment von $(CH_3)_3SnCl$ wurden folgende Werte gefunden: 3.46 D [1], 3.46 D (berechnet mit quantenmechanischen Methoden) [2], 3.50 D [3, 4], 3.52 D [5] und 3.57 D [6]. Das Dipolmoment beträgt in Benzol 3.52 D, in Äthylacetat 3.73 D [7].

Für die Dissoziationsenergie $(CH_3)_3Sn$-Cl werden Werte von 75 kcal/mol [8] und 85 kcal/mol [9] gefunden. Die Atomisierungsenthalpie wird mit Hilfe der Del Re-Methode zu 1118.4 kcal/mol berechnet [10].

Literatur:

[1] J. Lorberth, H. Nöth (Chem. Ber. **98** [1965] 969/76). — [2] R. Gupta, B. Majee (J. Organometal. Chem. **33** [1971] 169/73). — [3] E. V. van den Berghe, G. P. van der Kelen (J. Organometal. Chem. **6** [1966] 515/21). — [4] E. G. Claeys, G. P. van der Kelen, Z. Eeckhaut (Bull. Soc. Chim. Belges **70** [1961] 462/7). — [5] H. H. Huang, K. M. Hui, K. K. Chiu (J. Organometal. Chem. **11** [1968] 515/24).

[6] S. Sorriso, A. Ricci, R. Danieli (J. Organometal. Chem. **87** [1975] 61/5). — [7] T. Melnikova, Yu. V. Kolodyazhnyi, A. K. Prokofev, O. A. Osipov (Zh. Obshch. Khim. **46** [1976] 1812/6; J. Gen. Chem. USSR **46** [1976] 1759/61). — [8] J. C. Baldwin, M. F. Lappert, J. B. Pedley, J. S. Poland (J. Chem. Soc. Dalton Trans. **1972** 1943/7). — [9] W. P. Neumann (Pure Appl. Chem. **23** [1970] 433/46). — [10] R. Gupta, B. Majee (J. Organometal. Chem. **29** [1971] 419/25).

1.3.2.1.1.1.2.3 Kernmagnetische Resonanzspektren. Kernquadrupolresonanzspektrum

Nuclear Magnetic Resonance Spectra. Nuclear Quadrupole Resonance Spectrum

Im ^{1}H-NMR-Spektrum von $(CH_3)_3SnCl$ erscheint für die neun CH_3-Protonen ein Singulett-Signal. Folgende chemische Verschiebungen werden angegeben: $\tau = 9.34$ in CCl_4 [1 bis 3], 9.35 [4], 9.368 in CCl_4 [5 bis 7], 9.57 in C_7H_8 [1] und 9.78 in Benzol [1]. Weitere τ-Werte in 32 verschiedenen Lösungsmitteln sind in Tabelle 14, S. 70, zusammengestellt. Chemische Verschiebung $\delta = -0.55$ ppm in Dimethylsulfoxid [11], −0.58 ppm in Methanol [12], −0.60 ppm [13, 14], −0.61 ppm [15, 16], −0.63 ppm [17, 18], −0.69 ppm in $CDCl_3$ [11], −0.73 ppm in $CHCl_3$ [19], −34.7 Hz in CCl_4 [20], −36.8 Hz in $CDCl_3$ [21, 22], −37.0 Hz in $CHCl_3$ [20, 23, 24], −37.0 Hz in Pyridin und $CHCl_3$ [25], −37.2 Hz in D_2O [21, 22], −37.6 Hz [26], −47 Hz in Pyridin-Wasser [25], −49.4 Hz in wäßriger HCl-Lösung [22]. Gegen Benzol als internen Standard wird eine chemische Verschiebung von $\delta = +266$ Hz gefunden [27]. Folgende Kopplungskonstanten wurden bestimmt: $J(^1H^{13}C) = 131.6$ Hz [28], 132.2 Hz [17], 133 Hz [6, 15, 21, 26, 29, 30] und 134 Hz [21, 24]; $J(^1HC^{115}Sn) = 51.8$ Hz [31]; $J(^1HC^{117}Sn) = 55.1$ Hz [19], 55.7 Hz [15, 16], 56.0 Hz [3, 24, 25, 31, 32], 56.1 Hz [26], 56.4 Hz [21, 22], 56.5 Hz [23, 32], 57.22 Hz [11], 57.3 Hz [33], 57.4 Hz [32, 34, 35], 58 Hz [36], 61 Hz in wäßriger HCl-Lösung [22], 64 Hz in Methanol [12], 64.2 Hz in Pyridin [32], 64.5 Hz [14], 64.9 Hz in Pyridin und Tetramethylammoniumchlorid [34], 65.2 Hz in Wasser [32, 34], 66.2 Hz in Pyridin [33], 67.5 Hz in wäßrigem Pyridin [25], 67.7 Hz in D_2O [21, 22], 69.9 Hz in Dimethylsulfoxid [11]; $J(^1HC^{119}Sn) = 57.5$ Hz [1, 19], 57.8 Hz [4], 58.1 Hz [15, 16, 37], 58.2 Hz [1, 17], 58.5 Hz [23 bis 26, 31, 32], 58.6 Hz [6, 21, 22], 58.7 Hz [13], 58.8 Hz [6], 58.9 Hz [1], 59.1 Hz [37], 59.2 Hz [6, 32], 59.3 Hz [6], 59.7 Hz [30, 32, 34, 35], 59.85 Hz [11], 60.2 Hz [6], 60.4 Hz [38], 64 Hz [22], 65.2 Hz in Pyridin und CCl_4 [34], 67.0 Hz in Methanol [12] und in Pyridin [34], 67.5 Hz [14], 67.9 Hz in Pyridin-Tetramethylammoniumchlorid-Wasser [34], 68.4 Hz in Wasser [32, 34], 70.5 Hz in Pyridin [25], 70.7 Hz in D_2O [21, 22] und 72.90 Hz in Dimethylsulfoxid [11]. Weitere Kopplungskonstanten in verschiedenen Lösungsmitteln sind in Tabelle 14 zusammengestellt. — Über Vergleiche der ^{1}H-NMR-Spektren mit denen von $(CH_3)_nMX_{4-n}$ mit M = Si, Ge, Sn oder Pb, X = H, F, Cl, Br, J oder eine andere einwertige Gruppe und n = 0, 1, 2, 3, 4 s. [24, 28, 39, 40]. Vergleiche mit IR-spektroskopischen Daten s. bei [7]. Vergleiche bezüglich der Bindungswinkel und dem s-Charakter der Sn-C-Bindung in verschiedenen Organozinnverbindungen s. bei [40]. Betrachtungen über Lösungsmitteleinflüsse auf die chemische Verschiebung und die Kopplungskonstanten s. bei [6, 8 bis 10, 41]. Del Re-Berechnungen s. bei [30]. Vergleich der Ladungsverteilung in $(CH_3)_3SnCl$, berechnet mit Hilfe der modifizierten CNDO-Methode, mit der in anderen Organozinnverbindungen s. bei [42]. Berechnungen von Molekülorbitalenergien aus der chemischen Verschiebung und aus IR-Frequenzen s. bei [43, 44].

Tabelle 14

^1H-NMR-Daten von $(CH_3)_3SnCl$ in verschiedenen Lösungsmitteln.

Lösungsmittel	τ [8]	$J(^1H^{119}Sn)$ [8]	$J(^1H^{119}Sn)$ [9]	$J(^1H^{119}Sn)$ [10]	$J(^1H^{117}Sn)$ [9]	$J(^1H^{13}C)$ [9]
Tetrachlorkohlenstoff	9.34	58.2	58.2	58.2	55.8	132.2
Chloroform	9.35	57.8				
Äthylenchlorid	9.38	58.4				
Benzol	9.78	58.9				
Toluol	9.73	58.3				
p-Xylol	9.73	57.3				
Mesitylen	9.72	58.3				
α-Chlornaphthalin	9.77	57.7				
Chlorbenzol	9.55	58.1				
Brombenzol	9.54	58.1				
Jodbenzol	9.52	57.5				
o-Dichlorbenzol	9.45	58.1				
p-Chlortoluol	9.56	58.2				
Thiophen	9.67	57.6	58.6		56.0	132.2
Furan	9.58	58.9				
N, N-Dimethylanilin	9.69	58.2				
Anisol	9.59	58.0				
Anilin	9.52	64.5				
Nitrobenzol	9.21	60.5				
Benzonitril	9.21	63.3				
α-Picolin	9.21	64.6				
γ-Picolin	9.16	67.4				
Pyridin	9.06	68.0	67.6	68.0	64.4	
Dioxan	9.41	61.6	61.6	62.8	59.3	
Acetonitril	9.40	64.7	64.6		61.8	131.9
Tetrahydrofuran	9.41	65.8	64.4	64.4	61.5	131.7
Aceton	9.36	66.2	64.7	64.7	61.7	132.0
Methanol	9.39	67.0				
N, N-Dimethylacetamid	9.42	69.5	69.9		66.9	
N, N-Dimethylformamid	9.37	69.6		69.6		
Wasser		69.3				
Dimethylsulfoxid	9.46	70.0	69.9	70.0	66.8	131.2
Dimethoxyäthan			62.8	62.3	60.2	131.8
Nitromethan			61.6		59.3	
Hexamethylphosphorsäuretriamid			69.4	71.6	66.5	131.0
Diäthyläther				60.6		
Tetramethylendiamin				60.8		

Im ^{13}C-NMR-Spektrum wird eine chemische Verschiebung δC von 0.0 [45] bzw. +0.7 ppm gegen TMS gefunden [15] und eine Kopplungskonstante $J(^{13}C^{119}Sn)$ von 379 Hz [15] bzw. 386 Hz [45]. Untersuchungen von Spin-Gitter-Relaxationen s. bei [47], Berechnungen von Additivitätsparametern für ^{13}C-chemische Verschiebungen s. bei [46].

Die chemische Verschiebung $\delta^{117}Sn$ beträgt −155.06 ppm gegen $Sn(CH_3)_4$ [48]. Für $\delta^{119}Sn$ werden, jeweils gegen $Sn(CH_3)_4$ als Standard, angegeben: −126 ppm in $(CH_3)_2S$ [49], −152 ppm [13], −154.3 ppm [50, 51], −155.14 ppm [48], −155.7 bis −158 ppm in Cyclohexan, abhängig von der Konzentration [52], −164.2 ppm [53], −166 ppm in CH_2Cl_2 [49, 54] und +3 ppm in Dimethylsulfoxid [49]. Messungen in verschiedenen Lösungsmitteln haben gezeigt, daß diese Solvenzien keinen signifikanten Einfluß auf die Abschirmungskonstanten von ^{119}Sn-Kernen in Organozinnverbindungen haben. Chemische Verschiebungen $\delta^{119}Sn$ und Kopplungskonstanten $J(^{119}SnC^1H)$ für $(CH_3)_3SnCl$ (in ppm gegen $Sn(CH_3)_4$ bzw. in Hz) in Cyclohexan: −153.5 bzw. 59.8, in Dioxan: −111.1 bzw. 62.1, in Tetrachlorkohlenstoff: −158.0 bzw. 58.0, in Benzol: −161.6 bzw. 58.4, in Schwefelkohlenstoff: −152.7 bzw. 58.2, in Äthylenchlorid: −168.9 bzw. 58.8, in Aceton: −97.0 bzw. 64.8, in Hexamethylphosphorsäuretriamid: −138.0 bzw. 73.4, in Methanol: −44.1 bzw. 67.6, in Acetonitril: −95.6 bzw. 65.4, in Dimethylsulfoxid: −179.3 bzw. 69.8 [55]. Untersuchungen über den Einfluß von Aceton, Acetonitril, Dioxan und Methanol bei verschiedenen Konzentrationen und Temperaturen auf die ^{119}Sn-chemische Verschiebung von $(CH_3)_3SnCl$ s. bei [56]. Alle bis 1973 gemessenen chemischen Verschiebungen $\delta^{119}Sn$ von $(CH_3)_3SnCl$ in den verschiedensten Lösungsmitteln sind bei [57] aufgeführt. Vergleichende Studien der ^1H-, ^{29}Si- und ^{119}Sn-NMR-Spektren von Verbindungen des Typs $(CH_3)_nMX_{4-n}$ mit M = Si oder Sn, X = Cl, Br oder J und n = 1, 2 oder 3 s. bei [28]. Untersuchungen von Spin-Gitter-Relaxationen s. bei [47, 58].

Die ^{35}Cl-NQR-Frequenz beträgt bei 77 K ν = 11.40 MHz [59] bzw. 11.734 MHz [60]. Korrelationen der NQR-Daten mit Mössbauer-spektroskopischen Daten von $(CH_3)_3SnCl$ und anderen chlorhaltigen Organozinnverbindungen s. bei [61, 62].

Literatur:

[1] H. G. Kuivila, J. D. Kennedy, R. Y. Tien, I. J. Tyminski, F. L. Pelczar, O. R. Kahn (J. Org. Chem. **36** [1971] 2083/8). — [2] J. L. Wardell (J. Chem. Soc. Dalton Trans. **1975** 1786/93). — [3] L. Verdonck, G. P. van der Kelen, Z. Eeckhaut (J. Organometal. Chem. **11** [1968] 487/90). — [4] A. D. Cohen, C. R. Dillard (J. Organometal. Chem. **25** [1970] 421/8). — [5] M. P. Brown, D. E. Webster (J. Phys. Chem. **64** [1960] 698/9).

[6] T. L. Brown, K. Stark (J. Phys. Chem. **69** [1965] 2679/83). — [7] Yu. P. Egorov (Teor. i Eksperim. Khim. **1** [1965] 30/40; Theor. Exptl. Chem. [USSR] **1** [1965] 17/23). — [8] G. Matsubayashi, Y. Kawasaki, T. Tanaka, R. Okawara (Bull. Chem. Soc. Japan **40** [1967] 1566/70). — [9] L. A. Fedorov, D. N. Kravtsov, A. S. Peregudov, E. I. Fedin, E. M. Rokhlina (Izv. Akad. Nauk SSSR Ser. Khim. **1971** 1705/12; Bull. Acad. Sci. USSR Div. Chem. Sci. **1971** 1600/8). — [10] V. S. Petrosyan, A. B. Permin, O. A. Reutov (Izv. Akad. Nauk SSSR Ser. Khim. **1974** 1305/7; Bull. Acad. Sci. USSR Div. Chem. Sci. **1974** 1229/31).

[11] G. Barbieri, F. Taddei (J. Chem. Soc. Perkin Trans. II **1972** 1327/31). — [12] D. P. Arnold, P. R. Wells (J. Organometal. Chem. **108** [1976] 345/52). — [13] E. V. van den Berghe, G. P. van der Kelen (J. Organometal. Chem. **72** [1974] 65/9). — [14] D. C. McWilliam, P. R. Wells (J. Organometal. Chem. **85** [1975] 335/46). — [15] G. Singh (J. Organometal. Chem. **99** [1970] 251/62).

[16] J. Lorberth, H. Vahrenkamp (J. Organometal. Chem. **11** [1968] 111/24). — [17] L. A. Fedorov, E. I. Fedin (Izv. Akad. Nauk SSSR Ser. Khim. **1971** 787/94; Bull. Acad. Sci. USSR Div. Chem. Sci. **1971** 705/10). — [18] J. R. Chipperfield, J. Ford, A. C. Hayter, D. J. Lee, D. E. Webster (J. Chem. Soc. Dalton Trans. **1976** 1024/8). — [19] A. N. Pudovik, I. Ya. Kuramshin, E. G. Yarkova, A. A. Muratova, A. A. Musina, R. A. Manapov (Zh. Obshch. Khim. **43** [1973] 1229/36; J. Gen. Chem. USSR **43** [1973] 1220/5). — [20] L. Verdonck, G. P. van der Kelen (Bull. Soc. Chim. Belges **76** [1967] 258/72).

[21] G. P. van der Kelen (Nature **193** [1962] 1069/71). — [22] E. V. van den Berghe, G. P. van der Kelen (Ber. Bunsenges. Physik. Chem. **68** [1964] 652/6). — [23] E. V. van den Berghe, G. P. van der Kelen, Z. Eeckhaut (Bull. Soc. Chim. Belges **76** [1967] 79/91). — [24] E. V. van den Berghe, G. P. van der Kelen (J. Organometal. Chem. **6** [1966] 515/21). — [25] E. V. van den Berghe, G. P. van der Kelen (J. Organometal. Chem. **11** [1968] 479/85).

[26] H. Schmidbaur, I. Ruidisch (Inorg. Chem. **3** [1964] 599/600). — [27] R. D. Chambers, H. C. Clark, C. J. Willis (Can. J. Chem. **39** [1961] 131/7). — [28] E. V. van den Berghe, G. P. van der Kelen (J. Organometal. Chem. **59** [1973] 175/87). — [29] T. L. Brown, J. C. Puckett (J. Chem. Phys. **44** [1966] 2238/43). — [30] R. Gupta, B. Majee (J. Organometal. Chem. **40** [1972] 97/105).

[31] H. Schumann, H. J. Kroth (Z. Naturforsch. **29b** [1974] 573/4). — [32] J. R. Holmes, H. D. Kaesz (J. Am. Chem. Soc. **83** [1961] 3903/4). — [33] F. P. Boer, G. A. Doorakian, H. H. Freedman, S. V. McKinley (J. Am. Chem. Soc. **92** [1970] 1225/33). — [34] M. L. Maddox, N. Flitcroft, H. D. Kaesz (J. Organometal. Chem. **4** [1965] 50/6). — [35] T. Vladimiroff, E. R. Malinowski (J. Chem. Phys. **42** [1965] 440/2).

[36] G. N. Schrauzer, G. Kratel (Chem. Ber. **102** [1969] 2392/407). — [37] J. C. Hill, R. S. Drago, R. H. Herber (J. Am. Chem. Soc. **91** [1969] 1644/8). — [38] D. E. Fenton, J. J. Zuckerman (J. Am. Chem. Soc. **90** [1968] 6226/8). — [39] M. P. Brown, D. E. Webster (PB 148174 [1959] 6 S.). — [40] G. Barbieri, R. Benassi (Atti Soc. Nat. Mat. Modena **105** [1974] 39/46).

[41] A. Mackor, H. A. Meinema (Rec. Trav. Chim. **91** [1972] 911/22). — [42] P. G. Perkins, D. H. Wall (J. Chem. Soc. A **1971** 3620/3). — [43] M. E. Krasnyanskii, A. O. Litinskii, E. I. Shifrovich (Teor. i Eksperim. Khim. **10** [1974] 536/8). — [44] M. E. Krasnyanskii, Yu. A. Lysenko, A. O. Litinskii, E. I. Shifrovich (Zh. Strukt. Khim. **15** [1974] 711/2; J. Struct. Chem. [USSR] **15** [1974] 614/5). — [45] T. N. Mitchell (J. Organometal. Chem. **59** [1973] 189/97).

[46] D. E. Axelson, S. A. Kandil, C. E. Holloway (Can. J. Chem. **52** [1974] 2968/73). — [47] J. Puskar, T. Saluvere, E. Lippmaa, A. B. Permin, V. S. Petrosyan (Dokl. Akad. Nauk SSSR **220** [1975] 112/5; Dokl. Chem. Proc. Acad. Sci. USSR **220/225** [1975] 19/21). — [48] A. P. Tupciauskas, N. M. Sergeyev, Yu. A. Ustynyuk (Mol. Phys. **21** [1971] 179/81). — [49] J. D. Kennedy, W. McFarlane (J. Chem. Soc. Perkin Trans. II **1974** 146/9). — [50] A. P. Tupciauskas, N. M. Sergeyev, Yu. A. Ustynyuk (Org. Magn. Resonance **3** [1971] 655/9).

[51] R. Radeglia, G. Engelhardt (Z. Chem. [Leipzig] **14** [1974] 319/20). — [52] B. K. Hunter, L. W. Reeves (Can. J. Chem. **46** [1968] 1399/414). — [53] E. V. van den Berghe, G. P. van der Kelen (J. Organometal. Chem. **26** [1971] 207/13). — [54] A. G. Davies, P. G. Harrison, J. D. Kennedy, T. N. Mitchel, R. J. Puddephatt, W. McFarlane (J. Chem. Soc. C **1969** 1136/41). — [55] A. P. Tupciauskas, N. M. Sergeyev, Yu. A. Ustynyuk (Lietuvos Fiz. Rinkinys **11** [1971] 93/105).

[56] V. N. Torocheshnikov, A. P. Tupciauskas, N. M. Sergeyev, Yu. A. Ustynyuk (J. Organometal. Chem. **35** [1972] C25/C29). — [57] P. J. Smith, L. Smith (Inorg. Chim. Acta Rev. **7** [1973] 11/33). — [58] J. Puskar, T. Saluvere, E. Lippmaa, A. B. Permin, V. S. Petrosyan (Magn. Resonance Relat. Phenomena Proc. 18th Congr. AMPERE, Nottingham, Engl., 1974 [1975], S. 509/10). — [59] D. F. van de Vondel, H. Willemen, G. P. van der Kelen (J. Organometal. Chem. **63** [1973] 205/11). — [60] Yu. K. Maksyutin, V. V. Khrapov, L. S. Melnichenko, G. K. Semin, N. N. Zemlyanskii, K. A. Kocheshkov (Izv. Akad. Nauk SSSR Ser. Khim. **1972** 602/4; Bull. Acad. Sci. USSR Div. Chem. Sci. **1972** 562/3).

[61] M. G. Voronkov, V. P. Feshin, V. F. Mironov, S. A. Mikhailyants, T. K. Gar (Zh. Obshch. Khim. **41** [1971] 2211/7; J. Gen. Chem. USSR **41** [1971] 2237/42). — [62] N. W. G. Debye, M. Linzer (J. Chem. Phys. **61** [1974] 4770/6).

Mössbauer Spectrum

1.3.2.1.1.1.2.4 Mössbauer-Spektrum

Im Mössbauer-Spektrum werden für die Isomerieverschiebung δ (in mm) folgende Werte gefunden: −0.46 [1], −0.65 [2], −0.66 [3], −0.67 [4], −0.70 [5 bis 7] gegen α-Sn, -0.57 ± 0.04 gegen Mg_2Sn [8], 1.12 ± 0.1 in Substanz oder in 4-Azaphenanthren [9], 1.16 ± 0.1 in Phenanthren [9], 1.398 [10], 1.40 ± 0.1 [9, 11], 1.41 [12], 1.43 ± 0.03 [13 bis 15], 1.44 [16] und 1.66 in Substanz, 1.69 in CH_2Cl_2, 1.60 in Dioxan oder Hexamethylphosphorsäuretriamid und 1.63 in Aceton [17], jeweils gegen SnO_2. Die Quadrupolaufspaltung Δ (in mm/s) beträgt 2.42 in CCl_4 [9], 2.61 in 4-Azaphenanthren [9], 2.73 in Phenanthren [9], 3.01 [16], 3.091 [10], 3.15 ± 0.1 in Substanz [9], 3.23 ± 0.04 [8], 3.32 ± 0.03 [13], 3.41 [4, 12], 3.42 in Dioxan [17], 3.44 [18, 19], 3.47 [11], 3.48 in CH_2Cl_2 [17], 3.50 [3], 3.52 rein und in Hexamethylphosphorsäuretriamid [17], 3.55 [5, 6], 3.60 in Aceton [17] und in Substanz [2], 3.67 [1], 3.70 ± 0.05 [15], 3.80 in Dimethylsulfoxid [2],

4.24 [14]. Zur Berechnung der Elektronendichte am Sn-Kern und zur Beteiligung der 5s-, 5p- und 5d-Orbitale s. [6, 7, 20]. Vergleich der Ladungsverteilung in $(CH_3)_3SnCl$, berechnet mit Hilfe der modifizierten CNDO-Methode, mit der in anderen Organozinnverbindungen s. bei [21]. Korrelationen zwischen Mössbauer-spektroskopischen Daten und den Substituentenelektronegativitäten s. bei [22]. Abhängigkeiten der Isomerieverschiebung und der Quadrupolaufspaltung von Lösungsmitteleinflüssen s. bei [23, 24]. Del Re-Berechnungen s. bei [25]. Einflüsse der Gittertemperatur s. bei [26]. Der prozentuale Anteil des Cl-Restes in $(CH_3)_3SnCl$ an der Quadrupolaufspaltung beträgt 0.63 mm/s [27]. Eine Zusammenstellung aller Isomerieverschiebungen und Quadrupolaufspaltungen findet man bei [28].

Literatur:

[1] V. I. Goldanskii, V. V. Khrapov, O. Yu. Okhlobystin, V. Ya. Rochev (in: V. I. Goldanskii, R. H. Herber, Chemical Application of Mössbauer Spectroscopy, New York 1968, S. 336/76). — [2] V. I. Goldanskii, V. Ya. Rochev, V. V. Khrapov, D. N. Kravtsov, E. M. Rokhlina (Dokl. Akad. Nauk SSSR **191** [1970] 134/7; Dokl. Phys. Chem. Proc. Acad. Sci. USSR **190/195** [1970] 213/6). — [3] M. Cordey-Hayes (J. Inorg. Nucl. Chem. **26** [1964] 2306/8). — [4] M. Cordey-Hayes, R. D. Peacock, M. Vucelic (J. Inorg. Nucl. Chem. **29** [1967] 1177/80). — [5] M. Cordey-Hayes (Tech. Rept. Ser. Intern. At. Energy Agency Nr. 50 [1966] 156/63).

[6] N. N. Greenwood, P. G. Perkins, D. H. Wall (Symp. Faraday Soc. Nr. 1 [1967/68] 51/9). — [7] M. L. Unland, J. H. Letcher (J. Chem. Phys. **49** [1968] 2706/12). — [8] J. K. Lees, P. A. Flinn (J. Chem. Phys. **48** [1968] 882/9). — [9] J. Nasielski, N. Sprecher, V. Devooght, S. Lejeune (J. Organometal. Chem. **8** [1967] 97/104). — [10] R. H. Herber, H. A. Stöckler, W. T. Reichle (J. Chem. Phys. **42** [1965] 2447/52).

[11] B. Gassenheimer, R. H. Herber (Inorg. Chem. **8** [1969] 1120/5). — [12] H. A. Stöckler, H. Sano (Trans. Faraday Soc. **64** [1968] 577/81). — [13] J. C. Hill, R. S. Drago, R. H. Herber (J. Am. Chem. Soc. **91** [1969] 1644/8). — [14] J. Devooght, M. Gielen, S. Lejeune (J. Organometal. Chem. **21** [1970] 333/43). — [15] J. J. Zuckerman (Advan. Organometal. Chem. **9** [1970] 21/134).

[16] N. W. G. Debye, E. Rosenberg, J. J. Zuckerman (J. Am. Chem. Soc. **90** [1968] 3234/6). — [17] V. S. Petrosyan, N. S. Yashina, S. G. Sacharov, O. A. Reutov, V. Ya. Rochev, V. I. Goldanskii (J. Organometal. Chem. **52** [1973] 333/42). — [18] G. M. Bancroft, V. G. K. Das, T. K. Sham, M. G. Clark (J. Chem. Soc. Dalton Trans. **1976** 643/54). — [19] R. H. Platt (J. Organometal. Chem. **24** [1970] C23/C25). — [20] P. A. Flinn (Advan. Chem. Ser. **68** [1967] 21/33).

[21] P. G. Perkins, D. H. Wall (J. Chem. Soc. A **1971** 3620/3). — [22] V. Kotkhekar, V. S. Shpinel (Zh. Strukt. Khim. **10** [1969] 37/42). — [23] H. Schnorr, H. Kriegsmann (Proc. Conf. Appl. Mössbauer Eff., Tihany, Hung., 1969 [1971], S. 629/33 nach C.A. **75** [1971] Nr. 13197). — [24] J. C. Hill (Diss. Univ. of Illinois 1968, 176 S.; Diss. Abstr. Intern. B **30** [1969] 103). — [25] R. Gupta, B. Majee (J. Organometal. Chem. **49** [1973] 203/11).

[26] H. A. Stöckler, H. Sano (Chem. Commun. **1969** 954/5). — [27] R. C. Poller, J. N. R. Ruddick (J. Organometal. Chem. **39** [1972] 121/8). — [28] P. J. Smith (Organometal. Chem. Rev. A **5** [1970] 373/402).

1.3.2.1.1.1.2.5 Schwingungsspektren

Vibrational Spectra

Die gemessenen und zugeordneten IR- und Raman-Spektren von $(CH_3)_3SnCl$ sind in Tabelle 15 zusammengestellt. Die Aufnahme eines FIR-Spektrums von $(CH_3)_3SnCl$ im Bereich zwischen 55 und 400 cm^{-1} zeigt eine starke Bande bei 325 cm^{-1} für die $\nu SnCl$ und eine mittelstarke Bande bei 145 cm^{-1}, die auf Deformationsschwingungen zurückgeführt wird [4]. Daneben werden folgende Banden aus den IR-Spektren von $(CH_3)_3SnCl$ angegeben und teilweise zugeordnet: $\nu CH = 3001\ cm^{-1}$ [5], $\nu_{as}CH_3 = 2994\ cm^{-1}$, $\nu_s CH_3 = 2921\ cm^{-1}$ [6], $\nu SnC_3 = 513$ s, 542 st, $\nu SnCl = 333$ st, $\delta SnC_3 =$ 145 m [7], 513 m, 545 st, 722 m, 782 st, 1200 s, 1410 s [8], $\nu SnC_3 = 514$ und 545 cm^{-1} [9]. Verschiedene Banden sind stark abhängig vom Lösungsmittel. So findet man für die $\nu SnCl$ im Raman-Spektrum von festem $(CH_3)_3SnCl$ eine Bande bei 288 cm^{-1}, bei flüssiger Verbindung bei

315 cm^{-1} und in CS_2-Lösung bei 331 cm^{-1} [3]. Gleiche Abweichungen findet man auch bei den Schwingungen $\nu_{as}SnC_3$, ν_sSnC_3, δCH_3 und νCH_3 bei Aufnahme der Raman-Spektren der festen oder flüssigen Verbindung bzw. in wäßriger oder CS_2-Lösung [3]. Weitere Diskussion der Lösungsmitteleffekte auf die Schwingungsspektren von $(CH_3)_3SnCl$ s. bei [10 bis 12].

Tabelle 15
IR- und Raman-Spektren von $(CH_3)_3SnCl$.

Schwingungstyp	Zuordnung	ν in cm^{-1} Raman (fl) [1, 2]	IR (fl) [1, 2]	Raman (fl) [3]	IR (CS_2) [3]
$\nu_1(A_1)$, $\nu_9(A_2)$ ν_{13}, $\nu_{14}(E)$	$\nu_{as}CH_3$	3001 m	3002 st	2998 m	2997 m
$\nu_2(A_1)$, $\nu_{15}(E)$	ν_sCH_3	2923 st	2925 st	2921 st	2920 m
$\nu_3(A_1)$, $\nu_{10}(A_2)$ ν_{16}, $\nu_{17}(E)$	$\delta_{as}CH_3$	1401 s	1400 st	1401 s	1400 m
$\nu_4(A_1)$, $\nu_{18}(E)$	δ_sCH_3	1202 m	1193 st	1198 m	1192 m
$\nu_5(A_1)$, $\nu_{11}(A_2)$ ν_{19}, $\nu_{20}(E)$	ρCH_3	790 s	787 st		782 st 725 m
$\nu_{21}(E)$	$\nu_{as}SnC_3$	548 m	561 m 545 st 523 m	545 m	543 st
$\nu_6(A_1)$	ν_sSnC_3	518 st	514 st	514 st	514 m
$\nu_7(A_1)$	$\nu SnCl$	318 s		313 m	
$\nu_8(A_1)$, $\nu_{22}(E)$	δSnC_3	150 m		145 m	
$\nu_{23}(E)$	δC_3SnCl	150 m			
$\nu_{12}(A_2)$, $\nu_{24}(E)$	τCH_3	inaktiv			

Kombinations- und Oberschwingungen s. in den Originalen [1, 3].

Vergleichende Betrachtung der Schwingungsspektren von Organometallverbindungen der IV. Hauptgruppe s. bei [13]. Korrelationen der IR-Frequenzen mit NMR-Daten s. bei [5]. Aus Del Re-Berechnungen erhält man unter Zugrundelegung eines Sn-Cl-Bindungsabstandes von 2.37 Å eine Bindungsordnung für die Sn-Cl-Bindung von 0.922 [14]. Aus den Frequenzwerten von geschmolzenem $(CH_3)_3SnCl$ und unter der vereinfachenden Annahme der Methylgruppe als schwingender Massenpunkt berechnete Kraftkonstanten (in mdyn/Å): fSnC = 2.12, f'SnC = 0.03, fSnCl = 1.60, dCSnC = 0.07, d'CSnC = −0.02, dCSnCl = 0.08 [3]. Theoretische Betrachtungen bezüglich der Anwendbarkeit einer Theorie der delokalisierten Schwingungen von Edgell auf die IR-Spektren von Organozinnchloriden s. bei [15]. Berechnungen der Molekülorbitalenergien aus den IR-Frequenzen und NMR-Daten s. bei [16, 17].

Literatur:

[1] W. F. Edgell, C. H. Ward (J. Am. Chem. Soc. **77** [1955] 6486/91). — [2] W. F. Edgell, P. W. Moore, C. H. Ward (TID-15200 [1962] 119 S. nach C.A. **58** [1963] Nr. 12087). — [3] H. Kriegsmann, S. Pischtschan (Z. Anorg. Allgem. Chem. **308** [1961] 212/25). — [4] P. Taimsalu, J. L. Wood (Spectrochim. Acta **20** [1964] 1043/51). — [5] Yu. P. Egorov (Teor. i Eksperim. Khim. **1** [1965] 30/40; Theor. Exptl. Chem. [USSR] **1** [1965] 17/23).

[6] T. L. Brown, J. C. Puckett (J. Chem. Phys. **44** [1966] 2238/43). — [7] R. J. H. Clark, A. G. Davies, R. J. Puddephatt (J. Chem. Soc. A **1968** 1828/34). — [8] R. Okawara, D. E. Webster, E. G. Rochow (J. Am. Chem. Soc. **82** [1960] 3287/90). — [9] M. Shindo, Y. Matsumura, R. Okawara (Bull. Chem. Soc. Japan **42** [1969] 265/6). — [10] P. Taimsalu, J. L. Wood (Spectrochim. Acta **20** [1964] 1357/68).

[11] I. R. Beattie, G. P. McQuillan (J. Chem. Soc. **1963** 1519/23). — [12] J. C. Hill, R. S. Drago, R. H. Herber (J. Am. Chem. Soc. **91** [1969] 1644/8). — [13] N. A. Chumaevskii (Usp. Khim. **32** [1963] 1152/75). — [14] R. Gupta, B. Majee (J. Organometal. Chem. **36** [1972] 71/6). — [15] P. W. Moore (Diss. Purdue Univ. 1961, 313 S. nach Diss. Abstr. **23** [1963] 4550).

[16] M. E. Krasnyanskii, O. A. Litinskii, E. I. Shifrovich (Teor. i Eksperim. Khim. **10** [1974] 536/8). — [17] M. E. Krasnyanskii, Yu. A. Lysenko, O. A. Litinskii, E. I. Shifrovich (Zh. Strukt. Khim. **15** [1974] 711/2; J. Struct. Chem. [USSR] **15** [1974] 614/5).

1.3.2.1.1.1.2.6 Elektronenspinresonanzspektrum

Electron Spin Resonance Spectrum

Das ESR-Spektrum von $(CH_3)_3SnCl$ nach Röntgenbestrahlung bei 77 K zeigt ein 1:3:3:1-Quartett mit einem g-Faktor von 2.004 und einer Aufspaltung von 22 ± 1 Gauß, das einem CH_3-Radikal zugeordnet wird. Nach Erwärmen der Probe auf −120°C bzw. −90°C ist das CH_3-Spektrum nahezu verschwunden und ein 1:2:1-Triplett mit g = 2.009 und einer Aufspaltung von 20 ± 1 Gauß, einschließlich von Satelliten, ist übriggeblieben. Dieses Triplett wird einem $(CH_3)_2ClSnCH_2$-Radikal zugeordnet [1]. Für $(CH_3)_3Sn$-Radikale, die bei 77 K aus $(CH_3)_3SnCl$ und Na erhalten wurden, werden angegeben: $g_x = 1.995$, $g_y = 2.0243$ und $g_z = 2.0296$ [2]. Diskussion eines hochaufgelösten ESR-Spektrums von $(CH_3)_3SnCl$ in Adamantan-Matrix nach dreistündiger Bestrahlung mit γ-Strahlung (^{60}Co) im Hinblick auf die ESR-Parameter von Organozinnradikalen s. bei [3]. Zur Diskussion weiterer hochaufgelöster ESR-Spektren von $(CH_3)_3SnCl$ nach Bestrahlung mit γ-Strahlung bei 77 K s. [4], nach Bestrahlung mit UV-Licht von 254 und 370 nm bei 77 K s. [5].

Literatur:

[1] K. Höppner, G. Lassmann (Z. Naturforsch. **23a** [1968] 1758/62). — [2] J. E. Bennett, J. A. Howard (Chem. Phys. Letters **15** [1972] 322/4). — [3] R. V. Lloyd, M. T. Rogers (J. Am. Chem. Soc. **95** [1973] 2459/64). — [4] S. A. Fieldhouse, A. R. Lyons, H. C. Starkie, M. C. R. Symons (J. Chem. Soc. Dalton Trans. **1974** 1966/72). — [5] F. E. Brinckman, G. F. Kokoszka, N. K. Adams (J. Res. Natl. Bur. Std. A **73** [1969] 201/6).

1.3.2.1.1.1.2.7 Photoelektronen- und Röntgen-Photoelektronenspektrum

Photo-electron and X-Ray Photo-electron Spectra

Im He(I)-Photoelektronenspektrum von $(CH_3)_3SnCl$ erscheinen Maxima bei 9.88, 10.16, 11.33 und 13.95 eV. Diese gemessenen vertikalen Ionisierungspotentiale werden im Vergleich mit denen analoger Organometallhalogenide der Elemente der IV. Hauptgruppe auf der Basis von semi-empirischen CNDO-Berechnungen zugeordnet [1]. Im ESCA-Spektrum werden ein 3d-Signal des Sn bei 492.36 und 500.81 eV mit einer Linienbreite von 1.06 bzw. 1.12 eV, ein 1s-Signal des C bei 290.04 eV mit einer Linienbreite von 1.16 eV und ein 2p-Signal des Cl bei 204.6 und 206.3 eV gefunden [2]. Diskussion der Linienbreite des 3d-Signals des Sn in festem $(CH_3)_3SnCl$ und in anderen Organozinnverbindungen im Vergleich mit der Quadrupolaufspaltung aus den Mössbauer-Spektren s. bei [3].

Literatur:

[1] A. Flamini, E. Semprini, F. Stefani, S. Sorriso, G. Cardaci (J. Chem. Soc. Dalton Trans. **1976** 731/4). — [2] G. M. Bancroft, I. Adams, H. Lampe, T. K. Sham (J. Electron Spectrosc. Relat. Phenomena **9** [1976] 191/204). — [3] G. M. Bancroft, I. Adams, H. Lampe, T. K. Sham (Chem. Phys. Letters **32** [1975] 173/7).

Mass Spectrum

1.3.2.1.1.1.2.8 Massenspektrum

Im Massenspektrum (70 eV) von $(CH_3)_3SnCl$ erscheinen Signale für folgende Ionen: $(CH_3)_3SnCl^+$ (0.5), $(CH_3)_2SnCl^+$ (40.7), CH_3SnCl^+ (6.6), $SnCl^+$ (12.2), $(CH_3)_3Sn^+$ (18.6), $(CH_3)_2SnH^+$ (0.5), $(CH_3)_2Sn^+$ (5.9), CH_3Sn^+ (8.7), CH_2Sn^+ (2.5), SnH^+ (1.5) und Sn^+ (5.7) [1]. Zur Berechnung der Bildungsenthalpie von $(CH_3)_3SnCl$ in der Gasphase aus massenspektroskopischen Daten s. [2].

Literatur:

[1] M. Gielen, G. Mayence (J. Organometal. Chem. **46** [1972] 281/8). — [2] T. R. Spalting (J. Organometal. Chem. **55** [1973] C65/C67).

Physical Properties

1.3.2.1.1.1.3 Physikalische Eigenschaften

$(CH_3)_3SnCl$ ist eine farblose, in langen Nadeln kristallisierende Verbindung, für die folgende Schmelzpunkte angegeben werden: 34°C [1], 35°C [2], 36.0 bis 40.2°C [3], 36.5°C [4], 37°C [5 bis 8], 37.5°C [9], 37 bis 38°C [10], 37.5 bis 39.5°C [11], 38°C [12], 38 bis 39°C [13], 39.5°C [14, 15], 42°C [16], 43°C [17], 45°C [17]. Als Siedepunkt werden gefunden: 45 bis 47°C/10 Torr [16], 74 bis 75°C/45 Torr [18], 149 bis 153°C/760 Torr [19], 150°C/12 Torr [20], 152°C/760 Torr [5], 152 bis 153°C/755 Torr [1], 152 bis 154°C/Normaldruck [10], 153°C/Normaldruck [21, 22], 154°C/760 Torr [23, 24], 154 bis 156°C/739 Torr [25, 31], 155 bis 157°C/Normaldruck [26], 155.4°C/746 Torr [14], 156°C/Normaldruck [2, 15]. Für die Verdampfungsenthalpie werden $\Delta H_v = 14$ kcal/mol angegeben [24].

Leitfähigkeitsmessungen von $(CH_3)_3SnCl$ in absolutem Äthanol bei 25°C führen zu einem Λ_0-Wert von 30.8 $\Omega^{-1} \cdot cm^2 \cdot val^{-1}$ [8]. Leitfähigkeitsmessungen in Mischungen aus Alkohol-Aceton und Nitrobenzol-Pyridin zeigen, daß $(CH_3)_3SnCl$ in Nitrobenzol praktisch nicht ionisiert vorliegt. Die geringe Leitfähigkeit der Verbindung in Aceton wird durch Zusatz von Äthanol und vor allem durch Zusatz von Pyridin stark erhöht, was für die Bildung von Komplexen mit diesen Verbindungen spricht [27]. Weitere Leitfähigkeitsuntersuchungen von $(CH_3)_3SnCl$ in Pyridin [28] und Dimethylformamid [4], diskutiert im Vergleich mit entsprechenden Werten von anderen Organoelement(IVb)-halogeniden, s. bei [4, 28]. Zum Leitfähigkeitsverhalten von $(CH_3)_3SnCl$ und anderen Organozinnverbindungen in $H_2S_2O_7$ s. [29]. Das Standardpotential beträgt für das Redoxsystem $[(CH_3)_3Sn]_2/(CH_3)_3SnCl$ in Äthanol/0.1 M $NaClO_4$ bei 25°C gegen Ag/AgCl $E_0 = -0.140$ V, in Methanol $E_0 = -0.139$ V [30].

Literatur:

[1] V. F. Mironov, A. L. Kravchenko (Zh. Obshch. Khim. **34** [1964] 1356/7; J. Gen. Chem. USSR **34** [1964] 1359). — [2] P. Taimsalu, J. L. Wood (Spectrochim. Acta **20** [1964] 1043/51). — [3] B. G. Kushlefsky, M and T Chemicals, Inc. (U.S.P. 3389158 [1963/68]; C.A. **69** [1968] Nr. 77499). — [4] A. B. Thomas, E. G. Rochow (J. Am. Chem. Soc. **79** [1957] 1843/8). — [5] K. Jones, M. F. Lappert (J. Organometal. Chem. **3** [1965] 295/307).

[6] H. A. Skinner, L. E. Sutton (Trans. Faraday Soc. **40** [1944] 164/85). — [7] R. J. H. Clark, A. G. Davies, R. J. Puddephatt (J. Am. Chem. Soc. **90** [1968] 6923/7). — [8] C. A. Kraus, C. C. Callis (J. Am. Chem. Soc. **45** [1923] 2624/33). — [9] T. F. Bolles, R. S. Drago (J. Am. Chem. Soc. **88** [1966] 5730/4). — [10] Z. M. Manulkin (Zh. Obshch. Khim. **16** [1946] 235/42 nach C. **1947** 90).

[11] A. C. Smith, E. G. Rochow (J. Am. Chem. Soc. **75** [1953] 4105/6). — [12] I. R. Beattie, G. P. McQuillan (J. Chem. Soc. **1963** 1519/23). — [13] T. Tanaka, G. Matsubayashi, A. Shimizu, S. Matsuo (Inorg. Chim. Acta **3** [1969] 187/90). — [14] H. Kriegsmann, S. Pischtschan (Z. Anorg. Allgem. Chem. **308** [1961] 212/25). — [15] K. Licht, H. Geissler, P. Koehler, K. Hottmann, H. Schnorr, H. Kriegsmann (Z. Anorg. Allgem. Chem. **385** [1971] 271/88).

[16] B. A. Arbuzov, A. N. Pudovik (Zh. Obshch. Khim. **17** [1947] 2158/65 nach C.A. **1948** 4522). — [17] T. A. George, M. F. Lappert (J. Chem. Soc. A **1969** 992/6). — [18] D. P. Arnold, P. R. Wells (J. Organometal. Chem. **111** [1976] 285/96). — [19] V. A. Chernoplekova, N. N. Zemlyanskii, N. D. Kolosova, K. A. Kocheshkov (Izv. Akad. Nauk SSSR Ser. Khim. **1975** 2803/5; Bull. Acad. Sci. USSR Div. Chem. Sci. **1975** 2691/3). — [20] J. Lorberth, H. Nöth (Chem. Ber. **98** [1965] 969/76).

[21] G. Barbieri, R. Benassi (Atti Soc. Nat. Mat. Modena **105** [1974] 39/46). — [22] D. C. McWilliam, P. R. Wells (J. Organometal. Chem. **85** [1975] 165/72). — [23] M. G. Voronkov, L. A. Zhagata (Zh. Obshch. Khim. **41** [1971] 1776/9; J. Gen. Chem. USSR **41** [1971] 1784/6). — [24] J. C. Baldwin, M. F. Lappert, J. B. Pedley, J. S. Poland (J. Chem. Soc. Dalton Trans. **1972** 1943/7). — [25] W. K. Johnson (J. Org. Chem. **25** [1960] 2253/4).

[26] A. S. Peregudov, L. A. Fedorov, D. N. Kravtsov, E. M. Rokhlina (Zh. Obshch. Khim. **42** [1972] 2194/9; J. Gen. Chem. USSR **42** [1972] 2190/4). — [27] C. A. Kraus, W. N. Greer (J. Am. Chem. Soc. **45** [1923] 2946/54). — [28] A. B. Thomas, E. G. Rochow (J. Inorg. Nucl. Chem. **4** [1957] 205/15). — [29] R. C. Paul, J. K. Puri, K. C. Malhotra (J. Inorg. Nucl. Chem. **35** [1973] 403/12). — [30] L. Doretti, P. Zanella, G. Tagliavini (J. Organometal. Chem. **22** [1970] 23/8).

[31] H. W. Wehner, H. G. Köstler, Ciba-Geigy A.-G. (Deut. Offenlegungsschrift 2608698 [1975/76]; C.A. **86** [1977] Nr. 72884).

1.3.2.1.1.1.4 Polarographie

Polarography

$(CH_3)_3SnCl$ wird in wäßriger Lösung bei der Polarographie in zwei Einelektronenschritten abhängig vom pH-Wert der Lösung und der Gegenwart oberflächenaktiver Substanzen reduziert unter Bildung von $[(CH_3)_3Sn]_2$ [1]. Dieses Verhalten konnte auch in Benzol-Methanol [2] und in Dimethylformamid als Lösungsmittel bestätigt werden [3]. Vergleiche der polarographischen Reduktion von $(CH_3)_3SnCl$ mit der Polarographie und dem elektrochemischen Verhalten anderer Organozinnchloride s. bei [4 bis 6]. Wechselstrompolarographische Kapazitätseffekte von $(CH_3)_3SnCl$ und anderen Organozinnverbindungen wurden in Alkoholen untersucht. Dabei wurde gefunden, daß diese Verbindungen in alkoholischen Leitelektrolyten bereits bei kleinen Konzentrationen Kapazitätserniedrigungen hervorrufen. Diese sind konzentrations- und zeitabhängig und entsprechen nicht den Gleichgewichtswerten der Oberflächenkonzentration. Die Kapazitätseffekte werden von der Größe und der Zahl der organischen Liganden am Zinn beeinflußt. Unabhängig vom Alkohol als Lösungsmittel stellen sich dieselben Werte der Sättigungskapazität ein [7].

Literatur:

[1] K. Markusova, I. Zezula (Collection Czech. Chem. Commun. **40** [1975] 13/9). — [2] M. Devaud, Y. Le Moullec (Electrochim. Acta **21** [1976] 395/400). — [3] M. Devaud, Y. Le Moullec (J. Electroanal. Chem. **68** [1976] 223/35). — [4] R. E. Dessy, W. Kitching, T. Chivers (J. Am. Chem. Soc. **88** [1966] 453/9). — [5] H. Mehner, H. Jehring, H. Kriegsmann (J. Organometal. Chem. **15** [1968] 97/105).

[6] R. B. Allen (Diss. Univ. of New Hampshire 1959; Diss. Abstr. **20** [1959] 897). — [7] H. Jehring, H. Mehner (Z. Anal. Chem. **224** [1967] 136/43).

1.3.2.1.1.1.5 Chemisches Verhalten

Chemical Reactions

Trimethylzinnchlorid ist eines der wichtigsten Ausgangsmaterialien zur Synthese von zinnorganischen, speziell Trimethylzinn-Verbindungen. Die Reaktionen der Verbindung sind deshalb sehr häufig und sehr eingehend untersucht worden. Wegen der großen Fülle stellen die im folgenden beschriebenen Reaktionen von $(CH_3)_3SnCl$ keine erschöpfende Übersicht der gesamten in der Literatur befindlichen Umsetzungen von $(CH_3)_3SnCl$ dar, sondern sie geben nur einen repräsentativen Querschnitt, ohne jedoch eine wesentliche Reaktion, über die berichtet wurde, auszulassen.

Reactions with Hydrogenating Agents

1.3.2.1.1.1.5.1 Reaktionen mit Hydrierungsmitteln

$(CH_3)_3SnCl$ reagiert mit $NaBH_4$ in Diäthyläther [1] oder in Diglyme als Lösungsmittel unter Bildung von $(CH_3)_3SnH$ [2 bis 4]. Bei Anwendung eines großen Überschusses an $NaBH_4$ werden 92% Ausbeute an $(CH_3)_3SnH$ erzielt [4]. Auch bei der Reaktion zwischen $(CH_3)_3SnCl$ und $LiAlH_4$ in Tetragylme wird $(CH_3)_3SnH$ gebildet [5].

Literatur:

[1] E. J. Corey, J. W. Suggs (J. Org. Chem. **40** [1975] 2554/5). — [2] E. R. Birnbaum, P. H. Javora (J. Organometal. Chem. **9** [1967] 379/82). — [3] M. L. Bullpitt, W. Kitching (J. Organometal. Chem. **46** [1972] 21/9). — [4] E. R. Birnbaum, P. H. Javora (Inorg. Syn. **12** [1970] 45/57). — [5] H. G. Kuivila, J. E. Dixon, P. L. Maxfield, N. M. Scarpa, T. M. Topka, K. H. Tsai, K. R. Wursthorn (J. Organometal. Chem. **86** [1975] 89/107).

Reactions with Metals

1.3.2.1.1.1.5.2 Reaktionen mit Metallen

$(CH_3)_3SnCl$ reagiert mit Li in Tetrahydrofuran bei 5°C unter Bildung von $(CH_3)_3SnLi$ [1, 2]. Mit Na wird in flüssigem NH_3 über $(CH_3)_3SnNa$ $(CH_3)_3SnH$ [3] oder $[(CH_3)_3Sn]_2$ erhalten [4]. Ganz allgemein entsteht mit Alkalimetallen in flüssigem Ammoniak $[(CH_3)_3Sn]_2$ [4, 5]. Aus kinetischen Untersuchungen der Reaktion zwischen $(CH_3)_3SnCl$ und Na-Dampf und dem Vergleich der Geschwindigkeitskonstanten der Reaktionen von Na mit Verbindungen $(CH_3)_3MCl$ (M = C, Si, Ge, Sn) mit den Dissoziationsenergien $(CH_3)_3M$-Cl wird auf die Bildung eines pentavalenten Zwischenzustandes $[(CH_3)_3Sn(Cl)Na]$ geschlossen [6]. Auch bei der Reaktion zwischen $(CH_3)_3SnCl$ und Na in $Sn(CH_3)_4$ wird $[(CH_3)_3Sn]_2$ gebildet [7], ebenso wie bei der Umsetzung von $(CH_3)_3SnCl$ mit Mg in Tetrahydrofuran [8].

$(CH_3)_3SnCl$ reagiert mit Zn-Cu unter Bildung verschiedener Produkte. So entsteht in Tetrahydrofuran bei 70°C im Verlauf von zwei Tagen Sn neben $Sn(CH_3)_4$. Bei zusätzlicher Gegenwart von Methanol entsteht nur Sn neben CH_4 [9, 10], während in Tetrahydrofuran-Tetramethyläthylendiamin Sn neben $Sn(CH_3)_4$ und $[(CH_3)_3Sn]_2$ gebildet wird. Die gleiche Produktmischung entsteht nach 6 h auch in Tetrahydrofuran-Bipyridyl bei 70°C [10].

Literatur:

[1] C. Tamborski, F. E. Ford, E. J. Soloski (J. Org. Chem. **28** [1963] 237/9). — [2] H. Schumann, S. Ronecker (Z. Naturforsch. **22b** [1967] 452/3). — [3] C. A. Kraus, W. N. Greer (J. Am. Chem. Soc. **44** [1922] 2629/33). — [4] C. A. Kraus, W. V. Sessions (J. Am. Chem. Soc. **47** [1925] 2361/8). — [5] M. P. Brown, G. W. A. Fowles (J. Chem. Soc. **1958** 2811/4).

[6] D. S. Boak, N. J. Friswell, B. G. Gowenlock (J. Organometal. Chem. **27** [1971] 333/6). — [7] K. R. Molt, I. Hechenbleikner, Carlisle Chemical Works, Inc. (Neth. Appl. P. 65-15201 [1964/66]; Belg.P. 672867; B.P. 1098045; B.P. 1098046; D.P. 1235914; U.S.P. 3311649; C.A. **65** [1965] 15428). — [8] H. Shirai, Y. Sato, M. Niwa (Yakugaku Zasshi **90** [1970] 59/63 nach C.A. **72** [1970] Nr. 90593). — [9] F. J. A. des Tombe, G. J. M. van der Kerk, J. G. Noltes (J. Organometal. Chem. **13** [1968] P9/P12). — [10] F. J. A. des Tombe, G. J. M. van der Kerk, J. G. Noltes (J. Organometal. Chem. **51** [1973] 173/80).

Reactions with Metal Alkyls and Aryls

1.3.2.1.1.1.5.3 Reaktionen mit Metallalkylen und -arylen

Trimethylzinnchlorid reagiert mit zahlreichen Alkaliorganylen sowie Grignard-Verbindungen und entsprechenden Derivaten unter Bildung von Zinntetraorganylen. Diese Methode ist allgemein anwendbar zur Synthese von Verbindungen des Typs $(CH_3)_3SnR$, wenn die entsprechende metallorganische Verbindung RLi, RNa bzw. RMgX einfach zugänglich ist und für solche Reaktionen herangezogen werden kann. Von den zahlreich in der Literatur beschriebenen Reaktionen von $(CH_3)_3SnCl$ mit metallorganischen Verbindungen unter Bildung des entsprechenden Derivates (s. „Zinnorganische Verbindungen" Tl. 1 und 2) sind in Tabelle 16 einige typische Reaktionen zusammengestellt.

Tabelle 16

Reaktionen von $(CH_3)_3SnCl$ mit Alkaliorganylen und Grignard-Verbindungen.

Reaktionspartner	Reaktionsbedingungen	Reaktionsprodukt	Lit.
$LiCCl_3$	−110°C	$(CH_3)_3SnCCl_3$	[1]
$LiCHJ_2$	THF-Hexan, −95°C	$(CH_3)_3SnCHJ_2$	[2]
$LiC(CH_3)_3$	—	$(CH_3)_3SnC(CH_3)_3$	[3]
$LiC(C_6H_5)_3$	THF	$(CH_3)_3SnC(C_6H_5)_3$	[4]
Li	Diäthyläther	$Sn(CH_3)_3$	[5]
Br, Li	—	$(CH_3)_3Sn$, Br	[6]
LiC═C—C═CLi; C_6H_5 C_6H_5 C_6H_5 C_6H_5	Äther-THF, 70°C	Sn; C_6H_5 C_6H_5 C_6H_5 C_6H_5 C_6H_5 C_6H_5 C_6H_5 C_6H_5	[7]
$[(CH_3)_3Si]_2C(Li)Sn(CH_3)_3$	Pentan-Äther	$[(CH_3)_3Si]_2C[Sn(CH_3)_3]_2$	[8]
$[(CH_3)_3Si]_2C(Li)SiCl(CH_3)_2$	Pentan-Äther	$[(CH_3)_2Si]_2C(Sn(CH_3)_3)SiCl(CH_3)_2$	[8]
$(C_6H_5)_3P{=}C(Li)COR$	—	$(C_6H_5)_3P{=}C(Sn(CH_3)_3)COR$ $(C_6H_5)_3P{=}C{=}CRSn(CH_3)_3$	[9]
$(C_6H_5)_3P{=}C(Li)COOCH_3$	—	$(C_6H_5)_3P{=}C(Sn(CH_3)_3)COOCH_3$	[9]
Li	Äther	$Sn(CH_3)_3$	[29]
C_6H_5—C——C—Li; $B_{10}H_{10}$	Benzol, Rückfluß	C_6H_5—C——C—$Sn(CH_3)_3$; $B_{10}H_{10}$	[10]
Li—C——C—Li; $B_{10}H_{10}$	—	$(CH_3)_3Sn$—C——C—$Sn(CH_3)_3$; $B_{10}H_{10}$	[11]
$Li^{\oplus}$ NC, NC, ⊖, CN, CN	Wasser	NC, NC, CN, CN, $Sn(CH_3)_3$	[12]

Tabelle 16 (Fortsetzung)

Reaktionspartner	Reaktionsbedingungen	Reaktionsprodukt	Lit.
$NaC{\equiv}CH$	fl. NH_3/Äther, −78°C	$(CH_3)_3SnC{\equiv}CH$, $(CH_3)_3SnC{\equiv}CSn(CH_3)_3$	[13]
$NaB_{10}H_{13}$	Äther, N_2	$(CH_3)_2SnB_{10}H_{12}$	[14]
$Na_2B_{10}H_{13}CN$	THF, Rückfluß; Hydrolyse	$B_{10}H_{12}CNH_3$	[15]
C_4H_9MgJ	Äther	$(CH_3)_3SnC_4H_9$	[16]
C_4H_9MgBr	Äther, Rückfluß	$(CH_3)_3SnC_4H_9$	[17]
$C_8H_{17}MgBr$	Äther, Rückfluß	$(CH_3)_3SnC_8H_{17}$	[17]
$C_{12}H_{25}MgBr$	Äther, Rückfluß	$(CH_3)_3SnC_{12}H_{25}$	[17]
CHJ_2MgCl	THF, −95°C	$(CH_3)_3SnCHJ_2$	[2]
$(CH_3)_3SnCH_2MgCl$	Äther	$[(CH_3)_3Sn]_2CH_2$	[18]
$(CH_3)_3SnCJ_2MgCl$	THF, −100°C	$[(CH_3)_3Sn]_2CJ_2$	[2]
$CH_3CH{=}CHCH_2CH_2MgBr$	Äther, 50°C	$(CH_3)_3SnCH_2CH_2CH{=}CHCH_3$	[19]
$CH_3CH_2CH{=}CHCH_2MgBr$	Äther, 20°C	$(CH_3)_3SnCH_2CH{=}CHCH_2CH_3$	[19]
$CF_3CF_2C{\equiv}CMgX$	—	$(CH_3)_3SnC{\equiv}CC_2F_5$	[20]
YC_6H_4MgX Y = H, 4-CF_3, 3-CF_3, 4-Cl, 3-Cl, 4-CH_3	—	$(CH_3)_3SnCH_2C_6H_4Y$	[21]
C_6H_5MgBr	Äther	$(CH_3)_3SnC_6H_5$	[22]
p-$C_6H_5C_6H_4MgBr$	THF, Rückfluß, und Xylol, Rückfluß	$(CH_3)_3SnC_6H_4$-p-C_6H_5	[23]
m-$C_6H_5C_6H_4MgBr$	THF, Rückfluß, und Xylol, Rückfluß	$(CH_3)_3SnC_6H_4$-m-C_6H_5	[23]
p-RC_6H_4MgBr R = $(C_2H_5)_3SiC{\equiv}CC{\equiv}C$	—	$(CH_3)_3SnC_6H_4$-p-R	[24]
m-RC_6H_4MgBr R = $(C_2H_5)_3SiC{\equiv}CC{\equiv}C$	—	$(CH_3)_3SnC_6H_4$-m-R	[24]
MgBr (Norbornenyl-Strukturformel)	Äther	$(CH_3)_3Sn$ … $Sn(CH_3)_3$ (Strukturformeln)	[25]
BrMg, Br (Strukturformel)	—	Br, $Sn(CH_3)_3$ (Strukturformel)	[6]
Br, MgBr (Strukturformel)	—	Br, $Sn(CH_3)_3$ (Strukturformel)	[6]
ClMg; CH_3; CH_3; $CHCH_2CH_2CH_2CHCH_3$ mit CH_3, CH_3 (Steroid-Strukturformel)	—	$(CH_3)_3Sn$; CH_3; CH_3; $CHCH_2CH_2CH_2CHCH_3$ mit CH_3, CH_3 (Steroid-Strukturformel)	[26]

$(CH_3)_3SnCl$ reagiert mit $[(C_2H_5)_2AlCl]_2$ unter Bildung von $(CH_3)_3SnC_2H_5$ neben $[C_2H_5AlCl_2]_2$ [27]. Auch Zinkorganyle reagieren mit $(CH_3)_3SnCl$ unter Bildung von Zinntetraorganylen. So wird in Tetrahydrofuran mit $JZnCH_2J$ bei 35 bis 40°C $(CH_3)_3SnCH_2J$ gebildet, mit $(CH_3)_3SiCHJZnJ$ entsteht $(CH_3)_3SiCHJSn(CH_3)_3$, mit $CH_3CHJZnJ$ entsprechend $(CH_3)_3SnCHJCH_3$ und mit $(CH_3)_3SnCHJZnJ$ die Verbindung $[(CH_3)_3Sn]_2CHJ$ [28]. $(CH_3)_3SnCl$ reagiert mit $C_6H_5HgCBrCl_2$ unter Bildung von $(CH_3)_3SnCCl_3$ neben $(CH_3)_3SnCBrCl_2$ [1].

Literatur:

[1] D. Seyferth, F. M. Armbrecht, B. Prokai, R. J. Cross (J. Organometal. Chem. **6** [1966] 573/6). — [2] D. Seyferth, R. L. Lambert (J. Organometal. Chem. **54** [1973] 123/30). — [3] C. F. Shaw, A. L. Allred (J. Organometal. Chem. **28** [1971] 53/7). — [4] V. Gutmann, R. Schmid (Monatsh. Chem. **100** [1969] 721/3). — [5] C. Eaborn, A. A. Najam, D. R. M. Walton (J. Chem. Soc. Chem. Commun. **1972** 840).

[6] D. Seyferth, R. L. Lambert (J. Organometal. Chem. **55** [1973] C53/C57). — [7] J. G. Zavistoki, J. J. Zuckerman (J. Org. Chem. **34** [1969] 4197/9). — [8] D. Seyferth, J. L. Lefferts (J. Organometal. Chem. **116** [1976] 257/73). — [9] J. Buckle, P. G. Harrison (J. Organometal. Chem. **77** [1974] C22/C24). — [10] L. I. Zakharkin, V. I. Bregadze, O. Yu. Okhlobystin (J. Organometal. Chem. **4** [1965] 211/6).

[11] S. Bresadola, F. Rosetto, I. Tagliavini (Ann. Chim. [Rome] **58** [1968] 597/602). — [12] J. A. Richards, P. G. Harrison (J. Organometal. Chem. **64** [1974] C3/C4). — [13] V. S. Zavgorodnii, L. G. Sharanina, A. A. Petrov (Zh. Obshch. Khim. **37** [1967] 1548/53; J. Gen. Chem. USSR **37** [1967] 1469/73). — [14] R. E. Loffredo, A. D. Norman (J. Am. Chem. Soc. **93** [1971] 5587/8). — [15] F. R. Scholer, L. J. Todd (J. Organometal. Chem. **14** [1968] 261/6).

[16] G. Neubert, H. O. Wirth (Z. Anal. Chem. **273** [1975] 19/23). — [17] G. J. M. van der Kerk, J. G. A. Luijten (J. Appl. Chem. [London] **6** [1956] 56/60). — [18] A. A. Buyakov, T. K. Gar, V. F. Mironov (Zh. Obshch. Khim. **43** [1973] 801/4; J. Gen. Chem. USSR **43** [1973] 800/2). — [19] H. J. Albert, W. P. Neumann, W. Kaiser, H. P. Ritter (Chem. Ber. **103** [1970] 1372/82). — [20] W. R. Cullen, M. C. Waldman (Inorg. Nucl. Chem. Letters **5** [1970] 205/7).

[21] C. J. Moore, W. Kitching (J. Organometal. Chem. **59** [1973] 225/30). — [22] T. P. Poeth, P. G. Harrison, T. V. Long, B. R. Willeford, J. J. Zuckerman (Inorg. Chem. **10** [1971] 522/8). — [23] H. Zimmer, M. A. Barcelon, W. R. Jones (J. Organometal. Chem. **63** [1973] 133/8). — [24] C. Eaborn, A. R. Thompson, D. R. M. Walton (J. Chem. Soc. B **1970** 357/9). — [25] D. D. Davis, H. T. Johnson (J. Organometal. Chem. **86** [1975] 75/87).

[26] H. Zimmer, A. V. Bayless (Tetrahedron Letters **1970** 259/62). — [27] J. R. Horder, M. F. Lappert (J. Chem. Soc. A **1968** 1167/8). — [28] D. Seyferth, S. B. Andrews, R. L. Lambert (J. Organometal. Chem. **37** [1972] 69/76). — [29] R. J. Ranson, R. M. G. Roberts (J. Organometal. Chem. **107** [1976] 295/300).

1.3.2.1.1.1.5.4 Reaktionen mit Organosilicium-, Organogermanium-, Organozinn- und Organobleiverbindungen

Reactions with Organosilicon, Organogermanium, Organotin, and Organolead Compounds

$(CH_3)_3SnCl$ reagiert mit $(CH_3)_3SiJ$ exotherm unter Bildung von $(CH_3)_3SiCl$ neben $(CH_3)_3SnJ$ [1]. Bei der Umsetzung mit $(CH_3)_3SiS\text{-}i\text{-}C_3H_7$ wird $(CH_3)_3SnS\text{-}i\text{-}C_3H_7$ gebildet [2], mit $(CH_3)_3SiSeCH_3$ entsteht in 95%iger Ausbeute $(CH_3)_3SnSeCH_3$ [3]. In Dioxan reagiert $(CH_3)_3SnCl$ mit $(CH_3)_3SiP(C_6H_5)_2$ unter Bildung von $(CH_3)_3SnP(C_6H_5)_2$ neben $(CH_3)_3SiCl$ [4], während bei der Reaktion mit $[(CH_3)_3Si]_3P$ Austausch von Trimethylelement(IV)-Gruppen stattfindet, wie NMR-spektroskopisch nachgewiesen werden konnte. Im Reaktionsgemisch können neben $(CH_3)_3SiCl$ die Organometallphosphine $[(CH_3)_3Si]_2PSn(CH_3)_3$, $[(CH_3)_3Sn]_2PSi(CH_3)_3$ und auch $[(CH_3)_3Sn]_3P$ neben den Ausgangsverbindungen aufgefunden werden [5]. Mit $(CH_3)_3SiAs(CH_3)_2$ reagiert $(CH_3)_3SnCl$ entsprechend unter Bildung von $(CH_3)_3SiCl$ und $(CH_3)_3SnAs(CH_3)_2$ [6]. Bei der Umsetzung von Trimethylzinnchlorid mit $(CH_3)_3SiCCl_2Li$ in Tetrahydrofuran in Gegenwart von C_4H_9Li kann $(CH_3)_3SnC_4H_9$ neben $(CH_3)_3SnCHCl_2$ isoliert werden [7]. Mit $[(CH_3)_3Si]_2Hg$

reagiert $(CH_3)_3SnCl$ in Benzol beim Rückflußkochen unter Abscheidung von Hg bei gleichzeitiger Bildung von $(CH_3)_3SiCl$ und $[(CH_3)_3Sn]_2$ [8]. Mit $[(CH_3)_3SiRu(CO)_4]_2$ wird $[(CH_3)_3Si][(CH_3)_3Sn]Ru(CO)_4$ gebildet [9], mit dem Anion $[(C_2H_5)_3SiRu(CO)_4]^-$ entsteht in Tetrahydrofuran bei 0°C entsprechend $[(C_2H_5)_3Si][(CH_3)_3Sn]Ru(CO)_4$ in 81%iger Ausbeute [10], mit dem Anion $[(CH_3)_3SiOs(CO)_4]^-$ entsteht in 24%iger Ausbeute $[(CH_3)_3Si][(CH_3)_3Sn]Os(CO)_4$ [11].

Aus den kinetischen Daten der Umsetzung von $Sn(CH_3)_4$ mit $GeCl_4$ kann geschlossen werden, daß dabei maßgeblich die Reaktionen zwischen dem in erster Stufe gebildeten $(CH_3)_3SnCl$ und Methylgermaniumchloriden $(CH_3)_nGeCl_{4-n}$ beteiligt sind. Als Reaktionsprodukte entstehen $(CH_3)_2SnCl_2$ neben Methylgermaniumchloriden $(CH_3)_{n+1}GeCl_{3-n}$ [12]. NMR-spektroskopisch kann nachgewiesen werden, daß bei der Reaktion zwischen $(CH_3)_3SnCl$ und $[(CH_3)_3Ge]_3P$ neben $(CH_3)_3GeCl$ und $[(CH_3)_3Sn]_3P$ auch die unsymmetrischen Verbindungen $[(CH_3)_3Ge]_2PSn(CH_3)_3$ und $[(CH_3)_3Sn]_2PGe(CH_3)_3$ gebildet werden, die sich allerdings nicht präparativ trennen lassen. Bei der Umsetzung von $(CH_3)_3SnCl$ mit $(CH_3)_3GeCl$ und $[(CH_3)_3Si]_3P$ werden NMR-spektroskopisch alle 10 möglichen Organoelement(IVb)-phosphine, nämlich $[(CH_3)_3Si]_3P$, $[(CH_3)_3Ge]_3P$, $[(CH_3)_3Sn]_3P$, $[(CH_3)_3Si]_2PGe(CH_3)_3$, $[(CH_3)_3Si]_2PSn(CH_3)_3$, $[(CH_3)_3Ge]_2PSi(CH_3)_3$, $[(CH_3)_3Ge]_2PSn(CH_3)_3$, $[(CH_3)_3Sn]_2PSi(CH_3)_3$, $[(CH_3)_3Sn]_2PGe(CH_3)_3$ und auch die Verbindung $[(CH_3)_3Si][(CH_3)_3Ge][(CH_3)_3Sn]P$ gefunden [5]. Mit $(CH_3)_3GeCo(CO)_4$ reagiert $(CH_3)_3SnCl$ in Diäthyläther bei Zimmertemperatur unter Bildung von $(CH_3)_3SnCo(CO)_4$ neben $(CH_3)_3GeCl$ [13].

$(CH_3)_3SnCl$ reagiert mit $(C_6H_5)_3SnH$ in Diäthyläther in Gegenwart von $(C_2H_5)_3N$ unter Bildung von $(CH_3)_3SnSn(C_6H_5)_3$ [14]. Bei der Reaktion zwischen $(CH_3)_3SnCl$ und $SnCl_4$ wird $(CH_3)_2SnCl_2$ neben CH_3SnCl_3 gebildet [12]. Mit CH_3SnCl_3 entsteht entsprechend $(CH_3)_2SnCl_2$ [12, 15]. Zur Bestimmung der Gleichgewichtskonstanten dieser Reaktionen s. [12]. Kernresonanzspektren der Mischungen im Gleichgewicht s. bei [12, 15, 16]. $(CH_3)_3SnCl$ reagiert mit $(C_4H_9)_3SnCl$ bei 210°C unter Bildung von $CH_3(C_4H_9)_2SnCl$ neben $(CH_3)_2(C_4H_9)SnCl$ [16], mit $C_4H_9SnCl_3$ bei 190°C unter Bildung von $CH_3(C_4H_9)SnCl_2$ neben $(CH_3)_2SnCl_2$ [18]. Mit $CH_3(C_4H_9)SnCl_2$ steht bei 150°C $(CH_3)_3SnCl$ im Gleichgewicht mit $(CH_3)_2(C_4H_9)SnCl$ und $(CH_3)_2SnCl_2$ [18]. $(CH_3)_3SnCl$ reagiert in verschiedenen Lösungsmitteln mit $(CH_3)_3SnBr$ oder $(CH_3)_3SnJ$ unter Austausch der Halogenide am Zinn. Die Austauschgleichgewichte werden vornehmlich mit Hilfe der ^1H-NMR-Spektroskopie untersucht. Dabei wird gefunden, daß binäre Mischungen von $(CH_3)_3SnCl$ mit $(CH_3)_3SnBr$ in CCl_4 oder $CHCl_3$ schneller austauschen als mit $(CH_3)_3SnJ$. Dabei wird auf eine intermediäre Bildung von ionischen, möglicherweise pentakoordinierten Zuständen am Zinn geschlossen [19]. Diese Ergebnisse werden in einer späteren Arbeit weitgehend bestätigt. Durch intensivere Studien, vornehmlich unter Einbeziehung von Konzentrationseffekten und von Einflüssen von Verunreinigungen auf die Gleichgewichte kann gezeigt werden, daß die Geschwindigkeit der Dissoziation der Trimethylzinnhalogenide in $(CH_3)_3Sn^+$ und X^- einen maßgeblichen Einfluß auf die Austauschreaktionen ausübt [20]. Weitere Untersuchungen in Toluol, CH_2Cl_2 und $CDCl_3$ bestätigen erneut diese Auffassungen. Arrhenius- und Eyring-Aktivierungs-Parameter für die Austauschgleichgewichte $(CH_3)_3SnCl + (CH_3)_3SnJ$ s. im Original [21]. Für diese Reaktion wird auch ein Mechanismus über eine Reaktion 3. Ordnung mit einer Aktivierungsenergie von 2.6 ± 0.2 kcal/mol diskutiert [22]. $(CH_3)_3SnCl$ reagiert mit $(CH_3)_3SnOH$ unter Bildung von Komplexen. In Benzol und Wasser als Lösungsmittel werden dabei Komplexe folgender Zusammensetzung isoliert: $(CH_3)_3SnCl \cdot (CH_3)_3SnOH \cdot H_2O$ [23, 24, 25], $(CH_3)_3SnCl \cdot 2(CH_3)_3SnOH$ [24, 25]. Mit polymerem Dibutylzinnoxid $[(C_4H_9)_2SnO]_n$ reagiert $(CH_3)_3SnCl$ in Toluol beim Rückflußkochen unter Bildung von $(CH_3)_3SnOSnCl(C_4H_9)_2$ [26]. $(CH_3)_3SnCl$ reagiert in $CHCl_3$ mit $(CH_3)_2Sn(OOCC_6H_4\text{-p-}OCH_3)_2$ unter Austausch der Liganden am Zinn. Im ^1H-NMR-Spektrum wird für die Trimethylzinneinheiten ein Signal bei $\tau = 9.35$ und $J(^1HC^{119}Sn) = 59.2$ Hz und für die Dimethylzinneinheiten bei $\tau = 8.88$ und $J(^1HC^{119}Sn) = 83.7$ Hz gefunden [16]. Entsprechende Austauschgleichgewichte werden durch ^1H- und ^{119}Sn-NMR-spektroskopische Untersuchungen auch zwischen $(CH_3)_3SnCl$ und $(CH_3)_3SnSCH_3$ [27], $(CH_3)_3SnSC_6H_5$ [37] oder $(C_6H_5)_3SnSC_6H_5$ [28] festgestellt. Im letzten Fall wird die Bildung von $(CH_3)_3SnSC_6H_5$ neben $(C_6H_5)_3SnCl$ aus den Spektren gefolgert [28]. $(CH_3)_3SnCl$ reagiert mit $[(CH_3)_2SnN(C_2H_5)]_3$ unter Bildung eines Komplexes, dem die Zusammensetzung $(CH_3)_3SnCl \cdot (CH_3)_2SnNC_2H_5$ zugeschrieben wird, ohne nähere Einzelheiten über die Struktur anzugeben [29]. Auch mit Zinntetraorganylen reagiert $(CH_3)_3SnCl$ unter Austausch der Liganden am Zinn, wie kinetische Untersuchungen der Reaktionen mit $Sn(CH_3)_4$ [30], mit $(CH_3)_3SnC_4H_9$, was zur Bildung von $(CH_3)_2Sn(C_4H_9)Cl$ führt [31] —

entsprechende Reaktionen wurden auch mit $(CH_3)_3SnCH_2CH_2COCH_3$, $(CH_3)_3Sn(CH_2)_3COCH_3$ und mit $(CH_3)_3SnCH_2CH_2COC_6H_5$ durchgeführt [31] — und mit Verbindungen vom Typ $(CH_3)_3Sn(CH_2)_nOH$ und $(CH_3)_3Sn(CH_2)_nCOCH_3$ mit n = 2, 3, 4, 5 zeigen [32]. Bei der Reaktion mit $(C_4H_9)_3SnC{\equiv}CH$ wird dagegen in 80%iger Ausbeute $(CH_3)_3SnC{\equiv}CH$ neben $(C_4H_9)_3SnCl$ erhalten [36]. $(CH_3)_3SnCl$ reagiert mit $(CH_3)_3SnLi$ in Tetrahydrofuran bei 0°C unter Bildung von $[(CH_3)_3Sn]_2$ in 66%iger Ausbeute [33].

$(CH_3)_3SnCl$ reagiert mit $Pb(CH_3)_4$ unter Bildung von $Sn(CH_3)_4$ neben $(CH_3)_3PbCl$ [34, 35]. Mit $(CH_3)_3PbC(CH_3)_3$ entsteht entsprechend $Sn(CH_3)_4$ neben $(CH_3)_2[(CH_3)_3C]PbCl$. Mit $[(CH_3)_3Pb]_2$ werden $Sn(CH_3)_4$ neben $Pb(CH_3)_4$ und $PbCl_2$ gebildet. Kinetik dieser Reaktionen s. im Original [34].

Literatur:

[1] D. A. Armitage, A. Tarassoli (Inorg. Chem. **14** [1975] 1210/1). — [2] E. W. Abel, D. A. Armitage, D. B. Brady (J. Organometal. Chem. **5** [1966] 130/5). — [3] J. W. Anderson, G. K. Barker, J. E. Drake, M. Rodger (J. Chem. Soc. Dalton Trans. **1973** 1716/24). — [4] H. Schumann, W. W. du Mont, H.-J. Kroth (Chem. Ber. **109** [1976] 237/45). — [5] H. Schumann, H.-J. Kroth, L. Rösch (Z. Naturforsch. **29b** [1974] 608/10).

[6] E. W. Abel, S. M. Illingworth (J. Chem. Soc. A **1969** 1094/7). — [7] D. Seyfert, E. M. Hanson, F. M. Armbrecht (J. Organometal. Chem. **23** [1970] 361/71). — [8] T. N. Mitchell (J. Organometal. Chem. **92** [1975] 311/9). — [9] J. D. Cotton, S. A. R. Knox, F. G. A. Stone (Chem. Commun. **1967** 965/6). — [10] S. A. R. Knox, F. G. A. Stone (J. Chem. Soc. A **1969** 2559/65).

[11] S. A. R. Knox, F. G. A. Stone (J. Chem. Soc. A **1970** 3147/53). — [12] D. Grant, J. R. van Wazer (J. Organometal. Chem. **4** [1965] 229/36). — [13] G. F. Bradley, S. R. Stobart (J. Chem. Soc. Dalton Trans. **1974** 264/9). — [14] W. P. Neumann, B. Schneider, R. Sommer (Liebigs Ann. Chem. **692** [1966] 1/11). — [15] E. V. van den Berghe, G. P. van der Kelen (J. Organometal. Chem. **6** [1966] 522/7).

[16] A. D. Cohen, C. R. Dillard (J. Organometal. Chem. **25** [1970] 421/8). — [17] V. A. Chernoplekova, N. N. Zemlyanskii, N. D. Kolosova, K. A. Kocheshkov (Izv. Akad. Nauk SSSR Ser. Khim. **1975** 2803/5; Bull. Acad. Sci. USSR Div. Chem. Sci. **1975** 2691/3). — [18] H. G. Kuivila, R. Sommer, D. C. Green (J. Org. Chem. **33** [1968] 1119/22). — [19] E. V. van den Berghe, G. P. van der Kelen, Z. Eeckhaut (Bull. Soc. Chim. Belges **76** [1967] 79/91). — [20] S. O. Chan, L. W. Reeves (Inorg. Chem. **12** [1973] 1704/7).

[21] J. A. Ladd, B. R. Glasberg (J. Chem. Soc. Dalton Trans. **1975** 2378/81). — [22] A. S. Peregudov, L. A. Fedorov, D. N. Kravtsov, E. M. Rokhlina (Zh. Obshch. Khim. **42** [1972] 2194/9; J. Gen. Chem. USSR **42** [1972] 2190/4). — [23] T. Harada (Sci. Papers Inst. Phys. Chem. Res. [Tokyo] **35** [1939] 290/329). — [24] T. Harada (Sci. Papers Inst. Phys. Chem. Res. [Tokyo] **36** [1939] 504/8). — [25] C. A. Kraus, T. Harada (J. Am. Chem. Soc. **47** [1925] 2416/9).

[26] A. G. Davies, P. G. Harrison, P. R. Palan (J. Chem. Soc. C **1970** 2030/4). — [27] E. V. van den Berghe, G. P. van der Kelen (J. Organometal. Chem. **72** [1974] 65/9). — [28] A. S. Peregudov, L. A. Fedorov, D. N. Kravtsov, E. M. Rokhlina (Zh. Obshch. Khim. **42** [1972] 2194/9; J. Gen. Chem. USSR **42** [1972] 2190/4). — [29] A. G. Davies, J. D. Kennedy (J. Chem. Soc. C **1970** 759/65). — [30] G. Tagliavini, G. Pilloni, G. Plazzogna (Ric. Sci. **36** [1966] 114/22).

[31] H. G. Kuivila, J. E. Dixon, P. L. Maxfield, N. M. Scarpa, T. M. Topka, K. H. Tsai, K. R. Wursthorn (J. Organometal. Chem. **86** [1975] 89/107). — [32] N. M. Scarpa (Diss. State Univ. of New York, Albany 1970; Diss. Abstr. Intern. B **31** [1970] 3278). — [33] M. Gielen, J. Nasielski, G. Vandendunghen (Bull. Soc. Chim. Belges **80** [1971] 165/73). — [34] D. P. Arnold, P. R. Wells (J. Organometal. Chem. **111** [1976] 285/96). — [35] D. P. Arnold, P. R. Wells (J. Organometal. Chem. **108** [1976] 345/52).

[36] E. T. Bogoradovskii, V. P. Novikov, V. S. Zavgorodnii, A. A. Petrov (Zh. Obshch. Khim. **45** [1975] 1650/1; J. Gen. Chem. USSR **45** [1975] 1620/1). — [37] E. D. Korniets, L. A. Fedorov, D. N. Kravtsov, E. I. Fedin (Izv. Akad. Nauk SSSR Ser. Khim. **1976** 2401/2; Bull. Acad. Sci. USSR Div. Chem. Sci. **1976** 2245/6).

Reactions with Nonmetal Compounds

1.3.2.1.1.1.5.5 Reaktionen mit Nichtmetallverbindungen

$(CH_3)_3SnCl$ reagiert mit $C[B(OCH_3)_2]_4$ unter Bildung von $(CH_3)_3SnC[B(OCH_3)_2]_3$ [1].

In Diglyme bildet $(CH_3)_3SnCl$ mit H_3SiK die Verbindungen $(CH_3)_3SnSiH_3$, $[(CH_3)_3Sn]_3SiH$ und $[(CH_3)_3Sn]_4Si$ [2].

$(CH_3)_3SnCl$ reagiert mit $C_6H_5N{\equiv}C$ unter Bildung von $[C_6H_5N{=}C(CH_3)]_3SnC(Cl){=}NC_6H_5$ [3], mit $LiN{=}CR_2$ unter Bildung von $(CH_3)_3SnN{=}CR_2$ mit $R = CF_3$, $t\text{-}C_4H_9$ oder $p\text{-}CH_3C_6H_4$ [4, 5], mit $C_6H_5C({=}NLi)N(CH_3)Si(CH_3)_3$ unter Bildung von $(CH_3)_3SiN{=}C(C_6H_5)N(CH_3)Sn(CH_3)_3$ [6], mit $LiN{=}C(C_6H_5)N(CH_3)_2$ dagegen unter Bildung von $(CH_3)_3SnN{=}C(C_6H_5)N(CH_3)_2$ [6] und mit $CH_3N{=}C(C_6H_5)N(CH_3)Li$ unter Bildung von $CH_3N{=}C(C_6H_5)N(CH_3)Sn(CH_3)_3$ [6]. Bei der Umsetzung von $(CH_3)_3SnCl$ mit $(CH_3)_3Ge\underset{Li}{\underset{|}{N}}\text{-}\underset{CH_3}{\underset{|}{P}}C(CH_3)_3$ wird $(CH_3)_3Ge\underset{(CH_3)_3Sn}{\underset{|}{N}}\text{-}\underset{CH_3}{\underset{|}{P}}C(CH_3)_3$ gebildet mit $(CH_3)_3C\underset{CH_3}{\underset{|}{P}}NHSiR_3$ entsteht aber $R_3SiN{=}\underset{C(CH_3)_3}{\underset{|}{P}}(CH_3)Sn(CH_3)_3$ [7] und mit $ClN(SO_2F)_2$ wird in CCl_4 neben Cl_2 auch $(CH_3)_3SnN(SO_2F)_2$ erhalten [8]. $(CH_3)_3SnCl$ reagiert mit $i\text{-}C_3H_7(C_6H_5)PH$ in Gegenwart eines HCl-Akzeptors unter Bildung von $(CH_3)_3SnP(i\text{-}C_3H_7)C_6H_5$ [9]. Mit $(C_6H_5)_3P{=}CHCOCH_3$ entsteht ein 1:1-Komplex [10, 11], der im Falle der entsprechenden Reaktion mit $(C_6H_5)_3P{=}C[COOCH_3]COC_6H_5$ unter Bildung von $C_6H_5C{\equiv}CCOOCH_3$ und dem 1:1-Komplex von $(CH_3)_3SnCl$ mit $(C_6H_5)_3PO$ zerfällt [11]. $(CH_3)_3SnCl$ dient zum Ausfällen von gebildetem $(CH_3)_2NH$ als 1:1-Komplex bei der Reaktion von Organoarsinaminen wie z. B. $(CH_3)_2AsN(CH_3)_2$ mit $CH_2{=}N_2$ in Diäthyläther, wobei Verbindungen wie $(CH_3)_2AsCH{=}N_2$ [12] oder $[(CH_3)_2As]_2C{=}N_2$ entstehen [12, 13]. Der 1:1-Komplex $(CH_3)_2NH \cdot (CH_3)_3SnCl$ entsteht auch bei der Reaktion von $(CH_3)_3SnCl$ mit $(CH_3)_2NAs(CH_3)C({=}N_2)COOC_2H_5$ und $HC({=}N_2)COOC_2H_5$, wobei die Verbindung $CH_3As[C({=}N_2)COOC_2H_5]_2$ gebildet wird [14] bzw. von $(CH_3)_3SnCl$ mit $(CH_3)_2AsN(CH_3)_2$ und C_5H_6 in Diäthyläther, wobei $(CH_3)_2AsC_5H_5$ synthetisiert wird [15].

$(CH_3)_3SnCl$ bildet bei der Hydrolyse $(CH_3)_3SnOH$. Die Reaktionswärme dieser Hydrolysereaktion beträgt $\Delta H = -3.3 \pm 0.1$ kcal/mol [16]. Eine detaillierte Untersuchung des Reaktionsmechanismus ergab, daß die Reaktion im letzten Stadium 1. Ordnung ist. Hierbei werden auch Vergleiche mit der Hydrolyse der entsprechenden Verbindungen $(CH_3)_3MCl$ mit $M = C$, Si, Ge gezogen [17]. Entsprechend wird auch $(CH_3)_3SnOH$ bei der Reaktion von $(CH_3)_3SnCl$ mit NaOH [18, 19] bzw. KOH [20, 21] erhalten. In 44%iger äthanolischer Lösung wurde ein pK_c von 6.56 ermittelt [19]. Elektrochemische Untersuchungen der Hydrolyse von $(CH_3)_3SnCl$ mit KOH s. bei [20, 21]. Mit organischen Peroxiden ROOH reagiert $(CH_3)_3SnCl$ in Methanol in Gegenwart von Na unter Bildung von Verbindungen $(CH_3)_3SnOOR$ [22]. Die Reaktion mit $[C_6H_5C(O)O]_2$ läuft über $C_6H_5C(O)O$-Radikale [23]. $(CH_3)_3SnCl$ reagiert mit Carbonsäuren RCOOH unter Abspaltung von Methan und Bildung von $(CH_3)_2ClSnOOCR$ [24], mit $CH_2{=}C(CH_3)COOK$ wird $(CH_3)_3SnOOCC(CH_3){=}CH_2$ gebildet [25]. Mit $\begin{array}{c}CH_2\text{–}CH_2\\ |\quad\quad |\\ O\text{——}CO\end{array}$ entsteht in Dichloräthylen bei 80°C $(CH_3)_3SnOOCCH_2CH_2Cl$ [26]. Bei den Reaktionen zwischen $(CH_3)_3SnCl$ und H_2SO_4, $H_2S_2O_7$ oder HSO_3F kann mit Hilfe der NMR- und Mössbauer-Spektroskopie gezeigt werden, daß neben CH_4 folgende Ionen entstehen: $[(CH_3)_3Sn]^+$ $[(CH_3)_2Sn]^{2+}$, HSO_4^- [27]. Zur Untersuchung der Leitfähigkeit von $(CH_3)_3SnCl$ in $H_2S_2O_7$ s. [28]. $(CH_3)_3SnCl$ reagiert mit substituierten Thiophenolen RC_6H_4SH unter Bildung von $(CH_3)_3SnSC_6H_4R$ mit $R = p\text{-}OCH_3$, $p\text{-}CH_3$ und m-Cl [29]. Mit $NaSC(CN){=}C(CN)SNa$ entsteht in Äthanol in Gegenwart von $[(C_2H_5)_4N]Cl$ das Salz $[(C_2H_5)_4N][(CH_3)_3SnSC(CN){=}C(CN)S]$ [30]. Mit C_6H_5NCS und CH_3MgJ wird in Diäthyläther $(CH_3)_3SnSC(CH_3){=}NC_6H_5$ gebildet [31]. Bei der Umsetzung von $(CH_3)_3SnCl$ mit $HSPSF_2$ wird in CCl_4 $(CH_3)_3SnSPSF_2$ gebildet [22, 33]. Mit $HSPSFCH_3$ entsteht analog $(CH_3)_3SnSP(S)FCH_3$ [33]. Mit $(CH_3)_3SbS$ reagiert $(CH_3)_3SnCl$ in $CHCl_3$ unter Bildung von $(CH_3)_3SbCl_2$ neben $[(CH_3)_3Sn]_2S$ [34]. SeO_3 reagiert mit $(CH_3)_3SnCl$ in Diäthyläther bei −78°C unter Bildung eines 1:1-Komplexes [35]. Mit $NaSeCH_3$ wird $(CH_3)_3SnSeCH_3$ gebildet [36]. Mit F_5TeOH entsteht unter HCl-Abspaltung $(CH_3)_3SnOTeF_5$ [37].

$(CH_3)_3SnCl$ reagiert sowohl mit wasserfreiem HF als auch mit wäßriger HF-Lösung unter Bildung von $(CH_3)_3SnF$ [38], welches auch aus $(CH_3)_3SnCl$ und NaF [39] oder KF [40] entsteht. Mit konzentrierter HCl-Lösung reagiert $(CH_3)_3SnCl$ unter Bildung von $(CH_3)_2SnCl_2$, wie NMR-spektroskopisch nachgewiesen werden konnte [41].

Literatur:

[1] D. S. Matteson, G. L. Larson (J. Am. Chem. Soc. **91** [1969] 6541/2). — [2] E. Amberger, E. Mühlhofer (J. Organometal. Chem. **12** [1968] 55/62). — [3] A. G. Meller, G. Maresch, W. Maringgele (Monatsh. Chem. **104** [1973] 557/63). — [4] M. F. Lappert, J. McMeeking, D. E. Palmer (J. Chem. Soc. Dalton Trans. **1973** 151/6). — [5] M. F. Lappert, D. E. Palmer (J. Chem. Soc. Dalton Trans. **1973** 157/8).

[6] O. J. Scherer, P. Hornig (Chem. Ber. **101** [1968] 2533/47). — [7] O. J. Scherer, W. Gick (Chem. Ber. **104** [1971] 1490/8). — [8] J. K. Ruff (Inorg. Chem. **5** [1966] 732/5). — [9] R. D. Baechler, K. Mislow (J. Am. Chem. Soc. **93** [1971] 773/4). — [10] J. Buckle, P. G. Harrison (J. Organometal. Chem. **49** [1973] C 17/C18).

[11] J. Buckle, P. G. Harrison (J. Organometal. Chem. **77** [1974] C 22/C 24). — [12] P. Krommes, J. Lorberth (J. Organometal. Chem. **110** [1976] 195/200). — [13] P. Krommes, J. Lorberth (J. Organometal. Chem. **93** [1975] 339/51). — [14] P. Krommes, J. Lorberth (J. Organometal. Chem. **97** [1975] 59/65). — [15] P. Krommes, J. Lorberth (J. Organometal. Chem. **92** [1975] 181/4).

[16] J. C. Baldwin, M. F. Lappert, J. B. Pedley, J. S. Poland (J. Chem. Soc. Dalton Trans. **1972** 1943/7). — [17] M. G. Voronkov, L. A. Zhagata (Zh. Obshch. Khim. **41** [1971] 1776/9; J. Gen. Chem. USSR **41** [1971] 1784/6). — [18] J. G. A. Luijten (Rec. Trav. Chim. **82** [1963] 1179/80). — [19] M. J. Janssen, J. G. A. Luijten (Rec. Trav. Chim. **82** [1963] 1008/14). — [20] M. Asso, G. Carpeni (Can. J. Chem. **46** [1968] 1795/802).

[21] M. Asso (Rev. Chim. Minerale **5** [1968] 1051/84). — [22] A. Rieche, J. Dahlmann (Liebigs Ann. Chem. **675** [1964] 19/35). — [23] R. Kaptein, P. W. N. M. van Leeuween, R. Huis (J. Chem. Soc. Chem. Commun. **1975** 568/9). — [24] C. S. C. Wang, J. M. Schreeve (J. Organometal. Chem. **38** [1972] 287/98). — [25] C. M. Langkammerer, E. I. du Pont de Nemours and Co. (U.S.P. 2253128 [1941]; C.A. **1941** 8151).

[26] K. Itoh, Y. Kato, Y. Ishii (J. Org. Chem. **34** [1969] 459/61). — [27] T. Birchall, P. K. H. Chan, A. R. Pereira (J. Chem. Soc. Dalton Trans. **1974** 2157/61). — [28] R. C. Paul, J. K. Puri, K. C. Malhotra (J. Inorg. Nucl. Chem. **35** [1973] 403/12). — [29] G. Pirazzini, R. Danieli, A. Ricci, C. A. Boicelli (J. Chem. Soc. Perkin Trans. II **1974** 853/6). — [30] E. S. Bretschneider, C. W. Allen (J. Organometal. Chem. **38** [1972] 43/9).

[31] E. W. Abel, I. D. H. Towle (J. Organometal. Chem. **122** [1976] 253/60). — [32] D. W. McKennon, M. Lustig (Inorg. Chem. **10** [1971] 406/7). — [33] H. W. Roesky, H. Wiezer (Chem. Ber. **104** [1971] 2258/65). — [34] M. Shindo, Y. Matsumura, R. Okawara (Bull. Chem. Soc. Japan **42** [1969] 265/6). — [35] M. Schmidt, I. Wilhelm (Chem. Ber. **97** [1964] 876/9).

[36] E. W. Abel, B. C. Crosse, G. V. Hutson (J. Chem. Soc. A **1967** 2014/7). — [37] F. Slatky, H. Kropshofer (J. Chem. Soc. Chem. Commun. **1973** 600/1). — [38] L. E. Levchuk, J. R. Sams, F. Aubke (Inorg. Chem. **11** [1972] 43/50). — [39] W. K. Johnson (J. Org. Chem. **25** [1960] 2253/4). — [40] W. K. Johnson, Monsanto Chemical Co. (U.S.P. 3036103 [1959/62]; C.A. **57** [1962] 13802).

[41] E. V. van den Berghe, G. P. van der Kelen (Ber. Bunsenges. Physik. Chem. **68** [1964] 652/6).

1.3.2.1.1.1.5.6 Reaktionen mit Metallverbindungen

Reactions with Metal Compounds

$(CH_3)_3SnCl$ reagiert mit $AlCl_3$ unter Bildung eines 1:1-Komplexes der Zusammensetzung $(CH_3)_3Sn[AlCl_4]$ [1, 2]. Mit $LiAl(PH_2)_4$ reagiert Trimethylzinnchlorid unter Bildung von $(CH_3)_3SnPH_2$ [3]. Bei der Umsetzung mit CH_3GaCl_2 wird ein 1:1-Komplex vom Typ $(CH_3)_3SnCl \cdot CH_3GaCl_2$ erhalten [4]. Mit $(CH_3)_2TlN(CH_3)_2$ entsteht $(CH_3)_3SnN(CH_3)_2$ neben $(CH_3)_2TlCl$ [5]. Bei der Umsetzung von $(CH_3)_3SnCl$ mit GeF_2 in Dioxan bei 70°C vermutet man die intermediäre Bildung von $(CH_3)_3SnGeClF_2$. Das dabei erhaltene Reaktionsprodukt bildet mit C_6H_5MgBr jedoch kein $(CH_3)_3SnGe(C_6H_5)_3$ [6]. Mit $Sn(C_5H_5)_2$ reagiert Trimethylzinnchlorid unter Bildung von $(CH_3)_3SnC_5H_5$ neben C_5H_5SnCl [7]. Bei der Umsetzung mit Verbindungen vom Typ $Pb(SR)_2$ wird $(CH_3)_3SnSR$ erhalten [8].

$(CH_3)_3SnCl$ reagiert mit $AgBF_4$ unter Bildung von $(CH_3)_3SnBF_4$ [9]. Mit Silbersalzen anorganischer Sauerstoffsäuren werden entsprechend Trimethylzinnester vom Typ $(CH_3)_3SnOX$ gebildet [10]. Mit $C_6H_5HgNS_7$ reagiert $(CH_3)_3SnCl$ in CS_2 bei Zimmertemperatur unter Bildung von $(CH_3)_3SnNS_7$ [11, 12].

$NaMo(CO)_3C_5H_5$ und auch $NaW(CO)_3C_5H_5$ bilden bei der Reaktion mit $(CH_3)_3SnCl$ in Diglyme die Trimethylzinnderivate $(CH_3)_3SnM(CO)_3C_5H_5$ [13]. Auch $NaCo(CO)_4$ reagiert in Diäthyläther entsprechend unter Bildung von $(CH_3)_3SnCo(CO)_4$ in 95%iger Ausbeute [14]. Bei der Umsetzung von $(CH_3)_3SnCl$ mit dem Komplex $\{[(C_6H_5)_2PCH_2]_2\}_2Co[B(C_6H_5)_2]_2$ in Benzol wird in 61%iger Ausbeute $(CH_3)_3SnB(C_6H_5)_2$ erhalten [15]. Mit $\{[(C_6H_5)_2PCH_2]_2\}_2Co(BBr_2)_2$ und $[(C_6H_5)_2PCH_2]_2$ entsteht der Komplex $(CH_3)_3SnBBr_2 \cdot 3[(C_6H_5)_2PCH_2]_2$ [15], während mit dem Pyridinkomplex des Bis(dimethylglyoximato)cobalt(III)-chlorids in Gegenwart von $NaBH_4$ in Methanol das entsprechende trimethylzinnsubstituierte Cobaloxim entsteht [16].

In Tetrahydrofuran reagiert $(CH_3)_3SnCl$ bei 0°C mit $Na_2Ru(CO)_4$ unter Bildung von $[(CH_3)_3Sn]_2Ru(CO)_4$ [17, 18]. Mit $[C_6H_6RuCl_2]_2$ entsteht in Acetonitril in Gegenwart von $(C_6H_5)_3P$ bei Zimmertemperatur $C_6H_6RuCl(CH_3)[P(C_6H_5)_3]$ [19], mit $Na[RhH(C_5H_5)(CO)]$ entsteht in Tetrahydrofuran $[(CH_3)_3Sn]_2[Rh(C_5H_5)CO]$ neben $(CH_3)_3Sn[RhH(C_5H_5)(CO)]$ [20], mit $Na\{Rh(C_5H_5)(CO)[Ge(CH_3)_3]\}$ entsprechend $\{Rh(C_5H_5)(CO)[Ge(CH_3)_3][Sn(CH_3)_3]\}$ [20]. Mit $Rh(C_3H_5)[P(C_6H_5)_3]_2$ wird $\{RhCl[P(C_6H_5)_3]_2\}_2$ neben $(CH_3)_3SnC_3H_5$ erhalten [21], mit $Pt(C_2H_4)[P(C_6H_5)_3]_2$ entsteht in Diäthyläther-Benzol cis-$\{Pt(CH_3)[P(C_6H_5)_3]_2Sn(CH_3)_2Cl\}$ [22], mit $Pt[P(C_6H_5)_2CH_3]_4$ wird in Benzol bei 80°C der Komplex $[(CH_3)_3SnCl_2]\{Pt(CH_3)[P(C_6H_5)_2CH_3]_3\} \cdot C_6H_6$ erhalten [22]. $(CH_3)_3SnCl$ reagiert mit $Na\{Rh(CO)_2[P(C_6H_5)_3]_2\}$ unter Bildung von $(CH_3)_3SnRh(CO)_2[P(C_6H_5)_3]_2$, mit $Na[Ir(CO)_3P(C_6H_5)_3]$ entsteht entsprechend $(CH_3)_3SnIr(CO)_3P(C_6H_5)_3$ in hoher Ausbeute [23]. $(CH_3)_3SnCl$ reagiert mit $Os_3(CO)_{12}$ und Na in flüssigem NH_3 und THF unter Bildung von $[(CH_3)_3Sn]_2Os(CO)_4$ und $(CH_3)_3SnOsH(CO)_4$ [24].

Literatur:

[1] L. F. Biritz (Am. Chem. Soc. Div. Petrol. Chem. Preprints **8** [1963] B 57/B 62). — [2] W. P. Neumann, R. Schick, R. Köster (Angew. Chem. **76** [1964] 380). — [3] A. D. Norman (J. Organometal. Chem. **28** [1971] 81/6). — [4] H. Schmidbaur, W. Findeis (Angew. Chem. **75** [1964] 752/3). — [5] B. Walther, A. Zschunke, B. Adler, A. Kolbe, S. Bauer (Z. Anorg. Allgem. Chem. **427** [1976] 137/53).

[6] P. Riviere, J. Satge, A. Boy (J. Organometal. Chem. **96** [1975] 25/40). — [7] P. G. Harrison, J. J. Zuckerman (J. Am. Chem. Soc. **91** [1969] 6885/6). — [8] E. W. Abel, D. A. Armitage, D. B. Brady (J. Organometal. Chem. **5** [1966] 130/5). — [9] B. J. Hathaway, D. E. Webster (Proc. Chem. Soc. **1963** 14). — [10] B. F. E. Ford, J. R. Sams, R. G. Goel, D. R. Ridley (J. Inorg. Nucl. Chem. **33** [1971] 23/33).

[11] R. J. Ramsay, H. G. Heal, H. Garcia-Fernandez (J. Chem. Soc. Dalton Trans. **1976** 237/41). — [12] H. G. Heal, R. J. Ramsay (J. Inorg. Nucl. Chem. **36** [1974] 950/1). — [13] H. R. H. Patil, W. A. G. Graham (Inorg. Chem. **5** [1966] 1401/5). — [14] A. D. Beveridge, H. C. Clark (J. Organometal. Chem. **11** [1968] 601/14). — [15] H. Nöth, H. Schäfer, G. Schmid (Z. Naturforsch. **26b** [1971] 497/503).

[16] G. N. Schrauzer, G. Kratel (Chem. Ber. **102** [1969] 2392/407). — [17] J. D. Cotton, S. A. R. Knox, F. G. A. Stone (Chem. Commun. **1967** 965/6). — [18] J. D. Cotton, S. A. R. Knox, F. G. A. Stone (J. Chem. Soc. A **1968** 2758/62). — [19] R. A. Zelonka, M. C. Baird (J. Organometal. Chem. **44** [1972] 383/9). — [20] R. Hill, S. A. R. Knox (J. Chem. Soc. Dalton Trans. **1975** 2622/7).

[21] J. F. Nixon, J. S. Poland, B. Wilkins (J. Organometal. Chem. **92** [1975] 393/8). — [22] C. Eaborn, A. Pidcock, B. R. Steele (J. Chem. Soc. Dalton Trans. **1976** 767/76). — [23] J. P. Collman, F. D. Vastine, W. R. Roper (J. Am. Chem. Soc. **88** [1966] 5035/7). — [24] R. D. George, S. A. R. Knox, F. G. A. Stone (J. Chem. Soc. Dalton Trans. **1973** 972/5).

1.3.2.1.1.1.5.7 Reaktionen mit Lewis-Basen unter Bildung von Komplexen mit Erweiterung der Koordinationszahl am Zinn

Reactions with Lewis Bases Forming Complexes with Higher Coordination Number of Tin

$(CH_3)_3SnCl$ reagiert mit Lewis-Basen unter Koordination am elektrophilen Sn-Atom. In der Regel entstehen dabei 1:1-Komplexe, die eine trigonal-bipyramidale Struktur um das Zinn herum aufweisen. Als Lewis-Basen können praktisch alle Amine sowie genügend basische Äther, Sauerstoffverbindungen und Schwefelverbindungen eingesetzt werden. Die im folgenden beschriebenen Reaktionen sind nicht vollständig, vielmehr sind nur einige repräsentative Umsetzungen ausgewählt worden.

$(CH_3)_3SnCl$ reagiert in stark saurer Lösung, so beispielsweise bei pH = 1 mit LiCl in $HClO_4$ unter Bildung von $(CH_3)_3SnCl_2^-$-Anionen [1, 2]. Mit $[(C_2H_5)_4N]Cl$ entsteht in Äthanol entsprechend $[(C_2H_5)_4N][(CH_3)_3SnCl_2]$ — auch das entsprechende Deuteriumderivat $[(C_2H_5)_4N][(CD_3)_3SnCl_2]$ wird beschrieben — [3]. Im Bombenrohr bei 140°C wird mit überschüssigem $[(CH_3)_4N]Cl$ sogar das Salz $[(CH_3)_4N]_2[(CH_3)_3SnCl_3]$ mit dem Dianion mit Koordinationszahl 6 am Zinn erhalten [4].

Mit NH_3 bildet $(CH_3)_3SnCl$ einen 1:1-Komplex. Es liegen aber auch Hinweise für das Vorliegen eines 1:2-Komplexes vor [5]. Analog reagiert $(CH_3)_3SnCl$ mit folgenden Stickstoffbasen unter Bildung von 1:1-Komplexen: $C_6H_5NH_2$ [5], C_5H_5N [5 bis 9], 2-$CH_3C_5H_4N$ [8], 3-$CH_3C_5H_4N$ [8, 9], 4-$CH_3C_5H_4N$ [7, 8, 9], $NH_2CH_2CH_2NH_2$ [9, 10] und 2,2'-$C_5H_4NC_5H_4N$ [11, 12]. In einigen Fällen wurden die Reaktionswärmen und Komplexbildungskonstanten bestimmt [8, 13, 14, 15].

$(CH_3)_3SnCl$ reagiert mit $CH_3CON(CH_3)_2$ ebenso unter Bildung eines 1:1-Komplexes [13 bis 16], wie mit $(CH_3)_2SO$, $(CH_3)_2CO$, $CH_3CSN(CH_3)_2$, CH_3CN und $[(CH_3)_2N]_3PO$ [13, 14, 15]. Reaktionswärmen und Komplexbildungskonstanten s. [13, 15], ^{1}H-NMR-Spektren im Verlauf der Reaktionen s. [14]. Bei den Reaktionen von Trimethylzinnchlorid mit Verbindungen vom Typ p-RC_6H_4NO [17], mit $(CH_3)_2POCl$ [18] und mit $(CH_3)_2POOCH_3$ [18] werden auch 1:1-Komplexe gebildet, während mit $(C_6H_{13})_2HPO$ ein 1:2-Komplex entsteht [19]. Bei der Reaktion mit den Verbindungen $(CH_3O)_2HPO$, $(C_2H_5O)_2HPO$ und $(C_2H_5)(i\text{-}C_3H_7O)HPO$ werden in Benzol Komplexgleichgewichte von 1:2 und 1:3 erreicht [19]. Auch mit $(CH_3)_2S(NH)_2$ reagiert $(CH_3)_3SnCl$ in Benzol unter Rückflußkochen und Bildung eines 1:1-Komplexes [20], während mit 2,2'-Bipyridyldi-N-oxid (= L) und $Na[B(C_6H_5)_4]$ das Salz $[(CH_3)_3SnL][B(C_6H_5)_4]$ erhalten wird [21]. In Pentan oder Hexan als Lösungsmittel und unter CO_2-Atmosphäre entsteht aus $(CH_3)_3SnCl$ und $R_2P(O)SCH_3$ zwischen −20 und 20°C ein Komplex mit der Zusammensetzung $(CH_3)_3SnCl \cdot R_2P(O)SCH_3$, wobei R eine CH_3- oder eine C_2H_5-Gruppe darstellen kann [22].

Literatur:

[1] A. Cassol, L. Magon, R. Barbieri (Inorg. Nucl. Chem. Letters **3** [1967] 25/9). — [2] A. Cassol, R. Portanova, L. Magon (Ric. Sci. **36** [1966] 1180/6). — [3] I. R. Beattie, F. C. Stokes, L. E. Alexander (J. Chem. Soc. Dalton Trans. **1973** 465/9). — [4] R. Barbieri, G. C. Stocco (Gaz. Chim. Ital. **104** [1974] 149/53). — [5] C. A. Kraus, W. N. Greer (J. Am. Chem. Soc. **45** [1923] 3078/83).

[6] I. R. Beattie, G. P. McQuillan (J. Chem. Soc. **1963** 1519/23). — [7] D. P. Graddon, B. A. Rana (J. Organometal. Chem. **105** [1976] 51/60). — [8] E. W. Kifer, C. H. van Dyke (Anal. Calorimetry Proc. 2nd Symp., Chicago 1970, S. 239/53). — [9] V. S. Petrosyan, N. S. Yashina, V. I. Bakhmutov, A. B. Permin, O. A. Reutov (J. Organometal. Chem. **72** [1974] 71/8). — [10] G. Eng, J. Terry (Inorg. Chim. Acta **14** [1975] L 19).

[11] T. Tanaka, G. Matsubayashi, A. Shimizu, S. Matsuo (Inorg. Chim. Acta **3** [1969] 187/90). — [12] J. H. Holloway, G. P. McQuillan, D. S. Ross (J. Chem. Soc. A **1969** 2505/8). — [13] T. F. Bolles (Diss. Univ. of Illinois 1966; Diss. Abstr. B **27** [1966] 1793/4). — [14] T. F. Bolles, R. S. Drago (J. Am. Chem. Soc. **88** [1966] 5730/4). — [15] T. F. Bolles, R. S. Drago (J. Am. Chem. Soc. **88** [1966] 3921/5).

[16] T. F. Bolles, R. S. Drago (J. Am. Chem. Soc. **87** [1965] 5015/9). — [17] Y. Kawasaki, M. Hori, K. Uenaka (Bull. Chem. Soc. Japan **40** [1967] 2463/7). — [18] A. N. Pudovik, I. Ya. Kuramshin, E. G. Yarkova, A. A. Muratova, A. A. Musina, R. A. Manapov (Zh. Obshch. Khim. **43** [1973] 1229/36; J. Gen. Chem. USSR **43** [1973] 1220/5). — [19] A. N. Pudovik, A. A. Muratova, N. P. Safiullina, E. G. Yarkova, V. P. Plekhov (Zh. Obshch. Khim. **45** [1975] 520/5; J. Gen. Chem. USSR **45** [1975] 515/9). — [20] D. Hänssgen, R. Appel (Chem. Ber. **105** [1972] 3271/9).

[21] V. G. K. Das (Inorg. Nucl. Chem. Letters **9** [1973] 155/60). — [22] I. Ya. Kuramshin, A. A. Muratova, E. G. Yarkova, A. A. Musina, F. K. Izmailov, A. N. Pudovik (Zh. Obshch. Khim. **43** [1973] 1456/66; J. Gen. Chem. USSR **43** [1973] 1446/55).

Physiological Action

1.3.2.1.1.1.6 Physiologische Wirkung

$(CH_3)_3SnCl$ inhibiert die oxidative Phosphorylierung, wie an Mitochondrien von Rattenleber gezeigt werden konnte [1, 2, 3]. Dabei wird der Austausch von Adenin-Nukleotiden verhindert [4]. Untersuchungen an Mitochondrien aus Rattenleber und menschlichen Erythrocyten zeigen, daß ein rascher Austausch von Cl^-- gegen OH^--Ionen durch die Zellmembran stattfindet. Damit wird die Permeabilität der Zellmembran durch das Organozinnchlorid beeinflußt [5]. Entsprechende Versuche mit Ratten-Hämoglobin, wobei das $(CH_3)_3SnCl$ eindeutig am Globin angreift, s. bei [6]. Die Beeinflussung der Permeabilität der Zellmembran führt neben einem Austausch von Cl^-- gegen OH^--Ionen zu einem Verlust von Anionen in der Mitochondrien-Zelle. Diese zwei Prozesse bewirken praktisch eine Beseitigung sowohl der pH-Differenz als auch der elektrischen Potentialdifferenz an der Mitochondrien-Membran [7]. Entsprechende Versuche im Zusammenhang mit der Inhibition der Photophosphorylierung in isolierten Chloroplasten s. bei [8]. Untersuchungen der Adenosintriphosphatase-Hemmung durch $(CH_3)_3SnCl$ bei Stubenfliegen s. bei [9]. $(CH_3)_3SnCl$ zeigt im Vergleich zu anderen Organozinnverbindungen nur geringe hämolytische Eigenschaften. Hierbei wird ein Aufblähen von Mitochondrien aus Rattenleber beobachtet [10, 11]. Bei der Untersuchung der Entstehung von Cerebral-Ödemen durch $(CH_3)_3SnCl$ konnte gezeigt werden, daß das Trimethylzinnchlorid an Myelin aus Rattenhirn gebunden wird [12]. $(CH_3)_3SnCl$ ist ein wirksamer Inhibitor von Glutathion-S-aryltransferase aus Rattenleber mit einem K_1-Wert von 0.95 μm [18].

Für Ratten beträgt die LD_{50} von $(CH_3)_3SnCl$ 9.2 mg/kg Körpergewicht [13] bzw. 7.8 mg/kg [14]. 1.12 γ der Verbindung zeigen eine toxische Wirkung gegenüber Stubenfliegen, die insektizidresistent sind [15]. Bei Untersuchungen auf Wirkung als Fungizid wurden folgende Konzentrationen an $(CH_3)_3SnCl$ als wachstumshemmend festgestellt: Verticillium dahliae 100 mg/l Nährlösung, Botrytis cinerea 200 mg/l, Alternaria tenius 200 mg/l [16], Penicillium fungiculosum 500 ppm, Candida albicans 500 ppm, Staphylococcus aureus $>$500 ppm, Pseudomonas aeruginosa 250 ppm [14]. Mutanten von Saccharomyces cerevisiae sind dagegen resistent gegenüber $(CH_3)_3SnCl$ [17].

Literatur:

[1] W. N. Aldridge, B. W. Street (Biochem. J. **118** [1970] 171/9). — [2] W. N. Aldridge (Eff. Metals Cells Subcellular Elem. Macromol. Proc. Publ. 2nd Rochester Conf. Toxicity, Rochester 1969 [1970], S. 255/74). — [3] N. Sone, B. Hagihara (J. Biochem. [Tokyo] **56** [1964] 151/6). — [4] E. J. Harris, J. A. Bangham, B. Zukovic (FEBS [Fed. Eur. Biochem. Soc.] Letters **29** [1973] 339/44). — [5] M. J. Selwyn, A. P. Dawson, M. Stockdale, N. Gains (Eur. J. Biochem. **14** [1970] 120/6).

[6] M. S. Rose (Biochem. J. **111** [1969] 129/37). — [7] M. Stockdale, A. P. Dawson, M. J. Selwyn (Eur. J. Biochem. **15** [1970] 342/51). — [8] A. S. Watling-Payne, M. J. Selwyn (Biochem. J. **142** [1974] 65/74). — [9] G. R. Pieper, J. E. Casida (J. Econ. Entomol. **58** [1965] 392/400). — [10] K. H. Byington, R. Y. Yeh, L. R. Forte (Toxicol. Appl. Pharmacol. **27** [1974] 230/40).

[11] R. G. Wulf, K. H. Byington (Arch. Biochem. Biophys. **167** [1975] 176/85). — [12] E. A. Lock, W. N. Aldridge (J. Neurochem. **25** [1975] 871/6). — [13] J. G. A. Luijten, O. R. Klimmer (Tin Res. Inst. Publ. **501** [1973]). — [14] F. B. Nijesen (Ind. Vernice [Milan] **22** [1968] 3/7). — [15] G. P. Georghiou, R. L. Metcalf, E. P. von Zboray (Bull. World Health Organ. **33** [1965] 479/84).

[16] K. Härtel (Agr. Vet. Chem. **3** [1962] 19/24). — [17] W. E. Lancashire, D. E. Griffiths (FEBS [Fed. Eur. Biochem. Soc.] Letters **17** [1971] 209/14; C.A. **76** [1972] Nr. 42275). — [18] R. A. Henry, K. H. Byington (Biochem. Pharmacol. **25** [1976] 2291/5).

1.3.2.1.1.1.7 Verwendung

Uses

$(CH_3)_3SnCl$ katalysiert die Polymerisation von Olefinen [1], die Methatese von ungesättigten Fettsäuren [2], die Polymerisation von Formaldehyd [3], von Urethanen [4] und von Epoxiden [5] sowie die Polykondensation von Polyäthylentherephthalat [6].

$(CH_3)_3SnCl$ wird in Dampfform zusammen mit CH_3Br zur Bekämpfung von Schlangen und Ameisen verwendet [7]. Außerdem dient es als Mittel gegen Larven von Phormia regina und Lucilia sericata [8], allgemein als Pestizid gegen Larven [9] und als Fungizid [10].

Literatur:

[1] Y. Takami (Kogyo Kagaku Zasshi **65** [1962] 229/33). — [2] P. B. van Dam, M. C. Mittelmeijer, C. Boelhouwer (Fette Seifen Anstrichmittel **76** [1974] 264/6). — [3] S. Ishida, J. Masamoto, Asahi Chemical Industry Co., Ltd. (Japan.P. 73-04110 [1970/73]; C.A. **80** [1974] Nr. 4101). — [4] F. Hostettler, Union Carbide Corp. (U.S.P. 3194773 [1958/65]; C.A. **63** [1965] 8577). — [5] M. G. Rogers, J. H. Tsai, Dow Chemical Co. (Can.P. 979592 [1973/75]; C.A. **84** [1976] Nr. 136333).

[6] T. Shima, T. Urasaki, I. Oka, Teijin Ltd. (Japan.P. 73-37598 [1969/73]; C.A. **81** [1974] Nr. 64330). — [7] R. Irmscher, W. Knöpke, Deutsche Gesellschaft für Schädlingsbekämpfung m.b.H. (D.P. 1139691 [1958/62]; C.A. **59** [1963] 6931). — [8] W. S. McGregor, Dow Chemical Co. (S. Afrikan.P. 70-04146 [1970/71]; C.A. **76** [1972] Nr. 136889). — [9] W. S. McGregor, Dow Chemical Co. (F. Demande 2080553 [1970/71]; C.A. **77** [1972] Nr. 110582). — [10] M. Kraak, N. V. de Bataafsche Petroleum Maatschappij (Nd.P. 68578 [1951]; C.A. **1952** 5781).

1.3.2.1.1.2 Triäthylzinnchlorid $(C_2H_5)_3SnCl$

Triethyltin Chloride

1.3.2.1.1.2.1 Bildung und Darstellung

Formation, Preparation

Zur Synthese von Triäthylzinnchlorid gibt es mehrere schnelle oder einfache und auch industriell anwendbare Wege. So bildet sich die Verbindung bei der Umsetzung von $SnCl_4$ mit C_2H_5MgBr im entsprechenden Molverhältnis in Diäthyläther als Lösungsmittel in Ausbeuten um 30% [1] oder beim einstündigen Rückflußkochen der gleichen Ausgangsmaterialien in Toluol in Ausbeuten von 40% [2].

$SnCl_4$ kann auch durch Aluminiumorganyle äthyliert werden. So entsteht $(C_2H_5)_3SnCl$ aus $SnCl_4$ und $Al(C_2H_5)_3$ in guten Ausbeuten neben $Sn(C_2H_5)_4$, $AlCl_3$ und $C_2H_5AlCl_2$ [3]. Das Produkt entsteht dabei in Diäthyläther als Reaktionsmedium in Ausbeuten von 49% neben 51% an $(C_2H_5)_2SnCl_2$ [4], von 86% bei Zugabe von NaCl und einer Reaktionstemperatur von etwa 25°C [5] sowie von 93.5% bei stöchiometrischem Einsatz der Ausgangsmaterialien und einstündiger Reaktion in Diäthyläther bei 70°C [6, 7]. Entsprechend reagiert auch eine Mischung aus $Al(C_2H_5)_3$ und $(C_2H_5)_2AlCl$ mit $SnCl_4$ bei 60°C im Verlauf von 1 h unter Bildung von $(C_2H_5)_3SnCl$ in 92%iger Ausbeute [8]. Weitere Möglichkeiten bestehen in der Umsetzung von $SnCl_4$ mit $(C_2H_5)_3Al_2Cl_3$, meist in Gegenwart von NaCl, bei Temperaturen bis 200°C in N_2-Atmosphäre [9], bei 60°C [10], in exothermer Reaktion unter Bildung von 74% des gewünschten Produktes [11] sowie in der Umsetzung von $C_2H_5SnCl_3$ mit $(C_2H_5)_3Al_2Cl_3$ in Isooctan unter N_2 nach 13 h Rückflußkochen [12].

Eine einfache Synthesemethode für $(C_2H_5)_3SnCl$ besteht im Ligandenaustausch mit anderen Triäthylzinnverbindungen. So reagiert $(C_2H_5)_3SnBr$ mit HCl in Diäthyläther unter Bildung von $(C_2H_5)_3SnCl$ [13]. Entsprechend entsteht die Verbindung durch Reaktion von HCl mit $(C_2H_5)_3SnOH$ [14, 15] oder $[(C_2H_5)_3Sn]_2O$ [16] oder durch Umsetzung von $(C_2H_5)_3SnJ$ mit Cl_2 bei 100°C [17].

Ein wichtiges Ausgangsmaterial zur Synthese von $(C_2H_5)_3SnCl$ ist $Sn(C_2H_5)_4$. So entsteht Triäthylzinnchlorid bei der Komproportionierung von $Sn(C_2H_5)_4$ mit $SnCl_4$ [3, 18 bis 21]. Bei einem Molverhältnis von 1:1 und einer Reaktionstemperatur von 0°C können 43% Ausbeute erzielt werden, bei 20°C in Benzol und einem Überschuß an $SnCl_4$ werden nur 3.3% gefunden [22]. Außerdem wird von einer Ausbeute von 80% berichtet [23]. Bei einem Molverhältnis $Sn(C_2H_5)_4 : SnCl_4 = 3:1$ erhält man nach 3 h bei 190 bis 210°C 86% an $(C_2H_5)_3SnCl$ neben wenig $(C_2H_5)_2SnCl_2$ [24, 25], beim gleichen Molverhältnis in Gegenwart von $AlCl_3$ (2 bis 20%) nach 6 h bei 100°C und Zugabe von Cyclohexan 89.3% Ausbeute [26, 27]. In Gegenwart von $GaCl_3$ werden bei 200°C nach 0.5 h sogar 97% Ausbeute erzielt [28]. Außerdem entsteht die Verbindung bei der Komproportionierung von $Sn(C_2H_5)_4$ mit $(C_2H_5)_2SnCl_2$ bei 215°C in 75%iger Ausbeute [24, 25], mit $C_2H_5SnCl_3$ bei 200°C in 98.6%iger Ausbeute [22], mit $C_4H_9SnCl_3$ bei 100°C in 83%iger Ausbeute neben $C_2H_5(C_4H_9)SnCl_2$ [29] und mit $C_6H_5SnCl_3$ bei 20°C in 100%iger Ausbeute neben $C_2H_5(C_6H_5)SnCl_2$ [29].

$Sn(C_2H_5)_4$ reagiert mit HCl unter Bildung von $(C_2H_5)_3SnCl$ [30, 31]. Außerdem entsteht $(C_2H_5)_3SnCl$ bei der Umsetzung von $Sn(C_2H_5)_4$ mit CCl_4 bei 100°C im Bombenrohr [32, 33] oder unter UV-Bestrahlung [34], mit $CHCl_3$ unter Bestrahlung nach 30 h in 50.4%iger Ausbeute [34], mit i-C_3H_7Cl in Benzol [33] in Gegenwart von $AlCl_3$ in 68.3%iger Ausbeute [35] und mit $C_6H_5CH_2Cl$ in Gegenwart von $AlCl_3$ in 73%iger Ausbeute [33, 35]. Mit $C_6H_5SiCl_3$ komproportioniert $Sn(C_2H_5)_4$ bei 186 bis 190°C unter Bildung von $(C_2H_5)_3SnCl$ neben etwas $(C_2H_5)_2SnCl_2$ [36]. Mit $GeCl_4$ wird ebenfalls Triäthylzinnchlorid gebildet. Zur Untersuchung der Kinetik dieser Bildungsreaktion in verschiedenen Lösungsmitteln und bei verschiedenen Temperaturen s. Original [37]. Unter γ-Bestrahlung werden hierbei nach 170 h 83% Ausbeute an $(C_2H_5)_3SnCl$ erzielt [38]. Außerdem reagiert $Sn(C_2H_5)_4$ mit den folgenden Metallchloriden unter Bildung von $(C_2H_5)_3SnCl$: $SnCl_2$ bei 230°C [39] in 78%iger Ausbeute [40], $TlCl_3$ bei Zimmertemperatur in Diäthyläther [41], $BiCl_3$ in $CHCl_3$ unter Rückflußkochen [42], AgCl in geringen Mengen [40], $KAuCl_4$ in 50%iger Ausbeute [40], $HgCl_2$ in 78%iger Ausbeute [40], beim Rückflußkochen in absolutem Äthanol oder in $CHCl_3$ in 35%iger Ausbeute [43], (Kinetik der Bildungsreaktion s. bei [44, 45, 46]), $TiCl_4$ [47] in 42%iger Ausbeute [40], $VOCl_3$ in 54%iger Ausbeute [40], $TaCl_5$ in 60%iger Ausbeute [40], WCl_6 [48], $FeCl_3$ in $CHCl_3$ und anschließend bei 100°C in 68%iger Ausbeute [49], $PdCl_2$ in 71%iger Ausbeute [40].

Triäthylzinnchlorid ist auch über eine „direkte Synthese" zugänglich. So reagiert Zinn mit Äthylchlorid im Autoklaven in Gegenwart von $(C_2H_5)_3N$ und J_2 bei 160°C im Verlauf von 6 h unter Bildung von $(C_2H_5)_3SnCl$ in 50%iger Ausbeute [50]. Ein entsprechendes Verfahren wird auch für eine Reaktion im Autoklaven in Gegenwart von Mg, C_4H_9OH und C_4H_9J beschrieben [51]. $(C_2H_5)_3SnCl$ bildet sich auch aus C_2H_5Cl und Mg_2Sn im Autoklaven in Cyclohexan bei 130°C in Gegenwart von $HgCl_2$ [52, 53]. In analogen Reaktionen entsteht $(C_2H_5)_3SnCl$ aus $(C_2H_5)_2SnCl_2$ und Sn im Autoklaven in Wasser bei 160°C in 76%iger Ausbeute, aus $[(C_2H_5)_2SnCl]_2O$ und Sn unter gleichen Bedingungen in 79%iger Ausbeute, aus $(C_4H_9)_2SnCl_2$ und C_2H_5Cl in Gegenwart von Fe und $(C_2H_5)_3N$ in 2%iger Ausbeute, aus $(C_2H_5)_2SnCl_2$ und C_4H_9Cl in 36%iger Ausbeute und aus $[(C_2H_5)_2Sn]_n$ und C_4H_9Cl in gleicher Weise in 18%iger Ausbeute [54].

Die Reduktion von C_2H_5Br oder C_2H_5J an einer Sn-Kathode in Wasser-Acetonitril-Gemischen ergibt als Hauptprodukt $(C_2H_5)_3SnCl$ in Gegenwart eines Leitsalzes (Alkalichlorid oder Tetraalkylammoniumchlorid) neben geringen Mengen von $Sn(C_2H_5)_4$ und $[(C_2H_5)_3Sn]_2$ [55].

$Hg(C_2H_5)_2$ reagiert mit $SnCl_2$ in Äthanol unter Bildung von $(C_2H_5)_2SnCl_2$. Dabei wird $(C_2H_5)_3SnCl$ als Nebenprodukt erhalten [123].

Triäthylzinnchlorid entsteht bei der Umsetzung von $(C_2H_5)_3SnH$ mit unterschiedlichen chlorhaltigen Substanzen. So bildet sich die Verbindung bei der Umsetzung von $(C_2H_5)_3SnH$ mit $(C_2H_5)_2SnCl_2$ in Toluol bei 110°C [56] oder in Xylol bei 125°C [57] jeweils nach 4 h in quantitativer bzw. 79.5%iger Ausbeute neben anderen Produkten wie $[(C_2H_5)_2Sn]_n$ und H_2. Die analogen Reaktionen mit $(C_4H_9)_2SnCl_2$ [57] oder $(C_6H_5)_2SnCl_2$ [57] verlaufen in Xylol bei 123°C bzw. in Heptan bei 100°C in 73.4 bzw. 92.4%iger Ausbeute. $(C_2H_5)_3SnH$ reagiert mit CCl_4 exotherm unter Bildung von $(C_2H_5)_3SnCl$ [58, 59], ebenso mit $CHCl_3$ [59]. Aus $(C_2H_5)_3SnH$ und $(C_6H_5)_3CCl$ entsteht in Benzol nach 12 h eine Ausbeute von 70% an $(C_2H_5)_3SnCl$ [60]. Auch mit $\underline{CCl{=}CClCF_2CF_2}$ wird bei 100°C Triäthylzinnchlorid erhalten [61]. Beim Rückflußkochen von $(C_2H_5)_3SnH$ mit folgenden Metallchloriden werden die angegebenen Ausbeuten an $(C_2H_5)_3SnCl$ erzielt: $KAuCl_4$ 94%, $CdCl_2$ 47%, $HgCl_2$ 78%, $TiCl_4$ 55%, $VOCl_3$ 61%, CrO_2Cl_2 78%, $PdCl_2$ 97%, K_2PtCl_6 75%, $GeCl_4$ 97%, $SnCl_4$ 94%, $SnCl_2$ 96%, $PbCl_2$ 95%, $AsCl_3$ 99%, $SbCl_3$ 99%, $BiCl_3$ 93% und S_2Cl_2 84% [62]. Bei der Umsetzung von $(C_2H_5)_3SnH$ mit CH_3HgCl in Benzol entsteht in exothermer Reaktion $(C_2H_5)_3SnCl$ in 40.9%iger Ausbeute neben Hg und C_2H_6 [56, 57].

$(C_2H_5)_3SnCH_3$ reagiert mit $(CH_3)_2SnCl_2$ ebenso unter Bildung von $(C_2H_5)_3SnCl$ [63] wie $(C_2H_5)_3SnC_6H_5$ mit HCl [64]. Auch bei den Komproportionierungsreaktionen zwischen $(C_2H_5)_3SnC_5H_5$ und $C_2H_5SnCl_3$ [122], zwischen $(C_2H_5)_2Sn(C_4H_9)_2$ und $(C_2H_5)_2SnCl_2$ bei 140°C sowie zwischen $(C_4H_9)_3SnC_2H_5$ und $C_2H_5SnCl_3$ bei 140°C wird u. a. $(C_2H_5)_3SnCl$ gefunden [65]. $(C_2H_5)_3SnCl$ entsteht auch bei der Spaltung von $(C_2H_5)_3SnCH_2COOCH_3$ mit $GeCl_4$ in 99%iger Ausbeute [66], mit Verbindungen vom Typ $(C_6H_5)_{3-n}PCl_n$ (n = 1, 2, 3) in Benzol unter Rückflußkochen [67], mit $SbCl_3$ in Benzol bei 100°C in 79.5%iger Ausbeute [68] oder mit CH_3COCl [69]. Es entsteht aus $(C_2H_5)_3SnC{\equiv}CC_6H_5$ und C_6H_5COCl bei 150°C [70], aus $(C_2H_5)_3SnC{\equiv}CCH{=}CHSC_4H_9$ und Hexachlorcyclopentadien bei 150°C [71] sowie aus Verbindungen vom Typ $(C_2H_5)_3SnC{\equiv}CR$ und Säurechloriden R'COCl, wobei $R = CH_2Cl$, $R' = CH_3$, $R = C_4H_9$, $R' = CH_3$ und C_6H_5 sowie $R = C_6H_5$, $R' = CH_3$ und C_6H_5 ist [72]. Die Spaltung von $(C_2H_5)_3SnC{\equiv}CR$ mit R = H oder CH_3 kann auch mit $SiCl_4$ oder $GeCl_4$ erfolgen [73]. Außerdem wird $(C_2H_5)_3SnCl$ bei der Reaktion zwischen $[(C_2H_5)_3Sn]_2C{=}N_2$ und Halogeniden wie $CuCl_2$, $CdCl_2$, $CaCl_2$, $AlCl_3$, $SnCl_2$ oder $ZnCl_2$ in Diäthyläther bei 35°C gebildet [74].

$(C_2H_5)_3SnCl$ wird durch Spaltung von Sn-Sn-Bindungen in $[(C_2H_5)_3Sn]_2$ erhalten. Als spaltende Agentien dienen hierbei CCl_4 unter UV-Bestrahlung bzw. in O_2-Atmosphäre [75] oder in Gegenwart von Cu-Pulver in einer Ampulle [76], C_2Cl_6 in Benzol bei 30 und 100°C [77], i-C_3H_7Cl in Gegenwart von $AlCl_3$ in Benzol [33, 35, 78], $C_6H_5CH_2Cl$ bei 200°C [79], $C_6H_5CH_nCl_{3-n}$ (n = 1, 2) [80], $(C_6H_5)_2CCl_2$ [80], $(p\text{-}ClC_6H_4)_2CHCCl_3$ [80], $(C_6H_5)_3CCl$ [79, 81], C_6H_5COCl [79, 81], $C_6H_5SO_2Cl$ [79], p-$CH_3C_6H_4SO_2Cl$ [79, 81], CF_3COCl unter UV-Bestrahlung [82], $ClCH_2COOC_2H_5$ im Bombenrohr bei 250°C [83], p-$CH_3C_6H_4COCl$ und $C_6H_5N{=}NOOCCH_3$ in Benzol bei 0°C [84], $SnCl_2$ in Aceton bei 75°C, $SnCl_4$ in Benzol bei 70°C, $AlCl_3$ und $C_6H_5COOCOC_6H_5$ bei 70°C [85], $HgCl_2$ oder C_6H_5HgCl bei 150°C [86], $(C_2H_5)_2SnCl_2$ bei 200°C [39]. $(C_2H_5)_3SnCl$ entsteht auch bei der Spaltung von $[(C_2H_5)_2Sn]_n$ durch C_4H_9Cl bei 160°C im Bombenrohr, auch in Gegenwart von $(C_2H_5)_3N$ oder $[(C_2H_5)_4N]J$, sowie bei der Reaktion von $[(C_4H_9)_2Sn]_n$ mit $(C_2H_5)_2SnCl_2$ unter entsprechenden Bedingungen [87].

$(C_2H_5)_3SnN(CH_3)_2$ reagiert in Petroläther bei Zimmertemperatur mit Cl_2 unter Bildung von $(C_2H_5)_3SnCl$ in 83%iger Ausbeute [87]. Die Verbindung entsteht auch bei der Spaltung von $(C_2H_5)_3SnN{=}P(C_6H_5)_3$ oder von $(C_2H_5)_3SnN_3$ mit HCl [88] und bei der Spaltung von $(C_2H_5)_3SnPO(OC_2H_5)_2$ (vermutlich in Wirklichkeit von $(C_2H_5)_3SnOPO(OC_2H_5)_2$) mit CH_3COCl [89].

$(C_2H_5)_3SnCl$ entsteht bei der Spaltung von $[(C_2H_5)_3Sn]_2O$ mit HCl [3, 90, 91, 92], ebenso bei der Spaltung von Verbindungen des Typs $(C_2H_5)_3SnOR$ mit $R = CH(CH_2COCH_3)C_6H_4$ p-NO_2 [93], $COCH_2CH_2C(O)OO$-t-C_4H_9 oder COC_6H_4-o-$C(O)OO$-t-C_4H_9 [94], $C(CH_3)_2C{\equiv}CH$ [95] oder $C(CH_3)_2C{\equiv}CSn(C_2H_5)_3$ mit HCl [95]. Auch bei der Umsetzung von $(C_2H_5SnO_{1.5})_n$ mit KOH und HCl wird $(C_2H_5)_3SnCl$ in 79%iger Ausbeute erhalten [96]. $[(C_2H_5)_3Sn]_2O$ reagiert mit CCl_4 und Cu im Verlauf von 17 h unter Bildung von $(C_2H_5)_3SnCl$ in 83%iger Ausbeute [76]. Mit folgenden Metallhalogeniden werden die angegebenen Ausbeuten an Triäthylzinnchlorid gewonnen: AgCl [97], $C_2H_5OBCl_2$ 37%, CH_3SiCl_3 77%, $GeCl_4$ 93%, $SnCl_4$ 99%, $C_4H_9SnCl_3$ 92%, $SnCl_2$ 95%, $(C_2H_5)_2SnCl_2$ 86%, PCl_3 74%, $AsCl_3$ 88%, $SbCl_3$ 87% [98]. Entsprechend reagieren auch $[(C_2H_5)_3SnO]_2SO_2$ mit $BaCl_2$ [99, 100], $(C_2H_5)_3SnOC_6H_5$ mit BCl_3 [101], $(C_2H_5)_3SnOCH_2C{\equiv}CH$ und $(C_2H_5)_3SnOCH_2C{\equiv}CSn(C_2H_5)_3$ mit $(CH_3)_3SiCl$ [102], $(C_2H_5)_3SnOCH_3$ und $(C_2H_5)_3SnO$-i-C_3H_7 mit $CH_3(C_6H_5)(1\text{-}C_{10}H_7)SiCl$ in Hexan oder Decalin [103, 104], $(C_2H_5)_3SnOC_6H_5$ mit C_6H_5COCl in Benzol beim Rückflußkochen [105], $(C_2H_5)_3SnOP(OC_2H_5)_2$ bei 0°C mit CH_3COCl oder CH_3OCH_2Cl [106], $(C_2H_5)_3SnOCH_2CH_2C{\equiv}CH$ und $(C_2H_5)_3SnOCH_2CH_2C{\equiv}CSn(C_2H_5)_3$ mit CH_3OCH_2Cl [102], $[(C_2H_5)_3SnOCH_2CH_2]_3N$ mit CH_3GeCl_3 oder $C_5H_5GeCl_3$ in Hexan bei Zimmertemperatur unter Bildung von $(C_2H_5)_3SnCl$ [107].

$[(C_2H_5)_3Sn]_2S$ reagiert mit C_2Cl_6 nur in Gegenwart von Cu-Pulver unter Bildung von $(C_2H_5)_3SnCl$ [77]. Mit verschiedenen anderen Chlorverbindungen wird jedoch Spaltung erzielt, wie die angegebenen Ausbeuten an gebildetem $(C_2H_5)_3SnCl$ zeigen: AgCl [97], $GeCl_4$ 91%, $SnCl_4$ 88%, $SnCl_2$ 74%, PCl_3 92%, $AsCl_3$ 89% [98]. $(C_2H_5)_3SnCl$ entsteht auch bei der Reaktion von $(C_2H_5)_3SnSCH_3$ mit AgCl [97], von $(C_2H_5)_3SnSC_4H_9$ mit $(CH_3)_3SiCl$ oder $(C_2H_5)_3GeCl$ beim Erhitzen [108] und von $[(C_2H_5)_3Sn]_2Te$ mit Cl_2 [109].

Folgende Triäthylzinnhalogenide bzw. Pseudohalogenide reagieren mit AgCl unter Bildung von $(C_2H_5)_3SnCl$: $(C_2H_5)_3SnBr$ ohne Lösungsmittel nach 4 h Rückflußkochen, $(C_2H_5)_3SnJ$ ohne Lösungsmittel, $(C_2H_5)_3SnCN$ ohne Lösungsmittel im Verlauf von 10 min, $(C_2H_5)_3SnNCO$ ohne Lösungsmittel nach 1 h Rückflußkochen, $(C_2H_5)_3SnNCS$ in Xylol nach 1 h Rückflußkochen mit 98% Ausbeute [97].

Analyse. Lösungsspektralanalyse von Zinn in zinnorganischen Verbindungen und speziell in $(C_2H_5)_3SnCl$ s. bei [110]. Abtrennung von $(C_2H_5)_3SnCl$ von anderen zinnorganischen und metallorganischen Verbindungen mit Hilfe der Chromatographie s. bei [21], mit Hilfe der Dünnschichtchromatographie s. bei [111], mit Hilfe der Gaschromatographie s. bei [54, 65, 112, 113, 121]. Zur amperometrischen Titration in Mischungen von $(C_2H_5)_3SnCl$ mit anderen Organozinnhalogeniden s. [114]. Über die Vorteile der Polarographie zur Analyse zinnorganischer Verbindungen in Stabilisatoren usw. s. [115]. Über die Bestimmung funktioneller Gruppen in zinnorganischen Verbindungen, speziell in Di- und Triorganozinnhalogeniden s. [116]. Zur Analyse von Triäthylzinnchloridspuren in Farbstoffen s. [117]. Zur qualitativen und quantitativen Bestimmung von $(C_2H_5)_3SnCl$ in Organozinnstabilisatoren s. [118]. Zum Vergleich thermodynamischer Größen des Lösungsverhaltens von $(C_2H_5)_3SnCl$ mit dem anderer Organozinnhalogenide bei der Chromatographie s. [124].

Thermodynamische Daten der Bildung. Die Bildungsenthalpie ΔH° bei der Bildung der flüssigen Verbindung aus den Elementen unter Standardbedingungen beträgt $\Delta H^\circ_{298} = -61.1$ kcal/mol [119, 120].

Literatur:

[1] V. F. Mironov, Yu. P. Egorov, A. D. Petrov (Izv. Akad. Nauk SSSR Otd. Khim. Nauk **1959** 1400/7; Bull. Acad. Sci. USSR Div. Chem. Sci. **1959** 1351/6). — [2] A. Borbely-Kuszmann, J. Nagy (Periodica Polytech. **6** [1962] 127/38). — [3] Y. Takeda, T. Okuyama, T. Fueno, J. Fukukawa (Makromol. Chem. **76** [1964] 209/29). — [4] K. Ziegler, W. P. Neumann (D.P. 1164407 [1959/64]; C.A. **60** [1964] 15910). — [5] L. M. Antipin, E. M. Stepina, V. F. Mironov (Zh. Obshch. Khim. **40** [1970] 115/8; J. Gen. Chem. USSR **40** [1970] 104/6).

[6] W. P. Neumann (Liebigs Ann. Chem. **653** [1962] 157/63). — [7] K. Ziegler, W. P. Neumann (D.P. 1157617 [1959/63]; C.A. **60** [1964] 3008). — [8] Studiengesellschaft Kohle m.b.H. (B.P. 951150 [1960/64]; C.A. **60** [1964] 13271). — [9] L. I. Zakharkin, O. Yu. Okhlobystin, B. N. Strunin (Zh. Prikl. Khim. **36** [1963] 2034/8; J. Appl. Chem. USSR **36** [1963] 1969/72). — [10] K. Ziegler (B.P. 923179 [1959/63]; C.A. **59** [1963] 12842).

[11] W. K. Johnson (J. Org. Chem. **25** [1960] 2253/4). — [12] W. K. Johnson, Monsanto Chemical Co. (U.S.P. 3036103 [1959/62]; C.A. **57** [1962] 13802). — [13] M. E. Spaght, F. Hein, H. Pauling (Physik. Z. **34** [1933] 212/4). — [14] A. Cahours (Liebigs Ann. Chem. **114** [1860] 354/83). — [15] T. Harada (Sci. Papers Inst. Phys. Chem. Res. [Tokyo] **35** [1939] 290/329).

[16] R. H. Prince (J. Chem. Soc. **1959** 1783/91). — [17] H. Kodoma, A. Takai, T. Sasakura, Toyama Chemical Industry Co. (Japan.P. 63-11975 [1960/63]; C.A. **59** [1963] 14023). — [18] L. Riccoboni (Gazz. Chim. Ital. **71** [1941] 696/713). — [19] G. B. Buckton (Liebigs Ann. Chem. **112** [1859] 220/7). — [20] G. Costa (Gazz. Chim. Ital. **80** [1950] 42/62).

[21] R. Barbieri, U. Belluco, G. Tagliavini (Ann. Chim. [Rome] **48** [1958] 940/9). — [22] W. P. Neumann, G. Burkhardt (Liebigs Ann. Chem. **663** [1963] 11/21). — [23] G. J. M. van der Kerk, J. G. A. Luijten (J. Appl. Chem. [London] **6** [1956] 49/55). — [24] K. A. Kocheshkov (Zh. Obshch. Khim. **4** [1934] 1359/63). — [25] K. A. Kocheshkov (Ber. Deut. Chem. Ges. **66** [1933] 1661/5).

[26] C. K. Banks, M and T Chemicals, Inc. (U.S.P. 3297732 [1963/67]; C.A. **66** [1967] Nr. 115807). — [27] Y. Mizuno, T. Umehara, Nitto Chemical Industrial Co., Ltd. (Japan.P. 69-13693 [1969]; C.A. **71** [1969] Nr. 113088). — [28] H. Bretschneider, F. Veith, H. Sextl, Farbwerke Hoechst A.-G. (D.P. 1962301 [1969/71]; C.A. **75** [1971] Nr. 36352). — [29] H. G. Kuivila, R. Sommer, D. C. Green (J. Org. Chem. **33** [1968] 1119/22). — [30] E. Frankland (Liebigs Ann. Chem. **111** [1859] 44/68).

[31] A. Cahours (Liebigs Ann. Chem. **122** [1862] 48/71). — [32] N. S. Vyazankin, T. N. Brevnova, G. A. Razuvaev (Zh. Obshch. Khim. **37** [1967] 204/7; J. Gen. Chem. USSR **37** [1967] 187/9). — [33] G. A. Razuvaev, N. S. Vyazankin, Yu. I. Dergunov, O. S. Dyachkovskaya (Dokl. Akad. Nauk SSSR **132** [1960] 364/6 nach C.A. **1960** 20973). — [34] G. A. Razuvaev, N. S. Vyazankin, E. N. Gladyshev, I. A. Borodavko (Zh. Obshch. Khim. **32** [1962] 2154/60 nach C.A. **58** [1963] 7961). — [35] N. S. Vyazankin, G. A. Razuvaev, O. S. Dyachkovskaya (Zh. Obshch. Khim. **33** [1963] 613/7; J. Gen. Chem. USSR **33** [1963] 607/10).

[36] M. F. Shostakovskii, B. A. Sokolov, G. P. Mantsivoda (Zh. Obshch. Khim. **33** [1963] 3779; J. Gen. Chem. USSR **33** [1963] 3717). — [37] E. J. Bulton, W. Drenth (J. Organometal. Chem. **61** [1973] 179/90). — [38] K. A. Kocheshkov, A. A. Makhina, N. N. Zemlyanskii, F. M. Panov (Izv. Akad. Nauk SSSR Ser. Khim. **1969** 1381/2; Bull. Acad. Sci. USSR Div. Chem. Sci. **1969** 1282/3). — [39] G. A. Razuvaev, Yu. I. Dergunov, N. S. Vyazankin (Zh. Obshch. Khim. **32** [1962] 2515/20 nach C.A. **58** [1963] 9111). — [40] H. H. Anderson (Inorg. Chem. **1** [1962] 547/50).

[41] A. E. Borisov, N. V. Novikova (Izv. Akad. Nauk SSSR Otd. Khim. Nauk **1959** 1670/2 nach C.A. **1960** 8608). — [42] Z. M. Manulkin (Zh. Obshch. Khim. **20** [1950] 2004/8). — [43] Z. M. Manulkin (Zh. Obshch. Khim. **16** [1946] 235/42 nach C.A. **1947** 90). — [44] M. H. Abraham, P. L. Grellier (J. Chem. Soc. Perkin Trans. II **1975** 623/8). — [45] M. H. Abraham, F. Behbahany, M. J. Hogarth, R. J. Irving, G. F. Johnston (Chem. Commun. **1969** 117).

[46] M. H. Abraham, G. F. Johnston, J. F. C. Oliver, J. A. Richards (Chem. Commun. **1969** 930/1). — [47] Y. Takami (Kogyo Kagaku Zasshi **65** [1962] 229/33). — [48] G. Pampus, G. Lehnert (Makromol. Chem. **175** [1974] 2605/16). — [49] Z. M. Manulkin (Zh. Obshch. Khim. **18** [1948] 299/305 nach C.A. **1948** 6742). — [50] K. Sisido, S. Kozima, T. Tuzi (J. Organometal. Chem. **9** [1967] 109/15).

[51] S. Matsuda, H. Matsuda (Bull. Chem. Soc. Japan **35** [1962] 208/11). — [52] G. J. M. van der Kerk, J. G. A. Luijten (J. Appl. Chem. [London] **4** [1954] 307/13). — [53] C. J. Faulkner, G. J. M. van der Kerk (D.P. 946447 [1956]; C.A. **1959** 7014). — [54] K. Sisido, S. Kozima (J. Organometal. Chem. **11** [1968] 503/13). — [55] D. Britz, H. Luft (Ber. Bunsenges. Physik. Chem. **77** [1973] 836/8).

[56] N. S. Vyazankin, G. A. Razuvaev, S. P. Korneva (Zh. Obshch. Khim. **33** [1963] 1041/2; J. Gen. Chem. USSR **33** [1963] 1029). — [57] N. S. Vyazankin, G. A. Razuvaev, S. P. Korneva (Zh. Obshch. Khim. **34** [1964] 2787/91; J. Gen. Chem. USSR **34** [1964] 2809/12). — [58] J. Cooper, A. Hudson, R. A. Jackson (J. Chem. Soc. Perkin Trans. II **1973** 1056/60). — [59] H. Kriegsmann, K. Ulbricht (Z. Chem. [Leipzig] **3** [1963] 67). — [60] N. S. Vyazankin, V. T. Bychkov (Zh. Obshch. Khim. **35** [1965] 684/7; J. Gen. Chem. USSR **35** [1965] 685/7).

[61] W. R. Cullen, G. E. Styan (J. Organometal. Chem. **6** [1966] 633/44). — [62] H. H. Anderson (J. Am. Chem. Soc. **79** [1957] 4913/5). — [63] G. Plazzogna, S. Bresadola, G. Tagliavini (Inorg. Chim. Acta **2** [1968] 333/6). — [64] A. Ladenburg (Liebigs Ann. Chem. **159** [1871] 251/8). — [65] V. A. Chernoplekova, N. N. Zemlyanskii, N. D. Kolosova, K. A. Kocheshkov (Izv. Akad. Nauk SSSR Ser. Khim. **1975** 2803/5; Bull. Acad. Sci. USSR Div. Chem. Sci. **1975** 2691/3).

[66] V. I. Adveeva, G. S. Burlachenko, Yu. I. Baukov, I. F. Lutsenko (Zh. Obshch. Khim. **36** [1966] 1679/84; J. Gen. Chem. USSR **36** [1966] 1676). — [67] M. A. Kakli, G. M. Gray, E. G. DelMar, R. C. Taylor (Syn. Reactiv. Inorg. Metal-Org. Chem. **5** [1975] 357/71). — [68] E. A. Belosova, V. L. Foss, I. F. Lutsenko (Zh. Obshch. Khim. **38** [1968] 1574/8; J. Gen. Chem. USSR **38** [1968] 1523). — [69] S. V. Ponomarev, I. F. Lutsenko (Zh. Obshch. Khim. **34** [1964] 3450/3 nach C.A. **62** [1965] 2787). — [70] W. P. Neumann, F. G. Kleiner (Liebigs Ann. Chem. **716** [1968] 29/36).

[71] M. F. Shostakovskii, N. V. Komarov, T. D. Burnashova, I. S. Aktschurina (Izv. Akad. Nauk SSSR Ser. Khim. **1968** 625/9). — [72] M. F. Shostakovskii, N. P. Ivanova, R. G. Mirskov (Khim. Atsetilena Tekhnol. Karbida Kaltsiya **1972** 141/4 nach C.A. **79** [1973] Nr. 115603). — [73] V. S. Zavgorodnii, L. G. Sharanina, A. A. Petrov (Zh. Obshch. Khim. **38** [1968] 1150/4; J. Gen. Chem. USSR **38** [1968] 1103/6). — [74] A. V. Pavlycheva, Yu. I. Dergunov, V. F. Gerega, Yu. I. Mushkin (Zh. Obshch. Khim. **41** [1971] 175/9; J. Gen. Chem. USSR **41** [1971] 171/4). — [75] G. A. Razuvaev, N. S. Vyazankin, O. A. Shchepetkova (Tetrahedron **18** [1962] 667/74).

[76] G. A. Razuvaev, O. S. Dyachkovskaya, V. I. Fionov (Dokl. Akad. Nauk SSSR **177** [1967] 1113/6 nach C.A. **68** [1968] Nr. 6678). — [77] G. A. Razuvaev, O. S. Dyachkovskaya, I. K. Grigoreva, N. E. Tsyganash (Zh. Obshch. Khim. **44** [1974] 573/8; J. Gen. Chem. USSR **44** [1974] 550/3). — [78] N. S. Vyazankin, O. A. Kruglaya, Yu. I. Dergunov, G. A. Razuvaev (Kataliticheskie Reaktsii v Zhidkoi Faze Akad. Nauk Kaz.SSR Kazakhsk. Gos. Univ. Kazakhsk. Resp. Pravlenie Mendeleevskogo Obshchestva Tr. Vses. Konf., Alma-Ata 1962 [1963], S. 416/9). — [79] G. A. Razuvaev, Yu. I. Dergunov, N. S. Vyazankin (Zh. Obshch. Khim. **32** [1962] 2515/20 nach C.A. **58** [1963] 9111). — [80] H. Shirai, Y. Sato, J. Tani (Yakugaku Zasshi **90** [1970] 1232/6).

[81] G. A. Razuvaev, N. S. Vyazankin, Yu. I. Dergunov, N. M. Pinchuk (Zh. Vses. Khim. Obshchestva im. D. I. Mendeleeva **5** [1960] 707 nach C.A. **1961** 13299). — [82] W. R. Cullen, G. E. Styan (Can. J. Chem. **44** [1966] 1225/7). — [83] A. Ladenburg (Ber. Deut. Chem. Ges. **4** [1871] 19/21). — [84] N. S. Vyazankin, O. A. Shchepetkova (Zh. Obshch. Khim. **30** [1960] 3417/21; J. Gen. Chem. USSR **30** [1960] 3384/7). — [85] G. A. Razuvaev, N. S. Vyazankin, O. A. Shchepetkova (Zh. Obshch. Khim. **31** [1961] 3762/8; J. Gen. Chem. USSR **31** [1961] 3515/20).

[86] A. N. Nesmeyanov, K. A. Kocheshkov, V. P. Pusyreva (Zh. Obshch. Khim. **7** [1937] 118/20). — [87] T. A. George, M. F. Lappert (J. Chem. Soc. A **1969** 992/6). — [88] J. Lorberth, H. Krapf, H. Nöth (Chem. Ber. **100** [1967] 3511/9). — [89] B. A. Arbuzov, A. N. Pudovic (Zh. Obshch. Khim. **17** [1947] 2158/65 nach C.A. **1948** 4522). — [90] C. Löwig (Liebigs Ann. Chem. **84** [1852] 308/33).

[91] Metal and Thermit Corp. (B.P. 797976 [1958]; C.A. **1959** 3061). — [92] C. R. Gloskey, Metal and Thermit Corp. (U.S.P. 2862944 [1958]; C.A. **1959** 7014). — [93] J. G. Noltes, F. Verbeek, H. M. J. C. Creemers (Organometal. Chem. Syn. **1** [1970/71] 57/68). — [94] V. A. Dodonov, V. V. Chesnokov, T. A. Yurchenko (Zh. Obshch. Khim. **46** [1976] 1293/7; J. Gen. Chem. USSR **46** [1976] 1274/7). — [95] M. F. Shostakovskii, R. G. Mirskov, V. M. Vlasov, S. J. Tarpishchev (Zh. Obshch. Khim. **37** [1967] 1738/43; J. Gen. Chem. USSR **37** [1967] 1657/61).

[96] T. Tahara, T. Takubo, T. Matsuhaga, Nitto Chemical Industrial Co., Ltd. (U.S.P. 3496201 [1966/70]; C.A. **72** [1970] Nr. 111617). — [97] H. H. Anderson, J. A. Vasta (J. Org. Chem. **19** [1954] 1300/5). — [98] H. H. Anderson (J. Org. Chem. **19** [1954] 1766/9). — [99] P. Kulmitz (Jahresberichte **1860** 375/80). — [100] P. Kulmitz (J. Prakt. Chem. **80** [1860] 60/101).

[101] N. S. Vyazankin, G. A. Razuvaev, O. A. Kruglaya-Shchepetkova, O. S. Dyachkovskaya (Khim. Perekisnykh Soedin. Akad. Nauk SSSR Inst. Obshch. i Neorgan. Khim. **1963** 298/302). — [102] A. G. Mirskov, V. M. Vlasov (Zh. Obshch. Khim. **36** [1966] 166/7; J. Gen. Chem. USSR **36** [1966] 176/7). — [103] V. A. Chauzov, Yu. I. Baukov (Zh. Obshch. Khim. **40** [1970] 940/1). — [104] V. A. Chauzov, Yu. I. Baukov (Zh. Obshch. Khim. **45** [1975] 1032/6; J. Gen. Chem. USSR **45** [1975] 1018/22). — [105] N. S. Vyazankin, G. A. Razuvaev, O. S. Dyachkovskaya, O. A. Shchepetkova (Dokl. Akad. Nauk SSSR **143** [1962] 1348/50; Proc. Acad. Sci. USSR Chem. Sect. **142/147** [1962] 343/5).

[106] Z. S. Novikova, S. N. Mashoshina, I. F. Lutsenko (Zh. Obshch. Khim. **45** [1975] 1486/94; J. Gen. Chem. USSR **45** [1975] 1455/61). — [107] V. S. Shriro, Yu. A. Strelenko, Yu. A. Ustynyuk, N. N. Zemlyansky, K. A. Kocheshkov (J. Organometal. Chem. **117** [1976] 321/8). — [108] M. G. Voronkov, R. G. Mirskov, O. S. Stankevich, G. V. Kuznetsova, S. P. Sitnikova, L. N. Ulyanova (Dokl. Akad. Nauk SSSR **224** [1975] 587/90; Dokl. Chem. Proc. Acad. Sci. USSR **220/225** [1975] 552/5). — [109] N. S. Vyazankin, L. P. Sanina, G. S. Kalinina, M. N. Bochkarev (Zh. Obshch. Khim. **38** [1968] 1800/4). — [110] R. Rautschke, O. Heinrich (Spectrochim. Acta B **27** [1972] 143/8).

[111] K. Bürger (Z. Anal. Chem. **192** [1963] 280/6). — [112] G. G. Devyatykh, V. A. Umilin, Yu. N. Tsinovoi (Tr. po Khim. i Khim. Tekhnol. **1968** Nr. 2, S. 82/5). — [113] D. A. Vyakhirev, O. P. Chereshnya (Tr. po Khim. i Khim. Tekhnol. **1973** Nr. 2, S. 55/6 nach C.A. **80** [1974] Nr. 95060). — [114] A. P. Kreshkov, V. A. Bork, P. I. Selivokhin (Zh. Analit. Khim. **25** [1970] 1202/5; J. Anal. Chem. USSR **25** [1970] 1039/41). — [115] J. W. Price (Zinn Verwendung Nr. 41 [1957] 5/7).

[116] N. S. Vyazankin, G. A. Razuvaev, T. N. Brevnova (Zh. Obshch. Khim. **34** [1964] 1005/9; J. Gen. Chem. USSR **34** [1964] 998/1001). — [117] J. W. Price (Paint Manuf. **28** [1958] 147/50). — [118] J. Koch, K. Figge (J. Chromatog. **109** [1975] 89/100). — [119] G. A. Nash, H. A. Skinner, W. F. Stack (Trans. Faraday Soc. **61** [1965] 640/8). — [120] W. F. Stack, G. A. Nash, H. A. Skinner (Trans. Faraday Soc. **61** [1965] 2122/5).

[121] J. Franc, M. Wurst, V. Moudry (Collection Czech. Chem. Commun. **26** [1961] 1313/9). — [122] N. D. Kolosova, N. N. Zemlyanskii, A. A. Azizov, Yu. A. Ustynyuk, N. P. Barminova, K. A. Kocheshkov (Dokl. Akad. Nauk SSSR **218** [1974] 117/9; Dokl. Chem. Proc. Acad. Sci. USSR **214/219** [1974] 614/6). — [123] K. A. Kocheshkov, A. N. Nesmeyanov (J. Russ. Phys. Chem. Soc. **62** [1930] 1795/812 nach C.A. **1931** 3975/7). — [124] A. N. Korol, V. A. Chernoplekova, K. I. Sakodynskii, K. A. Kocheshkov (Izv. Akad. Nauk SSSR Ser. Khim. **1976** 2806/9; Bull. Acad. Sci. USSR Div. Chem. Sci. **1976** 2615/8).

1.3.2.1.1.2.2 Molekül. Spektren

The Molecule. Spectra

1.3.2.1.1.2.2.1 Dipolmoment. Dissoziation

Dipolc Moment. Dissociation

Für das Dipolmoment von $(C_2H_5)_3SnCl$ werden folgende Werte in der Literatur angegeben: 3.08 D [1], 3.44 D [2 bis 5], 3.56 D [6]. Mit Hilfe von Del Re-Berechnungen wird ein Dipolmoment von 3.55 D vorausgesagt [7].

Die Atomisierungsenthalpie ΔH°_{298} wird mit Hilfe der Del Re-Methode zu 1955.6 kcal/mol berechnet [8].

Literatur:

[1] H. H. Huang, K. M. Hui, K. K. Chiu (J. Organometal. Chem. **11** [1968] 515/24). — [2] M. E. Spaght, F. Hein, H. Pauling (Physik. Z. **34** [1933] 212/4). — [3] I. Kadomtzeff (Compt. Rend. **230** [1950] 536/7). — [4] C. P. Smyth (J. Am. Chem. Soc. **63** [1941] 57/66). — [5] C. P. Smyth (J. Org. Chem. **6** [1941] 421/6).

[6] J. Lorberth, H. Nöth (Chem. Ber. **98** [1965] 969/76). — [7] R. Gupta, B. Majee (J. Organometal. Chem. **33** [1971] 169/73). — [8] R. Gupta, B. Majee (J. Organometal. Chem. **29** [1971] 419/25).

1.3.2.1.1.2.2.2 Kernmagnetische Resonanzspektren. Kernquadrupolresonanzspektrum

Nuclear Magnetic Resonance Spectra. Nuclear Quadrupole Resonance Spectrum

Im ^{1}H-NMR-Spektrum von $(C_2H_5)_3SnCl$ werden folgende Werte für die chemische Verschiebung und die Kopplungskonstanten gefunden: $\delta CH_2 = -1.26$ ppm, $J(^1HC^{117/119}Sn) = 40.8$ bzw. 42.4 Hz, $\delta CH_3 = -1.29$ ppm, $J(^1HCC^{117/119}Sn) = 87.5$ bzw. 90.5 Hz, $J(^1HCC^1H) = 7.5$ Hz in Substanz [1], $\tau\, CH_2 = 8.513$, $J(^1HC^{117/119}Sn) = 38.7$ bzw. 40.6 Hz, $\tau\, CH_3 = 8.547$, $J(^1HCC^{117/119}Sn) = 88$ bzw. 92 Hz, $J(^1HCC^1H) = 7.5$ Hz in Substanz [2], $\tau\, CH_2 = 8.55$, $J(^1HC^{119}Sn) = 40.6$ Hz in Substanz [3], $\tau CH_2 = 8.64$, $J(^1HC^{117/119}Sn) = 38.7$ Hz in Substanz [4], $\tau CH_2 = 8.64$, $J(^1HC^{117/119}Sn) = 38.7$ bzw. 40.1 Hz, $\tau\, CH_3 = 8.64$, $J(^1HCC^{117/119}Sn) = 68.1$ bzw. 71.2 Hz in Substanz [5], $J(^1HC^{117/119}Sn) =$ 48 bzw. 50 Hz, $J(^1HCC^{117/119}Sn) = 66.8$ bzw. 92.8 Hz in Substanz [6], $\delta CH_2 = -1.30$ ppm, $\delta CH_3 = -1.30$ ppm in CCl_4 [7], $\delta\, CH_2 = -1.33$ ppm, $J(^1HC^{117/119}Sn) = 46.1$ bzw. 47.6 Hz, $\delta\, CH_3 = -1.33$ ppm, $J(^1HCC^{117/119}Sn) = 90.8$ bzw. 94.0 Hz, $J(^1HCC^1H) = 7.7$ Hz in $CDCl_3$ [8], $\delta\, CH_2 = -1.07$ ppm, $J(^1HC^{117/119}Sn) = 68.1$ bzw. 71.0 Hz, $\delta\, CH_3 = -1.22$ ppm, $J(^1HCC^{117/119}Sn) =$ 104.9 bzw. 109.2 Hz, $J(^1HCC^1H) = 8.0$ Hz in Dimethylsulfoxid [8], $\tau\, CH_2 = 8.204$, $J(^1HC^{117/119}Sn) = 42.5$ bzw. 45 Hz, $\tau\, CH_3 = 8.591$, $J(^1HCC^{117/119}Sn) = 97$ bzw. 101.5 Hz, $J(^1HCC^1H) = 7.6$ Hz in Wasser [2]. Vergleiche der ^{1}H-NMR-spektroskopischen Daten mit denen anderer Äthylzinnhalogenide s. bei [1, 5].

Im ^{13}C-NMR-Spektrum werden folgende Werte für die chemische Verschiebung und die Kopplungskonstanten gefunden: $\delta\, CH_2 = -9.3$ ppm, $J(^{13}CSn) = 352$ Hz, $\delta\, CH_3 = -9.9$ ppm, $J(^{13}CCSn) = 26$ Hz (gegen TMS) [9]. Berechnung von Additivitätsparametern zur Abschätzung von Abschirmungseffekten der Substituenten und Vergleiche dieser Daten mit den gefundenen Verschiebungswerten in den ^{13}C-NMR-Spektren verschiedener Tetraorganozinnverbindungen s. bei [10].

Die chemische Verschiebung im ^{117}Sn-NMR-Spektrum beträgt $\delta = -148.1 \pm 1.2$ ppm gegen $Sn(CH_3)_4$ [11]. Für die ^{119}Sn-NMR-Spektren werden folgende Verschiebungen gefunden: $\delta = -150.5 \pm 1.2$ ppm in CCl_4 [11, 12], -151 ppm in CCl_4 [13], -153.4 ppm in CH_2Cl_2 [14], -155 ppm in CCl_4 [15], -155.9 ppm in Substanz [16]. Die chemische Verschiebung $\delta\,^{119}Sn$ wird für $(C_2H_5)_3SnCl$ bei Temperaturen zwischen -9 und $+63\,^{\circ}C$ und bei Konzentrationen zwischen 10 und 90% in Acetonitril und zwischen -20 und $+48\,^{\circ}C$ bei entsprechenden Konzentrationsunterschieden in Aceton gemessen. Die Werte der Verschiebung, die immer bei fallender Konzentration im Lösungsmittel und bei fallender Temperatur zu höheren Feldern wandern, liegen dabei zwischen -108.0 ppm (10% in Aceton bei $-20\,^{\circ}C$) und -154.7 ppm (90% in Acetonitril bei $+63\,^{\circ}C$) [17, 18].

Die ^{35}Cl-NQR-Frequenz beträgt bei 77 K $\nu = 16.947$ MHz. Korrelation dieses Wertes und von NQR-Daten anderer Organozinnchloride mit den entsprechenden Quadrupolkopplungskonstanten aus den Mössbauer-Spektren s. im Original [19].

Literatur:

[1] J. Lorberth, H. Vahrenkamp (J. Organometal. Chem. **11** [1968] 111/24). — [2] L. Verdonck, G. P. van der Kelen (Ber. Bunsenges. Physik. Chem. **69** [1965] 478/84). — [3] R. Gupta, B. Majee (J. Organometal. Chem. **40** [1972] 97/105). — [4] L. Verdonck, G. P. van der Kelen, Z. Eeckhaut (J. Organometal. Chem. **11** [1968] 487/90). — [5] L. Verdonck, G. P. van der Kelen (Bull. Soc. Chim. Belges **76** [1967] 258/72).

[6] E. V. van der Berghe, L. Verdonck, G. P. van der Kelen (J. Organometal. Chem. **16** [1969] 497/9). — [7] B. Gassenheimer, R. H. Herber (Inorg. Chem. **8** [1969] 1120/5). — [8] G. Barbieri, F. Taddei (J. Chem. Soc. Perkin Trans. II **1972** 1327/31). — [9] T. N. Mitchell (J. Organometal. Chem. **59** [1973] 189/97). — [10] D. E. Axelson, S. A. Kandil, C. E. Holloway (Can. J. Chem. **52** [1974] 2968/73).

[11] A. P. Tupciauskas, N. M. Sergeev, Yu. A. Ustynyuk (Mol. Phys. **21** [1971] 179/81). — [12] A. P. Tupciauskas, N. M. Sergeev, Yu. A. Ustynyuk (Org. Magn. Resonance **3** [1971] 655/9). — [13] J. J. Burke, P. C. Lauterbur (J. Am. Chem. Soc. **83** [1961] 326/31). — [14] A. P. Tupciauskas, N. M. Sergeev, Yu. A. Ustynyuk (Lietuvos Fiz. Rinkinys **11** [1971] 93/105). — [15] W. McFarlane, J. C. Maire, M. Delmas (J. Chem. Soc. Dalton Trans. **1972** 1862/5).

[16] B. K. Hunter, L. W. Reeves (Can. J. Chem. **46** [1968] 1399/414). — [17] V. N. Torocheshnikov, A. P. Tupciauskas, N. M. Sergeev, Yu. A. Ustynyuk (J. Organometal. Chem. **35** [1972] C25/C29). — [18] P. J. Smith, L. Smith (Inorg. Chim. Acta Rev. **7** [1973] 11/33). — [19] Yu. K. Maksyutin, V. V. Khrapov, L. S. Melnichenko, G. K. Semin, N. N. Zemlyanskii, K. A. Kocheshkov (Izv. Akad. Nauk SSSR Ser. Khim. **1972** 602/4; Bull. Acad. Sci. USSR Div. Chem. Sci. **1972** 562/3).

Mössbauer Spectrum

1.3.2.1.1.2.2.3 Mössbauer-Spektrum

Im Mössbauer-Spektrum von $(C_2H_5)_3SnCl$ werden für die Isomerieverschiebung δ (in mm/s) folgende Werte gefunden: −0.80 [1], −0.56 in Dimethylformamid oder Dimethylsulfoxid [2], −0.55 in Tetrahydrofuran oder Diäthyläther [2], −0.54 in Dimethoxyäthan oder Pyridin [2], −0.50 in $CHCl_3$ [2], −0.44 in Heptan oder in Substanz [2] gegen α-Sn; 0.11 gegen PdSn [3]; 1.30 [4], 1.55 [5], 1.61 [6], 1.62 ± 0.05 gegen SnO_2 [7, 8]. Die Quadrupolaufspaltung Δ (in mm/s) beträgt 3.24 [1, 4], 3.50 in Tetrahydrofuran [2], 3.57 ± 0.05 [7], 3.60 in Pyridin [2], 3.65 in Substanz [5] bzw. in Diäthyläther [2], 3.72 [8], 3.73 in Substanz, in Heptan, Dimethylformamid oder Dimethylsulfoxid [2], 3.74 [7], 3.76 in Dimethoxyäthan [2], 3.84 [3], 3.90 in Chloroform [2].

Literatur:

[1] V. I. Goldanskii, V. V. Khrapov, O. Yu. Okhlobystin, V. Ya. Rochev (in: V. I. Goldanskii, R. H. Herber, Chemical Applications of Mössbauer Spectroscopy, New York 1968, S. 336/76). — [2] V. I. Goldanskii, V. Ya. Rochev, V. V. Khrapov, D. N. Kravtsov, E. M. Rokhlina (Dokl. Akad. Nauk SSSR **191** [1970] 134/7; Dokl. Phys. Chem. Proc. Acad. Sci. USSR **190/195** [1970] 213/6). — [3] N. Watanabe, E. Niki (Bull. Chem. Soc. Japan **45** [1972] 1/4). — [4] P. J. Smith (Organometal. Chem. Rev. A **5** [1970] 373/402). — [5] R. V. Parish, R. H. Platt (Inorg. Chim. Acta **4** [1970] 65/72).

[6] B. Gassenheimer, R. H. Herber (Inorg. Chem. **8** [1969] 1120/5). — [7] J. J. Zuckerman (Advan. Organometal. Chem. **9** [1970] 21/134). — [8] J. Dvooght, M. Gielen, S. Lejeune (J. Organometal. Chem. **21** [1970] 333/43).

Vibrational and UV Spectra

1.3.2.1.1.2.2.4 Schwingungs- und UV-Spektren

Eine Neuvermessung der IR- und Raman-Spektren von flüssigem $(C_2H_5)_3SnCl$ und eine Zuordnung der gefundenen Banden, die auf einer Normalkoordinatenanalyse unter Zugrundelegung eines modifizierten Valenzkraftfeldes beruht, wurde von Kriegsmann und Mitarbeitern [1] vorgenommen. Das Spektrum ist in Tabelle 17 zusammengestellt. Weitere, damit weitgehend in Übereinstimmung stehende Zuordnungen des IR-Spektrums der Verbindung s. bei [2, 3, 4]. Eine Abbildung des IR-Spektrums von $(C_2H_5)_3SnCl$ zwischen 400 und 1200 cm^{-1} ist bei [5] zu finden. Bei Untersuchungen des Einflusses des Phasenüberganges Kristall-Flüssigkeit auf das IR-Spektrum von $(C_2H_5)_3SnCl$ und anderen Äthylzinnverbindungen wurde gefunden, daß die Anzahl und die Intensität der Banden im Kristall größer sind als in der Flüssigkeit. Außerdem wurden einige Bandenaufspaltungen in den Spektren bei tiefen Temperaturen festgestellt [6]. Die IR-Spektren von $(C_2H_5)_3SnCl$ im Bereich unterhalb 400 cm^{-1} zeigen Unterschiede in Abhängigkeit vom Lösungsmittel. Während in Acetonitril nur eine sehr starke Bande bei 298 cm^{-1} gefunden wird, erscheinen in Cyclohexan Banden bei 337 (sst), 275 (s), 127 (m), 122 (m) und 107 (s) cm^{-1}. In flüssiger Phase werden folgende Banden beobachtet: 318 (sst), 275 (s), 129 (m), 125 (m) und 110 (s) cm^{-1} [7]. Aus dem Mikrowellenspektrum (Strichdiagramm und Vergleiche mit den Spektren anderer Organozinnhalogenide s. im Original) wird für $(C_2H_5)_3SnCl$ auf eine Konfiguration mit C_s-Symmetrie geschlossen [8].

Tabelle 17

IR- und Raman-Spektren von $(C_2H_5)_3SnCl$.

Zuordnung			ν in cm^{-1} IR	Raman	berechnet
ν_{13}	A_1	δSnC_3	110 m	101 Sch	82
ν_{38}	E	δSnC_3	125 st	120 (2) dp	104
ν_{37}	E	ρSnC_3	129 st		127
ν_{12}	A_1	$\delta CCSn$		256 (2) p	250
ν_{36}	E	$\delta CCSn$	275 m		255
ν_{11}	A_1	$\nu SnCl$		317 (2) p	317
ν_{10}	A_1	νSnC_3	489 m	490 (10) p	490
ν_{35}	E	νSnC_3	521 st	520 (6) dp	521
ν_{19}	A_2	ρCH_2			673
			655 Sch		
ν_{34}	E	ρCH_2	676 sst	655 (1)	675
ν_{18}	A_2	ρCH_3, gek. mit τCH_2			954
ν_{33}	E	ρCH_3, gek. mit τCH_2	954 Sch		954
ν_{32}	E	ρCH_3, gek. mit $w CH_2$	962 m	966 (1) dp	963
ν_9	A_1	ρCH_3			964
ν_{31}	E	νCC	1016 st	1019 (1) dp	1016
ν_8	A_1	νCC			1020
ν_7	A_1	$w CH_2$	1188 st	1196 (6) p	1187
ν_{30}	E	$w CH_2$			1188
ν_{17}	A_2	τCH_2			1231
ν_{29}	E	τCH_2	1232 m		1231
ν_6	A_1	δCH_3	1378 m	1384 (1) p	1384
ν_{28}	E	δCH_3, gek. mit ρCH_3			1384
ν_5	A_1	δCH_2	1419 m	1424 (2) dp	1419
ν_{27}	E	δCH_2			1420
ν_{16}	A_2	δCH_3			1460
ν_{26}	E	δCH_3	1458 st	1461 (2) dp	1460
ν_4	A_1	δCH_3			1461
ν_{25}	E	δCH_3			1461
ν_3	A_1	νCH_3	2873 sst	2873 (5) p	2876
ν_{24}	E	νCH_3			2876

Tabelle 17 (Fortsetzung)

Zuordnung			ν in cm⁻¹ IR	Raman	berechnet
ν_2	A_1	νCH_2	2915 sst	2917 (8) p	2917
ν_{23}	E	νCH_2			2918
ν_{15}	A_2	νCH_3			2945
ν_{22}	E	νCH_3	2949 sst	2948 (6) dp	2945
ν_1	A_1	νCH_3			2949
ν_{21}	E	νCH_3			2949
ν_{14}	A_2	νCH_2			2965
ν_{20}	E	νCH_2	2965 sst		2965

Das UV-Spektrum einer Lösung von $(C_2H_5)_3SnCl$ in Methanol und Hexan zeigt Absorptionsmaxima bei etwa 268 bzw. bei 273 nm [9].

Literatur:

[1] H. Kriegsmann, C. Peuker, R. Heess, H. Geissler (Z. Naturforsch. **24a** [1969] 778/86). — [2] P. Taimsalu, J. L. Wood (Spectrochim. Acta **20** [1964] 1043/51). — [3] D. H. Lohmann (J. Organometal. Chem. **4** [1965] 382/91). — [4] E. V. van den Berghe, L. Verdonck, G. P. van der Kelen (J. Organometal. Chem. **16** [1969] 497/9). — [5] Y. Hayakawa, T. Fueno, J. Furukawa (J. Polymer Sci. Polymer Chem. Ed. **5** [1967] 2099/109).

[6] N. N. Vyshinskii (Tr. po Khim. i Khim. Tekhnol. **1963** 18/20). — [7] P. Taimsalu, J. L. Wood (Spectrochim. Acta **20** [1964] 1357/68). — [8] V. F. Volkov, N. N. Vyshinskii, N. K. Rudnevskii (Izv. Akad. Nauk SSSR Ser. Fiz. **26** [1962] 1282/5; Bull. Acad. Sci. USSR Phys. Sect. **26** [1962] 1300/2). — [9] L. Riccoboni (Gazz. Chim. Ital. **71** [1941] 696/713).

Mass Spectrum

1.3.2.1.1.2.2.5 Massenspektrum

Im Massenspektrum von $(C_2H_5)_3SnCl$ erscheinen Signale für folgende Ionen: $(C_2H_5)_3SnCl^+$ (8), $(C_2H_5)_2SnCl^+$ (100), $C_2H_5SnClH^+$ (14), $C_2H_5SnCl^+$ (11), $SnCl^+$ (51), $(C_2H_5)_3Sn^+$ (13), $(C_2H_5)_2SnH^+$ (9), $(C_2H_5)_2Sn^+$ (5), $C_2H_5SnH_2^+$ (1), $C_2H_5Sn^+$ (36), SnH^+ (14), Sn^+ (9), M. Gielen, G. Mayence (J. Organometal. Chem. **12** [1968] 363/8).

Physical Properties

1.3.2.1.1.2.3 Physikalische Eigenschaften

$(C_2H_5)_3SnCl$ ist eine bei Normalbedingungen farblose, flüssige Verbindung, für die folgende Schmelzpunkte angegeben werden: −5 bis −3°C [1], 0°C [2], 12 bis 14°C [26], 13°C [3], 15°C [4, 5, 6], 15.3°C [7], 15.5°C [8, 9], 25°C [10]. Als Siedepunkte werden gefunden: 35°C/0.18 Torr [1], 42 bis 47°C/1 Torr [12], 44°C/1 Torr [13], 45 bis 47°C/1 Torr [14], 46 bis 48°C/1 Torr [14], 50°C/2 Torr [15], 56.5 bis 57.5°C/2.5 Torr [16], 62.5 bis 66°C (ohne Druckangabe) [17], 63°C/2.5 Torr [18], 63.5 bis 66°C/1.8 Torr [19], 68 bis 72°C/0.9 bis 1.2 Torr [7], 76°C/6 Torr [20], 78 bis 80°C/7 Torr [21], 80 bis 83°C/8 Torr [22], 80 bis 85°C/0.5 bis 0.7 Torr [23], 83°C/10 Torr [24], 88°C/12 Torr [25], 88 bis 91°C/12 Torr [26], 89°C/12 Torr [27], 89 bis 90°C/12 Torr [28], 90°C/10 Torr [29], 90 bis 93°C/10 Torr [30, 31, 32], 90 bis 95°C/13 Torr [33], 90.2 bis 90.8°C/12.5 Torr [34], 90.4 bis 90.5°C/13 Torr [34], 91°C/12 Torr [35], 92 bis 93°C/13 Torr [36], 93 bis 94°C/13 Torr [37, 38], 94°C/13 Torr [9, 39], 94 bis 94.5°C/13 Torr [4, 10], 94 bis 95°C/15 Torr [40], 95°C/12 Torr [41], 95°C/15 Torr [42], 96 bis 97°C/15 Torr [43], 97°C/12 Torr [12], 97°C/13 Torr [44], 98 bis 100°C (ohne Druckangabe) [45], 98 bis 102°C/15 Torr [46], 100 bis 101°C/16 Torr [47, 48], 100 bis 108°C/16 Torr [49], 105°C/16 Torr [24], 112 bis 116°C/40 Torr [50], 147 bis

149°C/130 Torr [51], 199 bis 210°C (ohne Druckangabe) [52], 200 bis 205°C/735 Torr [53], 202 bis 207°C (Normaldruck) [49], 203 bis 209°C [54], 204 bis 210°C [54], 206°C [5], 207°C [55, 56], 207 bis 210°C/740 Torr [57], 208°C [5], 208 bis 210°C [2, 58], 208 bis 210°C/700 Torr [59], 209°C [5, 55, 56], 209 bis 211°C/753 Torr [47, 48], 210°C [5, 55, 60], 210°C/755 Torr [61], 211°C [5], 230°C (Normaldruck) [56, 62]. — Für die Verdampfungsenthalpie ΔH_v werden 12.119 kcal/mol angegeben [6, 63]. Die Trouton-Konstante beträgt 25.3 cal · mol^{-1} · K^{-1} [6]. Für die Koeffizienten der Dampfdruckgleichung $\lg p = -A/T + B$ werden die Werte A = 2652 und B = 8.416 errechnet [6]. Weitere Angaben über die Temperaturabhängigkeit des Dampfdruckes sowie die Verdampfungsenthalpie und -entropie s. bei [64].

Für die Dichte der Verbindung werden folgende Werte (in g/cm^3) angegeben: 1.428 (8°C) [2], 1.320 (20°C) [1], 1.429 (20°C) [6], 1.4396 (20°C) [51], 1.462 (20°C) [56], 1.4288 (23.3°C) [9, 65]. Für den Brechungsindex werden gefunden: n_D^{20} = 1.5030 [50], 1.5031 [36], 1.5035 [54], 1.5039 [54], 1.5043 [24, 46, 54], 1.5048 [58], 1.5050 [40], 1.5053 [24], 1.5054 [37], 1.5055 [6, 14, 30, 66], 1.5057 [49], 1.506 [5], 1.5060 [14, 22], 1.5063 [38, 49], 1.5068 [21, 65], 1.5069 [20], 1.507 [5, 60], 1.5070 [57], 1.5072 [51], 1.5074 [52], 1.5078 [13], 1.508 [5], 1.5080 [16], 1.510 [5], 1.511 [5], 1.513 [5], 1.516 [5]; n_D^{23} = 1.502 [56]; $n_D^{23.3}$ = 1.50553 [9, 65]; n_D^{25} = 1.5042 [43, 67]; n_D^{30} = 1.504 [56]. Molrefraktion R_{mol} = 50.14 (ber.: 50.20 [68], 50.33 [69] bzw. 50.900 [65]) und 50.15 [6].

Für die diamagnetische Suszeptibilität wird ein Wert von $\chi_{mol} = -136.6 \times 10^{-6}$ cm^3/mol gefunden [70]. Die Leitfähigkeit von Lösungen von $(C_2H_5)_3SnCl$ in Nitrobenzol, Aceton und absolutem Äthylalkohol steigt bei zunehmender Zugabe von Lösungen von Pyridin und Anilin in den gleichen Lösungsmitteln bei Zimmertemperatur anfangs merklich an. Dieser Anstieg wird bei fortschreitender Zugabe geringer [71].

Literatur:

[1] P. Kulmitz (Jahresberichte **1860** 375/80). — [2] A. Cahours (Liebigs Ann. Chem. **114** [1860] 354/83). — [3] A. Ladenburg (Liebigs Ann. Chem. **159** [1871] 251/8). — [4] L. Riccoboni (Gazz. Chim. Ital. **71** [1941] 696/713). — [5] H. H. Anderson (J. Org. Chem. **19** [1954] 1766/9).

[6] C. R. Dillard, E. H. McNeill, D. E. Simmons, J. B. Yeldell (J. Am. Chem. Soc. **80** [1958] 3607/9). — [7] K. K. Joshi, P. A. H. Wyatt (J. Chem. Soc. **1959** 3825/9). — [8] K. Licht, H. Geissler, P. Koehler, K. Hottmann, H. Schnorr, H. Kriegsmann (Z. Anorg. Allgem. Chem. **385** [1971] 271/88). — [9] G. Grüttner, E. Krause (Ber. Deut. Chem. Ges. **50** [1917] 1802/7). — [10] R. Barbieri, U. Belluco, G. Tagliavini (Ann. Chim. [Rome] **48** [1958] 940/9).

[11] W. P. Neumann, F. G. Kleiner (Liebigs Ann. Chem. **716** [1968] 29/36). — [12] W. P. Neumann, G. Burkhardt (Liebigs Ann. Chem. **663** [1963] 11/21). — [13] R. G. Mirskov, V. M. Vlasov (Zh. Obshch. Khim. **36** [1966] 562; J. Gen. Chem. USSR **36** [1966] 581). — [14] M. F. Shostakovskii, R. G. Mirskov, V. M. Vlasov, S. J. Tarpishchev (Zh. Obshch. Khim. **37** [1967] 1738/43; J. Gen. Chem. USSR **37** [1967] 1657/61). — [15] T. A. George, M. F. Lappert (J. Chem. Soc. A **1969** 992/6).

[16] L. I. Zakharkin, O. Yu. Okhlobystin, B. N. Strunin (Zh. Prikl. Khim. **36** [1963] 2034/8; J. Appl. Chem. USSR **36** [1963] 1969/72). — [17] C. K. Banko, M and T Chemicals, Inc. (U.S.P. 3297732 [1963/67]; C.A. **66** [1967] Nr. 115807). — [18] M. F. Shostakovskii, N. V. Komarov, T. D. Burnashova, I. S. Aktschurina (Izv. Akad. Nauk SSSR Ser. Khim. **1968** 625/9). — [19] Y. Mizumo, T. Umehara, Nitto Chemical Industrial Co., Ltd. (Japan.P. 69-13693 [1966/69]; C.A. **71** [1969] Nr. 113088). — [20] A. V. Pavlycheva, Yu. I. Dergunov, V. F. Gerega, Yu. I. Mushkin (Zh. Obshch. Khim. **41** [1971] 175/9; J. Gen. Chem. USSR **41** [1971] 171/4).

[21] E. A. Besolova, V. L. Foss, I. F. Lutsenko (Zh. Obshch. Khim. **38** [1968] 1574/8; J. Gen. Chem. USSR **38** [1968] 1523/6). — [22] V. I. Adveeva, G. S. Burlachenko, Yu. I. Baukov, I. F. Lutsenko (Zh. Obshch. Khim. **36** [1966] 1679/84; J. Gen. Chem. USSR **36** [1966] 1676). — [23] M. A. Kakli, G. M. Gray, E. G. DelMar, R. C. Taylor (Syn. Reactiv Inorg. Metal.-Org. Chem. **5** [1975] 357/71). — [24] Z. S. Novikova, S. N. Mashoshina, I. F. Lutsenko (Zh. Obshch. Khim. **45** [1975] 1486/94; J. Gen. Chem. USSR **45** [1975] 1455/61). — [25] J. Lorberth, H. Nöth (Chem. Ber. **98** [1965] 969/76).

[26] G. J. M. van der Kerk, J. G. A. Luijten (J. Appl. Chem. [London] **6** [1956] 49/55). — [27] M. E. Spaght, F. Hein, H. Pauling (Physik. Z. **34** [1933] 212/4). — [28] H. Kodama, A. Takai, T. Sasakura, Toyama Chemical Industry Co., Ltd. (Japan.P. 63-11975 [1960/63]; C.A. **59** [1963] 14023). — [29] J. Lorberth, H. Krapf, H. Nöth (Chem. Ber. **100** [1967] 3511/9). — [30] W. P. Neumann (Liebigs Ann. Chem. **653** [1962] 157/63).

[31] W. P. Neumann, K. Ziegler (D.P.1157617 [1959/63]; C.A. **60** [1964] 3008). — [32] K. Ziegler (B.P. 923179 [1959/63]; C.A. **59** [1963] 12842). — [33] T. Tahara, T. Takubo, T. Matsunaga, Nitto Chemical Industrial Co., Ltd. (U.S.P. 3496201 [1966/70]; C.A. **72** [1970] Nr. 111617). — [34] Y. Takeda, T. Okuyama, T. Fueno, J. Fukukawa (Makromol. Chem. **76** [1964] 209/29). — [35] F. Caujolle, M. Lesbre, D. Meynier, G. Saquisannes (Compt. Rend. **243** [1956] 987/9).

[36] N. S. Vyazankin, G. A. Razuvaev, S. P. Korneva (Zh. Obshch. Khim. **34** [1964] 2787/91; J. Gen. Chem. USSR **34** [1964] 2809/12). — [37] M. F. Shostakovskii, V. M. Vlasov, R. G. Mirskov (Zh. Obshch. Khim. **33** [1963] 324; J. Gen. Chem. USSR **33** [1963] 320). — [38] N. S. Vyazankin, L. P. Sanina, G. S. Kalinina, M. N. Bochkarev (Zh. Obshch. Khim. **38** [1968] 1800/4). — [39] V. A. Chernoplekova, N. N. Zemlyanskii, N. D. Kolosova, K. A. Kocheshkov (Izv. Akad. Nauk SSSR Ser. Khim. **1975** 2803/5; Bull. Acad. Sci. USSR Div. Chem. Sci. **1975** 2691/3). — [40] N. S. Vyazankin, V. T. Bychkov (Zh. Obshch. Khim. **35** [1965] 684/7; J. Gen. Chem. USSR **35** [1965] 685/7).

[41] Studiengesellschaft Kohle m.b.H. (B.P. 951150 [1960/64]; C.A. **60** [1964] 13271). — [42] Z. M. Manulkin (Zh. Obshch. Khim. **16** [1946] 235/42 nach C.A. **1947** 90). — [43] W. K. Johnson (J. Org. Chem. **25** [1960] 2253/4). — [44] A. Borbely-Kuszmann, J. Nagy (Periodica Polytech. **6** [1962] 127/38). — [45] B. A. Arbuzov, A. N. Pudovic (Zh. Obshch. Khim. **17** [1947] 2158/65 nach C.A. **1948** 4522).

[46] N. S. Vyazankin, G. A. Razuvaev, O. S. Dyachkovskaya, O. A. Shchepetkova (Dokl. Akad. Nauk SSSR **143** [1962] 1348/50; Proc. Acad. Sci. USSR Chem. Sect. **142/147** [1962] 343/5). — [47] K. A. Kocheshkov (Ber. Deut. Chem. Ges. **66** [1933] 1661/5). — [48] K. A. Kocheshkov (Zh. Obshch. Khim. **4** [1934] 1359/63). — [49] G. A. Razuvaev, N. S. Vyazankin, O. A. Shchepetkova (Tetrahedron **18** [1962] 667/74). — [50] A. G. Mirskov, V. M. Vlasov (Zh. Obshch. Khim. **36** [1966] 166/7; J. Gen. Chem. USSR **36** [1966] 176/7).

[51] S. Matsuda, H. Matsuda (Bull. Chem. Soc. Japan **35** [1962] 208/11). — [52] K. A. Kocheshkov, A. A. Makhina, N. N. Zemlyanskii, E. M. Panov (Izv. Akad. Nauk SSSR Ser. Khim. **1969** 1381/2; Bull. Acad. Sci. USSR Div. Chem. Sci. **1969** 1282/3). — [53] Z. M. Manulkin (Zh. Obshch. Khim. **20** [1950] 2004/8). — [54] N. S. Vyazankin, G. A. Razuvaev, O. S. Dyachkovskaya (Zh. Obshch. Khim. **33** [1963] 613/7; J. Gen. Chem. USSR **33** [1963] 607/10). — [55] H. H. Anderson (Inorg. Chem. **1** [1962] 647/50).

[56] H. H. Anderson, J. A. Vasta (J. Org. Chem. **19** [1954] 1300/5). — [57] M. F. Shostakovskii, B. A. Sokolov, G. P. Mantsivoda (Zh. Obshch. Khim. **33** [1963] 3779; J. Gen. Chem. USSR **33** [1963] 3717). — [58] V. A. Dodonov, V. V. Chesnokov, T. A. Yurchenko (Zh. Obshch. Khim. **46** [1976] 1293/7; J. Gen. Chem. USSR **46** [1976] 1274/7). — [59] J. Franc, M. Wurst, V. Moudry (Collection Czech. Chem. Commun. **26** [1961] 1313/9). — [60] H. H. Anderson (J. Am. Chem. Soc. **79** [1957] 4913/5).

[61] G. Costa (Gazz. Chim. Ital. **80** [1950] 42/62). — [62] A. Cahours (Liebigs Ann. Chem. **122** [1862] 48/71). — [63] W. F. Lautsch, A. Tröber, H. Körner, K. Wagner, R. Kaden, S. Blase (Z. Chem. [Leipzig] **4** [1964] 441/54). — [64] G. P. Bragin, M. K. Karapetyants (Tr. po Khim. i Khim. Tekhnol. **1975** 76/7; C.A. **85** [1976] Nr. 166765). — [65] R. Sayre (J. Chem. Eng. Data **6** [1961] 560/4).

[66] K. Sisido, S. Kozima, T. Isibasi (J. Organometal. Chem. **10** [1967] 439/45). — [67] W. K. Johnson, Monsanto Chemical Co. (U.S.P. 3036103 [1959/62]; C.A. **57** [1962] 13802). — [68] R. West, E. G. Rochow (J. Am. Chem. Soc. **74** [1952] 2490/1). — [69] A. I. Vogel, W. T. Cresswell, J. Leicester (J. Phys. Chem. **58** [1954] 174/7). — [70] E. W. Abel, R. P. Bush, C. R. Jenkins, T. Zobel (Trans. Faraday Soc. **60** [1964] 1214/9).

[71] K. L. Jaura, S. N. Singla, K. K. Sharma (Res. Bull. Panjab Univ. Sci. [2] **21** [1970] 105/8).

1.3.2.1.1.2.4 Polarographie

Polarography

$(C_2H_5)_3SnCl$ wird in alkoholischer Lösung bei der Polarographie in zwei Einelektronenschritten abhängig vom pH-Wert der Lösung reduziert unter Bildung von $[(C_2H_5)_3Sn]_2$ [1]. Dieses Verhalten konnte auch in Benzol-Methanol [2] und in Dimethylformamid als Lösungsmittel bestätigt werden [3]. Halbwellenpotentiale bei 25°C bezogen auf eine gesättigte Kalomel-Elektrode bei pH = 1: −0.91 und −1.15 V, in N NaOH: −1.4 und −1.63 V, in N HCl: −0.94 und −1.16 V [4], in 0.5 bis 2 N HCl in 30%igem Äthanol bei Konzentrationen von 0.02 bis 0.1 g/l: −0.9 und −1.1 V [5]. Außerdem wurde festgestellt, daß $(C_2H_5)_3SnCl$ an einer Hg-Tropfelektrode bei pH = 1 zu 73 bis 76% und in N NaOH zu 80% irreversibel reduziert wird [6]. Vergleiche der polarographischen Reduktion von $(C_2H_5)_3SnCl$ mit der Polarographie und dem elektrochemischen Verhalten anderer Organozinnchloride s. bei [7]. Zur Analyse von $(C_2H_5)_3SnCl$ und anderer Organozinnverbindungen in Polymeren und in Abwasser mit Hilfe der Polarographie s. [8].

Literatur:

[1] G. Costa (Gazz. Chim. Ital. **80** [1950] 42/62). — [2] M. Devaud, Y. Le Moullec (Electrochim. Acta **21** [1976] 395/400). — [3] M. Devaud, Y. Le Moullec (J. Electroanal. Chem. Interfacial Electrochem. **68** [1976] 223/35). — [4] M. K. Saikina (Uch. Zap. Kazan. Gos. Univ. im. V. I. Ul'yanova-Lenina Khim. **116** [1956] 129/86). — [5] V. A. Bork, P. I. Selivokhin (Tr. Mosk. Khim. Tekhnol. Inst. Nr. 62 [1969] 249/52 nach C.A. **73** [1970] Nr. 94407).

[6] M. K. Saikina, R. S. Nigmatullin (Uch. Zap. Kazan. Gos. Univ. im. V. I. Ul'yanova-Lenina Obshcheuniv. Sb. **116** Nr. 1 [1956] 167/70 nach C.A. **1958** 931). — [7] H. Mehner, H. Jehring, H. Kriegsmann (J. Organometal. Chem. **15** [1968] 97/105). — [8] T. L. Shkorbatova, D. A. Kochkin, L. D. Sirak, T. V. Khavalits (Zh. Analit. Khim. **26** [1971] 1521/6 nach C.A. **75** [1971] Nr. 147579).

1.3.2.1.1.2.5 Chemisches Verhalten

Chemical Reactions

Triäthylzinnchlorid ist das wichtigste Ausgangsmaterial zur Synthese der verschiedensten Triäthylzinnverbindungen. Wegen der großen Zahl der Umsetzungen stellen die im folgenden beschriebenen Reaktionen nur einen repräsentativen Querschnitt durch das chemische Verhalten dieser Verbindung dar, während eine erschöpfende Darlegung aller Reaktionen jeweils bei den entsprechenden Reaktionsprodukten zu finden ist.

1.3.2.1.1.2.5.1 Zersetzung

Decomposition

$(C_2H_5)_3SnCl$ zerfällt bei UV-Bestrahlung im Verlauf von 90 h unter Bildung von $(C_2H_5)_2SnCl_2$, $SnCl_2$, Sn und von Kohlenwasserstoffen, G. A. Razuvaev, N. S. Vyazankin, E. N. Gladyshev, I. A. Borodavko (Zh. Obshch. Khim. **32** [1962] 2154/60 nach C.A. **58** [1963] 7961).

1.3.2.1.1.2.5.2 Reaktionen mit Hydrierungsmitteln

Reactions with Hydrogenating Agents

$(C_2H_5)_3SnCl$ reagiert in Mineralöl bei 110°C mit NaH und $B(C_6H_5)_3$ unter Bildung von $(C_2H_5)_3SnH$ [1]. Die gleiche Reduktion gelingt mit $(C_2H_5)_2AlH$ in Diäthyläther-Dibutyläther bereits bei 0°C [2]. Beim Einsatz von $(C_2H_5)_2AlD$ wird entsprechend $(C_2H_5)_3SnD$ gebildet [3]. $(C_2H_5)_3SnCl$ wird von einer Mischung aus $(C_2H_5)_2AlH$ und $Al(C_2H_5)_3$ bei 0°C innerhalb von 1.5 h zu 83% unter Bildung von $(C_2H_5)_3SnH$ reduziert [4].

Literatur:

[1] A. Berger, General Electric Co. (U.S.P. 3401183 [1965/68]; C.A. **70** [1969] Nr. 29058). — [2] W. P. Neumann, H. Niermann (Liebigs Ann. Chem. **653** [1962] 164/72). — [3] W. P. Neumann, R. Sommer (Angew. Chem. **75** [1963] 788). — [4] Studiengesellschaft Kohle m.b.H. (B.P. 951150 [1960/64]; C.A. **60** [1964] 13271).

Reactions with Metals

1.3.2.1.1.2.5.3 Reaktionen mit Metallen

$(C_2H_5)_3SnCl$ reagiert mit Na in i-$C_5H_{11}OC_2H_5$ bei 130°C unter Bildung von $[(C_2H_5)_3Sn]_2$ [1]. Mit Al-Amalgam wird bei 10°C $(C_2H_5)_3SnH$ erhalten [2]. Mit Zn entsteht in C_4H_9Cl in Gegenwart von $(C_2H_5)_3N$ bei 160°C vermutlich über intermediär gebildetes $(C_2H_5)_3SnZnCl$ oder $[(C_2H_5)_3Sn]_2Zn$ eine Mischung aus $Sn(C_2H_5)_4$, $Sn(C_4H_9)_4$, $(C_2H_5)_3SnC_4H_9$, $(C_2H_5)_2Sn(C_4H_9)_2$ und $C_2H_5Sn(C_4H_9)_3$ [3].

Literatur:

[1] A. N. Nesmeyanov, K. A. Kocheshkov, V. P. Pusyreva (Zh. Obshch. Khim. **7** [1937] 118/20). — [2] G. J. M. van der Kerk, J. G. Noltes, J. G. A. Luijten (Chem. Ind. [London] **1958** 1290/1). — [3] K. Sisido, S. Kozima (J. Organometal. Chem. **11** [1968] 503/13).

Reactions with Metal Alkyls and Aryls

1.3.2.1.1.2.5.4 Reaktionen mit Metallalkylen und -arylen

$(C_2H_5)_3SnCl$ reagiert mit zahlreichen Alkaliorganylen und Grignard-Verbindungen unter Bildung von Triäthylzinnorganylen (s. „Zinnorganische Verbindungen" Tl. 1 und 2). So reagiert $(C_2H_5)_3SnCl$ mit $LiCF{=}CF_2$-Lösung unter Bildung von $(C_2H_5)_3SnCF{=}CF_2$ [1]. Mit p-$LiC_6H_4CF{=}CClF$ wird p-$(C_2H_5)_3SnC_6H_4CF{=}CClF$ erhalten [2]. Mit C_4H_9Li und Piperidin $C_5H_{10}NH$ entsteht in 74%iger Ausbeute $(C_2H_5)_3SnNC_5H_{10}$ [3].

$(C_2H_5)_3SnCl$ bildet mit Na und C_4H_9Cl bei 160°C ein Reaktionsgemisch, aus dem $Sn(C_2H_5)_4$ in 5%iger, $(C_2H_5)_3SnC_4H_9$ in 61%iger und $[(C_2H_5)_3Sn]_2$ in 3.5%iger Ausbeute isoliert werden können [4]. Bei der Umsetzung mit Na-c-C_5H_5 in Xylol bei 60°C entsteht $(C_2H_5)_3Sn$-c-C_5H_5, ebenso wie mit Natriumindenyl das entsprechende $(C_2H_5)_3SnC_9H_7$ gebildet wird [5]. $(C_2H_5)_3SnCl$ reagiert bei −78°C in flüssigem NH_3 und Diäthyläther mit $NaC{\equiv}CH$ unter Bildung von $(C_2H_5)_3SnC{\equiv}CH$ in 70%iger Ausbeute, während bei der gleichen Temperatur, aber ohne Äther 81% an $[(C_2H_5)_3Sn]_2C_2$ und nur 14% $(C_2H_5)_3SnC{\equiv}CH$ erhalten werden [6]. Entsprechend entsteht mit $NaC{\equiv}CC_2H_5$ die Verbindung $(C_2H_5)_3SnC{\equiv}CC_2H_5$ [6], mit $NaC{\equiv}CC_3H_7$ wird $(C_2H_5)_3SnC{\equiv}CC_3H_7$ erhalten [6] und mit $NaC{\equiv}CC(CH_3)_3$ entsteht $(C_2H_5)_3SnC{\equiv}CC(CH_3)_3$ [7]. Außerdem reagiert $(C_2H_5)_3SnCl$ mit $NaC{\equiv}CCH_2OCH_2CH_2OCH{=}CH_2$ unter Bildung von $(C_2H_5)_3SnC{\equiv}CCH_2OCH_2CH_2OCH{=}CH_2$ [8], mit $NaC{\equiv}CCH_2O[(CH_2)_2O]_2CH{=}CH_2$ unter Bildung von $(C_2H_5)_3SnC{\equiv}CCH_2O[(CH_2)_2O]_2CH{=}CH_2$ [8] und mit $NaC{\equiv}CCH{=}CHNR_2$ unter Bildung von $(C_2H_5)_3SnC{\equiv}CCH{=}CHNR_2$ mit $R = CH_3$ oder C_2H_5 [9].

Die Reaktionspartner, Reaktionsbedingungen und Produkte der Umsetzungen von $(C_2H_5)_3SnCl$ mit Grignard-Verbindungen sind in Tabelle 18 aufgeführt.

Tabelle 18

Reaktionen von $(C_2H_5)_3SnCl$ mit Grignard-Verbindungen.

Reaktionspartner	Reaktions-bedingungen	Reaktionsprodukt	Lit.
C_4H_9MgBr	Diäthyläther	$(C_2H_5)_3SnC_4H_9$	[10]
$C_6H_{13}MgBr$	Diäthyläther	$(C_2H_5)_3SnC_6H_{13}$	[10]
$C_8H_{17}MgBr$	Diäthyläther	$(C_2H_5)_3SnC_8H_{17}$	[10]
$C_{12}H_{25}MgBr$	Diäthyläther	$(C_2H_5)_3SnC_{12}H_{25}$	[10]
$C_2H_5(CH_3)_2SiCH_2MgCl$	Diäthyläther	$(C_2H_5)_3SnCH_2Si(CH_3)_2C_2H_5$	[11]
Mg + o-XC_6H_4J (X = F, Cl, Br, J)	Diäthyläther	o-$(C_2H_5)_3SnC_6H_4X$	[12]

Tabelle 18 (Fortsetzung)

Reaktionspartner	Reaktions-bedingungen	Reaktionsprodukt	Lit.
Mg + o-JC_6H_4J	Diäthyläther	o-$(C_2H_5)_3SnC_6H_4Sn(C_2H_5)_3$	[12]
Mg + m-XC_6H_4J (X = Cl, Br, J)	Diäthyläther	m-$(C_2H_5)_3SnC_6H_4X$	[12]
Mg + m-JC_6H_4J	Diäthyläther	m-$(C_2H_5)_3SnC_6H_4Sn(C_2H_5)_3$	[12]
$CH_2{=}CHMgCl$	Heptan, THF	$(C_2H_5)_3SnCH{=}CH_2$	[13]
$CH_2{=}CHCH_2MgBr$	Diäthyläther	$(C_2H_5)_3SnCH_2CH{=}CH_2$	[14, 15]
$CH_2{=}C(CH_3)CH_2MgBr$	Diäthyläther	$(C_2H_5)_3SnCH_2C(CH_3){=}CH_2$	[15]
$C_6H_5CH{=}CHCH_2MgCl$	—	$(C_2H_5)_3SnCH_2CH{=}CHC_6H_5$	[16]
$C_2H_5CH{=}CHCH_2MgBr$	Diäthyläther	61% trans- + 39% cis-$(C_2H_5)_3SnCH_2CH{=}CHC_2H_5$	[17]
$CH_3CH{=}CHCH_2CH_2MgBr$	Diäthyläther	73% trans- + 27% cis-$(C_2H_5)_3SnCH_2CH_2CH{=}CHCH_3$	[17]
$CH{\equiv}CCH_2MgBr$	Diäthyläther	$(C_2H_5)_3SnCH{=}C{=}CH_2$	[18]
$CH{\equiv}CCH(CH_3)MgBr$	Diäthyläther	$(C_2H_5)_3SnCH{=}C{=}CHCH_3$	[18]
$CH{\equiv}CC(CH_3)_2MgBr$	Diäthyläther	$(C_2H_5)_3SnCH{=}C{=}C(CH_3)_2$	[18]
$C_6H_5C{\equiv}CMgBr$	$CHCl_3$	$(C_2H_5)_3SnC{\equiv}CC_6H_5$	[19]
$BrMgC{\equiv}CCH_2OMgBr$	100°C	$(C_2H_5)_3SnOCH_2C{\equiv}CH$	[20]
$BrMgC{\equiv}C(CH_2)_2OMgBr$	100°C	$(C_2H_5)_3SnO(CH_2)_2C{\equiv}CH$	[20]
$BrMgC{\equiv}CCH(CH_3)OMgBr$	100°C	$(C_2H_5)_3SnOCH(CH_3)C{\equiv}CH$	[20]
$BrMgC{\equiv}CC(CH_3)_2OMgBr$	100°C	$(C_2H_5)_3SnOC(CH_3)_2C{\equiv}CH$	[20]

Literatur:

[1] D. Seyferth, D. E. Welch, G. Raab (J. Am. Chem. Soc. **84** [1962] 4266/9). — [2] K. A. Kocheshkov, E. M. Panov, R. S. Sorokina (Izv. Akad. Nauk SSSR Otd. Khim. Nauk **1961** 532 nach C.A. **1961** 23420). — [3] J. Hollaender, W. P. Neumann, H. Lind (Chem. Ber. **106** [1973] 2395/407). — [4] K. Sisido, S. Kozima (J. Organometal. Chem. **11** [1968] 503/13). — [5] T. Katsumura (Nippon Kagaku Zasshi **83** [1962] 727/9 nach C.A. **59** [1963] 5184).

[6] V. S. Zavgorodnii, L. G. Sharanina, A. A. Petrov (Zh. Obshch. Khim. **37** [1967] 1548/53; J. Gen. Chem. USSR **37** [1967] 1469/73). — [7] V. S. Zavgorodnii, E. S. Sivenkov, A. A. Petrov (Zh. Obshch. Khim. **41** [1971] 1577/84; J. Gen. Chem. USSR **41** [1971] 1584/90). — [8] M. F. Shostakovskii, A. S. Atavin, E. P. Vyalkykh, B. A. Trofimov, R. D. Yakubov (Izv. Akad. Nauk SSSR Otd. Khim. Nauk **1967** 2118/20; Bull. Acad. Sci. USSR Div. Chem. Sci. **1967** 2045/6). — [9] N. A. Pogorzhelskaya, V. S. Zavgorodnii, I. A. Maretina (Zh. Obshch. Khim. **38** [1968] 2678/82; J. Gen. Chem. USSR **38** [1968] 2591/4). — [10] G. J. M. van der Kerk, J. G. A. Luijten (J. Appl. Chem. [London] **6** [1956] 56/60).

[11] D. A. Kochkin, L. V. Lukyanova, E. B. Reznikova (Zh. Obshch. Khim. **33** [1963] 1945/51; J. Gen. Chem. USSR **33** [1963] 1892/7). — [12] K. L. Jaura, S. N. Singla, K. K. Sharma (J. Indian Chem. Soc. **46** [1969] 835/7). — [13] H. E. Ramsden, Metal and Thermit Corp. (U.S.P. 2873287 [1959]; C.A. **1959** 13108). — [14] V. F. Mironov, Yu. P. Egorov, A. D. Petrov (Izv. Akad. Nauk SSSR Otd. Khim. Nauk **1959** 1400/7; Bull. Acad. Sci. USSR Div. Chem. Sci. **1959** 1351/6). — [15] W. T. Schwartz (Diss. State Univ. of New York, Buffalo 1964 nach Diss. Abstr. B **27** [1966] 1429).

[16] Y. Tanigawa, I. Moritani, S. Nishida (J. Organometal. Chem. **28** [1971] 73/9). — [17] H. J. Albert, W. P. Neumann, W. Kaiser, H. P. Ritter (Chem. Ber. **103** [1970] 1372/82). — [18] E. S. Sivenkov, V. S. Zavgorodnii, A. A. Petrov (Zh. Obshch. Khim. **39** [1969] 2673/9; J. Gen. Chem. USSR **39** [1969] 2611/5). — [19] H. Hartmann, H. Honig (Angew. Chem. **69** [1957] 614). — [20] M. F. Shostakovskii, V. M. Vlasov, R. G. Mirskov (Zh. Obshch. Khim. **33** [1963] 324; J. Gen. Chem. USSR **33** [1963] 320).

Reactions with Organosilicon, Organogermanium, Organotin, and Organolead Compounds

1.3.2.1.1.2.5.5 Reaktionen mit Organosilicium-, Organogermanium-, Organozinn- und Organobleiverbindungen

$(C_2H_5)_3SnCl$ reagiert beim Erhitzen mit $(CH_3)_3SiSC_4H_9$ unter Abspaltung von $(CH_3)_3SiCl$ und Bildung von $(C_2H_5)_3SnSC_4H_9$ [1]. Bei der Umsetzung mit $[(C_6H_5CH_2)_3Si]_2Hg$ in Xylol bei 140 bis 150°C werden $[(C_2H_5)_3Sn]_2$, Hg und $(C_6H_5CH_2)_3SiCl$ erhalten [2].

Auf analoge Weise entsteht aus $(C_2H_5)_3SnCl$ und $(C_2H_5)_3GeSC_4H_9$ beim Erhitzen $(C_2H_5)_3SnSC_4H_9$ neben $(C_2H_5)_3GeCl$ [1]. Bei der Reaktion von $(C_2H_5)_3SnCl$ mit $[(C_2H_5)_3Ge]_2Cd$ werden $(C_2H_5)_3GeCl$ und $[(C_2H_5)_3Sn]_2$ neben Cd erhalten [3]. Mit $[(C_2H_5)_3Ge]_2Hg$ entstehen bei UV-Bestrahlung in THF bei 100°C $(C_2H_5)_3GeCl$ und $(C_2H_5)_3GeSn(C_2H_5)_3$ neben Hg [4].

$(C_2H_5)_3SnCl$ reagiert mit $Sn(CH_3)_4$ unter Bildung von $(CH_3)_3SnCl$ und $(C_2H_5)_3SnCH_3$. Zur Kinetik dieser Reaktion s. Original [5]. Bei der Umsetzung von $(C_2H_5)_3SnCl$ mit $(C_4H_9)_2Sn(CF{=}CF_2)_2$ wird nur sehr wenig $(C_2H_5)_3SnCF{=}CF_2$ gebildet [1]. Mit $(C_4H_9)_3SnCl$ reagiert $(C_2H_5)_3SnCl$ bei 210°C unter Komproportionierung und Bildung von $C_4H_9(C_2H_5)_2SnCl$ und $C_2H_5(C_4H_9)_2SnCl$ [6]. Mit $[(C_4H_9)_2SnO]_n$ wird in Toluol unter Rückflußbedingungen $(C_2H_5)_3SnOSnCl(C_4H_9)_2$ erhalten [7, 8]. Bei der Umsetzung mit $[(CH_3)_3Sn]_2$ bei 210°C wird Sn neben $Sn(C_2H_5)_4$ gefunden [9]. Als Reaktionsprodukte werden auch $(C_2H_5)_3SnCH_3$, $Sn(CH_3)_4$ und $[(CH_3)_2Sn]_n$ nachgewiesen. Zur Kinetik dieser Reaktion s. Original [5].

$(C_2H_5)_3SnCl$ spaltet bei Zimmertemperatur die Pb-Pb-Bindung in $[(C_2H_5)_3Pb]_2$ unter Bildung von $PbCl_2$, $Sn(C_2H_5)_4$, $Pb(C_2H_5)_4$ und Pb [9, 10].

Literatur:

[1] M. G. Voronkov, R. G. Mirskov, O. S. Stankevich, G. V. Kuznetsova, S. P. Sitnikova, L. N. Ulyanova (Dokl. Akad. Nauk SSSR Ser. Khim. **224** [1975] 587/90; Dokl. Chem. Proc. Acad. Sci. USSR **220/225** [1975] 552/5). — [2] O. A. Kruglaya, L. I. Belousova, B. V. Fedotev, N. S. Vyazankin (Izv. Akad. Nauk SSSR Ser. Khim. **1975** 975/7; Bull. Acad. Sci. USSR Div. Chem. Sci. **1975** 893/5). — [3] N. S. Vyazankin, G. A. Razuvaev, V. T. Bychkov (Izv. Akad. Nauk SSSR Ser. Khim. **1965** 1665/7; Bull. Acad. Sci. USSR Div. Chem. Sci. **1965** 1624/5). — [4] O. A. Kruglaya, B. I. Petrov, G. N. Bortnikov, N. S. Vyazankin (Izv. Akad. Nauk SSSR Ser. Khim. **1971** 2242/6; Bull. Acad. Sci. USSR Div. Chem. Sci. **1971** 2118/21). — [5] G. Tagliavini, G. Pilloni, G. Plazzogna (Ric. Sci. **36** [1966] 114/22).

[6] V. A. Chernoplekova, N. N. Zemlyanskii, N. D. Kolosova, K. A. Kocheshkov (Izv. Akad. Nauk SSSR Ser. Khim. **1975** 2803/5; Bull. Acad. Sci. USSR Div. Chem. Sci. **1975** 2691/3). — [7] A. G. Davies, P. G. Harrison (J. Organometal. Chem. **7** [1967] P13/P14). — [8] A. G. Davies, P. G. Harrison, P. R. Palan (J. Chem. Soc. C **1970** 2030/4). — [9] G. A. Razuvaev, Yu. I. Dergunov, N. S. Vyazankin (Zh. Obshch. Khim. **32** [1962] 2515/20 nach C.A. **58** [1963] 9111). — [10] G. A. Razuvaev, N. S. Vyazankin, Yu. I. Dergunov (Zh. Obshch. Khim. **30** [1960] 1310/6 nach C.A. **1961** 362).

Reactions with Nonmetal Compounds

1.3.2.1.1.2.5.6 Reaktionen mit Nichtmetallverbindungen

$(C_2H_5)_3SnCl$ reagiert mit J_2 unter Spaltung einer Sn-C-Bindung und Bildung von $(C_2H_5)_2SnClJ$. Zur Kinetik dieser Reaktion s. Original [1]. Mit Fluorid reagiert $(C_2H_5)_3SnCl$ unter Bildung von $(C_2H_5)_3SnF$ [2]. Mit $i\text{-}C_3H_7Cl$ wird in Benzol in Gegenwart von $AlCl_3$ vor allem $(C_2H_5)_2SnCl_2$ gebildet [3].

$(C_2H_5)_3SnCl$ reagiert mit $(C_2H_5)_2NMgBr$ unter Bildung von $(C_2H_5)_3SnN(C_2H_5)_2$ in siedendem THF [4]. Mit NH_2CN entsteht in Gegenwart von Triäthylamin in Äther bei Zimmertemperatur $(C_2H_5)_3SnN{=}C{=}NSn(C_2H_5)_3$ [5]. Mit 2,5-Piperazindion (I) wird in Dimethylsulfoxid bei 80°C das Polymer II erhalten, das von HCl unter Bildung eines zinnfreien Polymeren wieder gespalten wird [6].

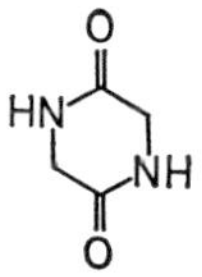

I

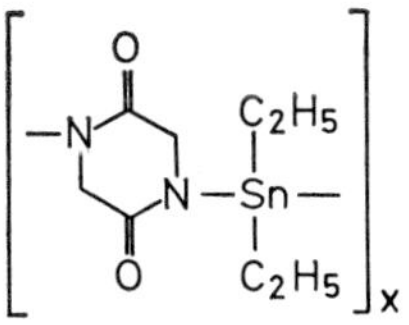

II

$(C_2H_5)_3SnCl$ reagiert mit Sauerstoff, der 0.2% Ozon enthält, in Hexan bei 0°C unter Abspaltung von CH_3CHO und Bildung eines Komplexes der Zusammensetzung $2(C_2H_5)_3SnCl \cdot C_2H_5(Cl)SnO \cdot O_3$ [8, 9]. Zur Kinetik dieser Ozonolyse s. [9, 10].

Bei der Hydrolyse von $(C_2H_5)_3SnCl$ mit wäßriger oder ätherischer NaOH-Lösung wird $(C_2H_5)_3SnOH$ [11, 12] bzw. $[(C_2H_5)_3Sn]_2O$ als Reaktionsprodukt gefunden [13 bis 15]. Das gleiche gilt für die Hydrolyse mit KOH [16 bis 18]. Eine eingehende Studie der Solvolyse von $(C_2H_5)_3SnCl$ in Äthanol, 2-Propanol und Wasser-Dioxan s. bei [19]. $(C_2H_5)_3SnCl$ bildet mit c-$C_6H_{11}ONa$ in Äther $(C_2H_5)_3SnO$-c-C_6H_{11} [20], mit Natrium-menthyloxid das entsprechende Triäthylzinnmenthylat [21], mit $C_2H_5CH(CH_3)CH_2ONa$ unter Inversion am asymmetrischen C-Atom $(C_2H_5)_3SnOCH_2CH(CH_3)C_2H_5$ [21], mit p-$CH_3C_6H_4SO_2Na$ in Äthanol $(C_2H_5)_3SnSO_2C_6H_4$-p-CH_3 [22] und mit $(C_2H_5O)_2PONa$ in Diäthyläther bei Zimmertemperatur $(C_2H_5)_3SnOP(OC_2H_5)_2$ [23]. Mit $CH_2{=}CH(OCH_2CH_2)_nOH$ reagiert $(C_2H_5)_3SnCl$ in Gegenwart von Basen unter Bildung von $(C_2H_5)_3SnO(CH_2CH_2O)_nCH{=}CH_2$ in hohen Ausbeuten [24, 25]. $(C_2H_5)_3SnCl$ reagiert mit Benzoylperoxid bei Temperaturen oberhalb 80°C unter Spaltung von Sn-C- und Sn-Cl-Bindungen. Im einzelnen können als Reaktionsprodukte isoliert werden: CO_2, C_2H_4, C_2H_6, C_4H_{10}, CH_4, $CHCl_3$, $(C_2H_5)_2SnCl_2$ und $(C_2H_5)_2Sn(OOCC_6H_5)_2$ [26 bis 29]. Mit Aceton bildet $(C_2H_5)_3SnCl$ ein 1:1-Addukt [30].

$(C_2H_5)_3SnCl$ reagiert mit H_2S in Wasser in Gegenwart von NH_3 unter Bildung von $[(C_2H_5)_3Sn]_2S$ [31].

Mit $(CH_3)_3COOC(CH_3)_3$ bildet $(C_2H_5)_3SnCl$ bei UV-Bestrahlung $(CH_3)_3CO(C_2H_5)_2SnCl$ und Äthylradikale, wie ESR-spektroskopisch gezeigt werden konnte [32].

Literatur:

[1] E. A. Flood, L. Horvitz (J. Am. Chem. Soc. **55** [1933] 2534/9). — [2] W. K. Johnson (J. Org. Chem. **25** [1960] 2253/4). — [3] N. S. Vyazankin, G. A. Razuvaev, O. S. Dyachkovskaya (Zh. Obshch. Khim. **33** [1963] 613/7; J. Gen. Chem. USSR **33** [1963] 607/10). — [4] K. Sisido, S. Kojima (J. Org. Chem. **27** [1962] 4051/2). — [5] V. F. Gerega, Yu. I. Dergunov, E. A. Kuzmina, Yu. A. Aleksandrov, Yu. I. Mushkin (Zh. Obshch. Khim. **39** [1969] 1307/10; J. Gen. Chem. USSR **39** [1969] 1278/80).

[6] U. Haberthür, H. G. Elias (Makromol. Chem. **144** [1971] 183/92). — [7] Yu. A. Aleksandrov, N. G. Sheyanov, V. A. Shushunov (Dokl. Akad. Nauk SSSR **192** [1970] 91/4; Dokl. Chem. Proc. Acad. Sci. USSR **190/195** [1970] 307/9). — [8] Yu. A. Aleksandrov, N. G. Sheyanov (Zh. Obshch. Khim. **37** [1967] 2136/7; J. Gen. Chem. USSR **37** [1967] 2026). — [9] Yu. A. Aleksandrov, B. I. Tarunin (Zh. Obshch. Khim. **41** [1971] 241/2; J. Gen. Chem. USSR **41** [1971] 239). — [10] S. V. Zelentsov, B. I. Tarunin, R. N. Shchukin, Yu. A. Aleksandrov (Zh. Obshch. Khim. **46** [1976] 2158/9; J. Gen. Chem. USSR **46** [1976] 2078/9).

[11] D. A. Kochkin, L. V. Lukyanova, E. B. Reznikova (Zh. Obshch. Khim. **33** [1963] 1945/51; J. Gen. Chem. USSR **33** [1963] 1892/7). — [12] M. J. Janssen, J. G. A. Luijten (Rec. Trav. Chim. **82** [1963] 1008/14). — [13] Metal and Thermit Corp. (B.P. 797976 [1958]; C.A. **1959** 3061). — [14] C. R. Gloskey, Metal and Thermit Corp. (U.S.P. 2862944 [1958]; C.A. **1959** 7014). — [15] Y. Takeda, T. Okuyama, T. Fueno, J. Fukukawa (Makromol. Chem. **76** [1964] 209/29).

[16] G. J. M. van der Kerk, J. G. A. Luijten (J. Appl. Chem. [London] **6** [1956] 49/55). — [17] A. N. Nesmeyanov, K. A. Kocheshkov, V. P. Pusyreva (Zh. Obshch. Khim. **7** [1937] 118/20). — [18] A. Ladenburg (Ber. Deut. Chem. Ges. **4** [1871] 19/21). — [19] R. H. Prince (J. Chem. Soc. **1959** 1783/91). — [20] G. A. Razuvaev, N. S. Vyazankin, O. A. Shchepetkova (Zh. Obshch. Khim. **30** [1960] 2498/506).

[21] Y. Takeda, Y. Hamykawa, T. Fueno, J. Furukawa (Makromol. Chem. **83** [1965] 234/43). — [22] G. A. Razuvaev, Yu. I. Dergunov, N. S. Vyazankin (Zh. Obshch. Khim. **32** [1962] 2515/20 nach C.A. **58** [1963] 9111). — [23] Z. S. Novikova, S. N. Mashoshina, I. F. Lutsenko (Zh. Obshch. Khim. **45** [1975] 1486/94; J. Gen. Chem. USSR **45** [1975] 1455/61). — [24] M. F. Shostakovskii, A. S. Atavin, E. P. Vyalykh, B. A. Trofimov (Zh. Obshch. Khim. **35** [1965] 751; J. Gen. Chem. USSR **35** [1965] 751). — [25] V. I. Lavrov, A. S. Atavin, B. A. Trofimov, V. M. Nikitin, E. P. Vyalykh (Khim. Atsetilena **1968** 278/81 nach C.A. **71** [1969] Nr. 12449).

[26] G. A. Razuvaev, O. S. Dyachkovskaya, N. S. Vyazankin, O. A. Shchepetkova (Dokl. Akad. Nauk SSSR **137** [1961] 618/21; Proc. Acad. Sci. USSR Chem. Sect. **136/141** [1961] 325/8). — [27] G. A. Razuvaev, N. S. Vyazankin, O. A. Shchepetkova (Tetrahedron **18** [1962] 667/74). — [28] G. A. Razuvaev, Yu. I. Dergunov, N. S. Vyazankin (Dokl. Akad. Nauk SSSR **145** [1962] 347/50; Proc. Acad. Sci. USSR Chem. Sect. **142/147** [1962] 611/3). — [29] N. S. Vyazankin, G. A. Razuvaev, O. A. Kruglaya, O. A. Shchepetkova, O. S. Dyachkovskaya (Khim. Perekisnykh Soedin. Akad. Nauk SSSR Inst. Obshch. i Neorgan. Khim. **1963** 298/302). — [30] I. P. Goldshtein, N. N. Zemlyanskii, T. I. Perepelkova, L. S. Melnichenko, E. N. Guryanova, K. A. Kocheshkov (Dokl. Akad. Nauk SSSR **217** [1974] 849/51; Dokl. Phys. Chem. Proc. Acad. Sci. USSR **214/219** [1974] 717/9).

[31] H. Kriegsmann, H. Hoffmann (Z. Chem. [Leipzig] **3** [1963] 268/9). — [32] A. G. Davies, B. P. Roberts, J. C. Scaiano (J. Organometal. Chem. **39** [1972] C55/C57).

Reactions with Metal Compounds

1.3.2.1.1.2.5.7 Reaktionen mit Metallverbindungen

$(C_2H_5)_3SnCl$ reagiert mit $AlCl_3$ unter Bildung eines 1:1-Komplexes [1]. Mit $Al(C_2H_5)_3$ reagiert $(C_2H_5)_3SnCl$ exotherm unter Bildung von $Sn(C_2H_5)_4$ [2]. Bei der Umsetzung von $(C_2H_5)_3SnCl$ mit $TlCl_3$ in Diäthyläther entsteht wenig $(C_2H_5)_2SnCl_2$ [3]. $SnCl_4$ bildet mit $(C_2H_5)_3SnCl$, abhängig von der Stöchiometrie der Ausgangsmaterialien, verschiedene Komproportionierungsprodukte. So werden bei 0°C $(C_2H_5)_2SnCl_2$ und $C_2H_5SnCl_3$ erhalten [4], ebenso wie beim Molverhältnis von 1:1 und Temperaturen zwischen 20 und 60°C [5, 6]. Zwischen 190 und 210°C wird nur von der Isolierung von $(C_2H_5)_2SnCl_2$ berichtet [7, 8]. $(C_2H_5)_3SnCl$ reagiert mit Silberverbindungen wie AgF, Ag_2O, $AgOOCCH_3$ oder AgNCO unter Bildung von AgCl und den entsprechenden Triäthylzinnderivaten [9]. Mit Ag_2CN_2 entsteht analog in Diäthyläther $(C_2H_5)_3SnN{=}C{=}NSn(C_2H_5)_3$ [10]. Bei der Reaktion von $(C_2H_5)_3SnCl$ mit $TiCl_4$ wird ein 1:2-Komplex erhalten [12]. $Fe(CO)_5$ reagiert mit $(C_2H_5)_3SnCl$ beim Erhitzen unter Rückfluß unter Bildung von $[(C_2H_5)_2SnFe(CO)_4]_2$ neben $Sn[Fe(CO)_4]_4$ und Spuren an $(C_2H_5)_4Sn_3[Fe(CO)_4]_4$ [12]. Bei der Reaktion von Triäthylzinnchlorid mit $[Fe(CO)_3NO]^-$ wird $(C_2H_5)_3SnFe(CO)_3NO$ erhalten [13]. Mit $Na_2Ru(CO)_4$ reagiert $(C_2H_5)_3SnCl$ in Tetrahydrofuran unter Bildung von $[(C_2H_5)_3Sn]_2Ru(CO)_4$ [14, 15].

Literatur:

[1] W. P. Neumann, R. Schick, R. Köster (Angew. Chem. **76** [1964] 380). — [2] W. K. Johnson (J. Org. Chem. **25** [1960] 2253/4). — [3] A. E. Goddard (J. Chem. Soc. **123** [1923] 1161/72). — [4] W. P. Neumann, G. Burkhardt (Liebigs Ann. Chem. **663** [1963] 11/21). — [5] W. P. Neumann, G. Burkhardt, Studiengesellschaft Kohle m.b.H. (D.P. 1161893 [1961/64]).

[6] Studiengesellschaft Kohle m.b.H. (B.P. 958085 [1961/64]). — [7] K. A. Kocheshkov (Zh. Obshch. Khim. **5** [1935] 211/5). — [8] K. A. Kocheshkov (Ber. Deut. Chem. Ges. **66** [1933] 1661/5). — [9] H. H. Anderson, J. A. Vasta (J. Org. Chem. **19** [1954] 1300/5). — [10] V. F. Gerega, Yu. I. Dergunov, E. A. Kuzmina, Yu. A. Aleksandrov, Yu. I. Mushkin (Zh. Obshch. Khim. **39** [1969] 1307/10; J. Gen. Chem. USSR **39** [1969] 1278/80).

[11] O. A. Osipov, O. E. Kashireninov (Zh. Obshch. Khim. **32** [1962] 1717/23 nach C.A. **58** [1963] 4590). — [12] J. D. Cotton, S. A. R. Knox, I. Paul, F. G. A. Stone (J. Chem. Soc. A **1967** 264/9). — [13] M. Casey, A. R. Manning (J. Chem. Soc. A **1971** 256/9). — [14] J. D. Cotton, S. A. R. Knox, F. G. A. Stone (Chem. Commun. **1967** 965/6). — [15] J. D. Cotton, S. A. R. Knox, F. G. A. Stone (J. Chem. Soc. A **1968** 2758/62).

1.3.2.1.1.2.5.8 Reaktionen mit Lewis-Basen unter Bildung von Komplexen mit Erweiterung der Koordinationszahl am Zinn

Reactions with Lewis Bases Forming Complexes with Higher Coordination Number of Tin

$(C_2H_5)_3SnCl$ reagiert mit Basen unter Koordination am Zinn. Dabei entstehen 1:1-Komplexe mit trigonal-bipyramidaler Struktur. Mit NH_3 wird ein 1:2-Komplex mit oktaedrischer Struktur erhalten [1]. Mit N_2H_4 bildet sich in Diäthyläther ein 2:1-Komplex [2]. Aus Messungen des Dampfdruckes und der Gefrierpunktserniedrigung geht hervor, daß $(C_2H_5)_3SnCl$ mit $(CH_3)_2NH$ und $(C_2H_5)_2NH$ sowohl einen 2:1- als auch einen 1:1-Komplex bildet [3], während mit $N(CH_3)_3$ nur ein 2:1-Komplex [3] und mit C_5H_5N [3, 4] und 4-$CH_3C_5H_4N$ nur 1:1-Komplexe gefunden werden [4].

$(C_2H_5)_3SnCl$ reagiert mit $(C_2H_5)_2ClPO$ bei 100°C unter Bildung eines 1:1-Komplexes des Organozinnhalogenids mit dem Phosphinoxid [5]. Entsprechende Komplexe werden auch erhalten bei der Umsetzung von $(C_2H_5)_3SnCl$ mit $(C_2H_5)_2(CH_3O)P$ [6], $(C_2H_5)_2(C_2H_5O)P$ [7], $(C_2H_5)_2(C_3H_7O)P$ [6], $(C_2H_5)_2(C_4H_9O)P$ [5, 6], $(C_2H_5)_2(i\text{-}C_4H_9O)P$ [5] und $(C_2H_5)_2(C_6H_{13}O)P$ [7]. Bei diesen Reaktionen, die zwischen 100 und 210°C in Inertgasatmosphäre ablaufen, wird das Organophosphin in ein Organophosphinoxid umgelagert, das sich dann als Ligand an das Organozinnhalogenid addiert. Im Falle der Reaktion mit $(C_2H_5)_2(C_4H_9O)P$ kommt es außerdem noch zur Bildung von $Sn(C_2H_5)_4$ [5], während mit $(C_2H_5)_2(C_2H_5O)P$ und KJ der Komplex $(C_2H_5)_3SnJ \cdot (C_2H_5)_3PO$ entsteht [6].

Für die Komplexbildung von $(C_2H_5)_3SnCl$ mit den Lewis-Basen B nach der Gleichung $(C_2H_5)_3SnCl + B \rightleftharpoons (C_2H_5)_3SnCl \cdot B$ werden folgende thermodynamische Parameter angegeben: $B = (C_4H_9)_3PO$: $\Delta H° = -5.9$ kcal/mol, $\Delta S° = -8.4$ cal · mol^{-1} · K^{-1}; $B = (C_6H_{13})_2SO$: $\Delta H° = -1.7$ kcal/mol; $B = (CH_3)_2CO$: $\Delta H° = -1.5$ kcal/mol, $\Delta S° = -1.4$ cal · mol^{-1} · K^{-1} [8].

Literatur:

[1] R. Barbieri, U. Belluco, G. Tagliavini (Ann. Chim. [Rome] **48** [1958] 940/9). — [2] K. L. Jaura, B. Singh, R. K. Chadha (Indian J. Chem. **12** [1974] 1304/5). — [3] K. K. Joshi, P. A. H. Wyatt (J. Chem. Soc. **1959** 3825/9). — [4] D. P. Graddon, B. A. Rana (J. Organometal. Chem. **105** [1976] 51/60). — [5] A. N. Pudovik, A. A. Muratova, M. D. Medvedeva (Zh. Obshch. Khim. **42** [1972] 1910/3; J. Gen. Chem. USSR **42** [1972] 1904/6).

[6] A. N. Pudovik, A. A. Muratova, M. D. Medvedeva, E. T. Yarkova, E. I. Loginova (Zh. Obshch. Khim. **42** [1972] 327/33; J. Gen. Chem. USSR **42** [1972] 317/22). — [7] A. N. Pudovik, A. A. Muratova, Z. P. Semkina (Zh. Obshch. Khim. **33** [1963] 3350/3). — [8] I. P. Goldshtein, L. V. Kucheruk, I. Ya. Kuramshin, E. D. Kremer, E. N. Guryanova, A. N. Pudovik (Dokl. Akad. Nauk SSSR **231** [1976] 123/5; Dokl. Phys. Chem. Proc. Acad. Sci. USSR **226/231** [1976] 1014/7).

1.3.2.1.1.2.6 Physiologische Wirkung

Physiological Action

$(C_2H_5)_3SnCl$ zeigt bei Warmblütlern zuerst zentral erregende, dann zentral und peripher lähmende Wirkungen, wobei die erstgenannten bereits bei niedriger Dosierung auftraten, während nach hohen Dosen die anderen überwogen. Die LD_{50} beträgt bei Ratten 8.41 ± 0.67 mg/kg [1] bzw. 8.5 mg/kg [38]. Bei Kaninchen wirken bereits 10 mg/kg absolut tödlich [1]. Zur Untersuchung der Toxizität gegenüber Hasen s. [2]. Die LD_{50} wurde bestimmt zu 3.45 mg/kg bei männlichen Ratten, 2.88 mg/kg bei weiblichen Ratten, 20 mg/kg bei Mäusen, 15 mg/kg bei Meerschweinchen und 7 mg/kg bei Kaninchen [3].

$(C_2H_5)_3SnCl$ inhibiert die oxidative Phosphorylierung in gleicher Weise wie $(CH_3)_3SnCl$, wie an Mitochondrien von Rattenleber gezeigt werden konnte [4 bis 8]. Gleichartige Untersuchungen an Proteinen aus Mäuseleber [9], Meerschweinchenleber [10, 11], Hamsterleber [11] und menschlichen Erythrocyten bestätigen diese Ergebnisse [12, 13]. Vergleiche dieser Wirkungsweise von $(C_2H_5)_3SnCl$ mit jener anderer antibiotischer Inhibitoren wie Venturicidin s. bei [14], mit Oligomycin s. bei [15]. In diesem Zusammenhang konnte gezeigt werden, daß $(C_2H_5)_3SnCl$ die Oxidation von [6-^{14}C]-Glukose zu mehr als 70% verhindert, wogegen die Oxidation von [3-^{14}C]-Pyruvat nicht gehemmt wird [16]. Weitere Untersuchungen an Extrakten von Rattenhirn zeigten, daß $(C_2H_5)_3SnCl$ mit Glukose als Substrat den K^+-Gehalt um 73% verringert, was in Pyruvat nur zu 18% geschieht [17].

An Ratten konnte auch gezeigt werden, daß die Verbindung 2 bis 48 h lang die Noradrenalinkonzentration im Gehirn und Herz wesentlich senkt, wie auch die Konzentration von 5-Hydroxytryptamin für 24 bis 48 h im Gehirn. Die Adrenalinkonzentration im Herz wurde erhöht, während die Adrenalin- und Noradrenalinkonzentration in der Nebenniere wesentlich erniedrigt wurde. Außerdem zeigte sich, daß die Toxizität von $(C_2H_5)_3SnCl$ der Catecholaminfreigabe aus den Nebennieren parallel zu laufen scheint [18]. Entsprechende Untersuchungen der Verhinderung der Photophosphorylierung in isolierten Chloroplasten aus Erbsen s. bei [19]. Untersuchungen der Adenosintriphosphatase-Hemmung durch $(C_2H_5)_3SnCl$ und andere Organozinnverbindungen s. bei [20]. Bei der Untersuchung der Entstehung von Cerebral-Ödemen durch $(C_2H_5)_3SnCl$ konnte gezeigt werden, daß das Organozinnhalogenid an Myelin aus Rattenhirn gebunden wird [21].

$(C_2H_5)_3SnCl$ wird aus Wasser schnell von Fischen, wie z. B. Karpfen, absorbiert und primär im Fettgewebe und im Glykogen von Niere, Leber, Hirn, Rückenmark, Muskeln, Galle, Darm und Bluterythrocyten gespeichert [22, 23]. Die maximale nichtlethale Dosis für embryonale Fische beträgt 0.1 mg/l Wasser [24]. Weitere entsprechende Untersuchungen an Fischeiern und Larven s. bei [25 bis 27].

Bei der Untersuchung der Wirkung von $(C_2H_5)_3SnCl$ als Wurmmittel bei Hühnern wurde gefunden, daß 25 mg/kg Körpergewicht der Verbindung ausreichen, um zwischen 60 und 80% von Ascaridia galli und Raillietina cesticillus zu vernichten [28]. Über eine Beziehung zwischen der Struktur verschiedener Organozinnverbindungen und der insektiziden Wirkung an Larven von Culex pipiens pipiens s. [29]. Zur antimikrobischen Aktivität von $(C_2H_5)_3SnCl$ und anderen zinnorganischen Verbindungen gegenüber Aspergillus niger, Torulaspora spp., Bacillus subtilus und Micrococcus roseus s. [30]. Zur Untersuchung der fungiziden und antiseptischen Wirkung von $(C_2H_5)_3SnCl$ an Nitella syncarpa s. [31].

$(C_2H_5)_3SnCl$ inhibiert das Wachstum von Penicillium cyclopium in Konzentrationen von 1 ppm [32]. Die Minimalkonzentration zur Wachstumsverhinderung von Botrytis allii beträgt 0.5 mg/l, von Penicillium italicum 2 mg/l, von Aspergillus niger 5 mg/l und von Rhizopus nigricans 2 mg/l [33 bis 37]. Als wachstumshemmend für Penicillium fungiculosum, Candida albicans, Staphylococcus aureus und Pseudomonas aeruginosa wurde eine Konzentration von 16 ppm festgestellt [38]. Gegenüber Verticillium dahliae und Botrytis cinera wurden 5 mg/l Nährlösung, gegenüber Alternaria tenius 20 mg/l im Labortest als wachstumshemmend ermittelt [39]. Vergleiche der physiologischen Wirkung von $(C_2H_5)_3SnCl$ und anderen Organozinnverbindungen in bezug auf die Anwendung dieser Verbindungen als Holzschutzmittel s. bei [40 bis 42].

Literatur:

[1] G. Tauberger, D. R. Klimmer (Naunyn-Schmiedebergs Arch. Exp. Pathol. Pharmakol. **242** [1961] 370/89). — [2] F. Caujolle, M. Lesbre, D. Meynier, G. Saquisannes (Compt. Rend. **243** [1956] 987/9). — [3] O. G. Charyev (Izv. Akad. Nauk Turkm.SSR Ser. Biol. Nauk **1975** 93/4 nach C. A. **83** [1975] Nr. 109372). — [4] N. Sone, B. Hagihara (J. Biochem. [Tokyo] **56** [1964] 151/6). — [5] W. N. Aldridge (Eff. Metals Cells Subcellular Elem. Macromol. Proc. Publ. 2nd Rochester Conf. Toxicity, Rochester 1969 [1970], S. 255/74).

[6] M. S. Rose (Biochem. J. **111** [1969] 129/37). — [7] W. N. Aldridge, B. W. Street (Biochem. J. **118** [1970] 171/9). — [8] M. S. Rose, W. N. Aldridge (Biochem. J. **127** [1972] 51/9). — [9] J. Ilivicky, J. E. Casida (Biochem. Pharmacol. **18** [1969] 1389/401 nach C. A. **71** [1969] Nr. 48617). — [10] M. S. Rose, E. A. Lick (Biochem. J. **120** [1970] 151/7).

[11] M. S. Rose, W. N. Aldridge (Biochem. J. **106** [1968] 821/8). — [12] J. R. O'Brien (J. Clin. Pathol. **16** [1963] 223/6 nach C. A. **60** [1964] 7230). — [13] J. R. O'Brien (Nature **207** [1965] 306/7). — [14] W. E. Lancashire, R. L. Houghton, D. E. Griffiths (Biochem. Soc. Trans. **2** [1974] 213/5). — [15] R. L. Houghton, W. E. Lancashire, D. E. Griffiths (Biochem. Soc. Trans. **2** [1974] 210/3).

[16] J. E. Cremer (Biochem. J. **104** [1967] 212/22). — [17] J. E. Cremer (Biochem. J. **104** [1967] 223/8). — [18] I. M. Robinson (Food Cosmet. Toxicol. **7** [1969] 47/52). — [19] A. S. Watling-Payne, M. J. Selwyn (Biochem. J. **142** [1974] 65/74). — [20] G. R. Pieper, J. E. Casida (J. Econ. Entomol. **58** [1965] 392/400).

[21] E. A. Lock, W. N. Aldridge (J. Neurochem. **25** [1975] 871/6). — [22] N. S. Stroganov, O. V. Parina, K. F. Sorvachev (Gidrobiol. Zh. **9** [1973] 59/66 nach C.A. **81** [1974] Nr. 411). — [23] N. S. Stroganov, O. V. Parina, K. F. Sorvachev (Gidrobiol. Zh. **10** [1974] 31/5 nach C.A. **82** [1975] Nr. 119713). — [24] O. P. Danilchenko, N. S. Stroganov (Vopr. Ikhtiol. **15** [1975] 346/55 nach C.A. **83** [1975] Nr. 127056). — [25] O. P. Danilchenko, L. A. Sytina (Biol. Nauki **19** [1976] 64/9 nach C.A. **85** [1976] Nr. 104762).

[26] O. P. Danilchenko, N. S. Stroganov (Eksp. Vod. Toksikol. **5** [1973] 61/73 nach C.A. **86** [1977] Nr. 184201). — [27] V. I. Grebenshchikova (9th Mater. Vses. Konf. Elektron. Mikrosk., Tiflis 1973, S. 398/9 nach C.A. **85** [1976] Nr. 117394). — [28] K. B. Kerr, A. W. Walde (Exptl. Parasitol. **5** [1956] 560/70). — [29] G. Gras, J. A. Rioux (Arch. Inst. Pasteur Tunis **42** [1965] 9/22). — [30] K. Yoshikawa, K. Kurose, S. Teramoto (Kogyo Kagaku Zasshi **67** [1964] 1418/23 nach C.A. **62** [1965] 4359).

[31] I. A. Vorobeva (Eksp. Vod. Toksikol. **5** [1973] 202/14 nach C.A. **86** [1977] Nr. 134739). — [32] I. V. Zlochevskaya, L. M. Galimova (Mikol. Fitopatol. **9** [1975] 137/9 nach C.A. **83** [1975] Nr. 158422). — [33] W. R. Lewis (Chem. Prod. **21** [1958] 431/2). — [34] N. N. Melnikov (in: F. A. Gunther, J. D. Gunther, Chemistry of Pesticides, New York 1971, S. A297/A302). — [35] G. J. M. van der Kerk, J. G. A. Luijten (J. Appl. Chem. [London] **4** [1954] 314/9).

[36] J. G. A. Luijten (TNO Nieuws **10** [1955] 179/83). — [37] A. K. Sijpesteijn (Mededel. Landbowhogeschool Opzoekingssta. Staat Gent **24** [1959] 850/6). — [38] F. B. Nijesen (Ind. Vernice [Milan] **22** [1968] 3/7). — [39] K. Härtel (Agr. Vet. Chem. **3** [1962] 19/24). — [40] B. A. Richardson (Wood **1964** 57/60; C.A. **62** [1965] 3340).

[41] B. A. Richardson (Zinn Verwendung Nr. 64 [1964] 5/9). — [42] K. Nishimoto, G. Fuse (Zinn Verwendung Nr. 70 [1966] 3/5).

1.3.2.1.1.2.7 Verwendung *Uses*

$(C_2H_5)_3SnCl$ findet Anwendung als Fungizid [1, 2], gemeinsam mit Tetramethylammoniumchlorid als Bakterizid [3], als Insektizid [4], gemeinsam mit CH_3Br in Dampfform zur Vernichtung von Schlangen, Schnecken und Ameisen [5] und als Textilschutz [6].

Weitere Verwendungsmöglichkeiten sind als Schmiermittelzusatz [7], als Bestandteil von Flammschutzmitteln [8] und als Stabilisator für Polyolefine [9].

$(C_2H_5)_3SnCl$ katalysiert die Polymerisation von Olefinen [10], von Alkylenoxiden [11, 12] und Alkylensulfiden [12] sowie in Verbindung mit LiH die Synthese von Polyestern [13]. Außerdem dient es als Katalysator bei der Bildung von Polyurethanen [14, 15], bei der Reaktion zwischen 1-Hexanol und p-Chlorphenylurethan [16] und bei der Reaktion zwischen C_6H_5NCO mit Harnstoff [17]. Eine Mischung aus $(C_2H_5)_3SnCl$, $AlCl_3$ und Triäthylzinn-menthylester dient als System zur asymmetrisch induzierten Polymerisation von Benzofuran in Toluol [18, 19].

Literatur:

[1] R. M. Pavlinova, N. S. Nikolaeva, E. T. Tuleuova, Central Scientific Research Institute of the Cellulose and Paper Industry (UdSSR P. 220389 [1966/68]; C.A. **69** [1968] Nr. 88142). — [2] M. Kraak, N.V. de Bataafsche Petroleum Maatschappij (Nd.P. 68578 [1951]; C.A. **1952** 5781). — [3] R. N. Thompson, Hagan Chemicals and Controls, Inc. (U.S.P. 3089847 [1960/63]; C.A. **59** [1963] 3276). — [4] T. Tahara, T. Takubo, T. Matsunaga, Nitto Chemical Industrial Co., Ltd. (U.S.P. 3496201 [1966/70]; C.A. **72** [1970] Nr. 111617). — [5] R. Irmscher, W. Knöpke, Deutsche Gesellschaft für Schädlingsbekämpfung m.b.H. (D.P. 1139691 [1958/62]; C.A. **59** [1963] 6931).

[6] H. J. Hueck, J. G. A. Luijten (J. Soc. Dyers Colourists **74** [1958] 476/80). — [7] B. H. Lincoln, Lubri-Zol Development Co. (U.S.P. 2334566 [1940/43]; C.A. **1944** 3828). — [8] N. Sakuma, Honny Chemicals Co., Ltd. (Japan.P. 73-03549 [1970/73]; C.A. **79** [1973] Nr. 116078). — [9] H. E. Ramsden, Metal and Thermit Corp. (U.S.P. 2873287 [1959]; C.A. **1959** 13108). — [10] Y. Takami (Kogyo Kagaku Zasshi **65** [1962] 229/33).

[11] T. Nakata, K. Kawamata, Osaka Soda Co., Ltd. (Deut. Offenlegungsschrift 1941690 [1968/70]; C.A. **72** [1970] Nr. 133372). — [12] T. Matsuo, T. Nakata, Nippon Zeon Co., Ltd. (Japan.P. 74-28916 [1970/74]; C.A. **82** [1975] Nr. 112949). — [13] W. Marconi, F. G. Hella, R. Crosta, SNAM S.p.A. (It.P. 750990 [1965/67]; C.A. **73** [1970] Nr. 46566). — [14] L. Thiele, R. Becker, H. Schimpfle, H. Frommelt (Plaste Kautschuk **23** [1976] 558/60). — [15] S. G. Entelis, O. V. Nesterov, R. P. Tiger (J. Cell. Plast. **3** [1967] 360/3).

[16] Yu. I. Volodarskaya, G. A. Salnikova, Ya. A. Shmidt (Dokl. Akad. Nauk SSSR **195** [1970] 841/4). — [17] E. Dyer, R. B. Pinkerton (J. Appl. Polymer Sci. **9** [1965] 1713/29). — [18] Y. Hayakawa, T. Fueno, J. Furukawa (J. Polymer Sci. Polymer Chem. Ed. **5** [1967] 2099/106). — [19] Y. Takeda, Y. Hamykawa, T. Fueno, J. Furukawa (Makromol. Chem. **83** [1965] 234/43).

Tripropyltin Chloride

1.3.2.1.1.3 Tripropylzinnchlorid $(C_3H_7)_3SnCl$

Formation. Preparation

1.3.2.1.1.3.1 Bildung und Darstellung

$(C_3H_7)_3SnCl$ wird durch Umsetzung von $SnCl_4$ mit der dreifach molaren Menge an C_3H_7MgJ [1] bzw. C_3H_7MgCl in Diäthyläther synthetisiert [2]. Analog ist die Verbindung auch aus $Sn(OC_3H_7)_4$ und C_3H_7MgCl in Äther zugänglich [2]. Bei der Umsetzung von $SnCl_4$ mit $Al(C_3H_7)_3$ in Diäthyläther bei −20°C werden nach 3 h 72.2% an $(C_3H_7)_3SnCl$ neben $(C_3H_7)_2SnCl_2$ gewonnen [3]. Außerdem wird über eine Gesamtausbeute von 93% an $(C_3H_7)_3SnCl$ und $(C_3H_7)_2SnCl_2$ bei der gleichen Synthese berichtet [4]. Weitere Verfahren zur Synthese von $(C_3H_7)_3SnCl$ bedienen sich der Verbindung $[(C_3H_7)_3Sn]_2O$ als Ausgangsmaterial. Tripropylzinnchlorid entsteht daraus durch Spaltung mit HCl [5], durch Reaktion mit NH_4Cl in Methylcyclohexan unter Rückflußkochen nach 12 h in 62%iger Ausbeute [6] und durch Spaltung mit $SOCl_2$ in CCl_4 unter N_2 nach 1 bis 3 h Rückflußkochen in 90%iger Ausbeute [7]. Auch durch Komproportionierung zwischen $SnCl_4$ und $Sn(C_3H_7)_4$ kann $(C_3H_7)_3SnCl$ gewonnen werden [8 bis 10]. Bei einer Reaktionstemperatur von 200°C werden nach 2.5 h 81% Ausbeute erzielt [11]. $(C_3H_7)_3SnCl$ wird bei der Reaktion von C_3H_7Cl mit Na-Sn zwischen 140 und 145°C im Gemisch mit $Sn(C_3H_7)_4$ gebildet [12]. Bei der Umsetzung von C_3H_7Cl mit Mg_2Sn in Cyclohexan und Triäthylamin im Bombenrohr bei 165°C werden nach 4 h 19.7% an $(C_3H_7)_3SnCl$ neben $(C_3H_7)_2SnCl_2$ und $Sn(C_3H_7)_4$ erhalten [13].

$(C_3H_7)_3SnCl$ entsteht ferner bei verschiedenen Reaktionen von Propylzinnverbindungen. So wird $(C_3H_7)_3SnCl$ bei der Umsetzung von $(C_3H_7)_3SnH$ mit HCl erhalten [10]. In Diäthyläther werden 93% Ausbeute erzielt [14]. Bei der Reaktion zwischen $(C_3H_7)_3SnH$ und $AlCl_3$ unter N_2 bei 80°C entstehen nach 2 h 62% an $(C_3H_7)_3SnCl$ [14].

$Sn(C_3H_7)_4$ reagiert mit $CHCl_3$ bei UV-Bestrahlung im Verlauf von 26 h unter Bildung von $(C_3H_7)_3SnCl$ in 40.6%iger Ausbeute neben 34.6% an $(C_3H_7)_2SnCl_2$ [15]. Von $GeCl_4$ wird $Sn(C_3H_7)_4$ bei gleichzeitiger γ-Bestrahlung im Verlauf von 10 h unter Bildung von $(C_3H_7)_3SnCl$ in 73.2%iger Ausbeute gespalten [16]. Auch aus $Sn(C_3H_7)_4$ und $TiCl_4$ entsteht Tripropylzinnchlorid [17]. Ferner entsteht $(C_3H_7)_3SnCl$ durch Spaltung von Sn-C-Bindungen aus $(C_3H_7)_3SnCH_2COR$ und CH_3COCl [18], aus $(C_3H_7)_3SnCH_2COCH_3$ und $(CH_3)_3SiCl$ bei 100°C in 88%iger Ausbeute [19], aus $(C_3H_7)_3SnCH_2COOCH_3$ und $SiCl_4$ in bis zu 93%iger Ausbeute [20, 21], aus $(C_3H_7)_3SnCH_2COOCH_3$ und CH_3SiCl_3 bei 70 bis 90°C in 90%iger Ausbeute [20], aus $(C_3H_7)_3SnCH{=}CHSi(C_2H_5)_3$ bei der Reaktion mit Cl_2, HCl oder $HgCl_2$ [22], aus $(C_3H_7)_3CH{=}CHSn(C_3H_7)_3$ und $HgCl_2$ in Aceton in 83%iger Ausbeute [22], aus $(C_3H_7)_3SnC(C_2H_5){=}CHOCH_3$ und CCl_4 zwischen 60 und 70°C [23]. Außerdem entsteht $(C_3H_7)_3SnCl$ bei Komproportionierungen zwischen $(C_3H_7)_3SnCH_3$ und $(CH_3)_2SnCl_2$ [24], zwischen $Sn(C_3H_7)_4$ und $C_6H_5SnCl_3$ bei 60°C [25] und zwischen $Sn(C_3H_7)_4$ und $C_4H_9SnCl_3$ bei 180 bis 190°C [25].

$(C_3H_7)_3SnOC(CH_3){=}CHCOCH_3$ reagiert mit CH_3COCl unter Bildung von $(C_3H_7)_3SnCl$ in 85%iger Ausbeute [26]. Auch bei der Spaltung von $[(C_3H_7)_3Sn]_2O$ mit $AlCl_3$ [27] und bei der Reaktion zwischen $[C_3H_7SnO_{1.5}]_n$ und KOH und HCl wird $(C_3H_7)_3SnCl$ gebildet [28]. $[(C_3H_7)_3Sn]_2NH$ und auch $[(C_3H_7)_3Sn]_3N$ reagieren mit NH_2Cl in Diäthyläther beim Aufwärmen von der Temperatur des flüssigen N_2 auf Zimmertemperatur unter Bildung von $(C_3H_7)_3SnCl$ neben NH_3 und N_2 [29].

$(C_3H_7)_3SnCl$ entsteht außerdem bei der Reaktion zwischen $(C_3H_7)_2SnCl_2$, C_3H_7Cl und Zn in Butanol bei 125 bis 130°C [30], aus $(C_3H_7)_2SnCl_2$ und Sn in H_2O im Autoklaven bei 160°C in 62%iger Ausbeute neben $[(C_3H_7)_2SnCl]_2O$ [31], aus $[(C_3H_7)_2SnCl]_2O$ und Sn in H_2O im Autoklaven bei 160°C nach 4 h in 84%iger Ausbeute [31], aus $[(C_3H_7)_2Sn]_n$ und C_4H_9Cl bei 160°C im Autoklaven in 12.7%iger Ausbeute nach 15 h. Bei Zusatz von $(C_2H_5)_3N$ als Katalysator erhöht sich die Ausbeute auf 31.5%, von $[(C_2H_5)_4N]J$ auf 19.8%, von $[(C_2H_5)_4N]Br$ auf 23.8% und von $[(C_2H_5)_4N]Cl$ auf 30.4% [32].

Analyse. $(C_3H_7)_3SnCl$ in Pflanzenschutzmitteln o.ä. wird nach Anfärben mit Brenzcatechinviolett auf einer Dünnschichtplatte mittels Messung im UV-Bereich bestimmt. Die Nachweisgrenze liegt bei einer Meßwellenlänge von 580 nm bei 0.10 μg [33]. Zur Analyse von $(C_3H_7)_3SnCl$ mit Hilfe der Polarographie s. [9].

Thermodynamische Daten der Bildung. Die Bildungsenthalpie $\Delta H°$ für die flüssige Verbindung wurde nach Messung der Reaktionsenthalpie für die Reaktion von $(C_3H_7)_3SnH$ mit HCl berechnet zu $\Delta H° = -82.0$ kcal/mol [10].

Literatur:

[1] J. G. F. Druce (Rec. Trav. Chim. **44** [1925] 340/4). — [2] J. C. Maire (Ann. Chim. [Paris] [13] **6** [1961] 969/1026). — [3] L. M. Antipin, E. M. Stepina, V. F. Mironov (Zh. Obshch. Khim. **40** [1970] 115/8; J. Gen. Chem. USSR **40** [1970] 104/6). — [4] K. Ziegler, W. P. Neumann (D.P. 1164407 [1959/64]; C.A. **60** [1964] 15910). — [5] A. Cahours, E. Demarcay (Compt. Rend. **88** [1879] 1112/7).

[6] K. C. Pande (J. Organometal. Chem. **13** [1968] 187/94). — [7] R. C. Paul, K. K. Soni, S. P. Narula (J. Organometal. Chem. **40** [1972] 355/7). — [8] G. J. M. van der Kerk, J. G. A. Luijten (J. Appl. Chem. [London] **6** [1956] 49/55). — [9] G. Costa (Gazz. Chim. Ital. **80** [1950] 42/62). — [10] W. F. Stack, G. A. Nash, H. A. Skinner (Trans. Faraday Soc. **61** [1965] 2122/5).

[11] A. Saitow, E. G. Rochow, D. Seyferth (J. Org. Chem. **23** [1958] 116/8). — [12] J. R. Zietz, S. M. Blitzer, H. E. Redman, G. C. Robinson (J. Org. Chem. **22** [1957] 60/2). — [13] T. Katsumura (Nippon Kagaku Zasshi **83** [1962] 724/6 nach C.A. **59** [1963] 5184). — [14] J. G. Noltes, G. J. M. van der Kerk (Functionally Substituted Organotin Compounds, Tin Research Institute, Greenford 1958, S. 1/128). — [15] G. A. Razuvaev, N. S. Vyazankin, E. N. Gladyshev, I. A. Borodavko (Zh. Obshch. Khim. **32** [1962] 2154/60 nach C.A. **58** [1963] 79612).

[16] V. A. Chernoplekova, N. I. Sheverdina, N. N. Zemlyanskii, K. A. Kocheshkov (Zh. Obshch. Khim. **45** [1975] 1528/9; J. Gen. Chem. USSR **45** [1975] 1497/8). — [17] Y. Takami (Kogyo Kagaku Zasshi **65** [1962] 229/33). — [18] S. V. Ponomarev, I. F. Lutsenko (Zh. Obshch. Khim. **34** [1964] 3450/3; J. Gen. Chem. USSR **34** [1964] 3492/4). — [19] Yu. I. Baukov, G. S. Burlachenko, I. Yu. Belavin, I. F. Lutsenko (Zh. Obshch. Khim. **36** [1966] 153/7; J. Gen. Chem. USSR **36** [1966] 158/61). — [20] G. S. Burlachenko, B. N. Khasapov, L. I. Petrovskaya, Yu. I. Baukov, I. F. Lutsenko (Zh. Obshch. Khim. **36** [1966] 512/8; J. Gen. Chem. USSR **36** [1966] 532/6).

[21] I. F. Lutsenko, Yu. I. Baukov, G. S. Burlachenko, B. N. Khasapov (J. Organometal. Chem. **5** [1966] 20/8). — [22] A. N. Nesmeyanov, A. E. Borisov, S. H. Wan (Izv. Akad. Nauk SSSR Ser. Khim. **1967** 1141/2; Bull. Acad. Sci. USSR Div. Chem. Sci. **1967** 1101/3). — [23] S. V. Rykov, T. I. Zverkova, M. A. Kazankova, A. V. Kessenikh, A. V. Ignatenko (Zh. Obshch. Khim. **44** [1974] 1414, J. Gen. Chem. USSR **44** [1974] 1388). — [24] G. Plazzogna, S. Bresadola, G. Tagliavini (Inorg. Chim. Acta **2** [1968] 333/6). — [25] H. G. Kuivila, R. Sommer, D. C. Green (J. Org. Chem. **33** [1968] 1119/22).

[26] S. V. Ponomarev, E. V. Machigin, I. F. Lutsenko (Zh. Obshch. Khim. **36** [1966] 548/52; J. Gen. Chem. USSR **36** [1966] 566/9). — [27] K. L. Jaura, L. K. Churamani, K. K. Sharma (Indian J. Chem. **4** [1966] 329/30). — [28] T. Tahara, T. Takubo, T. Matsunaga, Nitto Chemical Industrial Co., Ltd. (U.S.P. 3496201 [1966/70]; C.A. **72** [1970] Nr. 111617). — [29] R. E. Highsmith, H. H. Sisler (Inorg. Chem. **8** [1969] 1029/32). — [30] T. Tahara, K. Takubo, I. Hachiya, Nitto Chemical Industry Co., Ltd. (Japan.P. 68-29372 [1966/68]; C.A. **70** [1969] Nr. 78155).

[31] K. Sisido, S. Kozima (J. Organometal. Chem. **11** [1968] 503/13). — [32] K. Sisido, S. Kozima, T. Isibasi (J. Organometal. Chem. **10** [1967] 439/45). — [33] H. Woidich, W. Pfannhauser, G. Blaicher (Deut. Lebensm. Rundschau **72** [1976] 421/2).

Spectra

1.3.2.1.1.3.2 Spektren

Magnetische Resonanzspektren. Das ^1H-NMR-Spektrum von $(C_3H_7)_3SnCl$ ist temperaturabhängig. Aus dem bei −30°C gefundenen Multiplett im 220-MHz-Spektrum wird bei 100°C ein Triplett, was auf das Vorliegen verschiedener Konformerer bei Zimmertemperatur hinweist [1].

Mössbauer-Spektrum. Im Mössbauer-Spektrum von $(C_3H_7)_3SnCl$ werden für die Isomerieverschiebung δ (in mm/s) folgende Werte angegeben: 1.552 [2], 1.62 ± 0.05 [3 bis 5]. Als Bezugssubstanz wurde SnO_2 verwendet. Die Quadrupolaufspaltung Δ (in mm/s) beträgt 3.30 ± 0.05 [4], 3.314 [2], 3.61 [3] und 3.70 [5].

Schwingungsspektren. Das IR-Spektrum von $(C_3H_7)_3SnCl$ in flüssigem Zustand ist mit teilweiser Zuordnung in Tabelle 19 wiedergegeben [6]. Abbildungen des Spektrums zwischen 4000 und 650 cm^{-1} sind bei [7, 8] zu finden. Außerdem werden folgende Banden angegeben: $\nu SnCl = 324\ cm^{-1}$ [9], $\nu SnC = 502$ und 592 cm^{-1} im IR-Spektrum und 508 und 594 cm^{-1} im Raman-Spektrum [10], $\nu SnCl = 325$ und 295 cm^{-1}, $\delta SnCC = 250$ und 235 cm^{-1}, $\nu_{as}SnC_3$(trans) = 595 cm^{-1}, $\nu_{as}SnC_3$(gauche) = 515 cm^{-1}, $\nu_sSnC_3 = 550\ cm^{-1}$ [11]. Im IR-Spektrum der in Acetonitril gelösten Verbindung werden Banden bei 321 und 298 cm^{-1} gefunden. In Cyclohexan werden folgende Banden (in cm^{-1}) beobachtet: 337 st, 298 m, 277 s, 153 m, 134 m, 127 m, in flüssiger Phase: 390 st, 336 st, 298 m, 277 s, 219 s, 152 m, 131 m, 127 m [12]. Zur Diskussion von symmetrischen und antisymmetrischen Komponenten in den Sn-C-Valenzschwingungen von $(C_3H_7)_3SnCl$ und anderen Organozinnverbindungen s. [13].

Tabelle 19
IR-Spektrum von $(C_3H_7)_3SnCl$.

Zuordnung	trans	ν in cm^{-1}	gauche
τCC	101 m		152 m
$\delta_{as}SnC_3$		112	
δClSnC		127 st	
		131 st	
δSnCC	219 s		277 s
δCCC	298 m		390 st
νSnCl		336 st	
$\nu_{as}SnC_3$	601 st		518 m
ν_sSnC_3	554 m		—
ρCH_2	667 st		709 st
	—		797 m
ρCH_3		995 st	
νCC		1020 m	
τCH_2	1160 m		1188 s
ρCH_3		1046 st	
δ_sCH_3	1418 m		1379 m
wCH_2	—		1282 m
	—		1333 st
δCH_2		1460 st	
$\delta_{as}CH_3$		1460 st	
νCH	—		2874 st
	—		2916 st
	—		2932 st
	—		2963 st

Massenspektrum. Im Massenspektrum von $(C_3H_7)_3SnCl$ erscheinen Signale für folgende Ionen: $(C_3H_7)_3SnCl^+$ (6), $(C_3H_7)_2SnCl^+$ (100), $C_3H_7SnHCl^+$ (45), $C_3H_7SnCl^+$ (6), $SnCl^+$ (49), $(C_3H_7)_3Sn^+$ (16), $(C_3H_7)_2SnH^+$ (12), $(C_3H_7)_2Sn^+$ (5), $C_3H_7SnH_2^+$ (13), $C_3H_7Sn^+$ (35), CH_3Sn^+ (7), SnH_3^+ (1), SnH^+ (22), Sn^+ (9) [14].

Literatur:

[1] C. J. Attridge, I. Struthers (J. Organometal. Chem. **25** [1970] C17/C19). — [2] N. W. Debye, M. Linzer (J. Chem. Phys. **61** [1974] 4770/6). — [3] B. Gassenheimer, R. H. Herber (Inorg. Chem. **8** [1969] 1120/5). — [4] J. J. Zuckerman (Advan. Organometal. Chem. **9** [1970] 21/134). — [5] J. Devooght, M. Gielen, S. Lejeune (J. Organometal. Chem. **21** [1970] 333/43).

[6] P. Taimsalu, J. L. Wood (Spectrochim. Acta **20** [1964] 1043/51). — [7] R. A. Cummins, P. Dunn (Australia Commonwealth Dept. Supply Defense Std. Lab. Rept. Nr. 266 [1963] 106 S.). — [8] R. Mathis-Noel, M. Lesbre, I. S. de Roche (Compt. Rend. **243** [1956] 257/9). — [9] A. J. Crowe, P. J. Smith (Inorg. Chim. Acta **19** [1976] L7/L8). — [10] R. A. Cummins (Australian J. Chem. **16** [1963] 985/8).

[11] K. L. Jaura, K. C. Jindal, K. K. Sharma (Indian J. Chem. **8** [1970] 91/3). — [12] P. Taimsalu, J. L. Wood (Spectrochim. Acta **20** [1964] 1357/68). — [13] R. A. Cummins (Australian J. Chem. **18** [1965] 985/92). — [14] M. Gielen, G. Mayence (J. Organometal. Chem. **12** [1968] 363/8).

1.3.2.1.1.3.3 Physikalische Eigenschaften

Physical Properties

$(C_3H_7)_3SnCl$ ist eine bei Normalbedingungen farblose, flüssige Verbindung, für die ein Schmelzpunkt von −23.5°C angegeben wird [1]. Als Siedepunkte werden gefunden: 59 bis 63°C/0.1 Torr [2], 86°C/2.5 Torr [3], 96°C/3 Torr [3], 98 bis 100°C/4.0 Torr [4], 106°C/2 Torr [5], 110°C/10 Torr [6], 112 bis 113°C/7 Torr [7], 119 bis 122°C/12 Torr [8], 120 bis 121°C/13 Torr [9], 120 bis 122°C/12 Torr [10], 120 bis 122°C/13 Torr [11], 121 bis 122°C/13 Torr [9], 121 bis 125°C/14 Torr [10], 122°C/13 Torr [12], 123°C/12 Torr [13, 14], 123°C/13 Torr [1, 15], 123 bis 124°C/12 Torr [16]. Außerdem wird ein Schmelzpunkt von +23°C angegeben [13, 14] sowie ein Siedepunkt von 238°C/Normaldruck [20].

Für die Dichte der Verbindung werden gefunden: $D_4^{20} = 1.2740$ g/cm³ [16], $D_4^{28} = 1.2678$ g/cm³ [1, 17]. Brechungsindex $n_D^{20} = 1.4915$ [9], 1.4918 [7], 1.4927 [9, 11], 1.4942 [17], 1.4955 [3], 1.4962 [3], 1.4965 [16], $n_D^{28} = 1.4910$ [1, 17]. Molrefraktion $R_{mol} = 64.36$ (ber.: 64.90) [19], 64.75 (ber.: 64.07 [18], 64.34 [19]) und 64.756 [17]. Die Molrefraktion nach Eisenlohr beträgt 423.49 [17].

Die diamagnetische Suszeptibilität beträgt $\chi_{mol} = -171.0 \times 10^{-6}$ cm³/mol [22]. Zur Untersuchung der Leitfähigkeit von $(C_3H_7)_3SnCl$ in $H_2S_2O_7$ s. [21]. Vergleich der polarographischen Reduktion von $(C_3H_7)_3SnCl$ mit der Polarographie und dem elektrochemischen Verhalten anderer Organozinnchloride s. bei [23].

Literatur:

[1] G. Grüttner, E. Krause (Ber. Deut. Chem. Ges. **50** [1917] 1802/7). — [2] R. E. Highsmith, H. H. Sisler (Inorg. Chem. **8** [1969] 1029/32). — [3] A. N. Nesmeyanov, A. E. Borisov, S. H. Wan (Izv. Akad. Nauk SSSR Ser. Khim. **1967** 1141/2; Bull. Acad. Sci. USSR Div. Chem. Sci. **1967** 1101/3). — [4] K. C. Pande (J. Organometal. Chem. **13** [1968] 187/94). — [5] V. A. Chernoplekova, N. I. Sheverdina, N. N. Zemlyanskii, K. A. Kocheshkov (Zh. Obshch. Khim. **45** [1975] 1528/9; J. Gen. Chem. USSR **45** [1975] 1497/8).

[6] K. L. Jaura, L. K. Churamani, K. K. Sharma (Indian J. Chem. **4** [1966] 329/30). — [7] S. V. Ponomarev, E. V. Machigin, I. F. Lutsenko (Zh. Obshch. Khim. **36** [1966] 548/52; J. Gen. Chem. USSR **36** [1966] 566/9). — [8] T. Tahara, T. Takubo, T. Matsunaga, Nitto Chemical Industrial Co., Ltd. (U.S.P. 3496201 [1966/70]; C.A. **72** [1970] Nr. 111617). — [9] G. S. Burlachenko, B. N. Khasapov, L. I. Petrovskaya, Yu. I. Baukov, I. F. Lutsenko (Zh. Obshch. Khim. **36** [1966] 512/8; J. Gen. Chem. USSR **36** [1966] 532/6). — [10] J. G. Noltes, G. J. M. van der Kerk (Functionally Substituted Organotin Compounds, Tin Research Institute, Greenford 1958, S. 1/128).

[11] I. F. Lutsenko, Yu. I. Baukov, G. S. Burlachenko, B. N. Khasapov (J. Organometal. Chem. **5** [1966] 20/8). — [12] R. C. Paul, K. K. Soni, S. P. Narula (J. Organometal. Chem. **40** [1972] 355/7). — [13] F. Caujolle, M. Lesbre, D. Meynier, G. Saquisannes (Compt. Rend. **243** [1956] 987/9). — [14] R. Mathis-Noel, M. Lesbre, I. S. de Roche (Compt. Rend. **243** [1956] 257/9). — [15] G. Costa (Gazz. Chim. Ital. **80** [1950] 42/62).

[16] Yu. I. Baukov, G. S. Burlachenko, I. Yu. Belavin, I. F. Lutsenko (Zh. Obshch. Khim. **36** [1966] 153/7; J. Gen. Chem. USSR **36** [1966] 158/61). — [17] R. Sayre (J. Chem. Eng. Data **6** [1961] 560/4). — [18] R. West, E. G. Rochow (J. Am. Chem. Soc. **74** [1952] 2490/1). — [19] A. I. Vogel, W. T. Cresswell, J. Leicester (J. Phys. Chem. **58** [1954] 174/7). — [20] F. B. Nijesen (Ind. Vernice [Milan] **22** [1968] 3/7).

[21] R. C. Paul, J. K. Puri, K. C. Malhotra (J. Inorg. Nucl. Chem. **35** [1973] 403/12). — [22] E. W. Abel, R. P. Bush, C. R. Jenkins, T. Zobel (Trans. Faraday Soc. **60** [1964] 1214/9). — [23] H. Mehner, H. Jehring, H. Kriegsmann (J. Organometal. Chem. **15** [1968] 97/105).

Chemical Reactions

1.3.2.1.1.3.4 Chemisches Verhalten

$(C_3H_7)_3SnCl$ reagiert mit Aluminiumamalgam in Gegenwart von Wasser bei 10°C unter Bildung von $(C_3H_7)_3SnH$ in 65%iger Ausbeute nach 6 bis 8 h [1].

Bei der Reaktion von $(C_3H_7)_3SnCl$ mit $CH_2{=}CHMgBr$ in THF entsteht $(C_3H_7)_3SnCH{=}CH_2$ in 87%iger Ausbeute [2]. Mit $NaC{\equiv}CH$ entsteht in flüssigem NH_3 und Diäthyläther $(C_3H_7)_3SnC{\equiv}CH$ [3]. Mit $HC{\equiv}CC_2H_5$ und $LiAlH_4$ wird $(C_3H_7)_3SnCH{=}CHC_2H_5$ erhalten, mit $HC{\equiv}CCH{=}CH_2$ und $LiAlH_4$ analog $(C_3H_7)_3SnCH{=}C{=}CHCH_3$ [4]. Mit p-$C_6H_5C_6H_4MgBr$ reagiert $(C_3H_7)_3SnCl$ in THF und Xylol unter Bildung von p-$C_6H_5C_6H_4Sn(C_3H_7)_3$, mit m-$C_6H_5C_6H_4MgBr$ entsprechend zum meta-substituierten Derivat und mit m-$BrMgC_6H_4C_6H_4$-m-MgBr zu m-$(C_3H_7)_3SnC_6H_4C_6H_4$-m-$Sn(C_3H_7)_3$ [5]. Mit Mg und m-JC_6H_4X (X = Cl, Br, J) entsteht je nach dem Mengenverhältnis m-$(C_3H_7)_3SnC_6H_4X$ bzw. m-$(C_3H_7)_3SnC_6H_4Sn(C_3H_7)_3$ [6]. Bei der Umsetzung von $(C_3H_7)_3SnCl$ mit 1,2-$LiC_2B_{10}H_{11}$ in Diäthyläther wird $(C_3H_7)_3SnC_2B_{10}H_{11}$ gebildet, mit 1,2-$Li_2C_2B_{10}H_{11}$ entsteht entsprechend $[(C_3H_7)_3Sn]_2C_2B_{10}H_{10}$ [7].

Bei der Hydrolyse von $(C_3H_7)_3SnCl$ mit wäßriger NaOH-Lösung entsteht $(C_3H_7)_3SnOH$ [8, 9]. Bei der Umsetzung von $(C_3H_7)_3SnCl$ mit t-C_4H_9OO-t-C_4H_9 in Toluol oder Pentan werden bei UV-Bestrahlung C_3H_7-Radikale neben $(C_3H_7)_2ClSnO$-t-C_4H_9 gebildet. Mit t-C_4H_9OCl entsteht in CCl_4 ebenfalls in einer Radikalkettenreaktion $(C_3H_7)_2ClSnO$-t-C_4H_9 neben C_3H_7Cl, mit p-$CH_3C_6H_4C(O)CH_3$ wird neben dem C_3H_7-Radikal das Radikal $(C_3H_7)_2ClSnOC(CH_3)C_6H_4$-p-$CH_3$ nachgewiesen [10, 11]. $(C_3H_7)_3SnCl$ reagiert mit NaOH und polymerem $[CH_2CHC(NH_2){=}NOH]_n$ in $CHCl_3$ und H_2O unter Bildung von polymerem $[CH_2CHC(NH_2){=}NOSn(C_3H_7)_3]_n$ [12]. Bei der Umsetzung von $(C_3H_7)_3SnCl$ mit p-ClC_6H_4SH entsteht $(C_3H_7)_3SnSC_6H_4$-p-Cl [13]. Mit $NaNH_2$ und NH_3 wird $[(C_3H_7)_3Sn]_2NH$ neben $[(C_3H_7)_3Sn]_3N$ erhalten [14]. Mit $(C_2H_5)_2NMgBr$ entsteht in siedendem THF $(C_3H_7)_3SnN(C_2H_5)_2$ in 70%iger Ausbeute [15].

$(C_3H_7)_3SnCl$ reagiert mit $Na_2Ru(CO)_4$ in THF unter Bildung von $[(C_3H_7)_3Sn]_2Ru(CO)_4$ [16].

Mit Aminen bildet $(C_3H_7)_3SnCl$ 1:1-Addukte. Das konnte an den Beispielen Pyridin [17, 18], β-Picolin [17], γ-Picolin [17, 18], Isochinolin [17], Piperidin [17], Morpholin [17], Anilin [17] und Benzylamin [17] gezeigt werden.

Literatur:

[1] G. J. M. van der Kerk, J. G. Noltes, J. G. A. Luijten (Chem. Ind. [London] **1958** 1290/1). — [2] A. Saitow, E. G. Rochow, D. Seyferth (J. Org. Chem. **23** [1958] 116/8). — [3] V. S. Zavgorodnii, L. G. Sharanina, A. A. Petrov (Zh. Obshch. Khim. **37** [1967] 1548/53; J. Gen. Chem. USSR **37** [1967] 1469/73). — [4] E. C. Juenge, S. J. Hawkes, T. E. Snider (J. Organometal. Chem. **51** [1973] 189/95). — [5] H. Zimmer, M. A. Barcelon, W. R. Jones (J. Organometal. Chem. **63** [1973] 133/8).

[6] K. L. Jaura, S. N. Singla, K. K. Sharma (J. Indian Chem. Soc. **46** [1969] 835/7). — [7] L. I. Zakharkin, V. I. Bregadze, O. Yu. Okhlobystin (J. Organometal. Chem. **4** [1965] 211/6). — [8] G. J. M. van der Kerk, J. G. A. Luijten (J. Appl. Chem. [London] **6** [1956] 49/55). — [9] M. J. Janssen, J. G. A. Luijten (Rec. Trav. Chim. **82** [1963] 1008/14). — [10] A. G. Davies, B. P. Roberts, J. C. Scaiano (J. Organometal. Chem. **39** [1972] C55/C57).

[11] A. G. Davies, J. C. Scaiano (J. Chem. Soc. Perkin Trans. II **1973** 1777/80). — [12] C. E. Carraher, L. S. Wang (Makromol. Chem. **152** [1972] 43/7). — [13] J. L. Wardell, P. L. Clarke (J. Organometal. Chem. **26** [1971] 345/52). — [14] R. E. Highsmith, H. H. Sisler (Inorg. Chem. **8** [1969] 996/8). — [15] K. Sisido, S. Kojima (J. Org. Chem. **27** [1962] 4051/2).

[16] J. D. Cotton, S. A. R. Knox, F. G. A. Stone (Chem. Commun. **1967** 965/6). — [17] K. L. Jaura, K. C. Jindal, K. K. Sharma (Indian J. Chem. **8** [1970] 91/3). — [18] D. P. Graddon, B. A. Rana (J. Organometal. Chem. **105** [1976] 51/60).

1.3.2.1.1.3.5 Physiologische Wirkung

Physiological Action

$(C_3H_7)_3SnCl$ inhibiert die oxidative Phosphorylierung in gleicher Weise wie andere untersuchte Organozinnhalogenide, wie an Mitochondrien von Rattenleber gezeigt werden konnte [1 bis 7]. Die Verbindung inhibiert die Aktivität von Myosin A-Adenosintriphosphatase in Gegenwart von Äthylendiamintetraessigsäure und etwas schwächer in Gegenwart von Ca^{2+}-Ionen. Bei 37°C betrug die Inhibierung in Gegenwart von EDTA 80% in der ersten Minute und 95% nach ein bis drei Minuten in Gegenwart von 10^{-4} mol/l $(C_3H_7)_3SnCl$ und 30% bei 10^{-6} mol/l. Unterhalb 10^{-7} mol/l an $(C_3H_7)_3SnCl$ wurde keine Hemmung beobachtet [8]. Bei entsprechenden Untersuchungen an isolierten Chloroplasten [9] konnte gezeigt werden, daß $(C_3H_7)_3SnCl$ mit am stärksten den Chlorid-Hydroxid-Austausch in der Zellmembran beeinflußt [10]. Entsprechende Versuche im Zusammenhang mit der Adensosintriphosphatase-Hemmung durch $(C_3H_7)_3SnCl$ bei Stubenfliegen s. bei [11].

Zur Untersuchung der Toxizität von $(C_3H_7)_3SnCl$ gegenüber Hasen s. [12]. Die Mortalität der Pflanzenschädlinge Heliothis zea und Heliothis virescens beträgt nach Besprühen befallener Pflanzen nach 48 h 15 bzw. 30% [13], die Minimalkonzentration zum Abtöten von Larven von Teredo diegensis unter 0.05 ppm, die LD_{50} nach 200 h für ausgewachsene Limnoria tripunctata 2.1 ppm [14]. Zur vollständigen Wachstumshemmung folgender Pilze werden benötigt (in Gew.-%): Fusarium culmorum 0.0005, Alternaria tenuis 0.0005, Rhizoctonia solani 0.0005 [15], in ppm: Penicillium fungiculosum 1, Candida albicans 0.5, Staphylococcus aureus 1, Pseudomonas aeruginosa 31 [16]. Die orale LD_{50} für Ratten beträgt ca. 38 mg/kg Körpergewicht [16].

Die antimikrobische Aktivität von Organozinnverbindungen gegenüber Escherichia coli, Pseudomonas aeruginosa und Bacillus megaterium steigt mit steigender Länge der Alkylkette. $(C_3H_7)_3SnCl$ zeigt maximale Aktivität gegenüber gram-negativen Bakterien [17]. Diese antimikrobiologische Aktivität wird durch Cystein umgekehrt [18]. Mutanten von Saccharomyces cerevisiae sind resistent gegenüber $(C_3H_7)_3SnCl$ [19].

Literatur:

[1] N. Sone, B. Hagihara (J. Biochem. [Tokyo] **56** [1964] 151/6). — [2] W. N. Aldridge (Eff. Metals Cells Subcellular Elem. Macromol. Proc. Publ. 2nd Rochester Conf. Toxicity, Rochester 1969 [1970], S. 255/74). — [3] M. J. Selwyn, A. P. Dawson, M. Stockdale, N. Gains (Eur. J. Biochem. **14** [1970] 120/6). — [4] M. J. Selwyn, M. Stockdale, A. P. Dawson (Biochem. J. **116** [1970] 15P/16P). — [5] M. Stockdale, A. P. Dawson, M. J. Selwyn (Eur. J. Biochem. **15** [1970] 342/51).

[6] K. H. Byington, R. Y. Yeh, L. R. Forte (Toxicol. Appl. Pharmacol. **27** [1974] 230/40). — [7] R. G. Wulf, K. H. Byington (Arch. Biochem. Biophys. **167** [1975] 176/85). — [8] T. Kameyama, T. Sekine (J. Biochem. [Tokyo] **58** [1965] 420/1 nach C.A. **64** [1966] 2603). — [9] A. S. Watling-Payne, M. J. Selwyn (Biochem. J. **142** [1974] 65/74). — [10] A. S. Watling, M. J. Selwyn (FEBS [Fed. Eur. Biochem. Soc.] Letters **10** [1970] 139/42 nach C.A. **74** [1971] Nr. 27984).

[11] G. R. Pieper, J. E. Casida (J. Econ. Entomol. **58** [1965] 392/400). — [12] F. Caujolle, M. Lesbre, D. Meynier, G. Saquisannes (Compt. Rend. **243** [1956] 987/9). — [13] D. A. Wolfenbarger, A. A. Guerra, W. L. Lowry (J. Econ. Entomol. **61** [1968] 78/81). — [14] B. A. Richardson (Wood **1964** 57/60; C.A. **62** [1965] 3340). — [15] E. Czerwinska, Z. Eckstein, Z. Ejmochi, R. Kowalik (Bull. Acad. Polon. Sci. Ser. Sci. Chim. **15** [1967] 335/9).

[16] F. B. Nijesen (Ind. Vernice [Milan] **22** [1968] 3/7). — [17] H. Kourai, K. Takoichi, I. Shibasaki (Hakko Kogaku Zasshi **51** [1973] 825/31 nach C.A. **81** [1974] Nr. 287). — [18] H. Kourai, K. Takeichi, I. Shibasaki (Hakko Kogaku Zasshi **51** [1973] 832/9 nach C.A. **80** [1974] Nr. 56072). — [19] W. E. Lancashire, D. E. Griffiths (FEBS [Fed. Eur. Biochem. Soc.] Letters **17** [1971] 209/14 nach C.A. **76** [1972] Nr. 42275).

1.3.2.1.1.3.6 Verwendung

Uses

$(C_3H_7)_3SnCl$ eignet sich als Katalysator zur Polymerisation von Olefinen [1]. Außerdem wird die Verbindung als Biozid [2, 3], Insektizid [4] und Fungizid verwendet [5 bis 7]. Spezielle Anwendung findet $(C_3H_7)_3SnCl$ im Holzschutz [8 bis 10].

Literatur:

[1] Y. Takami (Kogyo Kagaku Zasshi **65** [1962] 229/33). — [2] D. A. Wolfenbarger, A. A. Guerra, W. L. Lowry (J. Econ. Entomol. **61** [1968] 78/81). — [3] R. J. Zedler, M and T Chemicals, Inc. (B.P. 1022025 [1961/66]; C.A. **64** [1966] 20554). — [4] T. Tahara, T. Takubo, T. Matsunaga, Nitto Chemical Industrial Co., Ltd. (U.S.P. 3496201 [1966/70]; C.A. **72** [1970] Nr. 111617). — [5] M. Kraak, N.V. de Bataafsche Petroleum Maatschappij (Nd.P. 68578 [1951]; C.A. **1952** 5781).

[6] R. Pavlinova, N. S. Nikolaeva, E. T. Tuleuova, Central Scientific Research Institute of the Cellulose and Paper Industry (UdSSR P. 220389 [1966/68]; C.A. **69** [1968] Nr. 88142). — [7] M. E. Lombardo, Stapling Machines Co. (U.S.P. 3346607 [1964/67]; C.A. **68** [1968] Nr. 69130). — [8] B. A. Richardson (Zinn Verwendung Nr. 64 [1964] 5/9). — [9] B. A. Richardson (Wood **1964** 57/60; C.A. **62** [1965] 3340). — [10] H. P. Vind, H. Hochmann (Zinn Verwendung Nr. 57 [1963] 10/2).

Triisopropyltin Chloride

1.3.2.1.1.4 Triisopropylzinnchlorid $(i\text{-}C_3H_7)_3SnCl$

$(i\text{-}C_3H_7)_3SnCl$ entsteht bei der Komproportionierung von $Sn(i\text{-}C_3H_7)_4$ mit $SnCl_4$ in Gegenwart von $AlCl_3$ bei 100°C nach 6 h in 84%iger Ausbeute [1]. Außerdem wird die Verbindung gebildet bei der Umsetzung von $Sn(i\text{-}C_3H_7)_4$ mit CCl_4 im Bombenrohr bei 60°C nach 32 h [2], bei der Reaktion zwischen $Sn(i\text{-}C_3H_7)_4$ und $TiCl_4$ [3], aus $[(i\text{-}C_3H_7)_3Sn]_2O$ und HCl in Wasser [4, 5], aus $(i\text{-}C_3H_7)_3SnBr$ bei der Umsetzung mit NaOH und HCl in Diäthyläther-Wasser [6] und bei der thermischen Zersetzung von $(i\text{-}C_3H_7)_2SnCl_2$ [7]. Zur Kinetik der Reaktion zwischen $(i\text{-}C_3H_7)_3SnCH_3$ und $(CH_3)_2SnCl_2$, die auch zur Bildung von $(i\text{-}C_3H_7)_3SnCl$ führt, s. [8].

Für $(i\text{-}C_3H_7)_3SnCl$ werden als Siedepunkt angegeben: 97°C/8 Torr [6] und 134 bis 137.5°C/Normaldruck [1].

Das 70-eV-Massenspektrum von $(i\text{-}C_3H_7)_3SnCl$ zeigt folgende Ionen: $(i\text{-}C_3H_7)_3SnCl^+$ (2.8), $(i\text{-}C_3H_7)_2SnCl^+$ (21.6), $i\text{-}C_3H_7SnHCl^+$ (3.5), $SnCl^+$ (13.2), $(i\text{-}C_3H_7)_3Sn^+$ (3.3), $(i\text{-}C_3H_7)_2SnH^+$ (1.1), $(i\text{-}C_3H_7)(c\text{-}C_3H_5)SnH^+$ (7.0), $i\text{-}C_3H_7SnH_2^+$ (1.2), $i\text{-}C_3H_7Sn^+$ (34.1), CH_3Sn^+ (2.0), SnH_3^+ (0.1), SnH^+ (6.7), Sn^+ (3.3) [9].

Bei der Hydrolyse von $(i\text{-}C_3H_7)_3SnCl$ durch NaOH wird $(i\text{-}C_3H_7)_3SnOH$ gebildet [10]. Bei 90°C wird auch $[(i\text{-}C_3H_7)_3Sn]_2O$ erhalten [4, 5]. Zur Kinetik der Äthanolyse s. [6]. Untersuchungen der Solvolyse in Äthanol und in Isopropylalkohol mit Hilfe der Konduktometrie und in Dioxan-Wasser bzw. in Äthanol-Wasser mit Hilfe der Potentiometrie s. bei [11]. $(i\text{-}C_3H_7)_3SnCl$ reagiert mit J^- unter Bildung von $(i\text{-}C_3H_7)_3SnClJ^-$ [9], mit C_6H_5COCl unter Bildung von $(i\text{-}C_3H_7)_3SnOOCC_6H_5$ [2] und mit $NaB_{10}H_{13}$ unter Bildung von $(i\text{-}C_3H_7)_2SnB_{10}H_{12}$ neben $Sn(i\text{-}C_3H_7)_4$, $B_{10}H_{14}$ und NaCl [12].

Für den Menschen wird für $(i\text{-}C_3H_7)_3SnCl$ eine orale LD_{50} von 44 mg/kg Körpergewicht angegeben [13].

$(i\text{-}C_3H_7)_3SnCl$ wird als Katalysator zur Olefinpolymerisation [3] und als Holzschutzmittel angewandt [14].

Literatur:

[1] C. K. Banks, M and T Chemicals, Inc. (U.S.P. 3297732 [1963/67]; C.A. **66** [1967] Nr. 115807). — [2] N. S. Vyazankin, T. N. Brevnova, G. A. Razuvaev (Zh. Obshch. Khim. **37** [1967] 204/7; J. Gen. Chem. USSR **37** [1967] 187/9). — [3] Y. Takami (Kogyo Kagaku Zasshi **65** [1962] 229/33). — [4] Metal and Thermit Corp. (B.P. 797976 [1958]; C.A. **1959** 3061). — [5] C. R. Gloskey, Metal and Thermit Corp. (U.S.P. 2862944 [1958]; C.A. **1959** 7014).

[6] S. C. Chan, F. T. Wong (Z. Anorg. Allgem. Chem. **384** [1971] 89/96). — [7] J. G. F. Druce (J. Chem. Soc. **121** [1922] 1859/63). — [8] G. Plazzogna, S. Bresadola, G. Tagliavini (Inorg. Chim. Acta **2** [1968] 333/6). — [9] M. Gielen, M. de Clercq (J. Organometal. Chem. **47** [1973] 351/7). — [10] M. J. Janssen, J. G. A. Luijten (Rec. Trav. Chim. **82** [1963] 1008/14).

[11] R. H. Prince (J. Chem. Soc. **1959** 1783/91). — [12] C. A. Turner (Diss. Univ. of Colorado 1975, S. 1/143; Diss. Abstr. Intern. B **36** [1976] 5580/1). — [13] J. Skutilova (Prac. Lek. **27** [1975] 267/70; C.A. **85** [1976] Nr. 165902). — [14] H. P. Vind, H. Hochmann (Zinn Verwendung Nr. 57 [1963] 10/2).

1.3.2.1.1.5 Tributylzinnchlorid $(C_4H_9)_3SnCl$

Tributyltin Chloride

1.3.2.1.1.5.1 Bildung und Darstellung

Formation. Preparation

Tributylzinnchlorid wird durch Grignard-Synthese aus $SnCl_4$, Mg und C_4H_9Cl in Diäthyläther, Toluol und C_2H_5Br unter Rückflußkochen dargestellt [1 bis 5]. Bei Verwendung von Toluol als Lösungsmittel in Gegenwart von J_2 und C_4H_9Br können nach 4 h bei 120°C 88.3% Ausbeute erzielt werden [6], in Heptan und in Gegenwart von $Al(i\text{-}C_3H_7)_3$, J_2 und C_4H_9Br dagegen 69.5% [7]. Bei einem kontinuierlich geführten Verfahren werden in Diäthyläther als Lösungsmittel nur 3.5% an $(C_4H_9)_3SnCl$ neben 91% $Sn(C_4H_9)_4$ und 0.2% $(C_4H_9)_2SnCl_2$ gewonnen [8]. Entsprechende Verfahren werden auch beschrieben für $SnCl_4$ und C_4H_9MgBr [9, 10, 11] sowie für $SnCl_4$ und den Komplex $C_4H_9MgCl\cdot$Tetrahydrofuran [12]. $(C_4H_9)_3SnCl$ entsteht aus C_4H_9MgCl und $(C_4H_9)_2SnCl_2$ in THF-Xylol bei einstündigem Rückflußkochen in 5%iger Ausbeute [13], ferner neben $Sn(C_4H_9)_4$ und $(C_4H_9)_2SnCl_2$ aus C_4H_9MgCl und $C_4H_9SnCl_3$ oder $(C_4H_9)_2SnCl_2$ in Toluol [5, 14].

Auch bei der Reaktion von $SnCl_4$ mit $Al(C_4H_9)_3$ wird $(C_4H_9)_3SnCl$ erhalten. Beim Einsatz von Diäthyläther als Lösungsmittel werden 45% Ausbeute erzielt [15], in Pentan-Hexan in N_2-Atmosphäre entsteht die Verbindung in 23.8%iger Ausbeute neben $Sn(C_4H_9)_4$ [16]. Auch aus $C_4H_9SnCl_3$ und $Al(C_4H_9)_3$ entsteht $(C_4H_9)_3SnCl$. Bei vierstündiger Reaktion bei 145°C wird $(C_4H_9)_3SnCl$ neben $Sn(C_4H_9)_4$ erhalten [17], ebenso beim 13stündigen Rückflußkochen der gleichen Ausgangsmaterialien in Isooctan unter N_2 [18].

Ein weiteres gängiges Verfahren zur Synthese von $(C_4H_9)_3SnCl$ ist die Komproportionierung zwischen $SnCl_4$ und $Sn(C_4H_9)_4$ [19, 20, 21]. Eine zusammenfassende Betrachtung der technischen Probleme bei dieser Synthese s. bei [22]. So entsteht $(C_4H_9)_3SnCl$ aus $SnCl_4$ und $Sn(C_4H_9)_4$ im Molverhältnis 1:1 zwischen 0 und 20°C in 91%iger Ausbeute neben 97% $C_4H_9SnCl_3$ und 3.5 bis 8.1% $(C_4H_9)_2SnCl_2$ [23]. Während der Reaktion soll bis zum Sieden des gebildeten $C_4H_9SnCl_3$ aufgeheizt werden [24]. In Gegenwart von $AlCl_3$ werden nach 6 h bei 100°C 90% Ausbeute erhalten [25], bei einem Molverhältnis von $SnCl_4:Sn(C_4H_9)_4=1:3$ entstehen in Gegenwart von $AlCl_3$ nach 3 h bei 100°C und nach Zugabe von Cyclohexan 96% an $(C_4H_9)_3SnCl$ [26]. Weitere Verfahren arbeiten bei 200°C (93.3% Ausbeute; hier wird ein Reinigungsverfahren angegeben, bei dem nach Zugabe von wäßrigem NH_3 zwei Schichten entstehen, wobei die obere Schicht neben $(C_4H_9)_3SnCl$ nur noch $<0.01\%$ an $(C_4H_9)_2SnCl_2$ und etwa 1% an $Sn(C_4H_9)_4$ enthält) [27], bei 200°C und 10 Torr [28, 29], bei 200°C (80 bis 95% Ausbeute nach 5 bis 7 h) [30], bei 200°C in Gegenwart von $CuBr_2$, CuCl oder $ZnCl_2$ (93% Ausbeute nach 0.5 h) [31], bei 210°C [32], bei 220 bis 230°C, nachfolgendes Abkühlen und nochmaliges Erhitzen auf 220 bis 230°C für jeweils 1.5 h (94.5% Ausbeute) [33] und bei 230°C für 3 h [34]. Außerdem wird die Verbindung bei der Reaktion zwischen $SnCl_4$ und $(C_4H_9)_2SnCl_2$ bei 180°C gebildet [35, 36]. Auch isotopenmarkierte Derivate werden auf diese Weise erhalten. So entsteht $(C_4H_9)_3{}^{113}SnCl$ entweder aus ${}^{113}Sn(C_4H_9)_4$ und $SnCl_4$ in 60%iger Ausbeute [37] oder aus ${}^{113}SnCl_4$ und $Sn(C_4H_9)_4$ [38]. Die in 2- und 3-Stellung im Butylrest durch Tritium markierte Verbindung entsteht aus $SnCl_4$ und entsprechend markiertem $Sn(C_4H_9)_4$ bei Temperaturen zwischen 215 und 230°C in 85%iger Ausbeute [39].

$SnCl_4$ reagiert mit C_4H_9Cl und Na unter Bildung von $(C_4H_9)_3SnCl$ neben viel $Sn(C_4H_9)_4$ [40]. Die Umsetzung wird auch in Kohlenwasserstoffen bei 60°C [41] sowie in technischem Maßstab in Toluol durchgeführt [42]. Die in 1-Stellung ${}^{14}C$-markierte Verbindung entsteht aus Na durch Umsetzung mit $SnCl_4$ und $C_3H_7{}^{14}CH_2Br$ in Heptan nach 20 h zwischen 60 und 80°C in 61%iger Ausbeute neben den ${}^{14}C$-markierten Verbindungen $Sn(C_4H_9)_4$, $(C_4H_9)_2SnCl_2$ und $C_4H_9SnCl_3$. In 77%iger Ausbeute wird das gleiche Produkt erhalten aus Na, $C_4H_9SnCl_3$ und $C_3H_7^{14}CH_2Br$. Dabei wird auch $(C_3H_7{}^{14}CH_2)_2(C_4H_9)SnCl$ erhalten [43, 44].

C_4H_9Cl reagiert mit einer Na-Sn-Legierung unter Bildung von $(C_4H_9)_3SnCl$ [45]. Diese Reaktion wird am günstigsten unter Druck zwischen 140 und 220°C [46] bzw. im Einschlußrohr zwischen 160 und 170°C durchgeführt [48]. $(C_4H_9)_3SnCl$ entsteht auch bei der Reaktion zwischen Mg_2Sn und

C_4H_9Cl im Bombenrohr bei 150°C in Cyclohexan und in Gegenwart von Triäthylamin neben $Sn(C_4H_9)_4$ und $(C_4H_9)_2SnCl_2$ [48].

$(C_4H_9)_3SnCl$ entsteht bei der Elektrolyse von C_4H_9Cl an Sn-Kathoden [49]. Mit CH_3CN-$[(C_2H_5)_4N]Cl$ als Elektrolyt werden bei Anwendung getrennter Zellen bei 35°C 5% an $(C_4H_9)_3SnCl$ neben $Sn(C_4H_9)_4$ und $[(C_4H_9)_2Sn]_n$ erhalten. In einer ungeteilten Zelle entsteht $(C_4H_9)_3SnCl$ als Hauptprodukt [50]. Verwendet man eine J-haltige Kathode und $[(CH_3)_2N]_3PO$ als Elektrolyt bei 140 bis 170°C, so gelingt es, eine Mischung aus $(C_4H_9)_3SnCl$, $(C_4H_9)_2SnCl_2$ und $C_4H_9SnCl_3$ in etwa 87%iger Ausbeute zu erhalten [51].

Die direkte Synthese von $(C_4H_9)_3SnCl$ aus Sn und C_4H_9Cl gelingt im Autoklaven. In Gegenwart von Mg, C_4H_9J und in Tetrahydrofuran oder Butanol entstehen aber nur Spuren an $(C_4H_9)_3SnCl$ neben viel $(C_4H_9)_2SnCl_2$ [52]. Die Ausbeute kann durch Änderung der Reaktionsbedingungen verbessert werden [53, 54], beispielsweise bei Durchführung der Synthese in Gegenwart von Tetraalkylammoniumhalogeniden [55], in Gegenwart von J_2 und $[(CH_3)_2N]_3PO$ bei 180°C [56], in Gegenwart von J_2 und $As(C_6H_5)_3$ zwischen 170 und 180°C [57] oder in Gegenwart von $Sb(C_4H_9)_3$ bei 180°C [58]. Unter entsprechenden Bedingungen reagiert Sn mit $(C_4H_9)_2SnCl_2$ bei 160°C in Wasser oder ähnlichen Lösungsmitteln unter Bildung von $(C_4H_9)_3SnCl$ neben $Sn(C_4H_9)_4$ und $[(C_4H_9)_2ClSn]_2O$ [59]. Auch bei der Umsetzung von $[(C_4H_9)_2ClSn]_2O$ mit Sn oder Zn in Wasser oder C_4H_9Cl bei 160°C entsteht $(C_4H_9)_3SnCl$ in Ausbeuten zwischen 1 und 73% neben $Sn(C_4H_9)_4$ und $(C_4H_9)_2SnCl_2$ [59]. Weitere analoge Darstellungen von $(C_4H_9)_3SnCl$ sind aus Tabelle 20 zu entnehmen.

Tabelle 20
Hochtemperatursynthesen für $(C_4H_9)_3SnCl$.

Reaktionspartner	Reaktionsbedingungen	Ausbeute in %	Lit.
C_4H_9Cl, $[(C_2H_5)_2Sn]_n$	160°C, $N(C_2H_5)_3$	0.4	[59, 60]
C_4H_9Cl, $[(C_2H_5)_2Sn]_n$	160°C, $[(C_2H_5)_4N]J$	2.8	[60]
C_4H_9Cl, $(C_2H_5)_2SnCl_2$	160°C, Fe, $N(C_2H_5)_3$	Spuren	[59]
C_4H_9Cl, $[(C_3H_7)_2Sn]_n$	160°C, $N(C_2H_5)_3$	1.3	[60]
C_4H_9Cl, $[(C_3H_7)_2Sn]_n$	160°C, $[(C_2H_5)_4N]Cl$	0.4	[60]
C_4H_9Cl, $[(C_3H_7)_2Sn]_n$	160°C, $[(C_2H_5)_4N]Br$	2.5	[60]
C_4H_9Cl, $[(C_3H_7)_2Sn]_n$	160°C, $[(C_2H_5)_4N]J$	2.8	[60]
C_4H_9Cl, $[(C_4H_9)_2Sn]_n$	160°C, 56 h	49.5	[61]
C_4H_9Cl, $[(C_4H_9)_2Sn]_n$	160°C, 15 h	3.5	[60]
C_4H_9Cl, $[(C_4H_9)_2Sn]_n$	160°C, $N(C_2H_5)_3$	59.7	[60]
C_4H_9Cl, $[(C_4H_9)_2Sn]_n$	100°C		[62]
C_2H_5Cl, $(C_4H_9)_2SnCl_2$	160°C, Fe, $N(C_2H_5)_3$	46	[59]
$(C_2H_5)_2SnCl_2$, $[(C_4H_9)_2Sn]_n$	160°C, 15 h, $N(C_2H_5)_3$	5.0	[60]
$(C_4H_9)_2SnCl_2$, $[(C_4H_9)_2Sn]_n$	160°C, 15 h, $N(C_2H_5)_3$	6.6 bis 26.9	[60]

Zur Synthese von $(C_4H_9)_3SnCl$ eignen sich ferner folgende Verfahren, die von einfach zugänglichen Ausgangsmaterialien ausgehen: $Sn(C_4H_9)_4$ reagiert mit $AlCl_3$ in $CHCl_3$ im Verlauf von 7 h unter Bildung von $(C_4H_9)_3SnCl$ in 22%iger Ausbeute [63]. $(C_4H_9)_2SnCl_2$ bildet bei der Bestrahlung mit γ-Strahlung (^{60}Co) Tributylzinnchlorid in 73%iger Ausbeute [64]. Ausgehend von $[(C_4H_9)_3Sn]_2O$ erhält man $(C_4H_9)_3SnCl$ bei der Reaktion mit HCl in Wasser bei 75°C in 94.2%iger Ausbeute [65, 66], was auch zur Synthese des in 1-Stellung ^{14}C-markierten Produktes genutzt wird [43, 44]. $(C_4H_9)_3SnCl$ entsteht aus $[(C_4H_9)_3Sn]_2O$ bei der Reaktion mit NH_4Cl in Methylcyclohexan bei 12stündigem Rückflußkochen in 72%iger Ausbeute [67], bei der Umsetzung mit $COCl_2$ in Toluol bei −80°C und anschließender Bestrahlung mit einer IR-Lampe in 92%iger Ausbeute [68], bei der Reaktion mit

$SOCl_2$ [69] in CCl_4 unter N_2 nach 1 bis 3 h Rückflußkochen in 88%iger Ausbeute [70], bei der Umsetzung mit $CuCl_2$ und Cu in Acetonitril in 70%iger Ausbeute [71], bei der Reaktion mit $(CH_3)_3SiCl$ nach 12 h Rückflußkochen [72]. Aus $[(C_4H_9)_3Sn]_2$ entsteht Tributylzinnchlorid durch Umsetzung mit $SnCl_4$ [73], mit Cl_2 [73], mit CCl_4 und Cu in 43%iger Ausbeute [71], mit C_2Cl_6 bei 25°C nach 30 h in 18%iger Ausbeute und bei 100°C nach 4 h in 62.6%iger Ausbeute [74]. Auch $[(C_4H_9)SnO_{1.5}]_n$ reagiert mit NaOH und dann mit HCl unter Bildung von $(C_4H_9)_3SnCl$ [75].

Tributylzinnchlorid wird ferner bei vielen Reaktionen, die von Tributylzinnderivaten ausgehen, als eines der Reaktionsprodukte gebildet. So entsteht die Verbindung bei der Spaltung von $Sn(C_4H_9)_4$ mit JCl in CCl_4 bei 30°C [76], mit i-$C_5H_{11}Cl$ in Gegenwart von $AlCl_3$ [77], mit $GeCl_4$ in verschiedenen Lösungsmitteln [78, 79] und unter γ-Bestrahlung nach 170 h in 90%iger Ausbeute [80], mit $SnCl_4$ [81], mit $TiCl_4$ [82], bei der Spaltung von Sn-C-Bindungen aus $(C_4H_9)_3SnCH_3$ und $(CH_3)_2SnCl_2$ [83], aus $(C_4H_9)_3SnCH_3$ und CH_3SnCl_3 bei 140°C [84], aus $(C_4H_9)_3SnC{\equiv}CC{\equiv}CSn(C_4H_9)_3$ und $(C_6H_5)_3SnCl$ [161], aus $(C_4H_9)_3SnC_2H_5$ und $C_2H_5SnCl_3$ bei 140°C [84], aus $(C_4H_9)_3SnCH_2COOCH_3$ und $(CH_3)_2SiCl_2$ zwischen 80 und 90°C nach 16 h in 96%iger Ausbeute [85, 86], aus $(C_4H_9)_3SnCH{=}CH_2$ und Cl_2 bei −78°C in 86.4%iger Ausbeute [87], aus $(C_4H_9)_3SnCH_2CH{=}CH_2$ und $(C_4H_9)_3SnCH_2CH{=}CHCH_3$ bei der Reaktion mit Alkylhalogeniden [88], aus $(C_4H_9)_3SnCH_2CH{=}CHC_6H_5$ und Cl_3CHO bei 200°C [88], aus $(C_4H_9)_3SnCH{=}CHSi(C_2H_5)_3$ und $(C_4H_9)_3SnCH{=}CHSn(C_4H_9)_3$ bei der Reaktion mit Cl_2 in CCl_4 bei Zimmertemperatur [89], aus $(C_4H_9)_3SnC{\equiv}CH$ und $(CH_3)_3SnCl$ in 80%iger Ausbeute [90], aus $(C_4H_9)_3SnC{\equiv}CCl$ und $(C_4H_9)_3SnH$ in Gegenwart von Azoisobuttersäuredinitril bei 0°C in 99%iger Ausbeute neben trans-$(C_4H_9)_3SnCH{=}CHSn(C_4H_9)_3$ [91], aus $(C_4H_9)_3SnC_6H_5$ und JCl in CCl_4 bei Zimmertemperatur [92], aus Derivaten $(C_4H_9)_3SnC_6H_4R$ mit R = H, p-SCH_3, p-OCH_3, p-$OCH(CH_3)_2$ bei der Reaktion mit o-$NO_2C_6H_4SCl$, p-$CH_3C_6H_4SCl$ oder 2,4-$(NO_2)_2C_6H_3SCl$ in Chlorbenzol oder Dichloräthan unter Rückflußkochen [93]. Entsprechend entsteht $(C_4H_9)_3SnCl$ aus $[(C_4H_9)_3Sn]_2CN_2$ und RCOCl [94], $C_6H_5SO_2Cl$ [95] oder HCl in Benzol bei Zimmertemperatur in 94.1%iger Ausbeute [96] oder aus $[(C_4H_9)_3SnCHCH]_n$ und HCl [97]. Auch bei der Reaktion zwischen $SnCl_4$ und $Ge(C_4H_9)_4$ wird $(C_4H_9)_3SnCl$ gebildet [79].

Ausgehend von $(C_4H_9)_3SnH$ entsteht Tributylzinnchlorid bei der Reaktion mit HCl [81], mit chlorierten Cycloalkanen [98], mit $C_6H_5CH_2Cl$ bei 150°C in 80%iger Ausbeute [99], mit $C_6H_5CHClCH_3$ bei 100°C in 90%iger Ausbeute [99], mit $C_6H_5COCH_2Cl$ bei 150°C in 82%iger Ausbeute [99], mit $CH_2ClCF_2SiCl_3$ oder $CHCl_2CF_2SiCl_3$ [100], mit R_2SnCl_2 (R = CH_3, C_2H_5, C_3H_7, i-C_4H_9, C_8H_{17}, c-C_6H_{11}, C_6H_5) bei Zimmertemperatur [101, 102], mit $C_2H_5(C_6H_5)SnCl_2$ in 85.6%iger Ausbeute [103], mit $(CH_3)_3SnCCl_3$ bei Zimmertemperatur in 95%iger Ausbeute [104]. Die Verbindung wird ferner erhalten aus $(C_2H_5)_3SnH$ und $(C_4H_9)_2SnCl_2$ in Xylol beim Rückflußkochen [105]. Sie entsteht bei der Reduktion von substituierten Ferrocenderivaten vom Typ $(C_5H_5)Fe(C_5H_4COR)$ (mit R = CH_3, C_6H_5, $CH_2C_6H_5$ und SC_6H_5) durch $(C_4H_9)_3SnH$ und CH_3COCl [106].

$[(C_4H_9)_2ClSn]_2O$ und $(C_4H_9)_2ClSnOSn(C_4H_9)_2OH$ zersetzen sich beim Erhitzen unter Bildung von $(C_4H_9)_3SnCl$ [107]. Die Verbindung entsteht bei der Spaltung der Sn-O-Bindung von $(C_4H_9)_3SnOCH_3$ durch $ClCH_2CH_2OH$ [108, 109], $ClCH_2CH_2CH_2OH$ [109], $Cl(CH_2)_4OH$ [108, 109], $(CH_3)_3SiCl$ [110], $(CH_3)_2SiCl_2$ [110], $(C_2H_5)_3SiCl$ [111], $(C_6H_5)_3SiCl$ [111]. Sie entsteht bei der Spaltung der Sn-O-Bindung von $(C_4H_9)_3SnOCH(CH_3)_2$ durch $CHCl_3$ unter UV-Bestrahlung [112], von $(C_4H_9)_3SnO$-c-C_6H_{11} durch $(C_2H_5)_3SiCl$ [111], von $(C_4H_9)_3SnO$-c-C_6H_9 durch $(C_2H_5)_3SiCl$ [111], von $(C_4H_9)_3SnOC(CH_3){=}CHCH(CH_3)_2$ durch $(CH_3)_3SiCl$ oder (i-$C_3H_7)_2HSiCl$ [111], von $(C_4H_9)_3SnOC$(i-$C_4H_9){=}CHCH(CH_3)_2$ durch $(CH_3)_3SiCl$ [111], von $(C_4H_9)_3SnOCHRCH_2CN$ durch HCl [113], von $(C_4H_9)_3SnO(CH_2)_4Cl$ durch $(CH_3)_3SiCl$ [114], von $(C_4H_9)_3SnOR$ mit R = p-ClC_6H_4 oder p-BrC_6H_4 durch $(CH_3)_3SiCl$ [114]. Ferner entsteht $(C_4H_9)_3SnCl$ beim Erhitzen von $(C_4H_9)_3SnORCl$ mit R = $(CH_2)_2$ [108], $(CH_2)_4$ [114], $(CH_2)_5$ [114], p-C_6H_4 [114], $CH(CH_3)CH_2CH_2CH_2$ [114], $C(CH_3)_2CH_2CH_2CH_2$ [114], $C(CH_3)_2CHCl$ [115] und $C(CH_3)_2CHBr$ [115]. $(C_4H_9)_3SnOOC(CH_2)_3Cl$ und auch $(C_4H_9)_3SnOOCCHClCH_3$ zersetzen sich beim Erhitzen auf 240°C unter Bildung von $(C_4H_9)_3SnCl$ [116]. Die Verbindung entsteht außerdem bei der Reaktion von $(C_4H_9)_3SnOOCCH_3$ mit $(CH_3)_3SiCl$ [110], mit $(CH_3)_2SiCl_2$ [110] und mit PCl_5 [117], von $(C_4H_9)_3SnOOCC_6H_5$ mit PCl_5 [117], von $(C_4H_9)_3SnOOCNHCH_3$ mit HCl in Diäthyläther [118], von $[(C_4H_9)_3Sn]_2O$ mit $(ClC{\equiv}N)_3$ in Toluol beim Rückflußkochen in 98.2%iger Ausbeute [119] und mit $(CH_3)_3SiCl$ oder $(CH_3)_3GeCl$ [110], von $[(C_4H_9)_2SnO]_n$ mit $ClCH_2CH_2OOCC_5H_{11}$ bei 250°C [116], von $(C_4H_9)_3SnON{=}\underline{CCH_2CH_2CH_2CH_2}$ mit $(C_4H_9)_3GeCl$ [120], von $[(C_4H_9)_3SnO]_3B$

mit $(CH_3)_3SiCl$ oder $(CH_3)_3GeCl$ [121]. Bei der Reaktion von $(C_4H_9)_3SnOOCCCl_3$ mit $P(C_6H_5)_3$ in Benzol entsteht $(C_4H_9)_3SnCl$ in exothermer Reaktion in 70%iger Ausbeute [164].

$[(C_4H_9)_3Sn]_2S$ reagiert mit CCl_4 und $P(C_6H_5)_3$ ebenso unter Bildung von $(C_4H_9)_3SnCl$ [122] wie mit C_2Cl_6 in Benzol bei Zimmertemperatur in Gegenwart von Cu (76% Ausbeute) [74] und mit $(C_6H_5)_3PCl_2$ in Benzol [74].

$(C_4H_9)_3SnCl$ wird bei der Reaktion von $(C_4H_9)_3SnN(CH_3)_2$ mit NH_2Cl oder $(CH_3)_2NCl$ in Diäthyläther beim Rückflußkochen in Ausbeuten zwischen 75 und 89% gebildet [123]. Ebenso entsteht die Verbindung aus $(C_4H_9)_3SnN(C_2H_5)_2$ und C_4H_9Cl, $CH_2{=}CHCH_2Cl$ oder $C_6H_5CH_2Cl$ bei 100°C [124], aus $(C_4H_9)_3SnNCH{=}CHCH{=}CH$ und CH_3COCl oder $(CH_3)_3SiCl$ [125], aus $(C_4H_9)_3SnNN{=}NN(C_6H_5)C{=}S$ und HCl [126], bei der thermischen Zersetzung von $(C_4H_9)_3SN{=}C(CCl_3)OSn(C_4H_9)_3$ [127], aus $[(C_4H_9)_3SnNC{=}O]_3$ und Säurehalogeniden RCOCl bei 100 bis 160°C [128] und aus $(C_4H_9)_3SnN_3$ und Säurehalogeniden RCOCl [129]. $(C_4H_9)_3SnCl$ entsteht auch bei der Spaltung von $(C_4H_9)_3SnNN{=}NCX{=}N$ (X = CH_3, C_2H_5, C_3H_7, $C_6H_5CH_2$, $CH_2{=}CH$, C_6H_5, p-$NO_2C_6H_4$, p-$CH_3OC_6H_4$) mit HCl in Diäthyläther [160].

Prozeßparameter bei der technischen Destillation von $(C_4H_9)_3SnCl$ aus Mischungen mit $Sn(C_4H_9)_4$ s. bei [163].

Analyse. Sn wird in $(C_4H_9)_3SnCl$ nach der Zerstörung der organischen Bestandteile volumetrisch mit KJO_3 oder colorimetrisch bestimmt [130]. NH_4NO_3 wird als Oxidationsmittel zur Zerstörung von $(C_4H_9)_3SnCl$ vor der analytischen Bestimmung von Sn herangezogen [131]. Zur Analyse der Verbindung auf komplexometrischem Wege über eine Rücktitrationsmethode s. [132]. Die potentiometrische Titration unter Verwendung einer Sb-Elektrode, die für Organozinncarboxalate ausgearbeitet wurde, ist auch für $(C_4H_9)_3SnCl$ zu verwenden. Bei einer visuellen Endpunktsbestimmung muß ein Fehler von 3.8% in Kauf genommen werden [133]. Analytische Bestimmungen mit Hilfe der Atomabsorptionsmethode s. bei [134, 135]. Amperometrische Bestimmungen s. bei [136].

Zur Analytik von $(C_4H_9)_3SnCl$ mit Hilfe der Gaschromatographie s. [59, 137 bis 144], mit Hilfe der Gas-Flüssigkeits-Chromatographie s. [145]. Zur Analytik und Trennung von anderen Organozinnverbindungen mit Hilfe der Dünnschichtchromatographie s. [38, 146 bis 157], mit Hilfe der Radiodünnschichtchromatographie im Falle von radioaktiv markiertem $(C_4H_9)_3SnCl$ s. [43, 44], mit Hilfe der Papierchromatographie s. [158, 159]. Zum Vergleich thermodynamischer Größen des Lösungsverhaltens von $(C_4H_9)_3SnCl$ mit dem anderer Organozinnhalogenide bei der Chromatographie s. [162].

Thermodynamische Daten der Bildung. Die Bildungsenthalpie $\Delta H°$ für die flüssige Verbindung wurde nach Messung der Reaktionsenthalpie für die Reaktion von $(C_4H_9)_3SnH$ mit HCl berechnet zu $\Delta H° = -98.5$ kcal/mol [81].

Literatur:

[1] H. E. Ramsden, H. Davidson, Metal and Thermit Corp. (B.P. 695610 [1953]; C.A. **1954** 10057). — [2] H. E. Ramsden, Metal and Thermit Corp. (B.P. 701714 [1953]; C.A. **1955** 4011). — [3] Metal and Thermit Corp. (F.P. 1082169 [1953/54]). — [4] H. E. Ramsden, Metal and Thermit Corp. (U.S.P. 2675397 [1953]). — [5] H. E. Ramsden, C. R. Gloskey, Metal and Thermit Corp. (U.S.P. 2675399 [1954]; C.A. **1955** 5512).

[6] A. Borbely-Kuszmann, J. Nagy (Periodica Polytech. **6** [1962] 127/38). — [7] H. E. Ramsden, Esso Research and Engeneering Co. (U.S.P. 3067226 [1960/62]; C.A. **58** [1963] 10236 und 13993). — [8] Solvay u. Cie. (F.P. 1449872 [1965/66]; C.A. **66** [1967] Nr. 95200). — [9] V. A. Umilin, Yu. N. Tsinovoi (Tr. po Khim. i Khim. Tekhnol. **1969** Nr. 3, S. 150/7). — [10] K. C. Eberly, G. E. P. Smith, H. E. Alberty, Firestone Tire and Rubber Co. (U.S.P. 2560042 [1951]; C.A. **1952** 1581).

[11] N. M. Melnikov, S. N. Ivanova, I. M. Kolbasova (UdSSR P. 134262 [1960]; C.A. **1961** 14310). — [12] H. E. Ramsden, Metal and Thermit Corp. (B.P. 823958 [1959]; C.A. **1960** 17239). — [13] M and T Chemicals, Inc. (Neth. Appl. 65-05767 [1964/65]; C.A. **64** [1966] 12723). — [14] H. E. Ramsden, C. R. Gloskey, Metal and Thermit Corp. (B.P. 740274 [1955]; C.A. **1956** 7123). — [15] K. Ziegler, W. P. Neumann (D.P. 1164407 [1959/64]; C.A. **60** [1964] 15910).

[16] M and T Chemicals, Inc. (Neth. Appl. 66-01352 [1965/66]; C.A. **66** [1967] Nr. 28897). — [17] W. K. Johnson (J. Org. Chem. **25** [1960] 2253/4). — [18] W. K. Johnson, Monsanto Chemical Co. (U.S.P. 3036103 [1959/62]; C.A. **57** [1962] 13802). — [19] G. Costa (Gazz. Chim. Ital. **80** [1950] 42/62). — [20] G. J. M. van der Kerk, J. G. A. Luijten (J. Appl. Chem. [London] **6** [1956] 49/55).

[21] Z. Eckstein, Z. Ejmocki (Poln.P. 51771 [1964/66]; C.A. **68** [1968] Nr. 49776). — [22] C. R. Gloskey (Chem. Eng. Progr. **58** Nr. 9 [1962] 71/5). — [23] Metal and Thermit Corp. (B.P. 739883 [1955]; C.A. **1956** 13986). — [24] V. Oakes, C. Jankowski, Pure Chemicals, Ltd. (D.P. 1222503 [1963/66]; C.A. **65** [1966] 13763). — [25] C. K. Banks, M and T Chemicals, Inc. (U.S.P. 3297732 [1963/67]; C.A. **66** [1967] Nr. 115807).

[26] Y. Mizuno, T. Umehara, Nitto Chemical Industrial Co., Ltd. (Japan.P. 69-13693 [1969]; C.A. **71** [1969] Nr. 113088). — [27] H. Bretschneider, F. Veith, H. Sextl, Farbwerke Hoechst A.-G. (D.P. 1271113 [1966/68]; C.A. **69** [1968] Nr. 77504). — [28] E. W. Johnson, J. M. Church, Metal and Thermit Corp. (B.P. 710224 [1954]; C.A. **1955** 5512). — [29] E. W. Johnson, J. M. Church, Metal and Thermit Corp. (U.S.P. 2672471 [1954]; C.A. **1955** 2483). — [30] G. Rulewicz, K. Trautner, U. Thust (Chem. Tech. [Leipzig] **25** [1973] 284/6).

[31] H. Bretschneider, F. Veith, H. Sextl, Farbwerke Hoechst A.-G. (D.P. 1962301 [1969/71]; C.A. **75** [1971] Nr. 36352). — [32] S. Nitzsche, R. Riedle, Wacker-Chemie G.m.b.H. (D.P. 957483 [1957]; C.A. **1959** 18865). — [33] G. J. M. van der Kerk, J. G. A. Luijten (J. Appl. Chem. [London] **6** [1956] 93/6). — [34] W. J. Jones, W. C. Davies, S. T. Bowden, C. Edwards, V. E. Davis, L. H. Thomas (J. Chem. Soc. **1947** 1446/51). — [35] Societe Anon. des Manufactures des Glaces et Produits Chimiques de Saint-Gobain, Chauny et Cirey (Belg.P. 538646 [1955/59]; C. **1960** 8031).

[36] Societe Anon. des Manufactures des Glaces et Produits Chimiques de Saint-Gobain, Chauny et Cirey (F.P. 1105652 [1955]; C.A. **1959** 6082). — [37] W. P. Tucker (Inorg. Nucl. Chem. Letters **4** [1968] 83/6). — [38] P. P. H. L. Otto, H. M. J. C. Creemers, J. G. A. Luijten (J. Labelled Compounds **2** [1967] 339/48). — [39] F. A. Drahowzal, F. Wiesinger (Chem. Pharm. Bull. [Tokyo] **23** [1975] 2944/8). — [40] G. Rulewicz, U. Thust, W. Zwarg, G. Poppe (D.P. [DDR] 117022 [1974/75]; C.A. **85** [1976] Nr. 21622).

[41] R. Kuschk (D.P. [DDR] 20270 [1960]; C.A. **56** [1962] 3514). — [42] R. Kuschk, H. Kaltwasser, W. Braun (Chem. Tech. [Leipzig] **17** [1965] 749/51). — [43] D. Klötzer (ZFK-294 [1975] 98/9). — [44] D. Klötzer (Isotopenpraxis **12** [1976] 128/32). — [45] A. Cahours (Compt. Rend. **77** [1873] 1403/8).

[46] S. M. Blitzer, J. R. Zietz, Ethyl Corp. (U.S.P. 2852543 [1958]; C.A. **1959** 4135). — [47] J. R. Zietz, S. M. Blitzer, H. E. Redman, G. C. Robinson (J. Org. Chem. **22** [1957] 60/2). — [48] T. Katsumura (Nippon Kagaku Zasshi **83** [1962] 724/6 nach C.A. **59** [1963] 5184). — [49] H. E. Ulery, E. I. du Pont de Nemours and Co. (U.S.P. 3823077 [1971/74]; C.A. **81** [1974] Nr. 98675). — [50] H. E. Ulery (J. Electrochem. Soc. **120** [1973] 1493/8).

[51] V. I. Shiryaev, E. M. Stepina, L. V. Makhalkina, V. F. Mironov (Zh. Prikl. Khim. **48** [1975] 2107 nach C.A. **83** [1975] Nr. 206389). — [52] H. Matsuda, H. Taniguchi, S. Matsuda (Kogyo Kagaku Zasshi **64** [1961] 541/3 nach C.A. **57** [1962] 3469). — [53] K. Sisido, S. Kozima, T. Tuzi (J. Organometal. Chem. **9** [1967] 109/15). — [54] S. Matsuda, H. Matsuda (Bull. Chem. Soc. Japan **35** [1962] 208/11). — [55] K. Sisido, S. Kozima (Kyoto Daigaku Nippon Kagakuseni Kenkyusho Nr. 24 [1967] 29/33).

[56] W. Kochmann, K. Trautner, H. Schilling, A. Tzschach, K. Pönicke, H. Mech (D.P. [DDR] 79015 [1969/71]; C.A. **76** [1972] Nr. 14716). — [57] T. Onuma, T. Inone, O. Uno, Y. Kawai, Sanko. Co., Ltd. (Japan.P. 72-41337 [1967/72]; C.A. **78** [1973] Nr. 29999). — [58] J. W. G. van den Hurk, Nederlandse Centrale Organosatie voor Toegepast Natuurwetenschappelijk Onderzoek (U.S.P. 3595892 [1967/71]). — [59] K. Sisido, S. Kozima (J. Organometal. Chem. **11** [1968] 503/13). — [60] K. Sisido, S. Kozima, T. Isibasi (J. Organometal. Chem. **10** [1967] 439/45).

[61] V. T. Bychkov, N. S. Vyazankin (Zh. Obshch. Khim. **35** [1965] 687/9; J. Gen. Chem. USSR **35** [1965] 688/9). — [62] M. Massol, J. Barrau, J. Satge, B. Bouyssieres (J. Organometal. Chem. **80** [1974] 47/69). — [63] Z. M. Manulkin (Zh. Obshch. Khim. **18** [1948] 299/305 nach C.A. **1948** 6742). — [64] J. Necas, J. Krajzl (Tschech.P. 154472 [1971/74]; C.A. **82** [1975] Nr. 73176). — [65] Metal and Thermit Corp. (B.P. 797976 [1958]; C.A. **1959** 3061).

[66] C. R. Gloskey, Metal and Thermit Corp. (U.S.P. 2862944 [1958]; C.A. **1959** 7014). — [67] K. C. Pande (J. Organometal. Chem. **13** [1968] 187/94). — [68] A. G. Davies, D. C. Kleinschmidt, P. R. Palan, S. C. Vasishtha (J. Chem. Soc. C **1971** 3972/6). — [69] R. A. Cummins, P. Dunn (Australian J. Chem. **17** [1964] 411/8). — [70] R. C. Paul, K. K. Soni, S. P. Narula (J. Organometal. Chem. **40** [1972] 355/7).

[71] G. A. Razuvaev, O. S. Dyachkovskaya, V. I. Fionov (Dokl. Akad. Nauk SSSR **177** [1967] 1113/6 nach C.A. **68** [1968] Nr. 6678). — [72] K. Itot, Kurashiki Rayon Co., Ltd. (Japan.P. 68-14928 [1965/68]; C.A. **70** [1969] Nr. 20223). — [73] G. J. M. van der Kerk, J. G. A. Luijten (J. Appl. Chem. [London] **4** [1954] 301/6). — [74] G. A. Razuvaev, O. S. Dyachkovskaya, I. K. Grigoreva, N. E. Tsyganash (Zh. Obshch. Khim. **44** [1974] 573/8; J. Gen. Chem. USSR **44** [1974] 550/3). — [75] T. Tahara, T. Takubo, T. Matsunaga, Nitto Chemical Industrial Co., Ltd. (U.S.P. 3496201 [1966/70]; C.A. **72** [1970] Nr. 111617).

[76] A. Folarammi, R. A. N. McLean, N. Wadibia (J. Organometal. Chem. **73** [1974] 59/66). — [77] M. Dao-Huy-Giao (Compt. Rend. **260** [1965] 6937/8). — [78] E. J. Bulten, W. Drenth (J. Organometal. Chem. **61** [1973] 179/90). — [79] J. G. A. Luijten, F. Rijkens (Rec. Trav. Chim. **83** [1964] 857/62). — [80] K. A. Kocheshkov, A. A. Makhina, N. N. Zemlyanskii, E. M. Panov (Izv. Akad. Nauk SSSR Ser. Khim. **1969** 1381/2; Bull. Acad. Sci. USSR Div. Chem. Sci. **1969** 1282/3).

[81] W. F. Stack, G. A. Nash, H. A. Skinner (Trans. Faraday Soc. **61** [1965] 2122/5). — [82] Y. Takami (Kogyo Kagaku Zasshi **65** [1962] 229/33). — [83] G. Plazzogna, S. Bresadola, G. Tagliavini (Inorg. Chim. Acta **2** [1968] 333/6). — [84] V. A. Chernoplekova, N. N. Zemlyanskii, N. D. Kolosova, K. A. Kocheshkov (Izv. Akad. Nauk SSSR Ser. Khim. **1975** 2803/5; Bull. Acad. Sci. USSR Div. Chem. Sci. **1975** 2691/3). — [85] I. F. Lutsenko, Yu. I. Baukov, G. S. Burlachenko, B. N. Khasapov (J. Organometal. Chem. **5** [1966] 20/8).

[86] G. S. Burlachenko, B. N. Khasapov, L. I. Petrovskaya, Yu. I. Baukov, I. F. Lutsenko (Zh. Obshch. Khim. **36** [1966] 512/8; J. Gen. Chem. USSR **36** [1966] 532). — [87] D. Seyferth (J. Am. Chem. Soc. **79** [1957] 2133/6). — [88] J. Grignon, C. Servens, M. Pereyre (J. Organometal. Chem. **96** [1975] 225/35). — [89] A. N. Nesmeyanov, A. E. Borisov (Dokl. Akad. Nauk SSSR **174** [1967] 96/9; Dokl. Chem. Proc. Acad. Sci. USSR **172/177** [1967] 424/7). — [90] E. T. Bogoradovskii, V. P. Novikov, V. S. Zavgorodnii, A. A. Petrov (Zh. Obshch. Khim. **45** [1975] 1650/1; J. Gen. Chem. USSR **45** [1975] 1620/1).

[91] E. J. Corey, R. H. Wollenberg (J. Org. Chem. **40** [1975] 3788/9). — [92] S. N. Bhattacharya, P. Raj, R. C. Srivastava (J. Organometal. Chem. **105** [1976] 45/9). — [93] J. L. Wardell, S. Ahmed (J. Organometal. Chem. **78** [1974] 395/404). — [94] Yu. I. Dergunov, V. F. Gerega, V. G. Vodopyanov, E. N. Boitsov (Zh. Obshch. Khim. **46** [1976] 714/5; J. Gen. Chem. USSR **46** [1976] 714). — [95] N. I. Mysin, Yu. I. Dergunov, V. F. Gerega (Tr. po Khim. i Khim. Tekhnol. **1975** Nr. 5, S. 23/5).

[96] Yu. I. Dergunov, V. F. Gerega, E. N. Boitsov (Zh. Obshch. Khim. **42** [1972] 375/8; J. Gen. Chem. USSR **42** [1972] 366/8). — [97] V. I. Goldanskii, N. A. Plate, Yu. A. Purinson, V. V. Khrapov (Vysokomol. Soedin. B **11** [1969] 498/502). — [98] P. K. Freeman, T. D. Ziebarth (J. Org. Chem. **41** [1976] 949/52). — [99] H. G. Kuivila, L. W. Menapace, C. R. Warner (J. Am. Chem. Soc. **84** [1962] 3584/6). — [100] W. I. Bevan, R. N. Haszeldine, J. Middleton, A. E. Tipping (J. Chem. Soc. Dalton Trans. **1975** 252/6).

[101] A. K. Sawyer, J. E. Brown (J. Organometal. Chem. **5** [1966] 438/45). — [102] A. K. Sawyer, J. E. Brown, G. S. May (J. Organometal. Chem. **11** [1968] 192/4). — [103] L. S. Melnichenko, N. N. Zemlyanskii, K. A. Kocheshkov (Dokl. Akad. Nauk SSSR **197** [1971] 1335/6; Dokl. Chem. Proc. Acad. Sci. USSR **196/201** [1971] 341/2). — [104] A. G. Davies, T. N. Mitchell (J. Chem. Soc. C **1969** 1896/901). — [105] N. S. Vyazankin, G. A. Razuvaev, S. P. Korneva (Zh. Obshch. Khim. **34** [1964] 2787/91; J. Gen. Chem. USSR **34** [1964] 2809/12).

[106] H. Patin, R. Dabard (Bull. Soc. Chim. France **1973** 2756/9). — [107] H. Mori, H. Matsuda, S. Matsuda (Kogyo Kagaku Zasshi **73** [1970] 1010/3 nach C.A. **73** [1970] Nr. 87984). — [108] J. C. Pommier, B. Delmont, J. Valade (Tetrahedron Letters **1967** 5289/91). — [109] J. C. Pommier, J. Valade (Bull. Soc. Chim. France **1965** 2697). — [110] D. A. Armitage, A. Tarassoli (Inorg. Nucl. Chem. Letters **9** [1973] 1225/7).

[111] J. C. Pommier, M. Pereyre, J. Valade (Compt. Rend. **260** [1965] 6397/9). — [112] J. C. Pommier, D. Chevolleau (J. Organometal. Chem. **74** [1974] 405/16). — [113] J. G. Noltes, F. Verbeek, H. M. J. C. Creemers (Organometal. Chem. Syn. **1** [1970/71] 57/68). — [114] B. Delmond, J. C. Pommier, J. Valade (J. Organometal. Chem. **50** [1973] 121/8). — [115] B. Delmond, J. C. Pommier, J. Valade (Compt. Rend. C **275** [1972] 1037/40).

[116] Y. Yamaji, K. Ninomiya, H. Matsuda, S. Matsuda (Kogyo Kagaku Zasshi **74** [1971] 1181/4). — [117] W. P. Neumann, K. Rübsamen (Chem. Ber. **100** [1967] 1621/6). — [118] A. J. Bloodworth (J. Chem. Soc. C **1968** 2380/5). — [119] Yu. I. Dergunov, E. A. Kuzmina, V. D. Vorotyntseva, V. F. Gerega, A. I. Finkelshtein (Zh. Obshch. Khim. **42** [1972] 372/5; J. Gen. Chem. USSR **42** [1972] 363/5). — [120] A. Singh, A. K. Rai, R. C. Mehrotra (J. Organometal. Chem. **57** [1973] 301/11).

[121] S. K. Mehrotra, G. Srivastava, R. C. Mehrotra (Indian J. Chem. A **14** [1976] 137/8). — [122] I. K. Grigoreva, V. I. Shcherbakov, O. S. Dyachkovskaya (Zh. Obshch. Khim. **45** [1975] 2040/3; J. Gen. Chem. USSR **45** [1975] 2003/5). — [123] R. E. Highsmith, H. H. Sisler (Inorg. Chem. **8** [1939] 1029/62). — [124] J. C. Pommier, A. Duchene, J. Valade (Bull. Soc. Chim. France **1968** 4677/8). — [125] J. C. Pommier, D. Lucas (J. Organometal. Chem. **57** [1973] 139/53).

[126] P. Dunn, D. Oldfield (Australian J. Chem. **24** [1971] 645/7). — [127] A. J. Bloodworth, A. G. Davies, S. C. Vasishtha (J. Chem. Soc. C **1967** 1309/13). — [128] Yu. I. Dergunov, A. S. Gordetsov (Zh. Obshch. Khim. **46** [1976] 612/5; J. Gen. Chem. USSR **46** [1976] 611/3). — [129] H. R. Kricheldorf, E. Leppert (Synthesis **1976** 329/30). — [130] M. Farnsworth, J. Pekola (Anal. Chem. **31** [1959] 410/4).

[131] S. Kohama (Bull. Chem. Soc. Japan **36** [1963] 830/2). — [132] J. Kragten (Talanta **22** [1975] 595/10). — [133] A. Groagova, M. Pribyl (Z. Anal. Chem. **234** [1968] 423/8). — [134] G. N. Freeland, R. M. Hoskinson (Analyst **95** [1970] 579/82). — [135] C. O. Akpofure, R. Belcher, S. L. Bogdanski, A. Townshend (Anal. Letters **8** [1975] 921/9).

[136] A. P. Kreshkov, V. A. Bork, P. I. Selivokhin (Zh. Analit. Khim. **25** [1970] 1202/5; J. Anal. Chem. USSR **25** [1970] 1039/41). — [137] D. A. Vyakhirev, O. P. Chereshnya (Tr. po Khim. i Khim. Tekhnol. **1973** Nr. 2, S. 55/6 nach C.A. **80** [1974] Nr. 95060). — [138] G. G. Devyatykh, V. A. Umilin, Yu. N. Tsinovoi (Tr. po Khim. i Khim. Tekhnol **1968** Nr. 2, S. 82/5). — [139] A. Wowk, S. Digiovanni (Anal. Chem. **38** [1966] 742/4). — [140] M. Barnard, P. J. Smith, R. F. M. White (J. Organometal. Chem. **77** [1974] 189/97).

[141] H. Geißler, H. Kriegsmann (Proc. 3rd Anal. Chem. Conf., Budapest 1970, Bd. 2, S. 21/5 nach C.A. **74** [1971] Nr. 38136). — [142] H. Geißler, H. Kriegsmann (Z. Chem. [Leipzig] **4** [1964] 354/5). — [143] H. Geißler, H. Kriegsmann (Z. Chem. [Leipzig] **5** [1965] 423/4). — [144] J. Franc, M. Wurst, V. Moudry (Collection Czech. Chem. Commun. **26** [1961] 1313/9). — [145] A. G. Davies, B. Muggleton, B. P. Roberts, M. W. Tse, J. N. Winter (J. Organometal. Chem. **118** [1976] 289/94).

[146] M. Türler, O. Högl (Mitt. Gebiete Lebensmittelunters. Hyg. **52** [1961] 123/30). — [147] Y. Tanaka, T. Morikawa (Bunseki Kagaku **13** [1964] 753/9). — [148] K. Bürger (Z. Anal. Chem. **192** [1963] 280/6). — [149] H. Huber, J. Wimmer (Kunststoffe **58** [1968] 786/8). — [150] H. Akagi, R. Takeshita, Y. Sakagami (Koshu Eiseiin Kenkyu Hokoku **19** [1970] 185/92).

[151] J. Koch, K. Figge (J. Chromatog. **109** [1975] 89/100). — [152] G. Neubert (Z. Anal. Chem. **203** [1964] 265/72). — [153] H. Wieczorek (Deut. Lebensm. Rundschau **65** [1969] 74/8). — [154] H. Woggon, D. Jehle (Nahrung **17** [1973] 739/48). — [155] H. Akagi, M. Fujita, Y. Sakagami (Shokuhin Eiseigaku Zasshi **13** [1972] 85/8 nach C.A. **77** [1972] Nr. 124877).

[156] H. Woidich, W. Pfannhauser (Z. Lebensm. Untersuch. Forsch. **162** [1976] 49/54). — [157] H. Woidich, W. Pfannhauser, G. Blaicher (Deut. Lebensm. Rundschau **72** [1976] 421/2). — [158] D. J. Williams, J. W. Price (Analyst **85** [1960] 579/82). — [159] D. J. Williams, J. W. Price (Analyst **89** [1964] 220/2). — [160] K. Sisido, K. Nabika, T. Isida, S. Kozima (J. Organometal. Chem. **33** [1971] 337/46).

[161] H. Hartmann, B. Karbstein, W. Reiss (Naturwissenschaften **52** [1965] 59). — [162] A. N. Korol, V. A. Chernoplekova, K. I. Sakodynskii, K. A. Kocheshkov (Izv. Akad. Nauk SSSR Ser. Khim. **1976** 2806/9; Bull. Acad. Sci. USSR Div. Chem. Sci. **1976** 2615/8). — [163] V. A. Dozorov, V. A. Umilin (Poluch. Anal. Chist. Veshchestv **1** [1976] 19/21 nach C.A. **87** [1977] Nr. 55037). — [164] M. Ohara, T. Okada, R. Okawara (Tetrahedron Letters **1968** 3489/90).

Spectra

1.3.2.1.1.5.2 Spektren

Magnetische Resonanzspektren. Die chemische Verschiebung im ^{119}Sn-NMR-Spektrum wurde zu −139 ppm [1] und −143 ppm [2] in der reinen Flüssigkeit und zu −141.2 ppm in CCl_4 oder CH_2Cl_2 bestimmt [3, 4, 5]. Als Standard diente jeweils $Sn(CH_3)_4$.

Mössbauer-Spektrum. Die Isomerieverschiebung δ (in mm/s) im Mössbauer-Spektrum wurde zu −0.45 gegen α-Sn [6, 7] sowie 1.334 ± 0.004 [8], 1.38 ± 0.005 [9], 1.38 [10], 1.48 [11], 1.53 [12], 1.58 [13] und 1.65 [14] gegen SnO_2 gefunden. Die Quadrupolaufspaltung Δ (in mm/s) beträgt 3.30 [6, 7, 14], 3.39 [11], 3.396 ± 0.006 [8], 3.40 [12, 13], 3.53 ± 0.05 [9] und 3.56 [10]. Zur Berechnung der Elektronendichte am Sn-Atom mit Hilfe der Del Re-Methode auf der Basis Mössbauer-spektroskopischer Daten s. [15].

Schwingungsspektren. Die IR- und Raman-Spektren von $(C_4H_9)_3SnCl$ sind mit den Zuordnungen in Tabelle 21 wiedergegeben. Weitere Aufzählungen mit teilweiser Zuordnung s. bei [18, 19]. Abbildungen der IR-Spektren von $(C_4H_9)_3SnCl$ s. bei [20, 21]. Die νSnCl-Schwingung wurde ferner bei 322 cm^{-1} gefunden [22]. Zur Diskussion von trans-gauche-Isomerien in der Alkylkette an Hand von IR- und Raman-Daten von $(C_4H_9)_3SnCl$ s. [23, 24, 25].

Massenspektrum. Im Massenspektrum von $(C_4H_9)_3SnCl$ erscheinen Signale für folgende Ionen: $(C_4H_9)_3SnCl^+$ (1), $(C_4H_9)_2SnCl^+$ (100), $C_4H_9SnHCl^+$ (40), $C_4H_9SnCl^+$ (6), $SnCl^+$ (65), $(C_4H_9)_3Sn^+$ (62), $(C_4H_9)_2SnH^+$ (82), $(C_4H_9)_2Sn^+$ (6), $C_4H_9SnH_2^+$ (95), $C_4H_9Sn^+$ (61), CH_3Sn^+ (21), SnH_3^+ (14), SnH^+ (73), Sn^+ (25) [26]. Unter den Bedingungen der chemischen Ionisation in Methan erscheinen im Massenspektrum die Fragmente $(C_4H_9)_3Sn^+$ und $(C_4H_9)_2SnCl^+$ [27].

Tabelle 21

IR- und Raman-Spektrum von $(C_4H_9)_3SnCl$.

Zuordnung	ν in cm^{-1} IR [16]	Raman [16]	IR [17]
δC_3SnCl		114 (1)	
$\delta_s + \delta_{as}SnC_3$		147 (0)	
νSnCl		324 (4)	
$\nu_s + \nu_{as}SnC_3$ (gauche?)	511 m 518 Sch	508 (6)	510s
$\nu_s + \nu_{as}SnC_3$ (trans?)	602 st	595 (7)	600 s
ρCH_2 (trans?)	674 st		671 m
ρCH_2 (gauche?)	697 st	704 (0)	696 m
ρCH_2	749 s	748 (0)	746 s
			768 s
	772 s	774 (0)	773 s, Sch
	848 s	846 (1)	843 s
ρCH_3	870 st	869 (1)	875 m
	880 st	883 (2)	883 s, Sch
νCC	962 m	964 (1)	960 s
			988 s, Sch
	1003 m	1004 (1)	1000 s
	1025 m	1027 (0)	1021 s
	1050 m	1051 (3)	1045 s
	1078 st	1082 (2)	1073 m

Tabelle 21 (Fortsetzung)

Zuordnung	ν in cm^{-1} IR [16]	Raman [16]	IR [17]
τCH_2, wCH_2	1151 m	1155 (7)	1151 s
	1182 m	1180 (4)	1178 s
	1196 Sch		1192 s, Sch
	1252 m	1256 (1)	1242 s
	1259 m	1295 (1)	1292 s
			1286 s, Sch
		1312 (1)	
			1334 s, Sch
			1341 m
	1345 m	1341 (1)	1344 s, Sch
	1363 s	1356 (1)	1358 s
δ_sCH_3	1381 st	1383 (0)	1378 m
δCH_2	1418 st	1422 (2)	1414 m
$\delta_{as}CH_3 + \delta CH_2$	1466 st	1448 (4)	1463 m
ν_sCH_2	2858 st	2860 (8)	2854 st
ν_sCH_3	2875 st	2880 (8)	2871 St
		2910 (10)	2899 st, Sch
$\nu_{as}CH_2$	2927 st	2941 (10)	2922 st
	2931 Sch		2932 st, Sch
			2958 st
$\nu_{as}CH_3$	2960 st	2964 (7)	2968 st, Sch

Deformationsschwingungen des Butylskeletts und weitere, nicht zugeordnete Banden s. in den Originalen.

Literatur:

[1] B. K. Hunter, L. W. Reeves (Can. J. Chem. **46** [1968] 1399/414). — [2] J. J. Burke, P. C. Lauterbur (J. Am. Chem. Soc. **83** [1961] 326/31). — [3] A. P. Tupciauskas, N. M. Sergeev, Yu. A. Ustynyuk (Lietuvos Fiz. Rinkinys **11** [1971] 93/105). — [4] A. P. Tupciauskas, N. M. Sergeev, Yu. A. Ustynyuk (Org. Magn. Resonance **3** [1971] 655/9). — [5] P. J. Smith, L. Smith (Inorg. Chim. Acta Rev. **7** [1973] 11/33).

[6] V. I. Goldanskii, V. V. Khrapov, O. Yu. Okhlobystin, V. Ya. Rochev (in: V. I. Goldanskii, R. H. Herber, Chemical Application of Mössbauer Spectroscopy, New York 1968, S. 336/76). — [7] V. V. Khrapov, V. Ya. Rochev, Yu. V. Artemova, A. D. Virnik, N. N. Zemlyanskii, V. I. Goldanskii, Z. A. Rogovin (Vysokomol. Soedin. B **12** [1970] 145/9). — [8] N. W. G. Debye, M. Linzer (J. Chem. Phys. **61** [1974] 4770/6). — [9] J. J. Zuckerman (Advan. Organometal. Chem. **9** [1970] 21/134). — [10] J. Devooght, M. Gielen, S. Lejeune (J. Organometal. Chem. **21** [1970] 333/43).

[11] R. V. Parish, R. H. Platt (Inorg. Chim. Acta **4** [1970] 65/72). — [12] B. Gassenheimer, R. H. Herber (Inorg. Chem. **8** [1969] 1120/5). — [13] R. H. Herber, G. I. Parisi (Inorg. Chem. **5** [1966] 769/74). — [14] A. Yu. Aleksandrov, N. N. Delyagin, K. P. Mitrofanov, L. S. Polak, V. S. Shpinel (Dokl. Akad. Nauk SSSR **148** [1963] 126/8; Dokl. Phys. Chem. Proc. Acad. Sci. USSR **148/153** [1963] 1/3). — [15] R. Gupta, D. Majee (J. Organometal. Chem. **49** [1973] 203/11).

[16] H. Geissler, H. Kriegsmann (J. Organometal. Chem. **11** [1968] 85/95). — [17] J. Mendelsohn, A. Marchand, J. Valade (J. Organometal. Chem. **6** [1966] 25/44). — [18] H. Geissler, H. Kriegsmann (Z. Chem. [Leipzig] **4** [1964] 354/5). — [19] T. Morikawa (Kagaku To Kogyo [Osaka] **49** [1975] 98/113 nach C.A. **84** [1976] Nr. 5795). — [20] R. A. Cummins, P. Dunn (Australia Commonwealth Dept. Supply Defense Std. Lab. Rept. Nr. 266 [1963] 1/106).

[21] R. Mathis-Noel, M. Lesbre, I. S. de Roche (Compt. Rend **243** [1956] 257/9). — [22] A. J. Crowe, P. J. Smith (Inorg. Chim. Acta **19** [1976] L 7/L 8). — [23] R. A. Cummins (Australian J. Chem. **16** [1963] 985/8). — [24] R. A. Cummins (Australian J. Chem. **18** [1965] 985/92). — [25] B. Mathiasch (Z. Anorg. Allgem. Chem. **403** [1974] 225/30).

[26] M. Gielen, G. Mayence (J. Organometal. Chem. **12** [1968] 363/8). — [27] R. H. Fish, R. L. Holmstead, J. E. Casida (Tetrahedron Letters **1974** 1303/6).

Physical Properties

1.3.2.1.1.5.3 Physikalische Eigenschaften

$(C_4H_9)_3SnCl$ ist bei Normalbedingungen eine farblose Flüssigkeit von stechendem Geruch. Der Schmelzpunkt liegt bei −16°C, die Schmelzwärme beträgt 10.5 cal/g [1]. Als Siedepunkte werden gefunden: 86°C/0.1 Torr [2], 92°C/0.2 Torr [3], 94°C/0.2 Torr [4], 95 bis 105°C/0.5 Torr [5], 97°C/0.3 Torr [6], 97 bis 99°C/0.5 Torr [7], 98°C/0.45 Torr bis 100°C/0.35 Torr [8], 100°C/0.3 Torr [6], 102 bis 105°C/0.1 Torr [9], 104°C/0.7 Torr [10], 105°C/1.5 Torr [11], 108°C/0.5 Torr [12], 110 bis 112°C/0.5 Torr [13], 114 bis 116°C/1 Torr [14], 115 bis 118°C/3 Torr [15], 118 bis 119°C/2 Torr [16], 126 bis 128°C/1.2 Torr [17], 129 bis 130°C/1 Torr [18, 19], 135°C/1 Torr [20, 21], 135 bis 137°C/12 Torr [22], 140 bis 145°C/4 Torr [23], 140 bis 152°C/10 Torr [24], 142°C/11 Torr [25], 144 bis 146°C/14 Torr [26], 144 bis 149°C/9 Torr [27], 144 bis 150°C/13 Torr [28], 145 bis 147°C/5 Torr [29, 30], 145 bis 147°C/15 Torr [31], 145 bis 150°C (ohne Druckangabe) [32], 146°C/4 Torr [33], 146°C/5 Torr [34], 147 bis 149°C/130 Torr [35], 148°C (ohne Druckangabe) [36], 150 bis 152°C/10 Torr [37], 151 bis 152°C/11 Torr [3], 152 bis 156°C/14 Torr [28], 153 bis 154°C/14 Torr [16], 155°C/15 Torr [38], 155 bis 160°C/15 Torr [39, 40], 160 bis 162°C/19 Torr [41], 171 bis 173°C/25 Torr [42], 172°C/25 Torr [43, 44].

Für die Dichte der Verbindung werden folgende Werte in g/cm³ angegeben: D_4^{20} = 1.1925 [16], 1.2012 [1], 1.2072 [35] und 1.2105 [29]. Brechungsindex: n_D^{20} = 1.485 [28], 1.4889 [23], 1.4890 [5, 28], 1.4909 [35], 1.4910 [14, 15], 1.4913 [1, 16], 1.4915 [16], 1.4922 [33], 1.4925 [18, 19], 1.4927 [3], 1.493 [28], 1.4940 [36], 1.4945 [3], 1.4962 [30], 1.4995 [42]; n_D^{22} = 1.4908 [8, 29]; n_D^{25} = 1.4880 [40], 1.4903 [8], 1.5010 [12]. Molrefraktion: R_{mol} = 78.41 (ber.: 77.96 [45], 78.20 [46]) und 78.53 (ber.: 77.77) [16].

Von $(C_4H_9)_3SnCl$ lösen sich 50 ppm in Meerwasser [47], 1030γ in 1 ml Wasser [48] und weniger als 10% in Hexan, Aceton oder Äthanol bei 22°C [48]. Die Oberflächenspannung beträgt 31.6 dyn/cm bei 20°C, 28.8 dyn/cm bei 50°C und 24.4 dyn/cm bei 100°C [49].

Das Dipolmoment von $(C_4H_9)_3SnCl$ wurde zu 3.29 D [11] bzw. 3.48 D [50], in Hexan zu 3.58 D, in Benzol zu 3.64 D und in Dioxan zu 4.03 D bestimmt [51].

Die Leitfähigkeit von $(C_4H_9)_3SnCl$ in $C_6H_5NO_2$, Aceton oder Äthanol bei 30°C wird bei Zugabe von Anilin oder Pyridin schlagartig erhöht, was unter Berücksichtigung der weiteren Messungen bei höheren Konzentrationen für die Bildung von 1:1-Addukten mit Anilin und von 1:2-Addukten mit Pyridin spricht [52]. Zur Untersuchung der Leitfähigkeit von $(C_4H_9)_3SnCl$ in $H_2S_2O_7$ s. [53].

Für die diamagnetische Suszeptibilität wird ein Wert von $\chi_{mol} = -203.5 \times 10^{-6}$ cm³/mol gefunden [54].

Literatur:

[1] H. Utschick, M. Rupp, U. Thust, H. Kapitza (Chem. Tech. [Leipzig] **26** [1974] 422). — [2] A. G. Davies, D. C. Kleinschmidt, P. T. Palan, S. C. Vasishtha (J. Chem. Soc. C **1971** 3972). — [3] W. P. Neumann, K. Rübsamen (Chem. Ber. **100** [1967] 1621/6). — [4] M. Barnard, P. J. Smith, R. F. M. White (J. Organometal. Chem. **77** [1974] 189/97). — [5] V. T. Bychkov, N. S. Vyazankin (Zh. Obshch. Khim. **35** [1965] 687/9; J. Gen. Chem. USSR **35** [1965] 688/9).

[6] S. K. Mehrotra, G. Srivastava, R. C. Mehrotra (Indian J. Chem. A **14** [1976] 137/8). — [7] G. A. Razuvaev, O. S. Dyachkovskaya, V. I. Fionov (Dokl. Akad. Nauk SSSR **177** [1967] 1113/6 nach C.A. **68** [1968] Nr. 6678). — [8] D. Seyferth (J. Am. Chem. Soc. **79** [1957] 2133/6). — [9] E. J. Corey, R. H. Wollenberg (J. Org. Chem. **40** [1975] 3788/9). — [10] R. C. Paul, K. K. Soni, S. P. Narula (J. Organometal. Chem. **40** [1972] 355/7).

[11] J. Lorberth, H. Nöth (Chem. Ber. **98** [1965] 969/76). — [12] E. C. Friedrich, P. F. Vartanian (J. Organometal. Chem. **110** [1976] 159/65). — [13] K. C. Pande (J. Organometal. Chem. **13** [1968] 187/94). — [14] K. A. Kocheshkov, A. A. Makhina, N. N. Zemlyanskii, E. M. Panov (Izv. Akad. Nauk SSSR Ser. Khim. **1969** 1381/2; Bull. Acad. Sci. USSR Div. Chem. Sci. **1969** 1282/3). — [15] Yu. I. Dergunov, V. F. Gerega, E. N. Boitsov (Zh. Obshch. Khim. **42** [1972] 375/8; J. Gen. Chem. USSR **42** [1972] 366/8).

[16] A. N. Nesmeyanov, A. E. Borisov (Dokl. Akad. Nauk SSSR **174** [1967] 96/9; Dokl. Chem. Proc. Acad. Sci. USSR **172/177** [1967] 424/7). — [17] Z. Eckstein, Z. Ejmocki (Poln.P. 51771 [1964/66]; C.A. **68** [1968] Nr. 49776). — [18] I. F. Lutsenko, Yu. I. Baukov, G. S. Burlachenko, B. N. Khasapov (J. Organometal. Chem. **5** [1966] 20/8). — [19] G. S. Burlachenko, B. N. Khasapov, L. I. Petrovskaja, Yu. I. Baukov, I. F. Lutsenko (Zh. Obshch. Khim. **36** [1966] 512/8; J. Gen. Chem. USSR **36** [1966] 532). — [20] Metal and Thermit Corp. (B.P. 797976 [1958]; C.A. **1959** 3061).

[21] C. R. Gloskey, Metal and Thermit Corp. (U.S.P. 2862944 [1958]; C.A. **1959** 7014). — [22] T. Tahara, T. Takubo, T. Matsunaga, Nitto Chemical Industrial Co., Ltd. (U.S.P. 3496201 [1966/70]; C.A. **72** [1970] Nr. 111617). — [23] N. S. Vyazankin, G. A. Razuvaev, S. P. Korneva (Zh. Obshch. Khim. **34** [1964] 2787/91; J. Gen. Chem. USSR **34** [1964] 2809/12). — [24] G. J. M. van der Kerk, J. G. A. Luijten (J. Appl. Chem. [London] **6** [1956] 93/6). — [25] V. Oakes, C. Jankowski, Pure Chemicals Ltd. (D.P. 1222503 [1963/66]; C.A. **65** [1966] 13763).

[26] L. S. Melnichenko, N. N. Zemlyanskii, K. A. Kocheshkov (Dokl. Akad. Nauk SSSR **197** [1971] 1335/6; Dokl. Chem. Proc. Acad. Sci. USSR **196/201** [1971] 341/2). — [27] K. Itot, Kurashiki Rayon Co., Ltd. (Japan.P. 68-14928 [1965/68]; C.A. **70** [1969] Nr. 20223). — [28] J. G. A. Luijten, F. Rijkens (Rec. Trav. Chim. **83** [1964] 857/62). — [29] Z. M. Manulkin (Zh. Obshch. Khim. **18** [1948] 299/305 nach C.A. **1948** 6742). — [30] K. S. Minsker, G. T. Fedoseeva, T. B. Zavarova, E. O. Krats (Vysokomol. Soedin. A **13** [1971] 2265/78; Polymer Sci. [USSR] A **13** [1971] 2544/60).

[31] A. Borbely-Kuszmann, J. Nagy (Periodica Polytech. **6** [1962] 127/38). — [32] Y. Mizuno, T. Umehara, Nitto Chemical Industrial Co., Ltd (Japan.P. 69-13693 [1969]; C.A. **71** [1969] Nr. 113088). — [33] R. A. Cummins, P. Dunn (Australian J. Chem. **17** [1964] 411/8). — [34] V. A. Chernoplekova, N. N. Zemlyanskii, N. D. Kolosova, K. A. Kocheshkov (Izv. Akad. Nauk SSSR Ser. Khim. **1975** 2803/5; Bull. Acad. Sci. USSR Div. Chem. Sci. **1975** 2691/3). — [35] S. Matsuda, H. Matsuda (Bull. Chem. Soc. Japan **35** [1962] 208/11).

[36] T. Katsumura (Nippon Kagaku Zasshi **83** [1962] 724/6 nach C.A. **59** [1963] 5184). — [37] A. Singh, A. K. Rai, R. C. Mehrotra (J. Organometal. Chem. **57** [1973] 301/11). — [38] R. Mathis-Noel, M. Lesbre, I. S. de Roche (Compt. Rend. **243** [1956] 257/9). — [39] A. Folaranmi, R. A. N. McLean, N. Wadibia (J. Organometal. Chem. **73** [1974] 59/66). — [40] W. K. Johnson, Monsanto Chemical Co. (U.S.P. 3036103 [1959/62]; C.A. **57** [1962] 13802).

[41] M. Dao-Huy-Giao (Compt. Rend. **260** [1965] 6937/8). — [42] G. N. Freeland, R. M. Hoskinson (Analyst **95** [1970] 579/82). — [43] J. Franc, M. Wurst, V. Moudry (Collection Czech. Chem. Commun. **26** [1961] 1313/9). — [44] W. J. Jones, W. C. Davies, S. T. Bowden, C. Edwards, V. E. Davis, L. H. Thomas (J. Chem. Soc. **1947** 1446/51). — [45] R. West, E. G. Rochow (J. Am. Chem. Soc. **74** [1952] 2490/1).

[46] A. I. Vogel, W. T. Cresswell, J. Leicester (J. Phys. Chem. **58** [1954] 174/7). — [47] F. B. Nijesen (Ind. Vernice [Milan] **22** [1968] 3/7). — [48] H. Kubo (Agr. Biol. Chem. **29** [1965] 43/55). — [49] W. Spichale, H. Kapitza, H. Utschick (Z. Chem. [Leipzig] **7** [1967] 442). — [50] H. H. Huang, K. M. Hui, K. K. Chiu (J. Organometal. Chem. **11** [1968] 515/24).

[51] I. P. Goldshtein, E. N. Guryanova, E. D. Delinskaya, K. A. Kocheshkov (Dokl. Akad. Nauk SSSR **136** [1961] 1079/81; Proc. Acad. Sci. USSR Chem. Sect. **136/141** [1961] 173/5). — [52] K. L. Jaura, J. K. Puri, K. K. Sharma (Res. Bull. Panjab Univ. Sci. [2] **22** [1972] [Pt. 3/4] 519/21). — [53] R. C. Paul, J. K. Puri, K. C. Malhotra (J. Inorg. Nucl. Chem. **35** [1973] 403/12). — [54] E. W. Abel, R. P. Bush, C. R. Jenkins, T. Zobel (Trans. Faraday Soc. **60** [1964] 1214/9).

Polarography

1.3.2.1.1.5.4 Polarographie

$(C_4H_9)_3SnCl$ wird in Lösung in zwei Einelektronenschritten bei der Polarographie unter Bildung von $[(C_4H_9)_3Sn]_2$ reduziert [1, 2]. Dieses Verhalten wird auch in Dimethylformamid bestätigt [3]. Weitere Untersuchungen über den Einfluß der Stromstärke in verschiedenen Lösungsmitteln s. bei [4 bis 6], über das Absorptionsverhalten an der Hg-Tropfelektrode s. bei [7 bis 10]. Oszillopolarographische Untersuchung von Organozinnverbindungen s. bei [11]. Über die Anwendung von Gleich- und Wechselstrompolarographie zur Analyse von $(C_4H_9)_3SnCl$ in Gegenwart anderer Butylzinnhalogenide oder Organozinnverbindungen oder in Lösungen s. [12 bis 20].

Literatur:

[1] G. Costa (Gazz. Chim. Ital. **80** [1950] 42/62). — [2] R. E. Dessy, W. Kitching, T. Chivers (J. Am. Chem. Soc. **88** [1966] 453/9). — [3] R. A. Baker (Diss. Univ. of New Hampshire 1959; Diss. Abstr. **20** [1959] 897). — [4] Yu. M. Tyurin, V. N. Flerov, V. K. Goncharuk (Tr. Gor'k. Politekhn. Inst. **27** Nr. 2 [1971] 11/6 nach C. A. **77** [1972] Nr. 61085). — [5] Yu. M. Tyurin, V. N. Flerov, V. K. Goncharuk (Zh. Obshch. Khim. **41** [1971] 494/502; J. Gen. Chem. USSR **41** [1971] 490/6).

[6] H. Mehner, H. Jehring, H. Kriegsmann (J. Organometal. Chem. **15** [1968] 97/105). — [7] H. Mehner, H. Jehring, H. Kriegsmann (J. Organometal. Chem. **15** [1968] 107/15). — [8] H. Jehring, H. Mehner, H. Kriegsmann (J. Organometal. Chem. **17** [1969] 53/6). — [9] V. K. Goncharuk (Tr. Gor'k. Politekhn. Inst. **29** Nr. 3 [1973] 22/6 nach C. A. **81** [1974] Nr. 151155). — [10] Yu. M. Tyurin, V. N. Flerov (Elektrokhimya **6** [1970] 1548/52; Soviet Electrochem. **6** [1970] 1492/5).

[11] T. Geyer, U. Rotermund (Acta Chim. Acad. Sci. Hung. **59** [1969] 201/10). — [12] H. Mehner, H. Jehring (Z. Chem. [Leipzig] **3** [1963] 472). — [13] H. Mehner, H. Jehring, H. Kriegsmann (Proc. 3rd Anal. Chem. Conf., Budapest 1970, Bd. 2, S. 139/44 nach C. A. **74** [1971] Nr. 38137). — [14] H. Jehring, H. Mehner (Z. Anal. Chem. **224** [1967] 136/43). — [15] H. Jehring, H. Mehner (Z. Chem. [Leipzig] **4** [1964] 273/4).

[16] H. Jehring, H. Mehner (Z. Chem. [Leipzig] **3** [1963] 34/5). —[17] T. L. Shkorbatova, D. A. Kochkin, L. D. Sirak, T. V. Khavalits (Zh. Analit. Khim. **26** [1971] 1521/6 nach C. A. **75** [1971] Nr. 147579). — [18] A. Kanetoshi, S. Honma (Hokkaidoritsu Eisei Kenkyushoho Nr. 25 [1975] 156/8 nach C. A. **85** [1976] Nr. 41633). — [19] V. A. Bork, P. I. Selivokhin (Plasticheskie Massy **1969** Nr. 10, S. 60/1; Soviet Plastics **1969** Nr. 10, S. 62/4). — [20] K. Issleib, H. Matschiner, S. Naumann (Talanta **15** [1968] 379/84).

Chemical Reactions

1.3.2.1.1.5.5 Chemisches Verhalten

$(C_4H_9)_3SnCl$ ist neben $[(C_4H_9)_3Sn]_2O$ das wichtigste Ausgangsmaterial zur Synthese von Tributylzinnverbindungen. Da eine erschöpfende Darstellung aller Reaktionen des $(C_4H_9)_3SnCl$ als wenig sinnvoll erscheint, stellen die im folgenden Kapitel beschriebenen Reaktionen nur einen repräsentativen Querschnitt durch das chemische Verhalten dieser Verbindung dar.

Behavior on Irradiation

1.3.2.1.1.5.5.1 Verhalten gegen Strahlung

Bei der Photolyse von $(C_4H_9)_3SnCl$ werden $CH_3(CH_2)_3$-Radikale gebildet, die nach Abfangen mit $C_6H_5CH{=}N(O)C(CH_3)_3$ durch ESR-Spektroskopie des Additionsproduktes nachgewiesen werden können [1]. Bei der Bestrahlung von $(C_4H_9)_3SnCl$ mit γ-Strahlung einer nominalen Dosisleistung von 4 Mrad/h werden $(C_4H_9)_2ClSnCH_2CHC_2H_5$-Radikale gebildet, wie ESR-spektroskopisch nachgewiesen wird [2]. Bei der Einwirkung von γ-Strahlung auf die in Benzol gelöste Verbindung entsteht $Sn(C_4H_9)_4$ neben Dibutylzinnderivaten [3].

Literatur:

[1] E. G. Janzen, B. J. Blackburn (J. Am. Chem. Soc. **91** [1969] 4481/90). — [2] S. A. Fieldhouse, A. R. Lyons, H. C. Starkie, M. C. R. Symons (J. Chem. Soc. Dalton Trans. **1974** 1966/72). — [3] P. Dunn, D. Oldfiold (J. Organometal. Chem. **54** [1973] C 11/C 12).

1.3.2.1.1.5.5.2 Reaktionen mit Hydrierungsmitteln

Reactions with Hydrogenating Agents

$(C_4H_9)_3SnCl$ reagiert mit $NaBH_4$ in Diglyme unter Bildung von $(C_4H_9)_3SnH$ in 96%iger Ausbeute [1, 2]. Die Reaktion verläuft in Diäthyläther gleich gut [3]. Bei der entsprechenden Umsetzung mit $LiAlH_4$ werden 72% an $(C_4H_9)_3SnH$ erhalten [4, 5], während bei der Reaktion mit $LiAlD_4$ 88% Ausbeute an $(C_4H_9)_3SnD$ gewonnen werden können [5]. Als weitere Hydrierungsmittel werden u. a. $Mg(AlH_4)_2$ [6] und polymeres $[CH_3(H)SiO]_n$ [7] zur Erzeugung von $(C_4H_9)_3SnH$ aus $(C_4H_9)_3SnCl$ eingesetzt.

Literatur:

[1] E. R. Birnbaum, P. H. Javora (J. Organometal. Chem. **9** [1967] 379/82). — [2] E. R. Birnbaum, P. H. Javora (Inorg. Syn. **12** [1970] 45/57). — [3] E. J. Corey, J. W. Suggs (J. Org. Chem. **40** [1975] 2554/5). — [4] W. F. Stack, G. A. Nash, H. A. Skinner (Trans. Faraday Soc. **61** [1965] 2122/5). — [5] F. D. Greene, H. N. Lowry (J. Org. Chem. **32** [1967] 882/5).

[6] B. D. James (Chem. Ind. [London] **1971** 227/8). — [7] K. Itoi, Kurashiki Rayon Co., Ltd. (Japan.P. 68-26508 [1965/68]; C.A. **70** [1969] Nr. 78524).

1.3.2.1.1.5.5.3 Reaktionen mit Metallen

Reactions with Metals

$(C_4H_9)_3SnCl$ reagiert in Tetrahydrofuran mit Li unter Bildung von $(C_4H_9)_3SnLi$ [1], mit Na entsteht in $Sn(C_4H_9)_4$ als Lösungsmittel nach 2 h bei 100 bis 115°C $[(C_4H_9)_3Sn]_2$ in 93%iger Ausbeute [2]. Hexabutyldistannan entsteht auch bei der Einwirkung von Mg auf $(C_4H_9)_3SnCl$ in Tetrahydrofuran als Hauptprodukt [3]. Bei der Umsetzung von $(C_4H_9)_3SnCl$ mit Aluminiumamalgam in Gegenwart von Wasser bei 10°C kann $(C_4H_9)_3SnH$ isoliert werden [4]. Bei der Reaktion von $(C_4H_9)_3SnCl$ mit Zn in Gegenwart von Triäthylamin entsteht bei Temperaturen zwischen 90 und 160°C $Sn(C_4H_9)_4$ neben $[(C_4H_9)_3Sn]_2$ [5].

Literatur:

[1] C. Tamborski, F. E. Ford, E. J. Soloski (J. Org. Chem. **28** [1963] 237/9). — [2] Carlisle Chemical Works, Inc. (Neth. Appl. 65-15201 [1964/66]; C.A. **65** [1965] 15428). — [3] H. Shirai, Y. Sato, M. Niwa (Yakugaku Zasshi **90** [1970] 59/63 nach C.A. **72** [1970] Nr. 91593). — [4] G. J. M. van der Kerk, J. G. Noltes, J. G. A. Luijten (Chem. Ind. [London] **1958** 1290/1). — [5] K. Sisido, S. Kozima (J. Organometal. Chem. **11** [1968] 503/13).

1.3.2.1.1.5.5.4 Reaktionen mit Alkylierungsmitteln

Reactions with Alkylating Agents

$(C_4H_9)_3SnCl$ reagiert mit zahlreichen Alkaliorganylen und Grignard-Verbindungen unter Bildung von Tributylzinnverbindungen (s. „Zinnorganische Verbindungen", Tl. 1 und 2). So reagiert $(C_4H_9)_3SnCl$ mit Verbindungen vom Typ R_2NLi ($R = H, CH_3, C_2H_5$) in Hexan unter Bildung von $(C_4H_9)_3SnNR_2$, das mit $C_6H_5SO_2CH_3$ zu $(C_4H_9)_3SnCH_2SO_2C_6H_5$ weiterreagiert [1]. Mit $CH_2{=}CHLi$ entsteht in Diäthyläther $(C_4H_9)_3SnCH{=}CH_2$ [2], mit $LiC{\equiv}CCl$ bei Zimmertemperatur $(C_4H_9)_3SnC{\equiv}CCl$ [3]. Mit $LiCR{=}CRCR{=}CRLi$ ($R = C_6H_5$) wird die Spiroverbindung $RC{=}CRCR{=}CR{-}Sn{-}CR{=}CRCR{=}CR$ erhalten [4]. Bei der Reaktion mit zahlreichen Verbindungen vom

Typ $Li[R_3BC{\equiv}CR']$ in Tetrahydrofuran-Hexan und anschließendem Ansäuern mit Ameisensäure entstehen über die Zwischenprodukte $(C_4H_9)_3SnCR'{=}CRBR_2$ stereospezifisch nur cis-Olefine vom Typ $RHC{=}CHR'$ [5]. Bei der Reaktion mit $LiCB_{10}H_{10}CLi$ in Diäthyläther bei 25°C wird das disubstituierte Carboran $(C_4H_9)_3SnCB_{10}H_{10}CSn(C_4H_9)_3$ gebildet [6]. $(C_4H_9)_3SnCl$ reagiert mit LiC_4H_9, p-$CH_2{=}CHC_6H_4CH{=}CH_2$, Butadien und Cyclohexan unter Bildung zinnhaltiger Polymerer [7].

Mit Na und C_4H_9Cl bildet $(C_4H_9)_3SnCl$ in 96%iger Ausbeute $Sn(C_4H_9)_4$ [8]. Mit $NaC{\equiv}CH$ wird in Diäthyläther und flüssigem NH_3 bei −78°C $(C_4H_9)_3SnC{\equiv}CH$ gebildet [9]. Aus einem mit Na belegten Gummi und $(C_4H_9)_3SnCl$ entsteht ein $(C_4H_9)_3Sn$-Gruppen enthaltendes Polymeres [10].

$(C_4H_9)_3SnCl$ reagiert mit $(CH_3)_2HSiCH_2MgCl$ unter Bildung von $(C_4H_9)_3SnCH_2SiH(CH_3)_2$ [11]. Mit i-C_3H_7MgBr in zweifachem Überschuß entsteht in 90%iger Ausbeute $(C_4H_9)_3Sn$-i-C_3H_7 [12]. Bei der Umsetzung mit Verbindungen der Art $R_2As(CH_2)_nMgCl$ ($R = CH_3$, $n = 3, 4$; $R = C_2H_5$, $n = 3$; $R = C_4H_9$, $n = 3, 4$; $R = C_6H_5$, $n = 3$) werden in Äther bei −15°C die entsprechenden Derivate $R_2As(CH_2)_nSn(C_4H_9)_3$ erhalten [13]. Mit $CH_2{=}CRCH_2MgBr$ ($R = H, CH_3$) entsteht $(C_4H_9)_3SnCH_2CR{=}CH_2$ [14], mit $CH_2{=}CHMgCl$ in Heptan-THF $(C_4H_9)_3SnCH{=}CH_2$ [15]. Mit m- oder p-$C_6H_5C_6H_4MgBr$ reagiert $(C_4H_9)_3SnCl$ in THF und anschließend in Xylol beim Rückflußkochen unter Bildung von m- bzw. p-$C_6H_5C_6H_4Sn(C_4H_9)_3$ [16]. Mit p-XC_6H_4MgBr entsteht p-$(C_4H_9)_3SnC_6H_4X$ ($X = CH_3$, C_6H_5, OCH_3, OC_2H_5, O-i-C_3H_7, SCH_3) [17]. Mit Mg und m-XC_6H_4J ($X = Cl$, Br, J) wird in Diäthyläther, abhängig von der Stöchiometrie, entweder m-$(C_4H_9)_3SnC_6H_4X$ oder m-$(C_4H_9)_3SnC_6H_4Sn(C_4H_9)_3$ erhalten [18].

$(C_4H_9)_3SnCl$ reagiert mit $Al(C_4H_9)_3$ in Isooctan unter N_2 beim Rückflußkochen unter Bildung von $Sn(C_4H_9)_4$ [19, 20]. Auch von einer Mischung aus $Sn(C_4H_9)_4$, $(C_4H_9)_2SnCl_2$, NaOH und Decylbenzolsulfonat wird $(C_4H_9)_3SnCl$ bei 75 bis 85°C alkyliert unter Bildung von $Sn(C_4H_9)_4$ [21, 22].

Literatur:

[1] D. J. Peterson, Procter and Gamble Co. (Deut. Offenlegungsschrift 2231813 [1971/73]; C.A. **78** [1973] Nr. 84535). — [2] E. C. Juenge, D. Seyferth (J. Org. Chem. **26** [1961] 563/5). — [3] E. J. Corey, R. H. Wollenberg (J. Org. Chem. **40** [1975] 3788/9). — [4] J. G. Zavistoski, J. J. Zuckerman (J. Org. Chem. **34** [1969] 4197/9). — [5] J. Hooz, R. Mortimer (Tetrahedron Letters **1976** 805/8).

[6] S. Bresadola, F. Rossetto, I. Tagliavini (Ann. Chim. [Rome] **58** [1968] 597/602). — [7] C. A. Uraneck, R. L. Smith, Phillips Petroleum Co. (U.S.P. 3956232 [1970/76]; C.A. **85** [1976] Nr. 69091). — [8] G. Rulewicz, K. Trautner, U. Thust (Chem. Tech. [Leipzig] **25** [1973] 284/6). — [9] V. S. Zavgorodnii, L. G. Sharanina, A. A. Petrov (Zh. Obshch. Khim. **37** [1967] 1548/53; J. Gen. Chem. USSR **37** [1967] 1469/73). — [10] C. A. Uraneck, R. L. Smith, Phillips Petroleum Co. (U.S.P. 3845030 [1970/74]; C.A. **83** [1975] Nr. 61235).

[11] Midland Silicones Ltd. (B.P. 891087 [1958/62]; C.A. **59** [1963] 11560). — [12] M. Gielen, B. de Poorter, M. T. Sciot, J. Tobart (Bull. Soc. Chim. Belges **82** [1973] 271/6). — [13] A. Tzschach, H. Nindel, C. König (Z. Chem. [Leipzig] **10** [1970] 195/6). — [14] W. T. Schwartz (Diss. State Univ. of New York, Buffalo 1964 nach Diss. Abstr. B **27** [1966] 1429). — [15] H. E. Ramsden, Metal and Thermit Corp. (U.S.P. 2873287 [1959]; C.A. **1959** 13108).

[16] H. Zimmer, M. A. Barcelon, W. R. Jones (J. Organometal. Chem. **63** [1973] 133/8). — [17] J. L. Wardell, S. Ahmed (J. Organometal. Chem. **78** [1974] 395/404). — [18] K. L. Jaura, S. N. Singla, K. K. Sharma (J. Indian Chem. Soc. **46** [1969] 835/7). — [19] W. K. Johnson (J. Org. Chem. **25** [1960] 2253/4). — [20] W. K. Johnson, Monsanto Chemical Co. (U.S.P. 3036103 [1959/62]; C.A. **57** [1962] 13802).

[21] Metal and Thermit Corp. (B.P. 797976 [1958]; C.A. **1959** 3061). — [22] C. R. Gloskey, Metal and Thermit Corp. (U.S.P. 2862944 [1958]; C.A. **1959** 7014).

1.3.2.1.1.5.5.5 Reaktionen mit Organozinnverbindungen

Reactions with Organotin Compounds

$(C_4H_9)_3SnCl$ reagiert mit $(CH_3)_3SnCl$ bei 210°C unter Komproportionierung und Bildung von $(CH_3)_2(C_4H_9)SnCl$ neben $CH_3(C_4H_9)_2SnCl$ [1]. Analog entsteht mit $(C_2H_5)_3SnCl$ bei 210°C $(C_2H_5)_2(C_4H_9)SnCl$ neben $C_2H_5(C_4H_9)_2SnCl$ [1], mit einer Mischung aus $(C_4H_9)_2SnCl_2$, $Sn(C_4H_9)_4$ und $SnCl_4$ bei 0°C ein Gemisch aus $(C_4H_9)_2SnCl_2$ und $C_4H_9SnCl_3$ [2], mit $(C_6H_5)_3SnCl$ bei 210°C $(C_4H_9)_2(C_6H_5)SnCl$ [3] und mit $(C_6H_5)_3SnCl$ in Gegenwart von $AlCl_3$ bei 140°C unter N_2 $C_4H_9(C_6H_5)_2SnCl$ [4]. Mit Verbindungen vom Typ $[R_2SnO]_n$ reagiert $(C_4H_9)_3SnCl$ in Toluol unter Bildung von $(C_4H_9)_3SnOSnClR_2$ [5, 6].

Literatur:

[1] V. A. Chernoplekova, N. N. Zemlyanskii, N. D. Kolosova, K. A. Kocheshkov (Izv. Akad. Nauk SSSR Ser. Khim. **1975** 2803/5; Bull. Acad. Sci. USSR Div. Chem. Sci. **1975** 2691/3). — [2] C. R. Gloskey, Metal and Thermit Corp. (U.S.P. 2718522 [1955]; C.A. **1956** 8709). — [3] M. Nakanishi, A. Tsuda, Yoshitomi Pharmaceutical Industries, Ltd. (Japan.P. 66-17141 [1964/66]; C.A. **66** [1967] Nr. 11049). — [4] P. A. T. Hoye, T. E. Jones, Albright and Wilson Ltd. (B.P. 1232691 [1968/71]; C.A. **75** [1971] Nr. 49335). — [5] A. G. Davies, P. G. Harrison, P. R. Palan (J. Chem. Soc. C **1970** 2030/4).

[6] A. G. Davies, P. G. Harrison (J. Organometal. Chem. **7** [1967] P 13/P 14).

1.3.2.1.1.5.5.6 Reaktionen mit Nichtmetallverbindungen

Reactions with Nonmetal Compounds

$(C_4H_9)_3SnCl$ reagiert mit HF in Wasser unter Bildung von $(C_4H_9)_3SnF$ [1]. Durch ^{14}C markiertes $(C_4H_9)_3SnCl$ bildet mit Fluoriden in Benzol markiertes $(C_4H_9)_3SnF$ [2, 3]. Mit Alkylbromiden reagiert $(C_4H_9)_3SnCl$ in Gegenwart von Katalysatoren wie $[(C_4H_9)_4N]Br$ oder anderer Stickstoffbasen unter Bildung der entsprechenden Alkylchloride und $(C_4H_9)_3SnBr$ im Rahmen einer Gleichgewichtsreaktion [4, 5, 6]. Zum Einfluß von $(C_4H_9)_3SnCl$ auf die Bromdemetallierung von Zinntetraorganylen s. [7, 8]. $(C_4H_9)_3SnCl$ reagiert mit Aziden in Wasser und CH_2Cl_2 unter Bildung von $(C_4H_9)_3SnN_3$ in 91%iger Ausbeute [9]. Mit Isocyanaten entsteht in Diäthyläther unter Rückflußkochen in 63%iger Ausbeute $(C_4H_9)_3SnNCO$ [10], mit Thiocyanaten analog in Äthanol $(C_4H_9)_3SnNCS$ in 91%iger Ausbeute [11]. Bei der Umsetzung von $(C_4H_9)_3SnCl$ mit $c\text{-}C_6H_{11}Br$ und $LiAlH_4$ entsteht in Diäthyläther als eines der Reaktionsprodukte Cyclohexan [12].

$(C_4H_9)_3SnCl$ reagiert in Tetrahydrofuran in N_2-Atmosphäre beim Rückflußkochen mit $(C_2H_5)_2NMgBr$ unter Bildung von $(C_4H_9)_3SnN(C_2H_5)_2$ in etwa 70%iger Ausbeute [13].

Bei der Hydrolyse von $(C_4H_9)_3SnCl$ mit wäßriger Alkalilauge wird $(C_4H_9)_3SnOH$ [14, 15] bzw. $[(C_4H_9)_3Sn]_2O$ gebildet [2, 3, 16, 17]. Mit Methylat reagiert $(C_4H_9)_3SnCl$ in Methanol oder Benzol unter Bildung von $(C_4H_9)_3SnOCH_3$ [18, 19]. In Toluol bei 65°C wird auch die Bildung von $[(C_4H_9)_3Sn]_2O$ beschrieben [20, 21]. Mit t-Butylat entsteht in t-Butylalkohol entsprechend in 41%iger Ausbeute $(C_4H_9)_3SnOC(CH_3)_3$ [22]. Mit Verbindungen vom Typ $NaOCHRCH_2N(C_2H_5)_2$ ($R = C_2H_5$, C_6H_5) wird in THF bei Zimmertemperatur $(C_4H_9)_3SnOCHRCH_2N(C_2H_5)_2$ erhalten [23]. Mit den Li-Salzen der Enole von Cyclohexanon, Cholestanon und 10-Methyldecal-2-on entstehen die Verbindungen $(C_4H_9)_3SnOR$ [24]. Zur analog verlaufenden Reaktion mit dem Li-Enolat von Diäthylaminocyclohexanon s. [23]. Bei der Umsetzung mit $LiOC_6H_5$ [25] oder $NaOC_6H_5$ [26] wird in siedendem Äther $(C_4H_9)_3SnOC_6H_5$ gebildet. Mit Pentafluorphenol oder Tetrafluorhydrochinon reagiert $(C_4H_9)_3SnCl$ dagegen in Hexan unter Bildung von $(C_4H_9)_3SnF$ neben dem Substitutionsprodukt $(C_4H_9)_3SnOC_6F_5$ [27]. $(C_4H_9)_3SnCl$ reagiert mit C_6H_5COONa unter Bildung von $(C_4H_9)_3SnOOCC_6H_5$ [28], mit $C_7H_{15}COONa$ unter Bildung des entsprechenden Esters $(C_4H_9)_3SnOOCC_7H_{15}$ in 88%iger Ausbeute [18], mit den Natriumsalzen der chlorsubstituierten Phenylthio- und Phenoxyessigsäuren unter Bildung der entsprechenden Tributylzinnester [29]. Mit $t\text{-}C_4H_9OOH$ reagiert $(C_4H_9)_3SnCl$ in Gegenwart von Methanol und Natriummethylat bei Zimmertemperatur unter Bildung von $(C_4H_9)_3SnOO\text{-}t\text{-}C_4H_9$ [30]. Mit $t\text{-}C_4H_9OO\text{-}t\text{-}C_4H_9$ wird neben Butylradikalen, die ESR-spektroskopisch nachgewiesen werden, die Bildung von $(C_4H_9)_2ClSnO\text{-}t\text{-}C_4H_9$

festgestellt [31 bis 34]. Mit $NaOOC(O)C_7H_{15}$ in Methanol entsteht $(C_4H_9)_3SnOOCC_7H_{15}$ [30]. Mit $(C_6H_5COO)_2$ wird in Toluol ESR-spektroskopisch neben Butylradikalen $(C_4H_9)_2ClSnOOCC_6H_5$ gefunden [33]. Bei der Reaktion von $(C_4H_9)_3SnCl$ mit $C_6H_5COCH_3$ entsteht bei UV-Bestrahlung neben Butylradikalen das Radikal $(C_4H_9)_2ClSnOC(CH_3)C_6H_5$ [34]. $(C_4H_9)_3SnCl$ reagiert mit $AgNO_3$ in Äthanol unter Rückflußkochen und Bildung von $(C_4H_9)_3SnNO_3$ in 72%iger Ausbeute [11], mit $NaNHCOOC_2H_5$ in Xylol unter Bildung von $(C_4H_9)_3SnNCO$ in 81%iger Ausbeute [10], mit $(NaOC{=}N)_3$ bei 50°C unter Bildung von $[(C_4H_9)_3SnOC{=}N]_3$ [35], mit polymerem $[CH_2CHC(NH_2){=}NOH]_n$ und NaOH in $CHCl_3$-H_2O unter Bildung von polymerem $[CH_2CHC(NH_2){=}NOSn(C_4H_9)_3]_n$ [36].

Tributylzinnchlorid reagiert mit Äthylenoxid bei 180°C unter Bildung eines Polymeren [37]. Mit Trioximidomethylen wird $(C_4H_9)_3SnONCH_2$ gebildet [38]. Mit $H(OCH_2CH_2)_nOH$ werden in Wasser Polymere mit fungiziden Eigenschaften erhalten [39]. Mit Polyvinylalkohol entstehen Polymere [40], ebenso mit Cellulosederivaten [41] und mit Copolymeren aus Cellulose und Polyacrylsäure [42].

Mit elementarem Schwefel reagiert $(C_4H_9)_3SnCl$ im Bombenrohr bei 180 bis 190°C unter Bildung von $(C_4H_9)_2S$, $(C_4H_9)_2S_2$, $(C_4H_9)_2ClSnSC_4H_9$ und $[(C_4H_9)_2ClSn]_2S$ [43]. An anderer Stelle werden beim gleichen Experiment nur $(C_4H_9)_2SnCl_2$ und SnS als Reaktionsprodukte gefunden [53]. Na_2S reagiert mit $(C_4H_9)_3SnCl$ in Wasser bei 95°C [44], in Wasser-Petroläther bei 0°C [45] und in Wasser-Diäthyläther bei Zimmertemperatur unter Bildung von $[(C_4H_9)_3Sn]_2S$ [46]. $(C_4H_9)_3SnCl$ bildet mit $HSCH_2COOCH_3$ unter HCl-Abspaltung $(C_4H_9)_3SnSCH_2COOCH_3$ [47]. Mit CS_2 und Piperazin entsteht in Dimethylformamid $(C_4H_9)_3SnSSCC_4H_8N_2CSSSn(C_4H_9)_3$ [48]. Mit $(KS)_2C{=}NCN$ wird in Tetrahydrofuran-Wasser $[(C_4H_9)_3Sn]_2S$ neben $(C_4H_9)_3SnNCS$ erhalten [49]. $(C_4H_9)_3SnCl$ reagiert mit Na_2Se in Tetrahydrofuran bei 20°C unter Bildung von $[(C_4H_9)_3Sn]_2Se$ in 18%iger Ausbeute [22].

Bei der Reaktion von Tributylzinnchlorid mit Natriumnaphthyl und Stärke in Dimethylsulfoxid-Tetrahydrofuran werden Polyäther gebildet [50]. Mit Eriochromschwarz T entsteht eine farbige Verbindung, deren Konstitution nicht ermittelt wurde [51]. Zum Einfluß von $(C_4H_9)_3SnCl$ auf die thermische Zersetzung von Polyvinylchlorid in Gegenwart von Phosphiten s. [52].

Literatur:

[1] D. H. Brown, A. Mohammed, D. W. A. Sharp (Spectrochim. Acta **21** [1965] 1013/4). — [2] D. Klötzer (ZFK-294 [1975] 98/9). — [3] D. Klötzer (Isotopenpraxis **12** [1976] 128/32). — [4] E. C. Friedrich, P. F. Vartanian (J. Organometal. Chem. **110** [1976] 159/65). — [5] E. C. Friedrich, P. F. Vartanian, R. L. Holmstead (J. Organometal. Chem. **102** [1975] 41/8).

[6] P. F. Vartanian (Diss. Univ. of California 1974, S. 1/158; Diss. Abstr. Intern. B **36** [1975] 250). — [7] S. Boue, M. Gielen, J. Nasielski (J. Organometal. Chem. **9** [1967] 443/60). — [8] S. Boue, M. Gielen, J. Nasielski (J. Organometal. Chem. **9** [1967] 481/94). — [9] H. R. Kricheldorf, E. Leppert (Synthesis **1976** 329/30). — [10] A. S. Mufti, R. C. Poller (J. Chem. Soc. **1965** 5055/60).

[11] P. Dunn, T. Norris (Australia Commonwealth Dept. Supply Defense Std. Lab. Rept. Nr. 269 [1964] 1/21 nach C.A. **61** [1964] 3134). — [12] H. G. Kuivila, L. W. Menapace (J. Org. Chem. **28** [1963] 2165/7). — [13] K. Sisido, S. Kojima (J. Org. Chem. **27** [1962] 4051/2). — [14] A. Cahours (Compt. Rend. **77** [1873] 1403/8). — [15] M. J. Janssen, J. G. A. Luijten (Rec. Trav. Chim. **82** [1963] 1008/14).

[16] G. Rulewicz, K. Trautner, U. Thust (Chem. Tech. [Leipzig] **25** [1973] 284/6). — [17] D. Klötzer, U. Thust, K. Trautner, W. Kochmann, W. Zwarg (D.P. [DDR] 67708 [1969]; C.A. **72** [1970] Nr. 79231). — [18] D. L. Alleston, A. G. Davies (J. Chem. Soc. **1962** 2050/4). — [19] F. A. Drahowzal, F. Wiesinger (Chem. Pharm. Bull. [Tokyo] **23** [1975] 2944/8). — [20] V. Cappuccio, A. Cittadini, Montecatini Edison (B.P. 788325 [1955]; C.A. **1958** 8623).

[21] V. Cappuccio, A. Cittadini, Montecatini Societa generale per l'industria mineraria e chimica (It.P. 519728 [1955]; C.A. **1957** 16001). — [22] W. P. Neumann, B. Schneider, R. Sommer (Liebigs Ann. Chem. **692** [1966] 1/11). — [23] A. Tzschach, E. Reiss (J. Organometal. Chem. **8** [1967] 255/60). — [24] P. A. Tardella (Tetrahedron Letters **1969** 1117/20). — [25] T. Cuvigny, H. Normant (J. Organometal. Chem. **38** [1972] 217/28).

[26] A. J. Bloodworth, A. G. Davies (J. Chem. Soc. **1965** 5238/44). — [27] P. Dunn, D. Oldfield (J. Organometal. Chem. **23** [1970] 459/60). — [28] P. P. H. L. Otto, H. M. J. C. Creemers, J. G. A. Luijten (J. Labelled Compounds **2** [1967] 339/48). — [29] S. Byrdy, Z. Ejmocki, Z. Eckstein (Bull. Acad. Polon. Sci. Ser. Sci. Biol. **18** [1970] 15/9). — [30] D. L. Alleston, A. G. Davies (J. Chem. Soc. **1962** 2465/71).

[31] J. Cooper, A. Hudson, R. A. Jackson (J. Chem. Soc. Perkin Trans. II **1973** 1056/60). — [32] A. G. Davies, B. P. Roberts, J. C. Scaiano (J. Organometal. Chem. **39** [1972] C55/C57). — [33] A. G. Davies, B. Muggleton, B. P. Roberts, M. W. Tse, J. N. Winter (J. Organometal. Chem. **118** [1976] 289/94). — [34] A. G. Davies, J. C. Scaiano (J. Chem. Soc. Perkin Trans. II **1973** 1777/80). — [35] Yu. I. Dergunov, E. A. Kuzmina, V. D. Vorotyntseva, V. F. Gerega, A. I. Finkelshtein (Zh. Obshch. Khim. **42** [1972] 372/5; J. Gen. Chem. USSR **42** [1972] 363/5).

[36] C. E. Carraher, L. S. Wang (Makromol. Chem. **152** [1972] 43/7). — [37] C. Dörfelt, E. Reindl, K. Härtel, Farbwerke Hoechst A.-G. (D.P. 1079329 [1960]; C.A. **1961** 14328). — [38] G. Weissenberger, Monsanto Co. (U.S.P. 3275659 [1961/66]; C.A. **65** [1966] 20164). — [39] Permachem Corp. (B.P. 838722 [1960]; C.A. **1960** 25540). — [40] C. E. Carraher, J. D. Piersma (Angew. Makromol. Chem. **28** [1973] 153/60).

[41] D. Sokol, A. Galle, J. Safar (Tschech.P. 160176 [1973/75]; C.A. **85** [1976] Nr. 34901). — [42] V. V. Khrapov, V. Ya. Rochev, Yu. V. Artemova, A. D. Virnik, N. N. Zemlyanskii, V. I. Goldanskii, Z. A. Rogovin (Vysokomol. Soedin. B **12** [1970] 145/9). — [43] H. Schumann, M. Schmidt (Chem. Ber. **96** [1963] 3017/20). — [44] H. Kriegsmann, H. Hoffmann (Z. Chem. [Leipzig] **3** [1963] 268/9). — [45] S. Migdal, D. Gertner, A. Zilkha (Can. J. Chem. **45** [1967] 2987/92).

[46] I. K. Grigoreva, V. I. Shcherbakov, O. S. Dyachkovskaya (Zh. Obshch. Khim. **45** [1975] 2040/3; J. Gen. Chem. USSR **45** [1975] 2003/5). — [47] J. L. Wardell, P. L. Clarke (J. Organometal. Chem. **26** [1971] 345/52). — [48] N. Onodera, M. Yamazaki, S. Imamura, Hodogaya Chemical Co., Ltd. (Japan.P. 73-09451 [1969/73]; C.A. **80** [1974] Nr. 61134). — [49] R. Seltzer (J. Org. Chem. **33** [1968] 3896/900). — [50] S. Migdal, D. Gertner, A. Zilkha (Israel J. Chem. **5** [1967] 163/70).

[51] N. Maslennikova (Tr. po Khim. i Khim. Tekhnol. **1974** Nr. 3, S. 50/1 nach C.A. **83** [1975] Nr. 157558). — [52] L. S. Troitskaya, B. B. Troitskii (Izv. Akad. Nauk SSSR Ser. Khim. **1969** 2141/8; Bull. Acad. Sci. USSR Div. Chem. Sci. **1969** 1997/2003). — [53] R. C. Poller, J. A. Spillman (J. Organometal. Chem. **7** [1967] 259/62).

1.3.2.1.1.5.5.7 Reaktionen mit Metallverbindungen

Reactions with Metal Compounds

$(C_4H_9)_3SnCl$ bildet mit $AlCl_3$ die Verbindung $(C_4H_9)_3Sn[AlCl_4]$ [1]. Mit TlC_5H_5 und $CH_3Tl(OOC\text{-}i\text{-}C_3H_7)_2$ wird in Benzol und CH_2Cl_2 bei Zimmertemperatur $(C_4H_9)_3SnOOC\text{-}i\text{-}C_3H_7$ neben $CH_3(C_5H_5)TlOOC\text{-}i\text{-}C_3H_7$ erhalten [2]. Mit $SnCl_4$ reagiert $(C_4H_9)_3SnCl$ bei 100°C unter Bildung von $(C_4H_9)_2SnCl_2$ neben $C_4H_9SnCl_3$ [3, 4, 5].

$(C_4H_9)_3SnCl$ reagiert mit $AgNOC(CN)_2$ in Acetonitril unter Bildung von $(C_4H_9)_3SnONC(CN)_2$ [6]. Mit $[(CH_3)_3Si]_2Hg$ wird in Hexamethylphosphorsäuretriamid bei 25°C Hg neben $(CH_3)_3SiCl$ und $[(C_4H_9)_3Sn]_2$ erhalten [7].

Bei der Reaktion von $(C_4H_9)_3SnCl$ mit $Fe(CO)_5$ unter Rückflußbedingungen entsteht $[(C_4H_9)_2SnFe(CO)_4]_2$ neben $(C_4H_9)_4Sn_3[Fe(CO)_4]_4$ und $Sn[Fe(CO)_4]_4$. In bestimmten Fällen werden auch $(C_4H_9)_2CO$ und $[(C_4H_9)_2ClSn]_2Fe(CO)_4$ neben einem Metallspiegel gefunden. Auch aus $(C_4H_9)_3SnCl$ und $Fe_3(CO)_{12}$ werden in Petroläther bei 100 bis 120°C die gleichen Produkte erhalten [8, 9]. Bei der Umsetzung von $(C_4H_9)_3SnCl$ mit $[Fe(CO)_3NO]^-$ wird $(C_4H_9)_3SnFe(CO)_3NO$ gebildet [10]. Mit $Na_2Ru(CO)_4$ reagiert $(C_4H_9)_3SnCl$ in Tetrahydrofuran unter Bildung von $[(C_4H_9)_3Sn]_2Ru(CO)_4$ [11], mit $Na_2Os(CO)_4$ wird in Tetrahydrofuran unter Ar entsprechend $[(C_4H_9)_3Sn]_2Os(CO)_4$ mit trans-Konfiguration erhalten [12].

Literatur:

[1] L. F. Biritz (Am. Chem. Soc. Div. Petrol. Chem. Preprints **8** Nr. 2 [1963] B57/B62). — [2] T. Abe, R. Okawara (J. Organometal. Chem. **35** [1972] 27/33). — [3] W. P. Neumann, G. Burkhardt (Liebigs Ann. Chem. **663** [1963] 11/21). — [4] Studiengesellschaft Kohle m.b.H. (B.P. 958085

[1961/64]). — [5] W. P. Neumann, G. Burkhardt, Studiengesellschaft Kohle m.b.H. (D.P. 1161893 [1961/64]).

[6] H. Köhler, U. Lange, B. Eichler (J. Organometal. Chem. **35** [1972] C17/C19). — [7] T. N. Mitchell (J. Organometal. Chem. **92** [1975] 311/9). — [8] J. D. Cotton, J. Duckworth, S. A. R. Knox, P. F. Lindley, I. Paul, F. G. A. Stone, P. Woodward (Chem. Commun. **1966** 253/4). — [9] J. D. Cotton, S. A. R. Knox, I. Paul, F. G. A. Stone (J. Chem. Soc. A **1967** 264/9). — [10] M. Casey, A. R. Manning (J. Chem. Soc. A **1971** 256/9).

[11] J. D. Cotton, S. A. R. Knox, F. G. A. Stone (Chem. Commun. **1967** 965/6). — [12] J. P. Collman, D. W. Murphy, E. B. Fleischer, D. Swift (Inorg. Chem. **13** [1974] 1/6).

Reactions with Lewis Bases Forming Complexes with Higher Coordination Number of Tin

1.3.2.1.1.5.5.8 Reaktionen mit Lewis-Basen unter Bildung von Komplexen mit Erweiterung der Koordinationszahl am Zinn

$(C_4H_9)_3SnCl$ reagiert mit Pyridin und mit 4-Methylpyridin unter Bildung eines 1:1-Komplexes [1]. Auch mit Aminosäuren und Aminothionsäuren tritt Komplexbildung ein, wie mit Hilfe der ESCA-Spektroskopie nachgewiesen werden kann [2]. Zur Diskussion der Möglichkeit zur Bildung von π-Komplexen zwischen $(C_4H_9)_3SnCl$ und Verbindungen wie Cyclohexen, Styrol, Stilben oder 1,1-Diphenyläthylen s. [3].

Literatur:

[1] D. P. Graddon, B. A. Rana (J. Organometal. Chem. **105** [1976] 51/60). — [2] Y. Limouzin, P. Llopiz (J. Organometal. Chem. **122** [1976] 41/5). — [3] I. P. Goldshtein, E. N. Guryanova, K. A. Kocheshkov (Sin. Svoistva Monomerov Sb. Rab. 12th Konf. Vysokomol. Soedin., Baku 1962 [1964], S. 109/12 nach C.A. **62** [1965] 6501).

Physiological Action

1.3.2.1.1.5.6 Physiologische Wirkung

$(C_4H_9)_3SnCl$ inhibiert die oxidative Phosphorylierung in Mitochondrien von Rattenleber [1 bis 7]. Nähere Einzelheiten des Wirkungsmechanismus s. in dem entsprechenden Kapitel bei den bisher behandelten Organozinnchloriden. Die Wirkungsweise dieser Verbindungen unterscheidet sich nur unwesentlich. Eine Untersuchung aus jüngster Zeit zeigt, daß der Effekt der Tributylzinngruppe auf die Durchlässigkeit submitochondrischer Teilchen gegenüber Protonen dem gleicht, den Oligomycin auf die Verhinderung der oxidativen Phosphorylierung ausübt. Allerdings geht aus dieser Untersuchung hervor, daß Tributylzinnchlorid im Gegensatz zu Oligomycin nicht zwischen geschädigten und funktionsfähigen ATP-synthetisierenden Komplexen unterscheidet [8]. Entsprechende Untersuchungen an isolierten Chloroplasten s. bei [9, 10], an Stubenfliegen s. bei [11]. $(C_4H_9)_3SnCl$ ist ein wirksamer Inhibitor von Glutathion-S-aryltransferase aus Rattenleber mit einem K_1-Wert von 0.29 μm [12]. Die hämolytische Aktivität von $(C_4H_9)_3SnCl$ auf rote Blutzellen von Kaninchen ist um den Faktor 100 größer als die von $(C_4H_9)_2SnCl_2$ [13]. Bei Untersuchungen an Ratten wird bei oraler Einnahme eine LD_{50} von 160 mg/kg [14] bzw. 349 mg/kg Körpergewicht gefunden [15].

Am Beispiel von weißen Mäusen wurde die toxische Wirkung von Tributylzinnchlorid näher untersucht. Dabei wurde nach 2 h nach der oralen Gabe von 12.5 mg der Verbindung pro Maus bei allen Tieren nur eine minimale Unruhe beobachtet. Nach 4 h zeigte sich bei den Tieren schwerfällige Atmung, Abgeschlagenheit, Schwindelanfälle und gesträubtes Fell. Nach 8 h befanden sich die Tiere in Seitenlage. Es zeigten sich tonische Krämpfe der Extremitäten, Episthotonus, sehr schwache periodische Atmung, geschlossene Augen, blutiges Sekret aus den Lidspalten und der Mundhöhle und die Tiere reagierten weder auf Licht, noch auf Geräusche oder Berührung. Eine anschließende Sektion zeigte auffällig hyperämische Lungen. Auf der Pleura viscerale fanden sich vereinzelt kleine Hämorrhagien. Die Serosa des Magens und des Darmes zeigte vereinzelte Petechien; die Magenwand war unregelmäßig und in ihr waren kleine Resistenzen fühlbar. Die Leber war geringfügig vergrößert, zeigte hellrote Farbe und weiche Konsistenz. Die Milz war nur minimal vergrößert und gleichfalls von weicher Konsistenz. Im Nierenlager und auf der Nierenoberfläche waren kleine Blutgerinnsel zu sehen. Bei der histologischen Untersuchung wurde in den Leberzellen eine gering- bis mittelgradige Steatose nachgewiesen. In der Schleimhaut des vorderen Magenabschnittes fanden sich entzündliche Veränderungen. Leukozyteninfiltrationen wurden auch in der Muskelschicht und an der Serosa entdeckt. In den Nieren war eine ausgeprägte Hyperämie des Marks und der Rinde sowie zahlreiche streifenförmige Blutungen im Mark mit dem Maximum an den Papillen. Bei einigen Tieren traten in den Keimfollikeln der Milz kleine Nekrosen auf und in der Thymus fanden sich vereinzelte Nekrosen [16]. Weitere Untersuchungen an Mäusen s. bei [17], an Fliegen s. bei [18, 19, 20].

Untersuchungen zur Phytotoxizität s. bei [21], zur anthelmintischen Aktivität s. bei [22], zur antimikrobischen Aktivität s. bei [23, 24, 25], zur antimikrobischen Aktivität in Mineralöl s. bei [26], in Hefe s. bei [27], in Gerste s. bei [28] und bei der Bekämpfung von Schädlingen an verschiedenen Kulturpflanzen s. bei [29, 30]. 2×10^{-6} mg/l $(C_4H_9)_3SnCl$ regen das Wachstum von Daphnia magna an [31]. Konzentration in ppm an $(C_4H_9)_3SnCl$ zur vollständigen Wachstumshemmung für die Pilze Bacillus mycoides: 2, Aerobacter areogenes: >500, Pseudomonas aereuginosa: >500, Candida albicans: 1, Aspergillus flavus: 4, Penicillium funiculosum: 63 [32], Konzentration in Gew.-% für die Pilze Fusarium culmorum, Alternaria tenuis und Rhizoctonia solani: 0.5 [33]. Weitere Untersuchungen über die toxischen Grenzkonzentrationen an $(C_4H_9)_3SnCl$ gegenüber Coriolellus palustris (0.001 bis 0.002%) und anderen holzzerstörenden Pilzen s. bei [34]. Über die Fungitoxizität gegenüber Piricularia oryzae s. bei [35], gegenüber Xanthomonas malvacearum s. bei [36], gegenüber Nitella syncarpa s. bei [37].

$(C_4H_9)_3SnCl$ wird von Mikrosomen aus Rattenleber mit Nicotinamidadenindinucleotidphosphat als wirksamen Cofaktor unter Bildung von $(C_4H_9)_2ClSnCH_2CH_2COCH_3$ oxidiert. Außerdem entstehen α-, β-, γ- und δ-Hydroxybutyldibutylzinnchlorid mit einer Gesamtausbeute unter 10% [38].

Literatur:

[1] N. Sone, B. Hagihara (J. Biochem. [Tokyo] **56** [1964] 151/6). — [2] W. N. Aldridge (Eff. Metals Cells Subcellular Elem. Macromol. Proc. Publ. 2nd Rochester Conf. Toxicity, Rochester 1969 [1970], S. 255/74). — [3] M. J. Selwyn, A. P. Dawson, M. Stockdale, N. Gains (Eur. J. Biochem. **14** [1970] 120/6). — [4] M. Stockdale, A. P. Dawson, M. J. Selwyn (Eur. J. Biochem. **15** [1970] 342/51). — [5] A. Pitotti, A. R. Contessa, F. Dabbeni-Sala, A. Bruni (Biochim. Biophys. Acta **274** [1971] 528/35).

[6] K. H. Byington, R. Y. Yeh, L. R. Forte (Toxicol. Appl. Pharmacol. **27** [1974] 230/40). — [7] R. G. Wulf, K. H. Byington (Arch. Biochem. Biophys. **167** [1975] 176/85). — [8] A. P. Dawson, M. J. Selwyn (Biochem. J. **152** [1975] 333/9). — [9] A. S. Watling-Payne, M. J. Selwyn (Biochem. J. **142** [1974] 65/74). — [10] J. S. Kahn (Biochim. Biophys. Acta **153** [1968] 203/10).

[11] G. R. Pieper, J. E. Casida (J. Econ. Entomol. **58** [1965] 392/400). — [12] R. A. Henry, K. H. Byington (Biochem. Pharmacol. **25** [1976] 2291/5). — [13] H. Yoshikawa, M. Ishii (Bull. Natl. Inst. Ind. Health **7** [1962] 7/13 nach C.A. **58** [1963] 14615). — [14] F. B. Nijesen (Ind. Vernice [Milan] **22** [1968] 3/7). — [15] J. G. A. Luijten, O. R. Klimmer (Tin Res. Inst. Publ. **501** [1973].

[16] Z. Pelikan, E. Czerny (Arch. Toxikol. **23** [1968] 283/92). — [17] H. Yoshikawa, M. Ishii (Bull. Natl. Inst. Ind. Health **5** [1961] 25/31 nach C.A. **57** [1962] 6264/5). — [18] D. A. Kochkin, V. I. Vashkov, V. P. Dremova (Zh. Obshch. Khim. **34** [1964] 325/8; J. Gen. Chem. USSR **34** [1964] 321/5). — [19] M. S. Blum, J. J. Pratt (J. Econ. Entomol. **53** [1960] 445/8). — [20] R. F. Hoyer, F. W. Plapp (J. Econ. Entomol. **61** [1968] 1269/76).

[21] H. Koike (Botyu-Kagaku **26** [1961] 51/6 nach C.A. **63** [1965] 12255). — [22] K. B. Kerr, A. W. Walde (Exptl. Parasitol. **5** [1956] 560/70). — [23] K. Yoshikawa, K. Kurose, S. Teramoto (Kogyo Kagaku Zasshi **67** [1964] 1418/23 nach C.A. **62** [1965] 4359). — [24] H. Kourai, K. Takeichi, I. Shibasaki (Hakko Kagaku Zasshi **51** [1973] 825/31 nach C.A. **81** [1974] Nr. 287). — [25] A. A. Balandin, L. G. Gindin (Biofizika **10** [1965] 986/92 nach C.A. **64** [1966] 7299).

[26] I. L. Rabotnova, T. P. Vishnyakova, N. N. Grechushkina, I. D. Vlasova, I. T. Nette, I. V. Maksimova, E. I. Kozlova, I. F. Krylov (Biol. Povrezhdeniya Stroit. Prom. Mater. **4** [1973] 58/68 nach C.A. **82** [1975] Nr. 52081). — [27] W. E. Lancashire, D. E. Griffiths (FEBS [Fed. Eur. Biochem. Soc.] Letters **17** [1971] 209/14 nach C.A. **76** [1972] Nr. 42275). — [28] K. Nakamura, S. Fukunishi (Takamine Kenkyusho Nempo **13** [1961] 245/9 nach C.A. **63** [1965] 4880). — [29] H. Kubo (Agr. Biol. Chem. **29** [1965] 43/55). — [30] K. Härtel (Agr. Vet. Chem. **3** [1962] 19/24).

[31] L. V. Kolosova, M. S. Stroganov (Eksp. Vod. Toksikol. **5** [1973] 134/45 nach C.A. **86** [1977] Nr. 134537). — [32] C. B. Beiter (Chem. Spec. Mfr. Ass. Proc. Mid-Year Meet. **53** [1967] 216/22). — [33] E. Czerwinska, Z. Eckstein, Z. Ejmocki, R. Kowalik (Bull. Acad. Polon. Sci. Ser. Sci. Chim. **15** [1967] 335/9). — [34] K. Nishimoto, G. Fuse (Zinn Verwendung Nr. 70 [1966] 3/5). — [35] H. Tamura (Nogyo Gijutsu Kenkyusho Hokoku C Nr. 18 [1965] 135/204 nach C.A. **63** [1965] 18958).

[36] H. Abbel-Nabi, J. B. Sinclair (Plant Disease Reptr. **48** [1964] 268/9). — [37] I. A. Vorobeva (Eksp. Vod. Toksikol. **5** [1973] 202/14 nach C.A. **86** [1977] Nr. 134739). — [38] R. H. Fish, E. C. Kimmel, J. E. Carida (J. Organometal. Chem. **118** [1976] 41/54).

Uses

1.3.2.1.1.5.7 Verwendung

$(C_4H_9)_3SnCl$ findet wegen seiner bioziden Eigenschaften vielfachen Einsatz als Fungizid [1 bis 8], als fungizider Zuschlagstoff zu Schmiermitteln [9], als Germizid [10], als Biozid in Farben [11], als Antiseptikum für Filmmaterial [12], als Schutz gegen die Mikroflora bei Geräten der Bierbrauereien [13, 14], als Antifraßzuschlag in Kunststoffen gegen Nagetiere [15, 16, 17] und als Antifoulingmittel im Holzschutz [18 bis 22].

$(C_4H_9)_3SnCl$ dient als Bestandteil von Katalysatorsystemen für die Polymerisation von Olefinen [23, 24, 25], von Alkylenoxiden [26, 27, 28], von Alkylensulfiden [29] und von Nitrilen [30], für die Polymerisation von Isocyanaten mit Alkoholen [31, 32], für die Synthese von Polyacrylfasern [33], für die Synthese von Polyurethanen [34], für die Reaktion zwischen Acrylatcopolymeren und Polyisocyanaten [35], für die Metathese von Olefinen [36], für die Reaktion zwischen Terephthalsäure und Methanol [37] und für die Transesterifizierung von aromatischen Polyestern [38].

In geringerem Umfang wird $(C_4H_9)_3SnCl$ auch zur Stabilisierung von PVC eingesetzt [39, 40, 41].

$(C_4H_9)_3SnCl$ hemmt die Schleimbildung bei der Papierherstellung [42]. Die Verbindung ist zusammen mit $CaCl_2$ und $(CH_3)_2(C_{18}H_{37})SiCl$ Bestandteil von wasserabweisenden Mitteln [43], sie wirkt als flüssiger Anionenaustauscher gegenüber Thiolen [44]. Der Kontakt von flüssigkristallinen Verbindungen mit $(C_4H_9)_3SnCl$ verlängert die elektrooptische Lebensdauer dieser Verbindungen [45].

Literatur:

[1] M. Polster (Souhrn Ref. Diskusnich Prispevku Prednesenych Ved. Semin. Prakt. Zkusenosti Rezidui Pesticidu Plodinach, Prague 1969, S. 101/13 nach C.A. **74** [1971] Nr. 110762). — [2] H. M. Elsaid, J. B. Sinclair (Plant Disease Reptr. **46** [1962] 852/6). — [3] Farbwerke Hoechst A.-G. (B.P. 797073 [1953]; C.A. **1959** 22714). — [4] M. Bartl, Vyskumny a Vyvojovy Ustav Maltovin a Osinkocementu (Deut. Offenlegungsschrift 2007514 [1970/71]; C.A. **75** [1971] Nr. 143678). — [5] J. Tomiska, J. Safar (Tschech.P. 162064 [1971/76]; C.A. **85** [1976] Nr. 138610).

[6] Vyzkumny a Vyvojovy Ustav Maltovin a Osikocementu Radotin (F.P. 2034075 [1970/70]; C.A. **75** [1971] Nr. 67149). — [7] K. Sukuri, S. Asyanagi, Japan Hydron Co., Ltd. (Japan.P. 74-33328 [1970/74]; C.A. **82** [1975] Nr. 100345). — [8] M. E. Lombardo, Stapling Machines Co. (U.S.P. 3346607 [1964/67]; C.A. **68** [1968] Nr. 69130). — [9] V. N. Poddubnyi, R. A. Gulo, G. A. Novikova, E. G. Toropova (Probl. Biol. Povrezhd. Obrastanii Mater. Izdelii Sooruzh. **1972** 139/47 nach C.A. **78** [1973] Nr. 68019). — [10] P. A. Mazur, S and M Chemicals, Ltd. (U.S.P. 3037039 [1958/62]; C.A. **57** [1962] 12536).

[11] M. Giesen (FATIPEC [Fed. Ass. Tech. Ind. Peintures Vernis Emaux Encres Imprimerie Eur. Continentale] Congr. **8** [1966] 185/96 nach C.A. **65** [1966] 17625). — [12] P. I. Selivokhin, E. I. Bolonina, N. N. Zemlyanskii (Kozh. Obuv. Prom. **15** [1973] 38/9 nach C.A. **80** [1974] Nr. 56063). — [13] M. Bartl (Tschech.P. 140071 [1969/71]; C.A. **77** [1972] Nr. 15603). — [14] J. Tomiska, J. Safar (Tschech.P. 145152 [1970/72]; C.A. **78** [1973] Nr. 33934). — [15] J. R. Tigner, J. F. Besser (J. Agr. Food Chem. **10** [1962] 484/6).

[16] S. Kaplin, M and T Billiton, Chemische Industrie N. V. (Deut. Offenlegungsschrift 1915822 [1968/69]; C.A. **72** [1970] Nr. 80486). — [17] T. Tsutsui, K. Murakami, Nitto Kasei Co., Ltd. (Japan.P. 73-38846 [1970/73]; C.A. **81** [1974] Nr. 34610). — [18] E. J. Dyckman, J. A. Montemarano (Am. Paint. J. **58** [1973] 66/7, 70/4 nach C.A. **79** [1973] Nr. 127436). — [19]

G. Fuse, K. Nishimoto (Mokuzai Kenkyu **26** [1961] 34/48 nach C.A. **56** [1962] 13137). — [20] W. Sandermann, R. Casten (Holz Roh-Werkstoff **19** [1961] 20/1).

[21] H. P. Vind, H. Hochmann (Zinn Verwendung Nr. 57 [1963] 10/2). — [22] E. S. Gurevich, N. R. Sinelnikova, E. I. Frost, L. I. Shcherbakova (Lakokrasoch. Mater. Ikh. Primen **1974** Nr. 2, S. 33/4 nach C.A. **81** [1974] Nr. 137641). — [23] Y. Takami (Kogyo Kagaku Zasshi **65** [1962] 229/33). — [24] K. Yamaguchi, N. Kanoh, T. Tanaka, S. Okano, M. Suzuki, N. Enokido, A. Murakami, Mitsubishi Chemical Industries Co., Ltd. (Deut. Offenlegungsschrift 2218327 [1971/72]; C.A. **78** [1973] Nr. 30552). — [25] K. Yamaguchi, N. Kanoh, T. Tanaka, S. Okano, M. Suzuki, N. Enokido, A. Murakami, Mitsubishi Chemical Industries Co., Ltd. (Japan. Kokai 73-10184 [1971/73]; C.A. **78** [1973] Nr. 148471).

[26] T. Usui, A. Maeda, T. Matsuo, Nippon Zeon Co., Ltd. (Japan.P. 74-16280 [1970/74]; C.A. **82** [1975] Nr. 74194). — [27] T. Matsuo, T. Nakata, Nippon Zeon Co., Ltd. (Japan.P. 74-28916 [1970/74]; C.A. **82** [1975] Nr. 112949). — [28] T. Nakata, K. Kawamata, Osaka Soda Co., Ltd. (Japan.P. 76-20560 [1969/76]; C.A. **85** [1976] Nr. 178215). — [29] T. Matsuo, T. Nakata, Nippon Zeon Co., Ltd. (Japan.P. 74-28915 [1970/74]; C.A. **82** [1975] Nr. 73688). — [30] R. Minke, S. Freireich, A. Zilkha (Israel J. Chem. **13** [1975] 212/20).

[31] Yu. N. Chirkov, O. V. Nesterov, S. G. Entelis (Kinetika i Kataliz **14** [1973] 916/20; Kinetics Catalysis [USSR] **14** [1973] 798/802). — [32] Yu. N. Chirkov, V. B. Zabrodin, O. V. Nesterov, S. G. Entelis (Kinetika i Kataliz **13** [1972] 228/30; Kinetics Catalysis [USSR] **13** [1972] 200/2). — [33] Y. Shimosaka, Y. Uno, Japan Exlan Co., Ltd. (Japan.P. 72-38894 [1969/72]; C.A. **80** [1974] Nr. 84578). — [34] T. E. Lipatova, L. A. Bakalo, R. A. Loktinova (Vysokomol. Soedin. A **10** [1968] 1554/60; Polymer Sci. [USSR] A **10** [1968] 1799/807). — [35] L. Kovacs, V. I. Farukne, B. M. Ovarine (Koloriszt. Ertesito **18** [1976] 166/83 nach C.A. **86** [1977] Nr. 42707).

[36] J. Lal, R. R. Smith (J. Org. Chem. **40** [1975] 775/9). — [37] H. Eguchi, K. Tsunoi, Y. Takehisa, Torav Industries, Inc. (Japan.P. 72-27502 [1969/72]; C.A. **77** [1972] Nr. 139625). — [38] K. Tsunawagi, S. Sasama, K. Watanabe, K. Nawata, Teijin Ltd. (Japan. Kokai 73-32993 [1971/73]; C.A. **79** [1973] Nr. 92865). — [39] K. S. Minsker, G. T. Fedoseeva, T. B. Zavarova, I. P. Malysheva (Vysokomol. Soedin. B **10** [1968] 454/7 nach C.A. **69** [1968] Nr. 59786). — [40] K. S. Minsker, G. T. Fedoseeva, T. B. Zavarova, E. O. Krats (Vysokomol. Soedin. A **13** [1971] 2265/78; Polymer Sci. [USSR] A **13** [1971] 2544/60).

[41] H. Kawamura, T. Shiga, Y. Inagaki, Japan National Railways und Sumitomo Electric Industries, Ltd. (Japan.P. 75-20585 [1970/75]; C.A. **84** [1976] Nr. 6709). — [42] S. Suzuki (Kogyo Yosui Nr. 108 [1967] 19/21 nach C.A. **70** [1969] Nr. 48827). — [43] O. J. Maltenieks, Lockheed Aircraft Corp. (Deut. Offenlegungsschrift 2237098 [1971/73]; C.A. **78** [1973] Nr. 159844). — [44] M. Wronski (J. Chromatog. **117** [1976] 47/52). — [45] W. E. L. Haas, Xerox Corp. (U.S.P. 3894793 [1974/75]; C.A. **84** [1976] Nr. 10945).

1.3.2.1.1.6 Weitere Trialkylzinnchloride R_3SnCl

Other Trialkyltin Chlorides R_3SnCl

1.3.2.1.1.6.1 Triisobutylzinnchlorid $(i\text{-}C_4H_9)_3SnCl$

Triisobutyltin Chloride

Triisobutylzinnchlorid entsteht bei der Komproportionierung von $Sn(i\text{-}C_4H_9)_4$ mit $SnCl_4$ bei 0°C in 51%iger Ausbeute, bei 200°C nach 20 h dagegen nur in 3.9%iger Ausbeute [1]. In Gegenwart von $GaCl_3$ als Katalysator werden bei der gleichen Reaktion bei 200°C nach 0.5 h aber 96% Ausbeute erzielt [2]. Die gleiche Methode eignet sich auch zur Darstellung von $[(CH_3)_2CDCH_2]_3SnCl$ [3]. Die Verbindung entsteht auch bei der Umsetzung von $SnCl_4$ mit $Al(i\text{-}C_4H_9)_3$ bei −20°C in Gegenwart von NaCl im Verlauf von 1.5 h in 74.5%iger Ausbeute neben $Sn(i\text{-}C_4H_9)_4$ [4]. Ein entsprechendes Verfahren in Pentan-Hexan als Lösungsmittel bringt 77.4% Ausbeute. Als Nebenprodukte werden $Sn(i\text{-}C_4H_9)_4$ und $(i\text{-}C_4H_9)_2SnCl_2$ erhalten [5]. Eine ausführliche Untersuchung dieser Bildungsreaktion aus $SnCl_4$ und $Al(i\text{-}C_4H_9)_3$ oder ähnlichen Verbindungen zeigt, daß die Übertragung der Isobutylgruppen von Al auf Sn reversibel ist. Dabei verstärkt ein Zusatz von Alkalichloriden die Übertragung der Isobutylgruppen von Al auf Sn [6].

Die Isomerieverschiebung im Mössbauer-Spektrum beträgt $\delta = 1.60$ [7] und 1.61 ± 0.05 mm/s gegen SnO_2 [8, 9], die Quadrupolaufspaltung $\Delta = 3.20 \pm 0.05$ [8] bzw. 3.36 mm/s [7, 9].

Im Massenspektrum von $(i\text{-}C_4H_9)_3SnCl$ erscheinen Signale für folgende Ionen: $(i\text{-}C_4H_9)_3SnCl^+$ (2), $(i\text{-}C_4H_9)_2SnCl^+$ (100), $i\text{-}C_4H_9SnClH^+$ (47), $i\text{-}C_4H_9SnCl^+$ (6), $SnCl^+$ (27), $(i\text{-}C_4H_9)_3Sn^+$ (4), $(i\text{-}C_4H_9)_2SnH^+$ (3), $(i\text{-}C_4H_9)_2Sn^+$ (3), $i\text{-}C_4H_9SnH_2^+$ (3), $i\text{-}C_4H_9Sn^+$ (16), CH_3Sn^+ (10), SnH_3^+ (1), SnH^+ (13) und Sn^+ (6) [14].

Die farblose Verbindung schmilzt bei 15.0°C [10] und siedet bei 78 bis 80°C/0.25 Torr [1] bzw. bei 142°C/13 Torr [10]. Die Dichte beträgt $D_4^{24.8} = 1.1826$ g/cm³ [10, 11], der Brechungsindex $n_D^{20} = 1.4875$ [11] bzw. $n_D^{24.8} = 1.48564$ [10, 11]. Für die Molrefraktion werden Werte von 78.969 (ber.: 79.232) [11] und 78.97 (ber.: 78.29 [12] und 78.41 [13]) angegeben.

Triisobutylzinnchlorid reagiert mit verdünnter Natronlauge unter Bildung von $[(i\text{-}C_4H_9)_3Sn]_2O$ [15]. Mit $i\text{-}C_3H_7ONa$ wird $(i\text{-}C_4H_9)_3SnO\text{-}i\text{-}C_3H_7$ gebildet [3]. $(i\text{-}C_4H_9)_3SnCl$ reagiert mit $(C_2H_5)_2AlD$ unter Bildung von $(i\text{-}C_4H_9)_3SnD$ [16], mit C_6H_5Li in Diäthyläther-Benzol unter Bildung von $(i\text{-}C_4H_9)_3SnC_6H_5$ [17] und mit $(C_2H_5)_2NLi$ unter Bildung von $(i\text{-}C_4H_9)_3SnN(C_2H_5)_2$ in 70%iger Ausbeute [15]. Bei der Umsetzung von $(i\text{-}C_4H_9)_3SnCl$ mit $SnCl_4$ bei 200°C erfolgt Komproportionierung unter Bildung von $(i\text{-}C_4H_9)_2SnCl_2$ und $i\text{-}C_4H_9SnCl_3$ [18, 19]. Mit $(CH_3)_3SiCl$ in flüssigem NH_3 und nachfolgender Hydrolyse wird in 72%iger Ausbeute $(i\text{-}C_4H_9)_3SnOSi(CH_3)_3$ erhalten [20], während bei der Umsetzung von $(i\text{-}C_4H_9)_3SnCl$ mit $AlCl_3$ ein 1:1-Komplex entsteht [21]. Mit $C_6H_5HgNS_7$ reagiert Triisobutylzinnchlorid in CS_2 bei 0°C dagegen nicht [22].

Literatur:

[1] W. P. Neumann, G. Burkhardt (Liebigs Ann. Chem. **663** [1963] 11/21). — [2] H. Bretschneider, F. Veith, H. Sextl, Farbwerke Hoechst A.-G. (D.P. 1962301 [1969/71]; C.A. **75** [1971] Nr. 36352). — [3] J. C. Pommier, D. Chevolleau (J. Organometal. Chem. **74** [1974] 405/16). — [4] L. M. Antipin, E. M. Stepina, V. F. Mironov (Zh. Obshch. Khim. **40** [1970] 115/8; J. Gen. Chem. USSR **40** [1970] 104/6). — [5] M. and T. Chemicals Inc. (Neth. Appl. 66-01352 [1965/66]; C.A. **66** [1967] Nr. 28897).

[6] J. C. van Egmond, M. J. Janssen, J. G. A. Luijten, G. J. M. van der Kerk, G. M. van der Want (J. Appl. Chem. [London] **12** [1962] 17/24). — [7] B. Gassenheimer, R. H. Herber (Inorg. Chem. **8** [1969] 1120/5). — [8] J. J. Zuckerman (Advan. Organometal. Chem. **9** [1970] 21/134). — [9] J. Devooght, M. Gielen, S. Lejeune (J. Organometal. Chem. **21** [1970] 333/43). — [10] G. Grüttner, E. Krause (Ber. Deut. Chem. Ges. **50** [1917] 1802/7).

[11] R. Sayre (J. Chem. Eng. Data **6** [1961] 560/4). — [12] A. I. Vogel, W. T. Cresswell, J. Leicester (J. Phys. Chem. **58** [1954] 174/7). — [13] R. West, E. G. Rochow (J. Am. Chem. Soc. **74** [1952] 2490/1). — [14] M. Gielen, G. Mayence (J. Organometal. Chem. **12** [1968] 363/8). — [15] W. P. Neumann, B. Schneider, R. Sommer (Liebigs Ann. Chem. **692** [1966] 1/11).

[16] W. P. Neumann, R. Sommer (Angew. Chem. **75** [1963] 788). — [17] H. J. Götze (Chem. Ber. **105** [1972] 1775/7). — [18] W. P. Neumann, G. Burkhardt, Studiengesellschaft Kohle m.b.H. (D.P. 1161893 [1961/64]). — [19] Studiengesellschaft Kohle m.b.H. (B.P. 958085 [1961/64]). — [20] D. P. Agur, G. Srivastava, R. C. Mehrotra (Indian J. Chem. **12** [1974] 1193/6).

[21] W. P. Neumann, R. Schick, R. Köster (Angew. Chem. **76** [1964] 380). — [22] R. J. Ramsay, H. G. Heal, H. Garcia-Fernandez (J. Chem. Soc. Dalton Trans. **1976** 237/41).

Tri-tert-butyltin Chloride

1.3.2.1.1.6.2 Tri-tert-butylzinnchlorid $(t\text{-}C_4H_9)_3SnCl$

$[(CH_3)_3C]_3SnCl$ wird bei der Umsetzung von $SnCl_4$ mit $(CH_3)_3CMgCl$ in Diäthyläther-Benzol [1] oder mit $(CH_3)_3CLi$ in Diäthyläther bei 0°C erhalten [2]. Bei letzterem Verfahren ist die Ausbeute abhängig vom Molverhältnis der Ausgangsverbindungen. So entsteht die Verbindung in 55%iger Ausbeute bei einem Verhältnis von $SnCl_4 : t\text{-}C_4H_9Li = 1:3$, in 93%iger Ausbeute bei 1:6 und in 90%iger Ausbeute bei 1:3.3 [2]. Ferner entsteht die Verbindung aus $(t\text{-}C_4H_9)_2SnCl_2$ und $t\text{-}C_4H_9MgCl$ in Diäthyläther beim Rückflußkochen [3] sowie aus $(t\text{-}C_4H_9)_2SnClF$ und $t\text{-}C_4H_9Li$ in Heptan-Pentan zwischen −78°C und Zimmertemperatur in 88.3%iger Ausbeute im Verlauf von 8 h [4].

Im ^1H-NMR-Spektrum erscheint für die Protonen der t-Butylgruppen ein Singulett-Signal bei $\tau = 8.74$ mit Kopplungskonstanten $J(^1HCC^{117/119}Sn) = 70$ bzw. 73.5 Hz [5]. Außerdem wird eine chemische Verschiebung für dieses Signal von $\delta = -1.35$ ppm angegeben [4]. Vergleiche der Sn-C-Bindungspolarität in verschiedenen Organozinnchloriden einschließlich Tri-tert-butylzinnchlorid s. bei [6].

Für $(t\text{-}C_4H_9)_3SnCl$ werden Schmelzpunkte von 4°C [3] und 31 bis 32°C angegeben [4]. Die Verbindung siedet bei 88 bis 92.5°C/5.5 Torr [1], 122 bis 123°C/5 Torr [4], 132°C/12 Torr [3].

$(t\text{-}C_4H_9)_3SnCl$ reagiert mit NaOH in Äthanol-Wasser unter Bildung von $[(t\text{-}C_4H_9)_3Sn]_2O$ [4], mit KOH dagegen unter Bildung von $(t\text{-}C_4H_9)_3SnOH$ [3]. Zur Untersuchung der Kinetik der Alkoholyse von $(t\text{-}C_4H_9)_3SnCl$ in Äthanol-Wasser mit Hilfe der Potentiometrie s. [2]. Mit KF reagiert $(t\text{-}C_4H_9)_3SnCl$ in Äthanol-Wasser unter Bildung von $(t\text{-}C_4H_9)_3SnF$ [3]. Bei der Umsetzung der Verbindung mit Li oder mit $t\text{-}C_4H_9Li$ bei −78°C wird $[(t\text{-}C_4H_9)_3Sn]_2$ erhalten [4]. Mit C_4H_9Li entsteht bei Zimmertemperatur dagegen $(t\text{-}C_4H_9)_3SnC_4H_9$ [4], und mit C_6H_5Li wird in Benzol-Diäthyläther bei 40°C $(t\text{-}C_4H_9)_3SnC_6H_5$ erhalten [7].

Literatur:

[1] H. H. Huang, K. M. Hui, K. K. Chiu (J. Organometal. Chem. **11** [1968] 515/24). — [2] R. H. Prince (J. Chem. Soc. **1959** 1783/91). — [3] E. Krause, K. Weinberg (Ber. Deut. Chem. Ges. **63** [1930] 381/5). — [4] S. A. Kandil, A. L. Allred (J. Chem. Soc. A **1970** 2987/92). — [5] U. Blaukat, W. P. Neumann (J. Organometal. Chem. **63** [1973] 27/39).

[6] R. Gupta, B. Majee (J. Organometal. Chem. **33** [1971] 169/73). — [7] H. J. Götze (Chem. Ber. **105** [1972] 1775/7).

1.3.2.1.1.6.3 Tripentyl-, Trihexyl- und Triheptylzinnchloride

Tripentyl-, Trihexyl-, and Triheptyltin Chlorides

$(C_5H_{11})_3SnCl$

Die Verbindung entsteht bei der Umsetzung von $C_5H_{11}Cl$ mit einer Sn-Na-Legierung bei 162°C im Gemisch mit $Sn(C_5H_{11})_4$ [1] sowie aus $[(C_5H_{11})_3Sn]_2O$ bei der Spaltung mit HCl [2, 3]. Durch DTA wird nachgewiesen, daß $Sn(C_5H_{11})_4$ bei 100°C mit $(C_3H_5PdCl)_2$ unter Bildung von $(C_5H_{11})_3SnCl$ reagiert [4]. $(C_5H_{11})_3SnCl$ inhibiert — wie auch andere Triorganozinnhalogenide — die oxidative Phosphorylierung in Mitochondrien [5].

$(i\text{-}C_5H_{11})_3SnCl$

Die Verbindung wird bei der Reaktion von $Sn(i\text{-}C_5H_{11})_4$ mit CCl_4 beim Erhitzen in 10%iger Ausbeute gebildet. Bei Zugabe der zweifachen Menge an Tetrahydrofuran bezogen auf eingesetztes $Sn(i\text{-}C_5H_{11})_4$ steigt die Ausbeute auf 40% an [6]. Die Verbindung ist aber auch über die Komproportionierungsreaktion unter Einsatz von $Sn(i\text{-}C_5H_{11})_4$ und $SnCl_4$ zugänglich [7]. Zur analytischen Trennung mittels Gaschromatographie s. [7]. Die farblose Verbindung schmilzt bei 30.2°C [8] und hat einen Siedepunkt von 174°C/13 Torr [7, 8]. Dichte $D_4^{34.2} = 1.1290$ g/cm³ [8, 9], Brechungsindex $n_D^{20} = 1.4801$ [9] und $n_D^{34.2} = 1.48040$ [8, 9], Molrefraktion $R_{mol} = 92.557$ (ber.: 93.173) [9] und 92.55 (ber.: 92.27 [10] bzw. 92.30 [11]). Im Gemisch mit $AlCl_3$ und Benzofuran entsteht ein optisch inaktives Polymer [12].

$[(CH_3)_3CCH_2]_3SnCl$

Trineopentylzinnchlorid entsteht bei der Reaktion von $SnCl_4$ mit Neopentylmagnesiumchlorid in Äther in 91.6%iger Ausbeute [13] und nach der gleichen Methode bei zweistündigem Rückflußkochen in Benzol in 93%iger Ausbeute [14]. Die Verbindung entsteht auch bei der Reaktion des gleichen Grignard-Reagenzes mit $SnCl_2$ in Diäthyläther beim Rückflußkochen nach anschließender Reaktion mit HCl und Cl_2 in Wasser [2], ebenso bei der Komproportionierung zwischen $SnCl_4$ und $Sn[CH_2C(CH_3)_3]_4$ nach 15 h bei 210°C in 89.0%iger Ausbeute [15] oder in exothermer Reaktion aus $HgCl_2$ und $Hg\{Sn[CH_2C(CH_3)_3]_3\}_2$ in Tetrahydrofuran [15].

Im ^1H-NMR-Spektrum der Verbindung erscheint je ein Singulett-Signal für die CH_3-Gruppen bei -66.0 Hz und für die CH_2-Gruppen bei -86.8 Hz [16] bzw. bei -1.06 ppm mit $J(^1HCCCSn) = 4.0$ Hz (CH_3) und -1.55 ppm mit $J(^1HC^{117/119}Sn) = 47.0/49.0$ Hz (CH_2) [17]. Das ^{13}C-NMR-Spektrum zeigt folgende Parameter: $\delta CH_2 = -40.5$ ppm, $J(^{13}C^{117/119}Sn) = 312/327$ Hz, $\delta C = -32.3$ ppm, $J(^{13}CSn) = 24$ Hz, $\delta CH_3 = -33.2$ ppm, $J(^{13}CSn) = 42$ Hz [17].

Die farblose kristalline Verbindung schmilzt bei 112 bis 113°C [14] bzw. 112 bis 114°C [15].

$[(CH_3)_3CCH_2]_3SnCl$ reagiert mit $LiAlH_4$ in Diäthyläther bei Zimmertemperatur unter Bildung von $[(CH_3)_3CCH_2]_3SnH$ [15]. Bei der Reaktion mit Br_2 in CCl_4 unter Rückflußkochen und nachfolgender Umsetzung mit NaOH und Chlorwasserstoff in Wasser wird $[(CH_3)_3CCH_2]_2SnCl_2$ gebildet [14]. Mit NaOH entsteht $\{[(CH_3)_3CCH_2]_3Sn\}_2O$ [13, 14], mit CH_3COONa entsteht in Benzol-Wasser beim Erhitzen unter Rückfluß $[(CH_3)_3CCH_2]_3SnOOCCH_3$ [16]. Mit Grignard-Verbindungen RMgCl wird beim Rückflußkochen in Diäthyläther die Bildung von $\{[(CH_3)_3CCH_2]_3Sn\}_2$ beobachtet [14], mit C_2H_5MgBr entsteht in Benzol aber $[(CH_3)_3CCH_2]_3SnC_2H_5$ [14] und mit m-$C_6H_5C_6H_4MgBr$ wird in Tetrahydrofuran nach 1 h und anschließend in Xylol nach 12 h Rückflußerhitzen die Bildung von 72% der theoretischen Ausbeute an $[(CH_3)_3CCH_2]_3SnC_6H_4$-m-$C_6H_5$ erreicht [18]. Die Verbindung reagiert mit $Hg[Ge(C_2H_5)_3]_2$ in Tetrahydrofuran nach 35 h bei 100°C und unter UV-Bestrahlung unter Bildung von $(C_2H_5)_3GeCl$ (62%), $\{[(CH_3)_3CCH_2]_3Sn\}_2$ (49.5%) $[(C_2H_5)_3Ge]_2$ (42.3%) und $[(CH_3)_3CCH_2]_3SnGe(C_2H_5)_3$ (13.6%) [19].

$(C_6H_{13})_3SnCl$

Trihexylzinnchlorid erhält man bei der Komproportionierung zwischen $Sn(C_6H_{13})_4$ und $SnCl_4$ bei 220°C nach 3 h in 69%iger Ausbeute [20]. Die Alkylierung von $SnCl_4$ kann aber auch durch $Al(C_6H_{13})_3$ in Diäthyläther [21] oder CH_2Cl_2 unter N_2 bei 95°C durchgeführt werden [22]. Andererseits entsteht die Verbindung bei der Reaktion zwischen $Sn(C_6H_{13})_4$ und $GeCl_4$ im Verlauf einer zehnstündigen γ-Bestrahlung (^{60}Co) in 67.1%iger Ausbeute neben $C_6H_{13}GeCl_3$ [23]. Außerdem eignet sich zur Synthese die Umsetzung von $SnMg_2$ mit $C_6H_{13}Cl$ im Bombenrohr in Cyclohexan in Gegenwart von Triäthylamin. Nach 4 h bei 150°C werden so 14.6% Ausbeute an $(C_6H_{13})_3SnCl$ erzielt [14]. Zur Analyse mit Hilfe der Gaschromatographie s. [25, 26].

Die farblose Verbindung siedet bei 171 bis 173°C/2 Torr [24] bzw. 178 bis 180°C/1.5 Torr [20]. Der Brechungsindex beträgt $n_D^{20} = 1.4881$ [24].

Die Verbindung reagiert mit $LiAlH_4$ in Diäthyläther unter Bildung von $(C_6H_{13})_3SnH$ [20]. Mit $SnCl_4$ erfolgt Komproportionierung unter Bildung von $(C_6H_{13})_2SnCl_2$ [22]. Mit c-$C_6H_{11}MgCl$ wird $(C_6H_{13})_3Sn$-c-C_6H_{11} erhalten [27]. Mit m-$C_6H_5C_6H_4MgBr$ entsteht in Tetrahydrofuran beim einstündigen Rückflußkochen und in Xylol nach 12 h Rückfluß $(C_6H_{13})_3SnC_6H_4$-m-C_6H_5 [18]. Mit $NaC{\equiv}CC{\equiv}CNa$ wird in flüssigem NH_3 in 76%iger Ausbeute $(C_6H_{13})_3SnC{\equiv}CC{\equiv}CSn(C_6H_{13})_3$ erhalten [18]. Bei der Reaktion mit Epoxiden entstehen Stabilisatoren für Fasern [29].

$(C_7H_{15})_3SnCl$

Triheptylzinnchlorid entsteht bei der Umsetzung zwischen $SnCl_4$ und $C_7H_{15}MgCl$ in Tetrahydrofuran-Benzol beim 12stündigen Rückflußkochen und anschließendem Behandeln mit HCl in 83%iger Ausbeute. Die Verbindung reagiert mit m-$C_6H_5C_6H_4MgBr$ in Tetrahydrofuran (1 h Rückflußkochen) und Xylol (12 h Rückflußkochen) unter Bildung von $(C_7H_{15})_3SnC_6H_4$-m-C_6H_5 in 53%iger Ausbeute [18].

Literatur:

[1] J. R. Zietz, S. M. Blitzer, H. E. Redman, G. C. Robinson (J. Org. Chem. **22** [1957] 60/2). — [2] A. Grimm (J. Prakt. Chem. **62** [1854] 385/414). — [3] A. Grimm (Liebigs Ann. Chem. **92** [1854] 384/94). — [4] G. A. Domrachev, K. G. Shalnova, V. A. Varyukhin (Izv. Akad. Nauk SSSR Ser. Khim. **1972** 158/61; Bull. Acad. Sci. USSR Div. Chem. Sci. **1972** 143/5). — [5] N. Sone, B. Hagihara (J. Biochem. [Tokyo] **56** [1964] 151/6).

[6] G. I. Anikanova, S. F. Zhiltsov, T. V. Guseva, A. A. Lavrentev (Tr. po Khim. i Khim. Tekhnol. **1975** Nr. 5, S. 71/3). — [7] J. Franc, M. Wurst, V. Moudry (Collection Czech. Chem. Commun. **26** [1961] 1313/9). — [8] G. Grüttner, E. Krause (Ber. Deut. Chem. Ges. **50** [1917] 1802/7). —

[9] R. Sayre (J. Chem. Eng. Data **6** [1961] 560/4). — [10] A. I. Vogel, W. T. Cresswell, J. Leicester (J. Phys. Chem. **58** [1954] 174/7).

[11] R. West, E. G. Rochow (J. Am. Chem. Soc. **74** [1952] 2490/1). [12] Y. Takeda, Y. Hamykawa, T. Fueno, J. Furukawa (Makromol. Chem. **83** [1965] 234/43). — [13] M. H. Gitlitz, M. and T. International B. V. (Deut. Offenlegungsschrift 2441476 [1973/75]; C.A. **83** [1975] Nr. 43495). — [14] H. Zimmer, I. Hechenbleikner, O. A. Homberg, M. Danzik (J. Org. Chem. **29** [1964] 2632/6). — [15] B. V. Fedotev, O. A. Kruglaya, N. S. Vyazankin (Izv. Akad. Nauk SSSR Ser. Khim. **1974** 713/4; Bull. Acad. Sci. USSR Div. Chem. Sci. **1974** 679/81).

[16] H. Zimmer, O. A. Homberg, M. Jaywant (J. Org. Chem. **31** [1966] 3857/60). — [17] G. Singh (J. Organometal. Chem. **99** [1975] 251/62). — [18] H. Zimmer, M. A. Barcelon, W. R. Jones (J. Organometal. Chem. **63** [1973] 133/8). — [19] O. A. Kruglaya, B. V. Fedotev, I. B. Fedoteva, N. S. Vyazankin (Zh. Obshch. Khim. **46** [1976] 1517/21; J. Gen. Chem. USSR **46** [1976] 1483/6). — [20] J. G. Noltes (Functionally Substituted Organotin Compounds, Tin Research Institute, Greenford 1958, S. 1/128).

[21] W. P. Neumann, K. Ziegler (D.P. 1164407 [1959/64]; C.A. **60** [1964] 15910). — [22] J. Combarieu, I. Raitzyn, G. Wetroff, Pechiney Compagnie de Produits Chimiques et Electrometallurgiques (F.P. 1399552 [1958/65]; C.A. **63** [1965] 9985). — [23] V. A. Chernoplekova, N. I. Sheverdina, N. N. Zemlyanskii, K. A. Kocheshkov (Zh. Obshch. Khim. **45** [1975] 1528/9; J. Gen. Chem. USSR **45** [1975] 1497/8). — [24] T. Katsumura (Nippon Kagaku Zasshi **83** [1962] 724/6 nach C.A. **59** [1963] 5184). — [25] K. Bürger (Z. Anal. Chem. **192** [1963] 280/6).

[26] D. A. Vyakhirev, O. P. Chereshnya (Tr. po Khim. i Khim. Tekhnol. **1973** Nr. 2, S. 55/6 nach C.A. **80** [1974] Nr. 95060). — [27] M. and T. International N. V. (F. Demande 2179552 [1972/73]; C.A. **80** [1974] Nr. 108671). — [28] H. Hartmann, B. Karbstein, W. Reiss (Naturwissenschaften **52** [1965] 59). — [29] G. P. Mack, M. and T. Chemicals, Inc. (U.S.P. 3147285 [1956/64]; C.A. **62** [1965] 11973).

1.3.2.1.1.6.4 Trioctylzinnchlorid $(C_8H_{17})_3SnCl$

Trioctyltin Chloride

Trioctylzinnchlorid entsteht bei der Umsetzung von $SnCl_4$ mit $C_8H_{17}MgCl$ in Diäthyläther-Heptan in 64.9%iger Ausbeute [1]. Es wird bei der Komproportionierung von $SnCl_4$ mit $Sn(C_8H_{17})_4$ in Dibutyläther in Gegenwart von BF_3 nach 30 min bei 200°C in 93%iger Ausbeute erhalten [2], während bei der gleichen Reaktion in Gegenwart von ZnO und MgO nach 3 h bei 190°C nur 1% an $(C_8H_{17})_3SnCl$ neben $(C_8H_{17})_2SnCl_2$ gefunden wird [3]. Ferner entsteht die Verbindung bei der Spaltung von $Sn(C_8H_{17})_4$ mit HCl in Diäthyläther nach 48 h in 73%iger Ausbeute [4], bei der Spaltung von $[(C_8H_{17})_3Sn]_2O$ mit HCl in Wasser [5, 6] sowie bei der Alkylierung von $(C_8H_{17})_2SnCl_2$ mit $Al(C_8H_{17})_3$ unter N_2 in Isooctan beim Rückflußkochen [7, 8]. Eine vor allem technisch wichtige Synthesemethode ist die „direkte Reaktion" zwischen Sn und $C_8H_{17}Cl$, bei der vor allem $(C_8H_{17})_2SnCl_2$, aber auch in unterschiedlicher Menge $(C_8H_{17})_3SnCl$ gebildet wird. So verläuft diese Reaktion beispielsweise in Butanol in Gegenwart von Zn bei 110 bis 140°C [9, 10]. In Spuren entsteht $(C_8H_{17})_3SnCl$ beim Rückflußkochen bei 180°C in Gegenwart von $C_8H_{17}J$ und SbJ_3 [11, 12, 13], in 11.2%iger Ausbeute in Gegenwart von Alkoholen, J_2 und Hexamethylphosphorsäuretriamid [14, 15], in 12%iger Ausbeute in Octanol in Gegenwart von Aminen, Borsäure, rotem Phosphor und J_2 bei 155°C [16], in 19%iger Ausbeute bei 180°C nach 5 h in Gegenwart von J_2 und Methylpyrrolidon [17], in 27.7%iger Ausbeute beim Rückflußkochen in Gegenwart von Alkoholen und Hexamethylphosphorsäuretriamid [15] und in 37.7% Ausbeute bei der Reaktion im Autoklaven nach 6 h bei 166°C in Gegenwart von Triäthylamin und J_2 bei einem Molverhältnis $Sn:C_8H_{17}Cl = 1:3$ [18]. — Die qualitative und quantitative Bestimmung von Trioctylzinnchlorid neben anderen Organozinnverbindungen hat vor allem wegen der Verwendung dieser Verbindungen als Bestandteil von PVC-Stabilisatoren Bedeutung erlangt. Über verschiedene Verfahren hierzu mit Hilfe der Papierchromatographie s. [19], der Säulenchromatographie s. [20], der Dünnschichtchromatographie s. [21 bis 27] und mit Hilfe der Gaschromatographie s. [28, 29].

Eine Abbildung des IR-Spektrums von $(C_8H_{17})_3SnCl$ im Bereich zwischen 4000 und 650 cm^{-1} s. bei [30]. Die farblose Flüssigkeit siedet bei 163 bis 166°C/0.008 Torr [4], bei 193 bis 197°C/ 2 Torr [31] bzw. bei 193 bis 198°C/0.1 Torr [10]. Von der Verbindung löst sich weniger als 0.1 ppm in Meerwasser [32].

$(C_8H_{17})_3SnCl$ reagiert mit $LiAlH_4$ in Diäthyläther unter Bildung von $(C_8H_{17})_3SnH$ [4]. Mit Na in Methanol wird $(C_8H_{17})_3SnOCH_3$ gebildet [33, 34, 35]. Mit CH_3MgJ wird $(C_8H_{17})_3SnCH_3$ [29], mit m-$C_6H_5C_6H_4MgBr$ wird in Tetrahydrofuran (1 h Rückfluß) und Xylol (12 h Rückfluß) in 34%iger Ausbeute $(C_8H_{17})_3SnC_6H_4$-m-C_6H_5 gebildet [36]. Mit $NaC{\equiv}CC{\equiv}CNa$ entsteht in flüssigem NH_3 in 87%iger Ausbeute $(C_8H_{17})_3SnC{\equiv}CC{\equiv}CSn(C_8H_{17})_3$ [37].

$(C_8H_{17})_3SnCl$ inhibiert — wie auch andere Triorganozinnhalogenide — die oxidative Phosphorylierung in Mitochondrien [38]. Diese Adenosintriphosphatase-Hemmung wurde auch an Stubenfliegen untersucht. Im Vergleich mit anderen Organozinnverbindungen wurde auch hier festgestellt, daß Trioctylderivate toxischer sind als mono- und disubstituierte Organozinnverbindungen [39]. Die LD_{50} beträgt für Ratten oral >10 g/kg Körpergewicht [40]. In einer anderen Arbeit werden 29.2 g/kg für Ratten angegeben [41]. Untersuchungen zur biologischen Aktivität zeigten, daß $(C_8H_{17})_3SnCl$ relativ unwirksam ist zur Vernichtung von Larven von Heliothis zea und Heliothis virescens [42]. Die notwendige Konzentration in ppm zur Wachstumshemmung beträgt bei Penicillium fungiculosum >125, Candida albicans >125, Pseudomonas aeruginosa >500 [32].

$(C_8H_{17})_3SnCl$ wird als Stabilisator für PVC [16], als Holzschutzmittel [43] und in wäßrig-methanolischer Lösung als Bakterizid und Schleimkontrollagenz in der Papierindustrie verwendet [44].

Literatur:

[1] Billiton-M and T Chemische Industrie N. V. (Neth. Appl. 65-07716 [1964/65]; C.A. **64** [1966] 17640). — [2] H. Bretschneider, F. Veith, H. Sextl, Farbwerke Hoechst A.-G. (D.P. 1962301 [1969/71]; C.A. **75** [1971] Nr. 36352). — [3] F. Abe, M. Umeno, A. Sato, T. Konami, Hokko Chemical Industry Co., Ltd. (Japan.P. 75-24951 [1969/75]; C.A. **84** [1976] Nr. 165028). — [4] J. G. Noltes (Functionally Substituted Organotin Compounds, Tin Research Institute, Greenford 1958, S. 1/128). — [5] Metal and Thermit Corp. (B.P. 797976 [1958]; C.A. **1959** 3061).

[6] C. R. Gloskey, Metal and Thermit Corp. (U.S.P. 2862944 [1958]; C.A. **1959** 7014). — [7] W. K. Johnson (J. Org. Chem. **25** [1960] 2253/4). — [8] W. K. Johnson, Monsanto Chemical Corp. (U.S.P. 3036103 [1959/62]; C.A. **57** [1962] 13802). — [9] K. Takubo, I. Hachiya (U.S.P. 3547965 [1966/70]; C.A. **75** [1971] Nr. 6103). — [10] K. Takubo, I. Hachiya, Nitto Chemical Industry Co., Ltd. (Japan.P. 71-03568 [1966/71]; C.A. **74** [1971] Nr. 112214).

[11] Deutsche Advance Produktion G.m.b.H. (Neth. Appl. 65-11702 [1964/66]; C.A. **65** [1966] 5489). — [12] Deutsche Advance Produktion G.m.b.H. (D.P. 1217951 [1964/66]). — [13] Deutsche Advance Produktion G.m.b.H. (Belg.P. 669340 [1964/66]). — [14] S. Sagawa, O. Kimura, K. Sekimori, F. Ito, Sumitomo Chemical Co., Ltd. (Deut. Offenlegungsschrift 2321402 [1972/73]; C.A. **80** [1974] Nr. 83248). — [15] Sumitomo Chemical Co., Ltd. und Kyodo Chemical Co., Ltd. (F. Demande 2182231 [1972/74]; C.A. **80** [1974] Nr. 121114).

[16] W. Wehner, O. Hermann, Deutsche Advance Production G.m.b.H. (Deut. Offenlegungsschrift 2108966 [1970/71]; C.A. **76** [1972] Nr. 14715). — [17] S. Sagawa, O. Kimura, S. Okamoto, K. Sekimori, F. Ito, Sumitomo Chemical Co., Ltd. (Japan. Kokai 74-102623 [1973/74]; C.A. **82** [1975] Nr. 73179). — [18] K. Sisido, S. Kozima, T. Tuzi (J. Organometal. Chem. **9** [1967] 109/15). — [19] D. J. Williams, J. W. Price (Analyst **89** [1964] 220/2). — [20] K. Figge, W. D. Bieber (J. Chromatog. **109** [1975] 418/21).

[21] K. Figge (J. Chromatog. **39** [1969] 84/7). — [22] H. Akagi, R. Takeshita, Y. Sakagami (Koshu Eiseiin Kenkyu Hokoku **19** [1970] 185/92). — [23] H. Akagi, M. Fujita, Y. Sakagami (Shokuhin Eiseigaku Zasshi **13** [1972] 85/8 nach C.A. **77** [1972] Nr. 124877). — [24] H. Wieczorek (Deut. Lebensm. Rundschau **65** [1969] 74/8). — [25] J. Koch, K. Figge (J. Chromatog. **109** [1975] 89/100).

[26] H. Woidich, W. Pfannhauser, G. Blaicher (Deut. Lebensm. Rundschau **72** [1976] 421/2). — [27] H. Woidich, W. Pfannhauser (Z. Lebensm. Untersuch. Forsch. **162** [1976] 49/54). — [28] J. Franc, M. Wurst, V. Moudry (Collection Czech. Chem. Commun. **26** [1961] 1313/9). — [29] G. Neubert, H. O. Wirth (Z. Anal. Chem. **273** [1975] 19/23). — [30] R. A. Cummins, P. Dunn (Australia Commonwealth Dept. Supply Defense Std. Lab. Rept. Nr. 266 [1963] 106 S.).

[31] H. Matsuda, M. Nakamura, S. Matsuda (Kogyo Kagaku Zasshi **64** [1961] 1948/51 nach C.A. **57** [1962] 2239). — [32] F. B. Nijesen (Ind. Vernice [Milan] **22** [1968] 3/7). — [33] D. Faulkner, J. N. Milne, Distillers Co., Ltd. (U.S.P. 2583419 [1952]; C.A. **1953** 146). — [34] Distillers Co., Ltd. (B.P. 692556 [1952]; C.A. **1953** 10550). — [35] D. Faulkner, J. N. Milne, Distillers Co., Ltd. (D.P. 874905 [1952]; C.A. **1954** 10763).

[36] H. Zimmer, M. A. Barcelon, W. R. Jones (J. Organometal. Chem. **63** [1973] 133/8). — [37] H. Hartmann, B. Karbstein, W. Reiss (Naturwissenschaften **52** [1965] 59). — [38] N. Sone, B. Hagihara (J. Biochem. [Tokyo] **56** [1964] 151/6). — [39] G. R. Pieper, J. E. Casida (J. Econ. Entomol. **58** [1965] 392/400). — [40] O. R. Klimmer (Arzneimittel-Forsch. **19** [1969] 934/9).

[41] J. G. A. Luijten, O. R. Klimmer (Tin Res. Inst. Publ. **501** [1973]). — [42] D. A. Wolfenbarger, A. A. Guerra, W. L. Lowry (J. Econ. Entomol. **61** [1968] 78/81). — [43] H. P. Vind, H. Hochmann (Zinn Verwendung Nr. 57 [1963] 10/2). — [44] S. Kawai, E. Kobayashi, Tokyo Fine Chemical Co., Ltd. (Japan.P. 68-25486 [1965/68]; C.A. **71** [1969] Nr. 61547).

1.3.2.1.1.6.5 Tribenzylzinnchlorid $(C_6H_5CH_2)_3SnCl$

Tribenzyltin Chloride

D a r s t e l l u n g. Tribenzylzinnchlorid wird durch Grignard-Synthese aus $SnCl_4$ und $C_6H_5CH_2MgCl$ bei 0°C gewonnen [1]. Bei Verwendung von Toluol und Dibutyläther als Lösungsmittel werden dabei 20.1% Ausbeute erzielt [2], bei einer Reaktion in Diäthyläther und zweistündigem Rückflußkochen, Abdestillieren des Äthers und nochmaliges Erhitzen auf 100°C für 2 h sogar 60% Ausbeute [3]. Die gängigste Methode zur Synthese von $(C_6H_5CH_2)_3SnCl$ ist jedoch die direkte Synthese aus Sn und $C_6H_5CH_2Cl$. Diese Umsetzung wird in der Regel in Wasser bei 100°C durchgeführt [4, 5, 6]. Nach dreistündigem Rückflußkochen werden so 29% Ausbeute erzielt [7] bzw. 84.5% [8] oder 84% nach starkem Rühren und 1.5stündigem Rückfluß [9]. Bei Verwendung von Butanol als Lösungsmittel anstelle von Wasser entstehen 80% Ausbeute, bei Verwendung von Äthanol-Wasser (1:1) nur 15% [9]. Bei Untersuchung des Einflusses katalytischer Mengen von Tetraalkylammoniumsalzen [10] oder von Zn auf diese Reaktion wird bei Anwendung von Zn als Zusatz in einer stark exothermen Reaktion nach 2 bis 3 h in Wasser bei 100°C eine Ausbeute von 85.2% an $(C_6H_5CH_2)_3SnCl$ gefunden [11]. Die Ergebnisse der Untersuchung der Reaktion von metallischem Sn mit $C_6H_5CH_2Cl$ in verschiedenen Lösungsmitteln im Autoklaven unter schnellem Rühren zwischen 108 und 114°C sind in Tabelle 22, S. 144, angegeben. Bei den Reaktionen in Wasser werden auch $(C_6H_5CH_2)_3SnOH$ und $[(C_6H_5CH_2)_2SnCl]_2O$ im Produkt gefunden [12]. $(C_6H_5CH_2)_3SnCl$ wird auch bei der Reaktion von $(C_6H_5CH_2)_2SnCl_2$ mit Sn in verschiedenen Lösungsmitteln und bei Zusatz verschiedener organischer und anorganischer Stoffe in wechselnden Ausbeuten und begleitet von verschiedenen Nebenprodukten gebildet. Daraus geht hervor, daß bei der Umsetzung von $C_6H_5CH_2Cl$ mit Sn zuerst $(C_6H_5CH_2)_2SnCl_2$ gebildet wird, das dann in polaren Lösungsmitteln in $(C_6H_5CH_2)_3SnCl$ übergeführt wird. Über den genauen Mechanismus dieser Reaktion, über kinetische Untersuchungen und den Einfluß verschiedener Katalysatoren auf diese Reaktion s. Original [12]. In Xylol reagiert $C_6H_5CH_2Cl$ mit Sn im Verlauf von 18 h unter Bildung von $(C_6H_5CH_2)_3SnCl$ in 71.6%iger Ausbeute [13].

$(C_6H_5CH_2)_3SnCl$ entsteht auch bei der Umsetzung von $(C_6H_5CH_2)_3SnC_2H_5$ mit HCl [14] und bei der Reaktion zwischen $(C_6H_5CH_2)_3SnOH$ und CH_3COCl oder C_6H_5COCl [15].

Zur Analyse von $(C_6H_5CH_2)_3$ in PVC mit Hilfe der Dünnschichtchromatographie s. [16], zur polarographischen Bestimmung der Verbindung s. [17], zur Analyse von Zinn in metallorganischen Verbindungen einschließlich $(C_6H_5CH_2)_3SnCl$ nach Oxidation der Verbindungen mit rauchender HNO_3 s. [18].

Tabelle 22
Umsetzung von $C_6H_5CH_2Cl$ mit metallischem Sn.

Lösungs-mittel	Reaktions-zeit in h	Ausbeuten in % $(C_6H_5CH_2)_2SnCl_2$	$(C_6H_5CH_2)_3SnCl$
Benzol	2	62	10
Benzol	4	59	20
Toluol	4	68	11
Diäthyläther	1	52	19
Diäthyläther	2	53	28
Diäthyläther	4	41	41
Diäthyläther	10	36	45
Tetrahydrofuran	4	38	49
Dioxan	4	33	51
Aceton	4	34	42
Butanol	4	3	61
Wasser	1	0	51
Wasser	4	0	53

Spektren. Abbildung des IR-Spektrums von $(C_6H_5CH_2)_3SnCl$ zwischen 4000 und 650 cm^{-1} s. bei [34]. Die IR- und Raman-Banden [2, 35, 36] sind mit ihren Zuordnungen in Tabelle 23 zusammengestellt. Ferner wurde die νSnCl bei 299 cm^{-1} gefunden [37]. Die wichtigsten Grundschwingungen wurden in verschiedenen Lösungsmitteln zugeordnet: νSnCl in kristallinem $(C_6H_5CH_2)_3SnCl$ bei 295 cm^{-1} im IR- und Raman-Spektrum, in C_6H_{12} bei 340 cm^{-1} (IR) bzw. 345 cm^{-1} p (Raman), in C_6H_6 bei 344 cm^{-1} (IR) bzw. 343 cm^{-1} p (Raman), in CH_3COCH_3 bei 310 cm^{-1} (IR und Raman); νSnC in kristallinem $(C_6H_5CH_2)_3SnCl$ bei 558 und 582 cm^{-1} (IR) bzw. 563 und 582 cm^{-1} (Raman), in C_6H_{12} bei 577 cm^{-1} (IR) bzw. 563 p und 582 cm^{-1} (Raman), in C_6H_6 bei 576 cm^{-1} (IR) bzw. 566 p und 583 cm^{-1} (Raman), in CH_3COCH_3 bei 565 p und 584 cm^{-1} (Raman) [38].

Das UV-Spektrum von $(C_6H_5CH_2)_3SnCl$ in Cyclohexan zeigt eine starke Bande bei 247.5 nm mit $\varepsilon = 22.400$ [19]. Das UV-Spektrum der Verbindung in Cyclohexan und auch in Chloroform spricht für eine Photozersetzung der Verbindung mit einer möglichen Grenze bei 2100 Å in Cyclohexan [20]. Mit Hilfe der Röntgen-Photoelektronenspektroskopie werden folgende Elektronenenergien bestimmt (in eV): $C_{1s} = 283.6$ (direkt), $Sn_{3d^{3}/_{2}} = 494.1$ (direkt) und 494.5 (korrigiert), $Sn_{3d^{5}/_{2}} = 485.7$ (direkt) und 487.1 (korrigiert) [21].

Das ^1H-NMR-Spektrum der Verbindung zeigt folgende Signale: $\tau CH_2 = 7.385$, $J(^1HC^{117/119}Sn) = 62.0/64.8$ Hz, $J(^1H^{13}C) = 133$ Hz in der reinen Flüssigkeit, $\tau CH_2 = 7.340$, $J(^1HC^{117/119}Sn) = 64.3/66.9$ Hz, $J(^1H^{13}C) = 134$ Hz in $CHCl_3$; $\delta H_o = 26.5$ Hz gegen das Signal von $CHCl_3$, $\delta H_{m,p} = 11.75$ Hz gegen $CHCl_3$ [22] und $\delta CH_2 = -2.67$ ppm, $J(^1HC^{117/119}Sn) = 62.5/65$ Hz, $J(^1H^{13}C) = 135$ Hz [23]. Das Signal im ^{119}Sn-NMR-Spektrum erscheint bei $\delta = -43$ ppm in CCl_4 [24, 25], -52 ± 2 ppm in $CDCl_3$ [25, 26] und -53 ppm in CH_2Cl_2 [23].

Die Isomerieverschiebung im Mössbauer-Spektrum beträgt $\delta = -0.62$ mm/s gegen α-Sn [27], 1.48 mm/s [28], 1.52 mm/s [29], 1.56 mm/s gegen SnO_2 [30] und 1.62 mm/s gegen $BaSnO_3$ in Absorption bzw. -1.94 mm/s gegen $BaSnO_3$ in Emission [31]. Für die Quadrupolaufspaltung (in mm/s) werden gefunden 2.80 [27, 28, 32, 33], 2.82 [29], 2.827 [30] und 3.17 in Absorption bzw. 3.07 in Emission [31] und berechnet -2.74 [33].

Im Massenspektrum von $(C_6H_5CH_2)_3SnCl$ bei 70 eV erscheinen neben dem Molekül-Ion folgende Ionen: Sn^+, SnH^+, $SnCl^+$, $SnC_6H_5CH_2^+$, $C_6H_5CH_2SnCl^+$, $C_{14}H_{11}Sn^+$, $C_{14}H_{13}SnCl^+$ und $(C_6H_5CH_2)_2Sn^+$ [39].

Tabelle 23
IR- und Raman-Spektren von $(C_6H_5CH_2)_3SnCl$.

Zuordnung	ν in cm^{-1} IR [35] Nujol	IR [35] CS_2	IR [35] CCl_4	IR [36] Nujol	Raman [36] fest	IR [2] Nujol
νCH		3070 m	3072 st			
νCH		3034 m	3032 st			
$\nu_{as}CH_2$		2935 m	2930 m			
νCC	1599 m		1604 m			1600 Sch
νCC			1579 m			1580
νCC	1488 m		1492 m			1485
νCC, δCH_2	1457 st		1458 m			1442
νCC		1329 s	1333 s			1320 s
βCH	1312 s	1308 m	1312 m			
ωCH		1296 s				
νCCH_2, βCH	1211 m	1207 st				1209
βCH	1182 m	1181 m	1183 m			1185 s
δCH_2	1115 s					1110
βCH	1045 m	1047 st	1050 st			1050
βCH	1028 m	1026 m	1029 m			1027
Ring	997 s	996 m				1000 s
γCH		983 s				
γCH	970 s		975 s			970 s
γCH	904 s	900 m	904 m			902
γCH	848 s	842 s				
γCH	760 st	768 st				755 st
γCH_2	710 Sch					725
γCH	700 st	702 st				
νCC (Phenyl)						692 st
νCCC				620 s	620	620
νSnC				582 s	582	583 s
νSnC				558 s	563	
νCCC				549 m	545	550
νCCC				538 s		538
νCC (Phenyl)				452 st	455	454
νCC (Phonyl)				434 st	432	438
δCCSn				337 m	338	
νSnCl				295 st	295	
βCCl				220 st	223	
					205 Sch	
					200	
δC_3SnCl					134	
δSnC_3					118	
γCCl					96	
τCC					61	

Kombinations- und Oberschwingungen sowie nicht zugeordnete Banden s. in den Originalen.

Physikalische Eigenschaften. $(C_6H_5CH_2)_3SnCl$ kristallisiert in Form farbloser Kristalle, für die folgende Schmelzpunkte angegeben werden: 108°C [2], 127 bis 130°C [1, 13], 141 bis 142°C [11], 142°C [4], 142 bis 143°C [39], 142 bis 144°C [9, 15], 143 bis 145°C [3, 6] und 148°C [5, 7].

Chemisches Verhalten. Bei der Photolyse von $(C_6H_5CH_2)_3SnCl$ in Benzol in Gegenwart von Phenyl-tert-butylnitron können ESR-spektroskopisch Benzylradikale nachgewiesen werden. Nach zweistündiger Bestrahlung treten noch weitere ESR-Banden auf, die auf ein „Spin-Addukt" von $C_6H_5CH_2$-Radikalen an das Nitron zurückgeführt werden [40]. $(C_6H_5CH_2)_3SnCl$ wird bei 77 K in einem Glas aus 2-Methyltetrahydrofuran von durch γ-Bestrahlung erzeugten Elektronen zum $(C_6H_5CH_2)_3SnCl^-$-Anion reduziert [41].

$(C_6H_5CH_2)_3SnCl$ reagiert mit $LiAlH_4$ in Diäthyläther unter Bildung von $(C_6H_5CH_2)_3SnH$ [5, 29]. Mit Li im Überschuß wird in Tetrahydrofuran bei Zimmertemperatur Sn neben LiCl und $C_6H_5CH_2Li$ erhalten [42], während mit Na in Toluol $[(C_6H_5CH_2)_3Sn]_2$ entsteht [43]. Mit J_2 reagiert die Verbindung in warmem CCl_4 unter Bildung von $(C_6H_5CH_2)_2SnCl_2$ neben $(C_6H_5CH_2)_2SnJ_2$ und $C_6H_5CH_2J$ [3], mit J_2 und HCl kann dann aber nur $(C_6H_5CH_2)_2SnCl_2$ isoliert werden [14]. $(C_6H_5CH_2)_3SnCl$ wird von HCl in Dioxan unter Bildung von $(C_6H_5CH_2)_2SnCl_2$ und Toluol gespalten. In Gegenwart von $HgCl_2$ entsteht in Dioxan im Bombenrohr bei Temperaturen bis 100°C daneben noch $C_6H_5CH_2HgCl$. Bei der entsprechenden Umsetzung von $(C_6H_5CH_2)_3SnCl$ mit DCl und $HgCl_2$ entstehen neben $(C_6H_5CH_2)_2SnCl_2$ und $C_6H_5CH_2HgCl$ als Deuterierungsprodukte o-$DC_6H_4CH_2HgCl$ sowie o-$DC_6H_4CH_2D$ und $C_6H_5CH_2D$ [44, 45]. Zu diesem „ortho-Angriff" am Phenylring von $(C_6H_5CH_2)_3SnCl$ durch DCl s. auch [46]. Mit NaN_3 reagiert $(C_6H_5CH_2)_3SnCl$ in Diäthyläther-Wasser bei Zimmertemperatur unter Bildung von $(C_6H_5CH_2)_3SnN_3$ [4].

$(C_6H_5CH_2)_3SnCl$ reagiert mit NaOH unter Bildung von $(C_6H_5CH_2)_3SnOH$ [6], ebenso mit KOH [13, 47]. Bei letzterer Reaktion entsteht allerdings auch $[(C_6H_5CH_2)_3Sn]_2O$ [7]. Mit Na_2CO_3 reagiert die Verbindung in Wasser unter Bildung von $(C_6H_5CH_2)_3SnOH$ [15]. Mit $C_{17}H_{35}COONa$ entsteht $(C_6H_5CH_2)_3SnOOCC_{17}H_{35}$ [6], mit RSO_2Na ($R = C_6H_5$, p-$CH_3C_6H_4$) wird $(C_6H_5CH_2)_3SnO_2SR$ erhalten [48].

$(C_6H_5CH_2)_3SnCl$ reagiert mit CH_3Li in Diäthyläther bei Zimmertemperatur unter Bildung von $Sn(CH_3)_4$ neben LiCl und $C_6H_5CH_2Li$ [42]. Mit NaC≡CH entsteht in flüssigem NH_3 dagegen $(C_6H_5CH_2)_3SnC{\equiv}CSn(CH_2C_6H_5)_3$, ebenso mit BrMgC≡CMgBr [49], während mit C_2H_5MgBr [3], C_6H_5MgBr [14] und p-$CH_3C_6H_4MgBr$ [14], jeweils in Diäthyläther, die entsprechenden Grignardierungsprodukte $(C_6H_5CH_2)_3SnR$ gebildet werden.

$SnCl_4$ reagiert mit $(C_6H_5CH_2)_3SnCl$ beim Rückflußkochen in Benzol unter Komproportionierung zu $(C_6H_5CH_2)_2SnCl_2$ in 38.4%iger Ausbeute nach 3 h [9]. Mit $Na_2Ru(CO)_4$ wird in Tetrahydrofuran bei 0°C $[(C_6H_5CH_2)_3Sn]_2Ru(CO)_4$ gebildet [50, 51]. Mit $(C_6H_5CH_2)_2SO$ reagiert $(C_6H_5CH_2)_3SnCl$ in $CHCl_3$ unter Bildung eines 1:2-Komplexes [52].

Verwendung. $(C_6H_5CH_2)_3SnCl$ wird als Fungizid verwendet [53]. Während einerseits über die Verwendung von $(C_6H_5CH_2)_3SnCl$ als Stabilisator für PVC berichtet wird [54, 55], wird an anderer Stelle erwähnt, daß der thermische Abbau von PVC durch $(C_6H_5CH_2)_3SnCl$ nicht verhindert wird [56]. $(C_6H_5CH_2)_3SnCl$ dient als Initiator für die Polymerisation von Methylmethacrylat, Styrol und Vinylacetat in Benzol bei 60°C [57] und als Additiv bei der Synthese von Epoxyfasern [58]. Außerdem verbessert ein Zusatz von $(C_6H_5CH_2)_3SnCl$ zur Ausgangslösung für Vernickelungen die Qualität der aufgebrachten Nickeloberfläche [59].

Literatur:

[1] P. Pfeiffer, K. Schnurmann (Ber. Deut. Chem. Ges. **37** [1904] 319/23). — [2] C. J. Cattanach, E. F. Mooney (Spectrochim. Acta A **24** [1968] 407/15). — [3] T. A. Smith, F. S. Kipping (J. Chem. Soc. **101** [1912] 2553/63). — [4] T. N. Srivastava, S. N. Bhattacharya (J. Inorg. Nucl. Chem. **28** [1966] 1480/2). — [5] J. G. Noltes (Functionally Substituted Organotin Compounds, Tin Research Institute, Greenford 1958, S. 1/128).

[6] K. Sisido (Kyoto Daigaku Nippon Kagakusemi Kenyusho Koenshu **12** [1955] 116/21 nach C.A. **1960** 956). — [7] J. G. A. Luijten, G. J. M. van der Kerk (J. Appl. Chem. [London] **11** [1961] 35/7). — [8] K. Sisido, J. Kinukawa, Yoshitomi Drug Manufg. Co. (Japan.P. 53-6626 [1953];

C.A. **1955** 9690). — [9] K. Sisido, Y. Takeda, Z. Kinugawa (J. Am. Chem. Soc. **83** [1961] 538/41). — [10] K. Sisido, S. Kozima (Kyoto Daigaku Nippon Kagakuseni Kenkyusho Koenshu **24** [1967] 29/33 nach C.A. **68** [1968] Nr. 59632).

[11] J. Nosek (Collection Czech. Chem. Commun. **29** [1964] 597/602). — [12] K. Sisido, S. Kozima, T. Hanada (J. Organometal. Chem. **9** [1967] 99/107). — [13] M. M. Nad, K. A. Kocheshkov (Zh. Obshch. Khim. **8** [1938] 42/50 nach C.A. **1938** 5387). — [14] F. B. Kipping (J. Chem. Soc. **1928** 2365/73). — [15] P. Pfeiffer, R. Lehnhardt, H. Luftensteiner, R. Prade, K. Schnurmann, P. Truskier (Z. Anorg. Allgem. Chem. **68** [1910] 102/22).

[16] M. Türler, O. Högl (Mitt. Gebiete Lebensmittelunters. Hyg. **52** [1961] 123/30). — [17] M. K. Saikina (Uch. Zap. Kazan. Gos. Univ. im. V. I. Ul'yanova-Lenina Khim. **116** Nr. 2 [1956] 129/86 nach C.A. **1957** 7191). — [18] S. Kohama (Bull. Chem. Soc. Japan **36** [1963] 830/2). — [19] D. N. Hague, R. H. Prince (J. Chem. Soc. **1965** 4690/6). — [20] V. S. Griffith, G. A. W. Derwish (J. Mol. Spectry. **7** [1961] 233/41).

[21] W. E. Morgan, J. R. van Wazer (J. Phys. Chem. **77** [1973] 964/9). — [22] L. Verdonck, G. P. van der Kelen (J. Organometal. Chem. **5** [1966] 532/6). — [23] L. Verdonck, G. P. van der Kelen (J. Organometal. Chem. **40** [1972] 139/42). — [24] A. P. Tupciauskas, N. M. Sergeev, Yu. A. Ustynyuk (Org. Magn. Resonance **3** [1971] 655/9). — [25] P. J. Smith, L. Smith (Inorg. Chim. Acta Rev. **7** [1973] 11/33).

[26] J. D. Kennedy, W. McFarlane (Rev. Silicon Germanium Tin Lead Compounds **1** [1974] 235/98). — [27] V. I. Goldanskii, V. V. Khrapov, O. Yu. Okhlobystin, V. Ya. Rochev (in: V. I. Goldanskii, R. H. Herber, Chemical Applications of Mössbauer Spectroscopy, New York 1968, S. 336/76). — [28] P. J. Smith (Organometal. Chem. Rev. A **5** [1970] 373/402). — [29] T. Birchall, A. R. Pereira (J. Chem. Soc. Dalton Trans. **1975** 1087/92). — [30] N. W. G. Debye, M. Linzer (J. Chem. Phys. **61** [1974] 4770/6).

[31] B. Mahieu, Y. Llabador (J. Phys. [Paris] **35** [1974] Suppl. Nr. 12, S. C6-329/C6-333). — [32] M. G. Clark, A. G. Maddock, R. H. Platt (J. Chem. Soc. Dalton Trans. **1972** 281/90). — [33] G. M. Bancroft, K. D. Butler (Inorg. Chim. Acta **15** [1975] 57/65). — [34] R. A. Cummins, P. Dunn (Australia Commonwealth Dept. Supply Defense Std. Lab. Rept. Nr. 266 [1963] 106 S.). — [35] V. S. Griffith, G. A. W. Derwish (J. Mol. Spectry. **9** [1962] 83/94).

[36] L. Verdonck, Z. Eeckhaut (Spectrochim. Acta A **28** [1972] 433/8). — [37] A. J. Crowe, P. J. Smith (Inorg. Chim. Acta **19** [1976] L7/L8). — [38] L. Verdonck, G. P. van der Kelen (J. Organometal. Chem. **40** [1972] 135/8). — [39] M. Gielen, M. R. Barthels, M. de Clerq, J. Nasielski (Bull. Soc. Chim. Belges **80** [1971] 189/95). — [40] E. G. Janzen, B. J. Blackburn (J. Am. Chem. Soc. **91** [1969] 4481/90).

[41] H. Jungbluth, H. Möckel, J. Wendenburg (Z. Naturforsch. **29b** [1974] 379/84). — [42] D. Seyferth, R. Suzuki, C. J. Murphy, C. R. Sabet (J. Organometal. Chem. **2** [1964] 431/3). — [43] K. K. Lwa (J. Chem. Soc. **1926** 3243). — [44] V. I. Rozenberg, V. A. Nikanorov, V. I. Salikova, Yu. G. Bundel, O. A. Reutov (Dokl. Akad. Nauk SSSR **223** [1975] 879/82; Dokl. Chem. Proc. Acad. Sci. USSR **220/225** [1975] 450/3). — [45] V. I. Rozenberg, V. A. Nikanorov, V. I. Salikova, Yu. G. Bundel, O. A. Reutov (J. Organometal. Chem. **102** [1975] 7/11).

[46] Yu. G. Bundel, V. A. Nikanorov, M. Abazid, O. A. Reutov (Izv. Akad. Nauk SSSR Ser. Khim. **1973** 233; Bull. Acad. Sci. USSR Div. Chem. Sci. **1973** 248). — [47] E. Krause, O. Schlöttig (Ber. Deut. Chem. Ges. **63** [1930] 1381/7). — [48] U. Kunze, E. Lindner, J. Koola (J. Organometal. Chem. **40** [1972] 327/40). — [49] H. Hartmann, H. Honig (Angew. Chem. **69** [1957] 614). — [50] J. D. Cotton, S. A. R. Knox, F. G. A. Stone (J. Chem. Soc. A **1968** 2758/62).

[51] J. D. Cotton, S. A. R. Knox, F. G. A. Stone (Chem. Commun. **1967** 965/6). — [52] T. N. Srivastava, P. C. Srivastava, K. Srivastava (J. Indian Chem. Soc. **53** [1976] 343/6). — [53] C. A. Horne, Shell Oil Comp. (U.S.P. 3657451 [1970/71]). — [54] T. Morikawa, K. Yoshida (Kagaku To Kogyo [Osaka] **38** [1964] 667/71 nach C.A. **62** [1965] 14891). — [55] K. Sisido, J. Kinukawa, Yoshitomi Drug. Manufg. Co. (Japan.P. 54-7889 [1954]; C.A. **1956** 8250).

[56] M. Imoto, T. Otsu (J. Inst. Polytech. Osaka City Univ. C **4** [1953] 269/80 nach C.A. **1955** 5023). — [57] S. Aoki, C. Shirafuji, Y. Kusuki, T. Otsu (Makromol. Chem. **126** [1969] 8/15). — [58] J. D. B. Smith, R. N. Kauffman, Westinghouse Electric Corp. (Deut. Offenlegungsschrift 2619957 [1975/76]; C.A. **86** [1977] Nr. 56263). — [59] L. L. Linick (Metal Finishing **39** [1941] 611/4).

Tricyclohexyltin Chloride

1.3.2.1.1.6.6 Tricyclohexylzinnchlorid $(c\text{-}C_6H_{11})_3SnCl$

Tricyclohexylzinnchlorid entsteht bei der Umsetzung von $SnCl_4$ mit c-$C_6H_{11}MgCl$ in Tetrahydrofuran-Xylol bei zweistündigem Erhitzen auf 75 bis 85°C [1 bis 5] oder in Tetrahydrofuran-Toluol bei 25 bis 45°C [6]. Eingehende Beschreibung dieses industriell angewandten Verfahrens s. bei [7]. Auch bei der Grignard-Reaktion zwischen $(c\text{-}C_6H_{11})_2SnCl_2$ und c-$C_6H_{11}MgCl$ in Xylol-Tetrahydrofuran unter Rückfluß wird $(c\text{-}C_6H_{11})_3SnCl$ erhalten [8]. Die Verbindung wird auch durch Komproportionierung aus $SnCl_4$ und $Sn(c\text{-}C_6H_{11})_4$ beim Rückflußkochen in Benzol gewonnen [9] sowie aus $SnCl_4$ und $(c\text{-}C_6H_{11})_3SnC_4H_9$ in Benzol [10], aus $SnCl_4$ und $(c\text{-}C_6H_{11})_3SnC_6H_5$ in Xylol beim halbstündigen Rückflußkochen in 98%iger Ausbeute [10, 11] und aus $(c\text{-}C_6H_{11})_3SnOH$ bei der Umsetzung mit verdünnter Salzsäure [12]. Die Komproportionierung zwischen $SnCl_4$ und $Sn(c\text{-}C_6H_{11})_4$ wurde ohne Lösungsmittel im Molverhältnis 6:1, 3:1, 1:1 und 1:3 im Temperaturbereich zwischen 25 und 190°C bei Reaktionszeiten zwischen 1 h und 20 h untersucht. Es wurde die Bildung von $(c\text{-}C_6H_{11})_3SnCl$ neben $(c\text{-}C_6H_{11})_2SnCl_2$ und $SnCl_2$ beobachtet. Die Gegenwart komplexierender Lösungsmittel verzögert die Reaktion. So tritt in Dimethylsulfoxid unterhalb 170°C keine Komproportionierung ein, in Tetramethylensulfoxid nicht unterhalb von 150°C und in einer Mischung aus Xylol und Dimethylsulfoxid nicht unterhalb 140°C [13].

Die Isomerieverschiebung im Mössbauer-Spektrum von $(c\text{-}C_6H_{11})_3SnCl$ beträgt $\delta = 1.64$ mm/s gegen SnO_2, die Quadrupolaufspaltung $\Delta = 3.49$ mm/s [14, 15].

Für die farblose, kristalline Verbindung werden folgende Schmelzpunkte angegeben: 124.5 bis 125°C [10], 124.5 bis 126°C [10], 128 bis 129°C [1 bis 5], 129 bis 130°C [8, 12] und 264°C [9]. Die Verbindung zersetzt sich oberhalb 286°C [12].

$(c\text{-}C_6H_{11})_3SnCl$ reagiert mit Cl_2 in CCl_4 unter Bildung von c-$C_6H_{11}SnCl_3$ [16]. Mit Alkalilaugen wird $(c\text{-}C_6H_{11})_3SnOH$ erhalten [6]. Mit $AgNO_3$ entsteht in Acetonitril beim Rückflußkochen $(c\text{-}C_6H_{11})_3SnNO_3$ [17], mit AgN_3 entsprechend $(c\text{-}C_6H_{11})_3SnN_3$ [17]. Mit organischen Peroxoverbindungen ROOH wird in Gegenwart von $NaNH_2$ in flüssigem NH_3 die Bildung von Verbindungen des Typs $(c\text{-}C_6H_{11})_3SnOOR$ beobachtet [18]. $(c\text{-}C_6H_{11})_3SnCl$ bildet mit Li-Derivaten von Heterocyclen unter Abspaltung von LiCl Verbindungen vom Typ $(c\text{-}C_6H_{11})_3SnR$, wobei R folgende Reste darstellt: 2-Furyl, 2-Pyridyl, 3-Pyridyl, 2-Indenyl [19] sowie über N gebundenes 1,2,3-Benzotriazol [20], ferner Derivate von 1-Imidazol mit Substituenten in 2-, 4- und 5-Stellung, nämlich: CH_3, H, H; H, t-C_4H_9, H; H, H, C_6H_5; CH_3, H, CH_3; i-C_4H_9, H, H; i-C_3H_7, H, H; C_2H_5, H, H; H, H, H; C_6H_5, C_6H_5, C_6H_5; H, 1,2-Cyclohexylen [20]. $(c\text{-}C_6H_{11})_3SnCl$ reagiert mit $NaHAl(OC_2H_5)_3$ in Diäthyläther unter Bildung des Komplexes $(c\text{-}C_6H_{11})_3SnH \cdot Al(OC_2H_5)_3$ [21, 22]. Mit NH_3 entsteht in wasserfreiem Diäthyläther ein flockiger Niederschlag, dessen Analysen allerdings nicht genau auf die Verbindung $(c\text{-}C_6H_{11})_3SnCl \cdot 2NH_3$ passen [12].

$(c\text{-}C_6H_{11})_3SnCl$ wird zur Bekämpfung von Milben [23] und von Skorpionen angewandt [24].

Literatur:

[1] M. and T. Chemicals, Inc. (Neth. Appl. 65-04500 [1964/65]; C.A. **64** [1966] 8240). — [2] M. and T. Chemicals, Inc. (D.P. 1693112 [1965]). — [3] M. and T. Chemicals, Inc. (B.P. 1084076 [1965]). — [4] M. and T. Chemicals, Inc. (F.P. 1434534 [1965]). — [5] M. and T. Chemicals, Inc. (U.S.P. 3355468 [1965]).

[6] G. Bruzzi, Oxon Italia S.p.A. (Deut. Offenlegungsschrift 2332206 [1972/74]; C.A. **80** [1974] Nr. 96160). — [7] G. Bruzzi, Oxon Italia S.p.A. (Deut. Offenlegungsschrift 2460288 [1973/75]; C.A. **83** [1975] Nr. 164378). — [8] M. and T. Chemicals, Inc. (Neth. Appl. 65-05767 [1964/65]; C.A. **64** [1966] 12723). — [9] G. Grüttner (Ber. Deut. Chem. Ges. **47** [1914] 3257/67). — [10] B. G. Kushlefsky, G. H. Reifenberg, W. J. Considine, J. L. Hirshman, M. and T. Chemicals, Inc. (U.S.P. 3607891 [1969/71]).

[11] B. G. Kushlefsky, G. H. Reifenberg, J. L. Hirshman, W. J. Considine, Billiton-M en T-Chemische Industrie N. V. (Deut. Offenlegungsschrift 1955463 [1968/70]; C.A. **73** [1970] Nr. 15000). — [12] E. Krause, R. Pohland (Ber. Deut. Chem. Ges. **57** [1924] 532/45). — [13] H. G. Langer (Tetrahedron Letters **1967** 43/7). — [14] R. H. Platt (J. Organometal. Chem. **24** [1970] C23/C25). — [15] A. G. Maddock, R. H. Platt (J. Chem. Soc. A **1971** 1191/5).

[16] H. G. Langer, T. P. Brady, Dow Chemical Co. (U.S.P. 3557172 [1968/71]; C.A. **75** [1971] Nr. 6107). — [17] D. E. Bublitz, Dow Chemical Co. (U.S.P. 3527775 [1968/70]; C.A. **73** [1970] Nr. 120759). — [18] A. Rieche, J. Dahlmann (Liebigs Ann. Chem. **675** [1964] 19/35). — [19] D. E. Bublitz, Dow Chemical. Co. (U.S.P. 3641037 [1968/72]; C.A. **76** [1972] Nr. 141029). — [20] D. E. Bublitz, Dow. Chemical Co. (U.S.P. 3546240 [1968/70]).

[21] O. Schmitz-duMont, G. Bungard (Angew. Chem. **67** [1955] 208/9). — [22] O. Schmitz-duMont, G. Bungard (Chem. Ber. **92** [1959] 2399/404). — [23] S.I.P.C.A.M. [Societa Italiana Prodotti Chimici e per l'Agricoltura] Milano S.p.A. (F. Demande 2239202 [1973/75]; C.A. **83** [1975] Nr. 92419). — [24] E. E. Kenaga, Dow Chemical Co. (U.S.P. 3264177 [1964/66]; C.A. **65** [1966] 14364).

1.3.2.1.1.7 Sonstige Trialkylzinnchloride R_3SnCl

Other Trialkyltin Chlorides R_3SnCl

$[C_4H_9CH(C_2H_5)CH_2]_3SnCl$

Für die Verbindung ist in der Literatur kein Darstellungsverfahren beschrieben. Zur Analyse im Gemisch mit anderen zinnorganischen Verbindungen mit Hilfe der Dünnschichtchromatographie s. [1]. Die Verbindung reagiert mit m-$C_6H_5C_6H_4MgBr$ in Tetrahydrofuran (1 h Rückflußkochen) und Xylol (12 h Rückflußkochen) unter Bildung von $[C_4H_9CH(C_2H_5)CH_2]_3SnC_6H_4$-m-$C_6H_5$, wobei 30% Ausbeute erzielt werden [2].

$(C_{10}H_{21})_3SnCl$

Tridecylzinnchlorid entsteht bei der Umsetzung von $SnCl_4$ mit $Sn(C_{10}H_{21})_4$ in Gegenwart von MgO und ZnO bei 190°C [3].

$(C_{12}H_{25})_3SnCl$

Tridodecylzinnchlorid wird bei der Komproportionierung zwischen $SnCl_4$ und $Sn(C_{12}H_{25})_4$ bei 190°C in Gegenwart von MgO und ZnO gebildet [3]. Bei Verwendung von $GaCl_3$ als Katalysator können während 30 min bei einer Reaktionstemperatur von 200°C 93% Ausbeute erzielt werden [4]. Ferner entsteht die Verbindung bei der Spaltung von $Sn(C_{12}H_{25})_4$ mit HCl in Diäthyläther [5].

Die farblose, wachsartige Verbindung schmilzt bei 33°C [5]. Bei Testuntersuchungen zur Verwendung von $(C_{12}H_{25})_3SnCl$ als Anthelminthicum konnte keine signifikante Aktivität gegenüber Raillietina cesticillus oder Ascaridia galli festgestellt werden [6].

$(C_{14}H_{29})_3SnCl$

Die Verbindung entsteht bei der Spaltung von $Sn(C_{14}H_{29})_4$ mit HCl in Diäthyläther. Nach 6 h bei Zimmertemperatur werden 85% Ausbeute erzielt. Die farblose Verbindung schmilzt bei 46 bis 47°C [5].

$(C_{16}H_{33})_3SnCl$

Die Verbindung wird bei der Spaltung von $Sn(C_{16}H_{33})_4$ mit HCl in Diäthyläther bei Zimmertemperatur in 74%iger Ausbeute gebildet. Der Schmelzpunkt der farblosen Kristalle liegt bei 55.5 bis 56.5°C [5].

$(C_{18}H_{37})_3SnCl$

Die Synthese von Trioctadecylzinnchlorid erfolgt durch Abspaltung von Octadecan aus $(C_{18}H_{37})_4Sn$ mit Hilfe von HCl in Diäthyläther bei Zimmertemperatur. Die dabei erzielte Ausbeute beträgt 62%. Die farblose Verbindung schmilzt bei 61 bis 62°C [5].

$(c\text{-}C_3H_5)_3SnCl$

Tricyclopropylzinnchlorid entsteht bei der Reaktion zwischen $Sn(c\text{-}C_3H_5)_4$ und $HgCl_2$ in Diäthyläther. Nach dreitägigem Rückflußkochen werden 66% Ausbeute erzielt. Die Verbindung siedet unzersetzt bei 84 bis 85°C/0.4 Torr. Der Brechungsindex beträgt $n_D^{25} = 1.5415$. Bei der Reaktion mit NaJ entsteht $(c\text{-}C_3H_5)_3SnJ$ [7, 8].

$(C_7H_{11})_3SnCl$ (C_7H_{11} =)

Die Verbindung wird bei der Reaktion von $(C_7H_{11})_3SnC_4H_9$ mit $SnCl_4$ in Pentan beim Rückflußkochen erhalten. Bei der Hydrolyse mit NaOH in Methanol entsteht $[(C_7H_{11})_3Sn]_2O$. Die Verbindung wird als Fungizid und Mitizid verwendet [9, 10].

$(CH_2Cl)_3SnCl$

Trichlormethylzinnchlorid entsteht bei der Umsetzung von $SnCl_4$ mit der notwendigen Menge $CH_2{=}N_2$ in Benzol [11, 12, 13]. So werden nach Zutropfen der Diazomethanlösung bei 3 bis 6°C im Verlauf von 4 h und anschließendem 1.5stündigen Rühren bei Zimmertemperatur 14.2% Ausbeute erzielt. Als Nebenprodukte entstehen $(CH_2Cl)_2SnCl_2$ in 22.4%iger und $CH_2ClSnCl_3$ in 24.3%iger Ausbeute. Bei sechsstündigem Zutropfen bei 5 bis 8°C in ätherischer Lösung in Gegenwart von Cu als Katalysator können dagen 94.8% Ausbeute erreicht werden [14].

Abbildung des IR-Spektrums zwischen 3500 und 400 cm^{-1} s. bei [14]. Die νCH-Schwingung wird bei 2946 und 3015 cm^{-1} gefunden [14]. Im ^1H-NMR-Spektrum erscheint ein Singulett-Signal für die CH_2-Protonen bei $\delta = -3.61$ ppm mit $J(^1HC^{117/119}Sn) = 21.6$ Hz in CCl_4-Lösung bzw. bei $\delta = -2.98$ ppm mit $J(^1HC^{117/119}Sn) = 18.6$ Hz in Benzol [14], bei $\tau = 6.31$ mit $J(^1HC^{117/119}Sn) = 18.3$ Hz und $J(^1H^{13}C) = 155$ Hz [11]. ^{35}Cl-NQR-Spektrum bei 77 K: $\nu = 36.171$, 35.772 und 35.166 MHz [15], 35.703 MHz [16]. Vergleiche der Frequenzen aus dem NQR-Spektrum mit der Quadrupolaufspaltung aus dem Mössbauer-Spektrum bei verschiedenen Organozinnchloriden s. bei [17]. Die Isomerieverschiebung im Mössbauer-Spektrum beträgt $\delta = -0.58$ mm/s gegen α-Sn [18] und 1.52 mm/s gegen SnO_2 [19], die Quadrupolaufspaltung 2.55 mm/s [18, 19]. Das Massenspektrum von $(CH_2Cl)_3SnCl$ zeigt Signale bei m/e = 27, 36, 49, 120, 134, 155, 169, 190, 239, 253, 267, 288 und 302 [14].

Die viskose Flüssigkeit siedet bei 119.5 bis 120°C/2 Torr [14], 134 bis 137°C/6 Torr [14], 138 bis 140°C/5 Torr [11, 12, 13]. Die Dichte beträgt $D_4^{20} = 1.9922$ g/cm³ [14], 2.03 g/cm³ [13, 14]. Brechungsindex $n_D^{20} = 1.5920$ [14], 1.593 [12, 13] und 1.5953 [14]. Dipolmoment in Benzol $\mu = 3.11$ D, in Äthylacetat $\mu = 7.94$ D [20].

Die Verbindung reagiert mit CH_3MgBr in Diäthyläther beim Rückflußkochen unter Bildung von $(CH_3)_3SnCH_2Cl$, $(CH_3)_2Sn(CH_2Cl)_2$, $(CH_3)(C_2H_5)Sn(CH_2Cl)_2$ und $(CH_3)_2(C_2H_5)SnCH_2Cl$ [14].

$(CH_3CHCl)_3SnCl$

Die Verbindung wird bei der Umsetzung von $SnCl_4$ mit $CH_3CH{=}N_2$ in Benzol bei 4°C erhalten. Der Siedepunkt liegt bei 130°C/3 Torr. Die Dichte beträgt $D_4^{20} = 1.684$ g/cm³, der Brechungsindex $n_D^{20} = 1.5450$ [12, 13].

$(CF_3CH_2CH_2)_3SnCl$

Für die Verbindung ist bisher kein Darstellungsverfahren beschrieben. Im ^1H- und ^{19}F-NMR-Spektrum werden gefunden: $\tau H_\alpha = 8.88$, $\tau H_\beta = 7.87$, $\delta^{19}F = 69.1$ ppm gegen $CFCl_3$, $J(^1H_\alpha C^{119}Sn) = +56.9$ Hz, $J(^1H_\beta CC^{119}Sn) = -66.6$ Hz, $J(^{19}FCCC^{119}Sn) = 4.0$ Hz, $J(^1HCC^1H) = 8.5$ Hz, $J(^1HCC^{19}F) = 10.1$ Hz [21, 22]. Die Isomerieverschiebung im Mössbauer-Spektrum beträgt $\delta = 0.01 \pm 0.01$ mm/s gegen $PdSn_3$, die Quadrupolaufspaltung 3.59 ± 0.01 mm/s [23].

$(NCCH_2CH_2)_3SnCl$

Die Verbindung wird bei der Reaktion zwischen $Sn(CH_2CH_2CN)_4$ und Cl_2 in $CHCl_3$ bei 25 bis 30°C im Verlauf von 4.5 h in 59.5%iger Ausbeute in Form eines Öles gebildet. Dichte $D_4^{20} = 1.6001$ g/cm³, Brechungsindex $n_D^{20} = 1.5614$, Molrefraktion $R_{mol} = 63.60$ (ber.: 63.70). Bei der Reaktion mit HCl in Wasser entsteht $Cl_2Sn(CH_2CH_2CONH_2)_2$ [24]. Mössbauer-spektroskopische Untersuchungen s. bei [25].

$(HOOCCH_2CH_2)_3SnCl$

Die Verbindung entsteht bei der Spaltung von $Sn(CH_2CH_2CN)_4$ mit NaOH in Methanol beim zweistündigen Rückflußkochen und nachfolgender Reaktion mit HCl in 37%iger Ausbeute. Sie schmilzt unzersetzt bei 96.5 bis 98°C [26, 27].

$(C_2H_5OCH_2CH_2)_3SnCl$

Für die Verbindung ist kein Darstellungsverfahren beschrieben. Sie wird als Schmiermittelzusatz verwendet [28].

$(O_2NCH_2)_3SnCl$

Die Verbindung wird bei der Umsetzung von $SnCl_4$ mit $i\text{-}C_3H_7NH_2$ in Triäthylamin-Nitromethan neben $Cl_3SnCH_2NO_2$, $Cl_2Sn(CH_2NO_2)_2$ und $[i\text{-}C_3H_7NH_3]_2[SnCl_6]$ gebildet [29]. Die Isomerieverschiebung im Mössbauer-Spektrum beträgt $\delta = 2.70 \pm 0.08$ mm/s gegen β-Sn [30].

$(C_6H_5CH_2CH_2)_3SnCl$

Für die Verbindung wird in der Literatur kein Darstellungsverfahren angegeben. Sie wird als Fungizid verwendet [31].

$(C_6H_5CH_2CH_2CH_2)_3SnCl$

Die Verbindung entsteht bei der Komproportionierung zwischen $SnCl_4$ und $Sn(CH_2CH_2CH_2C_6H_5)_4$ im Molverhältnis 1:3 erst 45 min bei 95°C und anschließend 2 h bei 200 bis 205°C in 55.8%iger Ausbeute. Der Schmelzpunkt liegt bei 61 bis 61.5°C. Bei der Reaktion mit $KF \cdot 2H_2O$ in Methanol wird beim Rückflußkochen in 84%iger Ausbeute nach 30 min $(C_6H_5CH_2CH_2CH_2)_3SnF$ gebildet [32]. Die Verbindung wird als Fungizid verwendet [31].

$[C_6H_5CH(CH_3)CH_2]_3SnCl$

Für die Verbindung wird in der Literatur kein Darstellungsverfahren angegeben. Sie wird als Fungizid verwendet [31].

$(C_6H_5CH_2CH_2CH_2CH_2)_3SnCl$

Für die Verbindung wird kein Syntheseverfahren angegeben. Sie wird als Fungizid verwendet [31].

$[(CH_3)_2C(C_6H_5)CH_2]_3SnCl$

Die Verbindung wird bei der Umsetzung von $SnCl_4$ mit $(CH_3)_2C(C_6H_5)CH_2MgCl$ erhalten [33]. In Diäthyläther werden dabei nach einstündigem Rückflußkochen 44% [34], in Diäthyläther und anschließend in Benzol beim Rückflußkochen 48% Ausbeute erzielt [32].

Im ^{1}H-NMR-Spektrum der Verbindung werden folgende Signale gefunden: $\delta CH_3 = -71.6$ Hz, $J(^1HCCC^{117/119}Sn) = 73.1/74.6$ Hz, $J(^1H^{13}C) = 125.5$ Hz, $\delta CH_2 = -68.2$ Hz, $J(^1HC^{117/119}Sn) = 46.9/48.9$ Hz, $\delta C_6H_5 = -430.1$ Hz [32], $\delta CH_3 = -1.205$ ppm, $J(^1HCCCSn) = 5.53$ Hz (!), $\delta CH_2 = -1.205$ ppm, $J(^1HCSn) = 48.0$ Hz in Aceton(d^6), $\delta CH_3 = -1.19$ ppm, $J(^1HCCCSn) = 5.8$ Hz(!), $\delta CH_2 = -1.05$ ppm, $J(^1HCSn) = 47.8$ Hz in CCl_4 [34]. Werte für die Isomerieverschiebung im

Mössbauer-Spektrum: $\delta = 1.39$ mm/s [35] und 1.392 mm/s gegen SnO_2 [34, 36], 1.41 mm/s gegen SnO_2 [37]. Die Quadrupolaufspaltung beträgt $\Delta = 2.626$ mm/s [37], 2.63 mm/s [38], −2.65 mm/s [39], 2.65 mm/s (ber.: −2.74 mm/s) [40], 2.652 mm/s [34, 36]. Zur Berechnung von Del Re-Parametern mit Hilfe Mössbauer-spektroskopischer Daten s. [38], zur Berechnung der Orbitalpopulation bei verschiedenen zinnorganischen Verbindungen s. [41].

Für die Verbindung wird ein Schmelzpunkt von 116.5 bis 117.5°C [32] und 115.5 bis 118.5°C angegeben [34].

Die Verbindung reagiert mit NaOH beim Rückflußkochen unter Bildung von $[(CH_3)_2C(C_6H_5)CH_2]_3SnOH$ [34], mit 10%iger NaOH-Lösung unter Bildung von $\{[(CH_3)_2C(C_6H_5)CH_2]_3Sn\}_2O$ in 76%iger Ausbeute [32]. Mit $Na_2S \cdot 9H_2O$ entsteht in Diäthyläther beim Rückflußkochen $\{[(CH_3)_2C(C_6H_5)CH_2]_3Sn\}_2S$ [34], mit $KF \cdot 2H_2O$ wird in Methanol beim halbstündigen Rückflußkochen in 86.6%iger Ausbeute $[(CH_3)_2C(C_6H_5)CH_2]_3SnF$ gebildet [32]. Mit Na reagiert die Verbindung in flüssigem NH_3 unter Bildung von $\{[(CH_3)_2C(C_6H_5)CH_2]_3Sn\}_2$ [32], mit LiC_6H_5 in Diäthyläther und Benzol bei 60°C unter Bildung von $[(CH_3)_2C(C_6H_5)CH_2]_3SnC_6H_5$ [42].

Trineophylzinnchlorid wird als Fungizid [31], als Agenz zur Bekämpfung von Tetramychus medanieli auf Apfelbäumen [43] und als Zuschlagstoff zu Antifoulingmitteln verwendet [44].

$[p\text{-}(CH_3)_2CHC_6H_4CH_2]_3SnCl$

Die Verbindung entsteht bei der Umsetzung von Sn mit $p\text{-}(CH_3)_2CHC_6H_4CH_2Cl$ in Wasser in 30%iger Ausbeute in Form verfilzter Nadeln, die nach Umkristallisation aus Äthanol bei 121°C schmelzen [45]. Im ^{119}Sn-NMR-Spektrum erscheint ein Signal bei −118 ppm [46]. Die Verbindung reagiert mit 10%iger NaOH-Lösung in Aceton unter Bildung des entsprechenden Hydroxides R_3SnOH in 87.7%iger Ausbeute. Mit Na_2S in Wasser entsteht beim Rückflußkochen $(R_3Sn)_2S$ in 93.8%iger Ausbeute [45].

$[p\text{-}(CH_3)_3CC_6H_4CH_2]_3SnCl$

Die Verbindung wird lediglich innerhalb einer vergleichenden Arbeit über die Korrelation Mössbauer-spektroskopischer Daten von zinnorganischen Verbindungen erwähnt [25].

$[p\text{-}CH_3C_6H_4C(CH_3)_2CH_2]_3SnCl$

Von der Verbindung wird kein Darstellungsverfahren angegeben. Sie wird lediglich im Zusammenhang mit ihrer Verwendung als Fungizid erwähnt [31].

$(o\text{-}FC_6H_4CH_2)_3SnCl$

Die Verbindung entsteht bei der Umsetzung von Sn mit $o\text{-}FC_6H_4CH_2Cl$ in Wasser bei 100°C nach 2.5 h in 75.6%iger Ausbeute. Nach Umkristallisieren aus Hexan zeigt sie einen Schmelzpunkt von 40 bis 41°C [47].

$(p\text{-}FC_6H_4CH_2)_3SnCl$

Bei der Reaktion zwischen Sn und $p\text{-}FC_6H_4CH_2Cl$ in siedendem Wasser entsteht bei 2.5stündiger Reaktionsdauer die Verbindung in 77.4%iger Ausbeute. Nach der Umkristallisation aus Methyläthylketon schmilzt das Produkt bei 124 bis 126°C [47]. Im ^1H-NMR-Spektrum werden folgende Signale gefunden: $\delta CH_2 = -2.67$ ppm, $J(^1HC^{117/119}Sn) = 60.5/63$ Hz, $J(^1H^{13}C) = 134$ Hz (in CH_2Cl_2; $\delta CH_2Cl_2 = 0$ ppm); ^{119}Sn-NMR: $\delta = -53$ ppm [48]. Im IR- und Raman-Spektrum in Nujol werden folgende Banden (in cm^{-1}; IR-Daten in Klammern) zugeordnet: $\nu SnCl = 304$ (291 st), 298 (313 Sch), (302 Sch), $\nu SnC = 572$ (570 s), 559 (560 s). Die Banden in Lösung von C_6H_{12}, Benzol und Aceton weichen geringfügig von diesen Werten ab. Frequenzen des $p\text{-}FC_6H_4CH_2$-Restes s. im Original [49].

$(o\text{-}ClC_6H_4CH_2)_3SnCl$

Die Verbindung entsteht bei der Reaktion zwischen Sn und $o\text{-}ClC_6H_4CH_2Cl$ in Wasser beim 2.5stündigen Rückflußkochen in 68.3%iger Ausbeute. Nach Umkristallisieren aus Cyclohexan wird ein Schmelzpunkt von 38 bis 40°C gefunden [47].

$(p\text{-}ClC_6H_4CH_2)_3SnCl$

Die Verbindung entsteht bei der Umsetzung von Sn mit $p\text{-}ClC_6H_4CH_2Cl$ in Wasser bei 100°C nach 2.5 h in 74.8%iger Ausbeute. Nach Umkristallisieren aus Cyclohexan liegt der Schmelzpunkt bei 114 bis 116°C [47]. Im ^1H-NMR-Spektrum werden folgende Signale gefunden: $\delta CH_2 = -2.67$ ppm, $J(^1HC^{117/119}Sn) = 61/63.5$ Hz, $J(^1H^{13}C) = 134.5$ Hz (in CH_2Cl_2; $\delta CH_2Cl_2 = 0$ ppm); ^{119}Sn-NMR: $\delta = -50$ ppm [48]. Im IR- und Raman-Spektrum der festen Verbindung in Nujol werden folgende Banden (in cm^{-1}; IR-Daten in Klammern) zugeordnet: $\nu SnCl = 393$ (298 st), $\nu SnC = 574$ (571 s), 545 (545 s). Die Banden in Lösung von C_6H_{12}, Benzol und Aceton weichen geringfügig von diesen Werten ab. Banden der $p\text{-}ClC_6H_4CH_2$-Gruppe s. im Original [49].

$(o\text{-}CH_3C_6H_4CH_2)_3SnCl$

Die Verbindung wird bei der Reaktion zwischen Sn und $o\text{-}CH_3C_6H_4CH_2Cl$ in siedendem Wasser nach 1.5stündiger Reaktionsdauer in 60.7%iger Ausbeute erhalten. Der Schmelzpunkt nach Umkristallisation aus Hexan liegt bei 88 bis 91°C [47].

$(m\text{-}CH_3C_6H_4CH_2)_3SnCl$

Nach 1.5stündiger Umsetzung von Sn und $m\text{-}CH_3C_6H_4CH_2Cl$ in Wasser bei 100°C entsteht die Verbindung in 70%iger Ausbeute. Schmelzpunkt nach Umkristallisation aus Petroläther: 35 bis 40°C [47].

$(p\text{-}CH_3C_6H_4CH_2)_3SnCl$

Die Synthese der Verbindung erfolgt durch 1.5stündiges Rückflußkochen von Sn mit $p\text{-}CH_3C_6H_4CH_2Cl$ in Wasser. Dabei werden 55.5% Ausbeute erzielt. Der Schmelzpunkt liegt bei 208°C unter Zersetzung (nach Umkristallisieren aus Methylisobutylketon) [47]. Für ein nach der gleichen Methode dargestelltes Präparat wird ein Zersetzungspunkt von 190°C in der Patentliteratur angegeben [50].

$(p\text{-}CH_3OC_6H_4CH_2)_3SnCl$

Die Bildung der Verbindung erfolgt durch Reaktion von Sn mit $p\text{-}CH_3OC_6H_4CH_2Cl$ in Wasser bei 100°C. Nach 1.5stündigem Rückflußkochen unter Rühren werden 40.3% Ausbeute festgestellt. Die Verbindung schmilzt nach Umkristallisation aus CCl_4 bei 100°C unter Zersetzung [47].

$[C_4H_3S\text{-}C(CH_3)_2CH_2]_3SnCl$ (C_4H_3S = 2-Thienyl)

Die Verbindung wird durch Grignard-Reaktion aus $SnCl_4$ und C_4H_3SMgCl synthetisiert. Dabei wird die Grignard-Verbindung bei der Reaktion zwischen $CH_2{=}C(CH_3)CH_2Cl$, Thiophen und BF_3-Ätherat über $C_4H_3SC(CH_3)_2CH_2Cl$, das dann mit Mg weiterreagiert, erhalten. Die Verbindung wird als Fungizid verwendet [51].

$[(CH_3)_3SiCH_2]_3SnCl$

Tristrimethylsilylmethylzinnchlorid entsteht bei der Komproportionierung von $Sn[CH_2Si(CH_3)_3]_4$ mit $SnCl_4$ bei 210°C im Verlauf einer 16stündigen Reaktion in 79%iger Ausbeute [52, 53]. Es wird aus Sn und $(CH_3)_3SiCH_2Cl$ in Piperidin in Gegenwart von SnJ_4 bei 170°C in nur 3.5%iger Ausbeute neben dem Hauptprodukt $[(CH_3)_3SiCH_2]_2SnCl_2$ erhalten [54]. Bei der Reaktion zwischen

$\{[(CH_3)_3SiCH_2]_3Sn\}_2Hg$ und $HgCl_2$ in Tetrahydrofuran bei Zimmertemperatur entsteht die Verbindung in 91.1%iger Ausbeute [52, 53].

Als Schmelzpunkt der Verbindung werden bei dem nach dem ersten Verfahren erhaltenen Produkt 94 bis 96°C und für das nach dem dritten Verfahren erhaltene Produkt 93 bis 95°C angegeben [52, 53].

Die Verbindung reagiert mit $LiAlH_4$ in Diäthyläther bei Zimmertemperatur unter Bildung von $[(CH_3)_3SiCH_2]_3SnH$ [52, 53]. Mit CH_3MgBr wird $[(CH_3)_3SiCH_2]_3SnCH_3$ gebildet [54]. Bei der Umsetzung mit $[(C_2H_5)_3Ge]_2Hg$ in Tetrahydrofuran im Bombenrohr bei 100°C entsteht bei UV-Bestrahlung $\{[(CH_3)_3SiCH_2]_3Sn\}_2$ neben $[(CH_3)_3SiCH_2]_3SnGe(C_2H_5)_3$ [52, 53].

$[(CH_3)_2SiClCH_2]_3SnCl$

Die Verbindung entsteht bei der Reaktion zwischen Sn und $(CH_3)_2SiClCH_2Cl$ in Triäthylamin in Gegenwart von SnJ_4 bei 180°C nach 5 h in nur 6.9%iger Ausbeute neben dem Hauptprodukt $[(CH_3)_2ClSiCH_2]_2SnCl_2$. Die farblose Verbindung schmilzt bei 58 bis 59°C und siedet bei 140 bis 145°C/0.4 Torr. Im ^{1}H-NMR-Spektrum erscheinen folgende Signale: $\delta CH_3 = -0.33$ ppm, $\delta CH_2 = -0.61$ ppm, $J(^1HC^{117/119}Sn) = 77.4/81.0$ Hz [54].

$(CH_3SiCl_2CH_2)_3SnCl$

Die Synthese der Verbindung erfolgt durch Umsetzung von Sn mit $CH_3SiCl_2CH_2Cl$ in Triäthylamin in Gegenwart von SnJ_4 bei 180°C. Nach 5 h werden neben dem Hauptprodukt $(CH_3SiCl_2CH_2)_2SnCl_2$ und etwas $CH_3SiCl_2CH_2SnCl_3$ nur 5.4% Ausbeute an der Titelverbindung erreicht [54].

$\{[(CH_3)_3Si]_2CH\}_3SnCl$

Die Verbindung wird bei der Umsetzung von $\{[(CH_3)_3Si]_2CH\}_2Sn$ mit $[(CH_3)_3Si]_2CHCl$ in Hexan bei Zimmertemperatur in Ar-Atmosphäre in 70%iger Ausbeute erhalten. Auch aus einer Mischung von $\{[(CH_3)_3Si]_2CH\}_2Sn$ und Cl_2 in Hexan entsteht bei Temperaturen zwischen −30 und 0°C die Verbindung neben den entsprechenden Derivaten R_2SnCl_2 und $RSnCl_3$, wie aus NMR-spektroskopischen Untersuchungen hervorgeht [55].

Das in reiner Form isolierte farblose Produkt aus dem ersten Darstellungsverfahren schmilzt bei 191 bis 193°C. Im IR-Spektrum erscheint die νSnCl-Schwingung bei 315 cm^{-1}. Signale im ^{1}H-NMR-Spektrum: $\tau CH_3 = 9.55$, $\tau CH = 9.62$ [55]. Die Isomerieverschiebung im Mössbauer-Spektrum beträgt $\delta = 1.27$ mm/s gegen SnO_2, die Quadrupolaufspaltung $\Delta = 2.18$ mm/s [56].

Bei der Reaktion von $\{[(CH_3)_3Si]_2CH\}_3SnCl$ mit elektronenreichen Olefinen wie z.B. $[(CH_3)_2N]_2C{=}C[N(CH_3)_2]_2$ oder $RNCH_2CH_2NRC{=}CNRCH_2CH_2NR$ mit R = CH_3 oder C_2H_5 in Hexan oder Toluol entsteht bei UV-Bestrahlung das Radikal $\{[(CH_3)_3Si]_2CH\}_3Sn\cdot$ mit dem ungepaarten Elektron am Sn, wie ESR-spektroskopisch nachgewiesen werden konnte [57].

Literatur:

[1] K. Bürger (Z. Anal. Chem. **192** [1963] 280/6). — [2] H. Zimmer, M. A. Barcelon, W. T. Jones (J. Organometal. Chem. **63** [1973] 133/8). — [3] F. Abe, M. Umeno, A. Sato, T. Konami, Hokko Chemical Industry Co., Ltd. (Japan.P. 75-24951 [1969/75]; C.A. **84** [1976] Nr. 165028). — [4] H. Bretschneider, F. Veith, H. Sextl, Farbwerke Hoechst A.-G. (D.P. 1962301 [1969/71]; C.A. **75** [1971] Nr. 36352). — [5] R. N. Meals (J. Org. Chem. **9** [1944] 211/8).

[6] K. B. Kerr, A. W. Walde (Exptl. Parasitol. **5** [1956] 560/70). — [7] D. Seyferth, H. M. Cohen (Inorg. Chem. **2** [1963] 652/3). — [8] D. Seyferth, Dow Chemical Co. (U.S.P. 3347888 [1963/67]; C.A. **68** [1968] Nr. 59726). — [9] M. H. Gitlitz, M and T Chemicals, Inc. (U.S.P. 3892862 [1972/75]; C.A. **83** [1975] Nr. 143001). — [10] M. H. Gitlitz, M and T Chemicals, Inc. (U.S.P. 3781316 [1972/73]; C.A. **80** [1974] Nr. 60042).

[11] L. Verdonck, G. P. van der Kelen, Z. Eeckhaut (J. Organometal. Chem. **11** [1968] 487/90). — [12] A. Yu. Yakubovich, S. P. Makarov, G. I. Gavrilov (Zh. Obshch. Khim. **22** [1952] 1788/93 nach C.A. **1953** 9257). — [13] A. Yu. Yakubovich, S. P. Makarov, V. A. Ginsburg, G. I. Gavrilov, Yu. N.

Merkulova (Dokl. Akad. Nauk SSSR [2] **72** [1950] 69/72 nach C.A. **1951** 2856). — [14] R. G. Kostyanovskii, A. K. Prokofev (Izv. Akad. Nauk SSSR Ser. Khim. **1968** 274/9; Bull. Acad. Sci. USSR Div. Chem. Sci. **1968** 270/4). — [15] G. K. Semin, T. A. Babushkina, A. K. Prokofev, R. G. Kostyanovskii (Izv. Akad. Nauk SSSR Ser. Khim. **1968** 1401/4; Bull. Acad. Sci. USSR Div. Chem. Sci. **1968** 1326/8).

[16] M. G. Voronkov, V. P. Feshin, V. F. Mironov, S. A. Mikhailyants, T. K. Gar (Zh. Obshch. Khim. **41** [1971] 2211/7; J. Gen. Chem. USSR **41** [1971] 2237/42). — [17] Yu. K. Maksyutin, V. V. Khrapov, L. S. Melnichenko, G. K. Semin, N. N. Zemlyanskii, K. A. Kocheshkov (Izv. Akad. Nauk SSSR Ser. Khim. **1972** 602/4; Bull. Acad. Sci. USSR Div. Chem. Sci. **1972** 562/3). — [18] V. I. Goldanskii, V. V. Khrapov, O. Yu. Okhlobystin, V. Ya. Rochev (in: V. I. Goldanskii, R. H. Herber, Chemical Application of Mössbauer Spectroscopy, New York 1968, S. 336/76). — [19] P. J. Smith (Organometal. Chem. Rev. A **5** [1970] 373/402). — [20] T. Ya. Melnikova, Yu. V. Kolodyazhnyi, A. K. Prokofev, O. A. Dsipov (Zh. Obshch. Khim. **46** [1976] 1812/6; J. Gen. Chem. USSR **46** [1976] 1759/61).

[21] D. E. Williams, L. H. Toporcer, G. M. Ronk (J. Phys. Chem. **74** [1970] 2139/42). — [22] M. Barnard, P. J. Smith, R. F. M. White (J. Organometal. Chem. **77** [1974] 189/97). — [23] D. E. Williams, C. W. Kocher (J. Chem. Phys. **52** [1970] 1480/8). — [24] L. V. Kaabak, A. P. Tomilov (Zh. Obshch. Khim. **33** [1963] 2808/10; J. Gen. Chem. USSR **33** [1963] 2734). — [25] V. Kotkhekar, V. S. Shpinel (Zh. Strukt. Khim. **10** [1969] 37/42).

[26] G. H. Reifenberg, W. J. Considine (J. Organometal. Chem. **9** [1967] 495/504). — [27] W. J. Considine, G. H. Reifenberg, M and T Chemicals, Inc. (U.S.P. 3412122 [1966/68]; C.A. **70** [1969] Nr. 58027). — [28] B. H. Lincoln, Lubri-Zol Development Corp. (U.S.P. 2334566 [1940/43]; C.A. **1944** 3828). — [29] I. G. Litvyak, T. N. Sumarokova (Zh. Obshch. Khim. **34** [1964] 3677/82; J. Gen. Chem. USSR **34** [1964] 3727/30). — [30] V. I. Goldanskii, E. F. Makarov, P. A. Stukhan, T. N. Sumakarova, V. A. Trukhtanov, V. V. Khrapov (Dokl. Akad. Nauk SSSR **156** [1964] 400/3; Dokl. Phys. Chem. Proc. Acad. Sci. USSR **154/159** [1964] 474/7).

[31] C. A. Horne, Shell Oil Comp. (U.S.P. 3657451 [1970/71]). — [32] H. Zimmer, O. A. Homberg, M. Jaywant (J. Org. Chem. **31** [1966] 3857/60). — [33] D. A. Daniels, W. R. Davies, M and T Chemicals, Inc. (U.S.P. 3849460 [1973/74]; C.A. **82** [1975] Nr. 98148). — [34] W. T. Reichle (Inorg. Chem. **5** [1966] 87/91). — [35] J. J. Zuckerman (J. Inorg. Nucl. Chem. **29** [1967] 2191/202).

[36] R. H. Herber, H. A. Stöckler, W. T. Reichle (J. Chem. Phys. **42** [1965] 2447/52). — [37] R. H. Herber, H. A. Stöckler (Trans. N.Y. Acad. Sci. [2] **26** [1964] 929/33). — [38] R. Gupta, B. Majee (J. Organometal. Chem. **49** [1973] 203/11). — [39] H. C. Clark, J. H. Tsai (Inorg. Chem. **5** [1966] 1407/15). — [40] G. M. Bancroft, K. D. Butler (Inorg. Chim. Acta **15** [1975] 57/65).

[41] A. G. Maddock, R. H. Platt (J. Chem. Phys. **55** [1971] 1490/1). — [42] H. J. Götze (Chem. Ber. **105** [1972] 1775/7). — [43] C. A. Horne, Shell Internationale Research Maatschappij N.V. (Deut. Offenlegungsschrift 2115666 [1970/71]; C.A. **76** [1972] Nr. 69178). — [44] K. Kobayashi, T. Hamachi, Nitto Kasei Co., Ltd. (Japan. Kokai 76-73032 [1974/76]; C.A. **85** [1976] Nr. 105438). — [45] O. Danek (Collection Czech. Chem. Commun. **26** [1961] 2035/9).

[46] W. McFarlane, R. J. Wood (J. Organometal. Chem. **40** [1972] C17/C20). — [47] K. Sisido, Y. Takeda, Z. Kinugawa (J. Am. Chem. Soc. **83** [1961] 538/41). — [48] L. Verdonck, G. P. van der Kelen (J. Organometal. Chem. **40** [1972] 139/42). — [49] L. Verdonck, G. P. van der Kelen (J. Organometal. Chem. **40** [1972] 135/8). — [50] K. Sisido, J. Kinukawa, Yoshitomi Drug Manufg. Co. (Japan.P. 53-6626 [1953]; C.A. **1955** 9690).

[51] J. P. Foster, S. B. Soloway, Shell Oil Co. (U.S.P. 3736333 [1971/73]; C.A. **79** [1973] Nr. 42695). — [52] G. S. Kalinina, O. A. Kruglaya, B. I. Petrov, N. S. Vyazankin (Izv. Akad. Nauk SSSR Ser. Khim. **1971** 2101; Bull. Acad. Sci. USSR Div. Chem. Sci. **1971** 1997). — [53] O. A. Kruglaya, G. S. Kalinina, B. I. Petrov, N. S. Vyazankin (J. Organometal. Chem. **46** [1972] 51/8). — [54] V. F. Mironov, E. M. Stepina, V. I. Shiryaev (Zh. Obshch. Khim. **42** [1972] 631/6; J. Gen. Chem. USSR **42** [1972] 627/32). — [55] J. D. Cotton, P. J. Davidson, M. F. Lappert (J. Chem. Soc. Dalton Trans. **1976** 2275/86).

[56] J. D. Cotton, P. J. Davidson, M. F. Lappert (J. Chem. Soc. Dalton Trans. **1976** 2286/90). — [57] M. J. S. Gyane, M. F. Lappert (J. Organometal. Chem. **114** [1976] C4/C6).

Trialkenyl- and Trialkinyltin Chlorides R_3SnCl

1.3.2.1.1.8 Trialkenyl- und Trialkinylzinnchloride R_3SnCl

$(CH_2{=}CH)_3SnCl$

Trivinylzinnchlorid entsteht bei der Umsetzung von $SnCl_4$ mit $CH_2{=}CHMgCl$ in Pentan-Tetrahydrofuran [1, 2, 3] und bei der Komproportionierung von $SnCl_4$ mit $Sn(CH{=}CH_2)_4$ nach 3.5 h bei 90 bis 100°C in 43.6%iger Ausbeute neben $(CH_2{=}CH)_2SnCl_2$ [4] bzw. nach 2 bis 3 h bei 30°C in 96%iger Ausbeute [5, 6, 7]. Ferner entsteht die Verbindung bei der Reaktion zwischen $Sn(CH{=}CH_2)_4$ und $TiCl_4$ [8] sowie in geringen Mengen bei der Umsetzung von $Sn(CH{=}CH_2)_4$ mit $CH_3(C_4H_9)SnCl_2$ oder $C_2H_5(C_4H_9)SnCl_2$ bei 60 bis 70°C. Als Nebenprodukt entsteht $CH_3(C_4H_9)(CH_2{=}CH)SnCl$ bzw. $C_2H_5(C_4H_9)(CH_2{=}CH)SnCl$ [9].

Im ^{1}H-NMR-Spektrum von $(CH_2{=}CH)_3SnCl$ erscheint ein Multiplett-Signal. Bei Hochauflösung können für die Protonen folgende chemische Verschiebungen bestimmt werden: $\delta H_1 = -53.5$ Hz, $\delta H_2 = -39.9$ Hz, $\delta H_3 = -61.1$ Hz in CCl_4 gegen H_2O, $J(^1HC^1H) = 2.4$ Hz, $J(^1HCC^1H_{cis}) = 12.6$ Hz, $J(^1HCC^1H_{trans}) = 19.1$ Hz [10]. Die Isomerieverschiebung im Mössbauer-Spektrum wurde zu $\delta = -1.12$ mm/s gegen α-Sn [11] bzw. 1.34 mm/s gegen SnO_2 bestimmt [12]. Die Quadrupolaufspaltung beträgt $\Delta = 3.24$ mm/s [12] bzw. 3.41 mm/s [11]. Im IR-Spektrum erscheint die νC=C-Schwingung bei 1586 cm^{-1} als schwache Bande, die νSnCl bei 351 cm^{-1} als starke Bande. Für die νSnC werden starke Banden im IR-Spektrum bei 544, 525 und 480 cm^{-1} sowie im Raman-Spektrum bei 521 cm^{-1} beobachtet [13]. Vergleiche der νC=C mit der anderer Organozinnverbindungen s. bei [14].

Die Verbindung siedet bei 59 bis 60°C/6 Torr [5], 68 bis 73°C/9 Torr [6, 7], 90 bis 91°C/20 Torr [15], 90 bis 96°C/26 Torr [4]. Dichte $D_4^{20} = 1.5139$ g/cm³ [5, 16]. Brechungsindex $n_D^{20} = 1.5255$ [16], $n_D^{25} = 1.5235$ [5] und 1.5237 [4]. Molrefraktion $R_{mol} = 47.669$ (ber.: 48.767) [16]. Dipolmoment $\mu = 3.00$ D [17]. Nach der Del Re-Methode wurde ein Dipolmoment von $\mu = 3.05$ D berechnet [18].

$(CH_2{=}CH)_3SnCl$ reagiert mit NaOH unter Bildung von $(CH_2{=}CH)_3SnOH$ [5, 19]. Mit $SnCl_4$ tritt bei Zimmertemperatur bereits Komproportionierung ein unter Bildung von $CH_2{=}CHSnCl_3$ [6, 7]. Mit $[(CH_3)_3Sn]_2$ entsteht eine Mischung aus $(CH_2{=}CH)_3SnCH_3$, $(CH_3)_3SnCl$ und $[(CH_3)_2Sn]_n$. Mit $(CH_2{=}CH)_3SnCH_3$ wird $Sn(CH{=}CH_2)_4$ neben $(CH_3)(CH_2{=}CH)_2SnCl$ gebildet [15]. Mit flüssigem SO_2 reagiert die Verbindung im Bombenrohr bei 20°C unter Bildung von $(CH_2{=}CH)_2ClSnOS(O)CH{=}CH_2$, während mit $NaOS(O)C_6H_5$ $(CH_2{=}CH)_3SnOS(O)C_6H_5$ und mit $NaOS(O)C_6H_4$-p-CH_3 entsprechend $(CH_2{=}CH)_3SnOS(O)C_6H_4$-p-$CH_3$ gebildet werden [13].

$(CH_2{=}CH)_3SnCl$ wird als Katalysator zur Polymerisation von Olefinen [8], als Stabilisator für PVC [1, 2, 3, 6, 7] und als Biozid verwendet [20].

$(CHCl{=}CH)_3SnCl$

Von der Verbindung sind das cis- und das trans-Isomere bekannt und auch getrennt isoliert worden. Generell gesehen entsteht die Verbindung bei der Umsetzung von $SnCl_4$ mit $Hg(CH{=}CHCl)_2$ in Aceton bei 55°C [21]. Reines trans-Isomeres entsteht bei der Reaktion zwischen Sn-Na-Legierung (mit 15% Na) und trans-$CHCl{=}CHHgCl$ in Benzol in H_2-Atmosphäre bei 45°C im Verlauf von 3 h in 40%iger Ausbeute [22, 23] sowie bei der Umsetzung von Sn mit (trans-$CHCl{=}CH)_2Hg$ in Äthanol in Gegenwart von HCl bei 50°C nach 4.5 h in 29%iger Ausbeute neben $CHCl{=}CHSnCl_3$ [22]. Die cis-Verbindung entsteht analog aus Sn-Na und cis-$CHCl{=}CHHgCl$ in 58%iger Ausbeute bzw. aus Sn und (cis-$CHCl{=}CH)_2Hg$, im letzteren Fall neben einer Mischung aus cis- und trans-$(CHCl{=}CH)_2SnCl_2$ und $CHCl{=}CHSnCl_3$ [22]. Die trans-Verbindung lagert sich bei UV-Bestrahlung oberhalb 120°C im Verlauf von 25 h in 40%iger Ausbeute [22] sowie bei der Umsetzung mit Benzoylperoxid in Xylol zwischen 95 und 100°C im Verlauf von 30 h zu 50% in das cis-Isomere um [24].

Vom trans-Isomeren wurden folgende ^{1}H-NMR-Parameter bestimmt: $\delta H_\alpha = -6.36$ ppm, $\delta H_\beta = -6.65$ ppm, $J(^1HCC^1H) = 15.4$ Hz in 30%iger Lösung in Aceton [23, 25]. Im IR-Spektrum wurden folgende Banden (in cm^{-1}) registriert: 943 und 1270 [21], 745 m, 760 st, 942 st, 1142 m, 1278 s, 1500 m, 1565 st [23] und 640, 740, 762, 945, 1146, 1280 [26].

Für das trans-Isomere wird ein Schmelzpunkt von 120 bis 121°C angegeben [22, 23, 26]. Das cis-Isomere siedet bei 119.5°C/1 Torr [22]. Ferner wird für die Verbindung ein Siedepunkt von 95 bis 97°C/1 Torr angegeben [21]. Für die cis-Verbindung wird eine Dichte von $D_4^{20} = 1.8058$ g/cm³ und ein Brechungsindex von $n_D^{20} = 1.5821$ angegeben [22]. Brechungsindex $n_D^{20} = 1.5765$ ohne Angabe der Konfiguration [21]. Für die Molrefraktion wurde ein Wert von $R_{mol} = 62.59$ (ber.: 63.29 [27] bzw. 63.48 [28]) für die cis-Verbindung ermittelt.

Sowohl cis- als auch trans-$(CHCl{=}CH)_3SnCl$ reagieren mit $HgCl_2$ in Äthanol unter Abspaltung von Acetylen und Bildung von $CHCl{=}CHHgCl$ in der entsprechenden Konfiguration [22, 23].

$(CH_2{=}CHCH_2)_3SnCl$

Die Verbindung wird durch Umsetzung von $Sn(CH_2CH{=}CH_2)_4$ mit $SnCl_4$ in Benzol bei Zimmertemperatur erhalten. ^{1}H-NMR-Spektrum der Verbindung, gemeinsam mit denen anderer Allylzinnhalogenide s. im Original [29]. Die Verbindung reagiert mit flüssigem SO_2 im Bombenrohr bei 20°C unter Bildung von $(CH_2{=}CHCH_2)ClSn[OS(O)CH_2CH{=}CH_2]_2$ [13]. Mit $NaM(CO)_3C_5H_5$ erfolgt in Tetrahydrofuran Reaktion unter Bildung von Verbindungen des Typs $(CH_2{=}CHCH_2)_3SnM(CO)_3C_5H_5$ mit M = Mo, W [30].

$[CH_2{=}C(CH_3)]_3SnCl$

Die Verbindung entsteht bei der Reaktion zwischen $SnCl_4$ und $CH_2{=}C(CH_3)MgCl$ in Tetrahydrofuran [31].

$[CH_3CH{=}C(CH_3)]_3SnCl$

Die Verbindung wird durch Umsetzung von $SnCl_4$ mit $CH_3CH{=}C(CH_3)MgCl$ in Tetrahydrofuran dargestellt [31].

$[(CH_3)_2CHCH_2C({=}CH_2)]_3SnCl$

Die Verbindung wird durch Umsetzung von $SnCl_4$ mit $(CH_3)_2CHCH_2C({=}CH_2)MgCl$ in Tetrahydrofuran erhalten [31].

$(c-C_5H_5)_3SnCl$

Tricyclopentadienylzinnchlorid entsteht bei der Reaktion zwischen $SnCl_4$ und der dreifachen Menge an NaC_5H_5 oder C_5H_5MgBr in Benzol in quantitativer Ausbeute, ebenso aus $Sn(C_5H_5)_2$ und $HgCl_2$ in Tetrahydrofuran neben C_5H_5SnCl, aus $Sn(C_5H_5)_4$ und $SnCl_4$ durch Komproportionierung bei −60°C in Toluol oder im gleichen Lösungsmittel bei Zimmertemperatur (100% Ausbeute) und auch aus $Sn(C_5H_5)_4$ und $(C_5H_5)_2SnCl_2$ [31]. Bei der Komproportionierung zwischen $SnCl_4$ und $Sn(C_5H_5)_4$ in CCl_4 bei 50°C werden nach 10 min 72.3% an gelben Kristallen gewonnen [32].

Die Verbindung schmilzt bei 83 bis 84°C. Im ^{1}H-NMR-Spektrum erscheint ein Singulett-Signal bei −6.00 ppm, was klar für ein fluktuierendes System spricht [32].

Die Verbindung reagiert mit $SnCl_4$ im Molverhältnis 2:1 unter Bildung von $(C_5H_5)_2SnCl_2$ [31], mit $CH_2{=}CHMgCl$ in 2-Methyltetrahydrofuran unter Bildung von $(C_5H_5)_3SnCH{=}CH_2$. Sie wird als Stabilisator für Polyolefine verwendet [2].

$(c-C_6H_9)_3SnCl$

Tricyclohexen-1-ylzinnchlorid wird bei der Umsetzung von $SnCl_4$ mit $c-C_6H_9MgCl$ in Tetrahydrofuran gebildet [1].

$(CH{\equiv}C)_3SnCl$

Die Verbindung wird bei der Umsetzung von $(C_4H_9)_3SnC{\equiv}CH$ mit $SnCl_4$ im Molverhältnis 1:1 gebildet und im Gleichgewicht mit $CH{\equiv}CSnCl_3$, $(CH{\equiv}C)_2SnCl_2$ und $Sn(C{\equiv}CH)_4$ NMR-spektroskopisch nachgewiesen. Im ^{1}H-NMR-Spektrum wird der Verbindung das Singulett-Signal bei −2.59 ppm mit einer Kopplungskonstanten $J(^1HCC^{117/119}Sn)$ = 59.0/62.0 Hz zugeordnet [33].

Literatur:

[1] H. E. Ramsden, Metal and Thermit Corp. (B.P. 832338 [1960]; C.A. **1961** 3521). — [2] H. E. Ramsden, Metal and Thermit Corp. (U.S.P. 2873287 [1959]; C.A. **1959** 13108). — [3] H. E. Ramsden, Metal and Thermit Corp. (U.S.P. 2965661 [1960]; C.A. **1961** 6377). — [4] D. Seyferth, F. G. A. Stone (J. Am. Chem. Soc. **79** [1957] 515/7). — [5] S. D. Rosenberg, A. J. Gibbons (J. Am. Chem. Soc. **79** [1957] 2138/40).

[6] S. D. Rosenberg, A. G. Gibbons, Metal and Thermit Corp. (B.P. 815954 [1959]; C.A. **1959** 19880). — [7] S. D. Rosenberg, A. J. Gibbons, Metal and Thermit Corp. (U.S.P. 2873288 [1959]; C.A. **1959** 13054). — [8] Y. Takami (Kogyo Kagaku Zasshi **65** [1962] 229/33). — [9] H. G. Kuivila, R. Sommer, D. C. Green (J. Org. Chem. **33** [1968] 1119/22). — [10] W. Brügel, T. Ankel, F. Krückenberg (Z. Elektrochem. **64** [1960] 1121/55).

[11] O. A. Zasyadko, V. Ya. Rochev, R. A. Stukan, R. G. Mirskov, Yu. L. Frolov (Teor. i Eksperim. Khim. **8** [1972] 836/40). — [12] R. V. Parish, R. H. Platt (Inorg. Chim. Acta **4** [1970] 65/72). — [13] U. Kunze, E. Lindner, J. Koola (J. Organometal. Chem. **57** [1973] 319/27). — [14] O. A. Zasyadko, R. G. Mirskov, N. P. Ivanov, Yu. L. Frolov (Zh. Prikl. Spektroskopii **15** [1971] 718/23). — [15] D. C. McWilliam, P. R. Wells (J. Organometal. Chem. **85** [1975] 165/72).

[16] R. Sayre (J. Chem. Eng. Data **6** [1961] 560/4). — [17] H. H. Huang, K. M. Hui, K. K. Chiu (J. Organometal. Chem. **11** [1968] 515/24). — [18] R. Gupta, B. Majee (J. Organometal. Chem. **33** [1971] 169/73). — [19] H. E. Ramsden, S. D. Rosenberg, Metal and Thermit Corp. (U.S.P. 2892856 [1959]; C.A. **1959** 19881). — [20] R. J. Zedler, M and T Chemicals, Inc. (B.P. 1022025 [1961/66]; C.A. **64** [1966] 20554).

[21] A. N. Nesmeyanov, A. E. Borisov, N. V. Novikova (Izv. Akad. Nauk SSSR Ser. Khim. **1970** 857/60; Bull. Acad. Sci. USSR Div. Chem. Sci. **1970** 804/6). — [22] A. N. Nesmeyanov, A. E. Borisov, A. N. Abramova (Izv. Akad. Nauk SSSR Otd. Khim. Nauk **1949** 570/7 nach C.A. **1950** 7759). — [23] A. N. Nesmeyanov, A. E. Borisov, N. V. Novikova, E. I. Fedin (J. Organometal. Chem. **15** [1968] 279/85). — [24] A. N. Nesmeyanov, A. E. Borisov, V. D. Vilchevskaya (Izv. Akad. Nauk SSSR Otd. Khim. Nauk **1949** 578/81 nach C.A. **1950** 3881). — [25] A. N. Nesmeyanov, A. E. Borisov, N. V. Novikova, E. I. Fedin (Dokl. Akad. Nauk SSSR **183** [1968] 118/21; Dokl. Chem. Proc. Acad. Sci. USSR **178/183** [1968] 967/70).

[26] A. E. Borisov, V. V. Klinkova, N. A. Chumaevskii (Dokl. Akad. Nauk SSSR **200** [1971] 64/7). — [27] R. West, E. G. Rochow (J. Am. Chem. Soc. **74** [1952] 2490/1). — [28] A. I. Vogel, W. T. Cresswell, J. Leicester (J. Phys. Chem. **58** [1954] 174/7). — [29] M. Fishwick, M. G. H. Wallbridge (J. Organometal. Chem. **25** [1970] 69/79). — [30] R. M. G. Roberts (J. Organometal. Chem. **40** [1972] 359/66).

[31] U. Schröer, H. J. Albert, W. P. Neumann (J. Organometal. Chem. **102** [1975] 291/5). — [32] N. D. Kolosova, N. N. Zemlyanskii, A. A. Azizov, Yu. A. Ustynyuk, N. P. Barminova, K. A. Kocheshkov (Dokl. Akad. Nauk SSSR **218** [1974] 117/9; Dokl. Chem. Proc. Acad. Sci. USSR **214/219** [1974] 614/6). — [33] E. T. Bogoradovskii, V. P. Novikov, V. S. Zavgorodnii, A. A. Petrov (Zh. Obshch. Khim. **45** [1975] 1650/1; J. Gen. Chem. USSR **45** [1975] 1620/1).

Triphenyltin Chloride

1.3.2.1.1.9 Triphenylzinnchlorid $(C_6H_5)_3SnCl$

Formation. Preparation

1.3.2.1.1.9.1 Bildung und Darstellung

Zur Synthese von Triphenylzinnchlorid eignet sich die Grignardierung von $SnCl_4$ mit entsprechenden Mengen an C_6H_5MgCl [1]. Als Lösungsmittel wird am besten Tetrahydrofuran verwendet [2]. Bei der entsprechenden Reaktion zwischen $SnCl_4$ und C_6H_5MgBr in Xylol und Tetrahydrofuran werden 19.7% Ausbeute an $(C_6H_5)_3SnCl$ erzielt [3 bis 7]. Anstelle von Grignard-Verbindungen können auch Aluminiumorganyle angewandt werden. So entsteht die Verbindung aus $SnCl_4$ und $(C_6H_5)_3Al_2Cl_3$ [8]. Bei dieser Methode wird das Phenylierungsagens durch Umsetzung von Al mit C_6H_5Cl in N_2-Atmosphäre im Verlauf von 24 h bei 130 bis 140°C hergestellt. Die Umsetzung mit $SnCl_4$ erfolgt anschließend bei 100°C. Nach Zugabe von Diäthyläther können 18% an $(C_6H_5)_3SnCl$

neben anderen Phenylzinnchloriden gewonnen werden [9]. Analog reagiert $SnCl_4$ mit C_6H_5ZnCl in Diäthyläther zwischen 0 und 20°C unter Bildung von $(C_6H_5)_3SnCl$ in 46%iger Ausbeute [10]. Aus $SnCl_4$ und CuC_6H_5 entsteht die Verbindung in Diäthyläther im Verlauf von 2 bis 3 h in Ausbeuten bis zu 100% der Theorie. Das zur Synthese benötigte CuC_6H_5 wird dabei einfach durch Umsetzung von C_6H_5MgBr oder LiC_6H_5 mit CuBr erzeugt [11].

Die gängigste Methode zur Darstellung von $(C_6H_5)_3SnCl$ ist die Komproportionierung von $Sn(C_6H_5)_4$ mit $SnCl_4$ [12, 33]. Hierzu werden Reaktionstemperaturen von 90°C [13], 205°C [14] und 210°C benötigt [15]. Die Ausbeuten nach dieser Methode liegen bei 60% [16], 65.6% nach 1 h bei 220°C [34], 70% nach 30 min bei 205°C, 3 h bei 205 bis 210°C und 3 h bei 150 bis 160°C [17], 72% [18], 72% nach 3 h bei 205 bis 215°C und 3 h bei 180 bis 190°C [19], 76% nach 2 h bei 220°C und 20 h bei 240°C im Bombenrohr [20], 87.2% nach 6 h bei 100°C in Gegenwart von $AlCl_3$ [21], 88.5% beim Rückflußkochen in Xylol [22], 96% nach 30 min bei 200°C und anschließendem kurzzeitigen Erhitzen auf 150°C in Gegenwart von 1% $GaCl_3$, wobei ohne $GaCl_3$ nur 84% erreicht werden können [23].

Ausgehend von $Sn(C_6H_5)_4$ kann $(C_6H_5)_3SnCl$ auch synthetisiert werden durch Reaktion mit $SiCl_4$ in 66.6%iger Ausbeute [24], mit gasförmigem HCl in $CHCl_3$ in 75%iger Ausbeute [25], mit HCl in Wasser-Benzol nach 4 h bei 100°C in 90%iger Ausbeute [26], mit CCl_4 beim Rückflußkochen in Gegenwart von BCl_3 nach 5 h in 98.8%iger Ausbeute [27], mit Br_2 in CS_2, nachfolgender Reaktion mit wäßrigem NH_3, Reaktion mit HCl und nochmals mit NH_3 [28].

$(C_6H_5)_3SnCl$ entsteht bei der Umsetzung von $(C_6H_5)_3SnOH$ mit HCl in Diäthyläther [29] und mit NH_4Cl in Toluol nach 10 h Rückflußkochen in 67%iger Ausbeute [30]. Als weitere Methode zur Synthese dient die Reaktion zwischen $SnCl_2$ und $Hg(C_6H_5)_2$ in Ligroin. Nach 7 h bei 60 bis 65°C werden 75% Ausbeute an $(C_6H_5)_3SnCl$ erzielt [31]. Schließlich kann $(C_6H_5)_3SnCl$ synthetisiert werden durch Umsetzung von Sn-Pulver mit C_6H_5HgCl in Xylol (47% Ausbeute nach 18 h), mit $(C_6H_5)_2SnCl_2$ in Xylol (76.6% Ausbeute) und von Sn-Na mit $C_6H_5SnCl_3$ in Xylol (75.1% Ausbeute) sowie mit $(C_6H_5)_2SnCl_2$ in Xylol (83.3% Ausbeute) [32].

$(C_6H_5)_3SnCl$ wird daneben bei vielen Reaktionen von zinnorganischen Verbindungen als eines der Reaktionsprodukte gebildet. Als Beispiele sollen die folgenden dienen: Die Verbindung entsteht aus $Sn(C_6H_5)_4$ bei der Reaktion mit $AlCl_3$ [35], mit $TlCl_3$ in $CHCl_3$ bei Zimmertemperatur [36] oder in Diäthyläther-Xylol [37], mit $SeCl_4$ in CH_2Cl_2 bei −10°C, mit $C_6H_5SeCl_3$ in Toluol beim Rückflußkochen, mit $TeCl_4$ in Toluol bei Zimmertemperatur [38], mit $HgCl_2$ [35], mit $TiCl_4$ [39] — hierbei werden in $CHCl_3$ nach 5 h bei Zimmertemperatur 7% Ausbeute erzielt [24] —, mit WCl_6 [40, 41], mit $FeCl_3$ [35], mit $(C_3H_5PdCl)_2$ [42]. $(C_6H_5)_3SnCH_3$ reagiert mit $(C_6H_5)_2SnCl_2$ in Gegenwart von $[(C_4H_9)_4P]SbCl_6$ bei 155°C unter Bildung von $(C_6H_5)_3SnCl$ [43], ebenso $(C_6H_5)_3SnC_5H_5$ mit $GeCl_4$ bei 120°C mit 86% Ausbeute [44, 45, 46], $(C_6H_5)_3SnCH{=}CH_2$ mit $o\text{-}NO_2C_6H_4SCl$ in Dichloräthan [47], $(C_6H_5)_3SnCH_2CH{=}CH_2$ mit CCl_4 in Gegenwart von Azoisobuttersäuredinitril bei 80°C [48], $(C_6H_5)_3SnCHClCH_2SC_6H_4\text{-}o\text{-}NO_2$ mit $p\text{-}CH_3C_6H_4SCl$ in Dichloräthan [47], $(C_6H_5)_3SnCH_2SC_6H_4\text{-}p\text{-}CH_3$ mit C_6H_5SCl in CCl_4 [49], $(C_6H_5)_3SnCH_2SeC_6H_4\text{-}p\text{-}CH_3$ mit $HgCl_2$ in Äthanol beim Rückflußkochen [49], $(C_6H_5)_3SnC_6H_5Cr(CO)_3$ mit $HgCl_2$ [50].

$(C_6H_5)_3SnH$ reagiert mit HCl in Diäthyläther unter Bildung von $(C_6H_5)_3SnCl$ [51]. Bei der entsprechenden Reaktion in wäßrigem Äthanol werden 99.8% Ausbeute festgestellt [52]. Ferner entsteht $(C_6H_5)_3SnCl$ bei der Reaktion von $(C_6H_5)_3SnH$ mit CCl_4 in exothermer Reaktion in 92.8%iger Ausbeute [53], mit $CHCl_3$ bei 60°C nach 5 h in quantitativer Ausbeute [53], mit Alkylhalogeniden RCl [54], mit $C_6H_5CH_2Cl$ bei 50°C in N_2-Atmosphäre nach 4 h in 65.6%iger Ausbeute [54] und bei 78 bis 80°C nach 4 h in 86.51% Ausbeute [53], mit $C_6H_5CHCl_2$ nach 2 h bei 35 bis 40°C in 81.5%iger Ausbeute [53], mit $C_6H_5CCl_3$ exotherm in 77.1%iger Ausbeute [53], mit $C_6H_5CHClCH_3$ nach 18 h bei Zimmertemperatur in 86%iger Ausbeute [55], mit CH_3COCl bei Zimmertemperatur in 49.2%iger Ausbeute und bei 50°C nach 6 h in 77.4%iger Ausbeute [53], mit C_6H_5COCl nach 8 h bei 76 bis 80°C in 79.4%iger Ausbeute [53], mit CCl_4 in Gegenwart von Succinimid nach 8stündigem Rückflußkochen in Benzol in 91%iger Ausbeute [56], mit PCl_3 in Diäthyläther nach 6 h mit 91%iger, mit $SbCl_3$ in Diäthyläther nach 1 h mit 96%iger und mit $HgCl_2$ in Diäthyläther nach 30 min in 96%iger Ausbeute [53], mit $(C_6H_5)_2PCl$ in exothermer Reaktion in Hexan bei 0°C [57], mit C_6H_5SCl in 78%iger Ausbeute [58], mit $C_6H_5SO_2Cl$ spontan und quantitativ [58], mit CH_3COCl und Ferrocenderivaten $(C_5H_5)Fe(C_5H_4COR)$ mit $R = CH_3$, C_2H_5, C_3H_7, C_6H_5, $C_6H_5CH_2$ und C_4H_3S in Benzol bei 25°C [59].

$(C_6H_5)_3SnCl$ entsteht bei der Reaktion zwischen $(C_6H_5)_3SnLi$ und $(C_6F_5)_3GeCl$ in Tetrahydrofuran [60].

$(C_6H_5)_3SnNCO$ reagiert bei 180°C mit HCl unter Bildung von $(C_6H_5)_3SnCl$ in 44%iger Ausbeute neben $Sn(C_6H_5)_4$ und $[(C_6H_5)_2SnO]_n$ [61]. Entsprechend entsteht Triphenylzinnchlorid aus $(C_6H_5)_3SnN(C_4H_9)C(O)OO\text{-t-}C_4H_9$ und HCl in Diäthyläther [62] sowie bei der Umsetzung von $(C_6H_5)_3SnN(CN)C(C_6H_5)_3$ oder $[(C_6H_5)_3SnN]_2C$ mit $(C_6H_5)_3CCl$ in Diäthyläther oder CH_3CN bei Zimmertemperatur im Verlauf von etwa 24 h in Ausbeuten zwischen 53 und 81% neben $[(C_6H_5)_3CN]_2C$ [63].

Triphenylzinnchlorid wird bei der Reaktion von $(C_6H_5)_3SnOH$ mit $SnCl_2$ neben $Sn(OH)_2$ erhalten [64], ferner bei der Reaktion von $[(C_6H_5)_3Sn]_2O$ mit $CaCl_2$ [65] oder mit $HgCl_2$ [66], von $(C_6H_5)_3SnOOCC_6H_5$ mit $(CH_3)_2SnCl_2$ in $CHCl_3$ [67] sowie von $8\text{-}(C_6H_5)_3SnO\text{-}C_9H_6N$ mit $HgCl_2$ [68]. Die Verbindung entsteht auch aus $(C_6H_5)_3SnSC_6H_5$ bei der Umsetzung mit $HgCl_2$ in Diäthyläther [69], mit $SnCl_4$ in Diäthyläther [69] und mit $(CH_3)_3SnCl$, wie NMR-spektroskopisch nachgewiesen wurde [70], sowie aus $[(C_6H_5)_3Sn]_2S$ bei der Reaktion mit CCl_4 in Gegenwart von Cu bei 65°C [71], mit C_2Cl_6 unter gleichen Bedingungen in 99%iger Ausbeute [71] oder mit $(C_6H_5)_2SnCl_2$ in Benzol beim Rückflußkochen [72].

$[(C_6H_5)_3Sn]_2$ bildet bei verschiedenen Reaktionen ebenfalls $(C_6H_5)_3SnCl$. So bei UV-Bestrahlung in $s\text{-}C_4H_9Cl$ [73], bei der Reaktion mit C_2Cl_6 in Benzol bei 65°C in 40%iger Ausbeute [71], mit $CuCl_2$, $HgCl_2$, HCl, $SnCl_4$, Cl_2, $C_6H_5CH_2Cl$ oder $FeCl_3$ [74], mit $(C_6H_5)_2SnCl_2$ bei 140°C [75] und mit $C_6H_5N(NO)OOCCH_3$ in CCl_4 [76, 77].

Außerdem entsteht $(C_6H_5)_3SnCl$ bei der Reaktion zwischen $(C_6H_5)_2SnCl_2$ und Na-Hg in Diäthyläther [78], zwischen $(C_6H_5)_2SnCl_2$ und Zn in Tetrahydrofuran bei 20°C [10], zwischen $(C_6H_5)_2SnCl_2$ und $(C_2H_5)_3SnH$ in Heptan bei 100°C in 40.5%iger Ausbeute [79], zwischen $(C_6H_5)_2SnCl_2$ und $NaNO_2$ in Essigsäure [80], zwischen $C_6H_5SnCl_3$ und Zn bzw. Zn-Cu in Tetrahydrofuran bei Zimmertemperatur [10], zwischen $SnCl_2$ und $Ti(C_6H_5)_4$ beim Zusammengeben bei Zimmertemperatur in 20%iger Ausbeute [81], zwischen $SnCl_4$ und $Bi(C_6H_5)_3$ neben $(C_6H_5)_2Sn(OH)Cl$ [82].

Analyse. Ein allgemeiner Überblick über die verschiedenen Methoden zur Bestimmung von $(C_6H_5)_3SnCl$ in unterschiedlichen Stoffen sowie über die Analyse der einzelnen Bestandteile ist bei [83] zu finden. Nach der Zerstörung der organischen Bestandteile in $(C_6H_5)_3SnCl$ und in anderen Organozinnverbindungen nach Verbrennung der Substanz in einer Parr-Bombe wird Sn volumetrisch mit KJO_3 oder colorimetrisch bestimmt [84]. Sn kann auch nach Aufschluß mit Br_2 und Hydrolyse als SnO_2 bestimmt werden [85]. Auf der Spaltung von $(C_6H_5)_3SnCl$ mit Br_2 in CCl_4, anschließendem Behandeln mit HCl und Mg und Probe mit Ammoniumphosphomolybdat-Papier beruht ein Test auf Sn in zinnorganischen Verbindungen [86]. Eine weitere derartige Nachweismethode s. bei [87]. Eine spektralphotometrische Bestimmung von Sn in $(C_6H_5)_3SnCl$ ist ebenso möglich [88] wie die Bestimmung mit Hilfe der Atomabsorptionsspektrometrie, wobei auch der Einfluß der verschiedenen Lösungsmittel auf die Genauigkeit der Analyse berücksichtigt wird [89]. Die Bestimmung von Kohlenstoff und Wasserstoff gelingt durch Verbrennung in Gegenwart von Silber oder Silbervanadat [90, 91]. Zur Bestimmung von Cl s. [92].

Ein Trennverfahren für zinnorganische Verbindungen unter Einschluß von $(C_6H_5)_3SnCl$ verläuft in schwefelsaurer Lösung über die Ausfällung von $(C_6H_5)_3Sn$-Resten als $(C_6H_5)_3SnOH$ und Komplexierung mit Tartrat [93]. $(C_6H_5)_3SnCl$ wird durch Ausschütteln mit $CHCl_3$ oder CH_2Cl_2 bei pH = 8.5 als $[(C_6H_5)_3Sn]_2O$ abgetrennt. Zum Entfernen von Diphenylzinnverbindungen schüttelt man mit 1-(2-Pyridylazo)-2-naphthal-$CHCl_3$, Diphenylcarbazon-$CHCl_3$, Dithizon-$CHCl_3$, α-Benzoinoxim-$CHCl_3$, 2-Pyridylazoresorcin (als Dinatriumsalz)-Isoamylalkohol u. a. aus. Monophenylzinnverbindungen werden dann mit Tropolon-$CHCl_3$, anorganisches Zinn wird schließlich nach Ansäuern auf pH = 4 mit Natriumdiäthyldithiocarbaminat-$CHCl_3$ entfernt. Bei verschiedenen dünnschichtchromatographischen Verfahren erfolgt die Bestimmung von $(C_6H_5)_3SnCl$ entweder radiometrisch oder photometrisch [94]. Weitere dünnschichtchromatographische Trennungen s. bei [95 bis 99], Trennungen mit Hilfe der Papierchromatographie s. bei [33, 100 bis 102]. Über ein Trennverfahren von anderen Phenylzinnderivaten an SiO_2-Platten s. [103], über ein Verfahren zur Trennung von $(C_6H_5)_3SnCl$ und $Sn(C_6H_5)_4$ mit Hilfe von Methanol s. [104].

Zur inversionsvoltametrischen Bestimmung von $(C_6H_5)_3SnCl$ in Gemischen mit anderen Phenylzinnverbindungen s. [105]. Über eine Methode zur potentiometrischen Bestimmung mit $[(C_6H_5)_4As]Cl$ in CH_3CN s. [106]. Die Analyse von $(C_6H_5)_3SnCl$ gelingt in verschiedenen Haushaltsartikeln aus PVC mit Hilfe der Polarographie [107]. Eine Restmengenbestimmung in Blättern und Knollen von Sellerie ist nach Aufschluß colorimetrisch mit der Dithiol-Methode möglich [108]. Fluorometrisch kann $(C_6H_5)_3SnCl$ in Kartoffeln quantitativ bestimmt werden [109].

Literatur:

[1] Z. Eckstein, Z. Ejmocki (Poln.P. 51771 [1964/66]; C.A. **68** [1968] Nr. 49776). — [2] H. E. Ramsden, Metal and Thermit Corp. (B.P. 825039 [1959]; C.A. **1960** 18438). — M and T Chemicals, Inc. (D.P. 1693112 [1965]). — [4] M and T Chemicals, Inc. (B.P. 1084076 [1965]). — [5] M and T Chemicals, Inc. (Neth. Appl. 65-04500 [1964/65]; C.A. **64** [1966] 8240).

[6] M and T Chemicals, Inc. (U.S.P. 3355468 [1965]). — [7] M and T Chemicals, Inc. (F.P. 1434534 [1965]). — [8] D. Wittenberg (Liebigs Ann. Chem. **654** [1962] 23/6). — [9] D. Wittenberg, Badische Anilin- und Soda-Fabrik A.-G. (D.P. 1124947 [1960/62]; C.A. **57** [1962] 7309). — [10] F. J. A. des Tombe, G. J. M. van der Kerk, J. G. Noltes (J. Organometal. Chem. **51** [1973] 173/80).

[11] G. van Koten, C. A. Schaap, J. G. Noltes (J. Organometal. Chem. **99** [1975] 157/70). — [12] K. Kato, Y. Hirayama, Sankyo Organic Chemicals Co., Ltd. (Japan. Kokai 76-16646 [1974/76]; C.A. **85** [1976] Nr. 33180). — [13] V. Oakes, Pure Chemicals Ltd. (B.P. 1070942 [1964/67]; C.A. **67** [1967] Nr. 43925). — [14] H. Ballczo, H. Schiffner (Z. Anal. Chem. **152** [1956] 3/18). — [15] H. Kriegsmann, H. Geissler (Z. Anorg. Allgem. Chem. **323** [1963] 170/89).

[16] C. W. Allen (J. Chem. Educ. **47** [1970] 479/80). — [17] K. A. Kocheshkov, M. M. Nad, A. P. Aleksandrov (Ber. Deut. Chem. Ges. **67** [1934] 1348/9). — [18] H. Gilman, H. W. Melvin (J. Am. Chem. Soc. **71** [1949] 4050/1). — [19] G. J. M. van der Kerk, J. G. A. Lujiten (J. Appl. Chem. [London] **6** [1956] 93/6). — [20] J. d'Ans, H. Zimmer (Chem. Ber. **85** [1952] 585/90).

[21] C. K. Banks, M and T Chemicals, Inc. (U.S.P. 3297732 [1963/67]; C.A. **66** [1967] Nr. 115807). — [22] E. Reindl, H. Gelbert, Farbwerke Hoechst A.-G. (D.P. 1100630 [1961]; C.A. **1961** 24679). — [23] H. Bretschneider, F. Veith, H. Sextl, Farbwerke Hoechst A.-G. (D.P. 1962301 [1969/71]; C.A. **75** [1971] Nr. 36352). — [24] E. A. Puchinyan (Tr. Tashkent. Farm. Inst. **2** [1960] 311/6 nach C.A. **57** [1962] 11228). — [25] G. Bähr (Z. Anorg. Allgem. Chem. **256** [1948] 107/12).

[26] R. Bock, H. T. Niederauer, K. Behrends (Z. Anal. Chem. **190** [1962] 33/47). — [27] E. A. Puchinyan, Z. M. Manulkin (Tr. Tashkent. Farm. Inst. **4** [1966] 354/60 nach C.A. **68** [1968] Nr. 78382). — [28] P. Pfeiffer, B. Friedmann, H. Rekate (Liebigs Ann. Chem. **376** [1910] 310/44). — [29] E. Krause (Ber. Deut. Chem. Ges. **51** [1918] 912/4). — [30] K. C. Pande (J. Organometal. Chem. **13** [1968] 187/94).

[31] A. N. Nesmeyanov, A. E. Borisov, N. V. Novikova, M. A. Osipova (Izv. Akad. Nauk SSSR Otd. Khim. Nauk **1959** 263/6 nach C.A. **1959** 17890). — [32] M. M. Nad, K. A. Kocheshkov (Zh. Obshch. Khim. **8** [1938] 42/50 nach C.A. **1938** 5387). — [33] R. Barbieri, U. Belluco, G. Tagliavini (Ann. Chim. [Rome] **48** [1958] 940/9). — [34] H. Gilman, S. D. Rosenborg (J. Am. Chem. Soc. **74** [1952] 5580/2). — [35] Z. M. Manulkin, A. N. Tatarenko, F. Yu. Yusupov (Tr. Tashkent. Farm. Inst. **1** [1957] 291/5 nach C.A. **57** [1962] 9869).

[36] A. E. Borisov, N. V. Novikova (Izv. Akad. Nauk SSSR Otd. Khim. Nauk **1959** 1670/2 nach C.A. **1960** 8608). — [37] D. Goddard, A. E. Goddard (J. Chem. Soc. **121** [1922] 256/61). — [38] R. C. Paul, K. K. Bhasin, R. K. Chadha (J. Inorg. Nucl. Chem. **37** [1975] 2337/9). — [39] Y. Takami (Kogyo Kagaku Zasshi **65** [1962] 229/33). — [40] P. B. van Dam, M. C. Mittelmeijer, C. Boelhouwer (Fette Seifen Anstrichmittel **76** [1974] 264/6).

[41] W. Grahlert, K. Milowski, U. Langbein (Z. Chem. [Leipzig] **14** [1974] 287/8). — [42] G. A. Domrachev, K. G. Shalnova, V. A. Varyukhin (Izv. Akad. Nauk SSSR Ser. Khim. **1972** 158/61; Bull. Acad. Sci. USSR Div. Chem. Sci. **1972** 143/5). — [43] H. W. Wehner, H. G. Köstler, Ciba-Geigy A.-G. (Deut. Offenlegungsschrift 2608698 [1975/76]; C.A. **86** [1977] Nr. 72884). — [44] K. A. Kocheshkov, V. S. Shriro, N. N. Zemlyanskii, Yu. A. Ustynyuk (Izv. Akad. Nauk SSSR Ser. Khim.

1975 1214; Bull. Acad. Sci. USSR Div. Chem. Sci. **1975** 1125). — [45] V. S. Shriro, Yu. A. Strelenko, Yu. A. Ustynyuk, N. N. Zemlyanskii, K. A. Kocheshkov (J. Organometal. Chem. **117** [1976] 321/8).

[46] V. S. Shriro, Yu. A. Strelenko, Yu. A. Ustynyuk, N. N. Zemlyanskii, K. A. Kocheshkov (Dokl. Akad. Nauk SSSR **228** [1976] 1128/31; Dokl. Chem. Proc. Acad. Sci. USSR **228** [1976] 431/4). — [47] J. L. Wardell (J. Chem. Soc. Dalton Trans. **1975** 1786/93). — [48] J. Grignon, C. Servens, M. Pereyre (J. Organometal. Chem. **96** [1975] 225/35). — [49] R. D. Taylor, J. L. Wardell (J. Chem. Soc. Dalton Trans. **1976** 1345/51). — [50] G. K. J. Magomedov, V. G. Syrkin, A. S. Frenkel, A. V. Medvedeva, L. V. Morozova (Zh. Obshch. Khim. **43** [1973] 804/6; J. Gen. Chem. USSR **43** [1973] 803/4).

[51] G. Wittig, F. J. Meyer, G. Lange (Liebigs Ann. Chem. **571** 167/201). — [52] A. E. Borisov, A. N. Abramova, Z. N. Parnes (Izv. Akad. Nauk SSSR Ser. Khim. **1964** 941/3; Bull. Acad. Sci. USSR Div. Chem. Sci. **1964** 882/4). — [53] A. E. Borisov, A. N. Abramova (Izv. Akad. Nauk SSSR Ser. Khim. **1964** 844/8; Bull. Acad. Sci. USSR Div. Chem. Sci. **1964** 791/3). — [54] E. J. Kupchik, R. E. Connolly (J. Org. Chem. **26** [1961] 4747/8). — [55] H. G. Kuivila, L. W. Menapace, C. R. Warner (J. Am. Chem. Soc. **84** [1962] 3584/6).

[56] E. J. Kupchik, T. Lanigan (J. Org. Chem. **27** [1962] 3661/5). — [57] D. Seyferth, Y. Sato, M. Takamizawa (J. Organometal. Chem. **2** [1964] 367/8). — [58] M. Pang, E. J. Becker (J. Org. Chem. **29** [1964] 1948/52). — [59] H. Patin, R. Dabard (Bull. Soc. Chim. France **1973** 2756/9). — [60] D. E. Fenton, A. G. Massey, D. S. Urch (J. Organometal. Chem. **6** [1966] 352/8).

[61] L. M. Terman, V. N. Sedelnikova, O. S. Dyachkovskaya, I. P. Malysheva (Izv. Akad. Nauk SSSR Ser. Khim. **1970** 1506/10; Bull. Acad. Sci. USSR Div. Chem. Sci. **1970** 2356/60). — [62] A. J. Bloodworth (J. Chem. Soc. C **1968** 2380/5). — [63] R. A. Cardona, E. J. Kupchik (J. Organometal. Chem. **43** [1972] 163/73). — [64] W. D. Honnick, J. J. Zuckerman (Inorg. Chem. **15** [1976] 3034/7). — [65] R. A. Cardona, E. J. Kupchik (J. Organometal. Chem. **34** [1972] 129/36).

[66] D. Datta, B. Majee, A. K. Gosh (J. Organometal. Chem. **29** [1971] 251/6). — [67] A. D. Cohen, C. R. Dillard (J. Organometal. Chem. **25** [1970] 421/8). — [68] D. Datta, B. Majee, A. K. Ghosh (J. Organometal. Chem. **84** [1975] 231/8). — [69] R. C. Poller, J. A. Spillman (J. Organometal. Chem. **6** [1966] 668/70). — [70] A. S. Peregudov, L. A. Fedorov, D. N. Kravtsov, E. M. Rokhlina (Zh. Obshch. Khim. **42** [1972] 2194/9; J. Gen. Chem. USSR **42** [1972] 2190/4).

[71] G. A. Razuvaev, O. S. Dyachkovskaya, I. K. Grigoreva, N. E. Tsyganash (Zh. Obshch. Khim. **44** [1974] 573/8; J. Gen. Chem. USSR **44** [1974] 550/3). — [72] R. C. Poller, J. A. Spillman (J. Organometal. Chem. **7** [1967] 259/62). — [73] L. Wilputte-Steinert, J. Nasielski (J. Organometal. Chem. **24** [1970] 113/8). — [74] T. T. Tsai, W. L. Lehn (J. Org. Chem. **31** [1966] 2981/5). — [75] H. G. Kuivila, E. R. Jakusik (J. Org. Chem. **26** [1961] 1430/3).

[76] G. A. Razuvaev, E. I. Fedotova (Zh. Obshch. Khim. **21** [1951] 1118/22). — [77] G. A. Razuvaev, E. I. Fedotova (J. Gen. Chem. USSR **21** [1951] 1219/23). — [78] B. Aronheim (Liebigs Ann. Chem. **194** [1878] 146/75). — [79] N. S. Vyazankin, G. A. Razuvaev, S. P. Korneva (Zh. Obshch. Khim. **34** [1964] 2787/91; J. Gen. Chem. USSR **34** [1964] 2809/12). — [80] B. Aronheim (Ber. Deut. Chem. Ges. **12** [1879] 509/11).

[81] G. A. Razuvaev, G. A. Kilyakova, A. P. Batalov, V. N. Latyaeva (Tr. po Khim. i Khim. Tekhnol. **1973** Nr. 2, S. 117/8 nach C.A. **80** [1974] Nr. 83179). — [82] F. K. Solomakhina (Tr. Tashkent. Farm. Inst. **1** [1957] 321/33 nach C.A. **1961** 15389). — [83] J. W. Price (Zinn Verwendung Nr. 41 [1957] 5/7). — [84] M. Farnsworth, J. Pekola (Anal. Chem. **31** [1959] 410/4). — [85] H. J. Emeléus, P. R. Evans (J. Chem. Soc. **1964** 510/1).

[86] H. Gilman, T. N. Goreau (J. Org. Chem. **17** [1952] 1470/5). — [87] I. L. Marr (Talanta **22** [1975] 287/94). — [88] A. P. Kreshkov, E. A. Kuchkarev (Zavodsk. Lab. **32** [1966] 558/9; Ind. Lab. [USSR] **32** [1966] 681/2). — [89] G. N. Freeland, R. M. Hoskinson (Analyst **95** [1970] 579/82). — [90] D. Colaitis, M. Lesbre (Bull. Soc. Chim. France **1952** 1069/72).

[91] F. C. Silbert, W. R. Kirner (Ind. Eng. Chem. Anal. Ed. **8** [1936] 353/5). — [92] N. S. Vyazankin, G. A. Razuvaev, T. N. Brevnova (Zh. Obshch. Khim. **34** [1964] 1005/9; J. Gen. Chem. USSR **34** [1964] 998/1001). — [93] R. Bock, S. Gorbach, H. Öser (Angew. Chem. **70** [1958] 272). — [94] K. D. Freitag, R. Bock (Z. Anal. Chem. **270** [1974] 337/46). — [95] H. Akagi, R. Takeshita, Y. Sakagami (Koshu Eiseiin Kenkyu Hokoku **19** [1970] 185/92).

[96] H. Akagi, M. Fujita, Y. Sakagami (Shokuhin Eiseigaku Zasshi **13** [1972] 85/8 nach C.A. **77** [1972] Nr. 124877).— [97] M. Türler, O. Högl (Mitt. Gebiete Lebensmittelunters. Hyg. **52** [1961] 123/30). — [98] V. D. Nefedov, V. E. Zhuravlev, N. G. Molchanova, N. N. Kalinina (Zh. Obshch. Khim. **38** [1968] 1219/21; J. Gen. Chem. USSR **38** [1968] 1175/7). — [99] H. Woidich, W. Pfannhauser (Z. Lebensm. Untersuch. Forsch. **162** [1976] 49/54). — [100] D. J. Williams, J. W. Price (Z. Anal. Chem. **182** [1961] 461/2).

[101] D. J. Williams, J. W. Price (Analyst **89** [1964] 220/2). — [102] D. J. Williams, J. W. Price (Analyst **85** [1960] 579/82). — [103] Y. Jitsu, N. Kudo, T. Sugiyama (Noyaku Seisan Gijutsu **17** [1967] 17/22 nach C.A. **68** [1968] Nr. 56448). — [104] Metal and Thermit Corp. (B.P. 909610 [1960/62]; C. A. **58** [1963] 5724). — [105] H. Woggon, D. Jehle (Nahrung **17** [1973] 739/48).

[106] G. Tagliavini, P. Zanella (Anal. Chim. Acta **40** [1968] 33/9). — [107] A. Kanetoshi, S. Honma (Hokkaidoritsu Eisei Kenkyusho Ho **25** [1975] 156/8 nach C.A. **85** [1976] Nr. 41633). — [108] E. Kröller (Deut. Lebensm. Rundschau **56** [1960] 190/3). — [109] F. Vernon (Anal. Chim. Acta **71** [1974] 192/5).

1.3.2.1.1.9.2 Struktur. Spektren

Structure. Spectra

Struktur. $(C_6H_5)_3SnCl$ kristallisiert in farblosen monoklin-prismatischen Kristallen mit den Gitterkonstanten a = 18.65 ± 0.03 Å, b = 9.59 ± 0.02 Å, c = 19.02 ± 0.03 Å, β = 105.5° ± 0.5°; Z = 8. Raumgruppe C^5_{2h}-$P2_1/a$ (Nr. 14). Die kristallographische Dichte beträgt 1.56 g/cm³, die experimentell bestimmte Dichte 1.41 g/cm³. Molvolumen V_{mol} = 3274 Å³. Die Strukturuntersuchung (Atomkoordinaten und Strukturfaktoren s. im Original) zeigt, daß der Kristall aus diskreten Molekülen mit tetraedrischer Koordination am Sn-Atom aufgebaut ist (s. **Fig. 3a**). Als Bindungsabstände wurden gefunden: Sn-Cl = 2.32 Å, Sn-C = 2.12 Å; Bindungswinkel Cl-Sn-C = 106.4° und C-Sn-C = 112.4°. Weitere Bindungsabstände und -winkel s. im Original. In der Zelle sind zwei kristallographisch unabhängige Moleküle A und B enthalten, deren geometrische Parameter sich nur wenig unterscheiden. Die gegenseitige Anordnung der Phenylringe I, II und III ist in beiden Molekülen propellerförmig. Die Winkel zwischen den C_6H_5-Flächen und der Fläche ClSnC sind innerhalb eines Moleküls verschieden, aber ähnlich bei den entsprechenden Ringen der beiden unterschiedlichen Moleküle (s. **Fig. 3b**) [1, 2].

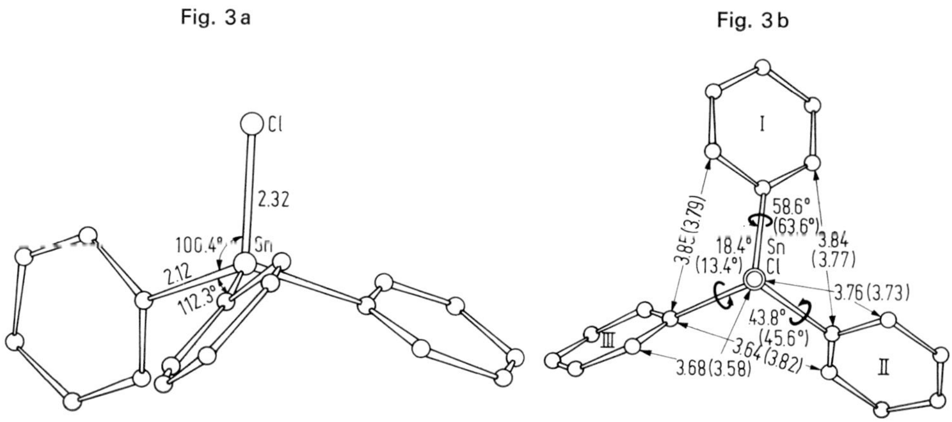

Molekülstruktur von $(C_6H_5)_3SnCl$. Fig. 3a: Bindungsabstände (in Å) und -winkel. Fig. 3b: Kürzeste intramolekulare Abstände (in Å) zwischen nicht miteinander verbundenen Atomen und Winkel zwischen den C_6H_5-Flächen und der Fläche ClSnC. Die nicht eingeklammerten Werte betreffen die Moleküle A, die Werte in Klammern die Moleküle B.

Kernresonanzspektren. Im ^1H-NMR-Spektrum von $(C_6H_5)_3SnCl$ in benzolischer Lösung erscheint ein Multiplett-Signal für die Phenylprotonen. Folgende Verschiebungswerte können für die einzelnen Protonenarten zugeordnet werden: $\delta H_o = -26.4$ Hz, $\delta H_m = -13.2$ Hz gegen Benzol [3], $\delta H_o = -0.44$ ppm, $\delta H_{m,p} = -0.22$ ppm gegen Benzol [4]. Eine Aufnahme von $(C_6H_5)_3SnCl$ ohne Lösungsmittel bei 100°C zeigt folgende Parameter: $\delta H_o = -5.1$ Hz gegen 10% TMS in $CHCl_3$ extern bei 56.4 MHz, $\delta H_{m,p} = +18.6$ Hz, $J(^1HCC^{117/119}Sn) = 59/61.7$ Hz, $J(^1HCC^1H) = 8$ Hz, $J(^1HCCC^1H) = 1.5$ Hz [5]. Bei Zusatz von $Eu(fod)_3$ (fod = 1,1,1,2,2,3,3-Heptafluor-7,7-dimethyl-4,6-octandionat) zu einer Lösung von $(C_6H_5)_3SnCl$ in Toluol werden die Signale der meta- und para-Protonen nicht verschoben, das der ortho-Protonen geringfügig [6]. Die Ergebnisse der Messungen des zweiten Moments des ^1H-NMR-Spektrums von $(C_6H_5)_3SnCl$ zwischen 77 und 530 K und der Spin-Gitter-Relaxationszeiten durch Puls-Spektroskopie über den gleichen Temperaturbereich werden wie die der entsprechenden Verbindungen $(C_6H_5)_3SnF$, $(C_6H_5)_3SnBr$ und $(C_6H_5)_3SnOH$ in bezug auf drei mögliche molekulare Bewegungen diskutiert. Von der möglichen 180°-Reorientierung der Phenylgruppen um ihre Sn-C-Achsen, anderen Reorientierungen der Phenylgruppen um die Sn-C-Bindungen und einer C_3-Reorientierung der $(C_6H_5)_3Sn$-Gruppe stimmen die experimentellen Ergebnisse am besten mit einer möglicherweise vierfachen Reorientierung von Phenylgruppen über die Sn-C-Bindung überein [7].

$(C_6H_5)_3SnCl$ zeigt im ^{13}C-NMR-Spektrum folgende Verschiebungswerte gegen TMS: $\delta C_\alpha = -137.5$ ppm, $\delta C_\beta = -136.1$ ppm, $\delta C_\gamma = -129.2$ ppm, $\delta C_\delta = -130.5$ ppm. Kopplungskonstanten: $J(^{13}CSn) = 610$ Hz, $J(^{13}CCSn) = 49$ Hz, $J(^{13}CCCSn) = 68$ Hz, $J(^{13}CCCCSn) = 12$ Hz [8].

Im ^{119}Sn-NMR-Spektrum erscheint ein Signal bei +46.0 ppm bei Vermessung der Verbindung in Substanz [9] bzw. bei +48 ppm bei Aufnahme des Spektrums in CH_2Cl_2 [10, 11].

Kernquadrupolresonanzspektrum. Das zwischen 12.5 und 28.5 MHz bei 77 K untersuchte ^{35}Cl-NQR-Spektrum von $(C_6H_5)_3SnCl$ zeigt ein einzelnes Resonanzsignal für ^{35}Cl bei 13.690 MHz [12]. Eine andere Untersuchung zeigt zwei Linien bei 16.867 MHz [13] bzw. bei 16.750 und 16.985 MHz bei 303 K [14]. Die Kernquadrupolkopplungskonstante wurde zu 27.380 MHz berechnet [12]. Andere Untersuchungen ergeben Werte von 33.7 MHz [18] bzw. 33.736 MHz [14]. Korrelationen der NQR-Daten mit der Quadrupolaufspaltung aus den Mössbauer-Spektren s. bei [15,16]. Berechnungen der Orbitalpopulation aus NQR- und Mössbauer-Daten s. bei [17, 18].

Mössbauer-Spektrum. Im Mössbauer-Spektrum von $(C_6H_5)_3SnCl$ erscheinen zwei Linien, wie schon 1962 festgestellt werden konnte [19]. Für dieses aufgespaltene Signal werden folgende Isomerieverschiebungen δ (in mm/s) angegeben: −1.32 gegen β-Sn [20]; −0.80 in Substanz, in $CHCl_3$, Pyridin, THF und Dimethylformamid [21], −0.75 [22 bis 25] in Dimethylsulfoxid oder Dimethoxyäthan [21], außerdem −0.88 in Dimethylformamid [23] und −0.70 in Diäthyläther [21] gegen α-Sn; −0.17 gegen Pd_3Sn [17]; zwei Signale bei 0.2 und 2.6 gegen SnO_2 [26] sowie 1.31 [27, 28, 29], 1.32 [40], 1.334 [15], 1.34 [30, 31, 32], 1.36 [33, 34], 1.37 [35], 1.372 [36], 1.374 [37] und 1.41 [32] gegen SnO_2; 1.293 gegen $BaSnO_3$ [38]. Für die Quadrupolaufspaltung Δ (in mm/s) werden gefunden: 2.44 [23], 2.45 [35], 2.451 [36, 37], 2.46 [30, 31], 2.5 [20], 2.51 [17, 33, 34], −2.53 (berechnet) [39], 2.536 [15], 2.54 [40], −2.54 (berechnet) [41], 2.55 [24, 25, 29, 38], 2.56 [27, 28], 2.61 [32], 2.60 in $CHCl_3$ [21], 2.67 [21], 2.90 in Diäthyläther [21], 2.61 [32], 3.14 in Pyridin [32], 3.15 in Dimethylformamid [23], 3.20 in Tetrahydrofuran [21], 3.25 in Pyridin oder Dimethoxyäthan [21], 3.30 in Dimethylformamid oder Dimethylsulfoxid [21].

Das Dublett im Mössbauer-Spektrum von $(C_6H_5)_3SnCl$ ist asymmetrisch. Diese Asymmetrie soll auf Verunreinigung der Substanz mit anderen zinnorganischen Verbindungen zurückzuführen sein [42, 43, 44]. Weitere Untersuchungen über diese Asymmetrie, den sog. Goldanskii-Karyagin-Effekt, unter Einbeziehung der Temperaturabhängigkeit s. bei [31, 45, 46]. Korrelationen der Isomerieverschiebung und der Quadrupolaufspaltung mit der Elektronegativität der Substituenten s. bei [47], Korrelationen mit NQR-Daten s. bei [15]. Untersuchungen über die Beziehungen zwischen der Temperaturabhängigkeit der Mössbauer-Spektren und dem langwelligen Bereich der Schwingungsspektren aus Laser-Raman-Spektren, wobei Aussagen über die Schwingungen im Kristall möglich sind, s. bei [48]. Zur Berechnung der Elektronendichte am Zinn mit Hilfe des Del Re-Verfahrens s. [49], zu Berechnungen der Orbitalpopulation aus Mössbauer- und NQR-Daten s. [16] und zu einer Erwiderung darauf s. [50].

Schwingungsspektren. IR-Spektren von $(C_6H_5)_3SnCl$ im Bereich zwischen 2 bis 35 μm s. bei [51], zwischen 4000 bis 500 cm^{-1} s. bei [52, 53] und zwischen 3400 bis 400 cm^{-1} s. bei [54]. Zuordnungen der IR- und Raman-Banden sind in Tabelle 24 zusammengestellt [54 bis 58]. Außerdem wurde die νSnCl bei 335 cm^{-1} [59], 340 bis 338 cm^{-1} [60] und 332 cm^{-1} zugeordnet [12]. In festem $(C_6H_5)_3SnCl$ werden daneben noch folgende Banden des IR-Spektrums zugeordnet: $\nu Sn(C_6H_5)_3 = 449$ und 230 cm^{-1}, $\delta ClSnC_6H_5 = 180$ cm^{-1}, $\delta Sn(C_6H_5)_3 = 152$ und 85 cm^{-1} [12]. Diese Zuordnungen wurden später vom gleichen Autor teilweise widerrufen. Außerdem wurde in dieser Arbeit eine Bande bei 271 cm^{-1} einer νSnC_6H_5-Schwingung zugeschrieben [61]. Weitere Zuordnungen der IR- und Raman-Spektren von $(C_6H_5)_3SnCl$ s. bei [62 bis 65].

Aus der γCH-Schwingung bei 736 cm^{-1} läßt sich mit Hilfe einer elektrostatischen Theorie der Wechselwirkung zwischen dem ortho-Wasserstoff und dem Substituenten $SnCl(C_6H_5)_2$ an einem Phenylring des $(C_6H_5)_3SnCl$ ein Gruppen-Dipolmoment-Anteil entlang der Sn-C-Bindung von 1.33 D berechnen [66]. Beziehungen zwischen den Gitterschwingungen im Raman-Spektrum von festem $(C_6H_5)_3SnCl$ und dem Debye-Waller-Faktor im entsprechenden ^{119}Sn-Mössbauer-Spektrum s. bei [48].

Tabelle 24

IR- und Raman-Spektren von $(C_6H_5)_3SnCl$.

Zuordnung	ν in cm^{-1} IR [54] in KBr	Raman [54] fest	IR [55]	IR [56] in Nujol	IR [57]	IR [58] in CCl_4
$\delta_sSn(C_6H_5)_3$					77 s	
δSnCl				88 s	87 m	
δSnC_6H_5				178 m	176 s	
					182 st	
				211 m	210 st	
$\nu_sSn(C_6H_5)_3$		214 s				
δSnC_6H_5				219 s	217 s	
$\nu_sSnC_6H_5$				231 st	233 st	239 st
$\nu_{as}SnC_6H_5$		270 s		265 bis 274 st	268 s	265 bis 274 st
νSnCl		329 s		331 bis 337 st	344 m	338 bis 346 st
δSnC_6H_5	442 Sch				448 s	440 bis 451 st
δSnC_6H_5 bzw. $\nu_{as}Sn(C_6H_5)_3$	449 st				452 m	
γCH(Phenyl)	696 st		705			
	730 st		736			
			838			
			856			
	920 st	917 s	917			
	975 st		971			
			989			
βCH(Phenyl)	1020 s	1022 s	1023			
	1072 st	1078 s	1075			
	1158 s	1158 s	1162			
	1189 st	1191 s	1193			
	1263 s		1266			
			1305			

Tabelle 24 (Fortsetzung)

Zuordnung	ν in cm^{-1}					
	IR [54] in KBr	Raman [54] fest	IR [55]	IR [56] in Nujol	IR [57]	IR [58] in CCl_4
νCC(Phenyl)	1330 st	1333 s	1334			
	1431 st	1429 s	1434			
	1483 m	1477 s	1484			
	1585	1572 m	1582			
			1610			
νCH(Phenyl)	2994					
	3009		3016			
	3024					
		3041 st	3040			
	3054					
	3069		3067			
			3138			

Nicht zugeordnete Banden und Angaben der Banden in verschiedenen Lösungsmitteln sowie Zuordnung von weiteren substituentenunabhängigen Schwingungen der Phenylringe und Angabe und Zuordnung von Kombinations- und Oberschwingungen s. in den Originalen [54, 55].

Für die Sn-Cl-Bindung wird nach dem Zweimassenmodell eine angenäherte Kraftkonstante von 1.80 mdyn/Å berechnet, was für eine Sn-Cl-Bindung ohne partiellen Doppelbindungscharakter spricht [54]. Modellberechnungen zu den schwingungsspektroskopischen Daten vor allem der x-sensitiven Phenylschwingungen in $(C_6H_5)_3SnCl$ und in Phenylsilanen und verwandten Verbindungen s. bei [67].

Elektronenspektren. Das UV-Spektrum von $(C_6H_5)_3SnCl$ gleicht dem von Benzol und anderen monosubstituierten Benzolderivaten. Abbildung des Spektrums in Cyclohexan und Chloroform zwischen 200 und 320 nm, Zuordnung und Diskussion der Schwingungsfeinstrukturen der B-Bande um 260 nm und der K-Bande um 210 nm s. bei [68]. Eine Bande bei etwa 290 nm kann auf einen Elektronenübergang in der Sn-Cl-Bindung zurückgeführt werden [68]. Außerdem werden angegeben: λ_{max} = 247 nm (ε = 600), 253 (800), 259 (1100), 264 (1000), 269 (600) [63], 247.1 (622), 252.5 (828), 258.6 (989), 263.8 (848), 269.0 (561) [69]. Zum Vergleich der UV-spektroskopischen Daten mit den Raman-Spektren von Organozinnverbindungen s. [63, 64], zum Vergleich der Bandenintensität und der Oszillatorstärke solcher Verbindungen s. [68, 69, 70].

Aus dem He(I)-Photoelektronenspektrum werden folgende Ionisierungsenergien entnommen (in eV): 9.29 (Ring-π-Orbitale), 9.71 (SnC_3), 11.1 (freie Elektronenpaare des Cl), 12.0, 12.7, 13.2, 14.1, 14.6, 16.5 [71]. Mit Hilfe der Röntgen-Photoelektronenspektroskopie werden folgende Elektronenenergien bestimmt (in eV): C 1s = 283.6, Sn $3d_{3/2}$ = 495.7, Sn $3d_{5/2}$ = 487.2 [72] und Sn $3d_{5/2}$ = 487.4, Sn 4d = 26.7 [73].

Massenspektrum. Diskussion des Massenspektrums von $(C_6H_5)_3SnCl$ im Vergleich mit den Massenspektren anderer Organozinn- und Organobleiverbindungen s. bei [74].

Literatur:

[1] N. G. Bokii, R. L. Avoyan, G. N. Zakharova, M. Kh. Minasyan, Z. A. Akopyan, Yu. T. Struchkov (Zh. Strukt. Khim. **6** [1965] 795/6; J. Struct. Chem. [USSR] **6** [1965] 762/3). — [2] N. G. Bokii, G. N. Zakharova, Yu. T. Struchkov (Zh. Strukt. Khim. **11** [1970] 895/902; J. Struct. Chem. [USSR] **11** [1970] 828/35). — [3] J. M. Angelelli, J. C. Maire (Bull. Soc. Chim. France **1969** 1858/61). — [4] J. C. Maire, F. Hemmert (Bull. Soc. Chim. France **1963** 2785/7). — [5] L. Verdonck, G. P. van der Kelen (Bull. Soc. Chim. Belges **74** [1965] 361/9).

[6] T. J. Marks, J. S. Kristoff, A. Alich, D. F. Shriver (J. Organometal. Chem. **33** [1971] C35/C37). — [7] B. A. Dunell, S. E. Ulrich (J. Chem. Soc. Faraday Trans. I **1973** 377/87). — [8] T. N. Mitchell (J. Organometal. Chem. **59** [1973] 189/97). — [9] B. K. Hunter, L. W. Reeves (Can. J. Chem. **46** [1968] 1399/414). — [10] A. G. Davies, P. G. Harrison, J. D. Kennedy, T. N. Mitchell, R. J. Puddephatt, W. McFarlane (J. Chem. Soc. C **1969** 1136/41).

[11] W. McFarlane, R. J. Wood (J. Organometal. Chem. **40** [1972] C17/C20). — [12] T. S. Srivastava (J. Organometal. Chem. **10** [1967] 373/4). — [13] P. J. Green (Diss. West Virginia Univ., Morgantown, W.Va., 1967, 139 S.; Diss. Abstr. B **28** [1968] 489). — [14] P. J. Green, J. D. Graybeal (J. Am. Chem. Soc. **89** [1967] 4305/8). — [15] Yu. K. Maksyutin, V. V. Khrapov, L. S. Melnichenko, G. K. Semin, N. N. Zemlyanskii, K. A. Kocheshkov (Izv. Akad. Nauk SSSR Ser. Khim. **1972** 602/4; Bull. Acad. Sci. USSR Div. Chem. Sci. **1972** 562/3).

[16] N. G. W. Debye, M. Linzer (J. Chem. Phys. **61** [1974] 4770/6). — [17] A. G. Maddock, R. H. Platt (J. Chem. Phys. **55** [1971] 1490/1). — [18] D. E. Williams, C. W. Kocher (J. Chem. Phys. **52** [1970] 1480/8). — [19] V. I. Goldanskii, G. M. Gorodinskii, S. V. Karyagin, L. A. Korytko, L. M. Krizhanskii, E. F. Makarov, I. P. Suzdalev, V. V. Khrapov (Dokl. Akad. Nauk SSSR **147** [1962] 127/30; Proc. Acad. Sci. USSR Phys. Chem. Sect. **147** [1962] 766/8). — [20] V. I. Goldanskii, E. F. Makarov, R. A. Stukan, V. A. Trukhtanov, V. V. Khrapov (Dokl. Akad. Nauk SSSR **151** [1963] 357/60; Dokl. Phys. Chem. Proc. Acad. Sci. USSR **148/153** [1963] 598/601).

[21] V. I. Goldanskii, V. Ya. Rochev, V. V. Khrapov, D. N. Kravtsov, E. M. Rokhlina (Dokl. Akad. Nauk SSSR **191** [1970] 134/7; Dokl. Phys. Chem. Proc. Acad. Sci. USSR **190/195** [1970] 213/6). — [22] V. I. Goldanskii, B. V. Borshagovskii, E. F. Makarov, R. A. Stukan, K. A. Anisimov, N. E. Kolobova, V. V. Skrpkin (Teor. i Eksperim. Khim. **3** [1967] 478/82; Theor. Exptl. Chem. [USSR] **3** [1967] 275/7). — [23] V. I. Goldanskii, V. V. Khrapov, O. Yu. Okhlobystin, V. Ya. Rochev (in: V. I. Goldanskii, R. H. Herber, Chemical Application of Mössbauer Spectroscopy, New York 1968, S. 336/76). — [24] M. Cordey-Hayes (J. Inorg. Nucl. Chem. **26** [1964] 2306/8). — [25] M. Cordey-Hayes (Tech. Rept. Ser. Intern. At. Energy Agency Nr. 50 [1966] 156/63).

[26] V. A. Bryukhanov, V. I. Goldanskii, N. N. Delyagin, L. A. Korytko, E. F. Makarov, I. P. Suzdalev, V. S. Shpinel (Zh. Eksperim. i Teor. Fiz. **43** [1962] 448/52; Soviet Phys.-JETP **16** [1963] 321/3). — [27] R. V. Parish, R. H. Platt (Inorg. Chim. Acta **4** [1970] 65/72). — [28] R. V. Parish, R. H. Platt (Chem. Commun. **1968** 1118/20). — [29] R. W. J. Wedd, J. R. Sams (Can. J. Chem. **48** [1970] 71/4). — [30] H. A. Stöckler, H. Sano (Trans. Faraday Soc. **64** [1968] 577/81).

[31] H. A. Stöckler, H. Sano, R. H. Herber (J. Chem. Phys. **47** [1967] 1567/71). — [32] R. C. Poller, J. N. R. Ruddick (J. Organometal. Chem. **39** [1972] 121/8). — [33] B. A. Goodman, N. N. Greenwood (J. Chem. Soc. A **1971** 1862/5). — [34] B. Gassenheimer, R. H. Herber (Inorg. Chem. **8** [1969] 1120/5). — [35] V. V. Khrapov, V. I. Goldanskii, A. K. Prokofev, R. G. Kostyanovskii (Zh. Obshch. Khim. **37** [1967] 3/11; J. Gen. Chem. USSR **37** [1967] 1/7).

[36] R. H. Herber, H. A. Stöckler, W. T. Reichle (J. Chem. Phys. **42** [1965] 2447/52). — [37] R. H. Herber, H. A. Stöckler (Trans. N.Y. Acad. Sci. [2] **26** [1964] 929/33). — [38] J. Ensling, P. Gütlich, K. M. Hasselbach, B. W. Fitzsimmons (J. Chem. Soc. A **1971** 1940/3). — [39] M. G. Clark, A. G. Maddock, R. H. Platt (J. Chem. Soc. Dalton Trans. **1972** 281/90). — [40] G. M. Bancroft, K. D. Butler, T. K. Sham (J. Chem. Soc. Dalton Trans. **1975** 1483/6).

[41] G. M. Bancroft, K. D. Butler (Inorg. Chim. Acta **15** [1975] 57/65). — [42] V. I. Goldanskii, E. F. Makarov, V. V. Khrapov (Phys. Letters **3** [1963] 344/6). — [43] V. S. Shpinel, A. Yu. Aleksandrov, G. K. Ryasnyi, O. Yu. Okhlobystin (Zh. Eksperim. i Teor. Fiz. **48** [1965] 69/71; Soviet Phys.-JETP **21** [1965] 47/8). — [44] V. Ya. Rochev, V. I. Goldanskii, R. A. Stukan (Proc. Conf. Appl. Mössbauer Eff., Tihany, Hung., 1969 [1971], S. 227/34 nach C.A. **75** [1971] Nr. 27943). — [45] H. A. Stöckler, H. Sano (Phys. Rev. **165** [1968] 406/7).

[46] H. A. Stöckler, H. Sano (Chem. Commun. **1969** 954/5). — [47] V. Kotkhekar, V. S. Shpinel (Zh. Strukt. Khim. **10** [1969] 37/42). — [48] Y. Hazony, R. H. Herber (J. Phys. [Paris] **35** [1974] Suppl. Nr. 12, S. C6-131/C6-137). — [49] R. Gupta, B. Majee (J. Organometal. Chem. **49** [1973] 203/11). — [50] D. E. Williams, C. W. Kocher (J. Chem. Phys. **55** [1971] 1491/2).

[51] L. A. Harrah, M. T. Ryan, C. Tamborskii (Spectrochim. Acta **18** [1962] 21/37). — [52] E. Friebe, H. Kelker (Z. Anal. Chem. **192** [1963] 267/80). — [53] R. A. Cummins, P. Dunn (Australia Commonwealth Dept. Supply Defense Std. Lab. Rept. Nr. 266 [1963] 106 S.; C.A. **60** [1964]

11503). — [54] H. Kriegsmann, H. Geissler (Z. Anorg. Allgem. Chem. **323** [1963] 170/89). — [55] V. S. Griffith, G. A. W. Derwish (J. Mol. Spectry. **5** [1960] 148/69).

[56] J. R. May, W. R. McWhinnie, R. C. Poller (Spectrochim. Acta A **27** [1971] 969/74). — [57] A. L. Smith (Spectrochim. Acta A **24** [1968] 695/706). — [58] R. C. Poller (Spectrochim. Acta **22** [1966] 935/9). — [59] W. Beck, H. Engelmann, H. S. Smedal (Z. Anorg. Allgem. Chem. **357** [1968] 134/8). — [60] K. L. Jaura, K. K. Sharma (J. Indian Chem. Soc. **48** [1971] 965/7).

[61] T. S. Srivastava (J. Organometal. Chem. **16** [1969] P 53). — [62] J. C. Maire, J. Cassan, B. Lepretre, J. Marrot (Compt. Rend. **260** [1965] 5290/2). — [63] O. A. Zasyadko, R. G. Mirskov, N. P. Ivanova, Yu. L. Frolov (Zh. Prikl. Spektroskopii **15** [1971] 718/23). — [64] O. A. Zasyadko, Yu. L. Frolov, R. G. Mirskov (Spektrosk. Tr. Sib. 6th Soveshch., Tomsk 1968 [1973], S. 231/2 nach C.A. **79** [1973] Nr. 141220). — [65] R. C. Poller (J. Inorg. Nucl. Chem. **24** [1962] 593/600).

[66] V. S. Griffith, G. A. W. Derwish (J. Mol. Spectry. **13** [1964] 393/8). — [67] F. Höfler (Monatsh. Chem. **107** [1976] 705/19). — [68] V. S. Griffith, G. A. W. Derwish (J. Mol. Spectry. **3** [1959] 165/76). — [69] J. Marrot, J. C. Maire, J. Cassan (Compt. Rend. **260** [1965] 3931/4). — [70] B. G. Ramsay (Electronic Transitions in Organometalloids, New York 1969).

[71] G. Distefano, S. Pignataro, L. Szepes, J. Borossay (J. Organometal. Chem. **104** [1976] 173/8). — [72] W. E. Morgan, J. R. van Wazer (J. Phys. Chem. **77** [1973] 964/9). — [73] S. Hoste, H. Willemen, D. van de Vondel, G. P. van der Kelen (J. Electron Spectrosc. Relat. Phenomena **5** [1974] 227/35). — [74] D. B. Chambers, F. Glockling, M. Weston (J. Chem. Soc. A **1967** 1759/69).

Physical Properties

1.3.2.1.1.9.3 Physikalische Eigenschaften

Für die farblose kristalline Verbindung werden folgende Schmelzpunkte angegeben: 94 bis 100°C [1], 99°C [2], 101 bis 102°C [3], 101 bis 103°C [3], 102°C [4], 102 bis 104°C [5, 6], 103°C [7], 103 bis 104°C [3, 8, 9, 10], 103 bis 105°C [11], 104°C [12], 104 bis 105°C [3, 13, 14], 104 bis 106°C [3, 15 bis 20], 105°C [21 bis 27], 105 bis 106°C [28 bis 32], 105.5 bis 107°C [33], 106°C [34 bis 43], 106 bis 107°C [44, 45], 106 bis 108°C [46], 107 bis 109°C [47], 112 bis 113°C [48, 49]. Als Siedepunkte werden angegeben: 150 bis 200°C/5×10^{-4} Torr [50] und 240°C/13.5 Torr [34] sowie 400°C [57].

Die Dichte von $(C_6H_5)_3SnCl$ beträgt $D_4^{20} = 1.41$ g/cm³ [35], die Molrefraktion $R_{mol} = 95$ [51]. Für das Dipolmoment werden folgende Werte gefunden: 3.28 D [51], 3.30 D in Hexan [52, 53, 54], 3.31 D in Benzol [52], 3.44 D [36, 55], 3.93 D in Dioxan [52]. Aus Del Re-Berechnungen folgt ein Wert von 3.01 D [56].

Löslichkeit von $(C_6H_5)_3SnCl$ in Äthanol oder Benzol 0.2% [35], in Meerwasser <1 ppm, in Äthanol 400 g/l [57], in Hexan bei 22°C 1.36%, in Aceton bei 22°C >10%, in Äthanol bei 22°C 2.34%, in Wasser bei 30°C 79×10^{-6}g/ml [58].

Aus Leitfähigkeitsmessungen an $(C_6H_5)_3SnCl$ in Dimethylformamid geht hervor, daß die Verbindung in diesem Lösungsmittel nicht in $(C_6H_5)_3Sn^+$ und Cl^- dissoziiert ist [8]. Weitere Leitfähigkeitsuntersuchungen in Pyridin, Acetonitril, Nitrobenzol, Pyridin-Nitrobenzol-Mischungen s. bei [59], in $H_2S_2O_7$ s. bei [60], auf dünnen Polymerfilmen aus organischen Polymeren s. bei [61]. Die Leitfähigkeit von $(C_6H_5)_3SnCl$ in flüssigem SO_2 bei −10°C beträgt bei einer Konzentration von 0.494 mmol/l $2.3 \times 10^{-6}\ \Omega^{-1} \cdot cm^{-1}$ [62]. Das Standardpotential beträgt für das Redoxsystem $[(C_6H_5)_3Sn]_2/(C_6H_5)_3SnCl$ in Äthanol/0.1 M $NaClO_4$ bei 25°C gegen Ag/AgCl $E_o = -0.068$ V und in Methanol $E_o = -0.058$ V [63]. Zur Untersuchung der optischen Anisotropie aus Messungen der magnetischen Suszeptibilität an Einkristallen im Vergleich mit entsprechenden Untersuchungen an anderen Phenylderivaten s. [64, 65].

Literatur:

[1] R. Bock, H. T. Niederauer, K. Behrends (Z. Anal. Chem. **190** [1962] 33/47). — [2] D. Goddard, A. E. Goddard (J. Chem. Soc. **121** [1922] 256/61). — [3] A. E. Borisov, A. N. Abramova (Izv. Akad. Nauk SSSR Ser. Khim. **1964** 844/8; Bull. Acad. Sci. USSR Div. Chem. Sci. **1964** 791/3). — [4] N. S. Vyazankin, G. A. Razuvaev, S. P. Korneva (Zh. Obshch. Khim. **34** [1964] 2787/91; J. Gen. Chem.

USSR **34** [1964] 2809/12). — [5] A. N. Nesmeyanov, A. E. Borisov, N. V. Novikova, M. A. Osipova (Izv. Akad. Nauk SSSR Otd. Khim. Nauk **1959** 263/6 nach C.A. **1959** 17890).

[6] H. W. Wehner, H. G. Köstler, Ciba-Geigy A.-G. (Deut. Offenlegungsschrift 2608698 [1975/76]; C.A. **86** [1977] Nr. 72884). — [7] V. S. Griffith, G. A. W. Derwish (J. Mol. Spectry. **3** [1959] 165/76). — [8] A. B. Thomas, E. G. Rochow (J. Am. Chem. Soc. **79** [1957] 1843/8). — [9] M. Pang, E. J. Becker (J. Org. Chem. **29** [1964] 1948/52). — [10] H. Gilman, H. W. Melvin (J. Am. Chem. Soc. **71** [1949] 4050/1).

[11] H. G. Kuivila, E. R. Jakusik (J. Org. Chem. **26** [1961] 1430/3). — [12] J. D'Ans, H. Zimmer (Chem. Ber. **85** [1952] 585/90). — [13] E. A. Puchinyan (Tr. Tashkent. Farm. Inst. **2** [1960] 311/6 nach C.A. **57** [1962] 11228). — [14] F. J. A. des Tombe, G. J. M. van der Kerk, J. G. Noltes (J. Organometal. Chem. **51** [1973] 173/80). — [15] H. Gilman, S. D. Rosenberg (J. Am. Chem. Soc. **74** [1952] 5580/2).

[16] K. C. Pande (J. Organometal. Chem. **13** [1968] 187/94). — [17] M. M. Nad, K. A. Kocheshkov (Zh. Obshch. Khim. **8** [1938] 42/50 nach C.A. **1938** 5387). — [18] R. A. Cardona, E. J. Kupchik (J. Organometal. Chem. **43** [1972] 163/73). — [19] E. J. Kupchik, T. Lanigan (J. Org. Chem. **27** [1962] 3661/5). — [20] C. W. Allen (J. Chem. Educ. **47** [1970] 479/80).

[21] D. Seyferth, Y. Sato, M. Takamizawa (J. Organometal. Chem. **2** [1964] 367/8). — [22] V. S. Shriro, Yu. A. Strelenko, Yu. A. Ustynyuk, N. N. Zemlyanskii, K. A. Kocheshkov (J. Organometal. Chem. **117** [1976] 321/8). — [23] J. L. Wardell (J. Chem. Soc. Dalton Trans. **1975** 1786/93). — [24] K. A. Kocheshkov, V. S. Shriro, N. N. Zemlyanskii, Yu. A. Ustynyuk (Izv. Akad. Nauk SSSR Ser. Khim. **1975** 1214; Bull. Acad. Sci. USSR Div. Chem. Sci. **1975** 1125). — [25] D. Datta, B. Majee, A. K. Gosh (J. Organometal. Chem. **84** [1975] 231/8).

[26] B. Aronheim (Ber. Deut. Chem. Ges. **12** [1879] 509/11). — [27] E. A. Puchinyan, Z. M. Manulkin (Tr. Tashkent. Farm. Inst. **4** [1966] 354/60 nach C.A. **68** [1968] Nr. 78382). — [28] K. A. Kocheshkov, M. M. Nad, A. P. Aleksandrov (Ber. Deut. Chem. Ges. **67** [1934] 1348/9). — [29] E. J. Kupchik, R. E. Connally (J. Org. Chem. **26** [1961] 4747/8). — [30] G. Wittig, F. J. Meyer, G. Lange (Liebigs Ann. Chem. **571** [1951] 167/201).

[31] R. Barbieri, U. Belluco, G. Tagliavini (Ann. Chim. [Rome] **48** [1958] 940/9). — [32] R. C. Poller (J. Inorg. Nucl. Chem. **24** [1962] 593/600). — [33] G. J. M. van der Kerk, J. G. A. Luijten (J. Appl. Chem. **6** [1956] 93/6). — [34] E. Krause (Ber. Deut. Chem. Ges. **51** [1918] 912/4). — [35] H. Floch, R. Desxhiens (Bull. Soc. Pathol. Exot. **55** [1962] 816/25).

[36] J. Lorberth, H. Nöth (Chem. Ber. **98** [1965] 969/76). — [37] H. Ballczo, H. Schiffner (Z. Anal. Chem. **152** [1956] 3/18). — [38] D. Datta, B. Majee, A. K. Gosh (J. Organometal. Chem. **29** [1971] 251/6). — [39] K. Licht, H. Geissler, P. Koehler, K. Hottmann, H. Schnorr, H. Kriegsmann (Z. Anorg. Allgem. Chem. **385** [1971] 271/88). — [40] G. Bähr (Z. Anorg. Allgem. Chem. **256** [1948] 107/12).

[41] B. Aronheim (Liebigs Ann. Chem. **194** [1878] 145/75). — [42] K. S. Minsker, G. T. Fedoseeva, T. B. Zavarova, E. O. Krats (Vysokomol. Soedin. A **13** [1971] 2265/78; Polymer Sci. [USSR] **13** [1971] 2544/60). — [43] P. J. Green, J. D. Graybeal (J. Am. Chem. Soc. **89** [1967] 4305/8). — [44] A. E. Borisov, A. N. Abramova, Z. N. Parnes (Izv. Akad. Nauk SSSR Ser. Khim. **1964** 941/3; Bull. Acad. Sci. USSR Div. Chem. Sci. **1964** 882/4). — [45] Z. Eckstein, Z. Ejmocki (Poln. P. 51771 [1964/66]; C.A. **68** [1968] Nr. 49770).

[46] H. Kriegsmann, H. Geissler (Z. Anorg. Allgem. Chem. **323** [1963] 170/89). — [47] C. K. Banks, M and T Chemicals, Inc. (U.S.P. 3297732 [1963/67]; C.A. **66** [1967] Nr. 115807). — [48] P. Pfeiffer, B. Friedmann, H. Rekate (Liebigs Ann. Chem. **376** [1910] 310/44). — [49] P. Pfeiffer, B. Friedmann, R. Lehnhardt, H. Luftensteiner, R. Prade, K. Schnurmann (Z. Anorg. Allgem. Chem. **71** [1911] 97/120). — [50] D. Wittenberg, Badische Anilin- und Soda-Fabrik A.-G. (D.P. 1124947 [1960/62]; C.A. **57** [1962] 7309).

[51] P. F. Oesper, C. P. Smith (J. Am. Chem. Soc. **64** [1942] 173/5). — [52] I. P. Goldshtein, E. N. Guryanova, E. D. Delinskaya, K. A. Kocheshkov (Dokl. Akad. Nauk SSSR **136** [1961] 1079/81; Proc. Acad. Sci. USSR Chem. Sect. **136** [1961] 173/5). — [53] C. P. Smyth (J. Org. Chem. **6** [1941] 421/6). — [54] C. P. Smyth (J. Am. Chem. Soc. **63** [1941] 57/66). — [55] H. H. Huang, K. M. Hui, K. K. Chiu (J. Organometal. Chem. **11** [1968] 515/24).

[56] R. Gupta, B. Majee (J. Organometal. Chem. **33** [1971] 169/73). — [57] F. B. Nijesen (Ind. Vernice [Milan] **22** [1968] 3/7). — [58] H. Kubo (Agr. Biol. Chem. **29** [1965] 43/55). — [59] A. B. Thomas, E. G. Rochow (J. Inorg. Nucl. Chem. **4** [1957] 205/15). — [60] R. C. Paul, J. K. Puri, K. C. Malhotra (J. Inorg. Nucl. Chem. **35** [1973] 403/12).

[61] A. Bradley, J. P. Hammes (J. Electrochem. Soc. **110** [1963] 15/22). — [62] U. Kunze, E. Lindner, J. Koola (J. Organometal. Chem. **40** [1972] 327/40). — [63] L. Doretti, P. Zanella, G. Tagliavini (J. Organometal. Chem. **22** [1970] 23/8). — [64] P. Bothorel (Ann. Chim. [Paris] [13] **4** [1959] 669/712). — [65] P. Bothorel, A. Unanue (Compt. Rend. **255** [1962] 901/2).

Chemical Reactions

1.3.2.1.1.9.4 Chemisches Verhalten

$(C_6H_5)_3SnCl$ ist das wichtigste Ausgangsmaterial zur Synthese von Triphenylzinnverbindungen. Eine vollständige Beschreibung aller Reaktionen des $(C_6H_5)_3SnCl$ ist nicht sinnvoll. Die im folgenden Kapitel beschriebenen Reaktionen stellen deshalb nur einen repräsentativen Querschnitt durch das chemische Verhalten der Verbindung dar.

Decomposition. Electrochemical Reduction

1.3.2.1.1.9.4.1 Zersetzung. Elektrochemische Reduktion

Thermisch ist Triphenylzinnchlorid stabiler als Triphenylzinnacetat und Triphenylzinnhydroxid [1].

Bei der γ-Bestrahlung von Gläsern aus 2-Methyltetrahydrofuran, die $(C_6H_5)_3SnCl$ enthalten, werden $(C_6H_5)_3Sn$-Radikale gebildet [2]. Bei der Neutronenaktivierung von $(C_6H_5)_3SnCl$ entstehen durch β-Zerfall von ^{125}Sn-Verbindungen Derivate von ^{125}Sb. Durch Chromatographie können $(C_6H_5)_5Sb$, $(C_6H_5)_2Sb^+$ und $C_6H_5Sb^{2+}$ nachgewiesen werden [3].

Bei der Elektrolyse von $(C_6H_5)_3SnCl$ in CH_3OH entsteht $[(C_6H_5)_3Sn]_2$ an der Kathode [4]. Die elektrolytische Reduktion erfolgt in zwei Schritten. Die Reduktion bei −1.6 V durch ein Elektron pro Molekül $(C_6H_5)_3SnCl$ führt quantitativ über $(C_6H_5)_3Sn\cdot$ zur Bildung von $[(C_6H_5)_3Sn]_2$. Eine zweite Reduktion findet dann bei −2.9 V statt. Hierbei wird $(C_6H_5)_3Sn^-$ gebildet [5]. Eine vergleichende Betrachtung dieser Reduktion mit der anderer Metall- und Metalloid-Anionen, die durch Elektroreduktion von metallorganischen Verbindungen entstanden sind, und deren Nukleophilie s. bei [6]. Weitere Untersuchungen der Polarographie von $(C_6H_5)_3SnCl$ in CH_3OH s. bei [7, 8, 9], in CH_3CN s. bei [10], in Dimethylformamid s. bei [11, 12, 13], in Dimethylsulfoxid und Aceton s. bei [13]. Bei der polarographischen Reduktion von $(C_6H_5)_3SnCl$ in Phenol und Acetonitril an Hg-Elektroden wird $(C_6H_5)_3SnH$ erhalten [10]. Wechselstrompolarographische Untersuchungen s. bei [14, 15]. Halbwellenpotential bei 25°C relativ zu einer gesättigten Kalomel-Elektrode bei pH = 3.72: −1.115 V, bei pH = 3 bis 4: −1.33 V [16].

Literatur:

[1] Y. Jitsu, N. Kudo, T. Sugiyama (Noyaku Seisan Gijutsu **17** [1967] 17/22 nach C.A. **68** [1968] Nr. 56448). — [2] H. Jungbluth, H. Möckel, J. Wendenburg (Z. Naturforsch. **29b** [1974] 379/84). — [3] O. H. Wheeler, J. E. Trabal (Intern. J. Appl. Radiation Isotopes **21** [1970] 241/4). — [4] L. Riccoboni (Atti Ist. Veneto Sci. Lettere Arti Classe Sci. Mat. Nat. **96** II [1937] 183/92 nach C.A. **1939** 7207). — [5] R. E. Dessy, W. Kitching, T. Chivers (J. Am. Chem. Soc. **88** [1966] 453/9).

[6] R. E. Dessy, R. L. Pohl, R. B. King (J. Am. Chem. Soc. **88** [1966] 5121/4). — [7] Yu. M. Tyurin, V. N. Flerov, V. K. Goncharuk (Zh. Obshch. Khim. **41** [1971] 494/502; J. Gen. Chem. USSR **41** [1971] 490/6). — [8] M. Devaud, E. Laviron (Rev. Chim. Minerale **5** [1968] 427/58). — [9] Yu. M. Tyurin, V. N. Flerov (Elektrokhimiya **6** [1970] 1548/52; Soviet Electrochem. **6** [1970] 1492/5). — [10] G. A. Mazzocchin, R. Seeber, G. Bontempelli (J. Organometal. Chem. **121** [1976] 55/62).

[11] R. B. Allen (Diss. Univ. of New Hampshire 1959, 70 S.; Diss. Abstr. **20** [1959/60] 897). — [12] M. Devaud, Y. Le Moullec (J. Electroanal. Chem. Interfacial Electrochem. **68** [1976] 223/35). — [13] Yu. M. Tyurin, V. N. Flerov, V. K. Goncharuk (Tr. Gor'k. Politekhn. Inst. **27** Nr. 2 [1971] 11/6 nach C.A. **77** [1972] Nr. 61085). — [14] H. Jehring, H. Mehner (Z. Anal. Chem. **224** [1967] 136/43). — [15] H. Mehner, H. Jehring, H. Kriegsmann (J. Organometal. Chem. **15** [1968] 97/105).

[16] M. K. Saikina (Uch. Zap. Kazan. Gos. Univ. im. V. I. Ul'yanova Lenina Khim. **116** Nr. 2 [1956] 129/86 nach C.A. **1957** 7191).

1.3.2.1.1.9.4.2 Reaktionen mit Hydrierungsmitteln

Reactions with Hydrogenating Agents

$(C_6H_5)_3SnCl$ reagiert mit $NaBH_4$ in Monoglyme [1] oder Diglyme [2] unter Bildung von $(C_6H_5)_3SnH$. Bei der Reaktion in Monoglyme werden 82% Ausbeute erzielt [1]. Bei der entsprechenden Umsetzung mit $LiAlH_4$ in Äther [3, 4] können 78% Ausbeute an $(C_6H_5)_3SnH$ erhalten werden [4]. In Gegenwart von c-$C_6H_{11}Br$ wird dagegen Cyclohexan gebildet [5]. $(C_6H_5)_3SnCl$ reagiert mit $(C_2H_5)_2AlD$ unter Bildung von $(C_6H_5)_3SnD$ [6], mit $NaHAl(OC_2H_5)_3$ in Diäthyläther unter Bildung des Komplexes $(C_6H_5)_3SnHAl(OC_2H_5)_3$ [7, 8].

Literatur:

[1] E. R. Birnbaum, P. H. Javora (Inorg. Syn. **12** [1970] 45/57). — [2] E. R. Birnbaum, P. H. Javora (J. Organometal. Chem. **9** [1967] 379/82). — [3] H. Gilman, H. W. Melvin (J. Am. Chem. Soc. **71** [1949] 4050/1). — [4] F. D. Greene, H. N. Lowry (J. Org. Chem. **32** [1967] 882/5). — [5] H. G. Kuivila, L. W. Menapace (J. Org. Chem. **28** [1963] 2165/7).

[6] W. P. Neumann, R. Sommer (Angew. Chem. **75** [1963] 788). — [7] O. Schmitz-Du Mont, G. Bungard (Angew. Chem. **67** [1955] 208/9). — [8] O. Schmitz-DuMont, G. Bungard (Chem. Ber. **92** [1959] 2399/404).

1.3.2.1.1.9.4.3 Reaktionen mit Metallen

Reactions with Metals

$(C_6H_5)_3SnCl$ reagiert in Tetrahydrofuran mit Li unter Bildung einer grünen Lösung, die $(C_6H_5)_3SnLi$ enthält [1, 2, 3]. Bei Zusatz von wäßriger HCl-Lösung [3] oder bei der Reaktion in flüssigem NH_3 unter Zusatz von NH_4Cl wird $(C_6H_5)_3SnH$ als Reaktionsprodukt gefunden [4]. Mit Mg reagiert die Verbindung in Tetrahydrofuran unter Bildung von $Mg[Sn(C_6H_5)_3]_2$ [5]. Mit Natriumamalgam wird in Xylol $Sn(C_6H_5)_4$ erhalten [6], während mit Aluminiumamalgam bei 10°C nach 6 bis 8 h in 65%iger Ausbeute $(C_6H_5)_3SnH$ entsteht [7] und mit Zinkamalgam in Diäthyläther keine Reduktion des $(C_6H_5)_3SnCl$ eintritt [8]. Mit einer Zn-Cu-Legierung reagiert $(C_6H_5)_3SnCl$ in Tetrahydrofuran, Methanol, Dimethoxyäthan oder Dipyridyl-Tetrahydrofuran im Verlauf von mehreren Tagen bei Temperaturen von etwa 70°C unter Bildung von Sn, $Sn(C_6H_5)_4$, $[(C_6H_5)_3Sn]_2$ und Benzol [9].

Literatur:

[1] S. Y. Sim (Diss. Iowa State Univ., Ames, Iowa, 1966, 147 S.; Diss. Abstr. B **27** [1966] 1430). — [2] H. Gilman, O. L. Marrs, S. Y. Sim (J. Org. Chem. **27** [1962] 4232/6). — [3] C. Tamborski, F. E. Ford, E. J. Soloski (J. Org. Chem. **28** [1963] 181/4). — [4] C. W. Allen (J. Chem. Educ. **47** [1970] 479/80). — [5] C. Tamborski, E. J. Soloski (J. Am. Chem. Soc. **83** [1961] 3734).

[6] M. M. Nad, K. A. Kocheshkov (Zh. Obshch. Khim. **8** [1938] 42/50 nach C. A. **1938** 5387). — [7] G. J. M. van der Kerk, J. G. Noltes, J. G. A. Luijten (Chem. Ind. [London] **1958** 1290/1). — [8] R. West (J. Am. Chem. Soc. **75** [1953] 6080/1). — [9] F. J. A. des Tombe, G. J. M. van der Kerk, J. G. Noltes (J. Organometal. Chem. **51** [1973] 173/80).

1.3.2.1.1.9.4.4 Reaktionen mit Alkylierungsmitteln

Reactions with Alkylating Agents

$(C_6H_5)_3SnCl$ reagiert mit zahlreichen Alkaliorganylen und Grignard-Verbindungen unter Bildung von Triphenylzinnverbindungen (s. „Zinnorganische Verbindungen", Tl. 1 und 2). So reagiert $(C_6H_5)_3SnCl$ mit $LiC(CH_3)_3$ in Pentan-Heptan unter Bildung von $(C_6H_5)_3SnC(CH_3)_3$ [1]. Bei der Umsetzung von Triphenylzinnchlorid mit Verbindungen vom Typ $(C_6H_5)_2P(X)CHRLi$ mit X = O und S, R = H und CH_3 entstehen Derivate vom Typ $(C_6H_5)_2P(X)CHRSn(C_6H_5)_3$ [2, 3]. $(C_6H_5)_3SnCl$ bildet mit $C[B(OCH_3)_2]_4$ und $LiOCH_3$ oder LiC_4H_9 in Tetrahydrofuran beim Rückflußkochen in 52%iger Ausbeute $(C_6H_5)_3SnC[B(OCH_3)_2]_3$ [4, 5]. Entsprechende Reaktionen mit $LiC(\underline{BOCH_2CH_2CH_2O})_3$, $(C_6H_5)_3GeCLi(\underline{BOCH_2CH_2CH_2O})_2$, $(C_6H_5)_3SnCLi(\underline{BOCH_2CH_2CH_2O})_2$ und $[(C_6H_5)_3Sn]_2CLi\underline{BOCH_2CH_2CH_2O}$ führen in Tetrahydrofuran bei Zimmertemperatur zur Bildung von $(C_6H_5)_3SnC(BOCH_2CH_2CH_2O)_3$ in 57%iger [6] bzw. 70%iger Ausbeute [7], von $[(C_6H_5)_3Ge][(C_6H_5)_3Sn]C(BOCH_2CH_2CH_2O)_2$ in 67%iger Ausbeute [7], von $[(C_6H_5)_3Sn]_2C(BOCH_2CH_2CH_2O)_2$ in 84%iger Ausbeute [7] bzw. $[(C_6H_5)_3Sn]_3CBOCH_2CH_2CH_2O$ in 98%iger Ausbeute [7]. $(C_6H_5)_3SnCl$ reagiert in Tetrahydrofuran-Hexan mit 9-Lithiumanthracen unter Bildung von 9-Triphenylstannylanthracen und mit 9-Lithiumtriptycen in Diäthyläther bei Zimmertemperatur unter Bildung von 9-Triphenylstannyltriptycen [8]. Mit m-$LiCB_{10}H_{10}CLi$ wird m-$(C_6H_5)_3SnCB_{10}H_{10}CSn(C_6H_5)_3$ erhalten [9]. Mit $(XC_6H_4$-p-$CHCH_2)_n$, wobei X = Li und Br, entsteht bei 0°C ein Polymeres der gleichen Struktureinheit, das neben 88% Br auch 12% $(C_6H_5)_3Sn$-Reste in der Position X enthält [10]. Mit chloriertem Polyäthylen und LiC_4H_9 wird in Tetrahydrofuran ein polymeres Produkt gebildet, das 11.5% Cl und 2.2% Sn in Form von Triphenylzinngruppen enthält [11].

$(C_6H_5)_3SnCl$ reagiert mit $NaC{\equiv}CCl$, erst in flüssigem NH_3 bei −60°C und anschließend unter Rückflußkochen in Diäthyläther-Tetrahydrofuran, unter Bildung von $(C_6H_5)_3SnC{\equiv}CCl$ in 84%iger Ausbeute [12]. Mit 1-Chloradamantan und Na wird in Cyclohexan nach sechsstündigem Rückflußkochen in 19%iger Ausbeute $(C_6H_5)_3SnC_{10}H_{15}$ erhalten [13].

$(C_6H_5)_3SnCl$ reagiert mit Grignard-Verbindungen RMgX unter Bildung der Triphenylstannyl-Verbindungen $(C_6H_5)_3SnR$. Die bei derartigen Reaktionen in Benzol-Diäthyläther bei 15°C erzielten Ausbeuten können teilweise durch Zugabe von Hexamethylphosphorsäuretriamid beträchtlich gesteigert werden, was auf die Bildung eines reaktionsfähigeren 1:1-Komplexes zwischen Triphenylzinnchlorid und dem Lösungsmittel zurückzuführen ist. Folgende Grignard-Verbindungen wurden untersucht (in Klammern die Ausbeuten an $(C_6H_5)_3SnR$ ohne und mit HMPTA nach 30 s Reaktionszeit): CH_3MgJ (100, 100), C_2H_5MgBr (100, 100), $(CH_3)_2CHMgBr$ (5, 80), o-$CH_3C_6H_4MgBr$ (18, 42), $HC{\equiv}CCH_2MgBr$ (88, 84). Auch in Gegenwart von $(CH_3)_2CHCOCH_3$ oder C_6H_5CHO wird die Ausbeute der Reaktion zwischen $(C_6H_5)_3SnCl$ und C_2H_5MgBr durch HMPTA gesteigert [14]. $(C_6H_5)_3SnCl$ reagiert mit $C_{18}H_{37}MgBr$ unter Bildung von $(C_6H_5)_3SnC_{18}H_{37}$ [15], mit $OCH_2CH_2OC(CH_3)CH_2CH_2CH_2MgCl$ in Tetrahydrofuran unter Bildung von $(C_6H_5)_3SnCH_2CH_2CH_2C(CH_3)OCH_2CH_2O$ [16]. Mit $CH_2{=}CHMgCl$ reagiert $(C_6H_5)_3SnCl$ in Benzol-Tetrahydrofuran unter Bildung von $(C_6H_5)_3SnCH{=}CH_2$ [17], mit $C_6H_5CH{=}CHMgBr$ in Tetrahydrofuran beim Rückflußkochen unter Bildung von $(C_6H_5)_3SnCH{=}CHC_6H_5$ [18], mit $CH_3CH{=}CHCH_2MgBr$ in Tetrahydrofuran unter Bildung von $(C_6H_5)_3SnCH_2CH{=}CHCH_3$ neben $(C_6H_5)_3SnCH(CH_3)CH{=}CH_2$ [19], mit $C_6H_5CH{=}CHCH_2MgBr$ in Tetrahydrofuran unter Bildung von $(C_6H_5)_3SnCH_2CH{=}CHC_6H_5$ [20, 21], mit $CH_2{=}CRCH_2MgBr$ unter Bildung von $(C_6H_5)_3SnCHCR{=}CH_2$ (R = H, CH_3) [22] und mit $C_6H_5C{\equiv}CMgBr$ in Chloroform unter Bildung von $(C_6H_5)_3SnC{\equiv}CC_6H_5$ [23]. o-JC_6H_4X mit X = F, Cl, Br, J und m-JC_6H_4X mit X = Cl, Br, J reagieren mit Mg und $(C_6H_5)_3SnCl$ in Diäthyläther beim Rückflußkochen unter Bildung der entsprechenden Derivate $(C_6H_5)_3SnC_6H_4X$ [24]. Mit p-c-$C_6H_{11}C_6H_4MgBr$ wird in Äther $(C_6H_5)_3SnC_6H_4$-p-c-C_6H_{11} erhalten [25]. Mit p-$CH_2{=}CHMgCl$ entsteht in Tetrahydrofuran bei 50°C $(C_6H_5)_3SnC_6H_4$-p-$CH{=}CH_2$ [26], mit p-$C_6H_5C_6H_4MgBr$ in Tetrahydrofuran-Xylol unter Rückfluß $(C_6H_5)_3SnC_6H_4$-p-C_6H_5 in 33%iger Ausbeute [27], mit 1,2-$C_6H_5C_2B_{10}H_{10}MgBr$ in Tetrahydrofuran beim einstündigen Rückflußkochen 1,2-$C_6H_5C_2B_{10}H_{10}Sn(C_6H_5)_3$ [28].

Bei der Reaktion zwischen $(C_6H_5)_3SnCl$ und $Ba(C_2H_5)_2$ in Diäthyläther bei Zimmertemperatur entsteht $(C_6H_5)_3SnC_2H_5$ [29].

Literatur:

[1] S. A. Kandil, A. L. Allred (J. Chem. Soc. A **1970** 2987/92). — [2] D. Seyferth, D. E. Welch, J. K. Heeren (J. Am. Chem. Soc. **85** [1963] 642/3). — [3] D. Seyferth, D. E. Welch (J. Organometal. Chem. **2** [1964] 1/7). — [4] D. S. Matteson, G. L. Larson (J. Am. Chem. Soc. **91** [1969] 6541/2). — [5] D. S. Matteson, G. L. Larson (J. Organometal. Chem. **57** [1973] 225/30).

[6] D. S. Matteson, L. A. Hagelee, R. J. Wilcsek (J. Am. Chem. Soc. **95** [1973] 5096/7). — [7] D. S. Matteson, R. J. Wilcsek (J. Organometal. Chem. **57** [1973] 231/42). — [8] R. J. Ranson, R. M. G. Roberts (J. Organometal. Chem. **107** [1976] 295/300). — [9] S. Bresadola, F. Rossetto, I. Tagliavini (Ann. Chim. [Rome] **58** [1968] 597/602). — [10] Dow Chemical Co. (B.P. 923461 [1960/63]; C.A. **59** [1963] 11683).

[11] N. A. Plate, S. L. Davydova, M. A. Yampolskaya, B. A. Mukhitdinova, V. A. Kargin (Vysokomol. Soedin. **8** [1966] 1562/7; Polymer Sci. [USSR] **8** [1966] 1721/7). — [12] H. G. Viehe, Union Carbide Corp. (D.P. 1126388 [1958/62]; C.A. **58** [1963] 6860). — [13] R. M. G. Roberts (J. Organometal. Chem. **63** [1973] 159/65). — [14] M. LeQuan, Y. Nesace (J. Organometal. Chem. **97** [1975] 45/9). — [15] E. J. Bulten (J. Organometal. Chem. **97** [1975] 167/72).

[16] S. Z. Abbas, R. C. Poller (J. Chem. Soc. Dalton Trans. **1974** 1769/71). — [17] H. E. Ramsden, Metal and Thermit Corp. (U.S.P. 2873287 [1959]; C.A. **1959** 13108). — [18] J. L. Wardell (J. Chem. Soc. Dalton Trans. **1975** 1786/93). — [19] E. Matarasso-Tchiroukhine, P. Cadiot (J. Organometal. Chem. **121** [1976] 169/76). — [20] J. L. Wardell, S. Ahmed (J. Organometal. Chem. **78** [1974] 395/404).

[21] Y. Tanigawa, I. Moritani, S. Nishida (J. Organometal. Chem. **28** [1971] 73/9). — [22] W. T. Schwarz (Diss. State Univ. of New York, Buffalo 1964 nach Diss. Abstr. B **27** [1966] 1429). — [23] H. Hartmann, H. Honig (Angew. Chem. **69** [1957] 614). — [24] K. L. Jaura, S. N. Singla, K. K. Sharma (J. Indian Chem. Soc. **46** [1969] 835/7). — [25] E. A. Puchinyan, Z. M. Manulkin (Dokl. Akad. Nauk Uz.SSR **18** Nr. 12 [1961] 51/5 nach C.A. **58** [1963] 543).

[26] J. R. Leebrick, H. E. Ramsden (J. Org. Chem. **23** [1958] 935/6). — [27] H. Zimmer, M. A. Barcelon, W. R. Jones (J. Organometal. Chem. **63** [1973] 133/8). — [28] L. I. Zakharkin, G. G. Zhigareva, A. V. Kazantsev (Zh. Obshch. Khim. **38** [1968] 89/92; J. Gen. Chem. USSR **38** [1968] 86/9). — [29] H. Gilman, A. H. Haubein, G. O. Donell, L. A. Woods (J. Am. Chem. Soc. **67** [1945] 922/6).

1.3.2.1.1.9.4.5 Reaktionen mit Organozinnverbindungen

Reactions with Organotin Compounds

$(C_6H_5)_3SnCl$ reagiert mit $(C_4H_9)_3SnCl$ bei 210°C unter Komproportionierung zu $(C_4H_9)_2(C_6H_5)SnCl$ [1]. In Gegenwart von $AlCl_3$ kann nach 4 h bei 140°C $C_4H_9(C_6H_5)_2SnCl$ gewonnen werden [2]. Austausch der Phenylgruppen gegen Methyl- oder Butylreste findet statt bei den Reaktionen zwischen $(C_6H_5)_3SnCl$ und $(CH_3)_3SnC{\equiv}CC_6H_5$, wobei neben $(CH_3)_3SnCl$ auch $(C_6H_5)_3SnC{\equiv}CC_6H_5$ gebildet wird [3], und zwischen $(C_6H_5)_3SnCl$ und $(R_3SnC{\equiv}C)_2$ mit $R = CH_3$ oder C_4H_9, wobei nach 5 h bei 80 bis 90°C in Benzol neben R_3SnCl auch $[(C_6H_5)_3SnC{\equiv}C]_2$ entsteht [4]. Mit elektrochemisch dargestellten Triphenylzinn-Anionen reagiert $(C_6H_5)_3SnCl$ augenblicklich unter Bildung von $[(C_6H_5)_3Sn]_2$ [5]. Mit $(i\text{-}C_4H_9)_3SnH$ entstehen in Benzol in Gegenwart von Triäthylamin beim Kochen nach 10 h $[(C_6H_5)_3Sn]_2$, $[(i\text{-}C_4H_9)_3Sn]_2$ und $(i\text{-}C_4H_9)_3SnSn(C_6H_5)_3$ [6]. Mit 4-$(C_6H_5)_3SnCH_2CH_2\text{-}C_5H_4N$ wird ein 1:1-Komplex erhalten [7].

Literatur:

[1] M. Nakanishi, A. Tsuda, Yoshitomi Pharmaceutical Industries, Ltd. (Japan.P. 66-17141 [1964/66]; C.A. **66** [1967] Nr. 11049). — [2] P. A. T. Hoye, T. E. Jones, Albright and Wilson Ltd. (B.P. 1232691 [1968/71]; C.A. **75** [1971] Nr. 49335). — [3] A. S. Peregudov, L. A. Fedorov, D. N. Kravtsov, E. M. Rokhlina (Zh. Obshch. Khim. **42** [1972] 2194/9; J. Gen. Chem. USSR **42** [1972] 2190/4). — [4] H. Hartmann, B. Karbstein, W. Reiss (Naturwissenschaften **52** [1965] 59). — [5] R. E. Dessy, P. M. Weissman (J. Am. Chem. Soc. **88** [1966] 5124/9).

[6] W. P. Neumann, B. Schneider, R. Sommer (Liebigs Ann. Chem. **692** [1966] 1/11). — [7] R. C. Poller, D. L. B. Toley (J. Organometal. Chem. **14** [1968] 453/6).

1.3.2.1.1.9.4.6 Reaktionen mit Nichtmetallverbindungen

Reactions with Nonmetal Compounds

$(C_6H_5)_3SnCl$ reagiert mit Br_2 in CCl_4 bei −5°C unter Abspaltung einer Phenylgruppe und Bildung von C_6H_5Br neben $(C_6H_5)_2SnBrCl$ [1]. Mit J_2 entsteht entsprechend $(C_6H_5)_2SnClJ$ [2], mit JBr oder JCl wird in CCl_4 beim Rückflußkochen $(C_6H_5)_2SnBrCl$ bzw. $(C_6H_5)_2SnCl_2$ gebildet [1]. Mit Fluoriden reagiert $(C_6H_5)_3SnCl$ in wäßriger Lösung unter Bildung von $(C_6H_5)_3SnF$ [3]. Diese Reaktion läuft sowohl mit NaF [4] als auch mit NH_4F [5] ab. Entsprechend reagiert $(C_6H_5)_3SnCl$ mit NaBr in Aceton unter Bildung von $(C_6H_5)_3SnBr$ [4], mit NaJ in Aceton unter Bildung von $(C_6H_5)_3SnJ$ [4], mit NaCN und NaN_3 in Aceton beim Rückflußkochen unter Bildung von $(C_6H_5)_3SnCN$ bzw. $(C_6H_5)_3SnN_3$ [4], mit AgOCN in Diäthyläther nach dreistündigem Rückflußkochen unter Bildung von $(C_6H_5)_3SnNCO$ in 89%iger Ausbeute [6] und mit KSeCN in Äthylalkohol unter Bildung von $(C_6H_5)_3SnNCSe$ [7]. Zum Einfluß der verschiedenen Lösungsmittel auf die Reaktion zwischen $(C_6H_5)_3SnCl$ und NaSeCN, KSeCN oder AgSeCN s. [8].

Bei der Reaktion zwischen $(C_6H_5)_3SnCl$ und $NaNHCOOC_2H_5$ in Xylol bei Zimmertemperatur kommt es unter Abspaltung von Äthanol zur Bildung von $(C_6H_5)_3SnNCO$ [6]. Mit $(CH_3)_2S(NH)_2$ reagiert $(C_6H_5)_3SnCl$ in Gegenwart von Triäthylamin in Benzol unter Bildung von $[(C_6H_5)_3SnN{=}]_2S(CH_3)_2$ [9], mit $AgN(C_6H_5)N{=}NC_6H_5$ in Diäthyläther bei Zimmertemperatur unter N_2 nach 40stündigem Schütteln unter Bildung von $(C_6H_5)_3SnN(C_6H_5)N{=}NC_6H_5$ in 90 bis 100%iger Ausbeute [10]. Mit Natriumsuccinimid entsteht in Xylol beim Rückflußkochen $[(C_6H_5)_3Sn]_2O$ neben Succinimid [11]. Mit $C_6H_5HgNS_7$ reagiert die Verbindung in CS_2 bei 0°C nicht [12]. Mit $(CH_3)_3B_3N_3H_2CH_3$ wird in Gegenwart von $NaC_{10}H_8$ in Tetrahydrofuran nur $[(C_6H_5)_3Sn]_2$ erhalten [13].

Bei der Hydrolyse von $(C_6H_5)_3SnCl$ mit wäßriger oder alkoholischer NaOH-Lösung [4, 5, 14, 15, 16], mit KOH-Lösung [17, 18] oder mit NH_3-Lösung [19] wird $(C_6H_5)_3SnOH$ erhalten. Kinetische Untersuchungen der Hydrolyse von $(C_6H_5)_3SnCl$ in Dioxan-Wasser s. bei [20], in Aceton s. bei [21]. $(C_6H_5)_3SnCl$ bildet mit $NaOCH_3$ in Methanol $(C_6H_5)_3SnOCH_3$ in 93%iger Ausbeute [22]. Analog reagiert $(C_6H_5)_3SnCl$ mit Verbindungen vom Typ NaOR in siedendem Benzol unter Bildung von Derivaten $(C_6H_5)_3SnOR$ mit R = o-$CH_3OC_6H_4O$, o-$CH_3OOCC_6H_4O$, $CH_3COCH{=}C(CH_3)O$, $CH_3COCH{=}C(C_6H_5)O$, $C_6H_5COCH{=}C(C_6H_5)O$, $C_2H_5OOCCH{=}C(C_6H_5)O$, $C_6H_5NHCOCH{=}C(CH_3)O$, NC_9H_6O [23]. Mit 8-Hydroxychinolin reagiert $(C_6H_5)_3SnCl$ bei 140°C unter Bildung von $(C_6H_5)_2Sn(OC_9H_6N)_2$ und $(NC_9H_6O)_2SnCl_2$ [24]. Mit Salzen von Carbonsäuren reagiert $(C_6H_5)_3SnCl$ unter Bildung von Triphenylzinncarboxylaten, wie an den Beispielen $NaOOCCH_2OC_6H_3ClCH_3$ [25], $NaOOCC_6H_4COOH$ [25] und $NaOOCC_5H_4FeC_5H_5$ [26] gezeigt wurde. $(C_6H_5)_3SnCl$ reagiert mit $AgClO_4$ in Diäthyläther bei Zimmertemperatur im Verlauf von drei Tagen unter Bildung von $(C_6H_5)_3SnClO_4$ [27]. Mit H_2SO_4 reagiert die Verbindung unter Bildung von $(C_6H_5)_3SnOH$ [28]. Mit SO_2 entsteht bei Temperaturen zwischen 20 und 60°C $(C_6H_5)_2Sn(OSOC_6H_5)_2$ neben $(C_6H_5)_2SnCl_2$ [29, 30, 31]. Mit $NaO_2SC_6H_5$ oder $NaO_2SC_6H_4$-p-CH_3 wird in Tetrahydrofuran $(C_6H_5)_3SnO_2SC_6H_5$ bzw. $(C_6H_5)_3SnO_2SC_6H_4$-p-CH_3 erhalten [29]. $(C_6H_5)_3SnCl$ reagiert mit N_2O_3 unter Bildung von $C_6H_5N_2NO_3$ in 8%iger Ausbeute. Bei Zusatz von NO wird die gleiche Verbindung in 48%iger Ausbeute gebildet [32]. Mit $AgNO_3$ entsteht in Aceton [27, 33] oder Acetonitril [34] $(C_6H_5)_3SnNO_3$. Mit $AgNOC(CN)_2$ wird in Acetonitril $(C_6H_5)_3SnON{=}C(CN)_2$ erhalten [35]. Mit KH_2AsO_4 reagiert $(C_6H_5)_3SnCl$ unter Bildung von $[(C_6H_5)_3Sn]_3AsO_4$ [36], mit $C_6H_5As(O)(ONa)_2$ in Methanol unter Bildung von $[(C_6H_5)_3SnO]_2As(O)C_6H_5$ in 86%iger Ausbeute [36], mit Na_2SiO_3 in Xylol unter Bildung von $[(C_6H_5)_3Sn]_2O[SiO_2]_n$ [37], mit HgO unter Bildung von $[(C_6H_5)_2SnO]_n$ [38]. Mit Hydroperoxiden ROOH reagiert $(C_6H_5)_3SnCl$ in Diäthyläther in Gegenwart von $NaNH_2$ unter Bildung von Verbindungen des Typs $(C_6H_5)_3SnOOR$ [39]. Triphenylzinnhaltige Polymere werden erhalten bei den Reaktionen von Triphenylzinnchlorid mit Polyvinylalkohol [40], mit Äthylenoxid bei 180°C [41, 42], mit $Na(OCH_2CH_2)_nR$ [43], mit $(CH_2CHCOONa)_n$ [44], mit Carboxymethylcellulose in Dimethylformamid [45] und mit $[CH_2CHC(NH_2){=}NOH]_n$ in alkalischem Chloroform [46].

$(C_6H_5)_3SnCl$ reagiert mit elementarem Schwefel bei Temperaturen zwischen 190 und 200°C in N_2-Atmosphäre unter Bildung von $S(C_6H_5)_2$, $C_6H_5SSC_6H_5$ und von $(C_6H_5)_5Sn_3S_5Cl$ [47]. Mit H_2S_x in Benzol entsteht bei Zimmertemperatur $[(C_6H_5)_3Sn]_2S$ [48]. Mit C_6Cl_5SH wird $(C_6H_5)_3SnSC_6Cl_5$ gebildet [49]. Mit NaSCN reagiert $(C_6H_5)_3SnCl$ unter Bildung von $(C_6H_5)_3SnSCN$ [25], mit NaSR unter Bildung von $(C_6H_5)_3SnSR$ (R = 4-Thiobenzthiazol oder 4-Thiobenzoxazol) [25], mit $C_6H_5N{=}NC(SH){=}NNHC_6H_5$ in CCl_4-Wasser bei pH = 10 unter Bildung von $(C_6H_5)_3SnSC(N{=}NC_6H_5){=}NNHC_6H_5$ [50], mit $NCC(SNa)C(SNa)CN$ in Äthanol in Gegenwart von $[(C_2H_5)_4N]Cl$ unter Bildung von polymerem $[(C_2H_5)_4N][(C_6H_5)_3SnSC(CN){=}C(CN)S]$ in 80- bis 90%iger Ausbeute [51], mit $(KS)_2C{=}NCN$ in Tetrahydrofuran-Wasser unter Bildung von $(C_6H_5)_3SnSCN$ neben $[(C_6H_5)_3Sn]_2S$ [52], mit $(KS)_2C{=}NCN$ und Dimethylsulfat unter Bildung von $(C_6H_5)_3SnSC(SCH_3){=}NCN$ [52], mit $CH_3S(NCH_3)_2NHCH_3$ in Triäthylamin unter Bildung von $(C_6H_5)_3SnS(CH_3)(NCH_3)_3$ [53], mit $(CH_3)_3SbS$ unter Bildung von $[(C_6H_5)_3Sn]_2S$ und

$(CH_3)_3SbCl_2$ in einer Gleichgewichtsreaktion [54, 55], ebenso mit $(c\text{-}C_6H_{11})_3SbS$, wobei $[(C_6H_5)_3Sn]_2S$ und $(c\text{-}C_6H_{11})_3SbCl_2$ gebildet werden [54]. $(C_6H_5)_3SnCl$ reagiert mit $SeCl_4$ in CH_2Cl_2-CCl_4 bei $-10\,^\circ C$ unter Bildung von $(C_6H_5)_2SnCl_2$ und $C_6H_5SeCl_3$, mit $TeCl_4$ in Toluol unter Bildung von $(C_6H_5)_2SnCl_2$ neben $C_6H_5TeCl_3$ oder $(C_6H_5)_2TeCl_2$ und mit p-$CH_3OC_6H_4TeCl_3$ in Toluol unter Bildung von $(C_6H_5)_2SnCl_2$ neben $(p\text{-}CH_3OC_6H_4)_2TeCl_2$ [56].

$(C_6H_5)_3SnCl$ bildet mit $(C_6H_5)_3P{=}CHCOCH_3$ einen 1:1-Komplex [57] und mit Eriochromschwarz T eine farbige Verbindung [58].

Literatur:

[1] S. N. Bhattacharya, P. Raj, R. C. Srivastava (J. Organometal. Chem. **105** [1976] 45/9). — [2] E. A. Flood, L. Horvitz (J. Am. Chem. Soc. **55** [1933] 2534/9). — [3] H. Ballczo, H. Schiffner (Z. Anal. Chem. **152** [1956] 3/18). — [4] K. A. Elegbede, R. A. N. McLean (J. Organometal. Chem. **69** [1974] 405/11). — [5] P. Dunn, T. Norris (Australia Commonwealth Dept. Supply Defense Std. Lab. Rept. Nr. 269 [1964], S. 1/21 nach C.A. **61** [1964] 3134).

[6] A. S. Mufti, R. C. Poller (J. Chem. Soc. **1965** 5055/60). — [7] E. E. Aynsley, N. N. Greenwood, G. Hunter, M. J. Sprague (J. Chem. Soc. A **1966** 1344/7). — [8] H. Boehland, E. Niemann (Z. Chem. [Leipzig] **8** [1968] 191/2). — [9] D. Hänssgen, R. Appel (Chem. Ber. **105** [1972] 3271/9). — [10] F. E. Brinckman, H. S. Haiss (Chem. Ind. [London] **1963** 1124/5).

[11] E. J. Kupchik, T. Lanigan (J. Org. Chem. **27** [1962] 3661/5). — [12] R. J. Ramsay, H. G. Heal, H. Garcia-Fernandez (J. Chem. Soc. Dalton Trans. **1976** 237/41). — [13] R. D. Compton, J. J. Lagowski (Inorg. Chem. **7** [1968] 1234/6). — [14] K. A. Kocheshkov, M. M. Nad, A. P. Aleksandrov (Zh. Obshch. Khim. **6** [1936] 1672/5 nach C.A. **1937** 2590). — [15] M. J. Janssen, J. G. A. Luijten (Rec. Trav. Chim. **82** [1963] 1008/14).

[16] K. Kato, Y. Hirayama, Sankyo Organic Chemicals Co., Ltd. (Japan. Kokai 76-16646 [1974/76]; C.A. **85** [1976] Nr. 33180). — [17] G. Bähr (Z. Anorg. Allgem. Chem. **256** [1948] 107/12). — [18] M. M. Nad, K. A. Kocheshkov (Zh. Obshch. Khim. **8** [1938] 42/50 nach C.A. **1938** 5387). — [19] R. Aronheim (Liebigs Ann. Chem. **194** [1878] 145/75). — [20] R. H. Prince (J. Chem. Soc. **1959** 1783/91).

[21] R. H. Prince (Trans. Faraday Soc. **54** [1958] 838/48). — [22] D. L. Alleston, A. G. Davies (J. Chem. Soc. **1962** 2050/4). — [23] S. Gopinathan, C. Gopinathan, J. Gupta (Indian J. Chem. **12** [1974] 626/8). — [24] W. H. Nelson, D. F. Martin (J. Organometal. Chem. **4** [1965] 67/73). — [25] S. Byrdy, Z. Ejmocki, Z. Eckstein (Bull. Acad. Polon. Sci. Ser. Sci. Biol. **18** [1970] 15/9).

[26] E. J. Kupchik, R. J. Kiesel (J. Org. Chem. **31** [1966] 456/61). — [27] H. C. Clark, R. G. Goel (Inorg. Chem. **4** [1965] 1428/32). — [28] R. Bock, H. T. Niederauer, K. Behrends (Z. Anal. Chem. **190** [1962] 33/47). — [29] U. Kunze, E. Lindner, J. Koola (J. Organometal. Chem. **40** [1972] 327/40). — [30] E. Lindner, U. Kunze (J. Organometal. Chem. **23** [1970] C53/C54).

[31] R. C. Edmondson, D. S. Field, M. J. Newlands (Can. J. Chem. **49** [1971] 618/23). — [32] L. G. Makarova, A. N. Nesmeyanov (Zh. Obshch. Khim. **9** [1939] 771/9 nach C.A. **1940** 391). — [33] P. J. Shapiro, E. J. Becker (J. Org. Chem. **27** [1962] 4668/9). — [34] W. B. Simpson (Chem. Ind. [London] **1966** 854). — [35] H. Köhler, U. Lange, B. Eichler (J. Organometal. Chem. **35** [1972] C17/C19).

[36] B. L. Chamberland, A. G. MacDiarmid (J. Chem. Soc. **1961** 445/8). — [37] G. Thomann, F. Kuhnen, Sandoz Ltd. (Schwz.P. 456232 [1963/68]; C.A. **70** [1969] Nr. 4277). — [38] D. Datta, B. Majee, A. K. Gosh (J. Organometal. Chem. **29** [1971] 251/6). — [39] A. Rieche, J. Dahlmann (Liebigs Ann. Chem. **675** [1964] 19/35). — [40] C. E. Carraher, J. D. Piersma (Angew. Makromol. Chem. **28** [1973] 153/60).

[41] C. Dörfelt, E. Reindl, K. Härtel, Farbwerke Hoechst A.-G. (D.P. 1079329 [1960]; C.A. **1961** 14328). — [42] L. C. Willemsen, W. F. L. de Bruijn (U.S.P. 3242201 [1959/66]; C.A. **64** [1966] 17640). — [43] Metalorgana Ets. (B.P. 921057 [1959/63]; C.A. **59** [1963] 14022). — [44] C. E. Carraher, J. D. Piersma (J. Appl. Polymer Sci. **16** [1972] 1851/8). — [45] S. Migdal, D. Gertner, A. Zilkha (Israel J. Chem. **5** [1967] 163/70).

[46] C. E. Carraher, L. S. Wang (Makromol. Chem. **152** [1972] 43/7). — [47] H. Schumann, M. Schmidt (Chem. Ber. **96** [1963] 3017/20). — [48] W. T. Schwartz, H. W. Post (J. Organometal. Chem. **2** [1964] 425/31). — [49] C. R. Lucas, M. E. Peach (Inorg. Nucl. Chem. Letters **5** [1969] 73/6). — [50] H. Irving, J. J. Cox (J. Chem. Soc. **1961** 1470/9).

[51] E. S. Bretschneider, C. W. Allen (J. Organometal. Chem. **38** [1972] 43/9). — [52] R. Seltzer (J. Org. Chem. **10** [1968] 3896/900). — [53] D. Hänssgen, W. Roelle (J. Organometal. Chem. **71** [1974] 231/8). — [54] M. Shindo, Y. Matsumura, R. Okawara (J. Organometal. Chem. **11** [1968] 299/305). — [55] M. Shindo, Y. Matsumura, R. Okawara (Bull. Chem. Soc. Japan **42** [1969] 265/6).

[56] R. C. Paul, K. K. Bhasin, R. K. Chadha (J. Inorg. Nucl. Chem. **37** [1975] 2337/9). — [57] J. Buckle, P. G. Harrison (J. Organometal. Chem. **49** [1973] C17/C18). — [58] N. Maslennikova (Tr. po Khim. i Khim. Tekhnol. **1974** Nr. 3, S. 50/1 nach C.A. **83** [1975] Nr. 157558).

Reactions with Metal Compounds

1.3.2.1.1.9.4.7 Reaktionen mit Metallverbindungen

$(C_6H_5)_3SiK$ und $(C_6H_5)_3GeK$ reagieren in Tetrahydrofuran bei Zimmertemperatur mit $(C_6H_5)_3SnCl$ unter Bildung von $(C_6H_5)_3SiSn(C_6H_5)_3$ bzw. von $(C_6H_5)_3GeSn(C_6H_5)_3$, im letzten Fall auch von $[(C_6H_5)_3Ge]_2$ und $[(C_6H_5)_3Sn]_2$ [1]. Bei der Reaktion von $(C_6H_5)_3SnCl$ mit $[(C_6H_5)_3Ge]_2Hg$ in Toluol werden bei UV-Bestrahlung bei 100°C $[(C_6H_5)_3Sn]_2$, $(C_2H_5)_3GeCl$, $[(C_2H_5)_3Ge]_2$ und $(C_2H_5)_3GeSn(C_6H_5)_3$ neben Hg erhalten [2]. Zur Reaktion von $(C_6H_5)_3SnCl$ mit elektrochemisch erzeugten Triphenylblei-Anionen s. [3].

$(C_6H_5)_3SnCl$ reagiert mit $NaV(CO)_6$ in Gegenwart weiterer koordinierender Liganden unter Bildung von durch Komplexbildung stabilisiertem $(C_6H_5)_3SnV(CO)_4$ [4]. Analog reagiert $(C_6H_5)_3SnCl$ mit $Cs_2Cr(CO)_5$ und $[(C_2H_5)_4N]Br$ unter Bildung von $[(C_2H_5)_4N][(C_6H_5)_3SnCr(CO)_5]$, mit $Na_2M(CO)_5$ und $[(C_2H_5)_4N]Br$, wobei M = Cr, Mo, W, oder mit $[(C_2H_5)_4N]_2M_2(CO_{10})$ (M = Cr, W) unter Bildung von $[(C_2H_5)_4N][(C_6H_5)_3SnM(CO)_5]$ [5]. $(C_6H_5)_3SnCl$ bildet mit $NaM(CO)_3C_5H_5$ in Diglyme $(C_6H_5)_3SnM(CO)_3C_5H_5$ (M = Cr, Mo, W) [6]. Mit elektrochemisch erzeugtem $C_5H_5(CO)_3Mo^-$ reagiert Triphenylzinnchlorid ebenfalls unter Bildung von $(C_6H_5)_3SnMo(CO)_3C_5H_5$ [3]. Mit den Verbindungen $[(C_2H_5)_4N]\{M'[M(CO)_3C_5H_5]_2\}$ (wobei M' und M = Cu, Cr; Ag, Cr; Cu, Mo; Ag, Mo; Cu, W; Ag, W) reagiert $(C_6H_5)_3SnCl$ in Tetrahydrofuran unter Bildung von $(C_6H_5)_3SnM(CO)_3C_5H_5$ [7]. Elektrochemisch erzeugtes $(CO)_5Mn^-$ reagiert mit $(C_6H_5)_3SnCl$ unter Bildung von $[(C_6H_5)_3Sn]_2$ neben $Mn_2(CO)_{10}$ und $(C_6H_5)_3SnMn(CO)_5$ [3]. Mit $NaRe(CO)_5$ reagiert $(C_6H_5)_3SnCl$ in Tetrahydrofuran bei Zimmertemperatur unter Bildung von $(C_6H_5)_3SnRe(CO)_5$ in 77%iger Ausbeute bei einer Reaktionsdauer von 3.5 h [8]. $(C_6H_5)_3SnCl$ reagiert mit $[Fe(CO)_3NO]^-$ bzw. $Hg[Fe(CO)_3NO]_2$ unter Bildung von $(C_6H_5)_3SnFe(CO)_3NO$ [9], mit $C_5H_5Fe(CO)_2Na$ (oder mit elektrochemisch erzeugtem $C_5H_5Fe(CO)_2^-$ [3]) unter Bildung von $(C_6H_5)_3SnFe(CO)_2C_5H_5$ [10], mit $H_2Ru(CO)_4$ in methanolischer NaOH-Lösung [11] oder mit $Na_2Ru(CO)_4$ in Tetrahydrofuran bei 0°C unter Bildung von $[(C_6H_5)_3Sn]_2Ru(CO)_4$ [12, 13], mit $[(CH_3)_3SiRu(CO)_4]^-$ in Tetrahydrofuran bei 0°C unter Bildung von $(CH_3)_3Si[(C_6H_5)_3Sn]Ru(CO)_4$ in 53%iger Ausbeute nach 1 h [14], mit $Os_3(CO)_{12}$ und Na in flüssigem NH_3 [15], mit $Na_2Os(CO)_4$ in Tetrahydrofuran [16], mit $H_2Os(CO)_4$ in Benzol in Gegenwart von Diäthylamin [16] und mit $Na_2Os(CO)_4$ und Essigsäure in Tetrahydrofuran [16] unter Bildung von trans-$[(C_6H_5)_3Sn]_2Os(CO)_4$ in Ausbeuten zwischen 67 und 91%. Dabei werden auch noch 10% an cis-$(C_6H_5)_3SnOsH(CO)_4$ gefunden [16]. $Co_2(CO)_8$ in Petroläther bei 60 bis 90°C [17] oder in Methanol [18] und $NaCo(CO)_4$ in Diäthyläther bilden mit $(C_6H_5)_3SnCl$ in nahezu quantitativer Ausbeute $(C_6H_5)_3SnCo(CO)_4$ [19]. Bei der Reduktion von Bis(dimethylglyoximato)-kobalt(III)-Komplexen vom Typ $Co(C_4H_7N_2O_2)_2Cl \cdot C_5H_5N$ mit $NaBH_4$ in Wasser oder Methanol bilden sich stark nukleophile Co^{I}-Derivate, die mit $(C_6H_5)_3SnCl$ in guten Ausbeuten Triphenylstannylcobaloxime liefern [20]. In Tetrahydrofuran entsteht aus $(C_6H_5)_3SnCl$ und $Na[Rh(C_5H_5)(CO)Ge(CH_3)_3]$ $Rh(C_5H_5)(CO)[Ge(CH_3)_3][Sn(C_6H_5)_3]$ bei Zimmertemperatur [21]. Mit Rhodiumkomplexen vom Typ I entstehen unter oxidativer Addition Verbindungen vom Typ II [22]. Mit $Na[Ir(CO)_3P(C_6H_5)_3]$ wird in hohen Ausbeuten $(C_6H_5)_3SnIr(CO)_3P(C_6H_5)_3$ erhalten [23]. Mit cis-$PdCl_2(C_6H_5NC)P(C_6H_5)_3$ reagiert $(C_6H_5)_3SnCl$ unter Bildung von $(C_6H_5)_2SnCl_2$ neben dem Zweikernkomplex III [24]. Mit $Pt[P(C_6H_5)_3]_3$ wird unter oxidativer Addition $PtCl[P(C_6H_5)_3]_2[Sn(C_6H_5)_3]$ gebildet; die gleiche Verbindung entsteht aus $Pt[P(C_6H_5)_3]_2C_2H_4$ [25]. Mit $Pt[P(C_6H_5)_3]_4$ oder mit $Pt[P(C_6H_5)_3]_2C_2H_4$ entsteht in Benzol nach 12 h $Pt[P(C_6H_5)_3]_2[SnCl(C_6H_5)_2]C_6H_5$ [26]. Mit $Pt[PC_6H_5(CH_3)_2]_2CO_3$ erfolgt in siedendem Benzol Bildung von trans-$PtCl[PC_6H_5(CH_3)_2]_2C_6H_5$ [27]. Mit $Pt[P(C_6H_5)_3]_2[t\text{-}C_4H_9NC]_2$ erfolgt in Benzol Bildung eines 1:1-Adduktes, das geringe Leitfähigkeit zeigt, von dem aber noch keine präzise Strukturangabe möglich ist [28].

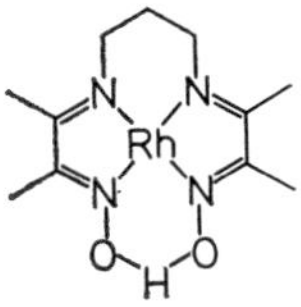

I

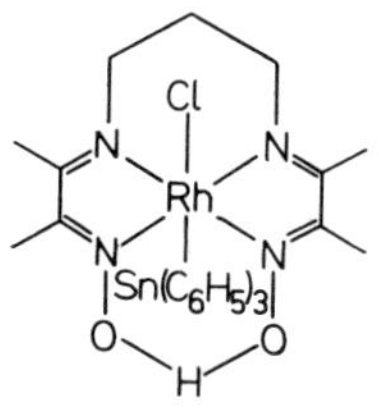

II

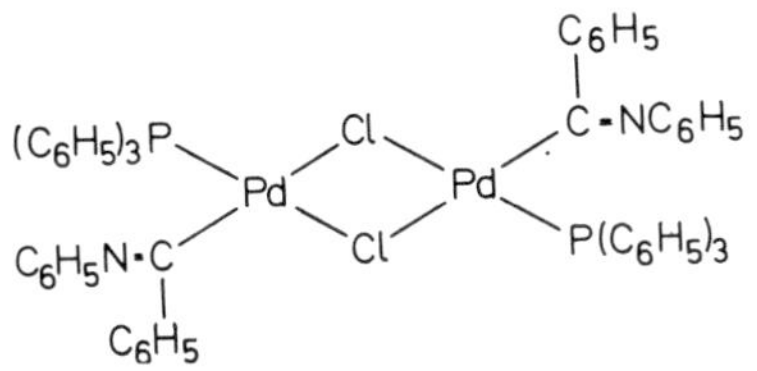

III

Literatur:

[1] E. Wiberg, E. Amberger, H. Cambensi (Z. Anorg. Allgem. Chem. **351** [1967] 164/79). — [2] O. A. Kruglaya, B. I. Petrov, G. N. Bortnikov, N. S. Vyazankin (Izv. Akad. Nauk SSSR Ser. Khim. **1971** Nr. 10 2242/6; Bull. Acad. Sci. USSR Div. Chem. Sci. **1971** 2118/21). — [3] O. A. Kruglaya, B. I. Petrov, G. N. Bortnikov, N. S. Vyazankin (Izv. Akad. Nauk SSSR Ser. Khim. **1971** 2242/6; Bull. Acad. Sci. USSR Div. Chem. Sci. **1971** 2118/21). — [4] J. E. Ellis, R. A. Faltynek (Inorg. Chem. **15** [1976] 3168/70). — [5] J. E. Ellis, S. G. Hentges, D. G. Kalina, G. P. Hagen (J. Organometal. Chem. **97** [1975] 79/93).

[6] H. R. H. Patil, W. A. G. Graham (Inorg. Chem. **5** [1966] 1401/5). — [7] P. Hackett, A. R. Manning (J. Chem. Soc. Dalton Trans. **1975** 1606/9). — [8] A. N. Nesmeyanov, K. N. Anisimov, N. E. Kolobova, V. N. Khandozhko (Dokl. Akad. Nauk SSSR **156** [1964] 383/5; Dokl. Chem. Proc. Acad. Sci. USSR **154/159** [1964] 502/4). — [9] M. Casey, A. R. Manning (J. Chem. Soc. A **1971** 256/9). — [10] D. S. Field, M. J. Newlands (J. Organometal. Chem. **27** [1971] 213/20).

[11] J. D. Cotton, M. I. Bruce, F. G. A. Stone (J. Chem. Soc. A **1968** 2162/5). — [12] J. D. Cotton, S. A. R. Knox, F. G. A. Stone (Chem. Commun. **1967** 965/6). — [13] J. D. Cotton, S. A. R. Knox, F. G. A. Stone (J. Chem. Soc. A **1968** 2758/62). — [14] S. A. R. Knox, F. G. A. Stone (J. Chem. Soc. A **1969** 2559/65). — [15] R. D. George, S. A. R. Knox, F. G. A. Stone (J. Chem. Soc. Dalton Trans. **1973** 972/5).

[16] J. P. Collman, D. W. Murphy, E. B. Fleischer, D. Swift (Inorg. Chem. **13** [1974] 1/6). — [17] G. A. Rowe, Imperial Chemical Industries, Ltd. (B.P. 1185156 [1966/70]; C.A. **73** [1970] Nr. 34821). — [18] A. N. Nesmeyanov, K. N. Anisimov, N. E. Kolobova, V. N. Khandozhko (Zh. Obshch. Khim. **44** [1974] 1287/93; J. Gen. Chem. USSR **44** [1974] 1265/70). — [19] A. D. Beveridge, H. C. Clark (J. Organometal. Chem. **11** [1968] 601/14). — [20] G. N. Schrauzer, G. Kratel (Chem. Ber. **102** [1969] 2392/407).

[21] R. Hill, S. A. R. Knox (J. Chem. Soc. Dalton Trans. **1975** 2622/7). — [22] J. P. Collman, D. W. Murphy, G. Dolcetti (J. Am. Chem. Soc. **95** [1973] 2687/9). — [23] J. P. Collman, F. D. Vastine, W. R. Roper (J. Am. Chem. Soc. **88** [1966] 5035/7). — [24] B. Crociani, M. Nicolini, T. Boschi (J. Organometal. Chem. **33** [1971] C81/C83). — [25] J. P. Birk, J. Halpern, A. L. Pickard (Inorg. Chem. **7** [1968] 2672/3).

[26] C. Eaborn, A. Pidcock, B. R. Steele (J. Chem. Soc. Dalton Trans. **1976** 767/76). — [27] C. Eaborn, A. Pidcock, B. R. Steele (J. Chem. Soc. Dalton Trans. **1975** 809/13). — [28] G. A. Larkin, R. Mason, M. G. H. Wallbridge (J. Chem. Soc. D **1971** 1054/5).

Reactions with Lewis Bases Forming Complexes with Higher Coordination Number of Tin

1.3.2.1.1.9.4.8 Reaktionen mit Lewis-Basen unter Bildung von Komplexen mit Erweiterung der Koordinationszahl am Zinn

$(C_6H_5)_3SnCl$ reagiert mit Lewis-Basen unter Bildung von Addukten mit Koordinationszahl 5, 6 oder 7 am Sn-Atom. Eine Auswahl von Reaktionsprodukten ist in Tabelle 25 aufgeführt.

Diskussion der Reaktionswärmen und anderer thermodynamischer Daten der Reaktion von $(C_6H_5)_3SnCl$ mit Pyridin und 4-Methylpyridin s. bei [14, 15]. Zur Diskussion der Möglichkeit zur Bildung von π-Komplexen zwischen $(C_6H_5)_3SnCl$ und Verbindungen wie Cyclohexen, Styrol, Stilben oder 1,1-Diphenyläthylen s. [21].

Literatur:

[1] J. A. Feiccabrino, E. J. Kupchik (J. Organometal. Chem. **73** [1974] 319/25). — [2] I. Wharf, J. Z. Lobos, M. Onyszchuk (Can. J. Chem. **48** [1970] 2787/90). — [3] P. Pfeiffer, B. Friedmann, H. Rekate (Liebigs Ann. Chem. **376** [1910] 310/44). — [4] S. Herbstman, W. A. Stamm, Stauffer Chemical Co. (U.S.P. 3311648 [1963/67]; C.A. **67** [1967] Nr. 11590). — [5] L. Schröder, K. Thomas, D. Jerchel, C. H. Boehringer Sohn (D.P. 1204226 [1963/65]; C.A. **64** [1966] 2128).

[6] K. L. Jaura, R. K. Chadha, K. K. Sharma (Indian J. Chem. **12** [1974] 766/7). — [7] T. N. Srivastava, P. C. Srivastava, K. Srivastava (J. Indian Chem. Soc. **53** [1976] 343/6). — [8] C. H. Boehringer Sohn (Nd. Appl. 65-10858 [1966]; C.A. **65** [1966] 17004). — [9] C. H. Boehringer Sohn (F.P. 1389821 [1963/65]; C.A. **63** [1965] 1816). — [10] Y. Kawasaki, M. Hori, K. Uenaka (Bull. Chem. Soc. Japan **40** [1967] 2463/7).

[11] V. G. K. Das (Inorg. Nucl. Chem. Letters **9** [1973] 155/60). — [12] K. A. Elegbede, R. A. N. McLean (J. Organometal. Chem. **69** [1974] 405/11). — [13] M. Le Quan, Y. Besace (J. Organometal. Chem. **97** [1975] 45/9). — [14] Y. Ferhangi, D. P. Graddon (J. Organometal. Chem. **87** [1975] 67/82). — [15] D. P. Graddon, B. A. Rana (J. Organometal. Chem. **105** [1976] 51/60).

[16] P. Pfeiffer, B. Friedmann, R. Lehnhardt, H. Luftensteiner, R. Prade, K. Schnurmann (Z. Anorg. Allgem. Chem. **71** [1911] 97/120). — [17] R. C. Poller, D. L. B. Toley (J. Organometal. Chem. **14** [1968] 453/6). — [18] R. C. Poller, D. L. B. Toley (J. Chem. Soc. A **1967** 1578/80). — [19] F. E. Smith, B. V. Liengme (J. Organometal. Chem. **91** [1975] C31/C32). — [20] J. E. Ellis, R. A. Faltynek (Inorg. Chem. **15** [1976] 3168/70).

[21] I. P. Goldshtein, E. N. Guryanova, K. A. Kocheshkov (Sin. Svoistva Monomerov Sb. Rab. 12th Konf. Vysokomol. Soedin., Baku 1962 [1964], S. 109/12 nach C.A. **62** [1965] 6501).

Tabelle 25
Komplexe von Triphenylzinnchlorid.

Reaktionspartner	Reaktionsbedingungen	Reaktionsprodukt	Lit.
$[(C_2H_5)_3NH]Cl$	C_3H_7OH, 2 h Rückfluß	$[(C_2H_5)_3NH][(C_6H_5)_3SnCl_2]$	[1]
$[R_4N]Cl$	C_3H_7OH, 90°C; $R = CH_3, C_2H_5$	$[R_4N][(C_6H_5)_3SnCl_2]$	[2]
$[C_5H_5NH]Cl$	Methanol	$[C_5H_5NH]_2[(C_6H_5)_3SnCl_3]$	[3]
$(C_6H_5)_3SBr$	—	$[(C_6H_5)_3S][(C_6H_5)_3SnClBr]$	[4]
$[(CH_3)_2(C_6H_5CH_2)N(CH_2)_3]_2Cl_2$	Methanol	$[(CH_3)_2(C_6H_5CH_2)N(CH_2)_3]_2[(C_6H_5)_3SnCl_2]_2$	[5]
$[(CH_3)_2(ROOCCH_2)N(CH_2)_3]_2Cl_2$	Methanol; $R = CH_3, C_2H_5, C_3H_7, C_4H_9, C_7H_{15}$	$[(CH_3)_2(ROOCCH_2)N(CH_2)_3]_2[(C_6H_5)_3SnCl_2]_2$	[5]
$[(CH_3)_2RN(CH_2)_3]_2Br_2$	Methanol; $R = C_2H_5, C_3H_7, C_6H_{13}, C_8H_{17}, C_{12}H_{25}$, p-$ClC_6H_4CH_2$	$[(CH_3)_2RN(CH_2)_3]_2[(C_6H_5)_3SnClBr]_2$	[5]
$[(CH_3)_2(RHNCOCH_2)N(CH_2)_3]_2Cl_2$	Methanol; $R = C_6H_5$, p-$CH_3C_6H_4$, p-$CH_3OC_6H_4$, o-ClC_6H_4, 2-$C_{10}H_7$, p-$C_2H_5OC_6H_4$, 2,4-$Cl_2C_6H_3$	$[(CH_3)_2(RHNCOCH_2)N(CH_2)_3]_2[(C_6H_5)_3SnCl_2]_2$	[5]
$[(CH_3)_2(ROOCCH_2)N(CH_2)_3]_2Cl_2$	Methanol; $R = C_{10}H_{21}, C_5H_{11}, C_6H_{13}, C_{12}H_{25}, C_6H_5CH_2$	$[(CH_3)_2(ROOCCH_2)N(CH_2)_3]_2[(C_6H_5)_3SnCl_2]_2$	[5]
$\{(CH_3)_2[(C_6H_5CH_2)_2NC(O)CH_2]N(CH_2)_3\}_2Cl_2$	Methanol	$\{(CH_3)_2[(C_6H_5CH_2)_2NC(O)CH_2]N(CH_2)_3\}_2[(C_6H_5)_3SnCl_2]_2$	[5]

Tabelle 25 (Fortsetzung)

Reaktionspartner	Reaktionsbedingungen	Reaktionsprodukt	Lit.
$[R(CH_2)_2]_2Br_2$	Methanol; R = C_5H_5N, 2-$NH_2C_5H_4N$, 2-$CH_3C_5H_4N$, 4-$CH_3C_5H_4N$, $O(CH_2CH_2)_2NCH_3$, C_9H_7N	$[R(CH_2)_2]_2[(C_6H_5)_3SnBrCl]_2$	[5]
$[(CH_3)_3NCH_2]_2J_2$	Methanol	$[(CH_3)_3NCH_2]_2[(C_6H_5)_3SnClJ]_2$	[5]
$[(CH_3)_2RNCH_2]_2Br_2$	Methanol; R = C_2H_5, C_3H_7	$[(CH_3)_2RNCH_2]_2[(C_6H_5)_3SnBrCl]_2$	[5]
$[RCH_2]_2Br_2$	Methanol; R = C_5H_5N, 4-$CH_3C_5H_4N$	$[RCH_2]_2[(C_6H_5)_3SnBrCl]_2$	[5]
$[C_5H_5NCH_2CH_2CH_2NC_5H_5]BrCl$	Methanol	$[C_5H_5NCH_2CH_2CH_2NC_5H_5][(C_6H_5)_3SnCl_2][(C_6H_5)_3SnBrCl]$	[5]
$[C_5H_5N(CH_2)_{10}NC_5H_5]Br_2$	Methanol	$[C_5H_5N(CH_2)_{10}NC_5H_5][(C_6H_5)_3SnBrCl]_2$	[5]
$[C_5H_5N(CH_2)_4NC_5H_5](SCN)_2$	Methanol	$[C_5H_5N(CH_2)_4NC_5H_5][(C_6H_5)_3SnCl(SCN)]_2$	[5]
$(C_6H_5)_2SO$	Petroläther	1:1-Komplex	[6]
$(C_6H_5CH_2)_2SO$	$CHCl_3$	1:2-Komplex	[7]
RR'SO	RR' = C_6H_5, C_6H_5; $C_6H_5CH_2$, $C_6H_5CH_2$; C_6H_5, $C_6H_5CH_2$; C_6H_5, CH_2=$CHCH_2$; C_6H_5, C_3H_7; C_6H_5, C_2H_5; C_2H_5, C_2H_5; C_6H_5, C_6H_{13}; p-ClC_6H_4, C_4H_9; p-$CH_3C_6H_4$, p-$CH_3C_6H_4$; 2-Cl-4-$CH_3C_6H_3$, 2-Cl-4-$CH_3C_6H_3$; 4-$CH_3OC_6H_4$, 4-$CH_3OC_6H_4$; 2,5-$(CH_3)_2$-4-ClC_6H_2, 2,5-$(CH_3)_2$-4-ClC_6H_2; p-$(C_2H_5)_2NC_6H_4$, p-$(C_2H_5)_2NC_6H_4$; p-$CH_3NHC_6H_4$, p-$CH_3NHC_6H_4$; p-$CH_3COOC_6H_4$, p-$CH_3COOC_6H_4$; p-$(CH_3)_2NC_6H_4$, p-$(CH_3)_2NC_6H_4$; C_6H_5, i-C_3H_7	1:1-Komplexe	[8]

Tabelle 25 (Fortsetzung)

Reaktionspartner	Reaktionsbedingungen	Reaktionsprodukt	Lit.
R_2NO	$R_2N = C_5H_5N$, 2-$CH_3C_5H_4N$, 4-$NO_2C_5H_4N$, 2-CH_3-4-$NO_2C_5H_3N$	1:1-Komplexe	[9]
4-substituierte Pyridinoxide	—	1:1-Komplexe	[10]
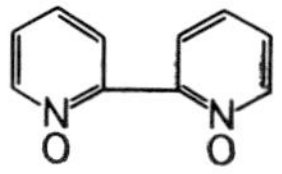	Äthanol, Rückfluß	2:1-Komplex	[11]
$[(CH_3)_2N]_3PO$	CH_3Cl oder Diäthyläther	1:1-Komplex	[12, 13]
C_5H_4N	—	1:1-Komplex	[14, 15]
	—	1:2-Komplex	[16]
4-$CH_3C_5H_4N$	—	1:1-Komplex	[14, 15]
$(C_6H_5)_3SnCH_2CH_2$– 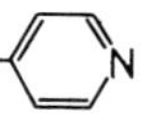	—	1:1-Komplex	[17]
4-$C_6H_5C_5H_4N$	—	1:1-Komplex	[18]
$NC_5H_4C_5H_4N$	—	1:1-Komplex	[18]
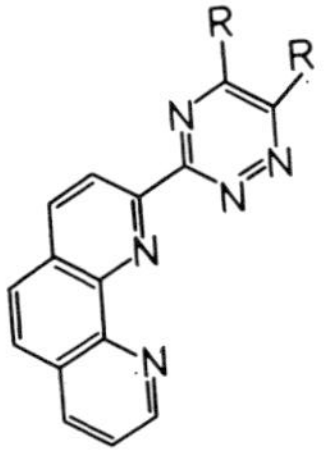	$R = CH_3$, C_6H_5	1:1-Komplexe mit KZ = 7	[19]
$(CH_3)_2PCH_2CH_2P(CH_3)_2$	—	1:1-Komplex	[20]

Physiological Action

1.3.2.1.1.9.5 Physiologisches Verhalten

$(C_6H_5)_3SnCl$ beeinflußt ebenso wie die Trialkylzinnchloride die oxidative Phosphorylierung in Mitochondrien negativ, wie in Experimenten an Rattenleber gezeigt werden konnte [1 bis 5]. Entsprechende Untersuchungen an isolierten Chloroplasten s. bei [6, 7], an Stubenfliegen s. bei [8]. $(C_6H_5)_3SnCl$ ist ein wirksamer Inhibitor von Glutathion-S-aryltransferase aus Rattenleber mit einem K_1-Wert von 0.48 μm [9]. Die Verbindung verursacht Hämolyse von Hunde-, Schweine-, Hasen- und Rattenblut, nicht aber von menschlichem Blut [10].

Pharmakologische Untersuchungen von $(C_6H_5)_3SnCl$ an narkotisierten Katzen ergaben, daß die erregenden oder hemmenden Wirkungen dieser Verbindung vorwiegend zentralnervös bedingt sind. Nach einer Injektion von 1 mg $(C_6H_5)_3SnCl$ kam es zu einem steilen Blutdruckanstieg und einem kurzfristigen Atemstillstand, dem eine Stimulierung der Atmung und vereinzelte Extremitätszuckungen folgten. In mehreren Versuchen wurden Injektionen von 1 bis 2 mg $(C_6H_5)_3SnCl$/kg Körpergewicht in Abständen von 20 bis 60 min bis zum Tod der Tiere wiederholt. Dabei kam es von einer Injektion zur anderen zu einer Verminderung der stimulierenden Wirkungen und nach Abklingen dieser Veränderungen zu einer sehr langsam fortschreitenden Blutdrucksenkung mit gleichzeitiger Verminderung der pressorischen Wirkung von Noradrenalin. Bei Verwendung eines Gemisches aus Diäthylenglykolmonomethyläther und „Tween 80" als Lösungsmittel starben die Tiere nach Summendosen von 5 mg/kg. Als eigentliche Todesursache wurde eine Atemlähmung festgestellt [11]. Weitere Untersuchungen an Ratten s. bei [12, 13]. Untersuchungen zum Gewichtsverlust von Mäusen nach Verfüttern einer $(C_6H_5)_3SnCl$-haltigen Diät s. bei [14]. Bei Ratten wird eine orale LD_{50} von 135 mg/kg [15], von 320 bis 640 mg/kg [16] festgestellt, bei Mäusen eine orale LD_{50} von 90 mg/kg [17].

Triphenylzinnchlorid zeigt schon bei geringen Konzentrationen molluskizide Eigenschaften, was zur Bekämpfung der Billharziose genutzt wird. So konnten Australorbis glabratus und Bulinus contortus innerhalb von 24 h getötet werden, wenn eine Konzentration von 1 ppm an $(C_6H_5)_3SnCl$ im Wasser vorliegt. Innerhalb von 48 h reichen sogar 0.25 ppm an $(C_6H_5)_3SnCl$. Allerdings ist die Verbindung in diesen Konzentrationen toxisch gegenüber Fischen [18 bis 22]. Bei Versuchen an Hühnern wurde nur eine geringe anthelmintische Aktivität gegenüber Raillietina cesticillus festgestellt [23]. Das gleiche gilt im Vergleich mit anderen Organozinnverbindungen in bezug auf die Wirksamkeit gegenüber Larven von Heliothis zea, Heliothis virescens [24] und Tribolium confusum [25]. Bei diesen Untersuchungen konnte gezeigt werden, daß $(C_6H_5)_3SnCl$ allerdings stärker als $(C_6H_5)_2SnCl_2$, $C_6H_5SnCl_3$ oder $Sn(C_6H_5)_4$ Verdauungsenzyme wie Protease, Amylase oder Invertase hemmt [25].

Bei Untersuchungen der sterilisierenden Wirkung von $(C_6H_5)_3SnCl$ gegenüber Stubenfliegen [26, 27, 28] wurde eine LD_{50} von 3.9 mol $(C_6H_5)_3SnCl/10^{10}$ Fliegen festgestellt [29] und eine LD_{95} von 250 ppm [30]. Bei Sterilisationsversuchen zeigte sich, daß bei tolerierbaren Dosen männliche Fliegen weniger beeinflußt werden als weibliche [31]. Entsprechende Untersuchungen an Larven von Moskitos Culex pipiens berbericus ergaben eine LD_{50} von 0.25 ppm für $(C_6H_5)_3SnCl$ [32]. Bestreut man Wolle mit 1 Gew.-% an $(C_6H_5)_3SnCl$, so sterben 67% der Larven von Kleidermotten [33]. Untersuchungen bezüglich der Beeinflussung der Fruchtbarkeit und Langlebigkeit von japanischen Käfern zeigten, daß $(C_6H_5)_3SnCl$ bei Konzentrationen unterhalb 1.56 μg kaum Einflüsse zeigt. Bei 3.13 μg und darüber wurde eine zunehmende Verschlechterung der Lebenserwartung von Käfern beiderlei Geschlechtes beobachtet [34]. Weitere Untersuchungen der insektiziden Wirkung von $(C_6H_5)_3SnCl$ gegenüber Motten, Mehlwürmern, Getreidekäfern und Larven von Trogoderma parabile s. bei [35].

Bei Untersuchungen im Zusammenhang mit der Anwendung von $(C_6H_5)_3SnCl$ im Pflanzenschutz wurde festgestellt, daß auf die Blätter von Zuckerrüben gespritztes $(C_6H_5)_3{}^{113}SnCl$ über $(C_6H_5)_2{}^{113}Sn^+$ und $C_6H_5{}^{113}Sn^+$ zu anorganischem Sn^{IV} abgebaut wurde [36, 37]. Versuche bei Schoten und jungen Setzlingen von Kakaobäumen zeigten, daß Sn keine systemische Wirkung auf dem Blatt- oder Wurzelweg oder durch den Exokarp der Schoten ausübt. Das Handausschoten zieht bei den Bohnenschalen einen durchschnittlichen Rückstand von 0.18 ppm Trockensubstanz an Gesamt-Sn, ausgedrückt in $(C_6H_5)_3SnCl$, nach sich. Der Prozentsatz an organischem Sn beläuft sich nacheinander auf 78%, 35%, 2.7% und 2.3% bei frischen, gegärten, trockenen und gerösteten Bohnen. Die Konzentration an organischem Sn bei Handelsbohnen beläuft sich demnach auf 0.005 ppm. Die Analysen von getrockneten Schoten und Schalenabfällen zeigen einen organischen

Sn-Gehalt von 1 bis 4 ppm je nach der Lagerdauer der Schoten bzw. von 0.02 ppm für die Schalen [38].

Versuche mit Citrus-Milben ergaben, daß 2 ppm an $(C_6H_5)_3SnCl$ über 50% von Aculus pelekassi oder Phyllocoptruta oleivora vernichteten [39]. Allerdings wird nach Sprühversuchen mit $(C_6H_5)_3SnCl$ in Citrusplantagen in Florida von einer Anwendung dieser Verbindung zur Vernichtung von Phyllocoptruta oleivora abgeraten, da die Pflanzen geschädigt wurden [40]. Entsprechende Untersuchungen der biologischen Wirkung von $(C_6H_5)_3SnCl$ im Zusammenhang mit der Anwendung als Pflanzenschutzmittel an Sellerie s. bei [17, 41, 42], an Gerste s. bei [43], an Reis s. bei [44] und an verschiedenen anderen Kulturpflanzen s. bei [45].

$(C_6H_5)_3SnCl$ inhibiert in einer Konzentration von 10^{-3}% das Wachstum von Penicillium cyclopium [46]. Um das Wachstum von Piricularia oryzae zu 95% zu hemmen genügen 0.11 bis 0.1 $\mu g/cm^2$ auf einer Kultur [47]. Untersuchungen über das Verhalten von $(C_6H_5)_3SnCl$ gegenüber Lenzites trabea, Poria monticola und Lentinus lepideus s. bei [48]. Die Verbindung ist ferner wirksam gegen Fusarium culmorum (0.5%), Alternaria tenius (0.05%), Rhizoctonia solani (0.005%) [49], Penicillium fungiculosum (8 ppm), Candida albicans (2 ppm), Staphylococcus aureus (1 ppm), Pseudomonas aeruginosa (>500 ppm) [16], Epidermophyton floccosum (50 μg/ml), Trychophyton rubrum (45 μg/ml), Microsporum gypsum (75 μg/ml), Aspergillus flavus (50 μg/ml), Curvularia lunata (40 μg/ml), Pellicularia sasakii (50 μg/ml), Fusarium vasiinfectum (50 μg/ml) [50]. Zur Untersuchung von Hefemutanten, die gegenüber $(C_6H_5)_3SnCl$ und anderen Organozinnverbindungen resistent sind, s. [51]. Zur Untersuchung von Zusätzen von $(C_6H_5)_3SnCl$ in Farben gegenüber Speira heptaspora, Fusarium culmorim und Penicillium funiculosum s. [52].

Literatur:

[1] N. Sone, B. Hagihara (J. Biochem. [Tokyo] **56** [1964] 151/6). — [2] M. J. Selwyn, A. P. Dawson, M. Stockdale, N. Gains (Eur. J. Biochem. **14** [1970] 120/6). — [3] M. Stockdale, A. P. Dawson, M. J. Selwyn (Eur. J. Biochem. **15** [1970] 342/51). — [4] K. H. Byington (Biochem. Biophys. Res. Commun. **42** [1971] 16/22). — [5] R. G. Wulf, K. H. Byington (Arch. Biochem. Biophys. **167** [1975] 176/85).

[6] A. S. Watling-Payne, M. J. Selwyn (Biochem. J. **142** [1974] 65/74). — [7] J. M. Gould (FEBS [Fed. Eur. Biochem. Soc.] Letters **66** [1976] 312/6). — [8] G. R. Pieper, J. E. Casida (J. Econ. Entomol. **58** [1965] 392/400). — [9] R. A. Henry, K. H. Byington (Biochem. Pharmacol. **25** [1976] 2291/5). — [10] K. H. Byington, R. Y. Yeh, L. R. Forte (Toxicol. Appl. Pharmacol. **27** [1974] 230/40).

[11] G. Tauberger (Med. Exptl. **9** [1963] 393/9). — [12] D. F. Heath (Radiat. Radioisotop. Appl. Insects Agr. Proc. Symp., Athens 1963, S. 185/92). — [13] D. W. Newton, R. L. Hays (J. Econ. Entomol. **61** [1968] 1668/9). — [14] I. Ishaaya, J. L. Engel, J. E. Casida (Pestic. Biochem. Physiol. **6** [1976] 270/9). — [15] D. D. McCollister, A. E. Schober (Environ. Qual. Saf. **4** [1975] 80/95).

[16] F. B. Nijesen (Ind. Vernice [Milan] **22** [1968] 3/7). — [17] P. Schicke, K. R. Appel, L. Schröder (Pflanzenschutzberichte **38** [1968] 189/202). — [18] R. Deschiens, H. Floch (Bull. Soc. Pathol. Exot. **56** [1963] 22/5). — [19] R. Deschiens, H. Floch (Compt. Rend. **255** [1962] 1236/7). — [20] R. Deschiens, H. Floch (Bull. Soc. Pathol. Exot. **61** [1968] 640/50).

[21] H. Floch, R. Deschiens (Bull. Soc. Pathol. Exot. **55** [1962] 816/25). — [22] E. A. Seiffer, H. Schoof (Publ. Health Rept. **82** [1967] 833/9). — [23] K. B. Kerr, A. W. Walde (Exptl. Parasitol. **5** [1956] 560/70). — [24] D. A. Wolfenbarger, A. A. Guerra, W. L. Lowry (J. Econ. Entomol. **61** [1968] 78/81). — [25] I. Ishaaya, J. E. Casida (Pestic. Biochem. Physiol. **5** [1975] 350/8).

[26] S. Byrdy, Z. Ejmocki, Z. Eckstein (Bull. Acad. Polon. Sci. Ser. Sci. Biol. **18** [1970] 15/9). — [27] R. L. Fye, G. C. La Brecque, H. K. Gouck (J. Econ. Entomol. **59** [1966] 485/7). — [28] G. C. La Brecque, H. G. Wilson, U. E. Brady, J. B. Gahan (J. Econ. Entomol. **60** [1967] 760/2). — [29] N. S. Blum, J. J. Pratt (J. Econ. Entomol. **53** [1960] 445/8). — [30] E. E. Kenaga (J. Econ. Entomol. **58** [1965] 4/8).

[31] S. B. Hays (J. Econ. Entomol. **61** [1968] 1154/7 nach C.A. **69** [1968] Nr. 95390). — [32] P. Castel, G. Gras, J. A. Rioux, A. Vidal (Trav. Soc. Pharm. Montpellier **33** [1963] 45/50). — [33] B. G. Gardiner, R. C. Poller (Bull. Entomol. Res. **55** [1964] 17/21 nach C.A. **63** [1965] 4888). — [34] T. L. Ladd (J. Econ. Entomol. **61** [1968] 577/8 nach C.A. **68** [1968] Nr. 104125). — [35] R. G. Strong, D. E. Sbur (J. Econ. Entomol. **61** [1968] 1034/41).

[36] R. Bock, K. D. Freitag (Naturwissenschaften **59** [1972] 165/6). — [37] K. D. Freitag, R. Bock (Pestic. Sci. **5** [1974] 731/9). — [38] F. Massaux (Cafe Cacao The **15** [1971] 221/34). — [39] D. K. Reed, C. R. Crittenden, D. J. Lyon (J. Econ. Entomol. **60** [1967] 668/71). — [40] R. C. Bullock, R. B. Johnson (Fla. Entomol. **51** [1968] 223/7 nach C.A. **70** [1969] Nr. 76718).

[41] E. W. Ryan, T. R. Gormley, T. Kavanagh (Ann. Appl. Biol. **72** [1972] 63/70). — [42] E. W. Ryan, T. Kavanagh (Ann. Appl. Biol. **67** [1971] 121/9). — [43] K. Nakamura, S. Fukunishi (Takamine Kenkyusho Nempo Nr. 13 [1961] 245/9 nach C.A. **63** [1965] 4880). — [44] R. A. Singh, V. V. Sharma (Indian J. Mycol. Plant. Pathol. **3** [1973] 141/4). — [45] H. Kubo (Agr. Biol. Chem. **29** [1965] 43/55).

[46] I. V. Zlochevskaya, L. M. Galimova (Mikol. Fitopatol. **9** [1975] 137/9 nach C.A. **83** [1975] Nr. 158422). — [47] H. Tamura (Nogyo Gijutsu Kenkyusho Hokoku Byori Konchu Nr. 18 [1965] 135/204 nach C.A. **63** [1965] 18958). — [48] B. A. Richardson (Wood **1964** Nr. 6, S. 57/60; C.A. **62** [1965] 3340). — [49] E. Czerwinska, Z. Eckstein, Z. Ejmocki, R. Kowalik (Bull. Acad. Polon. Sci. Ser. Sci. Chim. **15** [1967] 335/9). — [50] R. L. Khosa, S. N. Dixit (Sci. Cult. [Calcutta] **35** [1969] 637/8).

[51] W. E. Lancashire, D. E. Griffiths (FEBS [Fed. Eur. Biochem. Soc.] Letters **17** [1971] 209/14 nach C.A. **76** [1972] Nr. 42275). — [52] M. Giesen (FATIPEC [Fed. Ass. Tech. Ind. Peintures Vernis Emaux Encres Imprimerie Eur. Continentale] Congr. **8** [1966] 185/96 nach C.A. **65** [1966] 17625).

Uses

1.3.2.1.1.9.6 Verwendung

$(C_6H_5)_3SnCl$ findet wegen seiner bioziden Eigenschaften vielfachen Einsatz als Fungizid [1 bis 12, 40], Pestizid [13], Acarizid [14], Pflanzenschutzmittel bei Reis [15], Holzschutzmittel [16, 17] und bei 0.25%iger Anwendung auf Wolle in einem kochenden Färbebad als Schutz gegen Motten und Teppichkäfer [18, 19]. Außerdem dient es als Additiv in Antifoulingfarben [20 bis 25] und in wäßrig-methanolischer Lösung als Schleimkontrollagenz in der Papierindustrie [26].

$(C_6H_5)_3SnCl$ dient zusammen mit $TiCl_4$ [27] oder VCl_4 und $AlBr_3$ [28] als Katalysator zur Polymerisation von Olefinen, gemeinsam mit $AlCl_3$ als Katalysator zur Polymerisation von Vinyläther. Dabei wird eine größere Stereoregelmäßigkeit erreicht, als bei der Verwendung von $Sn(C_6H_5)_4$ und $AlCl_3$ oder von $Sn(C_4H_9)_4$ und $AlCl_3$ [29]. Ferner katalysiert es die Polymerisation von Nitrilen [30], die Carboalkoxylierung von ungesättigten Verbindungen [31], die Synthese von Dimethylterephthalat [32] sowie gemeinsam mit WCl_6 die Metathese von ungesättigten Fettsäuren [33], von 2-Penten zu 2-Buten und 3-Hexen [34], die Polymerisation von Cyclopenten unter Ringöffnung [35] und die Kopolymerisation von Cyclohepten mit 1-Hexen [36].

$(C_6H_5)_3SnCl$ wird als Stabilisator für PVC [37, 38] und für photopolymerisierbare Gemische eingesetzt [39]. Außerdem dient es als Härter für Polyepoxide [41], als Härter für Methacrylat-Polymere [42], als Zuschlagstoff bei der Darstellung von wärmeisolierenden Faserüberzügen auf Stahl [43, 44], als Bestandteil von Flammschutzmitteln [45, 46] und als Schmiermittelzusatz [47].

Triphenylzinnchlorid dient als Extraktionsmittel für Fluorid-Ionen [48] und zum Ausschütteln von Anionen mit nichtwäßrigen Lösungsmitteln [49]. Lösungen von radioaktiv markiertem $(C_6H_5)_3SnCl$ in Äther werden als Extraktionsmittel für $SnCl_2$ und $SnCl_4$ verwendet. Bei diesem Verfahren setzt sich aktives Zinn zu 80% auf dem Festkörper ab [50].

Literatur:

[1] A. Jagielski, K. Klicza (Biul. Inst. Ochr. Rosl. Nr. 45 [1969] 39/44). — [2] J. Braudeau, R. A. Muller (Cafe Cacao The **15** [1971] 211/20 nach C.A. **76** [1972] Nr. 122774). — [3] Z. Caca, J. Pozar (Acta Univ. Agr. Brno Fac. Agron. **18** [1970] 649/55 nach C.A. **76** [1972] Nr. 42569). — [4] K. Härtel, J. Baumann, Farbwerke Hoechst A.-G. (D.P. 1021627 [1957]; C.A. **1960** 23167). — [5] H. Brückner, M. Czech, K. Härtel, Farbwerke Hoechst A.-G. (D.P. 1143668 [1961/63]; C.A. **59** [1963] 9258).

[6] R. Baquet, UCB-Union Chimique-Chemische Bedrijven-S.A. (Deut. Offenlegungsschrift 1935174 [1968/70]; C.A. **72** [1970] Nr. 120489). — [7] K. Härtel, H. Frensch, K. Albrecht, Farbwerke Hoechst A.-G. (Deut. Offenlegungsschrift 2341970 [1973/75]; C.A. **83** [1975] Nr. 54576). — [8] Farbwerke Hoechst A.-G. (B.P. 797073 [1953]; C.A. **1959** 22714). — [9] Union Chimique-Chemische Bedrijven S.A. (F.P. 2054023 [1970/71]). — [10] W. Duyfies, W. de Lange, North American Phillips Co., Ltd. (U.S.P. 3140977 [1960/64]; C.A. **61** [1964] 11273).

[11] A. D. Dacus, Thompson-Hayward Chemical Co. (U.S.P. 3395228 [1966/68]; C.A. **69** [1968] Nr. 66478). — [12] C. A. Horne, Shell Oil Comp. (U.S.P. 3657451 [1970/71]). — [13] G. Täuber, A. Kirner, Z. Damo, Farbwerke Hoechst A.-G. (Deut. Offenlegungsschrift 2313687 [1973/74]; C.A. **82** [1975] Nr. 32423). — [14] J. L. Thaylor, Tompson-Hayward Chemical Co. (U.S.P. 3268395 [1965/66]; C.A. **65** [1966] 14363). — [15] A. D. Dacus, Thompson-Hayward Chemical Co. (U.S.P. 3483295 [1967/69]; C.A. **72** [1970] Nr. 131428).

[16] B. A. Richardson (Zinn Verwendung Nr. 64 [1964] 5/9). — [17] H. P. Vind, H. Hochmann (Zinn Verwendung Nr. 57 [1963] 10/2). — [18] R. M. Hoskinson, I. M. Russell (J. Textile Inst. **65** [1974] 459/63). — [19] R. M. Hoskinson, I. M. Russell (J. Textile Inst. **65** [1974] 455/8). — [20] B. Neffgen, H. Plum (FATIPEC [Fed. Ass. Tech. Ind. Peintures Vernis Emaux Encres Imprimerie Eur. Continentale] Congr. **13** [1976] 462/6).

[21] E. J. Dyckman, J. A. Montemarano (Am. Paint J. **58** [1973] 66/7, 70/4 nach C.A. **79** [1973] Nr. 127436). — [22] H. W. Sparman, Schering A.-G. (D.P. 1042795 [1958]; C.A. **1960** 23365). — [23] H. W. Sparmann, Schering A.-G. (U.S.P. 2970923 [1958]). — [24] M. Hamada, N. Kudo, S. Shimatani, R. Orita, J. Yokoi, Hokko Chemical Industry Co., Ltd. (Japan. Kokai 76-90328 [1975/76]; C.A. **85** [1976] Nr. 194190). — [25] T. Watanabe, Y. Tsuda, T. Shigeta, Kansai Paint Co., Ltd. (Japan. Kokai 76-109934 [1975/76]; C.A. **86** [1977] Nr. 18466).

[26] S. Kawai, E. Kobayashi, Tokyo Fine Chemical Co., Ltd. (Japan.P. 68-25486 [1965/68]; C.A. **71** [1969] Nr. 61547). — [27] Y. Takami (Kogyo Kagaku Zasshi **65** [1962] 229/33). — [28] H. J. de Liefde Meijer, J. W. G. van den Hurk, G. J. M. van der Kerk (Rec. Trav. Chim. **85** [1966] 1018/24). — [29] V. Z. Annenkova, A. K. Khaliullin, A. I. Inyutkin, M. F. Shostakovskii (Vysokomol. Soedin. B **13** [1971] 500/2 nach C.A. **75** [1971] Nr. 141236). — [30] R. Minke, S. Freireich, A. Zilkha (Israel J. Chem. **13** [1975] 212/20)

[31] J. J. Mrowca, E. I. du Pont de Nemours and Co. (U.S.P. 3859319 [1972/75]; C.A. **82** [1975] Nr. 139393). — [32] Toyo Rayon Co., Ltd. (F.P. 1566217 [1966/69]; C.A. **72** [1970] Nr. 12133). — [33] P. B. van Dam, M. C. Mittelmeijer, C. Boelhouwer (Fette Seifen Anstrichmittel **76** [1974] 264/6). — [34] P. B. van Dam, C. Boelhouwer (React. Kinet. Catal. Letters **1** [1974] 165/8). — [35] P. R. Hein (J. Polymer Sci. Polymer Chem. Ed. **11** [1973] 163/73).

[36] J. Lal, R. R. Smith (J. Org. Chem. **40** [1975] 775/9). — [37] K. S. Minsker, G. T. Fedoseeva, T. B. Zavarova, E. O. Krats (Vysokomol. Soedin. A **13** [1971] 2265/78; Polymer Sci. [USSR] A **13** [1971] 2544/60). — [38] H. E. Ramsden, Metal and Thermit Co. (U.S.P. 2873287 [1959]; C.A. **1959** 13108). — [39] L. Roos, E. I. du Pont de Nemours and Co. (Deut. Offenlegungsschrift 1915571 [1968/70]; C.A. **74** [1971] Nr. 26664). — [40] H. E. Hirschland, Metal and Thermit Corp. (D.P. 1157738 [1960/63]; C.A. **60** [1964] 12608).

[41] Consortium für Elektrochemische Industrie G.m.b.H. (B.P. 971525 [1961/64]; C.A. **61** [1964] 16253). — [42] S. Sugiura, T. Watanabe, S. Satoru, S. Kodama, Kansai Paint Co., Ltd. (Japan. Kokai 76-114429 [1975/76]; C.A. **86** [1977] Nr. 18475). — [43] M. Shibata, N. Iwasawa, T. Watanabe, I. Yoshihara, Kansai Paint Co., Ltd. (Japan. Kokai 76-01533 [1974/76]; C.A. **85** [1976] Nr. 34756). — [44] K. Yamamoto (Japan. Kokai 75-130821 [1974/75]; C.A. **84** [1976] Nr. 91740). — [45] N. Sakuma, Honny Chemicals Co., Ltd. (Japan.P. 73-03549 [1970/73]; C.A. **79** [1973] Nr. 116078).

[46] K. Raichle, F. Alfes, H. Schnell, K. Prater, Farbenfabriken Bayer A.-G. (D.P. 1266497 [1965/68]; C.A. **69** [1968] Nr. 3448). — [47] B. H. Lincoln, Lubri-Zol Development Co. (U.S.P. 2334566 [1940/43]; C.A. **1944** 3828). — [48] M. Benmalek, H. Chermette, C. Martelet, D. Sandino, J. Tousset (J. Inorg. Nucl. Chem. **36** [1974] 1359/63). — [49] R. Bock, P. Burkhardt (Angew. Chem. **73** [1961] 114). — [50] A. N. Murin, V. D. Nefedov (Primenenie Mechenykh At. v Analit. Khim. Akad. Nauk SSSR Inst. Geokhim. i Analit. Khim. **1955** 75/8 nach C.A. **1956** 3915).

Other Triaryl and Other Triorganyltin Chlorides R_3SnCl

1.3.2.1.1.10 Weitere Triaryl- und sonstige Triorganylzinnchloride R_3SnCl

$(p\text{-}FC_6H_4)_3SnCl$

Die Verbindung entsteht durch Komproportionierung von $SnCl_4$ mit $Sn(C_6H_4\text{-}p\text{-}F)_4$ im Molverhältnis 1:3 nach 6 h zwischen Zimmertemperatur und 220°C [1]. Andererseits konnten aber auch schon nach 3 h bei 190 bis 200°C 60% Ausbeute erzielt werden [2]. Als Schmelzpunkt werden 118°C (aus Ligroin) [1] und 118.2 bis 120.5°C angegeben [2]. Untersuchungen der Kernresonanzspektren der Verbindung führten zur Bestimmung folgender Parameter: $\delta H_o = -18.0$ Hz gegen Benzol, $\delta H_m = 7.0$ Hz gegen Benzol. Kopplung zwischen den Protonen: $J_{2,3} = 8.07$ Hz, $J_{1,3} = 0.34$ Hz, $J_{1,2} = 2.45$ Hz, $J_{3,4} = 1.62$ Hz mit H_1 und H_2 als ortho- sowie H_3 und H_4 als meta-Protonen; $J(^1HCCC^{19}F) = 5.96$ Hz und $J(^1HCC^{19}F) = 8.96$ Hz [1, 3]. $\delta^{19}F = -172$ Hz gegen C_6H_5F bei 56.4 MHz [1].

Die Verbindung reagiert mit $LiAlH_4$ in Diäthyläther bei Zimmertemperatur unter Bildung von $(p\text{-}FC_6H_4)_3SnH$ in 33%iger Ausbeute neben $[(p\text{-}FC_6H_4)_3Sn]_2$ in 50%iger Ausbeute [2].

$(p\text{-}ClC_6H_4)_3SnCl$

Die Synthese der Verbindung erfolgt durch Umsetzung von $SnCl_4$ mit $p\text{-}ClC_6H_4MgCl$ in Tetrahydrofuran [4] oder durch Komproportionierung von $SnCl_4$ mit $Sn(C_6H_4\text{-}p\text{-}Cl)_4$ bei 200 bis 210°C, wobei nach 2.5 h 72% Ausbeute erzielt werden [5]. Eine weitere Darstellungsmöglichkeit besteht in der Reaktion zwischen $(p\text{-}ClC_6H_4)_3SnOH$ und 10%iger HCl-Lösung in Diäthyläther [6]. Als Schmelzpunkt werden angegeben: 109.0 bis 110.5°C [5], 110 bis 111°C [6]. Die Verbindung zersetzt sich zwischen 275 und 280°C [6]. Isomerieverschiebung im Mössbauer-Spektrum: $\delta = 1.372$ mm/s gegen SnO_2, Quadrupolaufspaltung $\Delta = 2.489$ mm/s [7, 8]. $(p\text{-}ClC_6H_4)_3SnCl$ reagiert mit $LiAlH_4$ in Diäthyläther unter Bildung von $[(p\text{-}ClC_6H_4)_3Sn]_2$ [5], mit Dimethylsulfoxid unter Bildung eines 1:1-Komplexes [9].

$(p\text{-}ClC_6H_4)_3SnCl$ verhindert bei Zugabe zu Färbebädern von Wolle Fraßschäden durch Motten. Der Schutzeffekt hält mehrere Waschprozesse der Textilien aus [10].

$(o\text{-}CH_3C_6H_4)_3SnCl$

Für die Darstellung der Verbindung bestehen mehrere Möglichkeiten. So erhält man $(o\text{-}CH_3C_6H_4)_3SnCl$ durch Umsetzung von $SnCl_4$ mit $o\text{-}CH_3C_6H_4MgCl$ [4] oder $o\text{-}CH_3C_6H_4MgBr$ in Äthern [11], oder man stellt die Verbindung durch Komproportionierung aus $SnCl_4$ und $Sn(C_6H_4\text{-}o\text{-}CH_3)_4$ bei Temperaturen zwischen 150 und 210°C dar. Dabei werden 10% Ausbeute [12], beim halbstündigen Aufheizen auf 205°C, dann dreistündigem Erhitzen auf 205 bis 210°C und nochmaligem dreistündigem Erhitzen auf 150 bis 160°C 72% Ausbeute erzielt [13]. Ferner entsteht die Verbindung bei der Reaktion zwischen $(o\text{-}CH_3C_6H_4)_3SnOH$ und HCl [11, 14] sowie zwischen $(o\text{-}CH_3C_6H_4)_3SnJ$ und KOH und nachfolgender Behandlung der entstehenden Festsubstanz mit konzentrierter Salzsäure in 65%iger Ausbeute [12].

Die in Benzol und Diäthyläther gut, in Äthanol aber schwerlösliche Substanz schmilzt bei 99.5°C (aus absolutem Äthanol) [11], bei 103°C (aus Petroläther) [12, 14], bei 105 bis 106°C [13], bei 115.0 bis 115.7°C (aus Methanol) [5]. Im ^1H-NMR-Spektrum wird ein Multiplett für die Phenylprotonen bei $\tau = 2.80$ und ein Singulett für die CH_3-Gruppe bei $\tau = 7.65$ gefunden [16]. Im UV-Spektrum werden zwei Banden bei 268 ($\varepsilon = 1800$) und 275 ($\varepsilon = 1600$) nm gefunden [17, 18]. Zum Raman-Spektrum s. [18]. Die Isomerieverschiebung im Mössbauer-Spektrum beträgt $\delta = -0.69$ mm/s gegen α-Sn, die Quadrupolaufspaltung $\Delta = 2.82$ mm/s [24].

$(o\text{-}CH_3C_6H_4)_3SnCl$ reagiert mit NaOH unter Bildung von $(o\text{-}CH_3C_6H_4)_3SnOH$ [5], mit NaN_3 in Diäthyläther-Wasser unter Bildung von $(o\text{-}CH_3C_6H_4)_3SnN_3$ [14] und mit $NaC{\equiv}CH$ in flüssigem NH_3 oder mit $BrMgC{\equiv}CMgBr$ in $CHCl_3$ unter Bildung von $(o\text{-}CH_3C_6H_4)_3SnC{\equiv}CSn(C_6H_4\text{-}o\text{-}CH_3)_3$ [15]. In flüssigem SO_2 bildet $(o\text{-}CH_3C_6H_4)_3SnCl$ im Einschlußrohr nach zwei Tagen bei 60°C $(o\text{-}CH_3C_6H_4)_2SnCl_2$ neben $(o\text{-}CH_3C_6H_4)_2Sn(SO_2C_6H_4\text{-}o\text{-}CH_3)_2$. Mit $NaSO_2R$ entsteht in Tetrahydrofuran die entsprechende Verbindung $(o\text{-}CH_3C_6H_4)_3SnSO_2R$ mit $R = C_6H_5$ oder $p\text{-}CH_3C_6H_4$ [16].

$(m\text{-}CH_3C_6H_4)_3SnCl$

Die Synthese der Verbindung erfolgt durch Komproportionierung zwischen $SnCl_4$ und $Sn(C_6H_4\text{-}m\text{-}CH_3)_4$ im Molverhältnis 1:3, wobei im Verlauf von 30 min auf 205°C hochgeheizt wird und anschließend das Reaktionsgemisch erst 3 h bei 205 bis 210°C und dann weitere 3 h bei 150 bis 160°C gehalten wird. Dabei entsteht die Verbindung in 75%iger Ausbeute [13]. Eine weitere Möglichkeit der Darstellung besteht in der Reaktion von $Sn(C_6H_4\text{-}m\text{-}CH_3)_4$ erst mit J_2 und sofort anschließend mit NH_4Cl und HCl [19].

Die farblose, kristalline Verbindung hat einen Schmelzpunkt von 108°C [13], 108 bis 109°C [19]. Im ^{1}H-NMR-Spektrum erscheint ein Multiplett bei $\tau = 2.77$ für die Phenylprotonen und ein Singulett bei $\tau = 7.76$ für CH_3 [16].

Die Verbindung reagiert mit NaOH unter Bildung von $(m\text{-}CH_3C_6H_4)_3SnOH$ [20], mit NaN_3 unter Bildung von $(m\text{-}CH_3C_6H_4)_3SnN_3$ [20], mit $p\text{-}CH_3C_6H_4MgBr$ unter Bildung von $(m\text{-}CH_3C_6H_4)_3SnC_6H_4\text{-}p\text{-}CH_3$ [19], mit SO_2 im Bombenrohr bei 20°C unter Bildung von $(m\text{-}CH_3C_6H_4)_2SnCl_2$ neben $(m\text{-}CH_3C_6H_4)_2Sn(SO_2C_6H_4\text{-}m\text{-}CH_3)_2$ [16], mit $NaSO_2R$ in Tetrahydrofuran unter Bildung von $(m\text{-}CH_3C_6H_4)_3SnSO_2R$ mit $R = C_6H_5$ und $p\text{-}CH_3C_6H_4$ [16]. Mit $Pt(C_2H_4)[P(C_6H_5)_3]_2$ erfolgt in Diäthyläther-Benzol Umsetzung unter Bildung von cis-$\{Pt(C_6H_4\text{-}m\text{-}CH_3)[P(C_6H_5)_3]_2[Sn(C_6H_4\text{-}m\text{-}CH_3)_2Cl]\}$ [21].

$(p\text{-}CH_3C_6H_4)_3SnCl$

Die Verbindung entsteht durch Komproportionierung zwischen $SnCl_4$ und $Sn(C_6H_4\text{-}p\text{-}CH_3)_4$. Dabei werden 60% Ausbeute erhalten [14]. 81% Ausbeute erreicht man durch halbstündiges Hochheizen auf 205°C und anschließendes jeweils dreistündiges Erhitzen auf 205 bis 210°C und 150 bis 160°C [13], 92% Ausbeute durch halbstündiges Erhitzen auf 200°C in Gegenwart von $AlCl_3$ [22]. Ferner entsteht die Verbindung bei der Reaktion zwischen $(p\text{-}CH_3C_6H_4)_3SnOH$ und HCl [11]. In 44.2%iger Ausbeute wird sie durch 18stündige Reaktion von Sn-Staub mit $p\text{-}CH_3C_6H_4Cl$ in Xylol erhalten [23].

Die in Benzol und Diäthyläther leicht, in Äthanol schwerlösliche Verbindung schmilzt bei 95.5°C [11], 97.5 bis 98°C [13, 23], 98°C [14]. Sie ist auch leicht löslich in Aceton, Äthylacetat und Chloroform, wenig löslich in Petroläther und unlöslich in Wasser [13]. Im ^{1}H-NMR-Spektrum erscheint ein Multiplett für die Phenylprotonen bei $\tau = 2.72$ und ein Singulett für CH_3 bei $\tau = 7.76$ [16].

Die Verbindung reagiert mit NaOH [25] oder KOH [23] in Diäthyläther unter Bildung von $(p\text{-}CH_3C_6H_4)_3SnOH$, mit $LiAlH_4$ in Diäthyläther beim Rückflußkochen unter Bildung von $(p\text{-}CH_3C_6H_4)_3SnH$ [2], mit NaN_3 in Äther-Wasser unter Bildung von $(p\text{-}CH_3C_6H_4)_3SnN_3$ [14], mit SO_2 im Bombenrohr bei 20°C unter Bildung von $(p\text{-}CH_3C_6H_4)_2SnCl_2$ und $(p\text{-}CH_3C_6H_4)_2Sn(SO_2C_6H_4\text{-}p\text{-}CH_3)_2$, mit $NaSO_2R$ in Tetrahydrofuran unter Bildung von $(p\text{-}CH_3C_6H_4)_3SnSO_2R$ mit $R = C_6H_5$ und $p\text{-}CH_3C_6H_4$ [16], mit $CH_2{=}CRCH_2MgBr$ unter Bildung von $(p\text{-}CH_3C_6H_4)_3SnCH_2CR{=}CH_2$ mit R = H und CH_3 [26], mit $o\text{-}CH_3C_6H_4MgBr$ in Diäthyläther unter Bildung von $(p\text{-}CH_3C_6H_4)_3SnC_6H_4\text{-}o\text{-}CH_3$ [19], mit $NaC{\equiv}CH$ in flüssigem NH_3 oder mit $BrMgC{\equiv}CMgBr$ in $CHCl_3$ unter Bildung von $(p\text{-}CH_3C_6H_4)_3SnC{\equiv}CSn(C_6H_4\text{-}p\text{-}CH_3)_3$ [15], mit $C_6H_5C{\equiv}CMgBr$ in $CHCl_3$ unter Bildung von $(p\text{-}CH_3C_6H_4)_3SnC{\equiv}CC_6H_5$ [15]. Mit dem Pt-Komplex $Pt(CO_3)[P(CH_3)_2C_6H_5]_2$ erfolgt in siedendem Benzol Umsetzung unter Bildung von trans-$PtCl(C_6H_4\text{-}p\text{-}CH_3)[P(CH_3)_2C_6H_5]_2$ [27].

$(C_6F_5)_3SnCl$

$(C_6F_5)_3SnCl$ bildet sich bei der Umsetzung von $SnCl_4$ mit C_6F_5MgCl [29] oder C_6F_5MgBr in Pentan beim zehnstündigen Rückflußkochen neben $Sn(C_6F_5)_4$ und $(C_6F_5)_2SnCl_2$ [29], bei der Komproportionierung zwischen $SnCl_4$ und $Sn(C_6F_5)_4$ [29], bei der Reaktion zwischen $(C_6F_5)_3SnC_6H_4\text{-}p\text{-}CH_3$ und HCl im Bombenrohr bei 100°C nach 17 h in 75%iger Ausbeute [30, 31], bei der Umsetzung von $[(C_6F_5)_3Sn]_2Hg$ mit $HgCl_2$ in Tetrahydrofuran in Ausbeuten von 37 [32] bzw. 46% [33].

Für die kristalline Verbindung werden folgende Schmelzpunkte angegeben: 103 bis 104°C [29], 106°C [28], 106 bis 109°C [32], 108 bis 109°C (aus Petroläther) [31].

Tabelle 26
Darstellung und Eigenschaften weiterer Verbindungen vom Typ R_3SnCl.

Nr.	Verbindung	Darstellung	Reaktionsbedingungen Eigenschaften	Ausbeute in %	Lit.
1	$(p\text{-}CH_3OC_6H_4)_3SnCl$	$SnCl_4 + p\text{-}CH_3OC_6H_4MgCl$	Tetrahydrofuran	—	[4]
2	$(p\text{-}C_2H_5OOCC_6H_4)_3SnCl$	$Sn + p\text{-}C_2H_5OOCC_6H_4HgCl$	Xylol, 18 h; Öl; reagiert mit H_2S zu $[(p\text{-}C_2H_5OOCC_6H_4)_3Sn]_2S$	—	[23]
3	$(o\text{-}C_6H_5OC_6H_4)_3SnCl$	$SnCl_4 + Sn(C_6H_4\text{-}o\text{-}OC_6H_5)_4$	Toluol, 30 min Rückfluß; $t_f = 71$ bis 72°C, $t_s = 184$ bis 186°C/0.7 Torr	36	[38]
4	$[p\text{-}(CH_3)_2NC_6H_4]_3SnCl$	$SnCl_4 + p\text{-}(CH_3)_2NC_6H_4MgCl$	Tetrahydrofuran	—	[4]
5	$(p\text{-}c\text{-}C_6H_{11}C_6H_4)_3SnCl$	$Sn(C_6H_4\text{-}p\text{-}c\text{-}C_6H_{11})_4 + CHCl_3$	$BiCl_3$ als Katalysator; $t_f = 164$°C; reagiert mit H_2O zu $(p\text{-}c\text{-}C_6H_{11}C_6H_4)_3SnOH$	73.5	[39]
6	$(o\text{-}C_6H_5C_6H_4)_3SnCl$	$(o\text{-}C_6H_5C_6H_4)_3SnH + CCl_4$	$t_f = 156.9$ bis 158°C	56	[5]
		$(o\text{-}C_6H_5C_6H_4)_3SnOH + HCl$	Äther-Benzol, 2 h 25°C; $t_f = 156$°C	50.4	[40]
		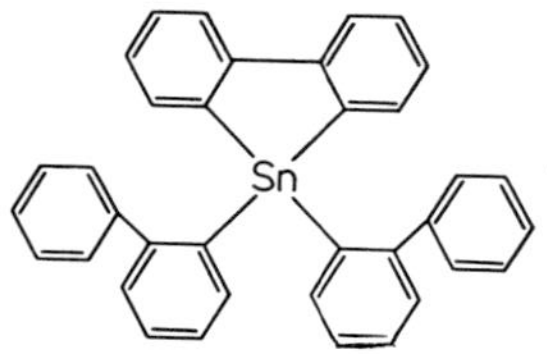 Sn + HCl	Äther-Benzol, 2 h 25°C; $t_f = 155$ bis 156.5°C	28.4	[40]
7	$[2,5\text{-}(CH_3)_2C_6H_3]_3SnCl$	$[2,5\text{-}(CH_3)_2C_6H_3]_3SnOH + HCl$	t_f=141.5°C	—	[11]
8	$[2,4\text{-}(CH_3)_2C_6H_3]_3SnCl$	$[2,4\text{-}(CH_3)_2C_6H_3]_3SnOH + HCl$	Öl	—	[11]
9	$[2,4,6\text{-}(CH_3)_3C_6H_2]_3SnCl$	—	UV-Spektrum	—	[41]
10	$(p\text{-}2',4',6'\text{-}Cl_3C_6H_2C_6H_4)_3SnCl$	$SnCl_4$ 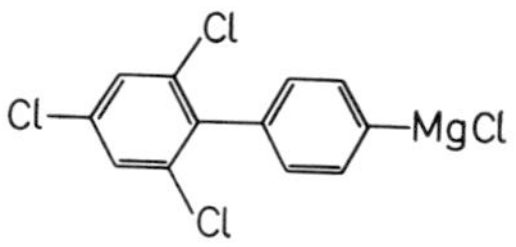 + Cl Cl Cl MgCl	Tetrahydrofuran	—	[4]

Tabelle 26 (Fortsetzung)

Nr.	Verbindung	Darstellung	Reaktionsbedingungen Eigenschaften	Ausbeute in %	Lit.
11	$(1\text{-}C_{10}H_7)_3SnCl$	$SnCl_4 + 1\text{-}C_{10}H_7MgX$	$t_f = 204$ bis 205°C	—	[6]
	$(1\text{-}C_{10}H_7 = $ 1-Naphthyl)	$SnCl_4 + Sn(1\text{-}C_{10}H_7)_4$	0.5 h 200°C, $GaCl_3$ als Katalysator	90	[22]
12	$(C_{20}H_{13})_3SnCl$ $(C_{20}H_{13} = $ 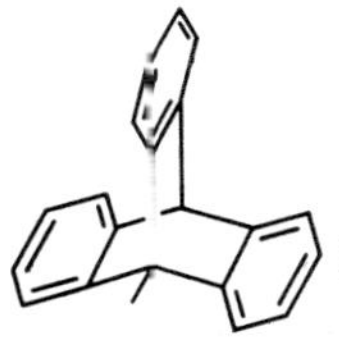)	$SnCl_4 + LiC_{20}H_{13}$	Diäthyläther-Benzol, 25°C; $t_f = 361$°C	30	[42]
13	$(C_4H_3S)_3SnCl$ $(C_4H_3S = $ 2-Thienyl)	$SnCl_4$ 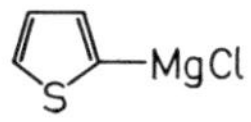 + S … MgCl	Tetrahydrofuran	—	[4]
14	$(C_4H_2ClS)_3SnCl$ $(C_4H_2ClS = $ 5-Chlor-2-thienyl)	$SnCl_4$ 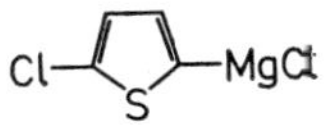 + Cl … S … MgCl	Tetrahydrofuran	—	[4]
15	$(C_9H_6N)_3SnCl$ $(C_9H_6N = $ 6-Chinolinyl)	$SnCl_4$ 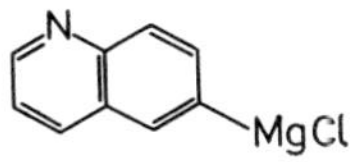 + N … MgCl	Tetrahydrofuran	—	[4]
16	$(C_9H_6N)_3SnCl$ $(C_9H_6N = $ 2-Chinolinyl)	$SnCl_4$ 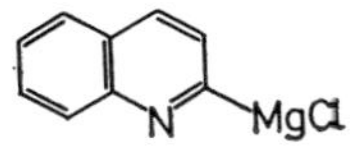 + N … MgCl	Tetrahydrofuran	—	[4]
17	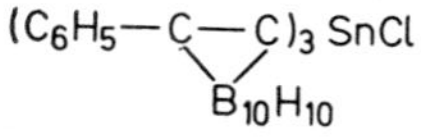 $(C_6H_5—C—C)_3SnCl$ ($B_{10}H_{10}$)	$SnCl_4$ + $C_6H_5—C—C—Li$ ($B_{10}H_{10}$) 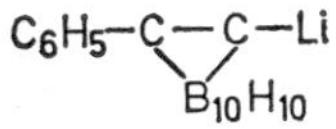	Diäthyläther, 3 h Rückfluß; $t_f = 287$ bis 289°C $\delta = -0.93$ mm/s (α-Sn), $\Delta = 0.40$ mm/s $\delta = 1.20$ mm/s (SnO_2), $\Delta = 0.4$ mm/s	25	[43] [44] [45, 46]

Das IR-Spektrum zeigt folgende Banden (in cm^{-1}): 1639 st, 1509 st, 1472 st, 1376 st, 1282 m, 1090 st, 1073 st, 1024 s, 1012 s, 965 st, 805 m, 745 s, 720 s, 608 m, 584 s [31]. Im UV-Spektrum erscheint in Cyclohexanlösung eine Absorption bei 270 nm, in Methanol bei 262 nm [31]. Chemische Verschiebung für die einzelnen F-Atome im ^{19}F-NMR-Spektrum: $\delta^{19}F_o = 122.5$ ppm, $\delta^{19}F_p = 145.7$ ppm, $\delta^{19}F_m = 157.8$ ppm gegen CCl_3F [31]. Die Isomerieverschiebung im Mössbauer-Spektrum beträgt $\delta = -0.99$ mm/s gegen α-Sn, Quadrupolaufspaltung 1.55 mm/s [34]. Für diese Quadrupolaufspaltung wird ein negatives Vorzeichen angegeben [35]. Sie wird auch zu −1.40 mm/s berechnet [36]. Korrelationen der Mössbauer-spektroskopischen Daten mit der Elektronegativität der Substituenten in verschiedenen Organozinnverbindungen s. bei [37].

$(C_6F_5)_3SnCl$ reagiert in ätherischer Lösung mit wäßriger NH_3-Lösung unter Bildung von $[(C_6F_5)_3Sn]_2O$ [31]. Mit NaOH wird in Diisopropyläther $(C_6F_5)_3SnOH$ erhalten [29]. Mit $SnCl_4$ tritt bei 150°C erst nach einigen Wochen Komproportionierung unter Bildung von $(C_6F_5)_2SnCl_2$ und $C_6F_5SnCl_3$ ein [29]. Mit NH_3 entsteht in Petroläther ein 1:2-Komplex [31]. Mit $[(CH_3)_4N]Cl$ wird $[(CH_3)_4N]_2SnCl_6$ erhalten [29].

R_3SnCl

Die Darstellung und die Eigenschaften von weiteren Verbindungen des Typs R_3SnCl sind in Tabelle 26 auf S. 188/9 zusammengefaßt.

Literatur:

[1] J. C. Maire (J. Organometal. Chem. **9** [1967] 271/84). — [2] D. H. Lorenz, P. Shapiro, A. Stern, E. I. Becker (J. Org. Chem. **28** [1963] 2332/5). — [3] J. M. Angelelli, J. C. Maire (Bull. Soc. Chim. France **1969** 1858/61). — [4] H. E. Ramsden, Metal and Thermit Corp. (B.P. 825039 [1959]; C.A. **1960** 18438). — [5] A. Stern, E. I. Becker (J. Org. Chem. **29** [1964] 3221/5).

[6] E. Krause, K. Weinberg (Ber. Deut. Chem. Ges. **62** [1929] 2235/41). — [7] R. H. Herber, H. A. Stöckler, W. T. Reichle (J. Phys. Chem. **42** [1965] 2447/52). — [8] R. H. Herber, H. A. Stöckler (Trans. N.Y. Acad. Sci. [2] **26** [1964] 929/33). — [9] C. H. Boehringer Sohn (Neth. Appl. 65-10858 [1964/66]; C.A. **65** [1966] 17004). — [10] H. Schloer, K. Langheinrich, Farbenfabriken Bayer A.-G. (D.P. 1161076 [1960/64]; C.A. **61** [1964] 2421).

[11] E. Krause, R. Becker (Ber. Deut. Chem. Ges. **53** [1920] 173/91). — [12] T. N. Srivastava, S. N. Bhattacharya (Z. Anorg. Allgem. Chem. **344** [1966] 102/6). — [13] K. A. Kocheshkov, M. M. Nad, A. P. Aleksandrov (Ber. Deut. Chem. Ges. **67** [1934] 1348/9). — [14] T. N. Srivastava, S. N. Bhattacharya (J. Inorg. Nucl. Chem. **28** [1966] 1480/2). — [15] H. Hartmann, H. Honig (Angew. Chem. **69** [1957] 614).

[16] U. Kunze, E. Lindner, J. Koola (J. Organometal. Chem. **40** [1972] 327/40). — [17] O. A. Zasyadko, R. G. Mirskov, N. P. Ivanova, Yu. L. Frolov (Zh. Prikl. Spektroskopii **15** [1971] 718/23). — [18] O. A. Zasyadko, Yu. L. Frolov, R. G. Mirskov (Spektrosk. Tr. Sib. 6th Soveshch., Tomsk 1968 [1973], S. 231/2 nach C.A. **79** [1973] Nr. 141220). — [19] F. B. Kipping (J. Chem. Soc. **131** [1928] 2365/73). — [20] T. N. Srivastava, R. Rupainwar (Indian J. Chem. **9** [1971] 1411/2).

[21] C. Eaborn, A. Pidcock, B. R. Steele (J. Chem. Soc. Dalton Trans. **1976** 767/76). — [22] H. Bretschneider, F. Veith, H. Sextl, Farbwerke Hoechst A.-G. (D.P. 1962301 [1969/71]; C.A. **75** [1971] Nr. 36352). — [23] M. M. Nad, K. A. Kocheshkov (Zh. Obshch. Khim. **8** [1938] 42/50 nach C.A. **1938** 5387). — [24] O. A. Zasyadko, V. Ya. Rochev, R. A. Stukan, R. G. Mirskov, Yu. L. Frolov (Teor. i Eksperim. Khim. **8** [1972] 836/40). — [25] K. A. Kocheshkov, M. M. Nad, A. P. Aleksandrov (J. Gen. Chem. USSR **6** [1936] 1672/5 nach C.A. **1937** 2590).

[26] W. T. Schwartz (Diss. State Univ. of New York, Buffalo 1964 nach Diss. Abstr. B **27** [1966] 1429). — [27] C. Eaborn, A. Pidcock, B. R. Steele (J. Chem. Soc. Dalton Trans. **1975** 809/13). — [28] J. M. Holmes, R. D. Peacock, J. C. Tatlow (Proc. Chem. Soc. [London] **1963** 108). — [29] J. M. Holmes, R. D. Peacock, J. C. Tatlow (J. Chem. Soc. A **1966** 150/3). — [30] R. D. Chambers, T. Chivers (Proc. Chem. Soc. **1963** 208).

[31] R. D. Chambers, T. Chivers (J. Chem. Soc. **1964** 4782/90). — [32] M. N. Bochkarev, L. P. Maiorova, N. S. Vyazankin (Zh. Obshch. Khim. **42** [1972] 2348; J. Gen. Chem. USSR **42** [1972] 2344). — [33] M. N. Bochkarev, S. P. Korneva, L. P. Maiorova, V. A. Kuznetsov, N. S.

Vyazankin (Zh. Obshch. Khim. **44** [1974] 308/13; J. Gen. Chem. USSR **44** [1974] 293/7). — [34] M. Cordey-Hayes (J. Inorg. Nucl. Chem. **26** [1964] 2306/8). — [35] M. G. Clark, A. G. Maddock, R. H. Platt (J. Chem. Soc. Dalton Trans. **1972** 281/90).

[36] G. M. Bancroft, K. D. Butler (Inorg. Chim. Acta **15** [1975] 57/65). — [37] V. Kotkhekar, V. S. Shpinel (Zh. Strukt. Khim. **10** [1969] 37/42). — [38] R. C. Poller (J. Chem. Soc. **1963** 706/9). — [39] E. A. Puchinyan, Z. M. Manulkin (Dokl. Akad. Nauk Uz.SSR **18** Nr. 12 [1961] 51/5; C.A. **58** [1963] 543). — [40] R. Gelius (Chem. Ber. **93** [1960] 1759/68).

[41] I. I. Lapkin, V. A. Dumler (Uch. Zap. Permsk. Gos. Univ. Nr. 111 [1964] 185/9 nach C.A. **64** [1966] 12045). — [42] R. J. Ranson, R. M. G. Roberts (J. Organometal. Chem. **107** [1976] 295/300). — [43] L. I. Zakharkin, V. I. Bregadze, O. Yu. Okhlobystin (J. Organometal. Chem. **4** [1965] 211/6). — [44] V. I. Goldanskii, V. V. Khrapov, O. Yu. Okhlobystin, V. Ya. Rochev (in: V. I. Goldanskii, R. H. Herber, Chemical Application of Mössbauer Spectroscopy, New York 1968, S. 336/76). — [45] A. Yu. Aleksandrov, V. I. Bregadze, V. I. Goldanskii, L. I. Zakharkin, O. Yu. Okhlobystin, V. V. Khrapov (Dokl. Akad. Nauk SSSR **165** [1965] 593/6; Dokl. Phys. Chem. Proc. Acad. Sci. USSR **160/165** [1965] 804/6).

[46] A. Yu. Aleksandrov, V. I. Bregadze, V. I. Bregadze, V. I. Goldanskii, P. I. Zakharkin, O. Yu. Okhlobystin, V. V. Khrapov (Application of the Mössbauer Effect in Chemistry and Solid State Physics, Tech. Rept. Ser. Intern. At. Energy Agency Nr. 50 [1966] 168/73).

1.3.2.1.2 Triorganozinnchloride des Typs $R_2R'SnCl$

1.3.2.1.2.1 $(CH_3)_2RSnCl$

Triorganotin Chlorides of the $R_2R'SnCl$ Type

$(CH_3)_2RSnCl$

Darstellung und Eigenschaften der Verbindungen des Typs $(CH_3)_2RSnCl$, wobei R einen Alkyl- oder Arylrest oder einen heterocyclischen Liganden bedeutet, sind in Tabelle 27 auf S. 192/6 angegeben.

Weitere Angaben zu den in der Tabelle aufgeführten Verbindungen (laufende Nummern mit Stern):

$(CH_3)_2(CF_3)SnCl$ (Tabelle **27**, Nr. **1**). Die Verbindung kann im Vakuum bei 60 bis 70°C sublimiert werden. Dissoziationskonstante der Verbindung bei 25°C in Äthanol: $K = 9.73 \times 10^{-5}$. Bei Bestimmungen der Leitfähigkeit in absolutem Äthanol bei Konzentrationen zwischen 0.3615×10^{-4} und 150.7×10^{-4} mol/l werden für die spezifische Leitfähigkeit Werte zwischen 2.16×10^{-7} und 88.94×10^{-7} $\Omega^{-1} \cdot cm^{-1}$ gefunden [2]. Im IR-Spektrum der Verbindung in Nujol erscheinen folgende Banden (in cm^{-1}): 2910 m, 2850 m, 1616 s, 1212 s, 1149 st, 1070 st, 790 st, 724 st [1]. Im ^1H-NMR-Spektrum wird ein Singulettsignal bei 264 Hz gegen Benzol bei 40 MHz, und im ^{19}F-NMR-Spektrum ein Signal bei 1128 Hz gegen CF_3COOH bei 40 MHz gefunden [2]. Del Re-Berechnungen aus NMR-spektroskopischen Daten s. bei [4]. Die Verbindung reagiert mit Cl_2 in CCl_4 im Einschlußrohr bei 60°C im Verlauf von 48 h unter Bildung von $(CH_3)_2SnCl_2$ neben $CClF_3$, CH_3Cl und einer Substanz, die nicht unter 200°C schmilzt und CH_3, CF_3 und F im Verhältnis 1:1:2 enthält [2].

$(CH_3)_2(CCl_3)SnCl$ (Tabelle **27**, Nr. **2**). Das IR-Spektrum der Verbindung zeigt folgende Absorptionen (in cm^{-1}): 1200 s, 700 m, 725 st, 705 st. Folgende NMR-Parameter wurden bestimmt: $\tau CH_3 = 8.98$, $J(^1HC^{117/119}Sn) = 60.4/63.4$ Hz. Die Verbindung zerfällt oberhalb 120°C und liefert dabei nach 16 bis 20 h $(CH_3)_2SnCl_2$ neben $Cl_2C{=}CCl_2$. Bei der Hydrolyse bei 60°C entsteht $(CH_3)_2SnCl_2$ neben $[(CH_3)_2ClSn]_2O$ und $CHCl_3$. Bei der Reaktion mit BCl_3 bei 60°C wird $(CH_3)_2SnCl_2$ neben $Cl_2C{=}CCl_2$ erhalten [5, 6].

$(CH_3)_2(CH_2Cl)SnCl$ (Tabelle **27**, Nr. **3**). Die chemische Verschiebung im ^{119}Sn-NMR-Spektrum beträgt in CCl_4-Lösung $\delta = -113.5$ ppm [11, 12, 13]. ^{35}Cl-NQR-Spektrum: $\nu^{77} = 34.80$ MHz [14]. Unter Bildung von $(CH_3)_2(CH_2Cl)SnCH_2SiH(CH_3)_2$ in 82%iger Ausbeute reagiert die Verbindung mit $(CH_3)_2SiHCH_2MgCl$ [15], unter Bildung von $(CH_3)_3SnCH_2Cl$ mit CH_3MgBr in Diäthyläther [9, 10]. Bei der Untersuchung der fungiziden Aktivität wurde gefunden, daß 20 mg/l das Wachstum von Botrytis allii und Penicillium italicum und 200 mg/l das Wachstum von Aspergillus niger und Rhizopus nigricans innerhalb von drei Tagen hemmen [16].

Tabelle 27

Darstellung und Eigenschaften der Verbindungen $(CH_3)_2RSnCl$.

Nr.	Verbindung $(CH_3)_2RSnCl$ Schmelzpunkt in °C Siedepunkt in °C/Torr	Darstellung	Reaktionsbedingungen Weitere Eigenschaften	Ausbeute in %	Lit.
1*	$(CH_3)_2(CF_3)SnCl$ 46 bis 47°C	$(CH_3)_3SnCF_3 + Cl_2$	24 h 20°C; Zersetzungspunkt 70 bis 80°C	—	[1]
	46 bis 47°C	$(CH_3)_3SnCF_3 + Cl_2$	$CHCl_3$, Bombenrohr, 2 d 20°C	77	[2]
		$(CH_3)_3SnCF_3 + HgCl_2$	Kinetik	—	[3]
2*	$(CH_3)_2(CCl_3)SnCl$ 74 bis 76	$(CH_3)_3SnCCl_3 + BCl_3$	25°C	74	[5, 6]
		$(CH_3)_3SnCCl_3 + SnCl_4$	CCl_4, 10 d 25°C	—	[7]
3*	$(CH_3)_2(CH_2Cl)SnCl$ 76 bis 79/10.5	$(CH_3)_2SnCl_2 + CH_2{=}N_2$	Diäthyläther, −50°C; $n_D^{25} = 1.5263$	72.8	[8, 9]
	91.2 bis 91.7/18	$(CH_3)_2SnCl_2 + CH_2{=}N_2$	$n_D^{20} = 1.5363$	82	[10]
4	$(CH_3)_2(CHF_2CF_2)SnCl$ 18.7 bis 19.1 220/Normaldruck	$(CH_3)_2(CHF_2CF_2)SnH + Cl_2$	$\Delta H_v = 6.2$ kcal/mol, IR: 2970 s, 2915 s, 1609 s, 1402 s, 1382 s, 1366 st, 1342 s, 1282 s, 1205 s, 1178 st, 1088 st, 1046 st, 971 m, 790 st cm^{-1}	—	[17]
5*	$(CH_3)_2(CH_2{=}CH)SnCl$	$(CH_3)_2SnCl_2 + CH_2{=}CHMgCl$	—	—	[18]
	73 bis 75/27	$(CH_3)_2Sn(CH{=}CH_2)_2 + HCl$	$CHCl_3$, 50 bis 60°C; $n_D^{25} = 1.5105$, $D_4^{25} = 1.575$	70	[19, 20]
		$(CH_3)_2Sn(CH{=}CH_2)_2 + (CH_3)_2SnCl_2$	160°C, 45 min	89.5	[21]
6	$(CH_3)_2(C_2H_5)SnCl$ 160 bis 167/760	$[(CH_3)_2SnO]_n + C_2H_5MgCl + HCl$	Toluol; $n_D^{20} = 1.5077$	29.5	[24]
	166 bis 168/Normaldruck	$(CH_3)_3SnC_2H_5 + HCl$	$CHCl_3$, 4 h Rückfluß	80	[25]
		$(CH_3)_3SnC_2H_5 + HgCl_2$	Äthanol, 2 h Rückfluß	81	[25]
			$n_D^{20} = 1.5082$, $D_4^{20} = 1.6024$		[22, 25]
		$(CH_3)_2Sn(C_2H_5)_2 + CCl_4 + (C_6H_5COO)_2$	12 h, 75 bis 80°C	—	[26]

Tabelle 27 (Fortsetzung)

Nr.	Verbindung $(CH_3)_2RSnCl$ Schmelzpunkt in °C Siedepunkt in °C/Torr	Darstellung	Reaktionsbedingungen Weitere Eigenschaften	Ausbeute in %	Lit.
7	$(CH_3)_2(NCCH{=}CH)SnCl$	$(CH_3)_2SnCl_2 + (CH_3)_2SnH_2 - HC{\equiv}CCN$	0 bis 20°C	—	[27]
8	$(CH_3)_2(CH_2{=}CHCH_2)SnC$	$(CH_3)_2Sn + CH_2{=}CHCH_2Cl$	—	—	[28]
9*	$(CH_3)_2[Cl(CH_2)_3]SnCl$	$(CH_3)_2[HO(CH_2)_3]SnCl + P(C_6H_5)_3$	CCl_4	—	[29]
10	$(CH_3)_2(C_3H_7)SnCl$ 150 bis 154/760	$(CH_3)_3SnC_3H_7 + (CH_3)_2SnCl_2$	1 h 140°C und 1 h 160°C; $n_D^{20} = 1.5023$	91.5	[21]
11*	$(CH_3)_2[HO(CH_2)_3]SnCl$	$(CH_3)_2(C_6H_5)Sn(CH_2)_3OH - HCl$	CCl_4	—	[29]
12*	$(CH_3)_2(CH_3COCH_2CH_2)SnCl$ 127/0.01	$(CH_3)_3SnCl + (CH_3)_3SnCH_2CH_2COCH_3$	12 h, N_2	89	[30]
13*	$(CH_3)_2(CH_3OOCCH_2CH_2)SnCl$ 35.5 bis 37.5 107 bis 109/2	$CH_3(CH_3OOCCH_2CH_2)SnCl_2 + CH_3MgBr$	—	—	[31] [31, 32]
		$(CH_3)_2(CH_3OOCCH_2CH_2)SnBr + NaOH + HCl$	CH_3OH, 12 h Rückfluß	31	[32]
14*	$(CH_3)_2(C_4H_9)SnCl$ 86/10 93 bis 95/15 108/30	$(CH_3)_3SnC_4H_9 + SnCl_4$	Pentan, 0.5 h Rückfluß	87.3	[33, 34]
		$(CH_3)_3SnC_4H_9 + C_4H_9SnCl_3$	2 h 140°C	—	[35]
		$(CH_3)_3SnC_4H_9 + (CH_3)_2SnCl_2$	2 h 140 bis 160°C	88.5	[21]
		$Sn(CH_3)_4 + CH_3(C_4H_9)SnCl_2$	3 h 75 bis 85°C	91	[36]
		$(CH_3)_3SnC_4H_9 + HgCl_2$	Äthanol, 2 h Rückfluß	—	[4, 37]
		$Sn(CH_3)_2 + C_4H_9Cl$	—	—	[28]
15	$(CH_3)_2(i\text{-}C_4H_9)SnCl$	$Sn(CH_3)_4 + i\text{-}C_4H_9SnCl_3$	0°C	—	[36]
16*	$(CH_3)_2(t\text{-}C_4H_9)SnCl$ 36 100/38	$(CH_3)_3Sn\text{-}t\text{-}C_4H_9 + HgCl_2$	Methanol	—	[39, 40] [40] [40]
17*	$(CH_3)_2(c\text{-}C_5H_5)SnCl$ 40/0.04	$(CH_3)_2Sn(c\text{-}C_5H_5)_2 + (CH_3)_2SnCl_2$	24 h 25°C	92.7	[41]
	40/0.02	$(CH_3)_2Sn(c\text{-}C_5H_5)_2 + (CH_3)_2SnCl_2$	20 bis 60°C, hellgelb	100	[42]
		$Sn(c\text{-}C_5H_5)_2 + (CH_3)_2SnCl_2$	—	—	[43]

Tabelle 27 (Fortsetzung)

Nr.	Verbindung $(CH_3)_2RSnCl$ Schmelzpunkt in °C Siedepunkt in °C/Torr	Darstellung	Reaktionsbedingungen Weitere Eigenschaften	Ausbeute in %	Lit.
18*	$(CH_3)_2[Cl(CH_2)_3CH{=}CH]SnCl$	$(CH_3)_2SnHCl + HC{\equiv}C(CH_2)_3Cl$	1.5 h 25°C	65	[45]
19*	$(CH_3)_2[CH_3CO(CH_2)_3]SnCl$ 169/0.4	$(CH_3)_3Sn(CH_2)_3COCH_3 + (CH_3)_3SnCl$	24 h, N_2	84	[30]
20*	$(CH_3)_2(C_5H_{11})SnCl$	—	—	—	[37]
21*	$(CH_3)_2(C_6F_5)SnCl$	$(CH_3)_2SnCl_2 + C_6F_5Li$	—	—	[46]
		$(CH_3)_2SnCl_2 + (CH_3)_2Sn(C_6F_5)_2$	Bombenrohr, 200°C	—	[46]
22	$(CH_3)_2(p\text{-}FC_6H_4)SnCl$ 34 106/3	$(CH_3)_2(p\text{-}FC_6H_4)SnOH + HCl$	Diäthyläther; NMR: $\delta^{19}F = -2.75$ ppm (C_6H_{12}), -3.33 ppm $(CHCl_3)$, -1.13 ppm (C_5H_5N)	90	[48]
23*	$(CH_3)_2(C_6H_5)SnCl$ 70/0.2	$(CH_3)_2Sn(C_6H_5)_2 + (CH_3)_2SnCl_2$	1 h 160°C, $[(C_4H_9)_4Sb]Cl$; $n_D^{20} = 1.5752$	83.5	[21]
24*	$(CH_3)_2[CHCl\text{-}CH(CH_2)_3]SnCl$ (Ring über CH_2)	$(CH_3)_2Sn$-Ring (Sn-Cyclohexan) mit $CHCl_2$	180°C	—	[51]
25	$(CH_3)_2(c\text{-}C_6H_{11})SnCl$ 33 bis 35	$(CH_3)_3Sn\text{-}c\text{-}C_6H_{11} + SnCl_4$	Pentan, Rückfluß; reagiert mit NaOH unter Bildung von $(CH_3)_2(c\text{-}C_6H_{11})SnOH$	89	[33, 34, 52]
26*	$(CH_3)_2(C_6H_{13})SnCl$	—	—	—	[37]
27	$(CH_3)_2(o\text{-}BrC_6H_4CH_2)SnCl$	$(CH_3)_2Sn(CH_2C_6H_4\text{-}o\text{-}Br)_2 + (CH_3)_2SnCl_2$	1 h 155°C, $[(C_4H_9)_4P][SbCl_6]$; Fungizid	—	[21]
28	$(CH_3)_2(C_6H_5CH_2)SnCl$	$(CH_3)_3SnCH_2C_6H_5 + HgCl_2$	Kinetik	—	[4]
		$Sn(CH_3)_2 + C_6H_5CH_2Cl$	—	—	[28]
29	$(CH_3)_2(p\text{-}CH_3OC_6H_4)SnCl$	$(CH_3)_2Sn(C_6H_4\text{-}p\text{-}OCH_3)_2 + (CH_3)_2SnCl_2$	1 h 160°C, $[(C_4H_9)_4Sb]Cl$; Fungizid	—	[21]

Tabelle 27 (Fortsetzung)

Nr.	Verbindung $(CH_3)_2RSnCl$ Schmelzpunkt in °C Siedepunkt in °C/Torr	Darstellung	Reaktionsbedingungen Weitere Eigenschaften	Ausbeute in %	Lit.
30*	$(CH_3)_2(C_7H_9)SnCl$ 68 bis 70/0.1 (C_7H_8 = Norbornadien, C_7H_9 = Norbornenyl)	$(CH_3)_2SnHCl + C_7H_8$	−70°C bis 25°C, Schütteln	94	[53]
31*	$(CH_3)_2(C_7H_{15})SnCl$	—	—	—	[37]
32*	$(CH_3)_2(C_8H_{17})SnCl$	$(CH_3)_3SnC_8H_{17} + SnCl_4$	Pentan, Rückfluß; $n_D^{24} = 1.4843$; Insektizid	96.1	[33, 34]
	126 bis 133/3 bis 6	$(CH_3)_3SnC_8H_{17} + (CH_3)_2SnCl_2$	6 h 160°C; $n_D^{20} = 1.4883$	93	[21]
33	$(CH_3)_2(i\text{-}C_8H_{17})SnCl$ 118 bis 121/2	$(CH_3)_3Sn\text{-}i\text{-}C_8H_{17} + (CH_3)_2SnCl_2$	6 h 160°C; $n_D^{20} = 1.3248$; Fungizid	91.5	[21]
34*	$(CH_3)_2(C_6H_5COCH_2CH_2)SnCl$ 124	$(CH_3)_3SnCH_2CH_2COC_6H_5 +$ $(CH_3)_3SnCl$	48 h, N_2	50	[30]
35*	$(CH_3)_2[C_6H_5CO(CH_2)_3]SnCl$ 116 bis 117	$(CH_3)_3Sn(CH_2)_3COC_6H_5 +$ $(CH_3)_3SnCl$	24 h, N_2	57	[30]
36	$(CH_3)_2(C_{10}H_{15})SnCl$	$(CH_3)_3SnC_{10}H_{15} + HCl$	$CDCl_3$, 70 h 20°C	89	[54]
		$(CH_3)_3SnC_{10}H_{15} + HgCl_2$	Aceton, 20°C	100	[54]
	141 ($C_{10}H_{15}$ = 1-Adamantyl)	$(CH_3)_3SnC_{10}H_{15} + HgCl_2$	Aceton, 30 min 0°C; NMR: $\delta CH_3Sn = -0.47$ ppm, $J(^1HC^{117/119}Sn) = 59.1/61.5$ Hz, $\delta C_{10}H_{15} = -1.79$ und -2.07 ppm	63	[55]
37	$(CH_3)_2(C_{10}H_{21})SnCl$ 116 bis 122/0.4	$(CH_3)_3SnC_{10}H_{21} + (CH_3)_2SnCl_2$	6 h 160°C; $n_D^{20} = 1.4869$	91.5	[21]
38	$(CH_3)_2[C_2H_5OOCCH{=}C(C_6H_5)]SnCl$ 86 bis 88	$(CH_3)_3SnC(C_6H_5){=}C(COOC_2H_5)Sn(CH_3)_3 + HCl$	Äthanol-Wasser, 100°C; IR: 1640, 1570, 770 cm^{-1}, NMR: $\tau CH_3Sn = 9.25$, $J(^1HC^{117/119}Sn) = 70/73$ Hz, $\tau C_2H_5 = 8.65$ und 5.70, $\tau CH = 3.39$, $\tau C_6H_5 = 2.7$	—	[56]

Tabelle 27 (Fortsetzung)

Nr.	Verbindung $(CH_3)_2RSnCl$ Schmelzpunkt in °C Siedepunkt in °C/Torr	Darstellung	Reaktionsbedingungen Weitere Eigenschaften	Ausbeute in %	Lit.
39	$(CH_3)_2(C_{12}H_{25})SnCl$ 33 bis 34 168 bis 170/0.4	$(CH_3)_3SnC_{12}H_{25} + (CH_3)_2SnCl_2$	p-$ClC_6H_4CH_3$, 6 h 160°C; $n_D^{20} = 1.4821$	88.5	[21]
40	$(CH_3)_2(C_{16}H_{33})SnCl$	—	Bakterizid	—	[57]
41*	$(CH_3)_2[JC(C_6H_5)=C(C_6H_5)C(C_6H_5)=C(C_6H_5)]SnCl$ 119 bis 122	$(C_6H_5)_4C_4Sn(CH_3)_2$ + JCl	CCl_4, Zimmertemperatur	85	[58]
42*	$(CH_3)_2[ClC(C_6H_5)=C(C_6H_5)C(C_6H_5)=C(C_6H_5)]SnCl$ 152 bis 153	$(C_6H_5)_4C_4Sn(CH_3)_2$ + Cl_2	CCl_4, 0°C	90	[58]
43*	$(CH_3)_2[HC(C_6H_5)=C(C_6H_5)C(C_6H_5)=C(C_6H_5)]SnCl$ 201 bis 202	$Li[C(C_6H_5)]_4Li + (CH_3)_2SnCl_2$	Diäthyläther	—	[58]
	196 bis 197	$Li[C(C_6H_5)]_4Li + (CH_3)_2SnCl_2$	Diäthyläther	70	[60]
44	$(CH_3)_2\{[(CH_3)_3Si]_2CLi\}SnCl$	$[(CH_3)_3Si]_2CBrLi + (CH_3)_2SnCl_2$	Zwischenprodukt	—	[61]

$(CH_3)_2(CH_2{=}CH)SnCl$ (Tabelle **27**, Nr. **5**). Brechungsindex bei 20°C: $n_D^{20} = 1.5125$. Für die Lorenz-Lorentz-Molrefraktion wird ein Wert von 40.152, für das Molrefraktionsprodukt nach Eisenlohr ein Wert von 319.55 gefunden [22]. Die Verbindung reagiert mit $NaOCH_3$ in Diäthyläther unter Bildung von $(CH_3)_2(CH_2{=}CH)SnOCH_3$ [18]. Die LD_{50} gegenüber Stubenfliegen beträgt 7.1×10^{-10} mol/Fliege [23].

$(CH_3)_2(ClCH_2CH_2CH_2)SnCl$ (Tabelle **27**, Nr. **9**). Die Verbindung reagiert mit $C_6H_5PLi_2$ unter Bildung des Heterocyclus $(CH_3)_2\underline{SnCH_2CH_2CH_2P}C_6H_5$ [29].

$(CH_3)_2(HOCH_2CH_2CH_2)SnCl$ (Tabelle **27**, Nr. **11**). Die Verbindung reagiert in CCl_4 mit $P(C_6H_5)_3$ unter Bildung von $(CH_3)_2(ClCH_2CH_2CH_2)SnCl$ [29].

$(CH_3)_2(CH_3COCH_2CH_2)SnCl$ (Tabelle **27**, Nr. **12**). Im IR-Spektrum erscheint die νCO-Schwingung bei 1679 cm^{-1}, in Gegenwart von Pyridin bei 1712 und 1685 cm^{-1}. Im UV-Spektrum wird eine Bande bei 268.0 nm ($\varepsilon = 37$) gefunden. Folgende ^1H-NMR-Parameter wurden bestimmt: $\delta CH_3Sn = -0.53$ ppm, $J(^1HC^{119}Sn) = 65.0$ Hz, $\delta CH_2Sn = -1.12$ ppm, $\delta CH_2CO = -2.97$ ppm, $\delta CH_3CO = -2.18$ ppm. ^{13}C-NMR-Spektrum: $\delta CH_3Sn = 0.00$ ppm, $\delta CH_2Sn = -10.22$ ppm, $\delta CH_2CO = -39.73$ ppm, $\delta CO = -2.174$ ppm, $\delta CH_3CO = -28.95$ ppm in Substanz gegen TMS. In Pyridin werden die ^{13}C-Signale geringfügig verschoben. $J(^{119}Sn^{13}C)$ in Hz für folgende Kopplungen: $CH_3Sn = 463.8$, $CH_2Sn = 490.8$, $CH_2CO = 29.0$, $CO = 37.1$, $CH_3CO < 5$. Die Isomerieverschiebung im Mössbauer-Spektrum beträgt $\delta = 1.54$ mm/s gegen $BaSnO_3$, die Quadrupolaufspaltung $\Delta = 3.70$ mm/s [30].

$(CH_3)_2(CH_3OOCCH_2CH_2)SnCl$ (Tabelle **27**, Nr. **13**). Im IR-Spektrum (KBr) erscheint die νCO bei 1680 cm^{-1} sowie Banden bei 576, 548, 516, 460, 365 und 272 cm^{-1}. Folgende ^1H-NMR-Parameter wurden bestimmt: $\tau CH_3Sn = 9.30$, $J(^1HC^{117/119}Sn) = 61.8/64.5$ Hz, $\tau CH_2Sn = 8.65$, $J(^1HCC^1H) = 7.5$ Hz, $\tau CH_2CO = 7.23$, $\tau CH_3CO = 6.22$ [32].

$(CH_3)_2(C_4H_9)SnCl$ (Tabelle **27**, Nr. **14**). Die Verbindung wird ferner erhalten bei den Komproportionierungsreaktionen von $Sn(CH_3)_4$ mit $C_4H_9SnCl_3$ im Molverhältnis 1:1 bei 0°C neben $CH_3(C_4H_9)SnCl_2$, $(CH_3)_3SnCl$ und $(CH_3)_2SnCl_2$, von $Sn(CH_3)_4$ mit $C_4H_9SnCl_3$ im Molverhältnis 2:1 nach 3 h zwischen 75 und 80°C neben $(CH_3)_3SnCl$, von $(CH_3)_3SnCl$ mit $CH_3(C_4H_9)SnCl_2$ nach 5 h bei 150°C neben $(CH_3)_2SnCl_2$ [36] und von $(CH_3)_3SnCl$ mit $(C_4H_9)_3SnCl$ nach 2 h bei 210°C neben $CH_3(C_4H_9)_2SnCl$ [35]. Zur chromatographischen Untersuchung s. [38], zur gaschromatographischen Untersuchung s. [35]. Für den Brechungsindex der Verbindung werden folgende Werte angegeben: $n_D^{20} = 1.4915$ [21], 1.4960 [35], 1.4971 [36] und $n_D^{24} = 1.4922$ [33, 34]. ^1H-NMR-Spektrum: $\delta CH_3Sn = -0.57$ ppm, $J(^1HC^{119}Sn) = 56.5$ Hz. ^{13}C-NMR-Spektrum: $\delta CH_3Sn = 1.6$ ppm, $J(^{13}C^{119}Sn) = 350$ Hz, $\delta C_1 = -18.7$ ppm, $J(^{13}C^{119}Sn) = 409$ Hz, $\delta C_2 = -27.7$ Hz, $J(^{13}CC^{119}Sn) = 25$ Hz, $\delta C_3 = -26.5$ ppm, $J(^{13}CCC^{119}Sn) = 68$ Hz, $\delta C_4 = -13.7$ ppm, jeweils gegen TMS. ^{119}Sn-NMR-Spektrum: $\delta = -157.1$ ppm gegen $Sn(CH_3)_4$ [37]. Die Verbindung wird als Fungizid und Insektizid verwendet [33, 34].

$(CH_3)_2(t\text{-}C_4H_9)SnCl$ (Tabelle **27**, Nr. **16**). Die Verbindung wird ferner bei der Umsetzung zwischen $(CH_3)_3Sn\text{-}t\text{-}C_4H_9$ und CH_3HgCl in Methanol bei 30°C erhalten (Untersuchung der Kinetik s. im Original) [39]. Sie entsteht auch aus $(CH_3)_3Sn\text{-}t\text{-}C_4H_9$ und $(CH_3)_3PbCl$ in einer Gleichgewichtsreaktion, wie NMR-spektroskopisch bei einer Untersuchung der Kinetik dieses Systems gefunden werden konnte [40]. Im ^1H-NMR-Spektrum erscheinen Singuletts bei $\delta = -0.52$ ppm mit $J(^1HC^{117/119}Sn) = 54.5/57$ Hz für CH_3Sn und $\delta = -1.24$ ppm und $J(^1HCC^{117/119}Sn) = 86/90$ Hz für die $t\text{-}C_4H_9$-Gruppe [39].

$(CH_3)_2(c\text{-}C_5H_5)SnCl$ (Tabelle **27**, Nr. **17**). ^1H-NMR-Spektrum: $\delta CH_3 = -0.2$ ppm, $\delta C_5H_5 = -6.13$ ppm [41], $\delta C_5H_5 = -6.02$ ppm, $J(^1H^{117/119}Sn) = 29$ Hz [43]. ^{119}Sn-NMR-Spektrum: $\delta = +101.6$ ppm in CCl_4 bei 20°C [44].

$(CH_3)_2(ClCH_2CH_2CH_2CH{=}CH)SnCl$ (Tabelle **27**, Nr. **18**). Die Verbindung zersetzt sich bei der Destillation unter vermindertem Druck (0.01 Torr) unter Bildung von $(CH_3)_3SnCH{=}CH(CH_2)_3Cl$ und $CH_3(ClCH_2CH_2CH_2CH{=}CH)SnCl_2$. IR-Spektrum (in cm^{-1}): 2960 m, 2940 m, 1605 m, 1455 m,

1310 m, 785 st, 650 m, 545 st. ^1H-NMR-Spektrum in CCl_4 (cis- und trans-Isomeres): $\tau = 9.3$ (CH_3, zwei Singuletts), $\tau = 4.6$ bis 5.2 (CHSn, Multiplett), $\tau = 3.7$ bis 4.1 (CH, Multiplett), $\tau = 7.8$ bis 8.2 (CH_2CH, Multiplett), $\tau = 7.4$ bis 7.8 (CH_2, Multiplett), $\tau = 6.5$ (CH_2Cl, Triplett mit $J(^1HCC^1H) = 7.0$ Hz) [45].

$(CH_3)_2(CH_3COCH_2CH_2CH_2)SnCl$ (Tabelle **27**, Nr. **19**). Im IR-Spektrum liegt die νCO-Schwingung bei 1684 cm^{-1}, in Pyridin bei 1710 und 1685 cm^{-1}. UV-Spektrum: $\lambda_{max} = 280.0$ nm ($\varepsilon = 29$). ^1H-NMR-Spektrum: $\delta CH_3Sn = -0.55$ ppm, $J(^1HC^{119}Sn) = 63.0$ Hz, $\delta CH_2Sn = -1.20$ ppm, $\delta CH_2 = -1.92$ ppm, $\delta CH_2CO = -2.58$ ppm, $\delta CH_3CO = -2.13$ ppm. ^{13}C-NMR-Spektrum: $\delta CH_3Sn = -0.72$ ppm, $J(^{13}C^{119}Sn) = 436.6$ Hz, $\delta CH_2Sn = -20.04$ ppm, $J(^{13}C^{119}Sn) = 490.5$ Hz, $\delta CH_2 = -20.68$ ppm, $J(^{13}CC^{119}Sn) = 23.8$ Hz, $\delta CH_2CO = -44.78$ ppm, $J(^{13}CCC^{119}Sn) = 19.0$ Hz, $\delta CO = -216.6$ ppm, $J(^{13}CCCC^{119}Sn) = <2.5$ Hz, $\delta CH_3CO = -31.06$ ppm. In Pyridin werden die Signale geringfügig verschoben, auch die Kopplungskonstanten ändern sich etwas. Mössbauer-Spektrum: $\delta = 1.51$ mm/s gegen $BaSnO_3$, $\Delta = 3.66$ mm/s [30].

$(CH_3)_2(C_5H_{11})SnCl$ (Tabelle **27**, Nr. **20**). Die Verbindung wurde durch Umsetzung von $(CH_3)_3SnC_5H_{11}$ mit $HgCl_2$ dargestellt und nur durch ihre Kernresonanzspektren charakterisiert. ^1H-NMR: $\delta CH_3Sn = -0.57$ ppm, $J(^1HC^{119}Sn) = 56.5$ Hz; ^{13}C-NMR: $\delta CH_3 = 1.6$ ppm, $J(^{13}C^{119}Sn) = 347$ Hz, $\delta C_1 = -18.9$ ppm, $J(^{13}C^{119}Sn) = 410$ Hz, $\delta C_2 = -25.2$ ppm, $J(^{13}CC^{119}Sn) = 25$ Hz, $\delta C_3 = -35.7$ ppm, $J(^{13}CCC^{119}Sn) = 66$ Hz, $\delta C_4 = -22.2$ ppm, $\delta C_5 = -14.0$ ppm, jeweils gegen TMS; ^{119}Sn-NMR: $\delta = -157.1$ ppm gegen $Sn(CH_3)_4$ [37].

$(CH_3)_2(C_6F_5)SnCl$ (Tabelle **27**, Nr. **21**). ^1H-NMR-Spektrum: $\delta CH_3 = -1.15$ ppm, $J(^1HCSnCC^{19}F) = 0.4$ Hz, $J(^1HCSn) = 64$ Hz [46], $J(^1HCSnCC^{19}F) = 0.4$ Hz [47].

$(CH_3)_2(C_6H_5)SnCl$ (Tabelle **27**, Nr. **23**). Die Verbindung reagiert mit Zn-Cu in Tetrahydrofuran-Methanol im Laufe eines Tages bei 70°C unter Bildung von CH_4, C_6H_6 und Sn, in Tetrahydrofuran wird dagegen im Laufe von 25 Tagen bei 20°C $Sn(CH_3)_4$ neben $(CH_3)_3SnC_6H_5$, $(CH_3)_2Sn(C_6H_5)_2$, Benzol und Sn gebildet [49]. Mit $Pt[P(C_6H_5)_3]_4$ oder mit $Pt(C_2H_4)[P(C_6H_5)_3]_2$ reagiert die Verbindung in Diäthyläther-Benzol unter Bildung von cis-$Pt(C_6H_5)[P(C_6H_5)_3]_2Sn(CH_3)_2Cl$ neben cis-$PtCl_2[P(C_6H_5)_3]_2$ [50].

$(CH_3)_2(C_3H_4ClCH_2CH_2CH_2)SnCl$ (Tabelle **27**, Nr. **24**). ^1H-NMR-Spektrum: Sextett mit $\delta = -3.45$ ppm, $J_{cis} = 7.0$ Hz, $J_{trans} = 4.0$ Hz. Die Verbindung reagiert mit CH_3Li unter Bildung von cis- und trans-$(CH_3)_3Sn(CH_2)_3$-c-C_3H_4Cl [51].

$(CH_3)_2(C_6H_{13})SnCl$ (Tabelle **27**, Nr. **26**). Die Verbindung wird durch Umsetzung von $(CH_3)_3SnC_6H_{13}$ mit $HgCl_2$ gewonnen und über ihre Kernresonanzspektren charakterisiert. ^1H-NMR: $\delta CH_3Sn = -0.57$ ppm, $J(^1HC^{119}Sn) = 56.5$ Hz; ^{13}C-NMR: $\delta CH_3Sn = 1.8$ ppm, $J(^{13}C^{119}Sn) = 347$ Hz, $\delta C_1 = -18.9$ ppm, $J(^{13}C^{119}Sn) = 409$ Hz, $\delta C_2 = -25.5$ ppm, $J(^{13}CC^{119}Sn) = 26$ Hz, $\delta C_3 = -33.3$ ppm, $J(^{13}CCC^{119}Sn) = 64$ Hz, $\delta C_4 = -31.5$ ppm, $\delta C_5 = -22.7$ ppm, $\delta C_6 = -14.2$ ppm, jeweils gegen TMS; ^{119}Sn-NMR: $\delta = -156.9$ ppm gegen $Sn(CH_3)_4$ [37].

$(CH_3)_2(C_7H_9)SnCl$ (Tabelle **27**, Nr. **30**). Die Verbindung entsteht als Isomerengemisch mit der an verschiedenen Positionen des Norbornensystems gebundenen $(CH_3)_2ClSn$-Gruppe in Form einer farblosen Flüssigkeit. CH_3Sn-Signale im ^1H-NMR-Spektrum der verschiedenen Isomeren bei Substitution des Rings durch die $(CH_3)_2ClSn$-Gruppe in exo-5-Stellung: $\tau = 9.925$, $J(^1HC^{119}Sn) = 53.1$ Hz, in endo-5-Stellung: $\tau = 9.530$, $J(^1HC^{119}Sn) = 53.6$ Hz, in syn-7-Stellung: $\tau = 9.53$, $J(^1HC^{119}Sn) = 55.4$ Hz, bei Substitution am Nortricyclyl-Ring: $\tau = 9.442$, $J(^1HC^{119}Sn) = 53.65$ Hz [53].

$(CH_3)_2(C_7H_{15})SnCl$ (Tabelle **27**, Nr. **31**). Die Verbindung wird durch Umsetzung von $(CH_3)_3SnC_7H_{15}$ mit $HgCl_2$ erhalten und durch die NMR-Spektren charakterisiert. ^1H-NMR: $\delta CH_3Sn = -0.57$ ppm, $J(^1HC^{119}Sn) = 56.5$ Hz; ^{13}C-NMR: $\delta CH_3Sn = 1.9$ ppm, $J(^{13}C^{119}Sn) = 348$ Hz, $\delta C_1 = -18.9$ ppm, $J(^{13}C^{119}Sn) = 407$ Hz, $\delta C_2 = -25.7$ ppm, $J(^{13}CC^{119}Sn) = 25$ Hz, $\delta C_3 = -33.7$ ppm, $J(^{13}CCC^{119}Sn) = 65$ Hz, $\delta C_4 = -29.1$ ppm, $\delta C_5 = -32.0$ ppm, $\delta C_6 = -22.9$ ppm, $\delta C_7 = -14.2$ ppm, jeweils gegen TMS; ^{119}Sn-NMR: $\delta = -156.7$ ppm gegen $Sn(CH_3)_4$ [37].

$(CH_3)_2(C_8H_{17})SnCl$ (Tabelle **27**, Nr. **32**). ^{1}H-NMR-Spektrum: $\delta CH_3Sn = -0.57$ ppm, $J(^1HC^{119}Sn) = 56.5$ Hz; ^{13}C-NMR-Spektrum: $\delta CH_3Sn = 2.1$ ppm, $J(^{13}C^{119}Sn) = 348$ Hz, $\delta C_1 = -18.9$ ppm, $J(^{13}C^{119}Sn) = 407$ Hz, $\delta C_2 = -25.7$ ppm, $J(^{13}CC^{119}Sn) = 25$ Hz, $\delta C_3 = -33.7$ ppm, $J(^{13}CCC^{119}Sn) = 68$ Hz, $\delta C_4 = -29.4$ ppm, $\delta C_5 = -29.4$ ppm, $\delta C_6 = -32.2$ ppm, $\delta C_7 = -22.9$ ppm, $\delta C_8 = -14.3$ ppm, jeweils gegen TMS; ^{119}Sn-NMR-Spektrum: $\delta = -156.9$ ppm gegen $Sn(CH_3)_4$ [37].

$(CH_3)_2(C_6H_5COCH_2CH_2)SnCl$ (Tabelle **27**, Nr. **34**). Die νCO-Schwingung erscheint im IR-Spektrum der festen Verbindung bei 1641 cm^{-1}, in Pyridinlösung bei 1682 und 1650 cm^{-1}. Abbildungen der UV-Spektren in Cyclohexan s. im Original. ^{1}H-NMR-Spektrum (Substanz gelöst in CCl_4): $\delta CH_3Sn = -0.63$ ppm, $J(^1HC^{119}Sn) = 65.0$ Hz, $\delta CH_2Sn = -1.32$ ppm, $\delta CH_2CO = -3.51$ ppm, $\delta C_6H_5 = -7.78$ ppm. Entsprechende Werte in C_5H_5N-Lösung s. im Original. Mössbauer-Spektrum: $\delta = 1.47$ mm/s gegen $BaSnO_3$, $\Delta = 3.26$ mm/s [30].

$(CH_3)_2(C_6H_5COCH_2CH_2CH_2)SnCl$ (Tabelle **27**, Nr. **35**). Die νCO-Schwingung erscheint im IR-Spektrum der festen Verbindung bei 1649 cm^{-1}, in Pyridinlösung bei 1682 und 1655 cm^{-1}. Abbildung des UV-Spektrums in Cyclohexanlösung s. im Original. ^{1}H-NMR-Spektrum (Substanz gelöst in CCl_4): $\delta CH_3Sn = -0.63$ ppm, $J(^1HC^{119}Sn) = 63.1$ Hz, $\delta CH_2Sn = -1.36$ ppm, $\delta CH_2 = -2.13$ ppm, $\delta CH_2CO = -3.11$ ppm, $\delta C_6H_5 = -7.70$ ppm. Entsprechende Werte der in Pyridin gelösten Verbindung s. im Original. Mössbauer-Spektrum: $\delta = 1.52$ mm/s gegen $BaSnO_3$, $\Delta = 3.48$ mm/s [30].

$(CH_3)_2[J(CC_6H_5)_4]SnCl$ (Tabelle **27**, Nr. **41**). Die Verbindung reagiert mit Cl_2 und Br_2 in CCl_4 unter Bildung von $(CH_3)_2SnCl_2$ und $(CH_3)_2SnBr_2$ neben $Cl(CC_6H_5)_4J$ bzw. $Br(CC_6H_5)_4J$ [58].

$(CH_3)_2[Cl(CC_6H_5)_4]SnCl$ (Tabelle **27**, Nr. **42**). Das ^{1}H-NMR-Spektrum der Verbindung ist temperaturabhängig. Daraus abgeleitete Aktivierungsparameter der Umwandlung zwischen den enantiomeren Konformationen s. im Original [59]. Die Verbindung reagiert mit C_6H_5MgBr in Tetrahydrofuran bei 0°C unter Bildung von $(CH_3)_2(C_6H_5)Sn(CC_6H_5)_4Cl$ [59].

$(CH_3)_2[H(CC_6H_5)_4]SnCl$ (Tabelle **27**, Nr. **43**). Mössbauer-Spektrum: $\delta = 1.27 \pm 0.06$ mm/s gegen SnO_2, $\Delta = 2.68 \pm 0.12$ mm/s [60]. Die Verbindung reagiert mit NaJ in Aceton beim Rückflußkochen unter Bildung von $(CH_3)_2[H(CC_6H_5)_4]SnJ$ [59] und mit Br_2 in $CHCl_3$-CCl_4 bei 50°C unter Bildung von $Br(CC_6H_5)_4H$ [58].

Literatur:

[1] H. C. Clark, C. J. Willis (J. Am. Chem. Soc. **82** [1960] 1881/91). — [2] R. D. Chambers, H. C. Clark, C. J. Willis (Can. J. Chem. **39** [1961] 131/7). — [3] I. P. Beletskaya, A. N. Kashin, A. T. Malkasyan, O. A. Reutov (Zh. Org. Khim. **9** [1973] 1089/98; J. Org. Chem. [USSR] **9** [1973] 1119/26). — [4] R. Gupta, B. Majee (J. Organometal. Chem. **40** [1972] 97/105). — [5] T. Chivers, B. David (J. Organometal. Chem. **13** [1968] 177/86).

[6] T. Chivers, B. David (J. Organometal. Chem. **10** [1967] P35/P36). — [7] A. G. Davies, T. N. Mitchell (J. Chem. Soc. C **1969** 1896/901). — [8] D. Seyferth, E. G. Rochow (Inorg. Syn. **6** [1960] 37/42). — [9] D. Seyferth, E. G. Rochow (J. Am. Chem. Soc. **77** [1955] 1302/4). — [10] V. V. Khrapov, V. I. Goldanskii, A. K. Prokofev, R. G. Kostyanovskii (Zh. Obshch. Khim. **37** [1967] 3/11; J. Gen. Chem. USSR **37** [1967] 1/7).

[11] P. J. Smith, L. Smith (Inorg. Chim. Acta Rev. **7** [1973] 11/33). — [12] A. P. Tupčiauskas, N. M. Sergeev, Yu. A. Ustynyuk (Org. Magn. Resonance **3** [1971] 655/9). — [13] A. P. Tupčiauskas, N. M. Sergeev, Yu. A. Ustynyuk (Mol. Phys. **21** [1971] 179/81). — [14] G. K. Semin, T. A. Babushkina, A. K. Prokofev, R. G. Kostyanovskii (Izv. Akad. Nauk SSSR Ser. Khim. **1968** 1401/4; Bull. Acad. Sci. USSR Div. Chem. Sci. **1968** 1326/8). — [15] A. A. Buyakov, T. K. Gar, V. F. Mironov (Zh. Obshch. Khim. **43** [1973] 801/4; J. Gen. Chem. USSR **43** [1973] 800/2).

[16] J. G. Noltes, J. G. A. Luijten, G. J. M. van der Kerk (J. Appl. Chem. [London] **11** [1961] 38/40). — [17] H. C. Clark, S. G. Furnival, J. T. Kwon (Can. J. Chem. **41** [1963] 2889/97). — [18] A. K. Litkovets, Yu. Dalman (Tr. po Khim. i Khim. Tekhnol. **1969** Nr. 2, S. 48/50 nach C.A. **76** [1972] Nr. 3985). — [19] D. Seyferth (Naturwissenschaften **44** [1957] 34/5). — [20] D. Seyferth (J. Am. Chem. Soc. **79** [1957] 2133/6).

[21] H. W. Wehner, H. G. Köstler, Ciba-Geigy A.-G. (Deut. Offenlegungsschrift 2608698 [1975/76]; C.A. **86** [1977] Nr. 72884). — [22] R. Sayre (J. Chem. Eng. Data **6** [1961] 560/4). — [23] M. S. Blum, J. J. Pratt (J. Econ. Entomol. **53** [1960] 445/8). — [24] I. Földesi (Acta Chim. Hung. **45** [1965] 237/44). — [25] Z. M. Manulkin (Zh. Obshch. Khim. **16** [1946] 235/42 nach C.A. **1947** 90).

[26] G. A. Razuvaev, Yu. I. Dergunov, N. S. Vyazankin (Dokl. Akad. Nauk SSSR **145** [1962] 347/50; Proc. Acad. Sci. USSR Chem. Sect. **145** [1962] 611/3). — [27] W. P. Neumann, J. A. Pedain, Studiengesellschaft Kohle m.b.H. (D.P. 1214237 [1964/66]; C.A. **65** [1966] 5490). — [28] W. P. Neumann, A. Schwarz (Angew. Chem. **87** [1975] 844/5). — [29] C. Couret, J. Escudie, J. Satge, G. Redoules, C. R. Guy (Compt. Rend. C **279** [1974] 225/8). — [30] H. G. Kuivila, J. E. Dixon, P. L. Maxfield, N. M. Scarpa, T. M. Topka, K.-H. Tsai, K. R. Wursthorn (J. Organometal. Chem. **86** [1975] 89/107).

[31] M. Nomura, M. Matsui, S. Matsuda (Kogyo Kagaku Zasshi **71** [1968] 1526/9 nach C.A. **70** [1969] Nr. 47572). — [32] S. Matsuda, M. Nomura (J. Organometal. Chem. **25** [1970] 101/9). — [33] M and T International N.V. (Fr. Demande 2179552 [1972/73] nach C.A. **80** [1974] Nr. 108671). — [34] G. H. Reifenberg, M. H. Gitlitz, M and T Chemicals, Inc. (U.S.P. 3789057 [1971/74]). — [35] V. A. Chernoplekova, N. N. Zemlyanskii, N. D. Kolosova, K. A. Kocheshkov (Izv. Akad. Nauk SSSR Ser. Khim. **1975** 2803/5; Bull. Acad. Sci. USSR Div. Chem. Sci. **1975** 1691/3).

[36] H. G. Kuivila, R. Sommer, D. C. Green (J. Org. Chem. **33** [1968] 1119/22). — [37] T. N. Mitchell (Org. Magn. Resonance **8** [1976] 34/9). — [38] A. N. Korol, V. A. Chernoplekova, K. I. Sakodynskii, K. A. Kocheshkov (Izv. Akad. Nauk SSSR Ser. Khim. **1976** 2806/9; Bull. Acad. Sci. USSR Div. Chem. Sci. **1976** 2615/8). — [39] D. C. McWilliam, P. R. Wells (J. Organometal. Chem. **85** [1975] 335/46). — [40] D. P. Arnold, P. R. Wells (J. Organometal. Chem. **108** [1976] 345/52).

[41] N. D. Kolosova, N. N. Zemlyanskii, A. A. Azizov, Yu. A. Ustynyuk, N. P. Barminova, K. A. Kocheshkov (Dokl. Akad. Nauk SSSR Ser. Khim. **218** [1974] 117/9; Dokl. Chem. Proc. Acad. Sci. USSR **214/219** [1974] 614/6). — [42] K. A. Kocheshkov, N. N. Zemlyanskii, N. D. Kolosova, A. A. Azizov, P. I. Zakharov, Yu. A. Ustynyuk (Izv. Akad. Nauk SSSR Ser. Khim. **1974** 960; Bull. Acad. Sci. USSR Div. Chem. Sci. **1974** 932). — [43] K. D. Bos, E. J. Bulten, J. G. Noltes (J. Organometal. Chem. **67** [1974] C13/C15). — [44] V. N. Torocheshnikov, A. P. Tupčiauskas, Yu. A. Ustynyuk (J. Organometal. Chem. **81** [1974] 351/6). — [45] E. Rosenberg, J. J. Zuckerman (J. Organometal. Chem. **33** [1971] 321/36).

[46] A. G. Massey, E. W. Randall, D. Shaw (Chem. Ind. [London] **1963** 1244/5). — [47] J. Burdon (Tetrahedron **21** [1965] 1101/8). — [48] D. N. Kravtsov, B. A. Kvasov, T. S. Khazanova, E. I. Fedin (J. Organometal. Chem. **61** [1973] 207/18). — [49] F. J. A. des Tombe, G. J. M. van der Kerk, J. G. Noltes (J. Organometal. Chem. **51** [1973] 173/80). — [50] C. Eaborn, A. Pidcock, B. R. Steele (J. Chem. Soc. Dalton Trans. **1976** 767/76).

[51] D. Seyferth, H. M. Shih, P. Mazerolles, M. Lesbre, M. Joanny (J. Organometal. Chem. **29** [1971] 371/83). — [52] G. H. Reifenberg, M. H. Gitlitz, M and T Chemicals, Inc. (S. Afrikan. P. 72-02018 [1972/73]; C.A. **79** [1973] Nr. 18853). — [53] H. G. Kuivila, J. D. Kennedy, R. Y. Tien, I. J. Tyminski, F. L. Pelczar, O. R. Kahn (J. Org. Chem. **36** [1971] 2083/8). — [54] R. J. Ranson, R. M. G. Roberts (J. Organometal. Chem. **107** [1976] 295/300). — [55] R. M. G. Roberts (J. Organometal. Chem. **63** [1973] 159/55).

[56] U. Blaukat, W. P. Neumann (J. Organometal. Chem. **63** [1973] 27/39). — [57] J. C. Eriksson, H. R. Lagergren, A. L. Johansson, E. G. Gillberg, Incentive Aktiebolag (F.P. 1569631 [1966/69]; C.A. **72** [1970] Nr. 22369). — [58] H. H. Freedman (J. Org. Chem. **27** [1972] 2298/303). — [59] F. P. Boer, G. A. Doorakian, H. H. Freedman, S. V. McKinley (J. Am. Chem. Soc. **92** [1970] 1225/33). — [60] J. G. Zavistoski, J. J. Zuckerman (J. Org. Chem. **34** [1969] 4197/9).

[61] D. Seyferth, J. L. Lefferts (J. Organometal. Chem. **116** [1976] 257/73).

$(C_2H_5)_2$-RSnCl

1.3.2.1.2.2 $(C_2H_5)_2RSnCl$

Darstellung und Eigenschaften der Verbindungen des Typs $(C_2H_5)_2RSnCl$, wobei R einen Alkyl- oder Arylrest oder einen heterocyclischen Liganden bedeutet, sind in Tabelle 28 auf S. 201/3 angegeben.

Tabelle 28

Darstellung und Eigenschaften der Verbindungen $(C_2H_5)_2RSnCl$.

Nr.	Verbindung $(C_2H_5)_2RSnCl$ Schmelzpunkt in °C Siedepunkt in °C/Torr	Darstellung	Reaktionsbedingungen Weitere Eigenschaften	Ausbeute in %	Lit.
1*	$(C_2H_5)_2(CH_2Cl)SnCl$ 67/1	$(C_2H_5)_2SnCl_2 + CH_2{=}N_2$	$n_D^{20} = 1.5350$, $D_4^{20} = 1.6323$, $R_{mol} = 50.54$ (ber.: 50.29)	—	[1]
2	$(C_2H_5)_2(CH_3)SnCl$	$(CH_3)_2Sn(C_2H_5)_2 + CCl_4 + (C_6H_5COO)_2$	12 h 75 bis 80°C	—	[5]
3*	$(C_2H_5)_2(CH_3OCH_2)SnCl$ 63/2	$(C_2H_5)_2(CH_2Cl)SnCl + NaOCH_3$	Methanol, 1 h Rückfluß; $n_D^{20} = 1.5203$, $D_4^{20} = 1.5067$, $R_{mol} = 51.95$ (ber.: 52.20)	81	[2]
4*	$(C_2H_5)_2(CH_3OOCCH_2)SnCl$ 104 bis 107/3	$(C_2H_5)_2SnHCl + Hg(CH_2COOCH_3)_2$	$n_D^{20} = 1.5264$, $D_4^{20} = 1.5498$, $R_{mol} = 56.55$ (ber.: 56.82)	73	[6]
	99 bis 100/15	$[(C_2H_5)_2SnS]_3 + ClHgCH_2COOCH_3$	Benzol, 0.5 h Rückfluß	78	[7]
5	$(C_2H_5)_2(C_3H_7)SnCl$ 108/17	$(C_2H_5)_2(C_3H_7)SnBr + NaOH + HCl$	Äther, wäßrige HCl-Lösung $n_D^{15.7} = 1.50580$, $D_4^{15.7} = 1.3848$ $n_D^{20} = 1.5041$, $R_{mol} = 54.770$ $R_{mol} = 54.77$ (ber.: 54.81) $R_{mol} = 54.77$ (ber.: 55.00)	—	[8] [8, 9] [9] [10] [11]
6*	$(C_2H_5)_2(C_2H_5OCH_2)SnCl$ 75 bis 76/1	$(C_2H_5)_2(CH_2Cl)SnCl + NaOC_2H_5$	Äthanol, 1 h Rückfluß; $n_D^{20} = 1.5055$, $D_4^{20} = 1.4405$, $R_{mol} = 52.92$ (ber.: 56.85)	75	[2]
7*	$(C_2H_5)_2(C_4H_9)SnCl$	$(C_2H_5)_3SnCl + (C_4H_9)_3SnCl$	2 h 210°C $n_D^{20} = 1.4998$	—	[12] [13]
8	$(C_2H_5)_2(t\text{-}C_4H_9)SnCl$ 84/9	$(C_2H_5)_2SnCl_2 + t\text{-}C_4H_9MgCl$	Benzol-Tetrahydrofuran, 4 h Rückfluß	—	[16]
9	$(C_2H_5)_2(c\text{-}C_5H_5)SnCl$ 50/0.006	$(C_2H_5)_2Sn(c\text{-}C_5H_5)_2 + (C_2H_5)_2SnCl_2$	24 h 25°C; hellgelb, NMR: $\delta C_2H_5 = -1.17$ ppm (Multiplett), $\delta C_5H_5 = -6.17$ ppm (Singulett) Massenspektrum	93.5	[17, 18] [18, 19]

Tabelle 28 (Fortsetzung)

Nr.	Verbindung $(C_2H_5)_2RSnCl$ Schmelzpunkt in °C Siedepunkt in °C/Torr	Darstellung	Reaktionsbedingungen Weitere Eigenschaften	Ausbeute in %	Lit.
10	$(C_2H_5)_2(i\text{-}C_5H_{11})SnCl$ 125.5 bis 126.5/13	$(C_2H_5)_2(i\text{-}C_5H_{11})SnBr + NaOH + HCl$	Diäthyläther, wäßrige HCl; $n_D^{19.9} = 1.49805$, $D_4^{19.9} = 1.2994$	—	[8]
	124 bis 125/12	$[(C_2H_5)_2SnO]_n + i\text{-}C_5H_{11}MgCl + HCl$	Toluol, wäßrige HCl; $n_D^{20} = 1.4962$	26.8	[20]
			$n_D^{20} = 1.4980$, $R_{mol} = 63.935$		[9]
			$R_{mol} = 63.94$ (ber.: 64.22)		[10]
			$R_{mol} = 63.94$ (ber.: 64.31)		[11]
11	$(C_2H_5)_2[(CH_3O)_3SiCH_2CH_2]SnCl$	—	—	—	[21]
12	$(C_2H_5)_2(C_6H_5)SnCl$	$(C_2H_5)_2Sn(C_6H_5)_2 + (C_2H_5)_2SnCl_2$	3 h 210°C;	—	[22]
		$(C_2H_5)_2(C_6H_5)SnOOCCH_3 + (CH_3)_3SiCl$	$n_D^{20} = 1.5655$, $D_4^{20} = 1.437$	—	
			Elementaranalyse		[23]
			$pK_c = 6.43$ in Äthanol-Wasser		[24]
13	$(C_2H_5)_2[CH_2{=}CH(CH_2)_4]SnCl$ 85/0.5	$(C_2H_5)_2SnHCl + CH_2{=}CHCH_2CH_2CH{=}CH_2$	20 bis 45°C, AIBN	63	[25, 26]
	85/0.5	$(C_2H_5)_2SnCl_2 + (C_2H_5)_2SnH_2 +$ $CH_2{=}CHCH_2CH_2CH{=}CH_2$	30 bis 40°C, AIBN; $n_D^{20} = 1.5091$	94	[27]
14	$(C_2H_5)_2(C_6H_{13})SnCl$	—	bildet mit $R(CH_2CH_2O)_nH$ eine selbstemulgierende Substanz	—	[28, 29]
15	$(C_2H_5)_2[(C_2H_5O)_2P(O)CH_2CH_2]SnCl$ 150 bis 152/0.3	$(C_2H_5)_3SnCH_2CH_2P(O)(OC_2H_5)_2 + HCl$	Diäthyläther;	69	[30]
		$(C_2H_5)_2SnHCl + CH_2{=}CHP(O)(OC_2H_5)_2$	IR: $\nu PO = 1192\ cm^{-1}$, NMR: $\delta^{31}P = -43.4$ ppm	—	
			reagiert mit $LiAlH_4$ zu $(C_2H_5)_2SnHCH_2CH_2PH_2$		[31]
16	$(C_2H_5)_2[(C_2H_5O)_2P(O)(CH_2)_3]SnCl$	$(C_2H_5)_2SnHCl +$ $CH_2{=}CHCH_2P(O)(OC_2H_5)_2$	2 d 25°C, dann 60 bis 80°C; nichtdestillierbares Öl	87	[30]
			reagiert mit $LiAlH_4$ zu $(C_2H_5)_2SnH(CH_2)_3PH_2$		[31]

Tabelle 28 (Fortsetzung)

Nr.	Verbindung $(C_2H_5)_2RSnCl$ Schmelzpunkt in °C Siedepunkt in °C/Torr	Darstellung	Reaktionsbedingungen Weitere Eigenschaften	Ausbeute in %	Lit.
17	$(C_2H_5)_2(C_8H_{17})SnCl$ 96/4	$(C_2H_5)_3SnC_8H_{17}$ + $(C_2H_5)_2SnCl_2$	Xylol, 3 h 140°C; $n_D^{20} = 1.5032$	92.5	[32]
18	$(C_2H_5)_2[C_2H_5O(C_6H_5)P(O)CH_2CH_2]SnCl$	$(C_2H_5)_2SnHCl$ + $CH_2{=}CHP(O)(OC_2H_5)C_6H_5$	2 d 25°C, dann 60 bis 80°C; nicht destillierbares Öl, IR: $\nu PO = 1171\ cm^{-1}$	83	[30]
			reagiert mit $LiAlH_4$ zu $(C_2H_5)_2SnHCH_2CH_2PHC_6H_5$		[31]
19	$(C_2H_5)_2[C_2H_5O(C_6H_5)P(O)(CH_2)_3]SnCl$ 77 bis 78	$(C_2H_5)_2SnHCl$ + $CH_2{=}CHCH_2P(O)(OC_2H_5)C_6H_5$	2 d 25°C, dann 60 bis 80°C; IR: $\nu PO = 1165\ cm^{-1}$ (Nujol), $1172\ cm^{-1}$ ($CHCl_3$)	—	[30]
		$(C_2H_5)_3Sn(CH_2)_3P(O)(OC_2H_5)C_6H_5$ + HCl	Diäthyläther	84	[30]
			reagiert mit $LiAlH_4$ zu $(C_2H_5)_2SnH(CH_2)_3PHC_6H_5$		[31]

Weitere Angaben zu den in der Tabelle aufgeführten Verbindungen (laufende Nummern mit Stern):

$(C_2H_5)_2(CH_2Cl)SnCl$ (Tabelle **28**, Nr. **1**). ^{1}H-NMR-Spektrum: $\tau C_2H_5 = 8.58$, $\tau CH_2 = 6.67$, $J(^1HCSn) = 20.0$ Hz [2]. Mössbauer-Spektrum: $\delta = -0.59$ mm/s gegen α-Sn, $\Delta = 3.40$ mm/s [3]; $\delta = 1.51$ mm/s gegen SnO_2, $\Delta = 3.40$ mm/s [4]. Die Verbindung reagiert mit $NaOCH_3$ im Molverhältnis 1:2 unter Bildung von $(C_2H_5)_2(CH_3OCH_2)SnOCH_3$, mit Verbindungen NaOR in Methanol beim Rückflußkochen unter Bildung von $(C_2H_5)_2(ROCH_2)SnCl$ [2] und mit C_2H_5MgBr unter Bildung von $(C_2H_5)_3SnCH_2Cl$ [1, 2].

$(C_2H_5)_2(CH_3OCH_2)SnCl$ (Tabelle **28**, Nr. **3**). ^{1}H-NMR-Spektrum: $\tau C_2H_5 = 8.67$, $\tau CH_2 = 6.05$, $J(^1HCSn) = 12.0$ Hz, $\tau OCH_3 = 6.70$, $J(^1HCOCSn) = 4.0$ Hz. Die Verbindung reagiert mit C_2H_5MgBr in Diäthyläther beim Rückflußkochen unter Bildung von $(C_2H_5)_3SnCH_2OCH_3$. Bei der Hydrolyse wird $[(C_2H_5)_2ClSn]_2O$ gebildet [2].

$(C_2H_5)_2(CH_3OOCCH_2)SnCl$ (Tabelle **28**, Nr. **4**). Ferner werden angegeben: $n_D^{20} = 1.5280$ und 1.5284, $D_4^{20} = 1.5500$ und 1.5528, $R_{mol} = 56.65$ (ber.: 56.58 und 56.82). ^{1}H-NMR-Spektrum: $\delta CH_2 = -2.24$ ppm, $J(^1HC^{117/119}Sn) = 59.8$ Hz. Abbildung des IR-Spektrums s. im Original [7].

$(C_2H_5)_2(C_2H_5OCH_2)SnCl$ (Tabelle **28**, Nr. **6**). Bei der Hydrolyse der Verbindung entsteht $[(C_2H_5)_2ClSn]_2O$. Die Verbindung reagiert mit $NaC{\equiv}CC_6H_5$ in Diäthyläther beim Rückflußkochen unter Bildung von $(C_2H_5)_2(C_2H_5OCH_2)SnC{\equiv}CC_6H_5$ in 77%iger Ausbeute [2].

$(C_2H_5)_2(C_4H_9)SnCl$ (Tabelle **28**, Nr. **7**). Die Verbindung entsteht ferner bei der zweistündigen Komproportionierung von $(C_2H_5)_3SnC_4H_9$ mit $C_4H_9SnCl_3$, von $(C_2H_5)_2SnCl_2$ mit $(C_2H_5)_2Sn(C_4H_9)_2$ und von $C_2H_5SnCl_3$ mit $(C_4H_9)_3SnC_2H_5$ bei 140°C [12] sowie von $(C_2H_5)_2SnCl_2$ mit $[(C_4H_9)_2Sn]_n$ nach 15 h bei 160°C in Gegenwart von $(C_2H_5)_3N$ [13]. Es entsteht auch bei den Reaktionen im Bombenrohr bei 160°C in Gegenwart von $(C_2H_5)_3N$ zwischen $[(C_2H_5)_2Sn]_n$ und C_4H_9Cl [13, 14], zwischen $(C_2H_5)_2SnCl_2$ und C_4H_9Cl sowie zwischen $(C_4H_9)_2SnCl_2$ und C_2H_5Cl [14]. Gaschromatographische Untersuchungen zeigen, daß die Verbindung bei 185°C unter Disproportionierung zerfällt [15]. Weitere Untersuchungen mit Hilfe der Gaschromatographie s. bei [12, 13, 14].

Literatur:

[1] R. G. Kostyanovskii, A. K. Prokofev (Izv. Akad. Nauk SSSR Ser. Khim. **1965** 175/8; Bull. Acad. Sci. USSR Div. Chem. Sci. **1965** 159/62). — [2] M. G. Voronkov, R. G. Mirskov, L. V. Skochilova, V. G. Chernova, E. O. Tsetlina, V. A. Pestunovich (Zh. Obshch. Khim. **44** [1974] 2169/73; J. Gen. Chem. USSR **44** [1974] 2130/4). — [3] V. I. Goldanskii, V. V. Khrapov, O. Yu. Okhlobystin, V. Ya. Rochev (in: V. I. Goldanskii, R. H. Herber, Chemical Application of Mössbauer Spectroscopy, New York 1968, S. 336/76). — [4] P. J. Smith (Organometal. Chem. Rev. A **5** [1970] 373/402). — [5] G. A. Razuvaev, Yu. I. Dergunov, N. S. Vyazankin (Dokl. Akad. Nauk SSSR **145** [1962] 347/50; Proc. Acad. Sci. USSR Chem. Sect. **145** [1962] 611/3).

[6] Yu. I. Baukov, I. Yu. Belavin, I. F. Lutsenko (Zh. Obshch. Khim. **35** [1965] 1092/4; J. Gen. Chem. USSR **35** [1965] 1096/8). — [7] D. K. Nguen, I. Yu. Belavin, G. S. Burlachenko, Yu. I. Baukov, I. F. Lutsenko (Zh. Obshch. Khim. **39** [1969] 2315/9; J. Gen. Chem. USSR **39** [1969] 2253/5). — [8] G. Grüttner, E. Krause (Ber. Deut. Chem. Ges. **50** [1917] 1802/7). — [9] R. Sayre (J. Chem. Eng. Data **6** [1961] 560/4). — [10] R. West, E. G. Rochow (J. Am. Chem. Soc. **74** [1952] 2490/1).

[11] A. I. Vogel, W. T. Cresswell, J. Leicester (J. Phys. Chem. **58** [1954] 174/7). — [12] V. A. Chernoplekova, N. N. Zemlyanskii, N. D. Kolosova, K. A. Kocheshkov (Izv. Akad. Nauk SSSR Ser. Khim. **1975** 2803/5; Bull. Acad. Sci. USSR Div. Chem. Sci. **1975** 2691/3). — [13] K. Sisido, S. Kozima, T. Isibasi (J. Organometal. Chem. **10** [1967] 439/45). — [14] K. Sisido, S. Kozima (J. Organometal. Chem. **11** [1968] 503/13). — [15] F. H. Pollard, G. Nickless, P. C. Uden (J. Chromatog. **19** [1965] 28/56).

[16] M. Devaud, M. C. Langlois (Bull. Soc. Chim. France **1974** 2759/62). — [17] N. D. Kolosova, N. N. Zemlyanskii, A. A. Azizov, Yu. A. Ustynyuk, N. P. Barminova, K. A. Kocheshkov (Dokl. Akad. Nauk SSSR **218** [1974] 117/9; Dokl. Chem. Proc. Acad. Sci. USSR **214/219** [1974] 614/6). — [18] K. A. Kocheshkov, N. N. Zemlyanskii, N. D. Kolosova, A. A. Azizov, P. I. Zakharov, Yu. A. Ustynyuk (Izv. Akad. Nauk SSSR Ser. Khim. **1974** 960; Bull. Acad. Sci. USSR Div. Chem. Sci. **1974** 932). — [19] Yu. A. Ustynyuk, P. I. Zakharov, A. A. Azizov, N. D. Kolosova, N. N. Zemlyanskii, K. A. Kocheshkov (Dokl. Akad. Nauk SSSR **217** [1974] 1136/9; Dokl. Phys. Chem. Proc. Acad. Sci. USSR **214/219** [1974] 798/801). — [20] I. Földesi (Acta Chim. Hung. **45** [1965] 237/44).

[21] O. S. Stankevich, R. G. Mirskov, S. P. Sitnikova, G. V. Kuznetsova (Khim. Vysokomol. Soedin. Neftekhim. **1975** 49/50 nach C.A. **85** [1976] Nr. 94456). — [22] L. S. Melnichenko, N. N. Zemlyanskii, N. D. Kolosova, I. V. Karandi, K. A. Kocheshkov (Dokl. Akad. Nauk SSSR **198** [1971] 1094/5; Dokl. Chem. Proc. Acad. Sci. USSR **196/201** [1971] 500/1). — [23] S. I. Obtemperanskaya, Pham Tkhu Khoi, I. V. Karandi (Vestn. Mosk. Univ. Khim. **27** Nr. 1 [1972] 119/21; Moscow Univ. Chem. Bull. **27** Nr. 1 [1972] 91/2). — [24] M. J. Janssen, J. G. A. Luijten (Rec. Trav. Chim. **82** [1963] 1008/14). — [25] W. P. Neumann (Angew. Chem. **76** [1964] 849/59).

[26] W. P. Neumann, J. Pedain (Tetrahedron Letters **1964** 2461/5). — [27] W. P. Neumann, J. A. Pedain, Studiengesellschaft Kohle m.b.H. (D.P. 1214237 [1964/66]; C.A. **65** [1966] 5490). — [28] Metalorgana Ets. (B.P. 921057 [1959/63]; C.A. **59** [1963] 14022). — [29] C. R. Cramer, W. F. L. de Bruijn (U.S.P. 3242201 [1959/66]; C.A. **64** [1966] 17640). — [30] H. Weichmann, A. Tzschach (J. Prakt. Chem. **318** [1976] 87/95).

[31] H. Weichmann, A. Tzschach (J. Organometal. Chem. **99** [1975] 61/9). — [32] H. W. Wehner, H. G. Köstler, Ciba-Geigy A.-G. (Deut. Offenlegungsschrift 2608698 [1975/76]; C.A. **86** [1977] Nr. 72884).

1.3.2.1.2.3 $(C_3H_7)_2RSnCl$

$(C_3H_7)_2$-RSnCl

Darstellung und Eigenschaften der Verbindungen des Typs $(C_3H_7)_2RSnCl$, wobei R einen Alkylrest bedeutet, sind in Tabelle 29 auf S. 206 zusammengestellt.

Literatur:

[1] Yu. I. Baukov, I. Yu. Belavin, I. F. Lutsenko (Zh. Obshch. Khim. **35** [1965] 1092/4; J. Gen. Chem. USSR **35** [1965] 1096/8). — [2] K. Sisido, S. Kozima, T. Isibasi (J. Organometal. Chem. **10** [1967] 439/45). — [3] M and T International N.V. (Fr.Demande 2179552 [1972/73]; C.A. **80** [1974] Nr. 108671). — [4] G. H. Reifenberg, M. H. Gitlitz, M and T Chemicals, Inc. (U.S.P. 3789057 [1971/74]).

1.3.2.1.2.4 $(C_4H_9)_2RSnCl$

$(C_4H_9)_2$-RSnCl

Darstellung und Eigenschaften von Verbindungen des Typs $(C_4H_9)_2RSnCl$, wobei R einen Alkyl- oder Arylrest oder einen heterocyclischen Liganden bedeutet, sind in Tabelle 30 auf S. 207/11 angegeben.

Weitere Angaben zu den in der Tabelle aufgeführten Verbindungen (laufende Nummern mit Stern):

$(C_4H_9)_2(CH_2Cl)SnCl$ (Tabelle **30**, Nr. **1**). ^1H-NMR-Spektrum: $\delta CH_2Cl = -3.40$ ppm. ^{13}C-NMR-Spektrum: $\delta CH_2Cl = -29.3$ ppm, $J(^{13}C^{119}Sn) = 325$ Hz [2]. Die Verbindung reagiert mit C_4H_9MgBr in Diäthyläther unter Bildung von $(C_4H_9)_3SnCH_2Cl$ [1], mit NaOH und CH_3COOH unter Bildung von $(C_4H_9)_2(CH_2Cl)SnOOCCH_3$ [3].

Tabelle 29

Darstellung und Eigenschaften der Verbindungen $(C_3H_7)_2RSnCl$.

Nr.	Verbindung $(C_3H_7)_2RSnCl$ Schmelzpunkt in °C Siedepunkt in °C/Torr	Darstellung	Reaktionsbedingungen Weitere Eigenschaften	Ausbeute in %	Lit.
1	$(C_3H_7)_2(CH_3OOCCH_2)SnCl$ 110 bis 114/1.5	$(C_3H_7)_2SnHCl + Hg(CH_2COOCH_3)_2$	$n_D^{20} = 1.5165$, $D_4^{20} = 1.4343$ $R_{mol} = 66.05$ (ber.: 66.11)	77	[1]
2	$(C_3H_7)_2(C_4H_9)SnCl$	$[(C_3H_7)_2Sn]_n + C_4H_9Cl$	Bombenrohr, 15 h 160°C, Katalysatoren; $n_D^{20} = 1.4938$, Gaschromatographie	15.3 bis 32.8	[2]
3	$(C_3H_7)_2(c\text{-}C_6H_{11})SnCl$	$(C_3H_7)_2Sn(c\text{-}C_6H_{11})_2 + SnCl_4$	Pentan, Rückfluß; $n_D^{22} = 1.5142$	97	[3, 4]
4	$(C_3H_7)_2(C_8H_{17})SnCl$ 88 bis 90/0.02	$(C_3H_7)_3SnC_8H_{17} + SnCl_4$	Pentan, Rückfluß; $n_D^{21} = 1.4856$	54	[3, 4]

Tabelle 30

Darstelllung und Eigenschaften der Verbindungen $(C_4H_9)_2RSnCl$.

Nr.	Verbindung $(C_4H_9)_2RSnC$ Schmelzpunkt in °C Siedepunkt in °C/Torr	Darstellung	Reaktionsbedingungen Weitere Eigenschaften	Ausbeute in %	Lit.
1*	$(C_4H_9)_2(CH_2Cl)SnCl$ 106 bis 110/0.3	$(C_4H_9)_2SnCl_2 + CH_2{=}N_2$	Diäthyläther, −5°C; $n_D^{25} = 1.5095$, $D_4^{25} = 1.378$	74.5	[1]
	80 bis 82/0.01	$[(C_4H_9)_2Sn]_n + CH_2Cl_2$	30 min 0°C, UV; $n_D^{25} = 1.5087$	58	[2]
2*	$(C_4H_9)_2(CH_3)SnCl$	$(CH_3)_2Sn(C_4H_9)_2 + SnCl_4$	Pentan, Rückfluß; $n_D^{24} = 1.4889$	96.7	[4, 5]
	87 bis 88/1	$(CH_3)_2Sn(C_4H_9)_2 +$ $(C_4H_9)_2SnCl_2$	3 h 140°C und 15 min 210°C; $n_D^{20} = 1.4952$, $D_4^{20} = 1.2927$	86.7	[6, 7]
	119 bis 121/0.8	$(CH_3)_2Sn(C_4H_9)_2 + (C_4H_9)_2SnCl_2$	4 h 160°C; $n_D^{20} = 1.4925$	89.5	[8]
		$(CH_3)_2Sn(C_8H_{17})_2 + (C_4H_9)_2SnCl_2$	p-$ClC_6H_4CH_3$, 5 h 160°C	90	[8]
		$(C_4H_9)_2(C_2HF_4)SnH + Cl_2$	IR: 1180, 1093, 1045, 638 cm^{-1}	—	[12]
3	$(C_4H_9)_2(C_2HF_4)SnCl$	$(C_4H_9)_2(C_2HF_4)SnH + CCl_4$		—	
4*	$(C_4H_9)_2(CH_2{=}CH)SnCl$ 82 bis 83/0.6	$(C_4H_9)_2Sn(CH{=}CH_2)_2 + HCl$	$CHCl_3$, 50 bis 60°C; $n_D^{25} = 1.4973$, $D_4^{25} = 1.273$	79.3 —	[13, 14]
	84/0.5	$(C_4H_9)_2Sn(CH{=}CH_2)_2 + AsCl_3$	3.25 h 100°C; $n_D^{25} = 1.4973$	—	[15]
	112 bis 114/4	$(C_4H_9)_2SnCl_2 + CH_2{=}CHMgCl$	THF-Pentan; $n_D^{20} = 1.4987$, $D_4^{20} = 1.266$	56	[16, 17]
		$CH_2{=}CHSnCl_3 + C_4H_9MgCl$	THF-Heptan	—	[18, 19]
5*	$(C_4H_9)_2(C_2H_5)SnCl$	$(C_4H_9)_2SnCl_2 + Al(C_2H_5)_3$	i-Octan, N_2, 13 h Rückfluß	—	[24]
	106/3	$(C_4H_9)_2SnCl_2 + (C_2H_5)_2Sn(C_4H_9)_2$ $(C_2H_5)_2SnCl_2 + (C_2H_5)_2Sn(C_4H_9)_2$	3 h 140 bis 215°C; $n_D^{20} = 1.5008$	70	[7]
		$(C_2H_5)_2SnCl_2 + [(C_4H_9)_2Sn]_n$	15 h 160°C, Bombenrohr; $n_D^{20} = 1.4940$	12.4	[25]
6	$(C_4H_9)_2(CH_2{=}CHCH_2)SnCl$	$Sn(C_4H_9)_2 + CH_2{=}CHCH_2Cl$	—	—	[9]
	85/0.4	$[(C_4H_9)_2Sn]_n + CH_2{=}CHCH_2Cl$	40 h 60°C; $n_D^{20} = 1.4923$, $D_4^{20} = 1.2141$	84	[27]

Tabelle 30 (Fortsetzung)

Nr.	Verbindung $(C_4H_9)_2RSnCl$ Schmelzpunkt in °C Siedepunkt in °C/Torr	Darstellung	Reaktionsbedingungen Weitere Eigenschaften	Ausbeute in %	Lit.
7	$(C_4H_9)_2(CH_3OOCCH_2)SnCl$ 129 bis 130/1.5	$[(C_4H_9)_2SnS]_3 + ClHgCH_2COOCH_3$	Toluol, 0.5 h 110°C; $n_D^{20} = 1.5173$, $D_4^{20} = 1.3740$, $R_{mol} = 75.19$ (ber.: 75.31), NMR: $\delta CH_2 = -2.31$ ppm, $J(^1HCSn) = 58.8$ Hz, IR-Spektrum	92	[28]
8*	$(C_4H_9)_2(C_3H_7)SnCl$	$[(C_4H_9)_2ClSn]_2 + C_3H_7Cl$	7 h 120 bis 130°C, Bombenrohr	20	[29]
		$[(C_4H_9)_2Sn]_n + C_3H_7Cl$	80 min 0°C, UV	57	[2]
		$[(C_3H_7)_2Sn]_n + C_4H_9Cl$	15 h 160°C, Bombenrohr; $n_D^{20} = 1.4912$	4.1	[25]
9	$(C_4H_9)_2(C_2H_5CH{=}CH)SnCl$	—	Massenspektrum	—	[30]
10	$(C_4H_9)_2(CH_3COCH_2CH_2)SnCl$	$(C_4H_9)_3SnCl$ + Rattenlebermikrosomen	1 h 37°C; als Nebenprodukt	10	[31]
11	$(C_4H_9)_2(i\text{-}C_4H_9)SnCl$	$(C_4H_9)_2SnCl_2 + Al(i\text{-}C_4H_9)_3$	i-Octan, 13 h Rückfluß, N_2	—	[24]
12*	$(C_4H_9)_2(t\text{-}C_4H_9)SnCl$ 82 bis 84/4	$(C_4H_9)_2SnCl_2 + t\text{-}C_4H_9Li$	THF-Pentan, 1 h Rückfluß; gelbes Öl, $n_D^{13} = 1.4926$	75	[32]
	82 bis 83/0.15	$(C_4H_9)_2SnCl_2 + t\text{-}C_4H_9MgCl$	Diäthyläther, 1 h	—	[33]
13	$(C_4H_9)_2[C_2H_5CH(OH)CH_2]SnCl$	$(C_4H_9)_3SnCl$ + Rattenlebermikrosomen	1 h 37°C; als Nebenprodukt	—	[31]
14	$(C_4H_9)_2(C_3H_7CHOH)SnCl$	$(C_4H_9)_3SnCl$ + Rattenlebermikrosomen	1 h 37°C; als Nebenprodukt	—	[31]
15	$(C_4H_9)_2[CH_3CH(OH)CH_2CH_2]SnCl$ 126.5/0.04	$(C_4H_9)_3SnCl$ + Rattenlebermikrosomen	1 h 37°C; als Nebenprodukt	—	[31]
		$(C_4H_9)_2SnHCl + CH_2{=}CHCH(OH)CH_3$	36 h 35°C, AIBN, Bombenrohr; NMR: $\delta = -3.80, -3.05, -1.04, -0.85$ (J = 6.0 Hz) ppm	42	
			Massenspektrum		[30, 31]
16	$(C_4H_9)_2[HO(CH_2)_4]SnCl$ 130/0.08	$(C_4H_9)_3SnCl$ + Rattenlebermikrosomen	1 h 37°C; als Nebenprodukt	—	[31]
		$(C_4H_9)_2SnHCl + CH_2{=}CHCH_2CH_2OH$	18 h 35°C, AIBN; NMR: $\delta = -3.63$ (J = 4.0 Hz), -2.65, -1.5, -0.83 (J = 5.0 Hz) ppm	—	
			Massenspektrum		[30, 31]

Tabelle 30 (Fortsetzung)

Nr.	Verbindung $(C_4H_9)_2RSnC$ Schmelzpunkt in °C Siedepunkt in °C/Torr	Darstellung	Reaktionsbedingungen Weitere Eigenschaften	Ausbeute in %	Lit.
17	$(C_4H_9)_2(C_5H_7)SnCl$ (C_5H_7 = cyclopentenyl, Strukturformel)	$(C_4H_9)_2SnHCl + C_5H_6$	40 bis 45°C, AIBN; $n_D^{20} = 1.5225$	} 88 (17, 18)	[34]
18	$(C_4H_9)_2(C_5H_7)SnCl$ (C_5H_7 = cyclopentenyl, Strukturformel) 90 bis 94/0.2	$(C_4H_9)_2SnHCl + C_5H_6$	40 bis 45°C, AIBN	88	[34]
19	$(C_4H_9)_2(CH_3COOCH_2CH{=}CH)SnCl$ 124/0.04	$(C_4H_9)_2SnCl_2 + (C_4H_9)_2SnH_2 +$ $CH_3COOCH_2C{\equiv}CH$	$n_D^{20} = 1.5089$, $D_4^{20} = 1.3156$, NMR: $\delta CH_2O = -3.98$ ppm, $J = 6.25$ Hz, $\delta CH_3CO = -1.97$ ppm	83	[27]
		C_4H_9, C_4H_9, Sn, O (Ring) $+ CH_3COCl$	nur cis-Produkt	—	[35]
20	$(C_4H_9)_2[CH_2{=}CHCH(CH_3)CH_2]SnCl$	$(C_4H_9)_2SnHCl + CH_2{=}C(CH_3)CH{=}CH_2$	40 bis 45°C, AIBN; $n_D^{20} = 1.5068$	} 80 (20 bis 23)	[34]
21	$(C_4H_9)_2[CH_2{=}C(CH_3)CH_2CH_2]SnCl$	$(C_4H_9)_2SnHCl + CH_2{=}C(CH_3)CH{=}CH_2$	40 bis 45°C, AIBN		
22	$(C_4H_9)_2[CH_3CH{=}C(CH_3)CH_2]SnCl$	$(C_4H_9)_2SnHCl + CH_2{=}C(CH_3)CH{=}CH_2$	40 bis 45°C, AIBN	80	[34]
23	$(C_4H_9)_2[(CH_3)_2C{=}CHCH_2]SnCl$ 98 bis 102/2	$(C_4H_9)_2SnHCl + CH_2{=}C(CH_3)CH{=}CH_2$	40 bis 45°C, AIBN		
24	$(C_4H_9)_2(CH_3CH_2CH{=}CHCH_2)SnCl$	$(C_4H_9)_2SnHCl + CH_2{=}CHCH{=}CHCH_3$	40 bis 45°C, AIBN; $n_D^{20} = 1.5039$	} 86 (24, 25)	[34]
25	$(C_4H_9)_2(CH_3CH{=}CHCH_2CH_2)SnCl$ 94 bis 96/0.2	$(C_4H_9)_2SnHCl + CHCH{=}CHCH_3$	40 bis 45°C, AIBN	86	[34]
26	$(C_4H_9)_2[(CH_3)_2(HO)CCH{=}CH]SnCl$ 56 bis 58 150/0.05	$(C_4H_9)_2SnCl_2 + (C_4H_9)_2SnH_2 +$ $HC{\equiv}CC(CH_3)_2OH$	NMR: $\delta CHSn = -6.05$ ppm, $J = 11.5$ Hz, $\delta CHC = -6.54$ ppm, $\delta C(CH_3)_2 = -1.38$ ppm	88	[27]
		C_4H_9, C_4H_9, Sn, O, CH_3, CH_3 (Ring) $+ HCl$	nur cis-Produkt	—	[35]
27	$(C_4H_9)_2[CH_3COO(CH_2)_3]SnCl$ 122/0.06	$(C_4H_9)_2SnCl_2 + (C_4H_9)_2SnH_2 +$ $CH_2{=}CHCH_2OOCCH_3$	$n_D^{20} = 1.5060$, $D_4^{20} = 1.2666$, NMR: $\delta CH_2O = -3.98$ ppm, $J = 6.25$ Hz, $\delta CH_3CO = -1.97$ ppm; reagiert mit $LiAlH_4$ zu $(C_4H_9)_3SnH(CH_2)_3OH$	—	[27]

Tabelle 30 (Fortsetzung)

Nr.	Verbindung $(C_4H_9)_2RSnCl$ Schmelzpunkt in °C Siedepunkt in °C/Torr	Darstellung	Reaktionsbedingungen Weitere Eigenschaften	Ausbeute in %	Lit.
28	$(C_4H_9)_2(t\text{-}C_5H_{11})SnCl$	$(C_4H_9)_2SnCl_2 + t\text{-}C_5H_{11}MgCl$	Diäthyläther, 1 h Rückfluß	—	[36]
29	$(C_4H_9)_2[HOCH_2CH_2O(CH_2)_3]SnCl$ 151/0.3	$(C_4H_9)_2SnCl_2 + (C_4H_9)_2SnH_2 +$ $CH_2{=}CHCH_2O(CH_2)_3OH$	20 bis 45°C, AIBN; $n_D^{20} = 1.5103$	91	[37, 38, 39]
30	$(C_4H_9)_2[(CH_3)_2ClSiO(CH_2)_3]SnCl$ 125/0.1	$(C_4H_9)_2Sn(CH_2CH_2CH_2O)$ (Ring: Sn, O) $+ (CH_3)_2SiCl_2$	$n_D^{20} = 1.5066$, $D_4^{20} = 1.2492$; zerfällt beim Erhitzen zu $(C_4H_9)_2SnCl_2$ und $(CH_3)_2Si(CH_2CH_2CH_2O)$ (Ring: Si, O)	—	[40]
31	$(C_4H_9)_2(C_6H_5)SnCl$ 130 bis 140/0.2	$(C_4H_9)_3SnCl + (C_6H_5)_3SnCl$	8 h 210°C; reagiert mit NaOH zu $(C_4H_9)_2(C_6H_5)SnOH$	—	[41]
			reagiert mit $Na_2Os(CO)_4$ zu $[(C_4H_9)_2(C_6H_5)Sn]_2Os(CO)_4$		[42]
32	$(C_4H_9)_2[(CH_3)_2C{=}C(CH_3)CH_2]SnCl$	$(C_4H_9)_2SnHCl +$ $CH_2{=}C(CH_3)C(CH_3){=}CH_2$	60 bis 70°C, AIBN; $n_D^{20} = 1.5071$	86 (Nr. 32 und 33 zusammen)	[34]
33	$(C_4H_9)_2[CH_2{=}C(CH_3)CH(CH_3)CH_2]SnCl$ 102 bis 104/0.3	$(C_4H_9)_2SnHCl +$ $CH_2{=}CH(CH_3)C(CH_3){=}CH_2$	60 bis 70°C, AIBN		
34*	$(C_4H_9)_2(c\text{-}C_6H_{11})SnCl$ 139 bis 140/0.8 bis 0.9	$(C_4H_9)_2Sn(c\text{-}C_6H_{11})_2 + SnCl_4$	Pentan, 2 h 36°C; $n_D^{25} = 1.5097$	93.2	[4, 5]
35	$(C_4H_9)_2[(C_2H_5O)_2P(O)CH_2CH_2]SnCl$	—	reagiert mit $LiAlH_4$ zu $(C_4H_9)_2SnHCH_2CH_2PH_2$	—	[43]
36	$(C_4H_9)_2(C_6H_5CH_2)SnCl$ 131 bis 133/0.1	$(C_4H_9)_2Sn(CH_2C_6H_5)_2 +$ $(C_4H_9)_2SnCl_2$	1 h 160°C, $[(C_4H_9)_4Sb]Cl$; $n_D^{20} = 1.5455$; Fungizid	84.5	[8]
		$[(C_4H_9)_2ClSn]_2 + C_6H_5CH_2Cl$	120 bis 139°C	15	[29]
		$Sn(C_4H_9)_2 + C_6H_5CH_2Cl$	—	—	[9]

Tabelle 30 (Fortsetzung)

Nr.	Verbindung $(C_4H_9)_2RSnC$ Schmelzpunkt in °C Siedepunkt in °C/Torr	Darstellung	Reaktionsbedingungen Weitere Eigenschaften	Ausbeute in %	Lit.
37	$(C_4H_9)_2[CH_3COOC(CH_3)_2CH{=}CH]SnCl$ 125/0.07	$(C_4H_9)_2SnCl_2 + (C_4H_9)_2SnH_2 +$ $HC{\equiv}CC(CH_3)_2OOCCH_3$	$n_D^{20} = 1.5068$, $D_4^{20} = 1.2545$, NMR: $\delta CHSn = -4.85$ ppm, $J = 11.5$ Hz, $\delta CH = -5.14$ ppm, $\delta CH_3CO = -2.14$ ppm	76	[27]
		C_4H_9, C_4H_9, Sn, O, CH_3, CH_3 $+ CH_3COCl$	nur cis-Produkt	—	[35]
38	$(C_4H_9)_2[(CH_3)_2ClGeOC(CH_3)_2CH{=}CH]SnCl$ 124/0.04	C_4H_9, C_4H_9, Sn, O, CH_3, CH_3 $+ (CH_3)_2GeCl_2$	$n_D^{20} = 1.5238$, $D_4^{20} = 1.3676$; zerfällt beim Erhitzen in $(C_4H_9)_2SnCl_2 +$ CH_3, CH_3, Ge, O, CH_3, CH_3	—	[40]
39	$(C_4H_9)_2[(C_2H_5)_2ClGeOCH_2CH{=}CH]SnCl$ 131/0.04	C_4H_9, C_4H_9, Sn, O $+ (C_2H_5)_2GeCl_2$	$n_D^{20} = 1.5250$, $D_4^{20} = 1.3702$; zerfällt beim Erhitzen in $(C_4H_9)_2SnCl_2 +$ C_2H_5, C_2H_5, Ge, O	—	[40]
40	$(C_4H_9)_2(C_8H_{17})SnCl$ 145 bis 147/0.6	$(C_4H_9)_2SnCl_2 + Al(C_8H_{17})_3$	i-Octan, 13 h Rückfluß, N_2	—	[24]
		$(C_4H_9)_3SnC_8H_{17} + (C_4H_9)_2SnCl_2$	Xylol, 6 h Rückfluß, $[(C_4H_9)_3PCH_3]Cl$	85.5	[8]
		$(C_4H_9)_2(CH_3)SnC_8H_{17} +$ $(C_4H_9)(C_8H_{17})SnCl_2$	6 h 160 °C; $n_D^{20} = 1.4721$	91	[8]
41	$(C_4H_9)_2[(CH_3)_3SiOC(CH_3)_2CH{=}CH]SnCl$	C_4H_9, C_4H_9, Sn, O, CH_3, CH_3 $+ (CH_3)_3SiCl$	nur cis-Produkt	—	[35]
42	$(C_4H_9)_2[(C_2H_5)_2ClGeOC(CH_3)_2CH{=}CH]SnCl$	C_4H_9, C_4H_9, Sn, O, CH_3, CH_3 $+ (C_2H_5)_2GeCl_2$	$n_D^{20} = 1.5215$, $D_4^{20} = 1.3375$; zerfällt beim Erhitzen in C_2H_5, C_2H_5, Ge, O, CH_3, CH_3 $+ (C_4H_9)_2SnCl_2$	—	[40]

$(C_4H_9)_2(CH_3)SnCl$ (Tabelle **30**, Nr. **2**). Die Verbindung wird ferner gebildet bei der Komproportionierungsreaktion zwischen $(CH_3)_2Sn(C_4H_9)_2$ und $(CH_3)_2SnCl_2$ bei 140 bis 210°C [7], zwischen $(CH_3)_3SnCl$ und $(C_4H_9)_3SnCl$ bei 210°C [7] und zwischen $(C_4H_9)_2SnCl_2$ und $(C_4H_9)_2(CH_3)SnC_8H_{17}$ bei 160°C nach 6 h in 93%iger Ausbeute [8] sowie bei der Umsetzung von $Sn(C_4H_9)_2$ mit CH_3Cl [9]. Zur Elementaranalyse s. [10], zur Säulenchromatographie s. [11], zur Gaschromatographie s. [7]. Die Verbindung reagiert mit NaOH in siedendem Methanol unter Bildung von $[(C_4H_9)_2(CH_3)Sn]_2O$ [4, 5]. Die Verbindung wird als Insektizid verwendet [4, 5].

$(C_4H_9)_2(CH_2{=}CH)SnCl$ (Tabelle **30**, Nr. **4**). Molrefraktion $R_{mol} = 68.484$ (ber.: 69.061) [20]. Ein hochaufgelöstes ^1H-NMR-Spektrum bei 40 MHz zeigt für die Vinylgruppe folgende Signale (gemessen in CCl_4 gegen H_2O, Angaben in Hz): $\delta H_1 = -61.4$, $\delta H_2 = -46.9$, $\delta H_3 = -71.6$, $J(^1HC^1H) = 2.4$ Hz, $J(^1HCC^1H_{cis}) = 15.0$ Hz, $J(^1HCC^1H_{trans}) = 21.4$ Hz [21]. Die Verbindung reagiert mit NaOH in Diäthyläther unter Bildung von $(C_4H_9)_2(CH_2{=}CH)SnOH$ [22]. Die LD_{50} gegenüber Stubenfliegen beträgt 12.0×10^{-10} mol/Fliege [23]. Die Verbindung wird als Stabilisator für Polyolefine eingesetzt [18, 19].

$(C_4H_9)_2(C_2H_5)SnCl$ (Tabelle **30**, Nr. **5**). Die Verbindung entsteht auch bei den Komproportionierungsreaktionen von $(C_4H_9)_3SnC_2H_5$ mit $C_2H_5SnCl_3$ bei 140°C nach 2 h und von $(C_4H_9)_3SnCl$ mit $(C_2H_5)_3SnCl$ bei 210°C nach 2 h [7] sowie bei 160°C im Bombenrohr in Gegenwart von $N(C_2H_5)_3$ bei den Reaktionen von $[(C_2H_5)_2Sn]_n$ mit C_4H_9Cl in Gegenwart von $[(C_2H_5)_4N]J$ [25], von $[(C_2H_5)_2Sn]_n$ mit C_4H_9Cl nach 15 h [25, 26], von $(C_2H_5)_2SnCl_2$ mit C_4H_9Cl [26] und von $(C_4H_9)_2SnCl_2$ mit C_2H_5Cl in Gegenwart von Fe [26]. Gaschromatographische Untersuchungen s. bei [7, 25, 26], säulenchromatographische Untersuchungen s. bei [11].

$(C_4H_9)_2(C_3H_7)SnCl$ (Tabelle **30**, Nr. **8**). Bei der Darstellung der Verbindung aus $[(C_3H_7)_2Sn]_n$ und C_4H_9Cl kann die Ausbeute durch Zugabe von $[(C_2H_5)_4N]J$ auf 4.9%, von $[(C_2H_5)_4N]Br$ auf 7% gesteigert werden, während bei Zugabe von $[(C_2H_5)_4N]Cl$ nur eine Ausbeute von 1.7% erzielt wird [25]. Gaschromatographische Untersuchungen s. bei [25]. ^{13}C-NMR-Spektrum: δCH_2Sn (Propyl) = −20.3 ppm, $J(^{13}C^{119}Sn) = 338$ Hz, δCH_2CH_2 (Propyl) = −19.4 ppm, $\delta(CH_2)_2CH_3 = -18.3$ ppm [2].

$(C_4H_9)_2(t\text{-}C_4H_9)SnCl$ (Tabelle **30**, Nr. **12**). ^1H-NMR-Spektrum: $\delta t\text{-}C_4H_9 = -1.17$ ppm (im Versuchsteil der Arbeit werden −1.16 ppm angegeben) [32], $\tau t\text{-}C_4H_9 = 8.78$, $\tau C_4H_9 = 8.33$ bis 9.09 [33]. ^{13}C-NMR-Spektrum: $\delta C_\alpha = -15.5$ ppm, $\delta C_\beta = -28.3$ ppm, $\delta C_\gamma = -27.2$ ppm, $\delta C_\delta = -13.6$ ppm, $\delta C(t\text{-}C_4H_9) = -31.5$ ppm, $\delta CH_3(t\text{-}C_4H_9) = -29.4$ ppm [33]. Die Verbindung reagiert mit $t\text{-}C_4H_9Li$ unter Bildung von $(C_4H_9)_2Sn(t\text{-}C_4H_9)_2$ [32]. Die Verbindung kann durch Gas-Flüssigkeits-Chromatographie von $(C_4H_9)_2SnCl_2$ und $(C_4H_9)_3SnCl$ getrennt werden [33]. t-Butoxyl-Radikale reagieren mit $(C_4H_9)_2(t\text{-}C_4H_9)SnCl$. Im ESR-Spektrum kann gezeigt werden, daß bevorzugt C_4H_9-Radikale, und nicht $t\text{-}C_4H_9$-Radikale entstehen. Cumyloxyl-Radikale reagieren entsprechend, während Trimethylsiloxyl- und Benzoyloxyl-Radikale sowohl C_4H_9- als auch $t\text{-}C_4H_9$-Radikale liefern. Die unerwartet bevorzugte Bildung der weniger stabilen n-Alkylradikale ist auf sterische Einflüsse in einer fünffach koordinierten Zwischenstufe zurückzuführen [33].

$(C_4H_9)_2(c\text{-}C_6H_{11})SnCl$ (Tabelle **30**, Nr. **34**). Die Verbindung reagiert mit NaOH unter Bildung von $[(C_4H_9)_2(c\text{-}C_6H_{11})Sn]_2O$, mit KF unter Bildung von $(C_4H_9)_2(c\text{-}C_6H_{11})SnF$ und mit Na_2S unter Bildung von $[(C_4H_9)_2(c\text{-}C_6H_{11})Sn]_2S$. Die Verbindung wird als Bakterizid und Insektizid verwendet [4, 5].

Literatur:

[1] D. Seyferth, E. G. Rochow (J. Am. Chem. Soc. **77** [1955] 1302/4). — [2] S. Kozima, K. Kobayashi, M. Kawanisi (Bull. Chem. Soc. Japan **49** [1976] 2837/39). — [3] J. G. Noltes, J. G. A. Luijten, G. J. M. van der Kerk (J. Appl. Chem. [London] **11** [1961] 38/40). — [4] M and T International N.V. (Fr.Demande 2179552 [1972/73]; C.A. **80** [1974] Nr. 108671). — [5] G. H. Reifenberg, M. H. Gitlitz, M and T Chemicals, Inc. (U.S.P. 3789057 [1971/74]).

[6] L. S. Melnichenko, N. N. Zemlyanskii, N. D. Kolosova, I. V. Karandi, K. A. Kocheshkov (Dokl. Akad. Nauk SSSR **198** [1971] 1094/5; Dokl. Chem. Proc. Acad. Sci. USSR **196/201** [1971] 500/1). — [7] V. A. Chernoplekova, N. N. Zemlyanskii, N. D. Kolosova, K. A. Kocheshkov (Izv. Akad. Nauk SSSR Ser. Khim. **1975** 2803/5; Bull. Acad. Sci. USSR Div. Chem. Sci. **1975** 2691/3). — [8] H. W. Wehner, H. G. Köstler, Ciba-Geigy A.-G. (Deut. Offenlegungsschrift 2608698 [1975/76]; C.A. **86** [1977] Nr. 72884). — [9] W. P. Neumann, A. Schwarz (Angew. Chem. **87** [1975] 844/5). — [10] S. I. Obtemperanskaya, Pham Tkhu Khoi, I. V. Karandi (Vestn. Mosk. Univ. Khim. **27** Nr. 1 [1972] 119/21; Moscow Univ. Chem. Bull. **27** Nr. 1 [1972] 91/2).

[11] A. N. Korol, V. A. Chernoplekova, K. I. Sakodynskii, K. A. Kocheshkov (Izv. Akad. Nauk SSSR Ser. Khim. **1976** 2806/9; Bull. Acad. Sci. USSR Div. Chem. Sci. **1976** 2615/8). — [12] C. Barnetson, H. C. Clark, J. T. Kwon (Chem. Ind. [London] **1964** 458/9). — [13] D. Seyferth (Naturwissenschaften **44** [1957] 34/5). — [14] D. Seyferth (J. Am. Chem. Soc. **79** [1957] 2133/6). — [15] L. Maier, D. Seyferth, F. G. A. Stone, E. G. Rochow (J. Am. Chem. Soc. **79** [1957] 5884/9).

[16] S. D. Rosenberg, A. J. Gibbons, H. E. Ramsden (J. Am. Chem. Soc. **79** [1957] 2137/8). — [17] H. E. Ramsden, Metal and Thermit Corp. (B.P. 832338 [1960]; C.A. **1961** 3521). — [18] H. E. Ramsden, Metal and Thermit Corp. (U.S.P. 2873287 [1959]; C.A. **1959** 13108). — [19] H. E. Ramsden, Metal and Thermit Corp. (U.S.P. 2965661 [1960]; C.A. **1961** 6377). — [20] R. Sayre (J. Chem. Eng. Data **6** [1961] 560/4).

[21] W. Brügel, T. Ankel, F. Krückenberg (Z. Elektrochem. **64** [1960] 1121/55). — [22] W. Considine, J. J. Ventura, B. G. Kushlevsky, A. Ross (J. Organometal. Chem. **1** [1964] 299/300). — [23] M. S. Blum, J. J. Pratt (J. Econ. Entomol. **53** [1960] 445/8). — [24] W. K. Johnson, Monsanto Chemical Co. (U.S.P. 3036103 [1959/62]; C.A. **57** [1962] 13802). — [25] K. Sisido, S. Kozima, T. Isibasi (J. Organometal. Chem. **10** [1967] 439/45).

[26] K. Sisido, S. Kozima (J. Organometal. Chem. **11** [1968] 503/13). — [27] M. Massol, J. Barrau, J. Satge, B. Bouyssieres (J. Organometal. Chem. **80** [1974] 47/69). — [28] D. K. Nguen, I. Yu. Belavin, G. S. Burlachenko, Yu. I. Baukov, I. F. Lutsenko (Zh. Obshch. Khim. **39** [1969] 2315/9; J. Gen. Chem. USSR **39** [1969] 2253/5). — [29] U. Schröer, H. J. Albert, W. P. Neumann (J. Organometal. Chem. **102** [1975] 291/5). — [30] R. H. Fish, R. L. Holmstaed, J. E. Casida (Tetrahedron Letters **1974** 1303/6).

[31] R. H. Fish, E. C. Kimmel, J. E. Casida (J. Organometal. Chem. **118** [1976] 41/54). — [32] S. A. Kandil, A. L. Allred (J. Chem. Soc. A **1970** 2987/92). — [33] A. G. Davies, B. Muggleton, B. P. Roberts, M. W. Tse, J. N. Winter (J. Organometal. Chem. **118** [1976] 289/94). — [34] W. P. Neumann, R. Sommer (Liebigs Ann. Chem. **701** [1967] 28/39). — [35] M. Massol, J. Satge, B. Bouyssieres (Syn. Inorg. Metal-Org. Chem. **3** [1973] 1/9).

[36] R. West, M. H. Webster, G. Wilkinson (J. Am. Chem. Soc. **74** [1952] 5794/5). — [37] W. P. Neumann (Angew. Chem. **76** [1964] 849/59). — [38] W. P. Neumann, J. Pedain (Tetrahedron Letters **1964** 2461/5). — [39] W. P. Neumann, J. A. Pedain, Studiengesellschaft Kohle m.b.H. (D.P. 1214237 [1964/67]; C.A. **65** [1966] 5490). — [40] J. Barreau, M. Massol, J. Satge (J. Organometal. Chem. **71** [1974] C45/C48).

[41] M. Nakanishi, A. Tsuda, Yoshitomi Pharmaceutical Industries, Ltd. (Japan.P. 66-17141 [1964/66]; C.A. **66** [1967] Nr. 11049). — [42] J. P. Collman, D. W. Murphy, E. B. Fleischer, D. Swift (Inorg. Chem. **13** [1974] 1/6). — [43] H. Weichmann, A. Tzschach (D.P. [DDR] 119243 [1975/76]; C.A. **86** [1977] Nr. 140252).

1.3.2.1.2.5 $(i\text{-}C_4H_9)_2RSnCl$

$(i\text{-}C_4H_9)_2$-RSnCl

Darstellung und Eigenschaften der Verbindungen des Typs $(i\text{-}C_4H_9)_2RSnCl$, wobei R einen aliphatischen Rest bedeutet, sind in Tabelle 31 auf S. 214/5 zusammengestellt.

Literatur:

[1] W. P. Neumann, J. A. Pedain, Studiengesellschaft Kohle m.b.H. (D.P. 1214237 [1964/66]; C.A. **65** [1966] 5490). — [2] W. P. Neumann (Angew. Chem. **76** [1964] 849/59). — [3] W. P. Neumann, J. A. Pedain (Tetrahedron Letters **1964** 2461/5). — [4] W. P. Neumann, R. Sommer (Liebigs Ann. Chem. **701** [1967] 28/39).

Tabelle 31

Darstellung und Eigenschaften der Verbindungen $(i\text{-}C_4H_9)_2RSnCl$.

Nr.	Verbindung $(i\text{-}C_4H_9)_2RSnCl$ Schmelzpunkt in °C Siedepunkt in °C/Torr	Darstellung	Reaktionsbedingungen Weitere Eigenschaften	Ausbeute in %	Lit.
1	$(i\text{-}C_4H_9)_2(NCCH{=}CH)SnCl$	$(i\text{-}C_4H_9)_2SnCl_2 + (i\text{-}C_4H_9)_2SnH_2 +$ $HC{\equiv}CCN$	—	—	[1]
2	$(i\text{-}C_4H_9)_2(NCCH_2CH_2)SnCl$ 107/0.06	$(i\text{-}C_4H_9)_2SnCl_2 + (i\text{-}C_4H_9)_2SnH_2 +$ $CH_2{=}CHCN$	20 bis 45°C, AIBN; $n_D^{20} = 1.5157$	89	[1, 2, 3]
			reagiert mit $LiAlH_4$ zu $(i\text{-}C_4H_9)_2SnH(CH_2)_3NH_2$		[2, 3]
3	$(i\text{-}C_4H_9)_2[HO(CH_2)_3]SnCl$ 152/0.4	$(i\text{-}C_4H_9)_2SnCl_2 + (i\text{-}C_4H_9)_2SnH_2 +$ $CH_2{=}CHCH_2OH$	20 bis 45°C, AIBN; $n_D^{20} = 1.5162$	81	[1, 2, 3]
4	$(i\text{-}C_4H_9)_2(CH_3CH{=}CHCH_2)SnCl$	$(i\text{-}C_4H_9)_2SnHCl + CH_2{=}CHCH{=}CH_2$	7 h 40 bis 45°C, AIBN; $n_D^{20} = 1.5043$	75 bis 81 (Nr. 4 und 5)	[4]
5	$(i\text{-}C_4H_9)_2(CH_2{=}CHCH_2CH_2)SnCl$ 79 bis 81/0.2	$(i\text{-}C_4H_9)_2SnHCl + CH_2{=}CHCH{=}CH_2$	7 h 40 bis 45°C, AIBN		
6	$(i\text{-}C_4H_9)_2(CH_3OOCCH_2CH_2)SnCl$ 111/0.3	$(i\text{-}C_4H_9)_2SnCl_2 + (i\text{-}C_4H_9)_2SnH_2 +$ $CH_2{=}CHCO_2CH_3$	20 bis 45°C, AIBN	71	[1, 2, 3]
7	$(i\text{-}C_4H_9)_2(C_5H_7)SnCl$ (C_5H_7 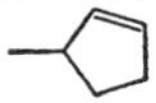 =)	$(i\text{-}C_4H_9)_2SnHCl + C_5H_6$	40 bis 45°C, AIBN; $n_D^{20} = 1.5214$	89 (Nr. 7 und 8)	[4]
8	$(i\text{-}C_4H_9)_2(C_5H_7)SnCl$ (C_5H_7 = 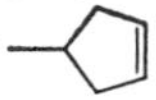) 89 bis 92/0.2	$(i\text{-}C_4H_9)_2SnHCl + C_5H_6$	40 bis 45°C, AIBN		
9	$(i\text{-}C_4H_9)_2(CH_3OCH{=}CHCH{=}CH)SnCl$	$(i\text{-}C_4H_9)_2SnCl_2 + (i\text{-}C_4H_9)_2SnH_2 +$ $HC{\equiv}CCH{=}CHOCH_3$	—	—	[1]

Tabelle 31 (Fortsetzung)

Nr.	Verbindung $(i\text{-}C_4H_9)_2RSnCl$ Schmelzpunkt in °C Siedepunkt in °C/Torr	Darstellung	Reaktionsbedingungen Weitere Eigenschaften	Ausbeute in %	Lit.
10	$(i\text{-}C_4H_9)_2[(CH_3)_2C{=}CHCH_2]SnCl$	$(i\text{-}C_4H_9)_2SnHCl + CH_2{=}C(CH_3)CH{=}CH_2$	40 bis 45°C, AIBN; $n_D^{20} = 1.5052$	80 bis 90 (Nr. 10–13)	[4]
11	$(i\text{-}C_4H_9)_2[CH_3CH{=}C(CH_3)CH_2]SnCl$	$(i\text{-}C_4H_9)_2SnHCl + CH_2{=}C(CH_3)CH{=}CH_2$	40 bis 45°C, AIBN		
12	$(i\text{-}C_4H_9)_2[CH_2{=}C(CH_3)CH_2CH_2]SnCl$	$(i\text{-}C_4H_9)_2SnHCl + CH_2{=}C(CH_3)CH{=}CH_2$	40 bis 45°C, AIBN		
13	$(i\text{-}C_4H_9)_2[CH_2{=}CHCH(CH_3)CH_2]SnCl$ 87 bis 90/0.1	$(i\text{-}C_4H_9)_2SnHCl + CH_2{=}C(CH_3)CH{=}CH_2$	40 bis 45°C, AIBN		
14	$(i\text{-}C_4H_9)_2(CH_3CH{=}CHCH_2CH_2)SnCl$	$(i\text{-}C_4H_9)_2SnHCl + CH_2{=}CHCH{=}CHCH_3$	40 bis 45°C, AIBN; $n_D^{20} = 1.5018$	88 (Nr. 14–15)	[4]
15	$(i\text{-}C_4H_9)_2(CH_3CH_2CH{=}CHCH_2)SnCl$ 94 bis 96/0.2	$(i\text{-}C_4H_9)_2SnHCl + CH_2{=}CHCH{=}CHCH_3$	40 bis 45°C, AIBN		
16	$(i\text{-}C_4H_9)_2[(CH_3)_2C{=}C(CH_3)CH_2]SnCl$	$(i\text{-}C_4H_9)_2SnHCl + CH_2{=}C(CH_3)C(CH_3){=}CH_2$	60 bis 70°C, AIBN; $n_D^{20} = 1.5061$	87 bis 95 (Nr. 16–17)	[4]
17	$(i\text{-}C_4H_9)_2[CH_2{=}C(CH_3)C(CH_3)CH_2]SnCl$ 99 bis 102/0.2	$(i\text{-}C_4H_9)_2SnHCl + CH_2{=}C(CH_3)C(CH_3){=}CH_2$	60 bis 70°C, AIBN		
18	$(i\text{-}C_4H_9)_2[C_2H_5OOCCH_2CH(CH_3)]SnCl$ 118/0.05	$(i\text{-}C_4H_9)_2SnHCl + CH_3CH{=}CHCOOC_2H_5$	$n_D^{20} = 1.4942$	90	[1, 2, 3]
19	$(i\text{-}C_4H_9)_2(C_6H_5CH{=}CH)SnCl$ 120/0.04	$(i\text{-}C_4H_9)_2SnHCl + C_6H_5C{\equiv}CH$	exotherm	76	[1, 2, 3]
20	$(i\text{-}C_4H_9)_2(C_8H_{17})SnCl$ 122/0.2	$(i\text{-}C_4H_9)_2SnHCl + CH_2{=}CHC_6H_{13}$	20 bis 45°C, AIBN	91	[2, 3]
21	$(i\text{-}C_4H_9)_2(p\text{-}CH_3OC_6H_4CH{=}CH)SnCl$	$(i\text{-}C_4H_9)_2SnCl_2 + (i\text{-}C_4H_9)_2SnH_2 + p\text{-}CH_3OC_6H_4C{\equiv}CH$	—	—	[1]

$(C_6H_5)_2$-RSnCl

1.3.2.1.2.6 $(C_6H_5)_2RSnCl$

Darstellung und Eigenschaften von Verbindungen des Typs $(C_6H_5)_2RSnCl$, wobei R einen Alkyl- oder Arylrest oder einen heterocyclischen Liganden bedeutet, sind in Tabelle 32 auf S. 218/20 angegeben.

Weitere Angaben zu den in der Tabelle aufgeführten Verbindungen (laufende Nummern mit Stern):

$(C_6H_5)_2(CH_3)SnCl$ (Tabelle **32**, Nr. **2**). Die Verbindung reagiert mit Li in Tetrahydrofuran unter Bildung von $(C_6H_5)_2(CH_3)SnLi$ [5]. Mit $(C_6H_5)_3CLi$ wird $(C_6H_5)_2(CH_3)SnC(C_6H_5)_3$ erhalten [4], mit $C_6H_5(CH_3)_2CCH_2MgCl$ entsteht $(C_6H_5)_2(CH_3)SnCH_2C(CH_3)_2C_6H_5$ [3, 4]. Bei der Reaktion zwischen $(C_6H_5)_2(CH_3)SnCl$ und Zn-Cu wird in Tetrahydrofuran-Methanol nach 24 h bei 70°C metallisches Sn neben CH_4 und Benzol gebildet. Nach 31 Tagen in Tetrahydrofuran bei 20°C werden aber Sn, Benzol, $Sn(CH_3)_4$, $(CH_3)_3SnC_6H_5$, $(CH_3)_2Sn(C_6H_5)_2$ und $(C_6H_5)_3SnCH_3$ erhalten [8]. Die Verbindung reagiert sowohl mit $Pt[P(C_6H_5)_3]_4$ als auch mit $Pt[P(C_6H_5)_3]_2(C_2H_4)$ unter Bildung von $Pt[P(C_6H_5)_3]_2(C_6H_5)[Sn(C_6H_5)(CH_3)Cl]$ [9].

$(C_6H_5)_2(C_2H_5)SnCl$ (Tabelle **32**, Nr. **6**). Die Verbindung reagiert mit NaOH unter Bildung von $(C_6H_5)_2(C_2H_5)SnOH$ [17], mit KOH und Essigsäure unter Bildung von $(C_6H_5)_2(C_2H_5)SnOOCCH_3$ [16] und mit $C_2H_5SnCl_3$ nach 2 h bei 140°C unter Bildung von $C_2H_5(C_6H_5)SnCl_2$ in 90.1%iger Ausbeute [15].

$(C_6H_5)_2(CH_3COCH_2CH_2CH_2)SnCl$ (Tabelle **32**, Nr. **14**). IR-Spektrum: $\nu CO = 1669\ cm^{-1}$. ^1H-NMR-Spektrum: $\tau CH_2CO = 7.46$. Mössbauer-Spektrum: $\delta = 1.38$ mm/s gegen SnO_2, $\Delta = -3.30$ mm/s (Vorzeichen bestimmt durch Messung in einem Magnetfeld) [26]. Die Verbindung reagiert mit $NH_2OH \cdot HCl$ in äthanolischer Lösung beim Rückflußkochen unter Bildung von $(C_6H_5)_2[HON{=}C(CH_3)CH_2CH_2CH_2]SnCl$ [27].

$(C_6H_5)_2[HON{=}C(CH_3)CH_2CH_2CH_2]SnCl$ (Tabelle **32**, Nr. **15**). Über Koordination der OH-Gruppe an Sn wird ein intramolekularer Komplex mit Koordinationszahl 5 am Sn gebildet, wie aus IR- und NMR-Spektren hervorgeht. IR-Banden (in cm^{-1}): $\nu OH = 3475$ st (Nujol und $CHCl_3$-Lösung), $\nu CN = 1651$ (Nujol), 1654 st ($CHCl_3$-Lösung). ^1H-NMR-Spektrum: $\tau CH_3 = 8.15$ in $CDCl_3$, 8.77 in C_6D_6, 8.30 in $(CD_3)_2SO$; $\tau CH_2C{=}N = 7.56$ in $CDCl_3$, 7.84 in $(CD_3)_2SO$; $\tau NOH = 4.02$ in $CDCl_3$, 3.99 in C_6D_6, −0.22 in $(CD_3)_2SO$ [27, 28].

Literatur:

[1] K. Kramer, N. Wright (Chem. Ber. **96** [1963] 1877/80). — [2] M. Gielen, J. Nasielski, J. Topart (Rec. Trav. Chim. **87** [1968] 1051/3). — [3] M. F. Gielen, H. M. Jamal (Ann. N.Y. Acad. Sci. **239** [1974] 208/12). — [4] M. Gielen, H. Mokhtar-Jamal (Bull. Soc. Chim. Belges **84** [1975] 1037/43). — [5] H. Gilman, F. K. Cartledge, S. Y. Sim (J. Organometal. Chem. **4** [1965] 332/4).

[6] H. W. Wehner, H. G. Köstler, Ciba-Geigy A.-G. (Deut. Offenlegungsschrift 2608698 [1975/76]; C.A. **86** [1977] Nr. 72884). — [7] T. Tabara, K. Takubo, I. Hachiya, Nitto Chemical Industry Co., Ltd. (Japan.P. 68-29372 [1966/68]; C.A. **70** [1969] Nr. 78155). — [8] F. J. A. des Tombe, G. J. M. van der Kerk, J. G. Noltes (J. Organometal. Chem. **51** [1973] 173/80). — [9] C. Eaborn, A. Pidcock, B. R. Steele (J. Chem. Soc. Dalton Trans. **1976** 767/76). — [10] M. A. Mesubi, M. O. Afolabi, K. O. Falase (Inorg. Nucl. Chem. Letters **12** [1976] 469/74).

[11] H. E. Ramsden, Metal and Thermit Corp. (U.S.P. 2873287 [1959]; C.A. **1959** 13108). — [12] H. E. Ramsden, Metal and Thermit Corp. (U.S.P. 2965661 [1960]; C.A. **1961** 6377). — [13] H. E. Ramsden, Metal and Thermit Corp. (B.P. 832338 [1960]; C.A. **1961** 3521). — [14] A. G. Meller, G. Maresch, W. Maringgele (Monatsh. Chem. **104** [1973] 557/63). — [15] L. S. Melnichenko, N. N. Zemlyanskii, V. A. Chernoplekova, K. A. Kocheshkov (Izv. Akad. Nauk SSSR Ser. Khim. **1972** 1384/6; Bull. Acad. Sci. USSR Div. Chem. Sci. **1972** 1332/4).

[16] L. S. Melnichenko, N. N. Zemlyanskii, N. D. Kolosova, I. V. Karandi, K. A. Kocheshkov (Dokl. Akad. Nauk SSSR **198** [1971] 1094/5; Dokl. Chem. Proc. Acad. Sci. USSR **196/201** [1971] 500/1). — [17] M. J. Janssen, J. G. A. Luijten (Rec. Trav. Chim. **82** [1963] 1008/14). — [18] H. Schroeder, S. Papetti, R. P. Alexander, J. F. Sieckhaus, T. L. Heying (Inorg. Chem. **8** [1969] 2444/9). — [19] M. Gielen, J. Topart (Bull. Soc. Chim. Belges **80** [1971] 655/8). — [20] W. H. Decker (Diss. Ohio Univ. 1970; Diss. Abstr. Intern. B **32** [1971] 161).

[21] P. A. T. Hoye, T. E. Jones, Albright and Wilson Ltd. (B.P. 1232691 [1968/71]; C.A. **75** [1971] Nr. 49335). — [22] G. J. M. van der Kerk, A. Tempel, N. V. Philips Gloeilampenfabrieken (Deut. Offenlegungsschrift 1919927 [1968/69]; C.A. **72** [1970] Nr. 43874). — [23] S. I. Obtemperanskaya, Pham Tkhu Khoi, I. V. Karandi (Vestn. Mosk. Univ. Khim. **27** Nr. 1 [1972] 119/21; Moscow Univ. Chem. Bull. **27** Nr. 1 [1972] 91/2). — [24] Y. Sato, Y. Ban, H. Shirai (J. Org. Chem. **38** [1973] 4373/8). — [25] N. D. Kolosova, N. N. Zemlyanskii, A. A. Azizov, Yu. A. Ustynyuk, N. P. Barminova, K. A. Kocheshkov (Dokl. Akad. Nauk SSSR **218** [1974] 117/9; Dokl. Chem. Proc. Acad. Sci. USSR **214/219** [1974] 614/6).

[26] S. Z. Abbas, R. C. Poller (J. Chem. Soc. Dalton Trans. **1974** 1769/71). — [27] S. Z. Abbas, R. C. Poller (J. Organometal. Chem. **104** [1976] 187/91). — [28] S. Z. Abbas, R. C. Poller (J. Organometal. Chem. **55** [1973] C9/C10). — [29] H. Gilman, C. E. Arntzen (J. Org. Chem. **15** [1950] 994/1003). — [30] J. L. Wardell (J. Chem. Soc. Dalton Trans. **1975** 1786/93).

[31] W. P. Neumann (Angew. Chem. **76** [1964] 849/59). — [32] W. P. Neumann, J. A. Pedain (Tetrahedron Letters **1964** 2461/5). — [33] W. P. Neumann, J. A. Pedain, Studiengesellschaft Kohle m.b.H. (D.P. 1214237 [1964/66]; C.A. **65** [1966] 5490). — [34] R. D. Taylor, J. L. Wardell (J. Organometal. Chem. **94** [1975] 15/21). — [35] H. Zimmer, H. W. Sparmann (Chem. Ber. **87** [1954] 645/51).

[36] J. C. Bailie (Iowa State Coll. J. Sci. **14** [1939] 8/10).

1.3.2.1.2.7 Weitere Verbindungen vom Typ $R_2R'SnCl$

Other Compounds of the $R_2R'SnCl$ Type

Darstellung und Eigenschaften weiterer Verbindungen vom Typ $R_2R'SnCl$, wobei R und R' einen Alkyl- oder Arylrest oder einen heterocyclischen Liganden bedeuten, sind in Tabelle 33 auf S. 221/3 angegeben.

Weitere Angaben zu den in der Tabelle aufgeführten Verbindungen (laufende Nummern mit Stern):

$(t\text{-}C_4H_9)_2(C_4H_9)SnCl$ (Tabelle **33**, Nr. **1**). ^1H-NMR-Spektrum: $\delta CCH_3 = -1.27$ ppm. Für C_4H_9 erscheint ein kompliziertes Multiplett. Die Verbindung reagiert mit $t\text{-}C_4H_9Li$ bei 25°C in Pentan-Heptan unter Bildung von 55% an $(t\text{-}C_4H_9)_3SnC_4H_9$ neben 34% an $[(t\text{-}C_4H_9)_2(C_4H_9)Sn]_2$ [1].

$(t\text{-}C_4H_9)_2(C_6H_5)SnCl$ (Tabelle **33**, Nr. **2**). ^1H-NMR-Spektrum: $\delta CCH_3 = -1.37$ ppm, $\delta C_6H_5 = -7.36$ ppm (Multiplett). Die Verbindung reagiert mit NaOH in wäßrigem Äther unter Bildung von $[(t\text{-}C_4H_9)_2(C_6H_5)Sn]_2O$, mit C_4H_9Li in Heptan unter Bildung von $(t\text{-}C_4H_9)_2(C_4H_9)SnC_6H_5$, mit $t\text{-}C_4H_9Li$ in Äther-Pentan und mit $t\text{-}C_4H_9MgCl$ unter Bildung von $[(t\text{-}C_4H_9)_2(C_6H_5)Sn]_2$ [1].

$(t\text{-}C_4H_9)_2(p\text{-}CH_3C_6H_4)SnCl$ (Tabelle **33**, Nr. **3**). ^1H-NMR-Spektrum: $\delta CCH_3 = -1.38$ ppm, $\delta CH_3(C_6H_5) = -2.38$ ppm, $\delta C_6H_4 = -7.36$ ppm (Multiplett). Die Verbindung reagiert mit NaOH in wäßrigem Äther unter Bildung von $[(t\text{-}C_4H_9)_2(p\text{-}CH_3C_6H_4)Sn]_2O$ und mit $t\text{-}C_4H_9Li$ in Äther-Pentan unter Bildung von $[(t\text{-}C_4H_9)_2(p\text{-}CH_3C_6H_4)Sn]_2$ [1].

$(c\text{-}C_6H_{11})_2(C_4H_9)SnCl$ (Tabelle **33**, Nr. **11**). Die Verbindung reagiert mit KF unter Bildung von $(c\text{-}C_6H_{11})_2(C_4H_9)SnF$, mit NaOH unter Bildung von $(c\text{-}C_6H_{11})_2(C_4H_9)SnOH$ und mit Na_2S unter Bildung von $[(c\text{-}C_6H_{11})_2(C_4H_9)Sn]_2S$ [2].

$\{[(CH_3)_3Si]_2CH\}_2(i\text{-}C_3H_7)SnCl$ (Tabelle **33**, Nr. **16**). Die Verbindung reagiert mit elektronenreichen Olefinen, wie z.B. $[(CH_3)_2N]_2C{=}C[N(CH_3)_2]_2$, bei der Einwirkung von UV-Strahlung unter Bildung von Radikalen $\{[(CH_3)_3Si]_2CH\}_3Sn\cdot$, wie ESR-spektroskopisch nachgewiesen werden konnte [12].

Tabelle 32

Darstellung und Eigenschaften der Verbindungen $(C_6H_5)_2RSnCl$.

Nr.	Verbindung $(C_6H_5)_2RSnCl$ Schmelzpunkt in °C Siedepunkt in °C/Torr	Darstellung	Reaktionsbedingungen Weitere Eigenschaften	Ausbeute in %	Lit.
1	$(C_6H_5)_2(CH_2Cl)SnCl$ 152 bis 154/Normaldruck	$(C_6H_5)_2SnCl_2 + CH_2{=}N_2$	Diäthyläther, 0°C, Cu; $n_D^{20} = 1.6168$	45	[1]
2*	$(C_6H_5)_2(CH_3)SnCl$ 129 bis 130/0.15 137 bis 150/0.5	$(C_6H_5)_3SnCH_3 + HCl$	Methanol	—	[2,3,4]
		$(C_6H_5)_3SnCH_3 + J_2 + NaOH + HCl$	$CHCl_3$, Rückfluß; $n_D^{20} = 1.6140$	44.2	[5]
		$(C_6H_5)_3SnCH_3 + (C_6H_5)_2SnCl_2$	1 h 155°C, $[(C_4H_9)_4P][SbCl_6]$	82.5	[6]
		$(C_6H_5)_2SnCl_2 + Zn + CH_3Cl$	Butanol, 3 h 125 bis 130°C	—	[7]
3	$(C_6H_5)_2(NCCH_2)SnCl$ 88 bis 90	$(C_6H_5)_3SnCH_2CN + JCl$	CCl_4, 30 min; IR: 2228, 449, 410, 331, 289, 268, 239 cm^{-1}	—	[10]
4	$(C_6H_5)_2(CH_2{=}CH)SnCl$	$CH_2{=}CHSnCl_3 + C_6H_5MgCl$	THF, Heptan; Stabilisator	—	[11,12]
		$(C_6H_5)_2SnCl_2 + CH_2{=}CHMgCl$	THF	—	[13]
5	$(C_6H_5)_2(CH_3N{=}CCl)SnCl$ 35	$(C_6H_5)_2SnCl_2 + CH_3N{\equiv}C$	CH_2Cl_2, 0°C und 8 h 25°C; IR: $\nu CN = 1655\ cm^{-1}$, $\nu C_6H_5 = 1432$ und 1075 cm^{-1}	—	[14]
6*	$(C_6H_5)_2(C_2H_5)SnCl$	$(C_6H_5)_3SnC_2H_5 + C_2H_5SnCl_3$	2 h 140°C	—	[15,16]
		$(C_6H_5)_2(C_2H_5)SnOOCCH_3 + (CH_3)_3SiCl$	$n_D^{20} = 1.6000$, $D_4^{20} = 1.4501$	—	[16]
7	$(C_6H_5)_2(m\text{-}HCB_{10}H_{10}C)SnCl$ 72 bis 73	$(C_6H_5)_2SnCl_2 + LiCB_{10}H_{10}CLi$	Diäthyläther, 24 h 25°C	—	[18]
8	$(C_6H_5)_2[Cl(CH_2)_3]SnCl$	$(C_6H_5)_3Sn(CH_2)_3Cl + HCl$	Methanol, 24 h Rückfluß	45	[19]
9	$(C_6H_5)_2[ClCH_2COOC({=}CH_2)]SnCl$	$(C_6H_5)_3SnLi + ClCH_2COCl$	—	—	[20]
10	$(C_6H_5)_2(C_4H_9)SnCl$	$(C_6H_5)_3SnC_4H_9 + C_4H_9SnCl_3$	7 h 120 bis 210°C;	—	[16]
		$(C_6H_5)_2(C_4H_9)SnOOCCH_3 + (CH_3)_3SiCl$	$n_D^{20} = 1.5935$, $D_4^{20} = 1.374$		
		$(C_4H_9)_3SnCl + (C_6H_5)_3SnCl$	4 h 130 bis 140°C, N_2	—	[21]
		$(C_6H_5)_2(C_4H_9)SnOOCCH_3 + HCl$	—	—	[22]
			Elementaranalyse		[23]
			reagiert mit KOH und CH_3COOH zu $(C_6H_5)_2(C_4H_9)SnOOCCH_3$		[16]

Tabelle 32 (Fortsetzung)

Nr.	Verbindung $(C_6H_5)_2RSnCl$ Schmelzpunkt in °C Siedepunkt in °C/Torr	Darstellung	Reaktionsbedingungen Weitere Eigenschaften	Ausbeute in %	Lit.
11	$(C_6H_5)_2(t\text{-}C_4H_9)SnCl$	$(C_6H_5)_3Sn\text{-}t\text{-}C_4H_9 + HCl$	Methanol, 10 d; Massenspektrum; reagiert mit $(C_6H_5)_3CLi$ zu $(C_6H_5)_2(t\text{-}C_4H_9)SnC(C_6H_5)_3$	—	[4]
12	$\{(C_6H_5)_2[(CH_3)_2NHCH_2CH_2]SnCl\}Cl$ 156 bis 157	$(C_6H_5)_3SnCH_2CH_2N(CH_3)_2 + HCl$	Diäthyläther, 4 h 25°C; NMR: $\delta CH_2Sn = -1.8$ bis -2.1 ppm, $\delta NCH_3 = -2.60$ ppm, $\delta C_6H_5 = -7.2$ bis -8.2 ppm	100	[24]
13	$(C_6H_5)_2(c\text{-}C_5H_5)SnCl$ 120/0.0008	$(C_6H_5)_2SnCl_2 + Sn(C_5H_5)_2$	40 min 90°C; NMR: $\delta C_5H_5 = -6.19$ ppm, $\delta C_6H_5 = -7.30$ ppm	85.5	[25]
14*	$(C_6H_5)_2[CH_3CO(CH_2)_3]SnCl$ 108 bis 110	$(C_6H_5)_3SnCH_2CH_2CH_2\text{—}C(\text{—}O\text{—}CH_2\text{—}CH_2\text{—}O\text{—})\text{—}CH_3 + HCl$	Petroläther, 5 h 25°C	—	[23]
15*	$(C_6H_5)_2[HON{=}C(CH_3)(CH_2)_3]SnCl$ 94 bis 97	$(C_6H_5)_3Sn(CH_2)_3C(CH_3){=}NOH + PCl_5$ $(C_6H_5)_2[(CH_2)_3COCH_3]SnCl + NH_2OH \cdot HCl$	— äthanolisches NaOH, 30 min	— 43	[28] [27]
16	$(C_6H_5)_2[CH_3CONH(CH_2)_3]SnCl$ 149 bis 151	$(C_6H_5)_2[HON{=}C(CH_3)(CH_2)_3]SnCl + PCl_5$	Diäthyläther, Rückfluß	—	[27,28]
17	$(C_6H_5)_2(o\text{-}HOOCC_6H_4)SnCl$ 200 (Sintern)	$(C_6H_5)_2\overline{Sn\text{—}C_6H_4\text{—}C({=}O)\text{—}O} + HCl$	reagiert mit $CH_2{=}N_2$ zu $(C_6H_5)_2(o\text{-}CH_3OOCC_6H_4)SnCl$	—	[29]
18	$(C_6H_5)_2(C_6H_5N{=}CCl)SnCl$ 90 (Zersetzung)	$(C_6H_5)_2SnCl_2 + C_6H_5N{\equiv}C$	CH_2Cl_2, 8 h 0°C bis 25°C; IR: $\nu CN = 1695\ cm^{-1}$, $\nu C_6H_5 = 1435, 1070\ cm^{-1}$, dimer	—	[14]
19	$(C_6H_5)_2(o\text{-}CH_3OOCC_6H_4)SnCl$ 168 bis 169	$(C_6H_5)_2(o\text{-}HOOCC_6H_4)SnCl + CH_2{=}N_2$	Diäthyläther	—	[29]

Tabelle 32 (Fortsetzung)

Nr.	Verbindung $(C_6H_5)_2RSnCl$ Schmelzpunkt in °C Siedepunkt in °C/Torr	Darstellung	Reaktionsbedingungen Weitere Eigenschaften	Ausbeute in %	Lit.
20	$(C_6H_5)_2(4\text{-}CH_3\text{-}2\text{-}NO_2\text{-}C_6H_3SCH_2CHCl)SnCl$	$(C_6H_5)_3SnCH(Cl)CH_2S-C_6H_3(NO_2)-CH_3 + HgCl_2$	Äthanol, Rückfluß	—	[30]
21	$(C_6H_5)_2[C_6H_5CH(CH_3)CH_2]SnCl$	$(C_6H_5)_2SnHCl + C_6H_5C(CH_3){=}CH_2$	20 bis 45°C, AIBN; farbloses Öl	87	[31, 32, 33]
22	$(C_6H_5)_2(p\text{-}CH_3C_6H_4SCH_2CH_2)SnCl$	$(C_6H_5)_3SnCH_2CH_2SC_6H_4\text{-}p\text{-}CH_3 + HgCl_2$	Äthanol, 5 min Rückfluß	—	[34]
23	Cl $C_6H_5-Sn-C_6H_5$ (Fluorenyl) 140 bis 141	$(C_6H_5)_3SnC_{13}H_9 + HCl$	Äthanol, 3 bis 4 min	—	[35]
24	$(C_6H_5)_2[(C_6H_5)_3C]SnCl$ 210	$(C_6H_5)_3SnC(C_6H_5)_3 + HCl$	—	—	[36]

Tabelle 33

Darstellung und Eigenschaften weiterer Verbindungen vom Typ $R_2R'SnCl$.

Nr.	Verbindung $R_2R'SnCl$ Schmelzpunkt in °C Siedepunkt in °C/Torr	Darstellung	Reaktionsbedingungen Weitere Eigenschaften	Ausbeute in %	Lit.
1*	$(t\text{-}C_4H_9)_2(C_4H_9)SnCl$ 93 bis 94/4	$(t\text{-}C_4H_9)_2SnCl_2 + C_4H_9Li$	0°C; farbloses Öl	87.2	[1]
2*	$(t\text{-}C_4H_9)_2(C_6H_5)SnCl$ 101 bis 102/4	$(t\text{-}C_4H_9)_2SnCl_2 + C_6H_5MgBr$	THF, 2 h 100°C; $n_D^{13} = 1.5592$	72.5	[1]
3*	$(t\text{-}C_4H_9)_2(p\text{-}CH_3C_6H_4)SnCl$ 39 bis 41 104 bis 107/4	$(t\text{-}C_4H_9)_2SnCl_2 + p\text{-}CH_3C_6H_4MgBr$	Diäthyläther, 2 h 25°C	71	[1]
4	$(C_6H_{13})_2(c\text{-}C_6H_{11})SnCl$	$(C_6H_{13})_2Sn(c\text{-}C_6H_{11})_2 + SnCl_4$	Pentan, Rückfluß; $n_D^{23} = 1.4986$	97	[2, 3]
5	$(C_8H_{17})_2(CH_3)SnCl$	$(CH_3)_2Sn(C_8H_{17})_2 + SnCl_4$	Pentan, Rückfluß; $n_D^{24} = 1.4791$	98.6	[2, 3]
	181 bis 182/0.3	$(CH_3)_2Sn(C_8H_{17})_2 + (C_8H_{17})_2SnCl_2$	$p\text{-}ClC_6H_4CH_3$, 2 h 160°C, $[(C_4H_9)_4P]SnCl_5$	86.5	[4]
		$(CH_3)_2Sn(C_8H_{17})_2 + (C_4H_9)_2SnCl_2$	$p\text{-}ClC_6H_4CH_3$, 2 h 160°C, $[(C_4H_9)_3PCH_3]SnCl_5$	90	[4]
			reagiert mit NaOH zu $[(C_8H_{17})_2(CH_3)Sn]_2O$; Insektizid, Bakterizid		[2, 3]
6	$(C_8H_{17})_2[HOCH_2CH_2O(CH_2)_3]SnCl$	$(C_8H_{17})_2SnCl_2 + (C_8H_{17})_2SnH_2 +$ $CH_2{=}CHCH_2OCH_2CH_2OH$	exotherm, AIBN; farbloses Öl	—	[5]
7	$(i\text{-}C_8H_{17})_2[HOCH_2CH_2O(CH_2)_3]SnCl$	$(i\text{-}C_8H_{17})_2SnCl_2 + (i\text{-}C_8H_{17})_2SnH_2 +$ $CH_2{=}CHCH_2OCH_2CH_2OH$	exotherm, AIBN; farbloses Öl	—	[5]
8	$(c\text{-}C_6H_{11})_2(CH_3)SnCl$ 52 bis 54	$(CH_3)_2Sn(c\text{-}C_6H_{11})_2 + SnCl_4$	Pentan, Rückfluß	97	[2, 3]
9	$(c\text{-}C_6H_{11})_2(C_2H_5)SnCl$	$(c\text{-}C_6H_{11})_2SnCl_2 + C_2H_5Cl + Zn$	Butanol, 3 h 130°C; reagiert mit NaOH zu $[(c\text{-}C_6H_{11})_2(C_2H_5)Sn]_2O$	—	[6]

Tabelle 33 (Fortsetzung)

Nr.	Verbindung $R_2R'SnCl$ Schmelzpunkt in °C Siedepunkt in °C/Torr	Darstellung	Reaktionsbedingungen Weitere Eigenschaften	Ausbeute in %	Lit.
10	$(c\text{-}C_6H_{11})_2(C_3H_7)SnCl$ 33 bis 35	$(C_3H_7)_2Sn(c\text{-}C_6H_{11})_2 + SnCl_4$	Pentan, Rückfluß	95	[2, 3]
11*	$(c\text{-}C_6H_{11})_2(C_4H_9)SnCl$ 60.5 bis 63	$(C_4H_9)_2Sn(c\text{-}C_6H_{11})_2 + SnCl_4$	Benzol	80.3	[2, 3, 7]
12	$(c\text{-}C_6H_{11})_2(C_6H_{13})SnCl$	$(C_6H_{13})_2Sn(c\text{-}C_6H_{11})_2 + SnCl_4$	Pentan, Rückfluß; $n_D^{24} = 1.5218$	83	[2, 3]
13	$(CH_2Cl)_2(C_4H_9)SnCl$ 82 bis 87/0.18 bis 0.2	$C_4H_9SnCl_3 + CH_2{=}N_2$	Diäthyläther, −5°C; $n_D^{25} = 1.5394$, $D_4^{25} = 1.649$	57.9	[8]
14	$(CH_2Cl)_2(C_6H_5)SnCl$ 126 bis 128/0.1	$C_6H_5SnCl_3 + CH_2{=}N_2$	Diäthyläther, 0°C; $n_D^{20} = 1.6020$	24	[9]
15	$(CH_3CHCl)_2(CH_2Cl)SnCl$ 128/3	$CH_2ClSnCl_3 + CH_3CH{=}N_2$	Benzol, 3°C; $n_D^{20} = 1.555$, $D_4^{20} = 1.765$	—	[10, 11]
16*	$\{[(CH_3)_3Si]_2CH\}_2(i\text{-}C_3H_7)SnCl$	—	—	—	[12]
17*	$\{[(CH_3)_3Si]_2CH\}_2(t\text{-}C_4H_9)SnCl$ 130/0.001	$Sn\{CH[Si(CH_3)_3]_2\}_2 + t\text{-}C_4H_9Cl$	Hexan, 1 h 20°C, Ar	—	[13]
18*	$\{[(CH_3)_3Si]_2CH\}_2(C_6H_5)SnCl$ 124/0.001	$Sn\{CH[Si(CH_3)_3]_2\}_2 + C_6H_5Cl$	Hexan, 80 h 20°C, Ar	—	[13]
19	$(CH_2{=}CH)_2(CH_3)SnCl$	$(CH_2{=}CH)_3SnCH_3 + (CH_2{=}CH)_2SnCl_2$ $(CH_2{=}CH)_3SnCH_3 + (CH_2{=}CH)_3SnCl$	45 min 155°C 25°C	86.5 —	[4] [14]
20*	$(CH_2{=}CH)_2(C_4H_9)SnCl$ 82 bis 84/3	$C_4H_9SnCl_3 + CH_2{=}CHMgCl$ $(CH_2{=}CH)_2SnCl_2 + C_4H_9MgCl$	THF-Pentan, 4 h Rückfluß; $n_D^{25} = 1.4970$, $D_4^{25} = 1.370$ THF-Heptan; Stabilisator	50 —	[15, 16] [17, 18]
21	$(CH_2{=}CH)_2(C_6H_5)SnCl$	$C_6H_5SnCl_3 + CH_2{=}CHMgCl$ $(CH_2{=}CH)_2SnCl_2 + C_6H_5MgCl$	THF THF-Heptan; Stabilisator	— —	[16] [17, 18]
22	$(CH_2{=}CH)_2(C_6H_5CH_2)SnCl$	$(CH_2{=}CH)_2SnCl_2 + C_6H_5CH_2MgBr$	Diäthyläther	—	[18]

Tabelle 33 (Fortsetzung)

Nr.	Verbindung $R_2R'SnCl$ Schmelzpunkt in °C Siedepunkt in °C/Torr	Darstellung	Reaktionsbedingungen Weitere Eigenschaften	Ausbeute in %	Lit.
23*	$(c\text{-}C_5H_5)_2(CH_3)SnCl$ 70/0.0007	$(c\text{-}C_5H_5)_3SnCH_3 + CH_3SnCl_3$	20°C	90.5	[21, 22]
24	$(c\text{-}C_5H_5)_2(C_2H_5)SnCl$ 80 bis 85/0.0008	$(c\text{-}C_5H_5)_3SnC_2H_5 + C_2H_5SnCl_3$	20°C	93.8	[21]
		$(C_2H_5)_3Sn\text{-}c\text{-}C_5H_5 + C_2H_5SnCl_3$	20°C; NMR: $\delta C_5H_5 = -6.03$ ppm, $\delta C_2H_5 = -1.0$ ppm (Multiplett)	—	[21]
	83/0.008	$(c\text{-}C_5H_5)_3SnC_2H_5 + C_2H_5SnCl_3$	25°C	92.1	[22]
25	$(c\text{-}C_5H_5)_2(C_6H_5)SnCl$ 66 bis 67	$(c\text{-}C_5H_5)_3SnC_6H_5 + C_6H_5SnCl_3$	25°C; NMR: $\delta C_5H_5 = -6.16$ ppm, $\delta C_6H_5 = -7.23$ ppm	88.6	[21]
26	$(p\text{-}CH_3C_6H_4)_2[C_6H_5CH(CH_3)CH_2]SnCl$	$(p\text{-}CH_3C_6H_4)_2SnCl_2 +$ $(p\text{-}CH_3C_6H_4)_2SnH_2 + C_6H_5C(CH_3){=}CH_2$	—	—	[5]
27	$(C_{13}H_9)_2(C_6H_5)SnCl$ 143 $(C_{13}H_9 = 9\text{-Fluorenyl})$	$(C_{13}H_9)_2Sn(C_6H_5)_2 + HCl$	—	—	[24]
28	$(C_4H_3S)_2(CH_2{=}CH)SnCl$ $(C_4H_3S = 2\text{-Thienyl})$	$CH_2{=}CHSnCl_3 + C_4H_3SMgCl$	—	—	[25]

$\{[(CH_3)_3Si]_2CH\}_2(t\text{-}C_4H_9)SnCl$ (Tabelle **33**, Nr. **17**). IR-Spektrum: $\nu SnCl = 328 \pm 3\ cm^{-1}$. Im ^1H-NMR-Spektrum erscheinen zwei scharfe Signale mit gleicher Intensität, die bei 60 MHz um 5 bis 10 Hz getrennt sind und die bis 100°C nicht zusammenfallen. Beim Hinzufügen von $(CD_3)_2SO$ oder C_5D_5N entsteht ein Singulett [13]. Mit elektronenreichen Olefinen werden ebenso wie bei Verbindung Nr. 16 unter Symmetrisierung Radikale gebildet [12].

$\{[(CH_3)_3Si]_2CH\}_2(C_6H_5)SnCl$ (Tabelle **33**, Nr. **18**). IR-Spektrum: $\nu SnCl = 328 \pm 3\ cm^{-1}$. Im ^1H- oder ^{13}C-NMR-Spektrum erscheint für die $(CH_3)_3Si$-Gruppe ein Dublett aus zwei Signalen gleicher Intensität mit dem gleichen Verhalten wie bei Verbindung Nr. 17 [13].

$(CH_2{=}CH)_2(C_4H_9)SnCl$ (Tabelle **33**, Nr. **20**). Dichte $D_4^{25} = 1.370\ g/cm^3$. Brechungsindex $n_D^{20} = 1.4990$, $n_D^{25} = 1.4970$. Molrefraktion $R_{mol} = 56.680$ (berechnet: 59.340) [19]. Bei Toxizitätsuntersuchungen gegenüber Fliegen wird nach 24 h eine $LD_{50} = 12.0 \times 10^{-10}$ mol/Fliege festgestellt [20].

$(c\text{-}C_5H_5)_2(CH_3)SnCl$ (Tabelle **33**, Nr. **23**). ^1H-NMR-Spektrum: $\delta C_5H_5 = -6.66$ ppm, $\delta CH_3 = -0.44$ ppm [21]. An anderer Stelle wird angegeben: $\delta C_5H_5 = -6.13$ ppm und $J(^1HC^{117/119}Sn) = 31.2/32.6$ Hz [3].

Literatur:

[1] S. A. Kandil, A. L. Allred (J. Chem. Soc. A **1970** 2987/92). — [2] M and T International N.V. (F. Demande 2179552 [1972/73]; C.A. **80** [1974] Nr. 108671). — [3] G. H. Reifenberg, M. H. Gitlitz, M and T Chemicals, Inc. (U.S.P. 3789057 [1971/74]). — [4] H. W. Wehner, H. G. Köstler, Ciba-Geigy A.-G. (Deut. Offenlegungsschrift 2608698 [1975/76]; C.A. **86** [1977] Nr. 72884). — [5] W. P. Neumann, J. A. Pedain, Studiengesellschaft Kohle m.b.H. (D.P. 1214237 [1964/66]; C.A. **65** [1966] 5490).

[6] T. Tadashi, K. Takubo, I. Hachiya, Nitto Chemical Industry Co., Ltd. (Japan.P. 68-29372 [1966/68]; C.A. **70** [1969] Nr. 78155). — [7] G. H. Reifenberg, M. H. Gitlitz, M and T Chemicals, Inc. (S. Afrikan.P. 72-02018 [1972/73]; C.A. **79** [1973] Nr. 18853). — [8] D. Seyferth, E. G. Rochow (J. Am. Chem. Soc. **77** [1955] 1302/4). — [9] K. Kramer, N. Wright (Chem. Ber. **96** [1963] 1877/80). — [10] A. Yu. Yakubovich, S. P. Makarov, G. I. Gavrilov (Zh. Obshch. Khim. **22** [1952] 1788/93 nach C.A. **1953** 9257).

[11] A. Yu. Yakubovich, S. P. Mokarov, V. A. Ginsburg, G. I. Gavrilov, Yu. N. Merkulova (Dokl. Akad. Nauk SSSR [2] **72** [1950] 69/72 nach C.A. **1951** 2856). — [12] M. J. S. Gyane, M. F. Lappert (J. Organometal. Chem. **114** [1976] C4/C6). — [13] M. J. S. Gyane, M. F. Lappert, S. J. Miles, P. P. Power (J. Chem. Soc. Chem. Commun. **1976** 256/7). — [14] D. C. McWilliam, P. R. Wells (J. Organometal. Chem. **85** [1975] 165/72). — [15] S. D. Rosenberg, A. J. Gibbons, H. E. Ramsden (J. Am. Chem. Soc. **79** [1957] 2137/8).

[16] H. E. Ramsden, Metal and Thermit Corp. (B.P. 832338 [1960]; C.A. **1961** 3521). — [17] H. E. Ramsden, Metal and Thermit Corp. (U.S.P. 2873287 [1959]; C.A. **1959** 13108). — [18] H. E. Ramsden, Metal and Thermit Corp. (U.S.P. 2965661 [1960]; C.A. **1961** 6277). — [19] R. Sayre (J. Chem. Eng. Data **6** [1961] 560/4). — [20] M. S. Blum, J. J. Pratt (J. Econ. Entomol. **53** [1960] 445/8).

[21] N. D. Kolosova, N. N. Zemlyanskii, A. A. Azizov, Yu. A. Ustynyuk, N. P. Barminova, K. A. Kocheshkov (Dokl. Akad. Nauk SSSR **218** [1974] 117/9; Dokl. Chem. Proc. Acad. Sci. USSR **214/219** [1974] 614/6). — [22] K. A. Kocheshkov, N. N. Zemlyanskii, N. D. Kolosova, A. A. Azizov, Yu. A. Ustynyuk (Izv. Akad. Nauk SSSR Ser. Khim. **1974** 1208; Bull. Acad. Sci. USSR Div. Chem. Sci. **1974** 1141). — [23] K. D. Bos, E. J. Bulten, J. G. Noltes (J. Organometal. Chem. **67** [1974] C13/C15). — [24] H. Zimmer, H. W. Sparmann (Chem. Ber. **87** [1954] 645/51). — [25] H. E. Ramsden, Metal and Thermit Corp. (B.P. 829243 [1960]; C.A. **1960** 21129).

Triorganotin Chlorides of the RR'R''SnCl Type

1.3.2.1.3 Triorganozinnchloride des Typs RR'R''SnCl

Darstellung und Eigenschaften der Verbindungen des Typs RR'R''SnCl sind in Tabelle 34 auf S. 225/6 angegeben.

Tabelle 34

Darstellung und Eigenschaften von Verbindungen des Typs RR'R''SnCl.

Nr.	Verbindung RR'R''SnCl Schmelzpunkt in °C Siedepunkt in °C/Torr	Darstellung	Reaktionsbedingungen Weitere Eigenschaften	Ausbeute in %	Lit.
1	$(CH_3)(C_4H_9)(CH_2{=}CH)SnCl$ 96/16	$Sn(CH{=}CH_2)_4 + (CH_3)(C_4H_9)SnCl_2$	2 h 60 bis 70°C	≈ 7	[1]
2	$(CH_3)(C_2H_5)(C_4H_9)SnCl$ 127 bis 128/35	$Sn(CH_3)_4 + (C_2H_5)(C_4H_9)SnCl_2$	4 h 120 bis 130°C	76	[1]
3*	$(CH_3)(i\text{-}C_3H_7)(C_6H_5)SnCl$ 76 bis 77/0.06	$(C_6H_5)_2(CH_3)Sn\text{-}i\text{-}C_3H_7 + HCl$	Methanol, − 5°C $n_D^{23.5} = 1.5662$	86	[2]
4*	$(CH_3)(i\text{-}C_4H_9)(C_6H_5)SnCl$	—	NMR	—	[3]
5*	$(CH_3)(i\text{-}C_4H_9)(C_6H_5CH_2)SnCl$	—	NMR	—	[3]
6*	$(CH_3)[(CH_3)_3CCH_2](p\text{-}CH_3OC_6H_4)SnCl$	$(p\text{-}CH_3OC_6H_4)_2(CH_3)SnCH_2C(CH_3)_3 + HCl$	Methanol-C_6H_5Cl, − 70°C	—	[4]
7	$(CH_3)(C_4H_9)(C_8H_{17})SnCl$ 144 bis 146/1	$(CH_3)_2(C_4H_9)SnC_8H_{17} + C_4H_9(C_8H_{17})SnCl_2$	6 h 170°C	91	[5]
		$(C_4H_9)_2(CH_3)SnC_8H_{17} + C_4H_9(C_8H_{17})SnCl_2$	6 h 170°C	92.5	
		$(C_4H_9)_2(CH_3)SnC_8H_{17} + (C_4H_9)_2SnCl_2$	6 h 170°C	94.5	
8*	$(CH_3)(C_6H_5)[C_6H_5CH(CH_3)CH_2]SnCl$	$(C_6H_5)_2(CH_3)SnCH_2CH(CH_3)C_6H_5 + HCl$	$CH_3OH\text{-}C_6H_6$, 5 d	97	[6]
9*	$(CH_3)(C_6H_5)[C_6H_5C(CH_3)_2CH_2]SnCl$	$(CH_3)(C_6H_5)[C_6H_5C(CH_3)_2CH_2]SnF + (CH_3)_3SiCl$	C_6H_6, 4 h	99	[7]
		$(CH_3)(C_6H_5)[C_6H_5C(CH_3)_2CH_2]SnF + (C_6H_5)_3SnCl$	Äther, 4 h Rückfluß	88	[7]
	148/0.25	$(C_6H_5)_2(CH_3)SnCH_2C(CH_3)_2C_6H_5 + HCl$	CH_3OH NMR: $\delta CH_3Sn = -0.23$ ppm, $\delta CH_2Sn = -2.07$ ppm, $\delta CH_3C = -1.42$ ppm	80	[4, 8] [3]

Tabelle 34 (Fortsetzung)

Nr.	Verbindung RR'R''SnCl Schmelzpunkt in °C Siedepunkt in °C/Torr	Darstellung	Reaktionsbedingungen Weitere Eigenschaften	Ausbeute in %	Lit.
10*	$(CH_3)(p\text{-}CH_3OC_6H_4)(C_{10}H_7)SnCl$ ($C_{10}H_7$ = 1-Naphthyl)	$(p\text{-}CH_3OC_6H_4)_2(CH_3)SnC_{10}H_7 + HCl$	$CH_3OH\text{-}C_6H_5Cl$, 2 h −70°C	96	[12]
11*	$(CH_3)(C_6H_5CH_2)[C_6H_5C(CH_3)_2CH_2]SnCl$	$(CH_3)(C_6H_5CH_2)[C_6H_5C(CH_3)_2CH_2]SnJ$ $+ NaOH + HCl$	Äther	—	[3, 13]
12	$(CH_3)[C_6H_5C(CH_3)_2CH_2][(C_6H_5)_3C]SnCl$ 172 bis 174	$Sn(CH_3)(C_6H_5)[CH_2C(CH_3)_2C_6H_5][C(C_6H_5)_3]$ $+ HCl$	Methanol-Benzol, 2 Wochen Rückfluß; Massenspektrum	89	[8]
13	$(C_2H_5)(CH_2{=}CH)(C_4H_9)SnCl$	$Sn(CH{=}CH_2)_4 + (C_2H_5)(C_4H_9)SnCl_2$	2 h 60°C; Gaschromatographie	—	[1]
14	$(C_2H_5)(CH_2Cl)(C_6H_5)SnCl$ 87/0.07	$(C_2H_5)(C_6H_5)SnCl_2 + CH_2{=}N_2$	Äther, −5°C; n_D^{20} = 1.5870	—	[14]
			Elementaranalyse		[15]
15	$(C_4H_9)(C_6H_5)(C_6H_5CH_2)SnCl$	—	Öl	—	[16]

Weitere Angaben zu den in der Tabelle aufgeführten Verbindungen (laufende Nummern mit Stern):

$(CH_3)(i\text{-}C_3H_7)(C_6H_5)SnCl$ (Tabelle **34**, Nr. **3**). In CCl_4 und CS_2-Lösung zeigt das ^1H-NMR-Spektrum der Verbindung keine magnetische Nichtäquivalenz für die diastereotopen CH_3-Gruppen bis zu Temperaturen von −100°C, was auf einen schnellen Halogen-Halogen-Austausch zwischen den einzelnen Molekülen zurückgeführt wird. Folgende NMR-Parameter werden angegeben (in CCl_4): $\delta CH_3Sn = -0.71$ ppm, $J(^1HC^{117/119}Sn) = 49.8/53.0$ Hz, $\delta CH_3CH = -1.39$ ppm $J(^1HCC^{117/119}Sn) = 96.3/101.2$ Hz [2].

$(CH_3)(i\text{-}C_4H_9)(C_6H_5)SnCl$ (Tabelle **34**, Nr. **4**). ^1H-NMR-Spektrum: $\delta CH_3Sn = -0.67$ ppm, $\delta CH_3CH = -0.90$ ppm, $\delta CH_2 = -1.38$ ppm. Diskussion der diastereotopen Nichtäquivalenz s. im Original [3].

$(CH_3)(i\text{-}C_4H_9)(C_6H_5CH_2)SnCl$ (Tabelle **34**, Nr. **5**). ^1H-NMR-Spektrum: $\delta CH_3Sn = -0.43$ ppm, $\delta CH_3CH = -0.92$ ppm, $\delta CH_2CH = -1.25$ ppm, $\delta CH_2C_6H_5 = -2.75$ ppm. Diskussion der diastereotopen Nichtäquivalenz s. im Original [3].

$(CH_3)(p\text{-}CH_3OC_6H_4)[(CH_3)_3CCH_2]SnCl$ (Tabelle **34**, Nr. **6**). ^1H-NMR-Spektrum: $\delta CH_3Sn = -1.03$ ppm, $J(^1HC^{117/119}Sn) = 56.9/59.6$ Hz, $\delta CH_3O = -3.70$ ppm. Die Verbindung reagiert mit $LiAlH_4$ unter Bildung von $(CH_3)(p\text{-}CH_3OC_6H_4)[(CH_3)_3CCH_2]SnH$ [4].

$(CH_3)(C_6H_5)[C_6H_5CH(CH_3)CH_2]SnCl$ (Tabelle **34**, Nr. **8**). Eine 0.16 M Lösung der Verbindung in CCl_4 zeigt zwei CH_3-Signale für die $SnCH_3$-Gruppe im ^1H-NMR-Spektrum im Abstand von 10.3 Hz bei 270 MHz. In C_6D_6 erscheint nur ein Signal: $\delta CH_3Sn = -0.198$ ppm gegen TMS, $J(^1HC^{119}Sn) = 53.9$ Hz. Massenspektrum s. im Original [6].

$(CH_3)(C_6H_5)[C_6H_5C(CH_3)_2CH_2]SnCl$ (Tabelle **34**, Nr. **9**). Diese Verbindung war die erste zinnorganische Verbindung, an der mit Hilfe der NMR-Spektroskopie molekulare Asymmetrie und magnetische Nichtäquivalenz bewiesen werden konnte. So zeigt eine 0.7 M-Lösung in Benzol, CCl_4 oder Toluol bei 38°C zwei Signale für die CH_3-Protonen der β,β-Dimethylphenethyl-Gruppe bei $\tau = 8.53$ und 8.63 (in CCl_4). Die Koaleszenztemperatur liegt bei 70°C in einer 1.1 M-Lösung in Benzol, bei 20°C in einer 3.3 M-Lösung in Benzol und bei −40°C in einer 0.9 M Lösung in CH_2Cl_2. Auch Donorliganden wie z. B. Aceton oder Dimethylsulfoxid erniedrigen die Koaleszenztemperatur [11]. Verantwortlich für die Koaleszenz ist ein schneller Austausch der Liganden am Zinn über eine Pseudorotation mit Inversion der Konfiguration am Zinn [10]. Eingehende Diskussionen dieser Phänomene s. bei [3, 10]. Untersuchungen zur Bestimmung der notwendigen Konzentration an Pyridin zur Koaleszenz der Resonanzsignale im NMR-Spektrum bei 60, 100 und 270 MHz s. bei [9]. Zum Massenspektrum s. [8]. Die Verbindung reagiert mit $t\text{-}C_4H_9Li$ in Diäthyläther bei −40°C unter Bildung von $(CH_3)(t\text{-}C_4H_9)(C_6H_5)[C_6H_5C(CH_3)_2CH_2]Sn$ [8] und mit $[(C_6H_5)_3C]Li$ unter Bildung von $(CH_3)(C_6H_5)[(C_6H_5)_3C][C_6H_5C(CH_3)_2CH_2]Sn$ [4].

$(CH_3)(p\text{-}CH_3OC_6H_4)(C_{10}H_7)SnCl$ (Tabelle **34**, Nr. **10**). ^1H-NMR-Spektrum: $\delta CH_3Sn = -1.03$ ppm, $J(^1HC^{117/119}Sn) = 56.9/59.6$ Hz, $\delta CH_3O = -3.70$ ppm (bei 30°C). Massenspektrum s. im Original. Mit $LiAlH_4$ erfolgt Bildung von $(CH_3)(p\text{-}CH_3OC_6H_4)(C_{10}H_7)SnH$ [12].

$(CH_3)(C_6H_5CH_2)[C_6H_5C(CH_3)_2CH_2]SnCl$ (Tabelle **34**, Nr. **11**). Alle drei diastereotopen Gruppen in dieser Verbindung sind beobachtbar anisochron in nichtpolaren Lösungsmitteln. Die Analyse der Gruppen der Signale in den NMR-Spektren weist auf eine schnelle Inversion der Konfiguration am asymmetrischen Sn-Atom hin. Die Konzentrationsabhängigkeit der Koaleszenztemperatur spricht für einen Prozeß zweiter Ordnung. Eine fünffach koordinierte Zwischenstufe mit Cl-Brücken wird zur Erklärung des mit der Inversion verbundenen Halogenaustausches herangezogen. Im einzelnen werden folgende NMR-Parameter angegeben: $\delta CH_3Sn = +0.03$ ppm, δCH_2Sn (Phenethyl) = −1.80 ppm, δCH_3 (Phenethyl) = −1.30 ppm, δCH_2 (Benzyl) = −2.33 ppm [3, 13].

Literatur:

[1] H. G. Kuivila, R. Sommer, D. C. Green (J. Org. Chem. **33** [1968] 1119/22). — [2] U. Folli, D. Iarossi, F. Taddei (J. Chem. Soc. Perkin Trans. II **1973** 638/42). — [3] D. V. Stynes, A. L. Allred (J. Am. Chem. Soc. **93** [1971] 2666/72). — [4] M. F. Gielen, H. M. Jamal (Ann. N.Y. Acad. Sci. **239** [1974] 208/12). — [5] H. W. Wehner, H. G. Köstler, Ciba-Geigy A.-G. (Deut. Offenlegungsschrift 2608698 [1975/76]; C.A. **86** [1977] Nr. 72884).

[6] M. Gielen, Y. Tondeur (Bull. Soc. Chim. Belges **84** [1975] 933/8). — [7] G. J. D. Peddle, G. Redl (J. Organometal. Chem. **23** [1970] 461/3). — [8] M. Gielen, H. Mokhtar-Jamal (Bull. Soc. Chim. Belges **84** [1975] 1037/43). — [9] M. Gielen, H. Mokhtar-Jamal (J. Organometal. Chem. **91** [1975] C33/C36). — [10] G. J. D. Peddle, G. Redl (J. Am. Chem. Soc. **92** [1970] 365/9).

[11] G. J. D. Peddle, G. Redl (Chem. Commun. **1968** 626/7). — [12] M. Gielen, H. Mokhtar-Jamal (Bull. Soc. Chim. Belges **84** [1975] 197/202). — [13] D. V. Stynes (Diss. Northwestern Univ., Evanston 1972, 106 S.; Diss. Abstr. Intern. B **33** [1972] 2519). — [14] L. S. Melnichenko, N. N. Zemlyanskii, I. V. Karandi, N. D. Kolosova, K. A. Kocheshkov (Dokl. Akad. Nauk SSSR **200** [1971] 346/7; Dokl. Chem. Proc. Acad. Sci. USSR **196/201** [1971] 775/6). — [15] S. I. Obtemperanskaya, Fam Tkhu Thi, I. V. Karandi (Vestn. Mosk. Univ. Khim. **27** Nr. 1 [1972] 119/21; Moscow Univ. Chem. Bull. **27** Nr. 1 [1972] 91/2).

[16] F. B. Kipping (J. Chem. Soc. **131** [1928] 2365/73).

Heterocyclic Triorganotin Chlorides

1.3.2.1.4 Heterocyclische Triorganozinnchloride

Darstellung und Eigenschaften heterocyclischer Triorganozinnchloride sind in Tabelle 35 auf S. 229/31 zusammengestellt.

Literatur:

[1] M. Gielen, J. Topart (Bull. Soc. Chim. Belges **83** [1974] 249/57). — [2] R. Gelius (Chem. Ber. **93** [1960] 1759/68). — [3] H. E. Ramsden, Metal and Thermit Corp. (U.S.P. 2873287 [1959]; C.A. **1959** 13108). — [4] H. E. Ramsden, Metal and Thermit Corp. (U.S.P. 2965661 [1960]; C.A. **1961** 6377). — [5] R. Polster, H. Adolphi, Badische Anilin- und Sodafabrik A.-G. (D.P. 1181977 [1963/64]; C.A. **62** [1965] 4555).

[6] V. F. Mironov, V. I. Shiryaev, E. M. Stepina, L. V. Makhalkina, A. I. Lapina, V. N. Bochkarev, A. I. Nechaeva (Zh. Obshch. Khim. **46** [1976] 1043/8; J. Gen. Chem. USSR **46** [1976] 1039/43). — [7] Esso Research and Engeneering Co. (F.P. 1467549 [1966/67]; C.A. **68** [1968] Nr. 49769).

Tabelle 35

Darstellung und Eigenschaften von heterocyclischen Triorganozinnchloriden.

Nr.	Verbindung Schmelzpunkt in °C Siedepunkt in °C/Torr	Darstellung	Reaktionsbedingungen Weitere Eigenschaften	Ausbeute in %	Lit.
1	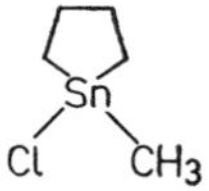 Cl, CH_3 (Sn-Ring)		Massenspektrum	—	[1]
2	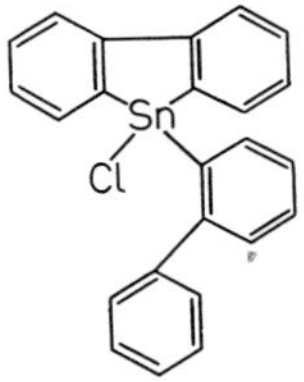 Sn, Cl 230 bis 232	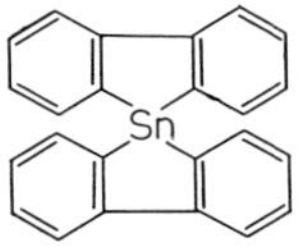 Sn + HCl	Äthanol-Benzol, 2 d 25°C HCl-Gas	83.8 13.5	[2]
3	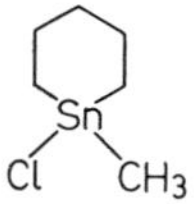 Sn, Cl, CH_3 34 bis 35 76.5/0.6	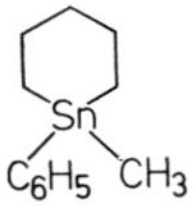 Sn, C_6H_5, CH_3 + HCl	Methanol; Massenspektrum; reagiert mit RMgCl zu 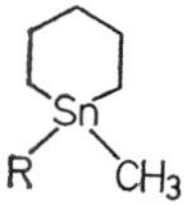 Sn, R, CH_3 (R = C_2H_5, C_3H_7, i-C_3H_7, C_4H_9, i-C_4H_9, s-C_4H_9, t-C_4H_9, i-C_5H_{11}, c-C_5H_9, c-C_6H_{11})	68	[1]

Tabelle 35 (Fortsetzung)

Nr.	Verbindung Schmelzpunkt in °C Siedepunkt in °C/Torr	Darstellung	Reaktionsbedingungen Weitere Eigenschaften	Ausbeute in %	Lit.
4		+ CH_2=CHMgCl	THF-Heptan; Stabilisator	—	[3, 4]
5			wirksam gegen Milben auf Bohnen	—	[5]
6	51 120 bis 125/2	+ $SnCl_4$	1 h 25°C	76	[6]
7		$[CH_2Cl(CH_3)_2Si]_2O$ + Sn	Heptan, 5 h 180°C, Bombenrohr, $(C_2H_5)_3N$, J_2; Massenspektrum	1	[6]

Tabelle 35 (Fortsetzung)

Nr.	Verbindung Schmelzpunkt in °C Siedepunkt in °C/Torr	Darstellung	Reaktionsbedingungen Weitere Eigenschaften	Ausbeute in %	Lit.
8	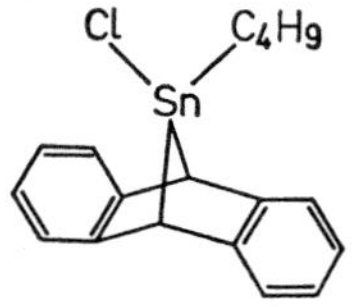 Cl, C_4H_9, Sn	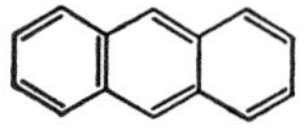 + Na + $C_4H_9SnCl_3$	Tetrahydrofuran, Rückfluß; Stabilisator	—	[7]

Formelregister

Die in dieser Lieferung beschriebenen Zinn-Organischen Verbindungen, welche die Organozinnfluoride vom Typ R_3SnF, $R_2R'SnF$, $RR'R''SnF$, R_2SnF_2, $RR'SnF_2$, $RSnF_3$ und R_2SnHF sowie die Organozinnchloride vom Typ R_3SnCl, $R_2R'SnCl$, $RR'R''SnCl$ und heterocyclische Triorganozinnchloride umfassen, sind in dem vorliegenden Register nach ihrer Summenformel unter Zugrundelegung des Systems von A. Hill (J. Am. Chem. Soc. **22** [1900] 478/94) geordnet. Nach diesem System werden als Ordnungskriterien zuerst die Zahl der C-Atome, danach die der H-Atome und schließlich die der übrigen Elemente in alphabetischer Reihenfolge unter Berücksichtigung der jeweiligen Zahl der Atome verwendet. Das Elementsymbol Sn ist in dem vorliegenden Register der Reihe der Elementsymbole vorangestellt.

Den Summenformeln der Verbindungen untergeordnet sind zusätzliche Angaben für die verschiedenen Verbindungstypen. Bei den Tri-, Di- und Monoorganozinnhalogeniden folgen vier Spalten für die Organyle und die Halogenatome; bei den Heterocyclen wird das Ringsystem aufgeführt. Die letzte Spalte enthält den Seitenhinweis.

Die alicyclischen und polycyclischen aromatischen Reste sowie die Heterocyclen sind durch Namen ergänzt. Die Nomenklatur richtet sich weitgehend nach den Richtlinien der IUPAC.

Formula Index

The Organotin Compounds described in this volume are listed in the Formula Index by their empirical formulas. The compounds include the organotin fluorides of the types R_3SnF, $R_2R'SnF$, $RR'R''SnF$, R_2SnF_2, $RR'SnF_2$, $RSnF_3$, and R_2SnHF and the organotin chlorides of the types R_3SnCl, $R_2R'SnCl$, $RR'R''SnCl$, and heterocyclic triorganotin chlorides. The symbol Sn is placed first in each empirical formula. Otherwise, the system of A. Hill (J. Am. Chem. Soc. **22** [1900] 478/94) is used: Location in the index is determined by the number of carbon atoms, then by the number of hydrogen atoms, and finally by the number of atoms of the other elements in alphabetical order.

With the empirical formula additional material is presented. For the mono-, di-, and triorganotin halides there are four columns for the organic groups and the halogen atoms. For heterocycles the ring structure is given. The page reference stands in the last column.

Names are given for the alicyclic, aromatic polycyclic, and heterocyclic groups. Nomenclature is generally in agreement with the IUPAC rules.

$SnC_{12}H_{15}Cl$				
C_5H_5 (2,4-Cyclopenta-dien-1-yl)	C_5H_5 (2,4-Cyclopenta-dien-1-yl)	C_2H_5	Cl	223
$SnC_{12}H_{17}ClO$				
CH_3	CH_3	$C_6H_5C(O)(CH_2)_3$	Cl	195, 199
$SnC_{12}H_{19}Cl$				
CH_3	i-C_4H_9	$C_6H_5CH_2$	Cl	225, 227
$SnC_{12}H_{21}Cl$				
$CH_3CH{=}C(CH_3)$	$CH_3CH{=}C(CH_3)$	$CH_3CH{=}C(CH_3)$	Cl	157
CH_3	CH_3	$C_{10}H_{15}$ (1-Adamantyl)	Cl	195
$SnC_{12}H_{22}F_2$				
C_6H_{11} (Cyclohexyl)	C_6H_{11} (Cyclohexyl)	F	F	49
$SnC_{12}H_{25}Cl$				
C_3H_7	C_3H_7	C_6H_{11} (Cyclohexyl)	Cl	206
C_4H_9	C_4H_9	$C_2H_5CH{=}CH$	Cl	208
i-C_4H_9	i-C_4H_9	$CH_3CH{=}CHCH_2$	Cl	214
i-C_4H_9	i-C_4H_9	$CH_2{=}CHCH_2CH_2$	Cl	214
$SnC_{12}H_{25}ClO$				
C_4H_9	C_4H_9	$CH_3C(O)CH_2CH_2$	Cl	208
$SnC_{12}H_{25}ClO_2$				
i-C_4H_9	i-C_4H_9	$CH_3OC(O)CH_2CH_2$	Cl	214
$SnC_{12}H_{25}F_3$				
$C_{12}H_{25}$	F	F	F	52
$SnC_{12}H_{26}F_2$				
C_6H_{13}	C_6H_{13}	F	F	49
$SnC_{12}H_{27}Cl$				
C_4H_9	C_4H_9	C_4H_9	Cl	117
i-C_4H_9	i-C_4H_9	i-C_4H_9	Cl	137
t-C_4H_9	t-C_4H_9	t-C_4H_9	Cl	138
CH_3	CH_3	$C_{10}H_{21}$	Cl	195
C_2H_5	C_2H_5	C_8H_{17}	Cl	203
C_4H_9	C_4H_9	i-C_4H_9	Cl	208
C_4H_9	C_4H_9	t-C_4H_9	Cl	208, 212
t-C_4H_9	t-C_4H_9	C_4H_9	Cl	217, 221
$SnC_{12}H_{27}ClO$				
C_4H_9	C_4H_9	$C_2H_5CH(OH)CH_2$	Cl	208
C_4H_9	C_4H_9	C_3H_7CHOH	Cl	208
C_4H_9	C_4H_9	$CH_3CH(OH)CH_2CH_2$	Cl	208
C_4H_9	C_4H_9	$HO(CH_2)_4$	Cl	208
$SnC_{12}H_{27}ClO_3$				
$C_2H_5OCH_2CH_2$	$C_2H_5OCH_2CH_2$	$C_2H_5OCH_2CH_2$	Cl	151

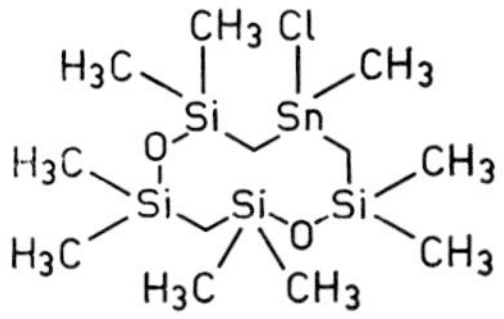

$SnC_{14}H_{24}ClO_2P$				
C_2H_5	C_2H_5	$C_2H_5O(C_6H_5)$-$P(O)CH_2CH_2$	Cl	203
$SnC_{14}H_{27}Cl$				
C_6H_{11} (Cyclohexyl)	C_6H_{11} (Cyclohexyl)	C_2H_5	Cl	221
$SnC_{14}H_{28}Cl_2$				
1-Chlor-1-(5-chlor-3-dimethyl)pentyl-4,4-dimethyl-stannacyclohexan				230
$SnC_{14}H_{29}Cl$				
C_4H_9	C_4H_9	$CH_2{=}C(CH_3)$-$CH(CH_3)CH_2$	Cl	210
C_4H_9	C_4H_9	$CH_3C(CH_3){=}$$C(CH_3)CH_2$	Cl	210
C_4H_9	C_4H_9	C_6H_{11} (Cyclohexyl)	Cl	210, 212
i-C_4H_9	i-C_4H_9	$CH_2{=}C(CH_3)$-$CH(CH_3)CH_2$	Cl	215
i-C_4H_9	i-C_4H_9	$CH_3C(CH_3){=}$$C(CH_3)CH_2$	Cl	215
$SnC_{14}H_{29}ClO_2$				
i-C_4H_9	i-C_4H_9	$C_2H_5OC(O)$-$CH_2CH(CH_3)$	Cl	215
$SnC_{14}H_{29}F$				
C_4H_9	C_4H_9	C_6H_{11} (Cyclohexyl)	F	40
$SnC_{14}H_{31}Cl$				
CH_3	CH_3	$C_{12}H_{25}$	Cl	196
C_3H_7	C_3H_7	C_8H_{17}	Cl	206
$SnC_{14}H_{32}ClO_3P$				
C_4H_9	C_4H_9	$(C_2H_5O)_2P(O)CH_2CH_2$	Cl	210
$SnC_{15}H_{15}Cl$				
C_5H_5 (2,4-Cyclopenta-dien-1-yl)	C_5H_5 (2,4-Cyclopenta-dien-1-yl)	C_5H_5 (2,4-Cyclopenta-dien-1-yl)	Cl	157
$SnC_{15}H_{16}Cl_2$				
C_6H_5	C_6H_5	$CH_2ClCH_2CH_2$	Cl	218

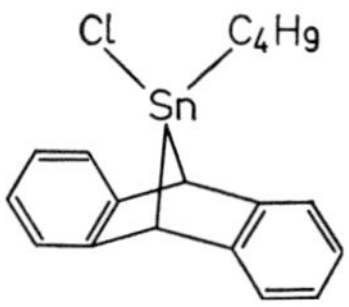

Cl
C4H9
Sn

$SnC_{24}H_{17}Cl$

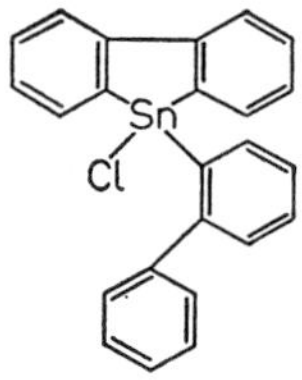

5-Chlor-5-(2-biphenylyl)-
5H-dibenzostannol